〔 이 책을 검토해 주신 선생님 〕

경기

김장현 평촌김장현수학
김진아 렛츠(LETS)영어수학전문학원
김태선 파주김샘학원
박지수 지수학학원
유인무 진수학학원
윤문성 평촌수학의봄날입시학원
이건도 아론에듀학원
이지흥 지음수학
이화진 매드매쓰쌤통학원
임안철 광교제갈량(JGR)수학학원
주용선 수풀림수학학원
최철 Em학원
최희영 수풀림수학학원

인천

김태정 인천논현에듀탑수학학원
박용석 명문관학원
이장근 인스카이학원
정희정 수학은아름다워학원
최진 절대학원

대구

나현규 황통수학
임용석 씨앤와이수학학원
최윤식 KS수학학원

광주

고영진 일곡한수위수학학원
김동희 김동희수학학원
김수진 광주영재사관학원
오정미 대한영재아카데미
홍준희 유일수학학원

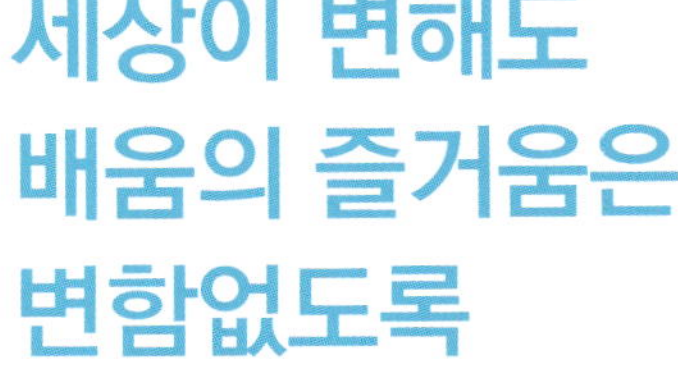

세상이 변해도
배움의 즐거움은
변함없도록

시대는 빠르게 변해도
배움의 즐거움은
변함없어야 하기에

어제의 비상은
남다른 교재부터
결이 다른 콘텐츠
전에 없던 교육 플랫폼까지

변함없는 혁신으로
교육 문화 환경의 새로운 전형을
실현해왔습니다.

비상은 오늘, 다시 한번
새로운 교육 문화 환경을 실현하기 위한
또 하나의 혁신을 시작합니다.

오늘의 내가 어제의 나를 초월하고
오늘의 교육이 어제의 교육을 초월하여
배움의 즐거움을 지속하는 혁신,

바로, 메타인지 기반 완전 학습을.

상상을 실현하는 교육 문화 기업 비상

메타인지 기반 완전 학습
초월을 뜻하는 meta와 생각을 뜻하는 인지가 결합한 메타인지는
자신이 알고 모르는 것을 스스로 구분하고 학습계획을 세우도록 하는
궁극의 학습 능력입니다. 비상의 메타인지 기반 완전 학습 시스템은
잠들어 있는 메타인지를 깨워 공부를 100% 내 것으로 만들도록 합니다.

01 / 중복순열과 같은 것이 있는 순열 8~21쪽

0001 6　0002 8　0003 25　0004 256　0005 12　0006 3
0007 7　0008 3　0009 243　0010 216　0011 81　0012 64
0013 105　0014 30　0015 60　0016 20　0017 20
0018 ③　0019 128　0020 ④　0021 ⑤　0022 ③　0023 62
0024 232　0025 ④　0026 ⑤　0027 ④　0028 48　0029 ①
0030 52　0031 ⑤　0032 ②　0033 340　0034 ④　0035 27
0036 ③　0037 ④　0038 4　0039 9　0040 ④　0041 ④
0042 5040　0043 60　0044 ③　0045 ④　0046 16
0047 ⑤　0048 ②　0049 1260　0050 ⑤　0051 ④
0052 ②　0053 ④　0054 36　0055 ④　0056 ①　0057 540
0058 18　0059 40　0060 34　0061 236　0062 ④　0063 26
0064 ④　0065 74　0066 37
0067 125　0068 ④　0069 ③　0070 ③　0071 63　0072 ⑤
0073 180　0074 ③　0075 12　0076 ⑤　0077 ⑤　0078 60
0079 ②　0080 ⑤　0081 ③　0082 94　0083 300　0084 32
0085 192
0086 ④　0087 1200　0088 ①　0089 12

02 / 중복조합과 이항정리 22~35쪽

0090 4　0091 6　0092 35　0093 495　0094 8　0095 3
0096 10　0097 56　0098 35　0099 252
0100 $a^4+4a^3b+6a^2b^2+4ab^3+b^4$
0101 $x^5-5x^4y+10x^3y^2-10x^2y^3+5xy^4-y^5$
0102 $16a^4+96a^3b+216a^2b^2+216ab^3+81b^4$
0103 $x^5-10x^3+40x-\dfrac{80}{x}+\dfrac{80}{x^3}-\dfrac{32}{x^5}$
0104 (1) 8　(2) 70　(3) 28　0105 32　0106 0　0107 64
0108 ④　0109 ③　0110 136　0111 126　0112 ①　0113 84
0114 460　0115 ①　0116 ②　0117 140　0118 ③　0119 ②
0120 45　0121 ⑤　0122 ④　0123 ⑤　0124 105　0125 7
0126 ②　0127 56　0128 ④　0129 ④　0130 2　0131 ④
0132 ②　0133 42　0134 160　0135 ④　0136 ②　0137 -48
0138 2　0139 ②　0140 ④　0141 ④　0142 ③　0143 ④
0144 ④　0145 715　0146 ⑤　0147 ④　0148 8　0149 ③
0150 4　0151 ①　0152 ③　0153 10　0154 24　0155 1
0156 21　0157 $\dfrac{28}{27}$　0158 ①　0159 170　0160 ②　0161 20
0162 ③　0163 ①　0164 28　0165 ②　0166 84　0167 ④
0168 74　0169 ⑤　0170 6　0171 10　0172 7　0173 ③
0174 56　0175 ④　0176 5　0177 ④　0178 90　0179 4
0180 27
0181 51　0182 196　0183 170　0184 ④

03 / 확률의 개념과 활용 38~55쪽

0185 {1, 2, 3, 4}　0186 {1}, {2}, {3}, {4}
0187 {2, 4}　0188 {1, 2, 4}
0189 (1) {4, 5, 8, 10, 12}　(2) $\varnothing$
　　(3) {1, 2, 3, 5, 6, 7, 9, 10, 11}
　　(4) {1, 2, 3, 4, 6, 7, 8, 9, 11, 12}
0190 (1) $\varnothing$　(2) {HT, TH}　(3) $\varnothing$　(4) A와 B, C와 A
0191 $\dfrac{1}{2}$　0192 $\dfrac{1}{3}$　0193 $\dfrac{2}{3}$　0194 (1) 24　(2) 12　(3) $\dfrac{1}{2}$
0195 $\dfrac{1}{500}$　0196 $\dfrac{9}{10}$　0197 1　0198 0　0199 0
0200 0　0201 1　0202 0　0203 $\dfrac{3}{4}$　0204 $\dfrac{2}{15}$　0205 $\dfrac{5}{8}$
0206 $\dfrac{4}{9}$　0207 $\dfrac{1}{3}$　0208 (1) $\dfrac{1}{8}$　(2) $\dfrac{7}{8}$　0209 (1) $\dfrac{4}{35}$　(2) $\dfrac{31}{35}$
0210 ㄱ, ㄷ　0211 ③　0212 16　0213 4　0214 ④
0215 $\dfrac{1}{4}$　0216 ③　0217 $\dfrac{14}{25}$　0218 $\dfrac{2}{7}$　0219 $\dfrac{2}{5}$　0220 $\dfrac{7}{20}$
0221 $\dfrac{3}{10}$　0222 ④　0223 ③　0224 $\dfrac{1}{4}$　0225 $\dfrac{5}{32}$　0226 $\dfrac{1}{7}$
0227 ②　0228 $\dfrac{18}{35}$　0229 $\dfrac{1}{6}$　0230 $\dfrac{5}{128}$　0231 ④
0232 $\dfrac{4}{15}$　0233 ①　0234 $\dfrac{5}{28}$　0235 $\dfrac{1}{2}$　0236 $\dfrac{10}{81}$　0237 $\dfrac{7}{12}$
0238 $\dfrac{1}{13}$　0239 ③　0240 $\dfrac{35}{216}$　0241 ②　0242 5　0243 $\dfrac{5}{12}$
0244 $\dfrac{\pi}{3}$　0245 $\dfrac{5}{16}$　0246 ⑤　0247 ㄱ, ㄴ, ㄷ　0248 ①
0249 $\dfrac{4}{5}$　0250 ②　0251 ①　0252 ②　0253 $\dfrac{3}{5}$　0254 ⑤
0255 $\dfrac{3}{4}$　0256 ③　0257 $\dfrac{1}{2}$　0258 ④　0259 ②　0260 $\dfrac{1}{4}$
0261 $\dfrac{5}{14}$　0262 ④　0263 ②　0264 $\dfrac{61}{125}$　0265 $\dfrac{4}{9}$　0266 ④
0267 $\dfrac{2}{3}$　0268 ⑤　0269 7　0270 $\dfrac{31}{32}$　0271 $\dfrac{65}{84}$　0272 ③
0273 ⑤　0274 8　0275 ②　0276 $\dfrac{1}{5}$　0277 ③　0278 ①
0279 $\dfrac{1}{10}$　0280 $\dfrac{7}{45}$　0281 7　0282 $\dfrac{1}{4}$　0283 ③　0284 ①
0285 $\dfrac{3}{10}$　0286 0.28　0287 $\dfrac{1}{7}$　0288 $\dfrac{5}{9}$　0289 ③　0290 $\dfrac{19}{49}$
0291 ⑤　0292 $\dfrac{24}{125}$　0293 $\dfrac{11}{63}$　0294 $\dfrac{11}{20}$
0295 $\dfrac{11}{32}$　0296 ④　0297 19　0298 $\dfrac{21}{26}$

기출 BOOK

01 / 중복순열과 같은 것이 있는 순열 2~7쪽

1회 1 ③ 2 672 3 ④ 4 ③ 5 ③ 6 ④ 7 ④
8 ② 9 ③ 10 112 11 ④ 12 44 13 ① 14 420 15 ①
16 130 17 90 18 ④ 19 20 20 ①

2회 1 ⑤ 2 160 3 100 4 252 5 ② 6 5 7 ⑤
8 64 9 64 10 ⑤ 11 630 12 2520 13 3024 14 ④
15 7 16 ③ 17 ③ 18 ③ 19 42 20 ④

02 / 중복조합과 이항정리 8~13쪽

1회 1 ① 2 78 3 ① 4 ② 5 100 6 ③ 7 42
8 ② 9 ④ 10 840 11 84 12 ③ 13 ④ 14 ⑤ 15 ①
16 1820 17 ③ 18 127 19 ④ 20 ③

2회 1 ③ 2 ② 3 45 4 504 5 ⑤ 6 ④ 7 ③
8 ③ 9 ③ 10 75 11 252 12 ② 13 5 14 8
15 -12 16 ③ 17 ③ 18 ② 19 0 20 ④

03 / 확률의 개념과 활용 14~19쪽

1회 1 5 2 256 3 $\dfrac{7}{36}$ 4 ② 5 ① 6 $\dfrac{1}{6}$ 7 ④
8 $\dfrac{1}{16}$ 9 ① 10 $\dfrac{10}{27}$ 11 ③ 12 $\dfrac{\pi}{4}$ 13 ④ 14 $\dfrac{7}{60}$ 15 $\dfrac{13}{24}$
16 ② 17 $\dfrac{22}{35}$ 18 ④ 19 3 20 ③

2회 1 ㄴ 2 4 3 ② 4 $\dfrac{1}{35}$ 5 $\dfrac{1}{16}$ 6 $\dfrac{1}{81}$ 7 ①
8 ⑤ 9 $\dfrac{6}{625}$ 10 3 11 ④ 12 ② 13 ① 14 ②
15 $\dfrac{33}{100}$ 16 $\dfrac{4}{7}$ 17 $\dfrac{13}{27}$ 18 $\dfrac{19}{49}$ 19 $\dfrac{9}{20}$ 20 ②

04 / 조건부확률 20~25쪽

1회 1 ① 2 $\dfrac{19}{40}$ 3 $\dfrac{12}{13}$ 4 $\dfrac{5}{6}$ 5 3 6 ③ 7 $\dfrac{11}{60}$
8 $\dfrac{5}{9}$ 9 ① 10 ② 11 3 12 ㄱ, ㄷ 13 ④ 14 ⑤
15 ③ 16 ⑤ 17 $\dfrac{1}{4}$ 18 ② 19 $\dfrac{3}{32}$ 20 $\dfrac{135}{4096}$

2회 1 ④ 2 $\dfrac{15}{26}$ 3 $\dfrac{2}{15}$ 4 $\dfrac{5}{14}$ 5 $\dfrac{15}{28}$ 6 $\dfrac{11}{18}$ 7 $\dfrac{12}{19}$
8 $\dfrac{3}{11}$ 9 ④ 10 9 11 ② 12 ④ 13 $\dfrac{1}{6}$ 14 $\dfrac{23}{24}$ 15 $\dfrac{11}{21}$
16 $\dfrac{96}{625}$ 17 $\dfrac{243}{256}$ 18 $\dfrac{7}{32}$ 19 ③ 20 $\dfrac{1}{4}$

05 / 이산확률변수와 이항분포 26~31쪽

1회 1 9 2 $\dfrac{1}{4}$ 3 ⑤ 4 3 5 ④ 6 $\dfrac{9}{20}$ 7 $\dfrac{3}{5}$
8 $\dfrac{13}{2}$ 9 ② 10 2 11 5 12 $\dfrac{5}{4}$ 13 $\sqrt{15}$ 14 ③ 15 ⑤
16 12 17 10 18 ⑤ 19 ④ 20 60

2회 1 $\dfrac{1}{3}$ 2 ① 3 $\dfrac{11}{14}$ 4 $\dfrac{2}{5}$ 5 $\dfrac{7}{6}$ 6 $\dfrac{8}{15}$ 7 75원
8 ① 9 20 10 16 11 ④ 12 $\sqrt{26}$ 13 ⑤ 14 ④ 15 21
16 541 17 ⑤ 18 6 19 98 20 ③

06 / 연속확률변수와 정규분포 32~37쪽

1회 1 ⑤ 2 $\dfrac{1}{9}$ 3 $\dfrac{15}{16}$ 4 ③ 5 15 6 0.3413
7 52 8 62 9 ④ 10 25.5 11 ④ 12 ④ 13 8 14 ④
15 163점 16 0.8413 17 0.3085 18 ②
19 0.9452 20 ③

2회 1 $\dfrac{1}{3}$ 2 ⑤ 3 ④ 4 10 5 0.44 6 ⑤ 7 36
8 45 9 0.8543 10 ③ 11 6 12 ① 13 0.6687
14 165 15 344 16 ② 17 0.9772 18 ④ 19 0.0228
20 45

07 / 통계적 추정 38~43쪽

1회 1 237 2 $\dfrac{35}{18}$ 3 21 4 $\dfrac{11}{54}$ 5 ④ 6 9 7 18
8 525 9 ③ 10 19.6 11 ① 12 172 13 96 14 196 15 ③
16 ⑤ 17 ④ 18 400 19 441 20 144

2회 1 75 2 $\dfrac{1}{2}$ 3 10 4 0.8185 5 225 6 $\dfrac{81}{2}$
7 32 8 7 9 22.71 10 70 11 7.74 12 30.5 13 74 14 97
15 ④ 16 157 17 $0.1855 \le p \le 0.3145$ 18 0.0784 19 400
20 900

| 0494 8625원 | 0495 48800 | 0496 ⑤ | 0497 6 |

| 0498 6 | 0499 ③ | 0500 ① | 0501 70 | 0502 ⑤ | 0503 ④ |

| 0504 80 | 0505 1200원 | 0506 $\frac{2}{5}$ | 0507 $\frac{1}{3}$ |

0508 $\frac{7}{15}$ 0509 28 0510 3 0511 ③

0512 ㄱ, ㄴ, ㄷ   0513 ㄱ, ㄴ   0514 $\frac{2}{3}$ 0515 $\frac{3}{4}$

0516 $\frac{1}{4}$ 0517 $\frac{1}{4}$ 0518 N$(4, 2^2)$ 0519 N$(12, 4^2)$

0520 ㄱ, ㄴ   0521 a 0522 $a+0.5$

0523 $0.5-b$ 0524 $b-a$ 0525 $2b$

0526 0.3085   0527 0.9772   0528 0.8413

0529 0.0668   0530 0.1574   0531 0.044

0532 0.383   0533 0.8351   0534 2   0535 3

0536 1   0537 3   0538 $Z=\dfrac{X-16}{4}$ 0539 $Z=\dfrac{X-120}{9}$

0540 $Z=\dfrac{X+4}{5}$ 0541 $Z=\dfrac{X-10}{2}$ 0542 0.8185

0543 N$(30, 5^2)$ 0544 N$(200, 10^2)$ 0545 N$(360, 12^2)$

0546 $\frac{1}{8}$ 0547 ⑤   0548 $\frac{1}{5}$ 0549 ⑤   0550 $\frac{11}{16}$ 0551 5

0552 $\frac{1}{4}$ 0553 ①   0554 ㄱ   0555 ④   0556 18   0557 10

0558 ③   0559 0.84   0560 ③   0561 0.3641   0562 ⑤

0563 0.5   0564 57   0565 4   0566 ②   0567 16

0568 0.8185   0569 ⑤   0570 0.1359

0571 0.6915   0572 18   0573 1.25   0574 0.0668

0575 2차 필기시험, 실기시험, 1차 필기시험

0576 ③   0577 A, C, B   0578 0.0013   0579 ⑤

0580 ②   0581 0.0668   0582 96   0583 ②   0584 477

0585 24   0586 2766   0587 ③   0588 190초

0589 80점   0590 2점   0591 0.8351   0592 0.0082

0593 0.1587   0594 0.0228   0595 ③   0596 314

0597 0.0062   0598 $\frac{1}{36}$ 0599 18   0600 ②   0601 $\frac{5}{2}$

0602 0.8664   0603 0.1574

0604 ④   0605 ②   0606 8   0607 ④   0608 70   0609 6

0610 ④   0611 ③   0612 ②   0613 ⑤   0614 138   0615 51 m

0616 ④   0617 $\frac{3}{8}$ 0618 0.927   0619 21

0620 0.54   0621 ④   0622 ⑤   0623 0.0228

0624 전수조사   0625 표본조사   0626 표본조사

0627 전수조사   0628 표본조사   0629 25

0630 20   0631 10   0632 $\frac{1}{3}$ 0633 $\frac{1}{9}$ 0634 2, 3, 4, 5, 6

0635

$\overline{X}$	2	3	4	5	6	합계
$P(\overline{X}=x)$	$\frac{1}{9}$	$\frac{2}{9}$	$\frac{1}{3}$	$\frac{2}{9}$	$\frac{1}{9}$	1

0636 평균: 4, 분산: $\frac{4}{3}$, 표준편차: $\frac{2\sqrt{3}}{3}$

0637 평균: 60, 분산: 4, 표준편차: 2

0638 평균: 60, 분산: 1, 표준편차: 1

0639 평균: 60, 분산: $\frac{1}{4}$, 표준편차: $\frac{1}{2}$

0640 평균: 200, 분산: 16, 표준편차: 4

0641 N$(200, 4^2)$ 0642 $Z=\dfrac{\overline{X}-200}{4}$ 0643 0.9332

0644 $\frac{3}{5}$ 0645 $\frac{1}{2}$ 0646 (1) $\frac{2}{3}$ (2) $\frac{1}{324}$ (3) $\frac{1}{18}$

0647 평균: 0.2, 분산: 0.0016, 표준편차: 0.04

0648 N$(0.2, 0.04^2)$ 0649 $Z=\dfrac{\hat{p}-0.2}{0.04}$ 0650 0.1587

0651 (1) $146.08 \leq m \leq 153.92$ (2) $144.84 \leq m \leq 155.16$

0652 (1) $199.02 \leq m \leq 200.98$ (2) $198.71 \leq m \leq 201.29$

0653 (1) $0.3216 \leq p \leq 0.4784$ (2) $0.2968 \leq p \leq 0.5032$

0654 5   0655 ④   0656 7   0657 1600   0658 $\frac{1}{4}$ 0659 ④

0660 ④   0661 1   0662 12   0663 13000   0664 32

0665 0.8185   0666 0.6915   0667 ②

0668 0.0062   0669 36   0670 144   0671 4   0672 355

0673 3   0674 ⑤   0675 ④   0676 ④   0677 490

0678 0.0655   0679 0.02   0680 ②   0681 600

0682 $79.84 \leq m \leq 90.16$ 0683 ⑤   0684 180.58

0685 91   0686 16   0687 ④   0688 0.98   0689 1.72

0690 6.81   0691 92   0692 97   0693 64   0694 ⑤   0695 2401

0696 ②   0697 ②   0698 ②   0699 $\frac{1}{9}$ 0700 ④   0701 3.48

0702 82   0703 ③   0704 75   0705 400   0706 ⑤   0707 ②

0708 196   0709 900   0710 0.0392   0711 ④

0712 45   0713 ④   0714 16   0715 16   0716 ③   0717 15

0718 ④   0719 ③   0720 2.58   0721 ②   0722 196   0723 ①

0724 ④   0725 225   0726 320   0727 3   0728 124   0729 108

0730 ①   0731 ②   0732 ④   0733 400

0299 (1) $\dfrac{1}{3}$ (2) $\dfrac{1}{2}$ (3) $\dfrac{2}{3}$ **0300** (1) $\dfrac{1}{36}$ (2) $\dfrac{1}{9}$

0301 (1) $\dfrac{3}{8}$ (2) $\dfrac{3}{7}$ (3) 종속   **0302** 독립 **0303** 종속 **0304** 0.07

0305 0.28 **0306** 0.2 **0307** 0.65 **0308** 0.48

0309 (1) $\dfrac{1}{6}$ (2) $\dfrac{5}{72}$ **0310** $\dfrac{4}{9}$

0311 $\dfrac{3}{5}$ **0312** ④   **0313** $\dfrac{1}{2}$ **0314** ③   **0315** $\dfrac{3}{10}$ **0316** $\dfrac{5}{6}$

0317 $\dfrac{5}{12}$ **0318** 2   **0319** ④   **0320** ④   **0321** ③   **0322** ③

0323 $\dfrac{1}{6}$ **0324** $\dfrac{8}{15}$ **0325** 7   **0326** $\dfrac{5}{8}$ **0327** $\dfrac{7}{20}$ **0328** 0.125

0329 $\dfrac{19}{30}$ **0330** ③   **0331** $\dfrac{21}{29}$ **0332** $\dfrac{7}{8}$ **0333** $\dfrac{9}{352}$ **0334** $\dfrac{7}{17}$

0335 ㄱ, ㄴ, ㄷ   **0336** ④   **0337** 8   **0338** ㄱ, ㄴ, ㄷ

0339 ㄱ, ㄷ   **0340** ④   **0341** $\dfrac{2}{3}$ **0342** ⑤   **0343** $\dfrac{1}{4}$

0344 ①   **0345** $\dfrac{11}{15}$ **0346** $\dfrac{3}{4}$ **0347** 5   **0348** $\dfrac{1}{2}$ **0349** $\dfrac{4}{5}$

0350 $\dfrac{4}{81}$ **0351** $\dfrac{80}{81}$ **0352** ④   **0353** ⑤   **0354** ①   **0355** $\dfrac{3}{8}$

0356 $\dfrac{32}{729}$ **0357** ②   **0358** $\dfrac{152}{567}$ **0359** $\dfrac{5}{16}$ **0360** $\dfrac{9}{2048}$

0361 ④

0362 $\dfrac{1}{2}$ **0363** $\dfrac{7}{20}$ **0364** ②   **0365** $\dfrac{1}{6}$ **0366** ③   **0367** 4

0368 ③   **0369** ③   **0370** ㄱ, ㄴ, ㄷ   **0371** $\dfrac{1}{9}$ **0372** $\dfrac{1}{6}$

0373 ①   **0374** $\dfrac{175}{256}$ **0375** $\dfrac{53}{512}$ **0376** ③   **0377** ②   **0378** 13

0379 $\dfrac{1}{2}$ **0380** $\dfrac{6}{11}$

0381 ⑤   **0382** 30   **0383** ④   **0384** ④

0385 ㄷ, ㄹ   **0386** 0, 1, 2

0387 $P(X=0)=\dfrac{1}{4}$, $P(X=1)=\dfrac{1}{2}$, $P(X=2)=\dfrac{1}{4}$

0388

X	0	1	2	합계
$P(X=x)$	$\dfrac{1}{4}$	$\dfrac{1}{2}$	$\dfrac{1}{4}$	1

0389 4, $2-x$

0390

X	0	1	2	합계
$P(X=x)$	$\dfrac{5}{18}$	$\dfrac{5}{9}$	$\dfrac{1}{6}$	1

0391 $\dfrac{3}{8}$ **0392** $\dfrac{5}{8}$ **0393** $\dfrac{3}{4}$ **0394** 4   **0395** 2   **0396** 2

0397 2

0398

X	0	1	2	합계
$P(X=x)$	$\dfrac{4}{9}$	$\dfrac{4}{9}$	$\dfrac{1}{9}$	1

0399 평균: $\dfrac{2}{3}$, 분산: $\dfrac{4}{9}$, 표준편차: $\dfrac{2}{3}$

0400 평균: 2, 분산: $\dfrac{4}{25}$, 표준편차: $\dfrac{2}{5}$

0401 평균: 13, 분산: 4, 표준편차: 2

0402 평균: 8, 분산: 1, 표준편차: 1

0403 평균: 4, 분산: 36, 표준편차: 6

0404 평균: -1, 분산: 81, 표준편차: 9

0405 평균: $-\dfrac{7}{3}$, 분산: 4, 표준편차: 2

0406 (1) 5 (2) $\dfrac{1}{2}$ (3) $2\sqrt{2}$ **0407** $B\left(5, \dfrac{1}{2}\right)$

0408 이항분포를 따르지 않는다.   **0409** $B\left(10, \dfrac{2}{5}\right)$

0410 $P(X=x)={}_4C_x\left(\dfrac{1}{2}\right)^x\left(\dfrac{1}{2}\right)^{4-x}$ $(x=0, 1, 2, 3, 4)$

0411 $\dfrac{1}{4}$ **0412** $B\left(3, \dfrac{1}{5}\right)$

0413 $P(X=x)={}_3C_x\left(\dfrac{1}{5}\right)^x\left(\dfrac{4}{5}\right)^{3-x}$ $(x=0, 1, 2, 3)$

0414 $\dfrac{12}{125}$ **0415** 평균: 50, 분산: 25, 표준편차: 5

0416 평균: 32, 분산: 24, 표준편차: $2\sqrt{6}$

0417 ④   **0418** $\dfrac{1}{2}$ **0419** ①   **0420** ⑤   **0421** ③   **0422** $\dfrac{3}{8}$

0423 $\dfrac{2-\sqrt{2}}{3}$ **0424** ①   **0425** ⑤   **0426** ②   **0427** $\dfrac{1}{2}$

0428 ⑤   **0429** $\dfrac{11}{15}$ **0430** 2   **0431** $\dfrac{8}{7}$ **0432** ①   **0433** ②

0434 $\sqrt{11}$ **0435** $\dfrac{1}{4}$ **0436** $\dfrac{7}{8}$ **0437** $\dfrac{4\sqrt{6}}{15}$ **0438** ④   **0439** $\dfrac{5}{9}$

0440 ②   **0441** ②   **0442** 350원   **0443** ④   **0444** 6

0445 ④   **0446** 31   **0447** ③   **0448** ③   **0449** -2 **0450** ①

0451 ②   **0452** 189   **0453** $\dfrac{5}{4}$ **0454** 7   **0455** ②   **0456** ⑤

0457 ①   **0458** 3   **0459** ③   **0460** ③   **0461** 10   **0462** ②

0463 2   **0464** $\dfrac{15}{64}$ **0465** 13   **0466** $\dfrac{8}{5}$ **0467** ⑤   **0468** ①

0469 $\dfrac{3}{5}$ **0470** 27   **0471** 5   **0472** 18   **0473** 3620 **0474** ③

0475 ③   **0476** 17   **0477** 28   **0478** ④   **0479** ④   **0480** 73

0481 7   **0482** ④   **0483** ⑤   **0484** $\dfrac{2}{5}$ **0485** $\dfrac{1}{7}$ **0486** ③

0487 206 **0488** 395

0489 ⑤   **0490** $\dfrac{3}{4}$ **0491** ②   **0492** ⑤   **0493** ②

유형 만렙

기출로 다지는 필수 유형서

확률과 통계

Structure
구성과 특징

A 개념 확인

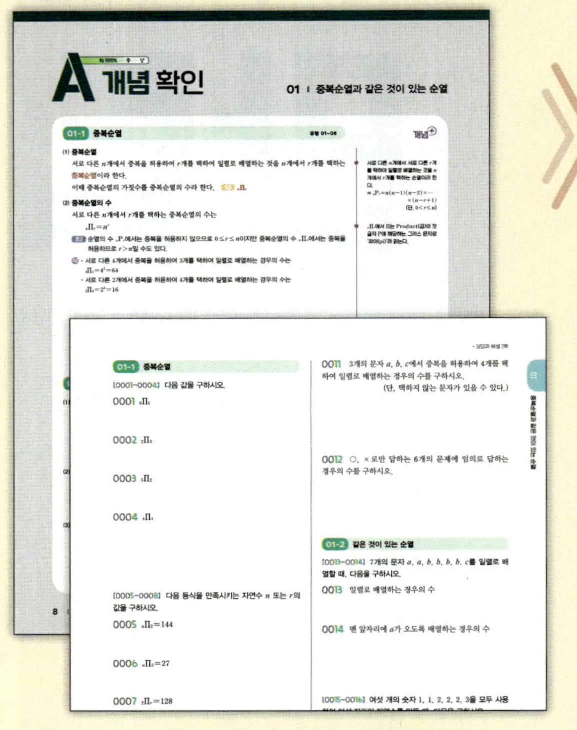

- 교과서 핵심 개념을 중단원별로 제공
- 개념을 익힐 수 있도록 충분한 기본 문제 제공
- 개념 이해를 도울 수 있는 예, 참고, TIP, 개념+ 등을 제공

B 유형 완성

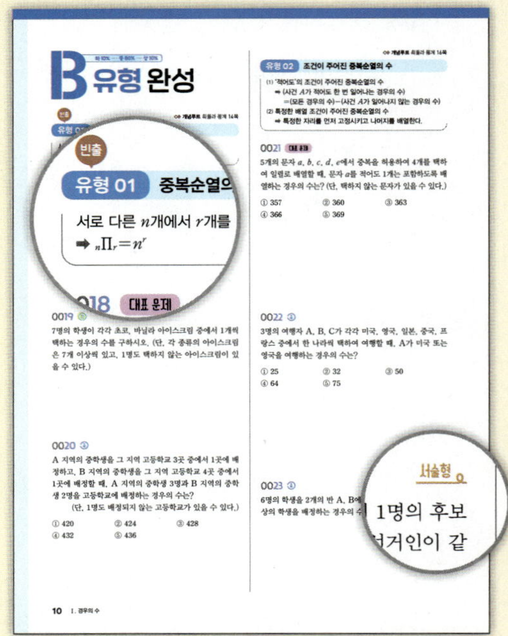

- 학교 기출 문제를 철저하게 분석하여 '개념, 발문 형태, 전략'에 따라 유형을 분류
- 학교 시험에 자주 출제되는 유형을 빈출로 구성
- 유형별로 문제를 해결하는 데 필요한 개념이나 풀이 전략 제공
- 유형별로 실력을 완성할 수 있게 유형 내 문제를 난이도 순서대로 구성
- 다양한 기출 문제를 풀어볼 수 있도록 학평, 모평, 수능 문제 구성
- 서술형으로 출제되는 문제는 답안 작성을 연습할 수 있도록 서술형 문제 구성
- 각 유형마다 실력을 탄탄히 다질 수 있게 개념루트 교재와 연계

AB 유형 점검

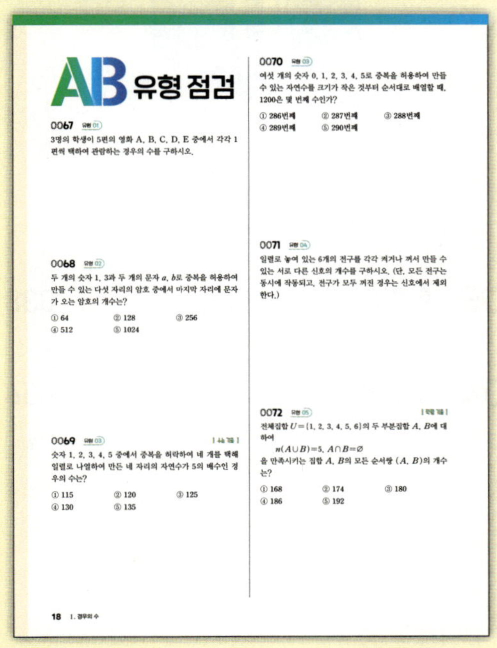

- 앞에서 학습한 A, B단계 문제를 풀어 실력 점검
- 틀린 문제는 해당 유형을 다시 점검할 수 있도록 문제마다 유형 제공
- 학교 시험에 자주 출제되는 서술형 문제 제공

C 실력 향상

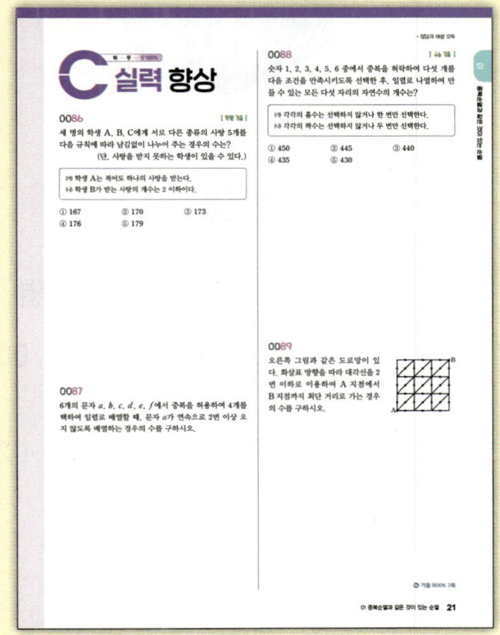

- 사고력 문제를 풀어 고난도 시험 문제 대비

시험 직전 **기출 280문제**로 실전 대비

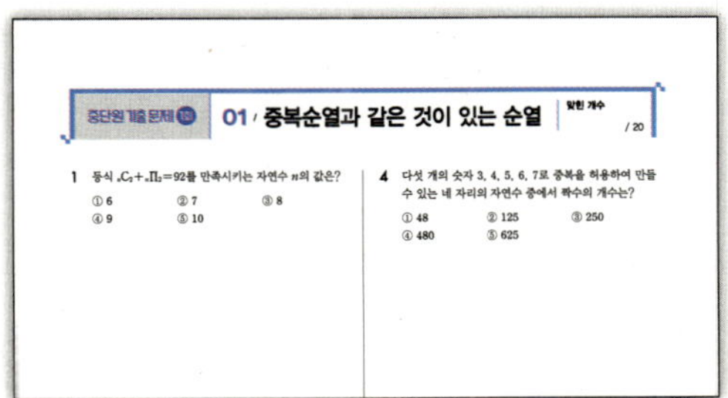

- 학교 시험에 자주 출제되는 문제로 실전 대비

Contents
차례

I

/

경우의 수

01 / 중복순열과 같은 것이 있는 순열

008

02 / 중복조합과 이항정리 022

II

/

확률

03 / 확률의 개념과 활용 038

04 / 조건부확률 056

III

통계

05 / 이산확률변수와 이항분포 　072

06 / 연속확률변수와 정규분포 　092

07 / 통계적 추정 　110

◆ 표준정규분포표 　128

I

경우의 수

01 / 중복순열과 같은 것이 있는 순열

유형 **01** 중복순열의 수

유형 **02** 조건이 주어진 중복순열의 수

유형 **03** 중복순열 – 자연수의 개수

유형 **04** 중복순열 – 신호의 개수

유형 **05** 중복순열 – 집합의 결정

유형 **06** 중복순열 – 함수의 개수

유형 **07** 같은 것이 있는 순열의 수

유형 **08** 순서가 정해진 순열의 수

유형 **09** 같은 것이 있는 순열 – 자연수의 개수

유형 **10** 최단 거리로 가는 경우의 수

유형 **11** 최단 거리로 가는 경우의 수 – 장애물이 있는 경우

02 / 중복조합과 이항정리

유형 **01** 중복조합의 수

유형 **02** 조건이 주어진 중복조합의 수

유형 **03** 중복조합 – 전개식에서 항의 개수

유형 **04** 중복조합 – 대소가 정해진 경우

유형 **05** 중복조합 – 방정식의 해의 개수

유형 **06** 중복조합 – 함수의 개수

유형 **07** $(a+b)^n$의 전개식

유형 **08** $(a+b)(c+d)^n$의 전개식

유형 **09** $(a+b)^m(c+d)^n$의 전개식

유형 **10** 이항계수의 합

유형 **11** 이항계수의 합 – 전개식에서 계수의 합

유형 **12** 이항계수의 성질

유형 **13** $(1+x)^n$의 전개식의 활용

대수　 [대수]를 이수한 학생을 위한 이항정리

01-1 중복순열   유형 01~06

(1) 중복순열

서로 다른 n개에서 중복을 허용하여 r개를 택하여 일렬로 배열하는 것을 n개에서 r개를 택하는 **중복순열**이라 한다.

이때 중복순열의 가짓수를 중복순열의 수라 한다.   **기호** $_n\Pi_r$

(2) 중복순열의 수

서로 다른 n개에서 r개를 택하는 중복순열의 수는

$$_n\Pi_r = n^r$$

참고 순열의 수 $_nP_r$에서는 중복을 허용하지 않으므로 $0 \le r \le n$이지만 중복순열의 수 $_n\Pi_r$에서는 중복을 허용하므로 $r > n$일 수도 있다.

예 · 서로 다른 4개에서 중복을 허용하여 3개를 택하여 일렬로 배열하는 경우의 수는

$$_4\Pi_3 = 4^3 = 64$$

· 서로 다른 2개에서 중복을 허용하여 4개를 택하여 일렬로 배열하는 경우의 수는

$$_2\Pi_4 = 2^4 = 16$$

개념+

● 서로 다른 n개에서 서로 다른 r개를 택하여 일렬로 배열하는 것을 n개에서 r개를 택하는 순열이라 한다.
$$\Rightarrow\ _nP_r = n(n-1)(n-2) \times \cdots$$
$$\times (n-r+1)$$
$$(\text{단},\ 0 < r \le n)$$

● $_n\Pi_r$에서 Π는 Product(곱)의 첫 글자 P에 해당하는 그리스 문자로 '파이(pi)'라 읽는다.

01-2 같은 것이 있는 순열   유형 07~11

(1) 같은 것이 있는 순열의 수

n개 중에서 같은 것이 각각 p개, q개, $\ldots$, r개씩 있을 때, n개를 일렬로 배열하는 순열의 수는

$$\frac{n!}{p! \times q! \times \cdots \times r!} \ (\text{단},\ p+q+\cdots+r=n)$$

예 5개의 문자 a, a, a, b, b를 일렬로 배열하는 경우의 수는

$$\frac{5!}{3! \times 2!} = 10$$

(2) 순서가 정해진 순열의 수

서로 다른 n개 중에서 특정한 r개의 순서가 정해졌을 때, n개를 일렬로 배열하는 순열의 수는

$$\frac{n!}{r!}$$

참고 순서가 정해진 것들은 모두 같은 것으로 생각한다.

(3) 최단 거리로 가는 경우의 수

오른쪽 그림과 같은 도로망의 A 지점에서 B 지점까지 최단 거리로 가려면 오른쪽으로 p칸, 위쪽으로 q칸 가야 하므로 최단 거리로 가는 경우의 수는

$$\frac{(p+q)!}{p! \times q!}$$

● n개를 서로 다른 것으로 생각하여 일렬로 배열한 것 중에서 서로 같은 것이 $(p! \times q! \times \cdots \times r!)$가지씩 있다.

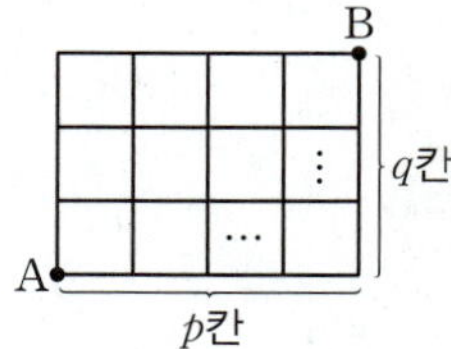

01-1 중복순열

[0001~0004] 다음 값을 구하시오.

0001 $_6\Pi_1$

0002 $_2\Pi_3$

0003 $_5\Pi_2$

0004 $_4\Pi_4$

[0005~0008] 다음 등식을 만족시키는 자연수 n 또는 r의 값을 구하시오.

0005 $_n\Pi_2=144$

0006 $_n\Pi_3=27$

0007 $_2\Pi_r=128$

0008 $_5\Pi_r=125$

[0009~0010] 다음을 구하시오.

0009 서로 다른 3개에서 5개를 택하는 중복순열의 수

0010 서로 다른 6개에서 3개를 택하는 중복순열의 수

0011 3개의 문자 a, b, c에서 중복을 허용하여 4개를 택하여 일렬로 배열하는 경우의 수를 구하시오.
(단, 택하지 않는 문자가 있을 수 있다.)

0012 ○, ×로만 답하는 6개의 문제에 임의로 답하는 경우의 수를 구하시오.

01-2 같은 것이 있는 순열

[0013~0014] 7개의 문자 a, a, b, b, b, b, c를 일렬로 배열할 때, 다음을 구하시오.

0013 일렬로 배열하는 경우의 수

0014 맨 앞자리에 a가 오도록 배열하는 경우의 수

[0015~0016] 여섯 개의 숫자 1, 1, 2, 2, 2, 3을 모두 사용하여 여섯 자리의 자연수를 만들 때, 다음을 구하시오.

0015 만들 수 있는 자연수의 개수

0016 일의 자리의 숫자가 1인 자연수의 개수

0017 오른쪽 그림과 같은 도로망이 있다. A 지점에서 B 지점까지 최단 거리로 가는 경우의 수를 구하시오.

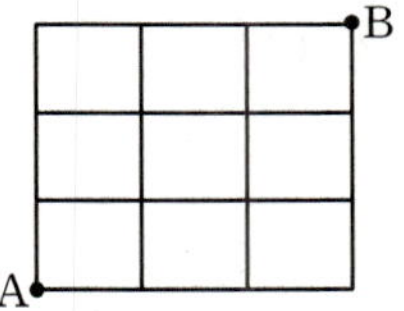

B 유형 완성

하 10% ···· 중 80% ···· 상 10%

빈출

유형 01   중복순열의 수

서로 다른 n개에서 r개를 택하는 중복순열의 수
➡ $_n\Pi_r=n^r$

0021   대표 문제

0018   대표 문제

서로 다른 3개의 과일을 서로 다른 4개의 접시에 나누어 담는 경우의 수는?

① 8 　　　　　② 27 　　　　　③ 64
④ 81 　　　　　⑤ 125

0019   하

7명의 학생이 각각 초코, 바닐라 아이스크림 중에서 1개씩 택하는 경우의 수를 구하시오. (단, 각 종류의 아이스크림은 7개 이상씩 있고, 1명도 택하지 않는 아이스크림이 있을 수 있다.)

0020   중

A 지역의 중학생을 그 지역 고등학교 3곳 중에서 1곳에 배정하고, B 지역의 중학생을 그 지역 고등학교 4곳 중에서 1곳에 배정할 때, A 지역의 중학생 3명과 B 지역의 중학생 2명을 고등학교에 배정하는 경우의 수는?
　　　(단, 1명도 배정되지 않는 고등학교가 있을 수 있다.)

① 420 　　　　　② 424 　　　　　③ 428
④ 432 　　　　　⑤ 436

유형 02   조건이 주어진 중복순열의 수

(1) '적어도'의 조건이 주어진 중복순열의 수
　➡ (사건 A가 적어도 한 번 일어나는 경우의 수)
　　＝(모든 경우의 수)－(사건 A가 일어나지 않는 경우의 수)
(2) 특정한 배열 조건이 주어진 중복순열의 수
　➡ 특정한 자리를 먼저 고정시키고 나머지를 배열한다.

0021   대표 문제

5개의 문자 a, b, c, d, e에서 중복을 허용하여 4개를 택하여 일렬로 배열할 때, 문자 a를 적어도 1개는 포함하도록 배열하는 경우의 수는? (단, 택하지 않는 문자가 있을 수 있다.)

① 357 　　　　　② 360 　　　　　③ 363
④ 366 　　　　　⑤ 369

0022   중

3명의 여행자 A, B, C가 각각 미국, 영국, 일본, 중국, 프랑스 중에서 한 나라씩 택하여 여행할 때, A가 미국 또는 영국을 여행하는 경우의 수는?

① 25 　　　　　② 32 　　　　　③ 50
④ 64 　　　　　⑤ 75

0023   중

6명의 학생을 2개의 반 A, B에 배정할 때, 각 반에 1명 이상의 학생을 배정하는 경우의 수를 구하시오.

0024

4명의 후보가 출마한 선거에서 4명의 선거인이 1명의 후보에게 각각 기명으로 투표할 때, 적어도 2명의 선거인이 같은 후보에게 투표하는 경우의 수를 구하시오.

(단, 기권이나 무효표는 없다.)

0025

4개의 문자 L, O, V, E로 중복을 허용하여 만들 수 있는 다섯 자리의 암호 중에서 문자 V가 2번 나오는 암호의 개수는? (단, 택하지 않는 문자가 있을 수 있다.)

① 240   ② 250   ③ 260
④ 270   ⑤ 280

0026

서로 다른 공 6개를 남김없이 세 주머니 A, B, C에 나누어 넣을 때, 주머니 A에 넣은 공의 개수가 3이 되도록 나누어 넣는 경우의 수는?

(단, 공을 넣지 않는 주머니가 있을 수 있다.)

① 120   ② 130   ③ 140
④ 150   ⑤ 160

유형 03   중복순열 – 자연수의 개수

(1) 0을 포함하지 않은 n개의 한 자리의 숫자로 중복을 허용하여 만들 수 있는 m자리의 자연수의 개수 ➡ $_n\Pi_m$

(2) 0을 포함한 $(n+1)$개의 한 자리의 숫자로 중복을 허용하여 만들 수 있는 m자리의 자연수의 개수
➡ $n \times _{n+1}\Pi_{m-1}$

0027 대표 문제

다섯 개의 숫자 0, 1, 2, 3, 4로 중복을 허용하여 만들 수 있는 네 자리의 자연수 중에서 홀수의 개수는?

① 145   ② 160   ③ 185
④ 200   ⑤ 215

0028

네 개의 숫자 0, 1, 2, 3으로 중복을 허용하여 만들 수 있는 세 자리의 자연수의 개수를 구하시오.

0029

숫자 0, 1, 2, 3 중에서 중복을 허락하여 네 개를 선택한 후, 일렬로 나열하여 만든 네 자리 자연수가 2100보다 작은 경우의 수는?

① 80   ② 85   ③ 90
④ 95   ⑤ 100

0030 서술형

다섯 개의 숫자 0, 1, 2, 3, 4로 중복을 허용하여 만들 수 있는 세 자리의 자연수 중에서 숫자 3을 적어도 1개는 포함하는 자연수의 개수를 구하시오.

0031 | 학평 기출 |

숫자 0, 1, 2 중에서 중복을 허락하여 4개를 택해 일렬로 나열하여 만들 수 있는 네 자리의 자연수 중 각 자리의 수의 합이 7 이하인 자연수의 개수는?

① 45　　　　② 47　　　　③ 49
④ 51　　　　⑤ 53

◆◆ 개념루트 확률과 통계 20쪽

유형 04　중복순열 – 신호의 개수

서로 다른 n개의 기호에서 중복을 허용하여 최대 r개까지 사용하여 만들 수 있는 신호의 개수
➡ $_n\Pi_1 + _n\Pi_2 + _n\Pi_3 + \cdots + _n\Pi_r$

0032 대표 문제

두 부호 •, —를 일렬로 배열하여 신호를 만들려고 한다. 두 부호를 합해서 3개 이상 5개 이하로 사용하여 만들 수 있는 서로 다른 신호의 개수는?

① 28　　　　② 56　　　　③ 128
④ 256　　　　⑤ 512

0033

네 기호 →, ←, ↑, ↓를 일렬로 배열하여 신호를 만들려고 한다. 네 기호를 합해서 4개 이하로 사용하여 만들 수 있는 서로 다른 신호의 개수를 구하시오.

0034

세 기호 △, □, ☆을 일렬로 배열하여 신호를 만들려고 한다. 세 기호를 합해서 n개 이하로 사용하여 300개 이상의 서로 다른 신호를 만들려고 할 때, n의 최솟값은?

① 4　　　　② 5　　　　③ 6
④ 7　　　　⑤ 8

◆◆ 개념루트 확률과 통계 20쪽

유형 05　중복순열 – 집합의 결정

전체집합 U의 두 부분집합 A, B에 대하여 A, B를 정하는 경우의 수를 구할 때, U의 각 원소는 네 집합
　(i) $A-B$　(ii) $B-A$
　(iii) $A \cap B$　(iv) $(A \cup B)^c$
중에서 어느 한 집합의 원소임을 이용한다.

예 전체집합 $U = \{1, 2, 3\}$의 두 부분집합 A, B가 $A \cap B = \{1\}$을 만족시킬 때, U의 나머지 원소 2, 3은 $A-B$, $B-A$, $(A \cup B)^c$ 중에서 어느 한 집합의 원소이다. 따라서 두 집합 A, B를 정하는 경우의 수는 3개의 집합에서 2개를 택하는 중복순열의 수와 같으므로
$_3\Pi_2 = 3^2 = 9$

0035 대표 문제

전체집합 $U = \{1, 2, 3, 4, 5\}$의 두 부분집합 A, B가 $A \cap B = \{2, 4\}$를 만족시킬 때, 두 집합 A, B를 정하는 경우의 수를 구하시오.

0036 (상)

전체집합 $U=\{1,\ 2,\ 3,\ 4\}$의 두 부분집합 A, B가
$A\cup B=U$, $n(A\cap B)=1$을 만족시킬 때, 두 집합 A, B
를 정하는 경우의 수는?

① 8   ② 16   ③ 32
④ 64   ⑤ 128

◆◆ **개념루트 확률과 통계 22쪽**

두 집합 X, Y의 원소의 개수가 각각 m, n일 때, X에서 Y로의
(1) 함수의 개수 ➡ $_n\Pi_m$
(2) 일대일함수의 개수 ➡ $_n\mathrm{P}_m$ (단, $m\leq n$)

0037 [대표 문제]

두 집합 $X=\{1,\ 2,\ 3\}$, $Y=\{1,\ 2,\ 3,\ 4,\ 5\}$에 대하여 X
에서 Y로의 함수 f 중에서 $f(1)\neq1$인 함수의 개수는?

① 25   ② 50   ③ 75
④ 100   ⑤ 125

0038 (하)

두 집합 $X=\{-1,\ 1\}$, $Y=\{a,\ b,\ c,\ d\}$에 대하여 X에
서 Y로의 함수의 개수를 m, 일대일함수의 개수를 n이라
할 때, $m-n$의 값을 구하시오.

0039 (중)

두 집합 $X=\{-3,\ -1,\ 1,\ 3\}$, $Y=\{2,\ 4,\ 6\}$에 대하여
X에서 Y로의 함수 f 중에서 $f(-1)=4$, $f(3)=6$인 함수
의 개수를 구하시오.

0040 (중)

두 집합 $X=\{a,\ b,\ c,\ d,\ e\}$, $Y=\{1,\ 2\}$에 대하여 X에
서 Y로의 함수 중에서 치역과 공역이 같은 함수의 개수는?

① 24   ② 26   ③ 28
④ 30   ⑤ 32

◆◆ **개념루트 확률과 통계 28쪽**

n개 중에서 같은 것이 각각 p개, q개, $\ldots$, r개씩 있을 때, n개
를 일렬로 배열하는 순열의 수
➡ $\dfrac{n!}{p!\times q!\times\cdots\times r!}$ (단, $p+q+\cdots+r=n$)

0041 [대표 문제]

passion에 있는 7개의 문자를 일렬로 배열할 때, 양 끝에
p와 n이 오도록 배열하는 경우의 수는?

① 60   ② 80   ③ 100
④ 120   ⑤ 150

0042 ㉵

pressure에 있는 8개의 문자를 일렬로 배열하는 경우의 수를 구하시오.

0043 ㉷

노란 공 4개, 파란 공 3개, 흰 공 6개를 일렬로 배열하여 좌우 대칭이 되도록 하는 경우의 수를 구하시오.

(단, 같은 색의 공은 서로 구별하지 않는다.)

0044 ㉷

statistics에 있는 10개의 문자를 일렬로 배열할 때, 모음끼리 서로 이웃하도록 배열하는 경우의 수는?

① 1120 　　② 2240 　　③ 3360
④ 4480 　　⑤ 5600

0045 ㉷

8개의 문자 a, a, b, c, c, c, d, e를 일렬로 배열할 때, b와 d가 서로 이웃하지 않도록 배열하는 경우의 수는?

① 60 　　② 540 　　③ 1860
④ 2520 　　⑤ 3360

0046 ㉷

두 집합 $X=\{1,\ 2,\ 3,\ 4\}$, $Y=\{4,\ 5,\ 6\}$에 대하여 X에서 Y로의 함수 f 중에서

$$f(1)+f(2)+f(3)+f(4)=19$$

인 함수의 개수를 구하시오.

0047 ㉵

8단으로 된 계단을 한 번에 1단 또는 2단씩 올라서 맨 위의 단까지 가는 경우의 수는?

① 30 　　② 31 　　③ 32
④ 33 　　⑤ 34

0048 ㉵

follow에 있는 6개의 문자를 일렬로 배열할 때, o끼리 서로 이웃하거나 l끼리 서로 이웃하도록 배열하는 경우의 수는?

① 60 　　② 96 　　③ 120
④ 136 　　⑤ 150

빈출

◇◆ 개념루트 확률과 통계 30쪽

유형 08 순서가 정해진 순열의 수

서로 다른 n개 중에서 특정한 $r\,(0<r\leq n)$개의 순서가 정해졌을 때, n개를 일렬로 배열하는 순열의 수
➡ 순서가 정해진 r개를 같은 것으로 생각하여 같은 것이 r개 포함된 n개를 일렬로 배열하는 경우의 수를 구한다.
➡ $\dfrac{n!}{r!}$

0049 대표 문제

teacher에 있는 7개의 문자를 일렬로 배열할 때, t가 c보다 앞에 오도록 배열하는 경우의 수를 구하시오.

0050 중

orange에 있는 6개의 문자를 일렬로 배열할 때, 모음은 알파벳 순서대로 배열하는 경우의 수는?

① 10　　　　② 20　　　　③ 30
④ 60　　　　⑤ 120

0051 중

크기가 서로 다른 빨간 구슬 6개와 같은 종류의 파란 구슬 3개가 있다. 이 9개의 구슬을 모두 일렬로 배열할 때, 빨간 구슬은 크기가 작은 것부터 순서대로 배열하는 경우의 수는? (단, 같은 종류의 파란 구슬끼리는 서로 구별하지 않는다.)

① 66　　　　② 72　　　　③ 78
④ 84　　　　⑤ 90

0052 중

여섯 개의 숫자 1, 2, 3, 4, 5, 6을 일렬로 배열할 때, 1은 4보다 앞에 오고 3은 5보다 뒤에 오도록 배열하는 경우의 수는?

① 165　　　　② 180　　　　③ 195
④ 210　　　　⑤ 225

0053 중

practical에 있는 9개의 문자를 일렬로 배열할 때, 모음이 자음보다 앞에 오도록 배열하는 경우의 수는?

① 1050　　　　② 1060　　　　③ 1070
④ 1080　　　　⑤ 1090

◇◆ 개념루트 확률과 통계 32쪽

유형 09 같은 것이 있는 순열 – 자연수의 개수

주어진 자연수의 조건에 따라 기준이 되는 자리의 숫자를 먼저 정한 후 같은 것이 있는 순열을 이용하여 나머지 자리에 남은 숫자를 배열한다.

0054 대표 문제

다섯 개의 숫자 1, 2, 2, 3, 4를 모두 사용하여 만들 수 있는 다섯 자리의 자연수 중에서 짝수의 개수를 구하시오.

0055 (중)

여섯 개의 숫자 0, 1, 1, 2, 3, 3을 모두 사용하여 만들 수 있는 여섯 자리의 자연수의 개수는?

① 60   ② 90   ③ 120
④ 150   ⑤ 180

0056 (중)

여덟 개의 숫자 1, 1, 2, 2, 2, 3, 4, 4를 모두 사용하여 만들 수 있는 여덟 자리의 자연수 중에서 백의 자리, 십의 자리, 일의 자리의 숫자가 모두 홀수인 자연수의 개수는?

① 30   ② 35   ③ 40
④ 45   ⑤ 50

0057 (중)

일곱 개의 숫자 0, 1, 1, 2, 3, 3, 4를 모두 사용하여 만들 수 있는 일곱 자리의 자연수 중에서 3000000보다 큰 자연수의 개수를 구하시오.

0058 (중)

일곱 개의 숫자 1, 1, 2, 2, 3, 3, 3에서 4개의 숫자를 택하여 만들 수 있는 네 자리의 자연수 중에서 3의 배수의 개수를 구하시오.

빈출   ◆◆ 개념루트 확률과 통계 34쪽

유형 10   최단 거리로 가는 경우의 수

오른쪽 그림과 같은 도로망의 A 지점에서 B 지점까지 최단 거리로 가는 경우의 수

$$\Rightarrow \frac{(p+q)!}{p! \times q!}$$

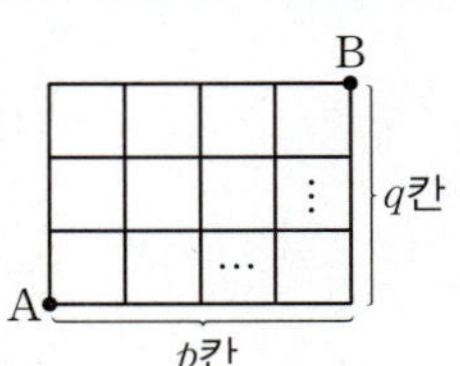

참고 A 지점에서 P 지점을 거쳐 B 지점까지 최단 거리로 가는 경우의 수

➡ (A 지점에서 P 지점까지 최단 거리로 가는 경우의 수)
×(P 지점에서 B 지점까지 최단 거리로 가는 경우의 수)

0059   대표 문제

오른쪽 그림과 같은 도로망이 있다. A 지점에서 P 지점을 거쳐 B 지점까지 최단 거리로 가는 경우의 수를 구하시오.

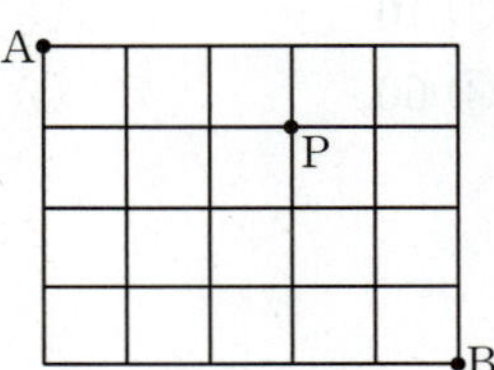

0060 (중)

오른쪽 그림과 같은 도로망이 있다. A 지점에서 P 지점을 거치지 않고 B 지점까지 최단 거리로 가는 경우의 수를 구하시오.

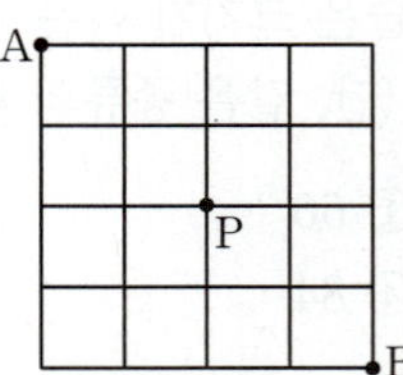

0061 ⓒ

다음 그림과 같은 도로망이 있다. A 지점에서 B 지점까지 최단 거리로 갈 때, P 지점 또는 Q 지점을 거쳐 가는 경우의 수를 구하시오.

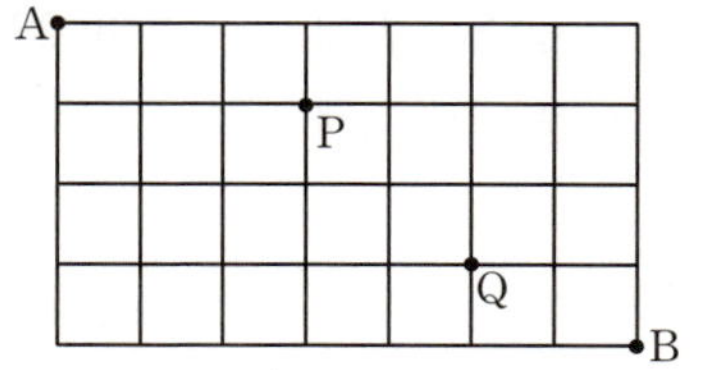

0062 ⓒ

오른쪽 그림과 같이 크기가 같은 정육면체 24개를 쌓아 올려 만든 직육면체가 있다. 각 정육면체의 모서리를 따라 꼭짓점 A에서 꼭짓점 B까지 최단 거리로 가는 경우의 수는?

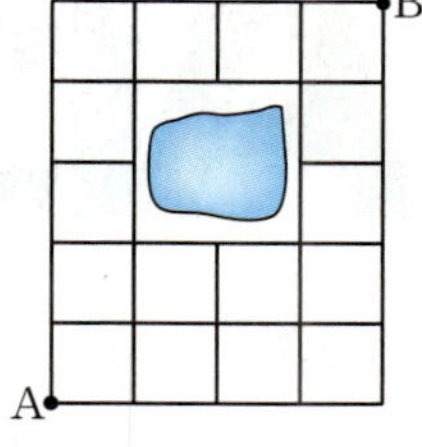

① 1230   ② 1240   ③ 1250

④ 1260   ⑤ 1270

◆◇ 개념루트 확률과 통계 36쪽

장애물이 있는 경우에는 반드시 거쳐야 하지만 중복하여 지나지 않는 지점들을 잡고, 그 지점을 거쳐서 최단 거리로 가는 경우의 수를 각각 구한다.

0063   대표 문제

오른쪽 그림과 같은 도로망이 있다. A 지점에서 B 지점까지 최단 거리로 가는 경우의 수를 구하시오.

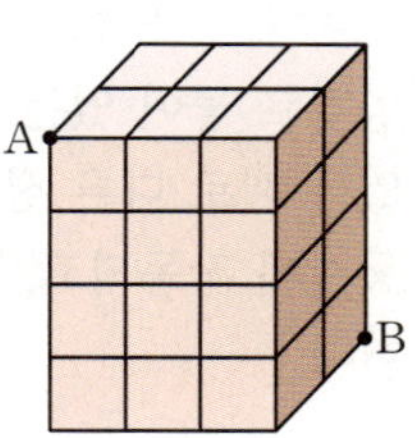

0064 ⓒ

오른쪽 그림과 같은 도로망이 있다. A 지점에서 B 지점까지 최단 거리로 가는 경우의 수는?

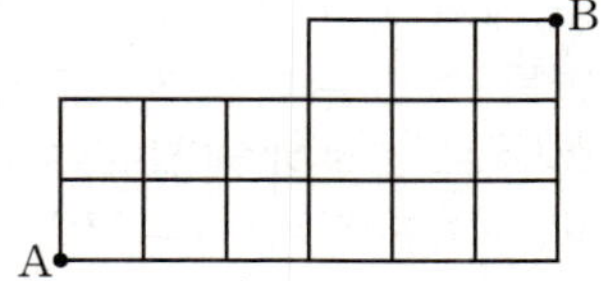

① 60   ② 62

③ 64   ④ 66

⑤ 68

0065 ⓒ

오른쪽 그림과 같은 도로망이 있다. A 지점에서 B 지점까지 최단 거리로 가는 경우의 수를 구하시오.

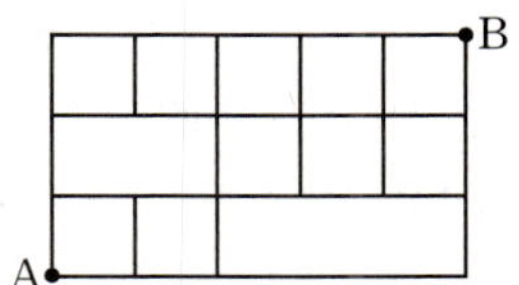

0066 ⓢ

오른쪽 그림과 같은 도로망이 있다. A 지점에서 B 지점까지 최단 거리로 가는 경우의 수를 구하시오.

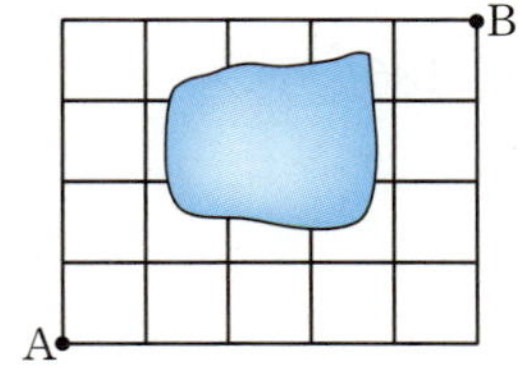

AB 유형 점검

0067 유형 01

3명의 학생이 5편의 영화 A, B, C, D, E 중에서 각각 1편씩 택하여 관람하는 경우의 수를 구하시오.

0068 유형 02

두 개의 숫자 1, 3과 두 개의 문자 a, b로 중복을 허용하여 만들 수 있는 다섯 자리의 암호 중에서 마지막 자리에 문자가 오는 암호의 개수는?

① 64   ② 128   ③ 256
④ 512   ⑤ 1024

0069 유형 03 | 수능 기출 |

숫자 1, 2, 3, 4, 5 중에서 중복을 허락하여 네 개를 택해 일렬로 나열하여 만든 네 자리의 자연수가 5의 배수인 경우의 수는?

① 115   ② 120   ③ 125
④ 130   ⑤ 135

0070 유형 03

여섯 개의 숫자 0, 1, 2, 3, 4, 5로 중복을 허용하여 만들 수 있는 자연수를 크기가 작은 것부터 순서대로 배열할 때, 1200은 몇 번째 수인가?

① 286번째   ② 287번째   ③ 288번째
④ 289번째   ⑤ 290번째

0071 유형 04

일렬로 놓여 있는 6개의 전구를 각각 켜거나 꺼서 만들 수 있는 서로 다른 신호의 개수를 구하시오. (단, 모든 전구는 동시에 작동되고, 전구가 모두 꺼진 경우는 신호에서 제외한다.)

0072 유형 05 | 학평 기출 |

전체집합 $U=\{1, 2, 3, 4, 5, 6\}$의 두 부분집합 A, B에 대하여
$$n(A \cup B)=5, \quad A \cap B=\varnothing$$
을 만족시키는 집합 A, B의 모든 순서쌍 (A, B)의 개수는?

① 168   ② 174   ③ 180
④ 186   ⑤ 192

0073 유형 06

두 집합 $X=\{a,\ b,\ c\}$, $Y=\{1,\ 2,\ 3,\ 4,\ 5,\ 6\}$에 대하여 X에서 Y로의 함수 f의 개수를 m, X에서 Y로의 함수 f 중에서 $f(b)=3$인 함수의 개수를 n이라 할 때, $m-n$의 값을 구하시오.

0074 유형 06

집합 $X=\{0,\ 1,\ 2,\ 3,\ 4\}$에 대하여 X에서 X로의 함수 f 중에서 $f(2)f(3)f(4)\neq0$을 만족시키는 함수의 개수는?

① 1500   ② 1550   ③ 1600
④ 1650   ⑤ 1700

0075 유형 07

museum에 있는 6개의 문자를 일렬로 배열할 때, 양 끝에 m이 오도록 배열하는 경우의 수를 구하시오.

0076 유형 07

7개의 문자 $a,\ a,\ b,\ c,\ d,\ d,\ d$를 일렬로 배열할 때, b와 c가 서로 이웃하도록 배열하는 경우의 수는?

① 40   ② 60   ③ 80
④ 100   ⑤ 120

0077 유형 07 | 학평 기출 |

흰 공 2개, 빨간 공 2개, 검은 공 4개를 일렬로 나열할 때, 흰 공은 서로 이웃하지 않게 나열하는 경우의 수는?

(단, 같은 색의 공끼리는 서로 구별하지 않는다.)

① 295   ② 300   ③ 305
④ 310   ⑤ 315

0078 유형 08

여섯 개의 숫자 1, 2, 2, 3, 4, 5를 일렬로 배열할 때, 홀수는 크기가 작은 것부터 순서대로 배열하는 경우의 수를 구하시오.

0079 유형 09

여섯 개의 숫자 1, 2, 2, 2, 3, 3에서 3개의 숫자를 택하여 만들 수 있는 세 자리의 자연수의 개수는?

① 18   ② 19   ③ 20
④ 21   ⑤ 22

0080　유형 09

일곱 개의 숫자 0, 0, 1, 2, 2, 3, 3을 모두 사용하여 만들 수 있는 일곱 자리의 자연수 중에서 홀수의 개수는?

① 60　　　② 90　　　③ 120
④ 150　　　⑤ 180

0081　유형 10

다음 그림과 같이 마름모 모양으로 연결된 도로망이 있다. A 지점에서 B 지점까지 최단 거리로 가는 경우의 수는?

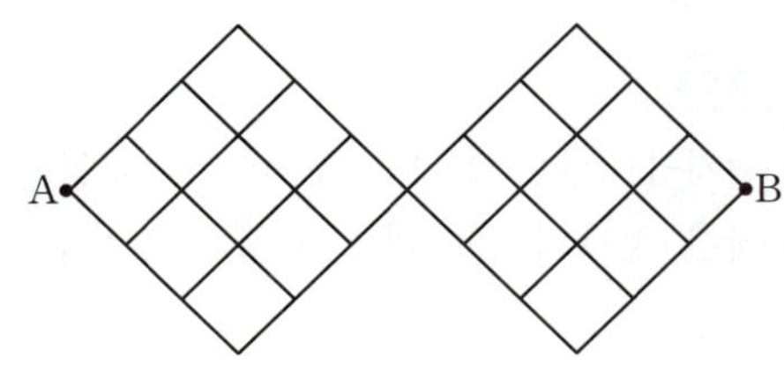

① 200　　　② 300　　　③ 400
④ 500　　　⑤ 600

0082　유형 11

다음 그림과 같은 도로망이 있다. A 지점에서 B 지점까지 최단 거리로 가는 경우의 수를 구하시오.

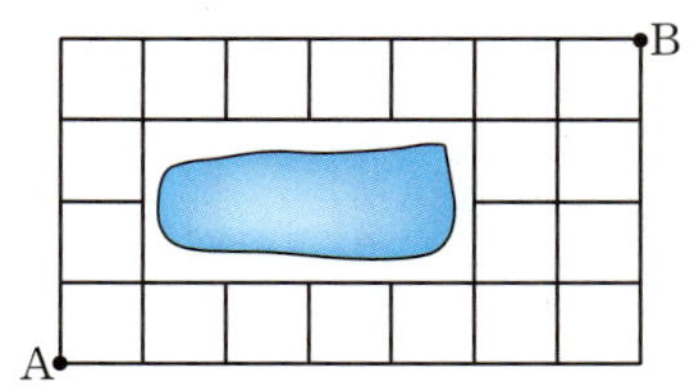

서술형

0083　유형 03

다섯 개의 숫자 1, 2, 3, 4, 5로 중복을 허용하여 만들 수 있는 네 자리의 자연수 중에서 3400보다 큰 자연수의 개수를 구하시오.

0084　유형 06

집합 $X=\{1, 2, 3, 4, 5\}$에 대하여 다음 조건을 만족시키는 X에서 X로의 함수 f의 개수를 구하시오.

㈎ 치역의 원소의 개수는 2이다.
㈏ $f(1)+f(3)=5$

0085　유형 10

오른쪽 그림과 같은 도로망이 있다. A 지점에서 P 지점과 Q 지점 사이의 도로를 거치지 않고 B 지점까지 최단 거리로 가는 경우의 수를 구하시오.

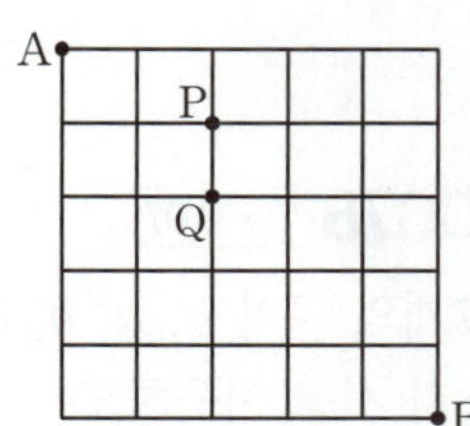

C 실력 향상

0086

세 명의 학생 A, B, C에게 서로 다른 종류의 사탕 5개를 다음 규칙에 따라 남김없이 나누어 주는 경우의 수는?

(단, 사탕을 받지 못하는 학생이 있을 수 있다.)

> ㈎ 학생 A는 적어도 하나의 사탕을 받는다.
>
> ㈏ 학생 B가 받는 사탕의 개수는 2 이하이다.

① 167　　　② 170　　　③ 173
④ 176　　　⑤ 179

0087

6개의 문자 a, b, c, d, e, f에서 중복을 허용하여 4개를 택하여 일렬로 배열할 때, 문자 a가 연속으로 2번 이상 오지 않도록 배열하는 경우의 수를 구하시오.

0088

숫자 1, 2, 3, 4, 5, 6 중에서 중복을 허락하여 다섯 개를 다음 조건을 만족시키도록 선택한 후, 일렬로 나열하여 만들 수 있는 모든 다섯 자리의 자연수의 개수는?

> ㈎ 각각의 홀수는 선택하지 않거나 한 번만 선택한다.
>
> ㈏ 각각의 짝수는 선택하지 않거나 두 번만 선택한다.

① 450　　　② 445　　　③ 440
④ 435　　　⑤ 430

0089

오른쪽 그림과 같은 도로망이 있다. 화살표 방향을 따라 대각선을 2번 이하로 이용하여 A 지점에서 B 지점까지 최단 거리로 가는 경우의 수를 구하시오.

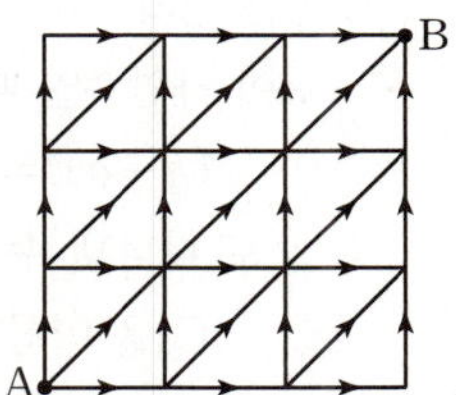

🔄 기출 BOOK 2쪽

02-1 중복조합 　　　　　　　　　　　　　　　　　　　　　유형 01~06

(1) 중복조합

　서로 다른 n개에서 중복을 허용하여 r개를 택하는 조합을 n개에서 r개를 택하는 **중복조합**이라 한다.

　이때 중복조합의 가짓수를 중복조합의 수라 한다.　[기호] $_n\mathrm{H}_r$

(2) 중복조합의 수

　서로 다른 n개에서 r개를 택하는 중복조합의 수는

　　$_n\mathrm{H}_r = {}_{n+r-1}\mathrm{C}_r$

　[참고] 조합의 수 $_n\mathrm{C}_r$에서는 중복을 허용하지 않으므로 $0 \le r \le n$이지만 중복조합의 수 $_n\mathrm{H}_r$에서는 중복을 허용하므로 $r > n$일 수도 있다.

　[예] 서로 다른 3개에서 중복을 허용하여 4개를 택하는 경우의 수는

　　$_3\mathrm{H}_4 = {}_{3+4-1}\mathrm{C}_4 = {}_6\mathrm{C}_4 = {}_6\mathrm{C}_2 = 15$

> 서로 다른 n개에서 서로 다른 r개를 택하는 것을 n개에서 r개를 택하는 조합이라 한다.
> $$\Rightarrow {}_n\mathrm{C}_r = \frac{{}_n\mathrm{P}_r}{r!} = \frac{n!}{r!(n-r)!}$$
> 　　　　　(단, $0 \le r \le n$)
> 이때 조합의 수에 대하여 $_n\mathrm{C}_r = {}_n\mathrm{C}_{n-r}$가 성립한다.

> $_n\mathrm{H}_r$에서 H는 Homogeneous(서로 같은 종류의)의 첫 글자이다.

02-2 이항정리 　　　　　　　　　　　　　　　　　　　　　유형 07~13

(1) 이항정리

　n이 자연수일 때, $(a+b)^n$의 전개식은

　　$(a+b)^n = {}_n\mathrm{C}_0 a^n + {}_n\mathrm{C}_1 a^{n-1}b^1 + \cdots + {}_n\mathrm{C}_r a^{n-r}b^r + \cdots + {}_n\mathrm{C}_n b^n$

　으로 나타낼 수 있고, 이를 **이항정리**라 한다. 이 전개식에서 각 항의 계수 $_n\mathrm{C}_0$, $_n\mathrm{C}_1$, $\ldots$, $_n\mathrm{C}_r$, $\ldots$, $_n\mathrm{C}_n$을 **이항계수**라 하고, $_n\mathrm{C}_r a^{n-r}b^r$을 $(a+b)^n$의 전개식의 일반항이라 한다.

(2) 파스칼의 삼각형

　n이 자연수일 때, $(a+b)^n$의 전개식에서 각 항의 이항계수를 다음과 같이 삼각형 모양으로 배열한 것을 **파스칼의 삼각형**이라 한다.

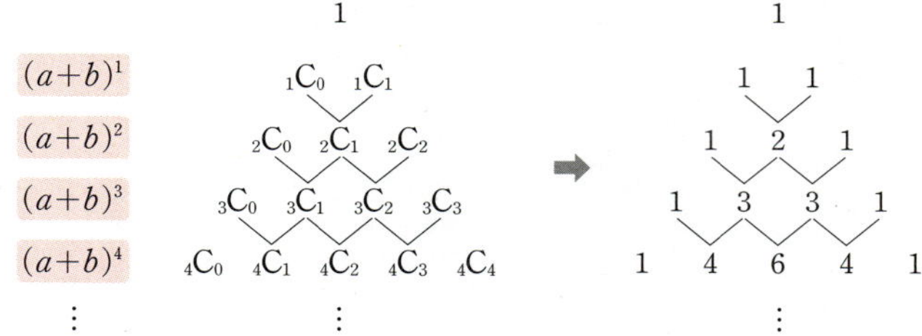

(3) 이항계수의 성질

　n이 자연수일 때, $(1+x)^n = {}_n\mathrm{C}_0 + {}_n\mathrm{C}_1 x + {}_n\mathrm{C}_2 x^2 + \cdots + {}_n\mathrm{C}_n x^n$에서

　① $_n\mathrm{C}_0 + {}_n\mathrm{C}_1 + {}_n\mathrm{C}_2 + \cdots + {}_n\mathrm{C}_n = 2^n$

　② $_n\mathrm{C}_0 - {}_n\mathrm{C}_1 + {}_n\mathrm{C}_2 - \cdots + (-1)^n {}_n\mathrm{C}_n = 0$

　③ $_n\mathrm{C}_0 + {}_n\mathrm{C}_2 + {}_n\mathrm{C}_4 + \cdots = {}_n\mathrm{C}_1 + {}_n\mathrm{C}_3 + {}_n\mathrm{C}_5 + \cdots = 2^{n-1}$

> $a^0 = 1$, $b^0 = 1$로 정한다.
> 　　　　(단, $a \neq 0$, $b \neq 0$)

> $_n\mathrm{C}_r = {}_n\mathrm{C}_{n-r}$이므로 $(a+b)^n$의 전개식에서 $a^{n-r}b^r$의 계수와 $a^r b^{n-r}$의 계수는 서로 같다.

> 파스칼의 삼각형에서는 다음과 같은 조합의 성질을 확인할 수 있다.
> (1) 각 행의 양 끝에 있는 수는 모두 1이다.
> 　$\Rightarrow {}_n\mathrm{C}_0 = 1$, $_n\mathrm{C}_n = 1$
> (2) 각 행의 수의 배열이 좌우 대칭이다.
> 　$\Rightarrow {}_n\mathrm{C}_r = {}_n\mathrm{C}_{n-r}$
> (3) 각 행에서 이웃하는 두 수의 합은 그다음 행에서 두 수의 중앙에 있는 수와 같다.
> 　$\Rightarrow {}_{n-1}\mathrm{C}_{r-1} + {}_{n-1}\mathrm{C}_r = {}_n\mathrm{C}_r$

02-1 중복조합

[0090~0093] 다음 값을 구하시오.

0090 $_2H_3$

0091 $_3H_2$

0092 $_5H_3$

0093 $_5H_8$

[0094~0095] 다음 등식을 만족시키는 자연수 n 또는 r의 값을 구하시오.

0094 $_2H_7={}_nC_1$

0095 $_4H_r={}_6C_3$

[0096~0097] 다음을 구하시오.

0096 서로 다른 3개에서 3개를 택하는 중복조합의 수

0097 서로 다른 4개에서 5개를 택하는 중복조합의 수

0098 4개의 문자 a, b, c, d에서 중복을 허용하여 4개를 택하는 경우의 수를 구하시오.
(단, 택하지 않는 문자가 있을 수 있다.)

0099 1부터 6까지의 자연수에서 중복을 허용하여 5개를 택하는 경우의 수를 구하시오.

02-2 이항정리

[0100~0103] 이항정리를 이용하여 다음 식을 전개하시오.

0100 $(a+b)^4$

0101 $(x-y)^5$

0102 $(2a+3b)^4$

0103 $\left(x-\dfrac{2}{x}\right)^5$

0104 $(a+b)^8$의 전개식에서 다음 항의 계수를 구하시오.

(1) a^7b

(2) a^4b^4

(3) a^2b^6

[0105~0107] 다음 식의 값을 구하시오.

0105 $_5C_0+{}_5C_1+{}_5C_2+{}_5C_3+{}_5C_4+{}_5C_5$

0106 $_6C_0-{}_6C_1+{}_6C_2-\cdots+{}_6C_6$

0107 $_7C_1+{}_7C_3+{}_7C_5+{}_7C_7$

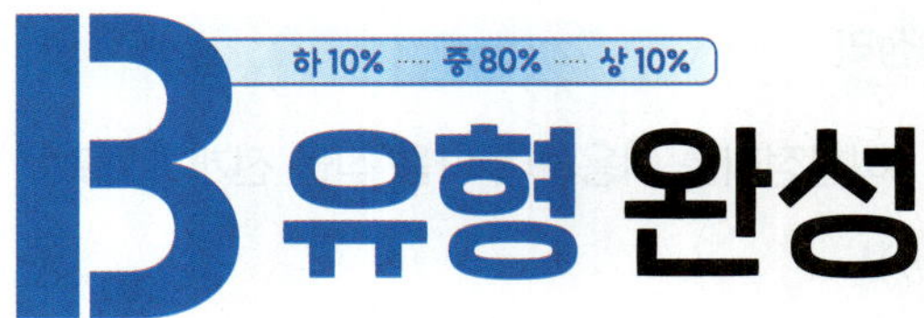

유형 02 조건이 주어진 중복조합의 수

어떤 종류를 일정 개수 이상 포함하여 택하는 경우에는 그 개수만큼 먼저 택하였다고 생각하고 나머지 개수만큼 택하는 중복조합의 수를 구한다.

유형 01 중복조합의 수

서로 다른 n개에서 r개를 택하는 중복조합의 수
➡ $_n\mathrm{H}_r = _{n+r-1}\mathrm{C}_r$

0108 대표 문제

같은 종류의 볼펜 7자루를 5명의 학생에게 나누어 주는 경우의 수는? (단, 볼펜을 받지 못하는 학생이 있을 수 있다.)

① 300 ② 310 ③ 320
④ 330 ⑤ 340

0111 대표 문제

사과, 귤, 오렌지, 복숭아, 참외 5종류의 과일만을 파는 가게에서 10개의 과일을 살 때, 각 과일을 적어도 1개씩 포함하여 사는 경우의 수를 구하시오. (단, 각 종류의 과일은 10개 이상씩 있고, 같은 종류의 과일은 서로 구별하지 않는다.)

0109 (하)

야구공, 농구공, 축구공, 테니스공 중에서 중복을 허용하여 9개의 공을 택하는 경우의 수는? (단, 각 종류의 공은 9개 이상씩 있고, 같은 종류의 공은 서로 구별하지 않는다.)

① 36 ② 126 ③ 220
④ 256 ⑤ 495

0112 (중)

같은 종류의 펜 15개를 세 주머니 A, B, C에 나누어 넣을 때, 두 주머니 A, B에는 각각 3개 이상, 주머니 C에는 1개 이상 넣는 경우의 수는?

① 45 ② 60 ③ 90
④ 108 ⑤ 120

0110 (중)

회원이 7명인 보드게임 동아리에서 두 보드게임 A, B 중 1개를 구매하려고 한다. 동아리 회원이 두 보드게임 중에서 하나에 각각 무기명으로 투표하는 경우의 수를 a, 기명으로 투표하는 경우의 수를 b라 할 때, $a+b$의 값을 구하시오. (단, 기권이나 무효표는 없다.)

0113 (중) | 학평 기출 |

서로 같은 8개의 공을 남김없이 서로 다른 4개의 상자에 넣으려고 할 때, 빈 상자의 개수가 1이 되도록 넣는 경우의 수를 구하시오.

0114 ⓒ

서술형

같은 종류의 엽서 8장을 5명에게 나누어 줄 때, 엽서를 1장
도 받지 못하는 사람이 생기는 경우의 수를 구하시오.

0115 ⓢ

빨간 구슬 6개, 파란 구슬 6개, 노란 구슬 3개 중에서 6개
의 구슬을 택하는 경우의 수는?

(단, 같은 색의 구슬은 서로 구별하지 않는다.)

① 22   ② 24   ③ 26
④ 28   ⑤ 30

◆◆ 개념루트 확률과 통계 50쪽

유형 03   중복조합 – 전개식에서 항의 개수

$(x_1+x_2+x_3+\cdots+x_m)^n$의 전개식에서 서로 다른 항의 개수
➡ ${}_m\mathrm{H}_n$

0116   대표 문제

$(a+b+c)^7$의 전개식에서 서로 다른 항의 개수는?

① 24   ② 36   ③ 48
④ 60   ⑤ 72

0117 ⓒ

$(x+y)^3(a+b+c+d)^4$의 전개식에서 서로 다른 항의 개
수를 구하시오.

0118 ⓒ

$(x+y+z)^5$의 전개식에서 x를 포함하는 서로 다른 항의
개수는?

① 11   ② 13   ③ 15
④ 17   ⑤ 19

◆◆ 개념루트 확률과 통계 50쪽

유형 04   중복조합 – 대소가 정해진 경우

두 자연수 m, $n(m<n)$에 대하여 $m\le a\le b\le c\le n$을 만족시
키는 자연수 a, b, c의 순서쌍 (a, b, c)의 개수
➡ ${}_{n-m+1}\mathrm{H}_3$

참고   두 자연수 m, $n(m<n)$에 대하여 $m<a<b<c<n$을 만
족시키는 자연수 a, b, c의 순서쌍 (a, b, c)의 개수
➡ ${}_{n-m-1}\mathrm{C}_3$

0119   대표 문제

한 개의 주사위를 3번 던져서 나오는 눈의 수를 차례대로 a,
b, c라 할 때, $2\le a\le b\le c$를 만족시키는 순서쌍 (a, b, c)
의 개수는?

① 20   ② 35   ③ 56
④ 70   ⑤ 84

0120 ㉦

$1 \le a \le b \le 5 < c < d < 9$를 만족시키는 자연수 a, b, c, d의 순서쌍 (a, b, c, d)의 개수를 구하시오.

0121 ㉦

다음 조건을 만족시키는 세 자연수 a, b, c의 모든 순서쌍 (a, b, c)의 개수는?

> ㈎ 세 수 a, b, c의 합은 짝수이다.
> ㈏ $a \le b \le c \le 15$

① 320　　② 324　　③ 328
④ 332　　⑤ 336

◈◈ 개념루트 확률과 통계 52쪽

유형 05　중복조합 – 방정식의 해의 개수

방정식 $x_1 + x_2 + x_3 + \cdots + x_n = r$ (n, r는 자연수)에 대하여
(1) 음이 아닌 정수인 해의 개수 ➡ $_n\mathrm{H}_r$
(2) 자연수인 해의 개수 ➡ $_n\mathrm{H}_{r-n}$ (단, $n \le r$)

0122　대표 문제

방정식 $x + y + z = 12$를 만족시키는 음이 아닌 정수 x, y, z의 순서쌍 (x, y, z)의 개수를 a, 자연수 x, y, z의 순서쌍 (x, y, z)의 개수를 b라 할 때, $a + b$의 값은?

① 134　　② 138　　③ 142
④ 146　　⑤ 150

0123 ㉦

부등식 $x + y + z + w < 4$를 만족시키는 음이 아닌 정수 x, y, z, w의 순서쌍 (x, y, z, w)의 개수는?

① 31　　② 32　　③ 33
④ 34　　⑤ 35

0124 ㉦

방정식 $a + b + c = 19$를 만족시키는 $a \ge 1$, $b \ge 2$, $c \ge 3$인 자연수 a, b, c의 순서쌍 (a, b, c)의 개수를 구하시오.

0125 ㉦

방정식 $x + y + z = n$을 만족시키는 음이 아닌 정수 x, y, z의 순서쌍 (x, y, z)의 개수가 36일 때, 자연수 n의 값을 구하시오.

0126 ㉦

방정식 $a + b + c + 3d = 10$을 만족시키는 자연수 a, b, c, d의 모든 순서쌍 (a, b, c, d)의 개수는?

① 15　　② 18　　③ 21
④ 24　　⑤ 27

◆◆ 개념루트 확률과 통계 54쪽

유형 06 중복조합 – 함수의 개수

> 두 집합 X, Y의 원소의 개수가 각각 m, n일 때, 함수
> $f : X \longrightarrow Y$ 중에서 $a \in X$, $b \in X$에 대하여 $a < b$이면
> $f(a) \leq f(b)$를 만족시키는 함수의 개수 ➡ $_n\mathrm{H}_m$

0127 대표 문제

두 집합 $X = \{-1, 0, 1\}$, $Y = \{1, 2, 3, 4, 5, 6\}$에 대하여 X에서 Y로의 함수 f 중에서 $f(-1) \leq f(0) \leq f(1)$을 만족시키는 함수의 개수를 구하시오.

0128 종

| 수능 기출 |

집합 $X = \{1, 2, 3, 4\}$에 대하여 다음 조건을 만족시키는 함수 $f : X \longrightarrow X$의 개수는?

> $$f(2) \leq f(3) \leq f(4)$$

① 64 　　　② 68 　　　③ 72
④ 76 　　　⑤ 80

0129 종

두 집합 $X = \{1, 2, 3, 4, 5\}$, $Y = \{1, 2, 3, 4, 5, 6\}$에 대하여 X에서 Y로의 함수 f 중에서 다음 조건을 만족시키는 함수의 개수는?

> ㈎ $f(3) = 4$, $f(5) = 6$
> ㈏ $a \in X$, $b \in X$일 때, $a < b$이면 $f(a) \leq f(b)$이다.

① 20 　　　② 25 　　　③ 30
④ 35 　　　⑤ 40

◆◆ 개념루트 확률과 통계 62쪽

유형 07 $(a+b)^n$의 전개식

> (1) $(a+b)^n$의 전개식의 일반항 ➡ $_n\mathrm{C}_r a^{n-r} b^r$
> (2) $(ax+by)^n$의 전개식의 일반항 ➡ $_n\mathrm{C}_r a^{n-r} b^r x^{n-r} y^r$
> (3) $\left(ax + \dfrac{b}{x}\right)^n$의 전개식의 일반항 ➡ $_n\mathrm{C}_r a^{n-r} b^r \dfrac{x^{n-r}}{x^r}$

0130 대표 문제

$\left(x^2 - \dfrac{a}{x}\right)^5$의 전개식에서 x^4의 계수가 40일 때, 양수 a의 값을 구하시오.

0131 하

$(x + 3y^2)^5$의 전개식에서 $x^3 y^4$의 계수는?

① 10 　　　② 30 　　　③ 60
④ 90 　　　⑤ 120

0132 종

$(x + a)^{10}$의 전개식에서 x^7의 계수가 x^8의 계수의 8배일 때, 양수 a의 값은?

① 2 　　　② 3 　　　③ 4
④ 5 　　　⑤ 6

0133 종

서술형

$\left(x^4 + \dfrac{1}{x^3}\right)^n$의 전개식에서 상수항이 존재하도록 하는 자연수 n의 최솟값을 m이라 하고 그때의 상수항을 k라 할 때, $m + k$의 값을 구하시오.

유형 08 $(a+b)(c+d)^n$의 전개식

$(a+b)(c+d)^n$의 전개식에서 항의 계수는
$a(c+d)^n+b(c+d)^n$으로 바꾸어 구한다.

0134 대표 문제

$(1+x)(1+2x)^5$의 전개식에서 x^4의 계수를 구하시오.

0135 중

$(2x^3+3)\left(x+\dfrac{1}{x}\right)^5$의 전개식에서 상수항은?

① 3   ② 5   ③ 10
④ 20   ⑤ 27

0136 중

| 모평 기출 |

$\left(x^2-\dfrac{1}{x}\right)\left(x+\dfrac{a}{x^2}\right)^4$의 전개식에서 x^3의 계수가 7일 때, 상수 a의 값은?

① 1   ② 2   ③ 3
④ 4   ⑤ 5

유형 09 $(a+b)^m(c+d)^n$의 전개식

$(a+b)^m(c+d)^n$의 전개식의 일반항은 $(a+b)^m$과 $(c+d)^n$의 전개식의 일반항을 각각 구하여 곱한다.
➡ ${}_mC_r \times {}_nC_s a^{m-r} b^r c^{n-s} d^s$

0137 대표 문제

$(1+x)^4(2-x)^5$의 전개식에서 x^2의 계수를 구하시오.

0138 중

서술형 ♀

$(x-a)^3(x+2)^4$의 전개식에서 x의 계수가 -64일 때, 실수 a의 값을 구하시오.

0139 중

| 모평 기출 |

다항식 $(x^2+1)^4(x^3+1)^n$의 전개식에서 x^5의 계수가 12일 때, x^6의 계수는? (단, n은 자연수이다.)

① 6   ② 7   ③ 8
④ 9   ⑤ 10

0140 중

$\dfrac{(x-2)^4(3x^2+1)^3}{x}$의 전개식에서 x^4의 계수는?

① -940 ② -936 ③ 936
④ 940   ⑤ 944

◆◇ 개념루트 확률과 통계 66쪽

유형 10　이항계수의 합

자연수 n, $r\,(1\le r\le n)$에 대하여 이항계수의 합은 다음을 이용하여 구한다.

(1) $_nC_0=1$, $_nC_n=1$

(2) $_nC_r=_nC_{n-r}$

(3) $_{n-1}C_{r-1}+_{n-1}C_r=_nC_r$

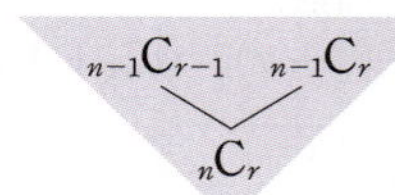

0141 　대표 문제

다음 중 오른쪽 그림의 색칠한 부분에 있는 모든 수의 합과 같은 것은?

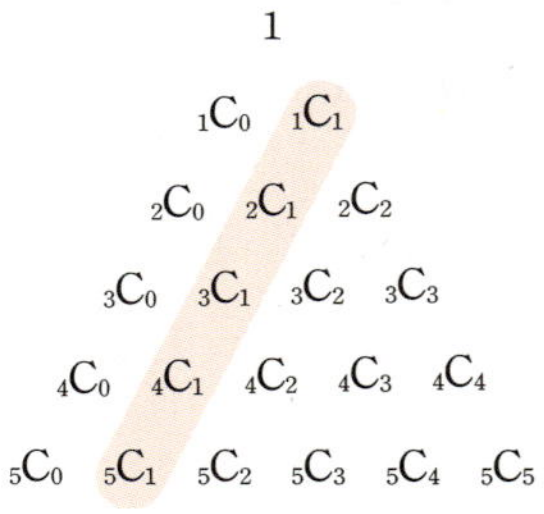

① $_5C_2$　　　② $_6C_2$

③ $_6C_3$　　　④ $_7C_2$

⑤ $_7C_3$

0142 　중

다음 중 $_3C_0+_4C_1+_5C_2+_6C_3+\cdots+_{12}C_9$의 값과 같은 것은?

① $_{12}C_4$　　　② $_{12}C_5$　　　③ $_{13}C_4$

④ $_{13}C_5$　　　⑤ $_{13}C_6$

0143 　중

오른쪽 그림의 색칠한 부분에 있는 모든 수의 합은?

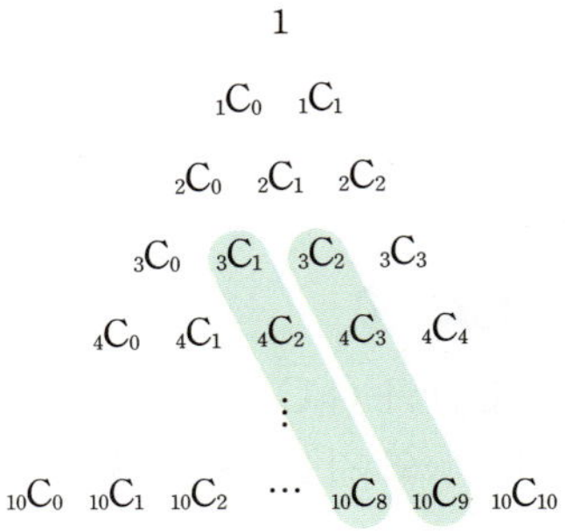

① 210　　② 212

③ 214　　④ 216

⑤ 218

◆◇ 개념루트 확률과 통계 68쪽

유형 11　이항계수의 합 – 전개식에서 계수의 합

$(a+b)^n$의 전개식의 일반항에서 구하는 항의 계수를 이항계수의 합으로 나타낸 후 $_{n-1}C_{r-1}+_{n-1}C_r=_nC_r$임을 이용하여 간단히 한다.

0144 　대표 문제

$(1+x)+(1+x)^2+(1+x)^3+\cdots+(1+x)^{10}$의 전개식에서 x^4의 계수는?

① 210　　　　② 252　　　　③ 330

④ 462　　　　⑤ 495

0145 　중

$(1+x^3)+(1+x^3)^2+(1+x^3)^3+\cdots+(1+x^3)^{12}$의 전개식에서 x^9의 계수를 구하시오.

0146 　중

$(1+x)+(1+x)^2+(1+x)^3+\cdots+(1+x)^n$의 전개식에서 x^2의 계수가 120일 때, 자연수 n의 값은? (단, $n\ge2$)

① 5　　　　② 6　　　　③ 7

④ 8　　　　⑤ 9

유형 12 · 이항계수의 성질

n이 자연수일 때
(1) $_n\mathrm{C}_0+_n\mathrm{C}_1+_n\mathrm{C}_2+\cdots+_n\mathrm{C}_n=2^n$
(2) $_n\mathrm{C}_0-_n\mathrm{C}_1+_n\mathrm{C}_2-\cdots+(-1)^n{}_n\mathrm{C}_n=0$
(3) $_n\mathrm{C}_0+_n\mathrm{C}_2+_n\mathrm{C}_4+\cdots=_n\mathrm{C}_1+_n\mathrm{C}_3+_n\mathrm{C}_5+\cdots=2^{n-1}$

0147 대표 문제

$_{20}\mathrm{C}_1-_{20}\mathrm{C}_2+_{20}\mathrm{C}_3-_{20}\mathrm{C}_4+\cdots+_{20}\mathrm{C}_{19}$의 값은?

① -2^{19} ② -2 ③ 2
④ 2^{19} ⑤ 2^{20}

0148 ⑤

$_n\mathrm{C}_1+_n\mathrm{C}_2+_n\mathrm{C}_3+\cdots+_n\mathrm{C}_n=255$를 만족시키는 자연수 n의 값을 구하시오.

0149 ⑤

$100<{}_n\mathrm{C}_1+_n\mathrm{C}_2+_n\mathrm{C}_3+\cdots+_n\mathrm{C}_{n-1}<1000$을 만족시키는 자연수 n의 개수는?

① 1 ② 2 ③ 3
④ 4 ⑤ 5

0150 ⑤ 서술형

$\dfrac{_{17}\mathrm{C}_1+_{17}\mathrm{C}_3+_{17}\mathrm{C}_5+\cdots+_{17}\mathrm{C}_{17}}{_{13}\mathrm{C}_0+_{13}\mathrm{C}_1+_{13}\mathrm{C}_2+\cdots+_{13}\mathrm{C}_6}=2^n$을 만족시키는 자연수 n의 값을 구하시오.

유형 13 · $(1+x)^n$의 전개식의 활용

$(1+x)^n=_n\mathrm{C}_0+_n\mathrm{C}_1x+_n\mathrm{C}_2x^2+\cdots+_n\mathrm{C}_nx^n$에서 x 대신 상수 a를 대입
➡ $(1+a)^n=_n\mathrm{C}_0+_n\mathrm{C}_1a+_n\mathrm{C}_2a^2+\cdots+_n\mathrm{C}_na^n$

0151 대표 문제

$_9\mathrm{C}_1\times7+_9\mathrm{C}_2\times7^2+_9\mathrm{C}_3\times7^3+\cdots+_9\mathrm{C}_9\times7^9$의 값은?

① $2^{27}-1$ ② 2^{27} ③ $2^{27}+1$
④ $3^{27}-1$ ⑤ 3^{27}

0152 ⑤

31^{50}을 900으로 나누었을 때의 나머지는?

① 591 ② 599 ③ 601
④ 603 ⑤ 609

0153 ⑧

11^{12}의 백의 자리의 숫자를 a, 십의 자리의 숫자를 b, 일의 자리의 숫자를 c라 할 때, $a+b+c$의 값을 구하시오.

0154 ⑧

$(_{12}\mathrm{C}_0)^2+(_{12}\mathrm{C}_1)^2+(_{12}\mathrm{C}_2)^2+\cdots+(_{12}\mathrm{C}_{12})^2=_n\mathrm{C}_{12}$일 때, 자연수 n의 값을 구하시오.

◆ 개념루트 확률과 통계 74쪽

대수 [대수]를 이수한 학생을 위한 이항정리

(1) 로그의 성질과 밑의 변환
$a>0$, $a\neq1$, $b>0$이고, m, n은 실수일 때
➡ $\log_a a=1$, $\log_a b^n=n\log_a b$, $\log_{a^m} b^n=\dfrac{n}{m}\log_a b$

(2) 등차중항
세 수 a, b, c가 이 순서대로 등차수열을 이루면 ➡ $b=\dfrac{a+c}{2}$

(3) 등비중항
세 수 a, b, c가 이 순서대로 등비수열을 이루면 ➡ $b^2=ac$

(4) 등비수열의 합
첫째항이 a, 공비가 $r\,(r\neq1)$인 등비수열의 첫째항부터 제n
항까지의 합은 ➡ $\dfrac{a(1-r^n)}{1-r}=\dfrac{a(r^n-1)}{r-1}$

(5) 합의 기호 $\sum$
수열 a_n의 첫째항부터 제n항까지의 합을
$\displaystyle\sum_{k=1}^{n} a_k=a_1+a_2+a_3+\cdots+a_n$과 같이 나타낸다.

0155 ❀

$\displaystyle\sum_{k=0}^{16} {}_{16}C_k\left(\frac{1}{4}\right)^{16-k}\left(\frac{3}{4}\right)^k$의 값을 구하시오.

0156 ❀

$(1+x)^n$의 전개식에서 세 항 x^4, x^5, x^6의 계수가 이 순서
대로 등차수열을 이룰 때, 모든 자연수 n의 값의 합을 구하
시오.

0157 ❀

$(x+a)^{10}$의 전개식에서 세 항 x, x^2, x^4의 계수가 이 순서
대로 등비수열을 이룰 때, 상수 a의 값을 구하시오.
(단, $a\neq0$)

0158 ❀

$\log_4 ({}_{31}C_0+{}_{31}C_1+{}_{31}C_2+\cdots+{}_{31}C_{15})$의 값은?

① 15　　　　② 16　　　　③ 30
④ 31　　　　⑤ 32

0159 ❀

자연수 n에 대하여
$$f(n)=\sum_{k=1}^{n} ({}_{2k}C_0+{}_{2k}C_2+{}_{2k}C_4+\cdots+{}_{2k}C_{2k})$$
라 할 때, $f(4)$의 값을 구하시오.

0160 ❀

$\displaystyle\sum_{k=1}^{10} {}_{10}C_k\times8^k$의 값은?

① $3^{20}-2^{30}$　　　② $3^{20}-1$　　　③ 3^{20}
④ $3^{20}+1$　　　⑤ $3^{20}+2^{30}$

0161 ❀

$\log_2 ({}_{20}C_0-{}_{20}C_1\times3+{}_{20}C_2\times3^2-\cdots+{}_{20}C_{20}\times3^{20})$의 값을
구하시오.

0162 유형 01

$_2H_5 + _3\Pi_4 + _6C_2$의 값은?

① 100　　　② 101　　　③ 102
④ 103　　　⑤ 104

0163 유형 01

계란빵, 크림빵, 단팥빵 중에서 7개를 고르는 경우의 수는?
(단, 각 종류의 빵은 7개 이상씩 있고, 같은 종류의 빵은 서로 구별하지 않는다.)

① 36　　　② 54　　　③ 63
④ 84　　　⑤ 120

0164 유형 02

같은 종류의 공책 12권을 3명의 학생에게 나누어 주려고 할 때, 각 학생이 적어도 2권의 공책을 받도록 나누어 주는 경우의 수를 구하시오.

0165 유형 03

$(x+y+z+w)^n$의 전개식에서 서로 다른 항의 개수가 120일 때, 자연수 n의 값은?

① 4　　　② 7　　　③ 10
④ 13　　　⑤ 16

0166 유형 04

$2 \le a \le b \le c \le 8$을 만족시키는 자연수 a, b, c의 순서쌍 (a, b, c)의 개수를 구하시오.

0167 유형 05

부등식 $6 \le x+y+z+w \le 8$을 만족시키는 자연수 x, y, z, w의 순서쌍 (x, y, z, w)의 개수는?

① 35　　　② 45　　　③ 55
④ 65　　　⑤ 75

0168 유형 05 | 모평 기출 |

다음 조건을 만족시키는 음이 아닌 정수 a, b, c, d의 모든 순서쌍 (a, b, c, d)의 개수를 구하시오.

> (개) $a+b+c+d=6$
> (내) a, b, c, d 중에서 적어도 하나는 0이다.

0169 유형 06

두 집합 $X=\{1, 2, 3, 4\}$, $Y=\{1, 3, 5, 7, 9\}$에 대하여 X에서 Y로의 함수 f 중에서 다음 조건을 만족시키는 함수의 개수는?

> (개) $f(x)=x$인 x가 존재한다.
> (내) $a\in X$, $b\in X$일 때, $a<b$이면 $f(a)\leq f(b)$이다.

① 31 　　② 33 　　③ 35
④ 37 　　⑤ 39

0170 유형 07 | 학평 기출 |

다항식 $(ax+1)^6$의 전개식에서 x의 계수와 x^3의 계수가 같을 때, 양수 a에 대하여 $20a^2$의 값을 구하시오.

0171 유형 08

$(x^2+x+1)\left(x+\dfrac{1}{x}\right)^4$의 전개식에서 x^2의 계수를 구하시오.

0172 유형 09

$(1+x)^5(1+x^2)^n$의 전개식에서 x^3의 계수가 45일 때, 자연수 n의 값을 구하시오.

0173 유형 10

다음 중 $_3\mathrm{C}_3+_4\mathrm{C}_3+_5\mathrm{C}_3+_6\mathrm{C}_3+\cdots+_{10}\mathrm{C}_3$의 값과 같은 것은?

① $_{10}\mathrm{C}_4$ 　　② $_{11}\mathrm{C}_3$ 　　③ $_{11}\mathrm{C}_4$
④ $_{12}\mathrm{C}_3$ 　　⑤ $_{12}\mathrm{C}_4$

0174 유형 11

$x(1+x^2)+x(1+x^2)^2+x(1+x^2)^3+\cdots+x(1+x^2)^7$의 전개식에서 x^5의 계수를 구하시오.

0175 유형 12

보기에서 옳은 것만을 있는 대로 고른 것은?

> **보기**
> ㄱ. $_{100}C_0+_{100}C_1+_{100}C_2+\cdots+_{100}C_{99}=2^{100}-1$
> ㄴ. $_6C_0-_6C_1+_6C_2-_6C_3+\cdots+_6C_6=1$
> ㄷ. $_{11}C_6+_{11}C_7+_{11}C_8+\cdots+_{11}C_{11}=2^{10}$

① ㄱ   ② ㄴ   ③ ㄷ
④ ㄱ, ㄷ   ⑤ ㄱ, ㄴ, ㄷ

0176 유형 12

$_{2n+1}C_0+_{2n+1}C_1+_{2n+1}C_2+\cdots+_{2n+1}C_n<1500$을 만족시키는 자연수 n의 최댓값을 구하시오.

0177 유형 13

자연수 N에 대하여

$$N=_8C_0+_8C_1\times5+_8C_2\times5^2+\cdots+_8C_8\times5^8$$

일 때, N의 양의 약수의 개수는?

① 27   ② 28   ③ 58
④ 81   ⑤ 82

서술형

0178 유형 06

두 집합 $X=\{1, 2, 3\}$, $Y=\{4, 5, 6, 7, 8\}$에 대하여 X에서 Y로의 함수를 f라 하자. 함수 f의 개수를 a, $f(3)\leq f(2)\leq f(1)$을 만족시키는 함수 f의 개수를 b라 할 때, $a-b$의 값을 구하시오.

0179 유형 07

$(3+x)^{15}$의 전개식에서 x^k의 계수가 x^{k+1}의 계수보다 크도록 하는 자연수 k의 최솟값을 구하시오.

0180 유형 08

$(ax+3)(2x-1)^5$의 전개식에서 x^2의 계수가 150일 때, 상수 a의 값을 구하시오.

C 실력 향상

하 ···· 중 ···· 상 100%

0181

| 학평 기출 |

사과, 배, 귤 세 종류의 과일이 각각 2개씩 있다. 이 6개의 과일 중 4개를 선택하여 2명의 학생에게 남김없이 나누어 주는 경우의 수를 구하시오. (단, 같은 종류의 과일은 서로 구별하지 않고, 과일을 한 개도 받지 못하는 학생은 없다.)

0182

| 수능 기출 |

다음 조건을 만족시키는 6 이하의 자연수 a, b, c, d의 모든 순서쌍 (a, b, c, d)의 개수를 구하시오.

$a \leq c \leq d$이고 $b \leq c \leq d$이다.

0183

두 집합 $X = \{1, 2, 3, 4\}$, $Y = \{1, 2, 3, 4, 5, 6, 7, 8\}$에 대하여 X에서 Y로의 함수 f 중에서 다음 조건을 만족시키는 함수의 개수를 구하시오.

㈎ $f(2)$의 값은 짝수이다.
㈏ $a \in X$, $b \in X$일 때, $a < b$이면 $f(a) \geq f(b)$이다.

0184

오늘이 수요일일 때, 오늘로부터 43^7일째 되는 날은 무슨 요일인지 구하면?

① 월요일   ② 화요일   ③ 수요일
④ 목요일   ⑤ 금요일

◑ 기출 BOOK 8쪽

II

확률

03 / 확률의 개념과 활용

유형 **01** 배반사건

유형 **02** 배반사건의 개수

유형 **03** 수학적 확률

유형 **04** 순열을 이용하는 확률

유형 **05** 중복순열을 이용하는 확률

유형 **06** 같은 것이 있는 순열을 이용하는 확률

유형 **07** 조합을 이용하는 확률

유형 **08** 중복조합을 이용하는 확률

유형 **09** 통계적 확률

유형 **10** 기하적 확률

유형 **11** 확률의 기본 성질

유형 **12** 확률의 덧셈 정리와 여사건의 확률의 계산

유형 **13** 확률의 덧셈 정리 – 배반사건이 아닌 경우

유형 **14** 확률의 덧셈 정리 – 배반사건인 경우

유형 **15** 여사건의 확률

유형 **16** 여사건의 확률 – '적어도'의 조건이 있는 경우

유형 **17** 여사건의 확률 – '이상', '이하'의 조건이 있는 경우

04 / 조건부확률

유형 **01** 조건부확률과 확률의 곱셈 정리를 이용한 확률의 계산

유형 **02** 조건부확률

유형 **03** 확률의 곱셈 정리

유형 **04** 확률의 곱셈 정리 – $P(B)=P(A \cap B)+P(A^c \cap B)$

유형 **05** 확률의 곱셈 정리를 이용한 조건부확률

유형 **06** 사건의 독립과 종속의 판정

유형 **07** 사건의 독립과 종속의 성질

유형 **08** 독립인 사건의 확률의 계산

유형 **09** 독립인 사건의 확률

유형 **10** 독립시행의 확률

유형 **11** 독립시행의 확률 – 승패의 확률을 구해야 하는 경우

유형 **12** 독립시행의 확률 – 사건에 따라 시행 횟수가 다른 경우

유형 **13** 독립시행의 확률 – 사건이 일어나는 횟수를 구해야 하는 경우

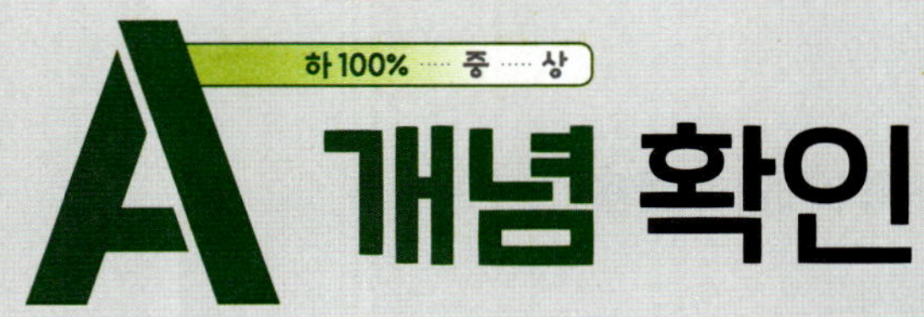

03-1 시행과 사건 유형 01, 02 

(1) 시행과 사건

① **시행**: 주사위나 동전을 던지는 것과 같이 그 결과가 우연에 의하여 결정되고 같은 조건에서 여러 차례 반복할 수 있는 실험이나 관찰

② 표본공간: 어떤 시행이 일어날 수 있는 모든 결과의 집합

③ 사건: 표본공간의 부분집합

④ 근원사건: 원소 한 개로 이루어진 사건

⑤ 전사건: 어떤 시행에서 반드시 일어나는 사건 → 표본공간 자신의 집합

⑥ 공사건: 절대로 일어나지 않는 사건 기호 $\varnothing$

> 표본공간은 일반적으로 S로 나타내고, S는 Sample space(표본공간)의 첫 글자이다.

(2) 배반사건과 여사건

표본공간 S의 두 사건 A, B에 대하여

① 합사건: A 또는 B가 일어나는 사건 기호 $A \cup B$

② 곱사건: A와 B가 동시에 일어나는 사건 기호 $A \cap B$

③ **배반사건**: A와 B가 동시에 일어나지 않을 때, 즉 $A \cap B = \varnothing$일 때, A와 B는 서로 배반이라 하고, 두 사건을 서로 배반사건이라 한다.

④ **여사건**: 사건 A에 대하여 A가 일어나지 않는 사건 기호 A^c

> 두 사건 A, B가 서로 배반사건이면 $A \subset B^c$, $B \subset A^c$

> $A \cap A^c = \varnothing$이므로 사건 A와 그 여사건 A^c는 서로 배반사건이다.

주의 두 사건 A, B가 서로 배반사건일 때, A가 반드시 B의 여사건인 것은 아니다.

03-2 확률의 개념 유형 03~10

(1) 확률

어떤 시행에서 사건 A가 일어날 가능성을 수로 나타낸 것을 사건 A가 일어날 확률이라 한다.

기호 $\mathrm{P}(A)$

> $\mathrm{P}(A)$에서 P는 Probability(확률)의 첫 글자이다.

(2) 수학적 확률

어떤 시행의 표본공간 S가 유한개의 근원사건으로 이루어져 있고, 각 근원사건이 일어날 가능성이 모두 같을 때, 사건 A가 일어날 확률 $\mathrm{P}(A)$는 다음과 같다.

$$\mathrm{P}(A) = \frac{n(A)}{n(S)} = \frac{(\text{사건 } A \text{의 원소의 개수})}{(\text{표본공간 } S \text{의 원소의 개수})}$$

이 확률을 사건 A가 일어날 **수학적 확률**이라 한다.

(3) 통계적 확률

어떤 시행을 n번 반복하여 사건 A가 일어난 횟수를 r_n이라 할 때, n을 한없이 크게 함에 따라 상대도수 $\dfrac{r_n}{n}$이 일정한 값 p에 가까워지면 이 값 p를 사건 A의 **통계적 확률**이라 한다.

통계적 확률을 구할 때, 실제로는 n을 한없이 크게 할 수 없으므로 n이 충분히 클 때의 상대도수 $\dfrac{r_n}{n}$을 통계적 확률로 사용한다.

참고 어떤 사건 A가 일어날 수학적 확률이 p일 때, 시행 횟수 n을 충분히 크게 하면 사건 A가 일어나는 상대도수 $\dfrac{r_n}{n}$은 수학적 확률 p에 가까워진다는 사실이 알려져 있다.

> 기하적 확률
> 연속적인 변량을 크기로 갖는 표본공간의 영역 S에서 각각의 점을 택할 가능성이 같은 정도로 기대될 때, 영역 S에 포함되어 있는 영역 A에 대하여 영역 S에서 임의로 택한 점이 영역 A에 포함될 확률 $\mathrm{P}(A)$는
> $$\mathrm{P}(A) = \frac{(\text{영역 } A \text{의 크기})}{(\text{영역 } S \text{의 크기})}$$

03-1 시행과 사건

[0185~0188] 각 면에 1, 2, 3, 4의 숫자가 각각 하나씩 적힌 정사면체 모양의 주사위 한 개를 던지는 시행에서 바닥에 놓인 면에 적힌 수를 확인할 때, 다음을 구하시오.

0185 표본공간

0186 근원사건

0187 짝수가 나오는 사건

0188 4의 약수가 나오는 사건

0189 1부터 12까지의 자연수가 각각 하나씩 적힌 12장의 카드에서 임의로 1장의 카드를 뽑는 시행에서 뽑은 카드에 적힌 수가 4의 배수인 사건을 A, 5의 배수인 사건을 B라 할 때, 다음을 구하시오.

(1) $A \cup B$

(2) $A \cap B$

(3) A^C

(4) B^C

0190 서로 다른 두 개의 동전을 동시에 한 번 던지는 시행에서 2개 모두 앞면이 나오는 사건을 A, 1개만 뒷면이 나오는 사건을 B, 뒷면이 1개 이상 나오는 사건을 C라 하자. 동전의 앞면을 H, 뒷면을 T로 나타낼 때, 다음 물음에 답하시오.

(1) $A \cap B$를 구하시오.

(2) $B \cap C$를 구하시오.

(3) $C \cap A$를 구하시오.

(4) A와 B, B와 C, C와 A 중에서 두 사건이 서로 배반사건인 것을 모두 찾으시오.

03-2 확률의 개념

[0191~0193] 한 개의 주사위를 던지는 시행에서 다음을 구하시오.

0191 짝수의 눈이 나올 확률

0192 3의 배수의 눈이 나올 확률

0193 6의 약수의 눈이 나올 확률

0194 A, B를 포함한 4명이 일렬로 설 때, 다음을 구하시오.

(1) 4명이 일렬로 서는 경우의 수

(2) A, B가 서로 이웃하도록 서는 경우의 수

(3) A, B가 서로 이웃하도록 설 확률

0195 어느 공장에서 생산하는 우산은 10000개당 20개 꼴로 불량품이 나온다고 한다. 이 공장에서 생산하는 우산 중 임의로 1개를 택할 때, 그 우산이 불량품일 확률을 구하시오.

0196 어느 제약 회사에서 개발한 고혈압 치료제를 2000명의 고혈압 환자에게 투여하였더니 1800명이 치료되었다. 고혈압 환자 중 임의로 1명을 택하여 이 약을 투여할 때, 그 환자의 고혈압이 치료될 확률을 구하시오.

03-3 확률의 기본 성질   유형 11

표본공간이 S인 어떤 시행에서 확률의 기본 성질은 다음과 같다.

(1) 임의의 사건 A에 대하여 $0 \le P(A) \le 1$

(2) 반드시 일어나는 사건 S에 대하여 $P(S)=1$

(3) 절대로 일어나지 않는 사건 $\varnothing$에 대하여 $P(\varnothing)=0$

> **참고** (1) 표본공간 S의 임의의 사건 A는 S의 부분집합이므로
> $$n(\varnothing) \le n(A) \le n(S)$$
> 양변을 $n(S)$로 나누면
> $$0 \le \frac{n(A)}{n(S)} \le 1 \qquad \therefore \ 0 \le P(A) \le 1$$
> (2) 반드시 일어나는 사건, 즉 전사건 S에 대하여
> $$P(S)=\frac{n(S)}{n(S)}=1$$
> (3) 절대로 일어나지 않는 사건, 즉 공사건 $\varnothing$에 대하여
> $$P(\varnothing)=\frac{n(\varnothing)}{n(S)}=0$$

예 한 개의 주사위를 한 번 던지는 시행에서 6 이하의 눈이 나오는 사건을 A, 7의 눈이 나오는 사건을 B라 하면
$$P(A)=1, \ P(B)=0$$

● 표본공간 S는 반드시 일어나는 사건이다.

03-4 확률의 덧셈 정리   유형 12~14

표본공간 S의 두 사건 A, B에 대하여 A 또는 B가 일어날 확률은
$$P(A \cup B)=P(A)+P(B)-P(A \cap B)$$
특히 두 사건 A, B가 서로 배반사건이면 → $A \cap B = \varnothing$
$$P(A \cup B)=P(A)+P(B)$$

> **참고** 표본공간 S의 두 사건 A, B에 대하여
> $$n(A \cup B)=n(A)+n(B)-n(A \cap B)$$
> 양변을 $n(S)$로 나누면
> $$\frac{n(A \cup B)}{n(S)}=\frac{n(A)}{n(S)}+\frac{n(B)}{n(S)}-\frac{n(A \cap B)}{n(S)}$$
> $$\therefore \ P(A \cup B)=P(A)+P(B)-P(A \cap B)$$
> 특히 두 사건 A, B가 서로 배반사건이면 $A \cap B = \varnothing$, 즉 $P(A \cap B)=0$이므로
> $$P(A \cup B)=P(A)+P(B)$$

03-5 여사건의 확률   유형 15~17

표본공간 S의 사건 A에 대하여 여사건 A^c의 확률은
$$P(A^c)=1-P(A)$$

> **참고** 표본공간 S의 두 사건 A와 B에 대하여
> (1) $P(A^c \cap B^c)=1-P(A \cup B)$
> (2) $P(A^c \cup B^c)=1-P(A \cap B)$

● '적어도', '아닌', '이상', '이하' 등의 조건이 있을 때, 여사건의 확률을 이용하면 더 편리한 경우가 있다.

03-3 확률의 기본 성질

[0197~0199] 1부터 5까지의 자연수가 각각 하나씩 적힌 5장의 카드에서 임의로 1장의 카드를 뽑을 때, 다음을 구하시오.

0197 카드에 적힌 수가 5 이하일 확률

0198 카드에 적힌 수가 두 자리의 수일 확률

0199 카드에 적힌 수가 6의 배수일 확률

[0200~0202] 서로 다른 두 개의 주사위를 동시에 던질 때, 다음을 구하시오.

0200 나오는 두 눈의 수의 합이 15일 확률

0201 나오는 두 눈의 수의 차가 5 이하일 확률

0202 나오는 두 눈의 수의 곱이 7일 확률

03-4 확률의 덧셈 정리

0203 두 사건 A, B에 대하여 $P(A)=\dfrac{1}{2}$, $P(B)=\dfrac{1}{2}$, $P(A\cap B)=\dfrac{1}{4}$일 때, $P(A\cup B)$를 구하시오.

0204 두 사건 A, B에 대하여 $P(A)=\dfrac{3}{5}$, $P(B)=\dfrac{1}{3}$, $P(A\cup B)=\dfrac{4}{5}$일 때, $P(A\cap B)$를 구하시오.

0205 두 사건 A, B가 서로 배반사건이고 $P(A)=\dfrac{3}{8}$, $P(B)=\dfrac{1}{4}$일 때, $P(A\cup B)$를 구하시오.

0206 두 사건 A, B가 서로 배반사건이고 $P(A\cup B)=\dfrac{7}{9}$, $P(B)=\dfrac{1}{3}$일 때, $P(A)$를 구하시오.

03-5 여사건의 확률

0207 사건 A에 대하여 $P(A)=\dfrac{2}{3}$일 때, $P(A^c)$를 구하시오.

0208 서로 다른 세 개의 동전을 동시에 던져서 적어도 1개는 앞면이 나오는 사건을 A라 할 때, 다음을 구하시오.

(1) $P(A^c)$

(2) $P(A)$

0209 파란 구슬 3개와 초록 구슬 4개가 들어 있는 주머니에서 임의로 3개의 구슬을 동시에 꺼낼 때, 파란 구슬을 1개 이상 꺼내는 사건을 A라 하자. 다음을 구하시오.

(1) $P(A^c)$

(2) $P(A)$

유형 완성

◆◇ **개념루트 확률과 통계 84쪽**

유형 01   배반사건

> 표본공간 S의 두 사건 A, B에 대하여 $A \cap B = \varnothing$이면 두 사건 A, B는 서로 배반사건이다.
>
> (참고) 사건 A와 서로 배반인 사건은 여사건 A^c의 부분집합이다.

0210   대표 문제

각 면에 12의 양의 약수가 각각 하나씩 적힌 정육면체 모양의 주사위 한 개를 던질 때, 바닥에 놓인 면에 적힌 수가 홀수인 사건을 A, 4의 배수인 사건을 B, 소수인 사건을 C라 하자. 보기에서 서로 배반사건인 것만을 있는 대로 고르시오.

보기
ㄱ. A와 B ㄴ. A와 C ㄷ. B와 C

0211 🅜

표본공간 S의 두 사건 A, B가 서로 배반사건일 때, 다음 중 옳지 <u>않은</u> 것은?

① $A \cap B = \varnothing$ ② $A \cap A^c = \varnothing$ ③ $A^c \cap B^c = \varnothing$

④ $A \subset B^c$ ⑤ $A^c \cup B = A^c$

◆◇ **개념루트 확률과 통계 84쪽**

유형 02   배반사건의 개수

> 사건 A와 서로 배반인 사건의 개수는 여사건 A^c의 부분집합의 개수와 같다.
>
> (참고) 원소가 k개인 집합의 부분집합의 개수는 2^k

0212   대표 문제

1부터 8까지의 자연수가 각각 하나씩 적힌 8장의 카드가 들어 있는 상자에서 임의로 1장의 카드를 꺼낼 때, 홀수가 적힌 카드를 꺼내는 사건을 A라 하자. 사건 A와 서로 배반인 사건의 개수를 구하시오.

0213 🅜

표본공간 $S = \{-3, -2, -1, 0, 1, 2, 3\}$에 대하여 두 사건 A, B가 $A = \{-1, 0, 1\}$, $B = \{-3, 0, 2\}$일 때, 표본공간 S의 사건 중에서 A, B와 모두 배반사건인 것의 개수를 구하시오.

◆◇ **개념루트 확률과 통계 86쪽**

유형 03   수학적 확률

> 어떤 시행에서 표본공간 S의 각 근원사건이 일어날 가능성이 모두 같을 때, 사건 A가 일어날 확률은
> $$P(A) = \frac{n(A)}{n(S)}$$

0214   대표 문제

서로 다른 두 개의 주사위를 동시에 던질 때, 나오는 두 눈의 수의 합을 4로 나누었을 때의 나머지가 3일 확률은?

① $\dfrac{1}{9}$ ② $\dfrac{1}{6}$ ③ $\dfrac{2}{9}$

④ $\dfrac{5}{18}$ ⑤ $\dfrac{1}{3}$

0215 🅜

집합 $A = \{1, 3, 5, 7, 9, 11\}$의 부분집합 중에서 임의로 1개를 택할 때, 그 부분집합이 원소 5, 7을 모두 포함할 확률을 구하시오.

0216 ⓢ

360의 양의 약수 중에서 임의로 1개를 택할 때, 그 수가 짝수일 확률은?

① $\dfrac{7}{12}$ ② $\dfrac{2}{3}$ ③ $\dfrac{3}{4}$

④ $\dfrac{5}{6}$ ⑤ $\dfrac{11}{12}$

0217 ⓢ

숫자 1, 3, 5, 7, 9가 각각 하나씩 적힌 5개의 공이 들어 있는 주머니에서 임의로 1개의 공을 꺼내어 숫자를 확인한 후 주머니에 넣고, 다시 1개의 공을 꺼내어 숫자를 확인할 때, 첫 번째 나온 공에 적힌 수를 a, 두 번째 나온 공에 적힌 수를 b라 하자. 이때 이차방정식 $ax^2+bx+1=0$이 실근을 가질 확률을 구하시오.

◆◆ 개념루트 확률과 통계 88쪽

유형 04 순열을 이용하는 확률

서로 다른 것에서 전부 또는 일부를 택하여 일렬로 배열하는 경우의 확률을 구할 때는 순열의 수를 이용한다.

➡ 서로 다른 n개에서 r개를 택하는 순열의 수는

$$_n\mathrm{P}_r=n(n-1)(n-2)\times\cdots\times(n-r+1)$$

(단, $0<r\leq n$)

0218 대표 문제

남학생 3명과 여학생 4명이 일렬로 설 때, 남학생끼리 서로 이웃하지 않도록 설 확률을 구하시오.

0219 ⓢ

어느 부부와 자녀 3명이 한 명씩 비행기에 탑승할 때, 부부가 연이어 탑승할 확률을 구하시오.

0220 ⓢ 서술형

다섯 개의 숫자 1, 2, 3, 4, 5에서 서로 다른 4개의 숫자를 택하여 만들 수 있는 네 자리의 자연수 중에서 임의로 1개를 택할 때, 그 수가 4200 이상일 확률을 구하시오.

0221 ⓢ

1학년 학생 3명과 2학년 학생 3명이 일렬로 설 때, 첫 번째 자리에 1학년 학생이 서고, 마지막 자리에 2학년 학생이 설 확률을 구하시오.

0222 ⓢ | 수능 기출 |

문자 A, B, C, D, E가 하나씩 적혀 있는 5장의 카드와 숫자 1, 2, 3, 4가 하나씩 적혀 있는 4장의 카드가 있다.
이 9장의 카드를 모두 한 번씩 사용하여 일렬로 임의로 나열할 때, 문자 A가 적혀 있는 카드의 바로 양옆에 각각 숫자가 적혀 있는 카드가 놓일 확률은?

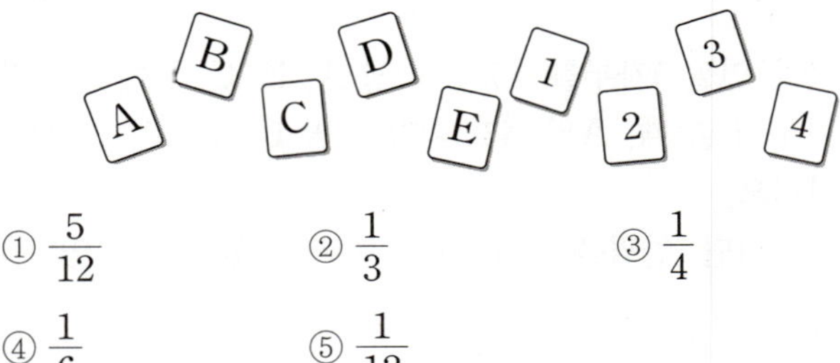

① $\dfrac{5}{12}$ ② $\dfrac{1}{3}$ ③ $\dfrac{1}{4}$

④ $\dfrac{1}{6}$ ⑤ $\dfrac{1}{12}$

유형 05 중복순열을 이용하는 확률

서로 다른 것에서 중복을 허용하여 일부를 택하여 일렬로 배열하는 경우의 확률을 구할 때는 중복순열의 수를 이용한다.
➡ 서로 다른 n개에서 r개를 택하는 중복순열의 수는
$$_n\Pi_r=n^r$$

0223 대표 문제

다섯 개의 숫자 0, 1, 2, 3, 4로 중복을 허용하여 만들 수 있는 여섯 자리의 자연수 중에서 임의로 1개를 택할 때, 그 수가 짝수일 확률은?

① $\dfrac{2}{5}$　　② $\dfrac{1}{2}$　　③ $\dfrac{3}{5}$

④ $\dfrac{7}{10}$　　⑤ $\dfrac{4}{5}$

0224 (중)

두 집합 $X=\{a,\,b,\,c\}$, $Y=\{1,\,2,\,3,\,4\}$에 대하여 함수 $f:X\longrightarrow Y$ 중에서 임의로 1개를 택할 때, 그 함수가 $f(a)+f(b)=5$를 만족시킬 확률을 구하시오.

0225 (중)　　　　　　　서술형

서로 다른 연필 5자루를 4명의 학생 A, B, C, D에게 남김 없이 나누어 줄 때, A와 B가 각각 연필 1자루만 받을 확률을 구하시오.

（단, 연필을 받지 못하는 학생이 있을 수도 있다.）

유형 06 같은 것이 있는 순열을 이용하는 확률

같은 것을 포함하여 일렬로 배열하는 경우의 확률을 구할 때는 같은 것이 있는 순열의 수를 이용한다.
➡ n개 중에서 같은 것이 각각 p개, q개, ..., r개씩 있을 때, n개를 일렬로 배열하는 순열의 수는
$$\frac{n!}{p!\times q!\times\cdots\times r!}\ (\text{단},\ p+q+\cdots+r=n)$$

0226 대표 문제

brother에 있는 7개의 문자를 일렬로 배열할 때, 자음끼리 서로 이웃하도록 배열할 확률을 구하시오.

0227 (하)

여섯 개의 숫자 1, 1, 1, 2, 2, 3을 모두 사용하여 만들 수 있는 여섯 자리의 자연수 중에서 임의로 1개를 택할 때, 그 수의 맨 앞자리 숫자가 2일 확률은?

① $\dfrac{1}{6}$　　② $\dfrac{1}{3}$　　③ $\dfrac{1}{2}$

④ $\dfrac{2}{3}$　　⑤ $\dfrac{5}{6}$

0228 (중)　　　　　　　서술형

오른쪽 그림과 같은 도로망이 있다. A 지점에서 출발하여 B 지점까지 최단 거리로 갈 때, P 지점을 거쳐 갈 확률을 구하시오.

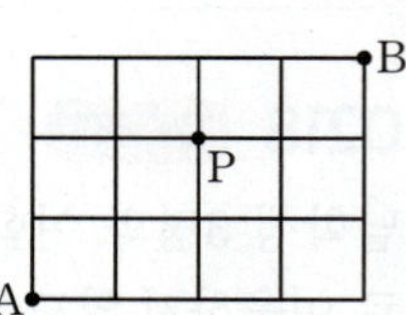

0229 ⑧

주원, 민지, 태원이를 포함한 9명의 학생이 일렬로 설 때, 주원이가 민지 앞에 서고 민지가 태원이 앞에 설 확률을 구하시오.

0230 ⑧

집합 $X=\{1,\ 2,\ 3,\ 4\}$에 대하여 함수 $f:X\longrightarrow X$ 중에서 임의로 1개를 택할 때, 그 함수가
$f(1)+f(2)+f(3)+f(4)=6$을 만족시킬 확률을 구하시오.

유형 07 조합을 이용하는 확률

◆◆ 개념루트 확률과 통계 94쪽

순서를 생각하지 않고 서로 다른 것에서 일부를 택하는 경우의 확률을 구할 때는 조합의 수를 이용한다.
➡ 서로 다른 n개에서 r개를 택하는 조합의 수는
$$_n\mathrm{C}_r=\frac{_n\mathrm{P}_r}{r!}=\frac{n!}{r!(n-r)!}\ \text{(단, }0\le r\le n\text{)}$$

0231 대표 문제

흰 공 4개, 검은 공 3개가 들어 있는 주머니에서 임의로 2개의 공을 동시에 꺼낼 때, 서로 다른 색의 공이 나올 확률은?

① $\dfrac{1}{7}$ ② $\dfrac{2}{7}$ ③ $\dfrac{3}{7}$

④ $\dfrac{4}{7}$ ⑤ $\dfrac{5}{7}$

0232 ⑨

A, B를 포함한 6명 중에서 임의로 급식 메뉴를 시식할 시식단 4명을 뽑을 때, A는 포함되고 B는 포함되지 않을 확률을 구하시오.

0233 ⑧

남학생과 여학생을 합하여 10명으로 구성된 어느 동아리에서 임의로 대표 2명을 뽑을 때, 남학생 1명과 여학생 1명을 뽑을 확률이 $\dfrac{8}{15}$이다. 이 동아리의 남학생 수와 여학생 수의 차는?

① 2   ② 3   ③ 4
④ 5   ⑤ 6

0234 ⑧

1부터 8까지의 자연수가 각각 하나씩 적힌 8개의 공이 들어 있는 주머니에서 임의로 3개의 공을 동시에 꺼낼 때, 공에 적힌 수 중에서 가장 작은 수가 3일 확률을 구하시오.

0235 ⑧

오른쪽 그림과 같이 가로와 세로의 길이가 각각 1만큼의 간격으로 놓인 9개의 점 중에서 2개의 점을 이어서 선분을 만들 때, 선분의 길이가 유리수일 확률을 구하시오.

0236 (상)

5명이 가위바위보를 한 번 할 때, 이기는 사람이 2명일 확률을 구하시오.

◈◈ 개념루트 확률과 통계 96쪽

유형 08 중복조합을 이용하는 확률

순서를 생각하지 않고 서로 다른 것에서 중복을 허용하여 일부를 택하는 경우의 확률을 구할 때는 중복조합의 수를 이용한다.
➡ 서로 다른 n개에서 r개를 택하는 중복조합의 수는
$$_n\mathrm{H}_r = {}_{n+r-1}\mathrm{C}_r$$

0237 대표 문제

방정식 $x+y+z=7$을 만족시키는 음이 아닌 정수 x, y, z의 순서쌍 (x, y, z) 중에서 임의로 1개를 택할 때, $x \geq 2$일 확률을 구하시오.

0238 (중) 서술형

4명의 학생에게 같은 종류의 음료수 12병을 나누어 줄 때, 모든 학생이 2병 이상 받도록 나누어 줄 확률을 구하시오.

0239 (중)

두 집합 $X = \{1, 2, 3\}$, $Y = \{1, 2, 3, 4\}$에 대하여 X에서 Y로의 함수 f 중에서 임의로 1개를 택할 때, 그 함수가 $i < j$이면 $f(i) \leq f(j)$를 만족시킬 확률은?

(단, $i \in X$, $j \in X$)

① $\dfrac{3}{16}$　　② $\dfrac{1}{4}$　　③ $\dfrac{5}{16}$

④ $\dfrac{3}{8}$　　⑤ $\dfrac{7}{16}$

0240 (상)

한 개의 주사위를 3번 던져서 나오는 눈의 수를 차례대로 a_1, a_2, a_3이라 할 때, $a_1 \leq a_2 < a_3$일 확률을 구하시오.

◈◈ 개념루트 확률과 통계 98쪽

유형 09 통계적 확률

사건 A가 n번에 r번 꼴로 일어날 때, 사건 A가 일어날 통계적 확률 ➡ $\mathrm{P}(A) = \dfrac{r}{n}$

0241 대표 문제

노란 구슬과 흰 구슬을 합하여 15개의 구슬이 들어 있는 주머니에서 임의로 2개의 구슬을 동시에 꺼내어 색을 확인하고 다시 넣는 시행을 여러 번 반복하였더니 10번에 2번 꼴로 2개의 구슬이 모두 노란 구슬이었다. 이때 주머니 속에 들어 있는 노란 구슬의 개수는?

① 6　　② 7　　③ 8
④ 9　　⑤ 10

0242 (하)

공장 A에서 생산한 장난감은 2000개에 4개 꼴로 불량품이고, 공장 B에서 생산한 장난감은 5000개에 2개 꼴로 불량품이라 한다. 두 공장 A, B에서 생산한 장난감을 임의로 각각 1개씩 택할 때, 불량품일 확률을 각각 a, b라 하자. 이때 $\dfrac{a}{b}$의 값을 구하시오.

0243 ⑧

다음 표는 어느 고등학교 학생들의 혈액형을 조사하여 나타낸 것이다. 이 고등학교에서 임의로 1명의 학생을 택할 때, 그 학생의 혈액형이 A형일 확률을 구하시오.

혈액형	A	B	O	AB
학생 수	300	150	180	90

◆◇ 개념루트 확률과 통계 100쪽

유형 10 기하적 확률

길이, 넓이, 시간 등 연속적으로 변하여 그 개수를 구하기 어려울 때는 길이, 넓이, 시간 등의 비율로 확률을 구한다.

$$\Rightarrow \mathrm{P}(A)=\frac{(\text{사건 } A\text{가 일어나는 영역의 크기})}{(\text{일어날 수 있는 전체 영역의 크기})}$$

0244 대표 문제

오른쪽 그림과 같이 한 변의 길이가 10인 정사각형 ABCD의 내부에 임의의 점 P를 잡을 때, 삼각형 PAB가 둔각삼각형일 확률을 구하시오.

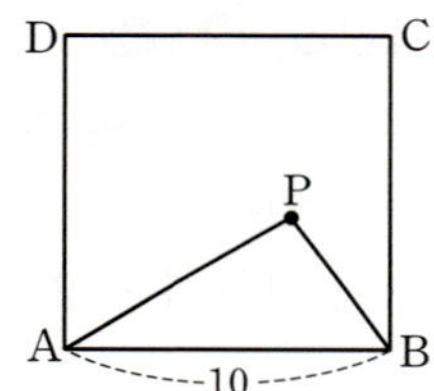

0245 ㉤

오른쪽 그림과 같이 반지름의 길이가 각각 1, 2, 3, 4이고 중심이 같은 네 원으로 이루어진 과녁에 활을 쏠 때, 색칠한 부분을 맞힐 확률을 구하시오. (단, 화살은 과녁을 벗어나지 않고, 경계선에 맞지 않는다.)

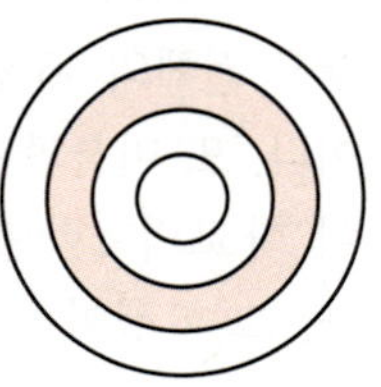

0246 ⑧

$-2 \le a \le 3$인 실수 a에 대하여 이차방정식 $x^2-6ax+6a=0$이 실근을 가질 확률은?

① $\dfrac{1}{15}$ ② $\dfrac{4}{15}$ ③ $\dfrac{7}{15}$

④ $\dfrac{2}{3}$ ⑤ $\dfrac{13}{15}$

유형 11 확률의 기본 성질

표본공간이 S인 어떤 시행에서
(1) 임의의 사건 A에 대하여 $0 \le \mathrm{P}(A) \le 1$
(2) 반드시 일어나는 사건 S에 대하여 $\mathrm{P}(S)=1$
(3) 절대로 일어나지 않는 사건 $\varnothing$에 대하여 $\mathrm{P}(\varnothing)=0$

0247 대표 문제

표본공간 S의 임의의 두 사건 A, B에 대하여 보기에서 옳은 것만을 있는 대로 고르시오.

> **보기**
> ㄱ. $-1 \le \mathrm{P}(A)-\mathrm{P}(B) \le 1$
> ㄴ. $\mathrm{P}(A \cap B) \le \mathrm{P}(A \cup B)$
> ㄷ. $\mathrm{P}(A)\mathrm{P}(B) \le \mathrm{P}(S)$

0248 ⑧

표본공간을 S, 절대로 일어나지 않는 사건을 $\varnothing$이라 할 때, 임의의 두 사건 A, B에 대하여 보기에서 옳은 것만을 있는 대로 고른 것은?

> **보기**
> ㄱ. $\mathrm{P}(S)-\mathrm{P}(\varnothing)=1$
> ㄴ. $A \cup B=S$이면 $\mathrm{P}(A)+\mathrm{P}(B)=1$
> ㄷ. $\mathrm{P}(A)+\mathrm{P}(B)=1$이면 두 사건 A, B는 서로 배반사건이다.

① ㄱ   ② ㄷ   ③ ㄱ, ㄴ

④ ㄴ, ㄷ   ⑤ ㄱ, ㄴ, ㄷ

유형 12 확률의 덧셈 정리와 여사건의 확률의 계산

(1) 두 사건 A, B에 대하여
$$P(A \cup B) = P(A) + P(B) - P(A \cap B)$$
두 사건 A, B가 서로 배반사건이면
$$P(A \cup B) = P(A) + P(B)$$
(2) 사건 A와 그 여사건 A^c에 대하여
$$P(A^c) = 1 - P(A)$$

0249 대표 문제

두 사건 A, B에 대하여
$$P(A) = \frac{1}{2}, \ P(B) = \frac{7}{10}, \ P(A^c \cup B^c) = \frac{3}{5}$$
일 때, $P(A \cup B)$를 구하시오.

0250 하 | 모평 기출 |

두 사건 A, B는 서로 배반사건이고
$$P(A^c) = \frac{5}{6}, \ P(A \cup B) = \frac{3}{4}$$
일 때, $P(B^c)$의 값은?

① $\frac{3}{8}$ ② $\frac{5}{12}$ ③ $\frac{11}{24}$

④ $\frac{1}{2}$ ⑤ $\frac{13}{24}$

0251 중

두 사건 A, B가 서로 배반사건이고
$$P(A \cap B^c) = \frac{1}{3}, \ P(A^c \cap B) = \frac{1}{4}$$
일 때, $P(A^c \cap B^c)$는?

① $\frac{5}{12}$ ② $\frac{1}{2}$ ③ $\frac{7}{12}$

④ $\frac{2}{3}$ ⑤ $\frac{3}{4}$

0252 중

공사건이 아닌 두 사건 A, B에 대하여
$$P(A \cap B) = \frac{2}{5}P(A) = \frac{1}{3}P(B)$$
일 때, $\dfrac{P(A \cap B)}{P(A \cup B)}$의 값은?

① $\frac{1}{9}$ ② $\frac{2}{9}$ ③ $\frac{1}{3}$

④ $\frac{4}{9}$ ⑤ $\frac{5}{9}$

빈출

유형 13 확률의 덧셈 정리 – 배반사건이 아닌 경우

사건 A 또는 사건 B가 일어날 확률은
$$P(A \cup B) = P(A) + P(B) - P(A \cap B)$$
임을 이용하여 구한다.

0253 대표 문제

1부터 30까지의 자연수가 각각 하나씩 적힌 30장의 카드가 들어 있는 상자에서 임의로 1장의 카드를 꺼낼 때, 꺼낸 카드에 적힌 수가 2의 배수이거나 5의 배수일 확률을 구하시오.

0254 하

어느 학교의 2학년 학생 120명 중에서 미술을 좋아하는 학생은 전체의 55 %이고 음악을 좋아하는 학생은 전체의 30 %이다. 또 미술과 음악을 모두 좋아하는 학생은 24명이다. 이 학교의 2학년 학생 중에서 임의로 1명의 학생을 택할 때, 그 학생이 미술 또는 음악을 좋아하는 학생일 확률은?

① 0.1 ② 0.2 ③ 0.35

④ 0.6 ⑤ 0.65

0255 ⑧

5개의 문자 A, B, C, D, E를 일렬로 배열할 때, A가 B보다 앞에 있거나 D가 E보다 뒤에 있도록 배열할 확률을 구하시오.

0256 ⑧ | 수능 기출 |

주머니에 1이 적힌 흰 공 1개, 2가 적힌 흰 공 1개, 1이 적힌 검은 공 1개, 2가 적힌 검은 공 3개가 들어 있다. 이 주머니에서 임의로 3개의 공을 동시에 꺼내는 시행을 한다. 이 시행에서 꺼낸 3개의 공 중에서 흰 공이 1개이고 검은 공이 2개인 사건을 A, 꺼낸 3개의 공에 적혀 있는 수를 모두 곱한 값이 8인 사건을 B라 할 때, $\mathrm{P}(A \cup B)$의 값은?

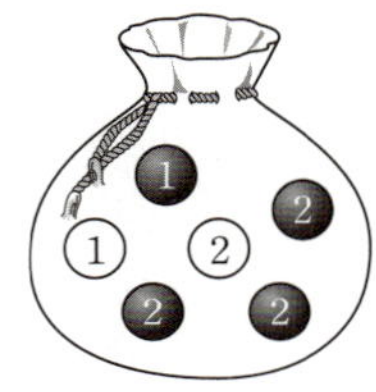

① $\dfrac{11}{20}$ ② $\dfrac{3}{5}$ ③ $\dfrac{13}{20}$

④ $\dfrac{7}{10}$ ⑤ $\dfrac{3}{4}$

0257 ⑤ 서술형

20 이하의 자연수 n에 대하여 x에 대한 이차방정식 $12x^2 - 7nx + n^2 = 0$이 정수해를 가질 확률을 구하시오.

두 사건 A, B가 서로 배반사건이면 $A \cap B = \varnothing$이므로 사건 A 또는 사건 B가 일어날 확률은
$$\mathrm{P}(A \cup B) = \mathrm{P}(A) + \mathrm{P}(B)$$
임을 이용하여 구한다.

0258 대표 문제

흰 공 4개, 검은 공 5개가 들어 있는 주머니에서 임의로 2개의 공을 동시에 꺼낼 때, 서로 같은 색의 공을 꺼낼 확률은?

① $\dfrac{1}{9}$ ② $\dfrac{2}{9}$ ③ $\dfrac{1}{3}$

④ $\dfrac{4}{9}$ ⑤ $\dfrac{5}{9}$

0259 ⑨

선생님 1명과 학생 7명이 일렬로 설 때, 선생님이 맨 앞에 서거나 맨 뒤에 설 확률은?

① $\dfrac{1}{8}$ ② $\dfrac{1}{4}$ ③ $\dfrac{3}{8}$

④ $\dfrac{1}{2}$ ⑤ $\dfrac{5}{8}$

0260 ⑧

서로 다른 두 개의 주사위를 동시에 던질 때, 나오는 두 눈의 수의 합이 5 또는 8일 확률을 구하시오.

0261 ⑧

남학생 4명, 여학생 5명으로 구성된 영화 동아리에서 어떤 영화의 시사회에 참석할 학생 5명을 임의로 뽑을 때, 남학 생을 여학생보다 많이 뽑을 확률을 구하시오.

◇◆ 개념루트 확률과 통계 110쪽

유형 15 여사건의 확률

사건 A의 확률을 구하는 것보다 그 여사건 A^c의 확률을 구하는 것이 더 간단한 경우에는 $\mathrm{P}(A)=1-\mathrm{P}(A^c)$임을 이용한다.

0262 대표 문제

서로 다른 두 개의 주사위를 동시에 던질 때, 나오는 두 눈의 수의 곱이 6의 배수가 아닐 확률은?

① $\dfrac{7}{18}$ ② $\dfrac{5}{12}$ ③ $\dfrac{1}{2}$

④ $\dfrac{7}{12}$ ⑤ $\dfrac{11}{18}$

0263 ⑧

round에 있는 5개의 문자를 일렬로 배열할 때, 모음끼리 서로 이웃하지 않도록 배열할 확률은?

① $\dfrac{2}{5}$ ② $\dfrac{3}{5}$ ③ $\dfrac{7}{10}$

④ $\dfrac{4}{5}$ ⑤ $\dfrac{9}{10}$

0264 ⑧

두 집합 $X=\{a,\,b,\,c\}$, $Y=\{1,\,2,\,3,\,4,\,5\}$에 대하여 X에서 Y로의 함수 중에서 임의로 1개를 택할 때, 치역에 2가 포함될 확률을 구하시오.

0265 ⑧

한 개의 주사위를 3번 던져서 나오는 눈의 수를 차례대로 $x,\,y,\,z$라 할 때, $(x-y)(y-z)(z-x)=0$일 확률을 구하시오.

◇◆ 개념루트 확률과 통계 112쪽

빈출

유형 16 여사건의 확률 – '적어도'의 조건이 있는 경우

'적어도 하나가 ~인' 조건이 있을 때는 여사건의 확률을 이용하여 구할 수 있다.
➡ (적어도 하나가 ~일 확률)=1-(모두 ~가 아닐 확률)

0266 대표 문제

1부터 15까지의 자연수가 각각 하나씩 적힌 15개의 공이 들어 있는 상자에서 임의로 2개의 공을 동시에 꺼낼 때, 적어도 1개는 3의 배수가 적힌 공을 꺼낼 확률은?

① $\dfrac{3}{7}$ ② $\dfrac{10}{21}$ ③ $\dfrac{11}{21}$

④ $\dfrac{4}{7}$ ⑤ $\dfrac{13}{21}$

0267 중

어른 4명과 어린이 2명이 일렬로 설 때, 어린이 사이에 적어도 1명의 어른이 설 확률을 구하시오.

0268 중 | 모평 기출 |

어느 지구대에서는 학생들의 안전한 통학을 위한 귀가도우미 프로그램에 참여하기로 하였다. 이 지구대의 경찰관은 모두 9명이고, 각 경찰관은 두 개의 근무조 A, B 중 한 조에 속해 있다. 이 지구대의 근무조 A는 5명, 근무조 B는 4명의 경찰관으로 구성되어 있다. 이 지구대의 경찰관 9명 중에서 임의로 3명을 동시에 귀가도우미로 선택할 때, 근무조 A와 근무조 B에서 적어도 1명씩 선택될 확률은?

① $\dfrac{1}{2}$　　② $\dfrac{7}{12}$　　③ $\dfrac{2}{3}$

④ $\dfrac{3}{4}$　　⑤ $\dfrac{5}{6}$

0269 중 | 서술형 |

흰 공 n개, 검은 공 3개가 들어 있는 주머니에서 임의로 2개의 공을 동시에 꺼낼 때, 적어도 1개는 흰 공이 나올 확률이 $\dfrac{14}{15}$이다. 이때 n의 값을 구하시오.

유형 17 여사건의 확률 – '이상', '이하'의 조건이 있는 경우

'이상', '이하', '초과', '미만'과 같은 조건이 있을 때는 여사건의 확률을 이용하여 구할 수 있다.
➡ (∼ 이상일 확률)=1−(∼ 미만일 확률)
　(∼ 이하일 확률)=1−(∼ 초과일 확률)

0270 대표 문제

서로 다른 6개의 동전을 동시에 던질 때, 앞면이 나온 동전의 개수와 뒷면이 나온 동전의 개수의 차가 4 이하일 확률을 구하시오.

0271 중

100원짜리 동전 2개, 50원짜리 동전 4개, 10원짜리 동전 3개가 들어 있는 주머니에서 임의로 3개의 동전을 동시에 꺼낼 때, 꺼낸 동전의 금액의 합이 200원 미만일 확률을 구하시오.

0272 중 | 수능 기출 |

1부터 10까지 자연수가 하나씩 적혀 있는 10장의 카드가 들어 있는 주머니가 있다. 이 주머니에서 임의로 카드 3장을 동시에 꺼낼 때, 꺼낸 카드에 적혀 있는 세 자연수 중에서 가장 작은 수가 4 이하이거나 7 이상일 확률은?

① $\dfrac{4}{5}$　　② $\dfrac{5}{6}$　　③ $\dfrac{13}{15}$

④ $\dfrac{9}{10}$　　⑤ $\dfrac{14}{15}$

0273 유형 01

숫자 2, 3, 5, 7, 8, 9, 10이 각각 하나씩 적힌 7장의 카드가 들어 있는 주머니에서 임의로 1장의 카드를 꺼낼 때, 꺼낸 카드에 적힌 수가 짝수인 사건을 A, 소수인 사건을 B, 3의 배수인 사건을 C라 하자. 다음 중 옳은 것은?

① $n(A)=4$
② A와 B는 서로 배반사건이다.
③ A와 C는 서로 배반사건이 아니다.
④ B와 C는 서로 배반사건이다.
⑤ A는 C의 여사건에 포함된다.

0274 유형 02

1부터 10까지의 자연수가 각각 하나씩 적힌 10개의 공이 들어 있는 주머니에서 임의로 1개의 공을 꺼낼 때, 꺼낸 공이 적힌 수가 10의 약수인 사건을 A, 3의 배수인 사건을 B라 하자. 두 사건 A, B와 모두 배반인 사건의 개수를 구하시오.

0275 유형 03 | 모평 기출 |

네 개의 수 1, 3, 5, 7 중에서 임의로 선택한 한 개의 수를 a라 하고, 네 개의 수 4, 6, 8, 10 중에서 임의로 선택한 한 개의 수를 b라 하자. $1 < \dfrac{b}{a} < 4$일 확률은?

① $\dfrac{1}{2}$　　② $\dfrac{9}{16}$　　③ $\dfrac{5}{8}$
④ $\dfrac{11}{16}$　　⑤ $\dfrac{3}{4}$

0276 유형 04

다섯 개의 숫자 1, 2, 3, 5, 6을 모두 사용하여 만들 수 있는 다섯 자리의 자연수 중에서 임의로 1개를 택할 때, 그 수가 5의 배수일 확률을 구하시오.

0277 유형 05

네 개의 숫자 0, 1, 2, 3으로 중복을 허용하여 만들 수 있는 네 자리의 자연수 중에서 임의로 1개를 택할 때, 그 수가 2133보다 클 확률은?

① $\dfrac{15}{32}$　　② $\dfrac{31}{64}$　　③ $\dfrac{1}{2}$
④ $\dfrac{33}{64}$　　⑤ $\dfrac{17}{32}$

0278 유형 06

destiny에 있는 7개의 문자를 일렬로 배열할 때, t가 s보다는 앞에 오고 y보다는 뒤에 오도록 배열할 확률은?

① $\dfrac{1}{6}$　　② $\dfrac{1}{3}$　　③ $\dfrac{1}{2}$
④ $\dfrac{2}{3}$　　⑤ $\dfrac{5}{6}$

0279 유형 07

숫자 1, 2, 3, 4, 5가 각각 하나씩 적힌 5장의 카드 중에서 임의로 3장의 카드를 동시에 뽑을 때, 뽑은 카드에 적힌 수의 곱이 홀수일 확률을 구하시오.

0280 유형 08

방정식 $x+y+z=8$을 만족시키는 음이 아닌 정수 x, y, z의 순서쌍 (x, y, z) 중에서 임의로 1개를 택할 때, $z=2$일 확률을 구하시오.

0281 유형 09

흰 바둑돌과 검은 바둑돌을 합하여 10개가 들어 있는 주머니에서 임의로 2개의 바둑돌을 동시에 꺼내어 확인하고 다시 넣는 시행을 여러 번 반복하였더니 15번에 7번 꼴로 서로 다른 색의 바둑돌이 나왔다고 한다. 이때 주머니 속에 들어 있는 흰 바둑돌의 개수를 구하시오.
(단, 흰 바둑돌이 검은 바둑돌보다 많이 들어 있다.)

0282 유형 10

오른쪽 그림과 같이 길이가 6인 선분 AB를 지름으로 하는 반원의 내부에 임의의 점 P를 잡을 때, 삼각형 PAO가 예각삼각형일 확률을 구하시오.
(단, O는 선분 AB의 중점)

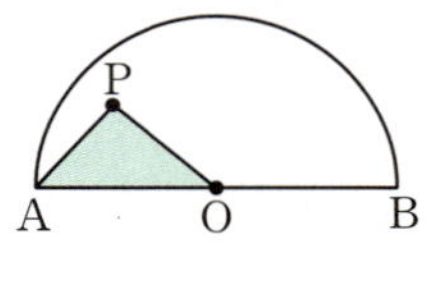

0283 유형 11 + 12

표본공간 S의 임의의 두 사건 A, B에 대하여 보기에서 옳은 것만을 있는 대로 고른 것은?

보기
ㄱ. 두 사건 A, B가 서로 배반사건이면
$\quad$ $P(A \cup B) = P(A) + P(B)$
ㄴ. $0 \le P(A \cap B) \le 1$
ㄷ. $P(A \cap B^c) \le P(A) - P(B)$

① ㄱ $\qquad$ ② ㄷ $\qquad$ ③ ㄱ, ㄴ
④ ㄴ, ㄷ $\qquad$ ⑤ ㄱ, ㄴ, ㄷ

0284 유형 12 $\qquad$ | 모평 기출 |

두 사건 A, B에 대하여
$$P(A \cup B) = \frac{3}{4}, \quad P(A^c \cap B) = \frac{2}{3}$$
일 때, $P(A)$의 값은? (단, A^c는 A의 여사건이다.)

① $\dfrac{1}{12}$ $\qquad$ ② $\dfrac{1}{8}$ $\qquad$ ③ $\dfrac{1}{6}$

④ $\dfrac{5}{24}$ $\qquad$ ⑤ $\dfrac{1}{4}$

0285 유형 12

두 사건 A, B에 대하여 A와 B^c는 서로 배반사건이고 $P(A) = \dfrac{3}{10}$, $P(B) = 2P(A)$일 때, $P(A^c \cap B)$를 구하시오.

0286 유형 13

어느 학교에서 축구를 좋아하는 학생은 전체의 20%, 농구를 좋아하는 학생은 전체의 13%, 축구와 농구 모두 좋아하는 학생은 전체의 5%이다. 이 학교 학생 중에서 임의로 1명을 택할 때, 그 학생이 축구 또는 농구를 좋아하는 학생일 확률을 구하시오.

0287 유형 14

어느 학교 봉사 동아리에 1학년 학생 2명, 2학년 학생 3명, 3학년 학생 3명이 있다. 이 중에서 봉사를 갈 학생 2명을 임의로 뽑을 때, 뽑은 학생이 모두 1학년 학생이거나 2학년 학생일 확률을 구하시오.

0288 유형 15

서로 다른 두 개의 주사위를 던져서 나오는 눈의 수를 각각 a, b라 할 때, 이차함수 $f(x)=x^2-5x+4$에 대하여 $f(a)f(b)=0$일 확률을 구하시오.

0289 유형 16

튤립과 장미를 합하여 10송이가 들어 있는 상자에서 임의로 3송이의 꽃을 동시에 꺼낼 때, 적어도 1송이는 장미일 확률이 $\dfrac{29}{30}$이다. 이때 장미는 몇 송이인가?

① 4송이   ② 5송이   ③ 6송이
④ 7송이   ⑤ 8송이

0290 유형 16

3명의 학생이 방학 동안 악기를 배우려 한다. 3명이 일주일 동안 각각 임의로 하나의 요일을 택할 때, 적어도 2명이 같은 요일을 택할 확률을 구하시오.

0291 유형 17 | 수능 기출 |

숫자 1, 2, 3, 4, 5, 6이 하나씩 적혀 있는 6장의 카드가 있다. 이 6장의 카드를 모두 한 번씩 사용하여 일렬로 임의로 나열할 때, 양 끝에 놓인 카드에 적힌 두 수의 합이 10 이하가 되도록 카드가 놓일 확률은?

① $\dfrac{8}{15}$ ② $\dfrac{19}{30}$ ③ $\dfrac{11}{15}$
④ $\dfrac{5}{6}$ ⑤ $\dfrac{14}{15}$

0292 유형 05

다섯 개의 숫자 1, 2, 3, 4, 5로 중복을 허용하여 만들 수 있는 네 자리의 자연수 중에서 임의로 1개를 택할 때, 각 자리의 숫자가 모두 다를 확률을 구하시오.

0293 유형 07

1부터 9까지의 자연수가 각각 하나씩 적힌 9장의 카드가 들어 있는 상자에서 임의로 4장의 카드를 동시에 꺼낼 때, 꺼낸 카드에 적힌 수 중에서 가장 큰 수와 가장 작은 수의 합이 9일 확률을 구하시오.

0294 유형 15

1부터 20까지의 자연수가 각각 하나씩 적힌 20개의 공 중에서 임의로 1개의 공을 뽑을 때, 뽑은 공에 적힌 수가 3의 배수도 아니고 5의 배수도 아닐 확률을 구하시오.

C 실력 향상

0295

두 개의 숫자 1, 2로 중복을 허용하여 만들 수 있는 여섯 자리의 자연수 중에서 임의로 1개를 택할 때, 그 수가 3의 배수일 확률을 구하시오.

0296

| 모평 기출 |

두 집합 $X=\{1, 2, 3, 4\}$, $Y=\{1, 2, 3, 4, 5, 6, 7\}$에 대하여 X에서 Y로의 모든 일대일함수 f 중에서 임의로 하나를 선택할 때, 이 함수가 다음 조건을 만족시킬 확률은?

> (가) $f(2)=2$
> (나) $f(1) \times f(2) \times f(3) \times f(4)$는 4의 배수이다.

① $\dfrac{1}{14}$ ② $\dfrac{3}{35}$ ③ $\dfrac{1}{10}$

④ $\dfrac{4}{35}$ ⑤ $\dfrac{9}{70}$

0297

| 수능 기출 |

방정식 $x+y+z=10$을 만족시키는 음이 아닌 정수 x, y, z의 모든 순서쌍 (x, y, z) 중에서 임의로 한 개를 선택한다. 선택한 순서쌍 (x, y, z)가 $(x-y)(y-z)(z-x) \neq 0$을 만족시킬 확률은 $\dfrac{q}{p}$이다. $p+q$의 값을 구하시오.

(단, p와 q는 서로소인 자연수이다.)

0298

방정식 $x+y+z=14$를 만족시키는 자연수 x, y, z의 순서쌍 (x, y, z) 중에서 임의로 1개를 택할 때, x, y, z 중에서 적어도 하나가 홀수일 확률을 구하시오.

↪ 기출 BOOK 14쪽

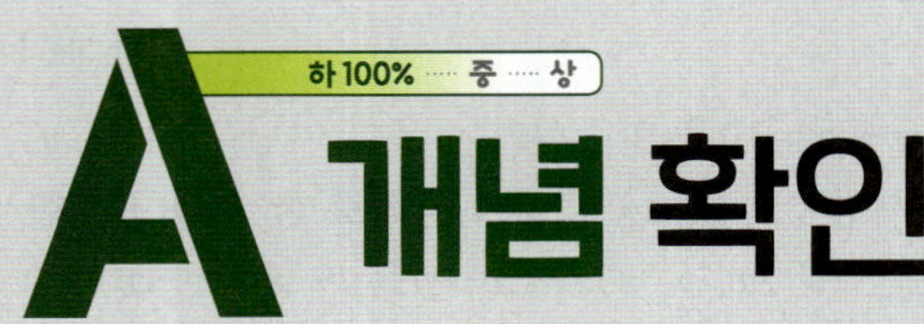

개념 확인

04-1 조건부확률   유형 01~05

(1) 두 사건 A, B에 대하여 확률이 0이 아닌 사건 A가 일어났다고 가정할 때, 사건 B가 일어날 확률을 사건 A가 일어났을 때의 사건 B의 **조건부확률**이라 한다. [기호] $\mathrm{P}(B|A)$

(2) 사건 A가 일어났을 때의 사건 B의 조건부확률은

$$\mathrm{P}(B|A)=\frac{\mathrm{P}(A\cap B)}{\mathrm{P}(A)} \ (\text{단, } \mathrm{P}(A)>0)$$

[참고] 일반적으로 $\mathrm{P}(B|A)\neq\mathrm{P}(A|B)$이다.

> 사건 B가 일어났을 때의 사건 A의 조건부확률은
> $$\mathrm{P}(A|B)=\frac{\mathrm{P}(A\cap B)}{\mathrm{P}(B)}$$

04-2 확률의 곱셈 정리   유형 01, 03~05

두 사건 A, B에 대하여

$$\mathrm{P}(A\cap B)=\mathrm{P}(A)\mathrm{P}(B|A)=\mathrm{P}(B)\mathrm{P}(A|B) \ (\text{단, } \mathrm{P}(A)>0, \ \mathrm{P}(B)>0)$$

[참고] $\mathrm{P}(B)=\mathrm{P}(A\cap B)+\mathrm{P}(A^c\cap B)$
$\qquad =\mathrm{P}(A)\mathrm{P}(B|A)+\mathrm{P}(A^c)\mathrm{P}(B|A^c) \ (\text{단, } 0<\mathrm{P}(A)<1)$

04-3 사건의 독립과 종속   유형 06~09

(1) 독립

확률이 0이 아닌 두 사건 A, B에 대하여 A가 일어나는 것이 B가 일어날 확률에 아무런 영향을 주지 않을 때, 즉

$$\mathrm{P}(B|A)=\mathrm{P}(B|A^c)=\mathrm{P}(B)$$

일 때, 두 사건 A, B는 서로 **독립**이라 한다.

> 확률이 0이 아닌 두 사건 A, B가 서로 배반사건이면 A, B는 서로 종속이다.

(2) 종속

두 사건 A, B가 서로 독립이 아닐 때, 두 사건 A, B는 서로 **종속**이라 한다.

(3) 두 사건이 서로 독립일 조건

두 사건 A, B가 서로 독립이기 위한 필요충분조건은

$$\mathrm{P}(A\cap B)=\mathrm{P}(A)\mathrm{P}(B) \ (\text{단, } \mathrm{P}(A)>0, \ \mathrm{P}(B)>0)$$

[참고] 두 사건 A, B가 서로 종속이기 위한 필요충분조건은
$\qquad \mathrm{P}(A\cap B)\neq\mathrm{P}(A)\mathrm{P}(B) \ (\text{단, } \mathrm{P}(A)>0, \ \mathrm{P}(B)>0)$

> 두 사건 A, B가 서로 독립이면 A와 B^c, A^c와 B, A^c와 B^c도 각각 서로 독립이다.

> 세 사건 A, B, C가 모두 서로 독립이면
> $\mathrm{P}(A\cap B\cap C)$
> $=\mathrm{P}(A)\mathrm{P}(B)\mathrm{P}(C)$

04-4 독립시행의 확률   유형 10~13

(1) 독립시행

주사위나 동전을 여러 번 던지는 경우와 같이 어떤 시행을 반복할 때, 각 시행에서 일어나는 사건이 서로 독립이면 이와 같은 시행을 **독립시행**이라 한다.

(2) 독립시행의 확률

어떤 시행에서 사건 A가 일어날 확률이 $p \ (0<p<1)$일 때, 이 시행을 n번 반복하는 독립시행에서 사건 A가 r번 일어날 확률은

$$_n\mathrm{C}_r p^r(1-p)^{n-r} \ (\text{단, } r=0, \ 1, \ 2, \ \cdots, \ n)$$

04-1 조건부확률

0299 한 개의 주사위를 던지는 시행에서 나오는 눈의 수가 짝수인 사건을 A, 6의 약수인 사건을 B라 할 때, 다음을 구하시오.

(1) $P(A \cap B)$

(2) $P(A | B)$

(3) $P(B | A)$

04-2 확률의 곱셈 정리

0300 두 사건 A, B에 대하여 $P(A) = \dfrac{1}{3}$, $P(B) = \dfrac{1}{4}$, $P(B | A) = \dfrac{1}{12}$일 때, 다음을 구하시오.

(1) $P(A \cap B)$

(2) $P(A | B)$

04-3 사건의 독립과 종속

0301 검은 바둑돌 5개와 흰 바둑돌 3개가 들어 있는 통에서 바둑돌을 임의로 1개씩 2번 꺼낼 때, 첫 번째에 검은 바둑돌을 꺼내는 사건을 A, 두 번째에 흰 바둑돌을 꺼내는 사건을 B라 하자. 다음 물음에 답하시오.

(단, 꺼낸 바둑돌은 다시 넣지 않는다.)

(1) $P(B)$를 구하시오.

(2) $P(B | A)$를 구하시오.

(3) 두 사건 A, B가 서로 독립인지 종속인지 말하시오.

[0302~0303] 다음을 만족시키는 두 사건 A, B가 서로 독립인지 종속인지 말하시오.

0302 $P(A) = 0.15$, $P(B) = 0.4$, $P(A \cap B) = 0.06$

0303 $P(A) = 0.3$, $P(B) = 0.6$, $P(A \cap B) = 0.2$

[0304~0307] 두 사건 A, B가 서로 독립이고, $P(A) = 0.2$, $P(B) = 0.35$일 때, 다음을 구하시오.

0304 $P(A \cap B)$

0305 $P(A^c \cap B)$

0306 $P(A | B^c)$

0307 $P(B^c | A^c)$

0308 갑, 을이 시험에 합격할 확률이 각각 0.6, 0.8일 때, 2명 모두 시험에 합격할 확률을 구하시오. (단, 갑과 을이 각각 시험에 합격하는 사건은 서로 영향을 주지 않는다.)

04-4 독립시행의 확률

0309 한 개의 주사위를 던지는 시행에서 5의 눈이 나오는 사건을 A라 할 때, 다음을 구하시오.

(1) $P(A)$

(2) 한 개의 주사위를 3번 던질 때, 사건 A가 2번 일어날 확률

0310 숫자 1, 2, 3이 각각 하나씩 적힌 3개의 공이 들어 있는 주머니에서 공을 임의로 1개씩 3번 꺼낼 때, 소수가 적힌 공이 2번 나올 확률을 구하시오.

(단, 꺼낸 공은 다시 넣는다.)

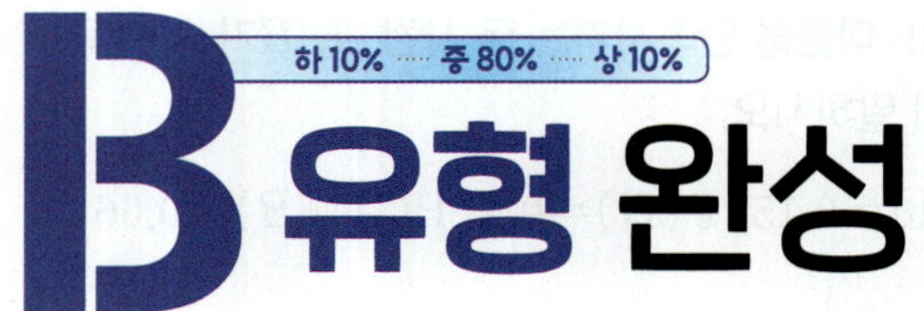

유형 완성

◆◆ 개념루트 확률과 통계 122쪽

유형 01 조건부확률과 확률의 곱셈 정리를 이용한 확률의 계산

확률이 0이 아닌 두 사건 A, B에 대하여

(1) $P(A \cap B)$, $P(A)$를 구한 후 $P(B|A) = \dfrac{P(A \cap B)}{P(A)}$임을 이용한다.

(2) $P(A)$, $P(B|A)$를 구한 후 $P(A \cap B) = P(A)P(B|A)$ 임을 이용한다.

0311 대표 문제

두 사건 A, B에 대하여

$$P(A) = \frac{2}{5},\ P(A \cap B) = \frac{3}{10},\ P(A \cup B) = \frac{3}{5}$$

일 때, $P(A|B)$를 구하시오.

0312 하

두 사건 A, B에 대하여

$$P(A) = 0.3,\ P(B) = 0.4,\ P(A|B) = 0.5$$

일 때, $P(A \cup B)$는?

① 0.2 ② 0.3 ③ 0.4
④ 0.5 ⑤ 0.6

0313 중

두 사건 A, B에 대하여

$$P(B) = \frac{3}{4},\ P(A^c|B) = \frac{1}{3}$$

일 때, $P(A \cap B)$를 구하시오.

0314 중

| 모평 기출 |

두 사건 A, B에 대하여

$$P(A \cup B) = 1,\ P(A \cap B) = \frac{1}{4},\ P(A|B) = P(B|A)$$

일 때, $P(A)$의 값은?

① $\dfrac{1}{2}$ ② $\dfrac{9}{16}$ ③ $\dfrac{5}{8}$
④ $\dfrac{11}{16}$ ⑤ $\dfrac{3}{4}$

0315 중

두 사건 A, B가 서로 배반사건이고

$$P(A) = \frac{1}{3},\ P(B) = \frac{1}{5}$$

일 때, $P(B|A^c)$를 구하시오.

빈출

◆◆ 개념루트 확률과 통계 124쪽

유형 02 조건부확률

표본공간 S의 두 사건 A, B에 대하여

$$P(B|A) = \frac{P(A \cap B)}{P(A)} = \frac{\dfrac{n(A \cap B)}{n(S)}}{\dfrac{n(A)}{n(S)}} = \frac{n(A \cap B)}{n(A)}$$

0316 대표 문제

다음 표는 어느 고등학교의 1학년과 2학년 학생으로 구성된 배드민턴 동아리 회원 40명의 남학생과 여학생 수를 나타낸 것이다. 이 회원 중에서 임의로 택한 1명이 2학년 학생일 때, 그 학생이 남학생일 확률을 구하시오.

(단위: 명)

	남학생	여학생	합계
1학년	12	4	16
2학년	20	4	24
합계	32	8	40

0317 (하)

어느 고등학교 학생의 등교 방법을 조사한 결과 버스로 등교하는 학생은 전체의 60 %, 버스로 등교하는 여학생은 전체의 25 %이다. 이 학교 학생 중에서 임의로 택한 1명이 버스로 등교하는 학생일 때, 그 학생이 여학생일 확률을 구하시오.

0318 (중)

오른쪽 표는 두 영화 A, B를 관람한 사람을 대상으로 영화 선호도를 조사하여 나타낸 것이다. 이 조사 대상자 중에서 임의로 택한 1명이 남자일 때, 그 사람이 B 영화를 선호할 확률이 $\dfrac{1}{8}$이다. 이때 x의 값을 구하시오.

(단위: 명)

	A 영화	B 영화
남자	14	x
여자	18	6

0319 (중)

1등 당첨 제비 2개와 2등 당첨 제비 3개를 포함한 10개의 제비에서 임의로 3개의 제비를 동시에 뽑았더니 당첨 제비가 1개일 때, 그 당첨 제비가 1등 당첨 제비일 확률은?

① $\dfrac{1}{10}$ ② $\dfrac{1}{5}$ ③ $\dfrac{3}{10}$

④ $\dfrac{2}{5}$ ⑤ $\dfrac{1}{2}$

0320 (중)

| 학평 기출 |

한 개의 주사위를 2번 던질 때 첫 번째 나온 눈의 수를 a, 두 번째 나온 눈의 수를 b라 하자. 두 수 a, b의 곱 ab가 짝수일 때, a와 b가 모두 짝수일 확률은?

① $\dfrac{7}{12}$ ② $\dfrac{1}{2}$ ③ $\dfrac{5}{12}$

④ $\dfrac{1}{3}$ ⑤ $\dfrac{1}{4}$

| 유형 03 | 확률의 곱셈 정리 |

두 사건 A, B가 동시에 일어날 확률은
$$P(A \cap B) = P(A)P(B|A) = P(B)P(A|B)$$

0321 [대표 문제]

5개의 당첨권을 포함한 15개의 추첨권이 들어 있는 상자에서 추첨권을 임의로 1개씩 2번 뽑을 때, 2번 모두 당첨권을 뽑지 못할 확률은? (단, 뽑은 추첨권은 다시 넣지 않는다.)

① $\dfrac{2}{7}$ ② $\dfrac{5}{14}$ ③ $\dfrac{3}{7}$

④ $\dfrac{1}{2}$ ⑤ $\dfrac{4}{7}$

0322 (하)

어느 골프용품 판매점에서 전체 고객의 80 %는 남자이고, 남자 고객의 60 %는 40대이다. 이 판매점의 고객 중에서 임의로 1명을 택할 때, 그 고객이 40대 남자일 확률은?

① 0.4   ② 0.44   ③ 0.48

④ 0.52   ⑤ 0.56

0323 (중)

노란색 필통에는 빨간색 볼펜 4자루, 검은색 볼펜 8자루가 들어 있고, 파란색 필통에는 빨간색 볼펜 2자루, 검은색 볼펜 6자루가 들어 있다. 이 중에서 임의로 필통 1개를 택하여 볼펜 1자루를 꺼낼 때, 그 볼펜이 노란색 필통에 들어 있던 빨간색 볼펜일 확률을 구하시오.

0324 ⊜

1부터 10까지의 자연수가 각각 하나씩 적힌 10장의 카드가 들어 있는 주머니에서 채린이와 정현이가 차례대로 카드를 임의로 1장씩 꺼낼 때, 적어도 1명이 3의 배수가 적힌 카드를 꺼낼 확률을 구하시오.

(단, 꺼낸 카드는 다시 넣지 않는다.)

0325 ⊜

100원짜리 동전 4개, 500원짜리 동전 n개가 들어 있는 주머니에서 동전을 임의로 1개씩 2번 꺼낼 때, 첫 번째에 100원짜리 동전을, 두 번째에 500원짜리 동전을 꺼낼 확률이 $\dfrac{2}{7}$이다. 이때 모든 n의 값의 합을 구하시오.

(단, 꺼낸 동전은 다시 넣지 않는다.)

◆◇ 개념루트 확률과 통계 128쪽

유형 04　**확률의 곱셈 정리**
$-\mathrm{P}(B)=\mathrm{P}(A\cap B)+\mathrm{P}(A^c\cap B)$

사건 B가 일어날 확률은
$$\mathrm{P}(B)=\mathrm{P}(A\cap B)+\mathrm{P}(A^c\cap B)$$
$$=\mathrm{P}(A)\mathrm{P}(B|A)+\mathrm{P}(A^c)\mathrm{P}(B|A^c)$$

0326　대표 문제

망고 푸딩 5개, 딸기 푸딩 3개가 들어 있는 상자에서 진아와 지원이가 차례대로 푸딩을 임의로 1개씩 꺼낼 때, 지원이가 망고 푸딩을 꺼낼 확률을 구하시오.

(단, 꺼낸 푸딩은 다시 넣지 않는다.)

0327 ⊜

어느 지역에서 장마철 날씨를 조사한 결과 비가 온 날의 다음 날에 비가 올 확률은 $\dfrac{1}{2}$이고, 비가 오지 않은 날의 다음 날에 비가 올 확률은 $\dfrac{1}{5}$이라 한다. 이 지역에서 장마철의 어느 월요일에 비가 왔을 때, 그 주 수요일에 비가 올 확률을 구하시오.

0328 ⊜　　　　　　　　　서술형

어떤 의사가 암에 걸린 사람을 암에 걸렸다고 진단할 확률은 80 %이고, 암에 걸리지 않은 사람을 암에 걸렸다고 진단할 확률은 5 %이다. 실제로 암에 걸린 사람의 비율이 10 %인 어느 집단에서 임의로 택한 1명을 이 의사가 진단할 때, 그 사람이 암에 걸렸다고 진단할 확률을 구하시오.

0329 ⊜

주머니 A에는 흰 공 2개와 검은 공 2개가 들어 있고, 주머니 B에는 흰 공 3개와 검은 공 2개가 들어 있다. 임의로 주머니 1개를 택하여 2개의 공을 동시에 꺼낼 때, 서로 다른 색의 공을 꺼낼 확률을 구하시오.

0330 ⊛

색을 잘못 판별할 확률이 p인 인공 지능 로봇이 있다. 흰 옷 4벌, 검은 옷 6벌 중에서 임의로 1벌을 택하여 이 로봇에게 보여 줄 때, 그 옷을 흰 옷이라 판별할 확률이 $\dfrac{11}{25}$이다. 이때 p의 값은?

① $\dfrac{3}{25}$　　　② $\dfrac{4}{25}$　　　③ $\dfrac{1}{5}$

④ $\dfrac{6}{25}$　　　⑤ $\dfrac{7}{25}$

◆◆ 개념루트 확률과 통계 130쪽

유형 05 확률의 곱셈 정리를 이용한 조건부확률

사건 B가 일어났을 때의 사건 A의 조건부확률은

$$P(A|B)=\frac{P(A\cap B)}{P(B)}=\frac{P(A\cap B)}{P(A\cap B)+P(A^c\cap B)}$$
$$=\frac{P(A)P(B|A)}{P(A)P(B|A)+P(A^c)P(B|A^c)}$$

0331 대표 문제

어느 학교의 2학년 학생은 일본어와 중국어 중에서 한 과목을 반드시 이수해야 한다. 일본어를 선택한 학생은 2학년 전체 학생의 40 %이고, 이 중에서 40 %가 안경을 쓴다. 또 중국어를 선택한 학생의 70 %가 안경을 쓴다. 2학년 학생 중에서 임의로 택한 1명이 안경을 쓴 학생이었을 때, 그 학생이 중국어를 선택한 학생이었을 확률을 구하시오.

0332 중

2개의 당첨 제비를 포함한 9개의 제비가 들어 있는 상자에서 갑과 을이 차례대로 제비를 임의로 1개씩 뽑는다. 을이 당첨 제비를 뽑았을 때, 갑은 당첨 제비를 뽑지 못하였을 확률을 구하시오. (단, 뽑은 제비는 다시 넣지 않는다.)

0333 중 서술형

어느 보석 감정 회사에 감정 의뢰가 들어오는 보석의 70 %는 진품이고, 이 회사에 보석 감별사가 가품을 진품으로 잘못 감별할 확률이 0.06, 진품을 가품으로 잘못 감별할 확률이 0.02라 한다. 이 회사에 보석 1개의 감정 의뢰를 맡겨서 진품으로 감별했을 때, 그 보석이 가품이었을 확률을 구하시오.

0334 중

상자 A에는 분홍 구슬 3개, 초록 구슬 3개가 들어 있고, 상자 B에는 분홍 구슬 4개, 초록 구슬 3개가 들어 있다. 임의로 상자 1개를 택하여 2개의 구슬을 동시에 꺼냈더니 나온 구슬이 모두 분홍 구슬이었을 때, 택한 상자가 상자 A이었을 확률을 구하시오.

◆◆ 개념루트 확률과 통계 138쪽

유형 06 사건의 독립과 종속의 판정

확률이 0이 아닌 두 사건 A, B에 대하여
(1) $P(A\cap B)=P(A)P(B)$이면 A, B는 서로 독립이다.
(2) $P(A\cap B)\neq P(A)P(B)$이면 A, B는 서로 종속이다.

0335 대표 문제

한 개의 동전을 2번 던져서 첫 번째에 뒷면이 나오는 사건을 A, 두 번째에 뒷면이 나오는 사건을 B, 앞면과 뒷면이 한 번씩 나오는 사건을 C라 할 때, 보기에서 서로 독립인 사건인 것만을 있는 대로 고르시오.

┌ 보기 ┐
ㄱ. A와 B ㄴ. A와 C ㄷ. B와 C

0336 중

1부터 50까지의 자연수가 각각 하나씩 적힌 50장의 카드에서 임의로 1장의 카드를 뽑을 때, 뽑은 카드에 적힌 수가 2의 배수인 사건을 A, 5의 배수인 사건을 B라 하자. 보기에서 옳은 것만을 있는 대로 고른 것은?

┌ 보기 ┐
ㄱ. $P(A\cap B)=\dfrac{1}{10}$

ㄴ. $P(A\cup B)=\dfrac{7}{10}$

ㄷ. 두 사건 A, B는 서로 독립이다.

① ㄱ   ② ㄴ   ③ ㄷ
④ ㄱ, ㄷ   ⑤ ㄴ, ㄷ

0337 종 | 수능 기출 |

한 개의 주사위를 한 번 던진다. 홀수의 눈이 나오는 사건을 A, 6 이하의 자연수 m에 대하여 m의 약수의 눈이 나오는 사건을 B라 하자. 두 사건 A와 B가 서로 독립이 되도록 하는 모든 m의 값의 합을 구하시오.

유형 07 사건의 독립과 종속의 성질

두 사건 A, B가 서로 독립이면
(1) $P(B|A)=P(B|A^c)=P(B)$,
　$P(A|B)=P(A|B^c)=P(A)$
(2) A와 B^c, A^c와 B, A^c와 B^c도 각각 서로 독립이다.

0338 대표 문제

두 사건 A, B에 대하여 보기에서 옳은 것만을 있는 대로 고르시오. (단, $0<P(A)<1$, $0<P(B)<1$)

보기
ㄱ. 두 사건 A, B가 서로 독립이면
　　$P(A|B^c)=P(A)$이다.
ㄴ. 두 사건 A, B가 서로 배반사건이면
　　$P(A\cup B)=P(A)+P(B)$이다.
ㄷ. 두 사건 A, B가 서로 독립이면
　　$P(B)=P(A)P(B)+P(A^c)P(B)$이다.

0339 종

두 사건 A, B가 서로 독립일 때, 보기에서 옳은 것만을 있는 대로 고르시오. (단, $0<P(A)<1$, $0<P(B)<1$)

보기
ㄱ. $P(A|B)=P(A|B^c)$
ㄴ. $P(A^c|B)=1-P(B)$
ㄷ. $P(B^c|A^c)=1-P(B|A)$

0340 상

두 사건 A, B에 대하여 보기에서 옳은 것만을 있는 대로 고른 것은? (단, $0<P(A)<1$, $0<P(B)<1$)

보기
ㄱ. $P(A|B)=P(B|A)$이면 $A=B$이다.
ㄴ. $P(A|B)=P(A|B^c)$이면 두 사건 A, B는 서로 독립이다.
ㄷ. $P(A^c\cap B)=P(B)-P(A)P(B)$이면 두 사건 A, B는 서로 독립이다.

① ㄱ　　　　② ㄷ　　　　③ ㄱ, ㄴ
④ ㄴ, ㄷ　　　⑤ ㄱ, ㄴ, ㄷ

◆◆ 개념루트 확률과 통계 140쪽

유형 08 독립인 사건의 확률의 계산

두 사건 A, B가 서로 독립이면
(1) $P(A\cap B)=P(A)P(B)$
(2) $P(A\cap B^c)=P(A)P(B^c)$
(3) $P(A^c\cap B)=P(A^c)P(B)$
(4) $P(A^c\cap B^c)=P(A^c)P(B^c)$

0341 대표 문제

두 사건 A, B가 서로 독립이고 $P(A)=\dfrac{1}{2}$, $P(A\cap B)=\dfrac{1}{6}$일 때, $P(A\cup B)$를 구하시오.

0342 종 | 학평 기출 |

두 사건 A와 B는 서로 독립이고
$$P(A^c)=\frac{2}{5},\ P(B)=\frac{1}{6}$$
일 때, $P(A^c\cup B^c)$의 값은? (단, A^c는 A의 여사건이다.)

① $\dfrac{1}{2}$　　　　② $\dfrac{3}{5}$　　　　③ $\dfrac{7}{10}$
④ $\dfrac{4}{5}$　　　　⑤ $\dfrac{9}{10}$

0343 ⑧

두 사건 A, B가 서로 독립이고
$$\mathrm{P}(B|A^c)=\frac{1}{6}, \ \mathrm{P}(A\cap B^c)+\mathrm{P}(A^c\cap B)=\frac{1}{3}$$
일 때, $\mathrm{P}(A)$를 구하시오.

0344 ⑧

세 사건 A, B, C에 대하여 두 사건 A, B는 서로 독립, 두 사건 B, C는 서로 배반사건이고
$$\mathrm{P}(A)=\frac{1}{4}, \ \mathrm{P}(A\cap B^c)=\frac{1}{12}, \ \mathrm{P}(B^c\cap C^c)=\frac{2}{9}$$
일 때, $\mathrm{P}(C)$는?

① $\dfrac{1}{9}$ ② $\dfrac{2}{9}$ ③ $\dfrac{1}{3}$

④ $\dfrac{4}{9}$ ⑤ $\dfrac{5}{9}$

◆◆ 개념루트 확률과 통계 142쪽

유형 09 독립인 사건의 확률

(1) 두 사건 A, B가 서로 독립이면
$$\mathrm{P}(A\cap B)=\mathrm{P}(A)\mathrm{P}(B)$$
(2) 세 사건 A, B, C가 서로 독립이면
$$\mathrm{P}(A\cap B\cap C)=\mathrm{P}(A)\mathrm{P}(B)\mathrm{P}(C)$$

0345 대표 문제

미술 동아리 회원 A, B가 그림을 그릴 때, 그림을 완성할 확률이 각각 $\dfrac{3}{5}$, $\dfrac{1}{3}$이다. A, B가 각각 그림을 하나씩 그리기 시작했을 때, A 또는 B가 그림을 완성할 확률을 구하시오. (단, A, B가 각각 그림을 완성하는 사건은 서로 영향을 주지 않는다.)

0346 ⑧

두 학생 A, B가 피아노 경연의 예선에 나갔을 때, A가 예선을 통과할 확률이 $\dfrac{1}{3}$, A는 예선을 통과하지 못하고 B만 통과할 확률이 $\dfrac{1}{2}$이다. 이때 B가 예선을 통과할 확률을 구하시오. (단, A, B가 각각 예선에 통과하는 사건은 서로 영향을 주지 않는다.)

0347 ⑧

오른쪽 표는 어느 반 36명의 학생을 대상으로 교복 디자인 선호도를 조사하여 나타낸 것이다. 이 반 학생 중에서 임의로 1명을 택할 때, 그 학생이 여학생인 사건과 B 디자인을 선호하는 학생인 사건이 서로 독립이다. 이때 x의 값을 구하시오.

(단위: 명)

	A 디자인	B 디자인	합계
남학생			24
여학생		x	12
합계	21	15	36

0348 ⑧ 서술형

각 면에 1, 1, 2, 2, 3, 4의 숫자가 각각 하나씩 적힌 정육면체 모양의 주사위 A와 각 면에 1, 2, 3, 3, 4, 5의 숫자가 각각 하나씩 적힌 정육면체 모양의 주사위 B를 동시에 던질 때, 바닥에 놓인 면에 적힌 두 수의 합이 홀수일 확률을 구하시오.

0349 ⑧

세 학생 A, B, C가 음악 수행평가를 통과할 확률이 각각 $\dfrac{1}{3}$, $\dfrac{2}{5}$, $\dfrac{1}{2}$일 때, A, B, C 중에서 적어도 1명이 통과할 확률을 구하시오. (단, 세 학생이 음악 수행평가를 통과하는 사건은 서로 독립이다.)

0350 상

동규와 승규가 100 m 달리기를 할 때, 매 달리기마다 동규가 승규를 이길 확률이 각각 $\dfrac{1}{3}$이다. 두 사람이 100 m 달리기를 여러 번 하여 2번 연속으로 이기는 사람이 승자가 될 때, 5번째 달리기에서 승자가 결정될 확률을 구하시오.

(단, 비기는 경우는 없다.)

◈◆ 개념루트 확률과 통계 146쪽

유형 10 독립시행의 확률

어떤 시행에서 사건 A가 일어날 확률이 $p\,(0<p<1)$일 때, n번의 독립시행에서 사건 A가 r번 일어날 확률은

$$_n\mathrm{C}_r\,p^r(1-p)^{n-r} \ (단, \ r=0,\ 1,\ 2,\ \dots,\ n)$$

0351 대표 문제

서로 다른 네 개의 주사위를 동시에 던질 때, 6의 약수의 눈이 1개 이상 나올 확률을 구하시오.

0352 하

어느 질병의 완치율이 80 %일 때, 이 병에 걸린 4명 중에서 3명이 완치될 확률은?

① $\dfrac{32}{625}$ ② $\dfrac{64}{625}$ ③ $\dfrac{128}{625}$

④ $\dfrac{256}{625}$ ⑤ $\dfrac{512}{625}$

0353 중

한 개의 동전과 한 개의 주사위를 동시에 던지는 시행을 6번 반복할 때, 동전의 뒷면과 주사위의 4 이하의 눈의 수가 동시에 나오는 횟수가 2일 확률은?

① $\dfrac{8}{27}$ ② $\dfrac{74}{243}$ ③ $\dfrac{76}{243}$

④ $\dfrac{26}{81}$ ⑤ $\dfrac{80}{243}$

0354 중

| 학평 기출 |

한 개의 주사위를 네 번 던질 때 나오는 눈의 수를 차례로 a, b, c, d라 하자. 네 수 a, b, c, d의 곱 $a\times b\times c\times d$가 27의 배수일 확률은?

① $\dfrac{1}{9}$ ② $\dfrac{4}{27}$ ③ $\dfrac{5}{27}$

④ $\dfrac{2}{9}$ ⑤ $\dfrac{7}{27}$

◈◆ 개념루트 확률과 통계 148쪽

유형 11 독립시행의 확률
– 승패의 확률을 구해야 하는 경우

n번째에 승패가 결정되려면 $(n-1)$번째까지는 승패가 결정되지 않아야 하므로 경우를 나누어 각각의 상황에서 일어나는 독립시행의 확률을 구한다.

0355 대표 문제

어느 탁구 대회 결승전에 올라간 두 선수 A, B는 5번의 경기 중 먼저 3번을 이기면 우승을 한다. 매 경기마다 선수 A가 선수 B를 이길 확률이 각각 $\dfrac{1}{2}$일 때, 4번째 경기에서 우승자가 결정될 확률을 구하시오. (단, 비기는 경우는 없다.)

0356 (상)

두 야구팀 A, B가 7전 4선승제의 한국 시리즈 경기를 할 때, 매 경기마다 A 팀이 B 팀을 이길 확률이 각각 $\dfrac{2}{3}$이다. 이때 4차전까지는 2승 2패로 비기고 7차전에서 B 팀이 최종 우승할 확률을 구하시오. (단, 비기는 경우는 없다.)

◆◇ 개념루트 확률과 통계 148쪽

| 유형 12 | 독립시행의 확률
— 사건에 따라 시행 횟수가 다른 경우 |

사건에 따라 시행 횟수가 달라지므로 경우를 나누어 각각의 상황에서 일어나는 독립시행의 확률을 구한다.

0357 대표 문제

빨간 공 3개, 노란 공 1개가 들어 있는 주머니에서 임의로 1개의 공을 꺼낼 때, 빨간 공을 꺼내면 한 개의 동전을 3번, 노란 공을 꺼내면 한 개의 동전을 4번 던진다. 이때 동전의 앞면이 3번 나올 확률은?

① $\dfrac{1}{16}$　　② $\dfrac{5}{32}$　　③ $\dfrac{1}{4}$

④ $\dfrac{11}{32}$　　⑤ $\dfrac{7}{16}$

0358 (상) 서술형

숫자 1이 적힌 카드 4장, 숫자 2가 적힌 카드 3장이 들어 있는 상자에서 임의로 2장의 카드를 동시에 꺼낼 때, 꺼낸 카드에 적힌 두 수가 서로 같으면 한 개의 주사위를 5번 던지고, 서로 다르면 한 개의 주사위를 3번 던진다. 이때 3의 약수의 눈이 2번 나올 확률을 구하시오.

| 유형 13 | 독립시행의 확률
— 사건이 일어나는 횟수를 구해야 하는 경우 |

주어진 조건을 만족시키는 방정식을 세워서 사건이 일어나는 횟수를 구한 후 독립시행의 확률을 이용하여 확률을 구한다.

0359 대표 문제

20칸짜리 계단에서 두 사람 A, B가 게임을 하여 이기면 위로 1계단 올라가고, 지면 아래로 1계단 내려가기로 하였다. 두 사람이 밑에서 10번째 계단에서 출발하여 게임을 5번 하였을 때, A가 출발 지점에서 1계단 내려가 있을 확률을 구하시오. (단, 두 사람이 이길 확률은 서로 같고, 비기는 경우는 없다.)

0360 (중)

빨간 공 6개, 파란 공 2개가 들어 있는 상자에서 임의로 1개의 공을 꺼내어 색을 확인하고 다시 넣는 시행을 한다. 빨간 공이 나오면 3점, 파란 공이 나오면 2점을 얻을 때, 6번의 시행을 한 후 13점을 얻을 확률을 구하시오.

0361 (중) | 모평 기출 |

수직선의 원점에 점 P가 있다. 한 개의 주사위를 사용하여 다음 시행을 한다.

주사위를 한 번 던져 나온 눈의 수가
6의 약수이면 점 P를 양의 방향으로 1만큼 이동시키고,
6의 약수가 아니면 점 P를 이동시키지 않는다.

이 시행을 4번 반복할 때, 4번째 시행 후 점 P의 좌표가 2 이상일 확률은?

① $\dfrac{13}{18}$　　② $\dfrac{7}{9}$　　③ $\dfrac{5}{6}$

④ $\dfrac{8}{9}$　　⑤ $\dfrac{17}{18}$

0362 유형 01

두 사건 A, B에 대하여

$$\mathrm{P}(A)=\frac{1}{4},\ \mathrm{P}(B)=\frac{1}{3},\ \mathrm{P}(B|A)=\frac{1}{3}$$

일 때, $\mathrm{P}(A^c \cap B^c)$를 구하시오.

0363 유형 02

오른쪽 표는 음악부 학생 50명을 대상으로 피아노와 바이올린 중에서 선호하는 악기를 조사하여 나타낸 것이

(단위: 명)

	피아노	바이올린
남학생	9	6
여학생	27	8

다. 이 음악부 학생 중에서 임의로 택한 1명이 남학생일 때, 그 학생이 피아노를 선호할 확률을 p_1이라 하고, 음악부 학생 중에서 임의로 택한 1명이 피아노를 선호할 때, 그 학생이 남학생일 확률을 p_2라 하자. 이때 $p_1 - p_2$의 값을 구하시오.

0364 유형 02 | 모평 기출 |

한 개의 주사위를 두 번 던질 때 나오는 눈의 수를 차례로 a, b라 하자. $a \times b$가 4의 배수일 때, $a+b \le 7$일 확률은?

① $\dfrac{2}{5}$ ② $\dfrac{7}{15}$ ③ $\dfrac{8}{15}$

④ $\dfrac{3}{5}$ ⑤ $\dfrac{2}{3}$

0365 유형 03

어느 고등학교에서 1학년 학생은 전체 학생의 30 %이고, 1학년의 남학생과 여학생 수의 비는 4 : 5라 한다. 이 학생 중에서 임의로 1명을 택할 때, 그 학생이 1학년 여학생일 확률을 구하시오.

0366 유형 04

3개의 파란 공을 포함한 10개의 공이 들어 있는 상자에서 공을 임의로 1개씩 2번 꺼낼 때, 두 번째에 파란 공을 꺼낼 확률은? (단, 꺼낸 공은 다시 넣지 않는다.)

① $\dfrac{1}{10}$ ② $\dfrac{1}{5}$ ③ $\dfrac{3}{10}$

④ $\dfrac{2}{5}$ ⑤ $\dfrac{1}{2}$

0367 유형 04

어느 회사에서 판매하는 모든 제품은 두 공장 A, B에서 생산되고 있다. 두 공장 A, B에서 생산하는 제품의 개수의 비는 3 : 2이고 두 공장 A, B의 불량률은 각각 p %, 2 %라 한다. 이 회사에서 판매하는 제품 중에서 임의로 1개를 택할 때, 그 제품이 불량품일 확률이 $\dfrac{4}{125}$이다. 이때 p의 값을 구하시오.

0368 유형 05

어느 축구팀이 이번 시즌에 치르는 전체 경기의 40 %가 홈 경기이고, 홈 경기에서의 승률은 80 %, 원정 경기에서의 승률은 60 %라 한다. 이번 시즌의 어떤 경기에서 이 팀이 승리하였을 때, 그 경기가 홈 경기이었을 확률은?

① $\dfrac{6}{17}$ ② $\dfrac{7}{17}$ ③ $\dfrac{8}{17}$

④ $\dfrac{9}{17}$ ⑤ $\dfrac{10}{17}$

0369 유형 06

서로 다른 세 개의 동전을 동시에 던져서 모두 같은 면이 나오는 사건을 A, 뒷면이 2개 이상 나오는 사건을 B라 하자. 보기에서 옳은 것만을 있는 대로 고른 것은?

보기

ㄱ. $\mathrm{P}(A)=\dfrac{1}{4}$

ㄴ. $\mathrm{P}(A \cap B)=\dfrac{1}{8}$

ㄷ. 두 사건 A, B는 서로 종속이다.

① ㄱ   ② ㄴ   ③ ㄱ, ㄴ

④ ㄴ, ㄷ   ⑤ ㄱ, ㄴ, ㄷ

0370 유형 07

두 사건 A, B에 대하여 보기에서 옳은 것만을 있는 대로 고르시오. (단, $\mathrm{P}(A)>0$, $\mathrm{P}(B)>0$)

보기

ㄱ. $B \subset A$이면 $\mathrm{P}(A \mid B)=1$이다.

ㄴ. 두 사건 A, B가 서로 배반사건이면 $\mathrm{P}(A \mid B)=0$이다.

ㄷ. 두 사건 A, B가 서로 독립이면
    $\{1-\mathrm{P}(A)\}\{1-\mathrm{P}(B)\}=1-\mathrm{P}(A \cup B)$이다.

0371 유형 08

두 사건 A, B가 서로 독립이고

$$\mathrm{P}(B \mid A)=\mathrm{P}(A), \ \mathrm{P}(A \cup B)=\dfrac{5}{9}$$

일 때, $\mathrm{P}(A \cap B)$를 구하시오.

0372 유형 09

혜인이와 은별이가 이번 주 공연을 관람할 확률이 각각 $\dfrac{1}{6}$, $\dfrac{4}{5}$일 때, 혜인이와 은별이가 모두 이번 주 공연을 관람하지 않을 확률을 구하시오. (단, 혜인이와 은별이가 각각 이번 주 공연을 관람하는 사건은 서로 영향을 주지 않는다.)

0373 유형 10 | 수능 기출 |

한 개의 동전을 5번 던질 때, 앞면이 나오는 횟수와 뒷면이 나오는 횟수의 곱이 6일 확률은?

① $\dfrac{5}{8}$ ② $\dfrac{9}{16}$ ③ $\dfrac{1}{2}$

④ $\dfrac{7}{16}$ ⑤ $\dfrac{3}{8}$

0374 유형 10

어느 도시에서 10월 중 어느 날에 오로라를 관측할 수 있을 확률이 $\dfrac{1}{4}$이다. 이 도시에서 10월에 4일 동안 머무를 때, 적어도 하루는 오로라를 관측할 수 있을 확률을 구하시오.

0375 유형 11

어느 피구 대회 결승전에 올라갈 두 팀 A, B는 5번의 경기 중 먼저 3번을 이기면 우승을 한다. 매 경기마다 A 팀이 B 팀을 이길 확률이 각각 $\dfrac{1}{4}$일 때, A 팀이 우승할 확률을 구하시오. (단, 비기는 경우는 없다.)

0376 유형 12

서로 다른 두 개의 동전을 동시에 던져서 모두 뒷면이 나오면 한 개의 주사위를 4번 던지고, 동전의 앞면이 적어도 1개 나오면 한 개의 주사위를 5번 던진다. 이때 6의 약수의 눈이 3번 나올 확률은?

① $\dfrac{20}{81}$　　② $\dfrac{8}{27}$　　③ $\dfrac{28}{81}$

④ $\dfrac{32}{81}$　　⑤ $\dfrac{4}{9}$

0377 유형 13

한 개의 동전을 던져서 앞면이 나오면 10점을 얻고, 뒷면이 나오면 5점을 잃을 때, 한 개의 동전을 8번 던져서 50점을 얻을 확률은?

① $\dfrac{3}{32}$　　② $\dfrac{7}{64}$　　③ $\dfrac{1}{8}$

④ $\dfrac{9}{64}$　　⑤ $\dfrac{5}{32}$

서술형

0378 유형 03

3개의 당첨 제비를 포함한 n개의 제비에서 채이, 한별이가 차례대로 제비를 임의로 1개씩 뽑을 때, 채이는 당첨 제비를 뽑고 한별이는 당첨 제비를 뽑지 못할 확률이 $\dfrac{1}{4}$이다. 이때 모든 n의 값의 합을 구하시오.

(단, 뽑은 제비는 다시 넣지 않는다.)

0379 유형 09

다음 그림과 같이 두 주머니 A, B에 숫자가 적힌 카드가 각각 6장씩 들어 있다. 두 주머니 A, B에서 각각 임의로 1장씩 카드를 꺼낼 때, 꺼낸 카드에 적힌 두 수의 합이 짝수일 확률을 구하시오.

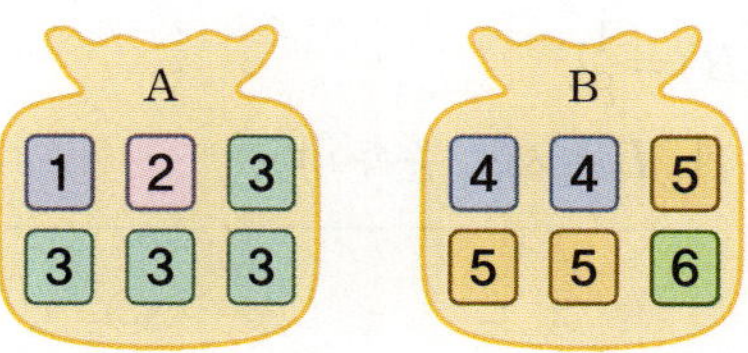

0380 유형 12

1부터 9까지의 자연수가 각각 하나씩 적힌 9장의 카드가 들어 있는 상자에서 임의로 1장의 카드를 꺼낼 때, 꺼낸 카드에 적힌 수가 3의 배수이면 한 개의 동전을 3번 던지고, 3의 배수가 아니면 한 개의 동전을 5번 던진다. 동전의 앞면이 1번 나올 때, 꺼낸 카드에 적힌 수가 3의 배수일 확률을 구하시오.

C 실력 향상
하 ···· 중 ···· 상100%

0381
| 학평 기출 |

주머니에 1부터 8까지의 자연수가 하나씩 적힌 8개의 공이 들어 있다. 이 주머니에서 임의로 3개의 공을 동시에 꺼낼 때, 꺼낸 3개의 공에 적힌 수를 a, b, $c\,(a<b<c)$라 하자. $a+b+c$가 짝수일 때, a가 홀수일 확률은?

① $\dfrac{3}{7}$　　② $\dfrac{1}{2}$　　③ $\dfrac{4}{7}$

④ $\dfrac{9}{14}$　　⑤ $\dfrac{5}{7}$

0382

두 상자 A, B에 각각 검은색 볼펜과 파란색 볼펜을 합하여 100개의 볼펜이 들어 있다. 검은색 볼펜이 n개 들어 있는 상자 A와 파란색 볼펜이 $2n$개 들어 있는 상자 B에서 각각 임의로 1개씩 꺼낸 볼펜의 색이 서로 같을 때, 그 색이 검은색일 확률은 $\dfrac{2}{9}$이다. 이때 n의 값을 구하시오.

0383

각 면에 1, 2, 3, 4의 숫자가 각각 하나씩 적힌 정사면체 모양의 주사위 한 개를 3번 던질 때, 바닥에 놓인 면에 적힌 수가 2인 횟수를 m, 2가 아닌 횟수를 n이라 하자. 이때 $i^{|m-n|}=i$일 확률은? (단, $i=\sqrt{-1}$)

① $\dfrac{3}{8}$　　② $\dfrac{7}{16}$　　③ $\dfrac{1}{2}$

④ $\dfrac{9}{16}$　　⑤ $\dfrac{5}{8}$

0384

오른쪽 그림과 같이 한 변의 길이가 1인 정삼각형 ABC의 꼭짓점 A에서 출발하여 변을 따라 다음과 같은 규칙으로 움직이는 점 P가 있다. 한 개의 주사위를 5번 던질 때, 점 P가 다시 꼭짓점 A로 돌아올 확률은?

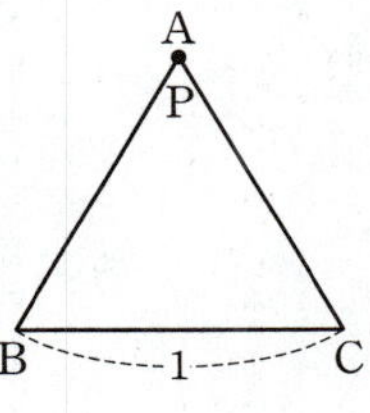

(개) 한 개의 주사위를 던져서 3의 배수의 눈이 나오면 시계 반대 방향으로 2만큼 움직인다.
(내) 한 개의 주사위를 던져서 3의 배수가 아닌 눈이 나오면 시계 반대 방향으로 1만큼 움직인다.

① $\dfrac{25}{81}$　　② $\dfrac{80}{243}$　　③ $\dfrac{85}{243}$

④ $\dfrac{10}{27}$　　⑤ $\dfrac{95}{243}$

➲ 기출 BOOK 20쪽

III

통계

05 / 이산확률변수와 이항분포

유형 01 확률질량함수의 성질 $- p_1 + p_2 + p_3 + \cdots + p_n = 1$
유형 02 확률질량함수의 성질 $-\mathrm{P}(x_i \leq X \leq x_j)$
유형 03 이산확률변수의 확률
유형 04 이산확률변수의 평균, 분산, 표준편차
　　　　 – 확률분포가 주어진 경우
유형 05 이산확률변수의 평균, 분산, 표준편차
　　　　 – 확률분포가 주어지지 않은 경우
유형 06 상금의 기댓값
유형 07 이산확률변수 $aX+b$의 평균, 분산, 표준편차
　　　　 – 평균, 분산이 주어진 경우
유형 08 이산확률변수 $aX+b$의 평균, 분산, 표준편차
　　　　 – 확률분포가 주어진 경우
유형 09 이산확률변수 $aX+b$의 평균, 분산, 표준편차
　　　　 – 확률분포가 주어지지 않은 경우
유형 10 이항분포에서의 확률
유형 11 이항분포의 평균, 분산, 표준편차
　　　　 – 평균, 분산, 이항분포가 주어진 경우
유형 12 이항분포의 평균, 분산, 표준편차
　　　　 – 이항분포가 주어지지 않은 경우
유형 13 이항분포의 평균, 분산, 표준편차
　　　　 – 확률변수가 $aX+b$인 경우
대수　　 [대수]를 이수한 학생을 위한 이산확률변수와 이항분포

06 / 연속확률변수와 정규분포

유형 01 확률밀도함수의 성질
유형 02 확률밀도함수의 성질을 이용하여 확률 구하기
유형 03 정규분포곡선의 성질
유형 04 정규분포에서의 확률
유형 05 정규분포에서의 확률 – 미지수의 값 구하기
유형 06 정규분포의 표준화
유형 07 표준화하여 확률 구하기
유형 08 표준화하여 미지수의 값 구하기
유형 09 표준화하여 확률 비교하기
유형 10 정규분포의 활용 – 확률 구하기
유형 11 정규분포의 활용 – 도수 구하기
유형 12 정규분포의 활용 – 최저 점수 구하기
유형 13 이항분포와 정규분포 사이의 관계
유형 14 이항분포와 정규분포 사이의 관계의 활용
미적분 Ⅰ　 [미적분 Ⅰ]을 이수한 학생을 위한 확률밀도함수의 성질
대수　　 [대수]를 이수한 학생을 위한 이항분포와 정규분포
　　　　 사이의 관계

07 / 통계적 추정

유형 01 표본평균의 평균, 분산, 표준편차
　　　　 – 모평균, 모표준편차가 주어진 경우
유형 02 표본평균의 평균, 분산, 표준편차
　　　　 – 모집단의 확률분포가 주어진 경우
유형 03 표본평균의 평균, 분산, 표준편차
　　　　 – 모집단이 주어진 경우
유형 04 표본평균의 확률
유형 05 표본평균의 확률 – 표본의 크기 구하기
유형 06 표본평균의 확률 – 미지수의 값 구하기
유형 07 표본비율의 평균, 분산, 표준편차
유형 08 표본비율의 확률
유형 09 모평균의 추정
유형 10 모평균의 추정 – 표본의 크기 구하기
유형 11 모평균의 신뢰구간의 길이
유형 12 모평균의 신뢰구간의 길이 – 표본의 크기 구하기
유형 13 모평균과 표본평균의 차
유형 14 신뢰구간의 성질
유형 15 모비율의 추정
유형 16 모비율의 추정 – 표본의 크기 구하기
유형 17 모비율의 신뢰구간의 길이
유형 18 모비율과 표본비율의 차

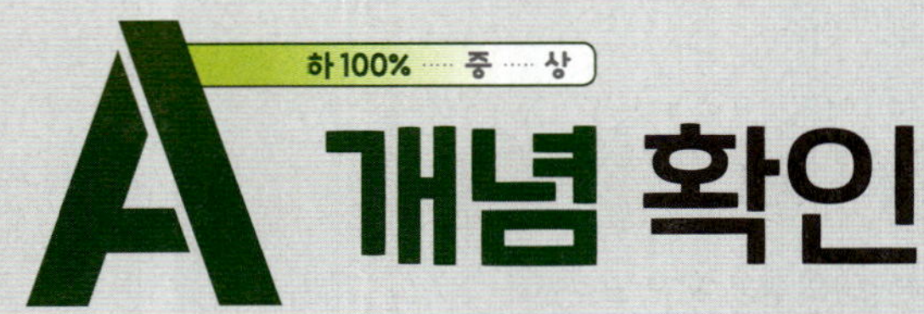

A 개념 확인

05-1 확률변수

(1) 확률변수

어떤 시행에서 표본공간의 각 원소에 하나의 실수가 대응되는 관계를 **확률변수**라 하고,
확률변수 X가 어떤 값 x를 가질 확률을 기호로 $\mathrm{P}(X=x)$와 같이 나타낸다.

> **참고** 확률변수는 표본공간을 정의역으로 하고 실수 전체의 집합을 공역으로 하는 함수이지만
> 변수의 역할도 하므로 확률변수라 부른다.

(2) 이산확률변수

확률변수가 가질 수 있는 값이 유한개이거나 무한히 많더라도 자연수와 같이 셀 수 있을 때
그 확률변수를 **이산확률변수**라 한다.

> 일반적으로 확률변수는 X, Y, Z, ...로 나타내고, 확률변수가 가질 수 있는 값은 x, y, z, ...로 나타낸다.

> 이산확률변수가 가질 수 있는 값은 자연수처럼 무한히 많을 수 있지만 여기서는 유한한 경우만 다룬다.

05-2 이산확률변수의 확률분포 유형 01~03

(1) 확률분포와 확률질량함수

이산확률변수 X가 가질 수 있는 모든 값 x_1, x_2, x_3, ..., x_n과 X가 각 값을 가질 확률 p_1, p_2, p_3, ..., p_n의 대응 관계를 이산확률변수 X의 **확률분포**라 하고, 이 대응 관계를 나타내는 함수
$$\mathrm{P}(X=x_i)=p_i \ (i=1,\ 2,\ 3,\ ...,\ n)$$
를 이산확률변수 X의 확률질량함수라 한다.

(2) 확률질량함수의 성질

이산확률변수 X가 가질 수 있는 모든 값이 x_1, x_2, x_3, ..., x_n이고 확률질량함수가
$\mathrm{P}(X=x_i)=p_i\,(i=1,\ 2,\ 3,\ ...,\ n)$일 때

① $0\le p_i\le 1$ → 확률은 0부터 1까지의 값을 갖는다.

② $p_1+p_2+p_3+\cdots+p_n=1$ → 확률의 총합은 1이다.

③ $\mathrm{P}(x_i\le X\le x_j)=p_i+p_{i+1}+p_{i+2}+\cdots+p_j$ (단, $i\le j$, $j=1,\ 2,\ 3,\ ...,\ n$)

> **참고** 확률변수 X가 x_i 이상 x_j 이하의 값을 가질 확률을 $\mathrm{P}(x_i\le X\le x_j)$와 같이 나타낸다.

> $\mathrm{P}(X=x_i$ 또는 $X=x_j)$
> $=\mathrm{P}(X=x_i)+\mathrm{P}(X=x_j)$
> $=p_i+p_j$ (단, $i\ne j$)

05-3 이산확률변수의 평균, 분산, 표준편차 유형 04~06

이산확률변수 X의 확률질량함수가 $\mathrm{P}(X=x_i)=p_i\,(i=1,\ 2,\ 3,\ ...,\ n)$일 때, 확률변수 X의

(1) 기댓값(평균): $\mathrm{E}(X)=x_1p_1+x_2p_2+x_3p_3+\cdots+x_np_n=m$

(2) 분산: $\mathrm{V}(X)=\mathrm{E}((X-m)^2)=(x_1-m)^2p_1+(x_2-m)^2p_2+\cdots+(x_n-m)^2p_n$
$$=\mathrm{E}(X^2)-\{\mathrm{E}(X)\}^2$$

(3) 표준편차: $\sigma(X)=\sqrt{\mathrm{V}(X)}$

> (1) $\mathrm{E}(X)$는 mean(평균)의 첫 글자 m으로 나타내기도 한다.
> (2) $\mathrm{V}(X)$는 편차의 제곱 $(X-m)^2$의 기댓값이다.
> (3) $\sigma(X)$는 분산의 양의 제곱근이다.

05-1 확률변수

0385 보기에서 이산확률변수인 것만을 있는 대로 고르시오.

> [보기]
> ㄱ. 어느 도시의 하루 평균 기온
> ㄴ. 어느 병원에서 태어난 신생아의 키
> ㄷ. 어느 공장에서 생산하는 제품의 개수
> ㄹ. 어느 야구 선수의 한 시즌의 홈런 개수

05-2 이산확률변수의 확률분포

[0386~0388] 한 개의 동전을 2번 던지는 시행에서 앞면이 나오는 횟수를 확률변수 X라 할 때, 다음 물음에 답하시오.

0386 X가 가질 수 있는 값을 모두 구하시오.

0387 X가 **0386**의 각 값을 가질 확률을 구하시오.

0388 X의 확률분포를 표로 나타내시오.

[0389~0390] 1학년 학생 4명과 2학년 학생 5명으로 구성된 음악 동아리에서 임의로 공연에 참여할 학생 2명을 뽑을 때, 뽑힌 1학년 학생의 수를 확률변수 X라 하자. 다음 물음에 답하시오.

0389 X의 확률질량함수는

$$P(X=x)=\frac{_\square C_x \times _5C_\square}{_9C_2} \ (x=0,\ 1,\ 2)$$

일 때, $\square$ 안에 알맞은 것을 차례대로 나열하시오.

0390 X의 확률분포에 대한 다음 표를 완성하시오.

X	0	1	2	합계
$P(X=x)$				1

[0391~0393] 확률변수 X의 확률분포를 표로 나타내면 아래와 같을 때, 다음을 구하시오. (단, a는 상수)

X	1	2	3	4	합계
$P(X=x)$	a	$\dfrac{1}{8}$	$\dfrac{1}{4}$	$\dfrac{1}{4}$	1

0391 a의 값

0392 $P(X=1$ 또는 $X=4)$

0393 $P(1 \leq X \leq 3)$

05-3 이산확률변수의 평균, 분산, 표준편차

[0394~0395] 확률변수 X에 대하여 $E(X)=4$, $E(X^2)=20$일 때, 다음을 구하시오.

0394 $V(X)$

0395 $\sigma(X)$

[0396~0397] 확률변수 X의 확률분포를 표로 나타내면 아래와 같을 때, 다음을 구하시오.

X	0	1	2	4	합계
$P(X=x)$	$\dfrac{1}{7}$	$\dfrac{2}{7}$	$\dfrac{2}{7}$	$\dfrac{2}{7}$	1

0396 $E(X)$

0397 $V(X)$

[0398~0399] 서로 다른 두 개의 주사위를 동시에 던져서 3의 배수의 눈이 나오는 주사위의 개수를 확률변수 X라 할 때. 다음 물음에 답하시오.

0398 X의 확률분포에 대한 다음 표를 완성하시오.

X	0	1	2	합계
$P(X=x)$				1

0399 X의 평균, 분산, 표준편차를 구하시오.

05-4 이산확률변수 $aX+b$의 평균, 분산, 표준편차 유형 07~09

이산확률변수 X와 상수 a, $b\,(a\neq0)$에 대하여

(1) $\mathrm{E}(aX+b)=a\mathrm{E}(X)+b$

(2) $\mathrm{V}(aX+b)=a^2\mathrm{V}(X)$

(3) $\sigma(aX+b)=|a|\,\sigma(X)$

참고 위의 성질은 이산확률변수뿐만 아니라 모든 확률변수에 대하여 성립한다.

예 확률변수 X에 대하여 $\mathrm{E}(X)=5$, $\mathrm{V}(X)=2$일 때, 확률변수 $-3X+4$의 평균, 분산, 표준편차는 다음과 같다.

(1) $\mathrm{E}(-3X+4)=-3\mathrm{E}(X)+4=-3\times5+4=-11$

(2) $\mathrm{V}(-3X+4)=(-3)^2\mathrm{V}(X)=9\times2=18$

(3) $\sigma(-3X+4)=|-3|\,\sigma(X)=3\sqrt{\mathrm{V}(X)}=3\sqrt{2}$

05-5 이항분포 유형 10~13

(1) 이항분포

한 번의 시행에서 사건 A가 일어날 확률이 p로 일정할 때, n번의 독립시행에서 사건 A가 일어나는 횟수를 확률변수 X라 하면 X의 확률질량함수는

$$P(X=x)={}_n\mathrm{C}_x\,p^x q^{n-x}\ (x=0,\ 1,\ 2,\ \dots,\ n,\ q=1-p)$$

이와 같은 확률변수 X의 확률분포를 **이항분포**라 한다. **기호** $\mathbf{B}(\boldsymbol{n},\ \boldsymbol{p})$

(2) 이항분포의 평균, 분산, 표준편차

확률변수 X가 이항분포 $\mathrm{B}(n,\ p)$를 따를 때 (단, $q=1-p$)

① $\mathrm{E}(X)=np$

② $\mathrm{V}(X)=npq$

③ $\sigma(X)=\sqrt{npq}$

예 확률변수 X가 $\mathrm{B}\!\left(48,\ \dfrac{3}{4}\right)$을 따를 때, X의 평균, 분산, 표준편차는 다음과 같다.

① $\mathrm{E}(X)=48\times\dfrac{3}{4}=36$

② $\mathrm{V}(X)=48\times\dfrac{3}{4}\times\dfrac{1}{4}=9$

③ $\sigma(X)=\sqrt{48\times\dfrac{3}{4}\times\dfrac{1}{4}}=3$

(3) 큰수의 법칙

어떤 시행에서 사건 A가 일어날 수학적 확률이 p이고, n번의 독립시행에서 사건 A가 일어나는 횟수를 확률변수 X라 할 때, 상대도수 $\dfrac{X}{n}$는 n이 한없이 커질수록 p에 가까워진다. 이를 **큰수의 법칙**이라 한다.

참고 큰수의 법칙은 시행 횟수 n을 크게 할수록 상대도수, 즉 통계적 확률 $\dfrac{X}{n}$가 수학적 확률 p에 점점 가까워짐을 의미한다.

이항분포에서 각 확률의 모든 합은 1이다.
$${}_n\mathrm{C}_0 q^n+{}_n\mathrm{C}_1 p^1 q^{n-1}+\cdots+{}_n\mathrm{C}_n p^n=(q+p)^n=1$$

$\mathrm{B}(n,\ p)$의 B는 Binomial distribution(이항분포)의 첫 글자이다.

사회 현상이나 자연 현상과 같이 수학적 확률을 구하기 어려운 경우에는 시행 횟수를 충분히 크게 하여 통계적 확률을 대신 사용할 수 있다.

05-4 이산확률변수 $aX+b$의 평균, 분산, 표준편차

[0400~0402] 확률변수 X의 평균이 10, 분산이 4일 때, 다음 확률변수의 평균, 분산, 표준편차를 구하시오.

0400 $\dfrac{1}{5}X$

0401 $X+3$

0402 $\dfrac{X+6}{2}$

[0403~0405] 확률변수 X에 대하여 $E(X)=-2$, $V(X)=9$일 때, 다음 확률변수의 평균, 분산, 표준편차를 구하시오.

0403 $-2X$

0404 $3X+5$

0405 $\dfrac{2}{3}X-1$

0406 확률변수 X의 확률분포를 표로 나타내면 아래와 같을 때, 다음을 구하시오.

X	1	2	3	합계
$P(X=x)$	$\dfrac{1}{4}$	$\dfrac{1}{2}$	$\dfrac{1}{4}$	1

(1) $E(2X+1)$

(2) $V(-X-5)$

(3) $\sigma(4X+10)$

05-5 이항분포

[0407~0409] 다음과 같은 확률변수 X가 이항분포를 따르는지 확인하고, 이항분포를 따르면 $B(n,\,p)$ 꼴로 나타내시오.

0407 한 개의 주사위를 5번 던질 때, 짝수의 눈이 나오는 횟수 X

0408 빨간 공 3개와 노란 공 2개가 들어 있는 주머니에서 임의로 2개의 공을 차례대로 꺼낼 때, 꺼낸 노란 공의 개수 X (단, 꺼낸 공은 다시 넣지 않는다.)

0409 1부터 10까지의 자연수가 각각 하나씩 적힌 10개의 공이 들어 있는 주머니에서 임의로 1개의 공을 꺼낸 후 숫자를 확인하고 다시 넣는 시행을 10번 반복할 때, 8의 약수가 적힌 공이 나오는 횟수 X

[0410~0411] 확률변수 X가 이항분포 $B\left(4,\,\dfrac{1}{2}\right)$을 따를 때, 다음을 구하시오.

0410 X의 확률질량함수

0411 $P(X=3)$

[0412~0414] 3점 슛 성공률이 $\dfrac{1}{5}$인 농구 선수가 3점 슛을 3번 던져서 성공한 횟수를 확률변수 X라 할 때, 다음 물음에 답하시오.

0412 X가 이항분포를 따르면 $B(n,\,p)$ 꼴로 나타내시오.

0413 X의 확률질량함수를 구하시오.

0414 $P(X=2)$를 구하시오.

[0415~0416] 확률변수 X가 다음과 같은 이항분포를 따를 때, X의 평균, 분산, 표준편차를 구하시오.

0415 $B\left(100,\,\dfrac{1}{2}\right)$

0416 $B\left(128,\,\dfrac{1}{4}\right)$

B 유형 완성

유형 01 확률질량함수의 성질 $- p_1 + p_2 + p_3 + \cdots + p_n = 1$

확률변수 X의 확률질량함수 $P(X=x_i)=p_i \,(i=1, 2, 3, \ldots, n)$
에 대하여
$$p_1 + p_2 + p_3 + \cdots + p_n = 1$$

0417 대표 문제

이산확률변수 X의 확률질량함수가
$$P(X=x)=k(x+3) \ (x=1, 2, 3, 4)$$
일 때, 상수 k의 값은?

① $\dfrac{1}{16}$ ② $\dfrac{1}{18}$ ③ $\dfrac{1}{20}$

④ $\dfrac{1}{22}$ ⑤ $\dfrac{1}{24}$

0418 (하)

확률변수 X의 확률분포를 표로 나타내면 다음과 같을 때, 상수 a의 값을 구하시오.

X	0	1	2	3	4	합계
$P(X=x)$	$\dfrac{1}{2}a^2$	$\dfrac{3}{4}a$	$\dfrac{1}{4}a$	$\dfrac{1}{2}a^2$	$\dfrac{1}{2}a$	1

0419 (중)

이산확률변수 X의 확률질량함수가
$$P(X=x)=\dfrac{k}{(x+2)(x+3)} \ (x=0, 1, 2, \ldots, 99)$$
일 때, 상수 k에 대하여 $25k$의 값은?

① 51 ② 52 ③ 53

④ 54 ⑤ 55

유형 02 확률질량함수의 성질 $- P(x_i \leq X \leq x_j)$

확률변수 X의 확률질량함수 $P(X=x_i)=p_i \,(i=1, 2, 3, \ldots, n)$
에 대하여
(1) $P(X=x_i$ 또는 $X=x_j)=p_i+p_j$ (단, $i \neq j$)
(2) $P(x_i \leq X \leq x_j)=p_i+p_{i+1}+\cdots+p_j$
$$\text{(단, } i \leq j, \ j=1, 2, 3, \ldots, n)$$

0420 대표 문제

확률변수 X의 확률분포를 표로 나타내면 다음과 같을 때, $P(0 \leq X < 2)$는? (단, a는 상수)

X	-1	0	1	2	합계
$P(X=x)$	a	$\dfrac{1}{4}$	$2a$	$\dfrac{1}{4}$	1

① $\dfrac{1}{4}$ ② $\dfrac{1}{3}$ ③ $\dfrac{5}{12}$

④ $\dfrac{1}{2}$ ⑤ $\dfrac{7}{12}$

0421 (중)

이산확률변수 X의 확률질량함수가
$$P(X=x)=\begin{cases} \dfrac{1}{5}x+k & (x=1, 2) \\ k & (x=3) \end{cases}$$
일 때, $P(X=1$ 또는 $X=3)$은? (단, k는 상수)

① $\dfrac{1}{3}$ ② $\dfrac{2}{5}$ ③ $\dfrac{7}{15}$

④ $\dfrac{8}{15}$ ⑤ $\dfrac{3}{5}$

0422 (중)

확률변수 X가 가질 수 있는 값이 2, 3, 4, 5, 6이고
$$P(2 \leq X \leq 5)=\dfrac{3}{4}, \ P(3 \leq X \leq 6)=\dfrac{7}{8}$$
일 때, $P(X=2)+P(X=6)$의 값을 구하시오.

0423 ⑧   서술형

이산확률변수 X의 확률질량함수가

$$P(X=x)=\frac{k}{\sqrt{x}+\sqrt{x+1}}\ (x=1,\ 2,\ 3,\ \cdots,\ 15)$$

일 때, $P(X^2-9X+8=0)$을 구하시오. (단, k는 상수)

0424 ⑧

확률변수 X가 가질 수 있는 값이 1, 2, 3, 4이고

$$\frac{3}{P(X=k)}=\frac{k}{P(X=k+1)}\ (k=1,\ 2,\ 3)$$

일 때, $P(X\geq3)$은?

① $\dfrac{1}{4}$ ② $\dfrac{3}{8}$ ③ $\dfrac{1}{2}$

④ $\dfrac{5}{8}$ ⑤ $\dfrac{3}{4}$

◆◆ 개념루트 확률과 통계 162쪽

유형 03   이산확률변수의 확률

이산확률변수 X가 가질 수 있는 값을 찾은 후 그 값을 가질 확률
을 각각 구한다.

0425   대표 문제

남학생 4명, 여학생 3명 중에서 임의로 3명의 대표를 뽑을
때, 뽑힌 남학생의 수를 확률변수 X라 하자. 이때
$P(X\geq2)$는?

① $\dfrac{2}{5}$ ② $\dfrac{16}{35}$ ③ $\dfrac{18}{35}$

④ $\dfrac{4}{7}$ ⑤ $\dfrac{22}{35}$

0426 ⑧

각 면에 1, 2, 3, 4의 숫자가 각각 하나씩 적힌 정사면체 모
양의 주사위 한 개를 2번 던질 때, 바닥에 놓인 면에 적힌 두
수의 합을 확률변수 X라 하자. 이때 $P(X=5$ 또는 $X=6)$
은?

① $\dfrac{3}{8}$ ② $\dfrac{7}{16}$ ③ $\dfrac{1}{2}$

④ $\dfrac{9}{16}$ ⑤ $\dfrac{5}{8}$

0427 ⑧

네 개의 숫자 2, 4, 6, 8이 각각 하나씩 적힌 4장의 카드
중에서 임의로 2장의 카드를 동시에 뽑을 때, 뽑은 카드에
적힌 두 수의 차를 확률변수 X라 하자. 이때 $P(X>3)$을
구하시오.

0428 ⑧

서로 다른 두 개의 주사위를 동시에 던져서 나오는 두 눈의
수 중에서 크지 않은 수를 확률변수 X라 할 때,
$P(X^2-8X+15\leq0)$은?

① $\dfrac{11}{36}$ ② $\dfrac{1}{3}$ ③ $\dfrac{13}{36}$

④ $\dfrac{7}{18}$ ⑤ $\dfrac{5}{12}$

0429 ⟨종⟩

1, 1, 2, 2, 2, 3의 숫자가 각각 하나씩 적힌 6개의 공이 들어 있는 주머니에서 임의로 2개의 공을 동시에 꺼낼 때, 꺼낸 공에 적힌 두 수의 합을 확률변수 X라 하자. 이때 $P(X^2-7X+12=0)$을 구하시오.

0430 ⟨상⟩

우유 7개, 주스 3개가 들어 있는 냉장고에서 임의로 4개를 동시에 꺼낼 때, 꺼낸 우유의 개수를 확률변수 X라 하자. $P(X\leq k)=\dfrac{1}{3}$일 때, 자연수 k의 값을 구하시오.

◆◆ 개념루트 확률과 통계 168쪽

유형 04　**이산확률변수의 평균, 분산, 표준편차 – 확률분포가 주어진 경우**

확률변수 X의 확률질량함수 $P(X=x_i)=p_i\,(i=1, 2, 3, \ldots, n)$에 대하여
(1) 평균: $E(X)=x_1p_1+x_2p_2+x_3p_3+\cdots+x_np_n$
(2) 분산: $V(X)=E(X^2)-\{E(X)\}^2$
(3) 표준편차: $\sigma(X)=\sqrt{V(X)}$

0431 ⟨대표 문제⟩

확률변수 X의 확률분포를 표로 나타내면 다음과 같을 때, X의 분산을 구하시오. (단, a는 상수)

X	1	2	3	4	합계
$P(X=x)$	$\dfrac{3}{7}$	$\dfrac{2}{7}$	a	$\dfrac{1}{7}$	1

0432 ⟨종⟩

이산확률변수 X의 확률질량함수가
$$P(X=x)=kx^2\ (x=1, 2, 3, 4)$$
일 때, $V(X)$는? (단, k는 상수)

① $\dfrac{31}{45}$　　② $\dfrac{11}{15}$　　③ $\dfrac{7}{9}$

④ $\dfrac{37}{45}$　　⑤ $\dfrac{13}{15}$

0433 ⟨종⟩　　　　| 학평 기출 |

이산확률변수 X의 확률분포를 표로 나타내면 다음과 같다.

X	1	2	3	합계
$P(X=x)$	a	$a+b$	b	1

$E(X^2)=a+5$일 때, $b-a$의 값은? (단, a, b는 상수이다.)

① $\dfrac{1}{12}$　　② $\dfrac{1}{6}$　　③ $\dfrac{1}{4}$

④ $\dfrac{1}{3}$　　⑤ $\dfrac{5}{12}$

0434 ⟨종⟩　　　　서술형

확률변수 X의 확률분포를 표로 나타내면 다음과 같다. $E(X)=1$일 때, $\sigma(X)$를 구하시오. (단, a, b는 상수)

X	$-a$	0	a	합계
$P(X=x)$	b	$\dfrac{1}{4}$	$\dfrac{1}{2}$	1

0435 (중)

확률변수 X의 확률분포를 표로 나타내면 다음과 같다. X의 평균이 $\dfrac{5}{2}$, 분산이 $\dfrac{7}{4}$일 때, 상수 a, b, c에 대하여 $a+b-c$의 값을 구하시오.

X	0	2	4	합계
$P(X=x)$	a	b	c	1

0436 (상)

확률변수 X의 확률분포를 표로 나타내면 다음과 같을 때, X의 분산이 최대가 되도록 하는 상수 a, b에 대하여 $\dfrac{a}{b}$의 값을 구하시오.

X	0	1	2	3	합계
$P(X=x)$	a	$\dfrac{1}{4}$	$\dfrac{1}{8}$	b	1

◆◆ 개념루트 확률과 통계 170쪽

유형 05 이산확률변수의 평균, 분산, 표준편차
– 확률분포가 주어지지 않은 경우

확률변수 X가 가질 수 있는 각 값에 대한 확률을 구하여 X의 확률분포를 표로 나타낸 후 X의 평균, 분산, 표준편차를 구한다.

0437 대표 문제

4개의 불량품을 포함한 10개의 제품이 들어 있는 상자에서 임의로 2개의 제품을 동시에 꺼낼 때, 꺼낸 불량품의 개수를 확률변수 X라 하자. 이때 $\sigma(X)$를 구하시오.

0438 (하)

농구 선수 A, B의 자유투 성공률이 각각 $\dfrac{2}{3}$, $\dfrac{3}{4}$일 때, 두 선수가 서로 다른 골대에서 동시에 자유투를 한 번 하려고 한다. 자유투에 성공하는 사람의 수를 확률변수 X라 할 때, $E(X)$는?

① $\dfrac{7}{12}$ ② $\dfrac{11}{12}$ ③ $\dfrac{4}{3}$

④ $\dfrac{17}{12}$ ⑤ $\dfrac{3}{2}$

0439 (중)

1부터 4까지의 자연수가 각각 하나씩 적힌 4장의 카드 중에서 임의로 2장의 카드를 동시에 뽑을 때, 뽑은 카드에 적힌 두 수 중에서 작은 수를 확률변수 X라 하자. 이때 $V(X)$를 구하시오.

0440 (상)

숫자 0이 적힌 공이 a개, 숫자 1이 적힌 공이 b개, 숫자 2가 적힌 공이 c개로 총 6개의 공이 들어 있는 주머니에서 임의로 1개의 공을 꺼낼 때, 꺼낸 공에 적힌 수를 확률변수 X라 하자. 확률변수 X의 평균이 $\dfrac{3}{2}$, 분산이 $\dfrac{7}{12}$일 때, $ab+c$의 값은?

① 4 ② 5 ③ 6
④ 7 ⑤ 8

유형 06 상금의 기댓값

받을 수 있는 상금을 확률변수 X라 할 때, X의 확률질량함수가
$\mathrm{P}(X=x_i)=p_i\,(i=1,\ 2,\ 3,\ \dots,\ n)$이면 X의 기댓값은
$$\mathrm{E}(X)=x_1p_1+x_2p_2+x_3p_3+\cdots+x_np_n$$

0441 대표 문제

어느 축제의 주최자가 준비한 행운권 500장의 상금별 당첨 행운권 장수가 오른쪽 표와 같을 때, 이 행운권 1장으로 받을 수 있는 상금의 기댓값은?

상금(원)	장수
100000	1
10000	10
5000	100
0	389

① 500원　　　　② 1400원
③ 2800원　　　　④ 3600원
⑤ 5000원

0442 중

500원짜리 동전 1개와 100원짜리 동전 2개를 동시에 던져서 뒷면이 나온 동전을 모두 받는 게임이 있다. 이 게임을 한 번 하여 받을 수 있는 금액의 기댓값을 구하시오.

0443 중

빨간 쪽지 a개, 흰 쪽지 3개가 들어 있는 상자에서 임의로 1개의 쪽지를 꺼낼 때, 빨간 쪽지를 꺼내면 4900원을 받고 흰 쪽지를 꺼내면 2800원을 내는 게임이 있다. 이 게임을 한 번 하여 받을 수 있는 금액의 기댓값이 1600원일 때, a의 값은?

① 1　　　　② 2　　　　③ 3
④ 4　　　　⑤ 5

유형 07 이산확률변수 $aX+b$의 평균, 분산, 표준편차 – 평균, 분산이 주어진 경우

확률변수 X와 상수 $a,\ b\,(a\neq0)$에 대하여
(1) $\mathrm{E}(aX+b)=a\mathrm{E}(X)+b$
(2) $\mathrm{V}(aX+b)=a^2\mathrm{V}(X)$
(3) $\sigma(aX+b)=|a|\sigma(X)$

0444 대표 문제

평균이 2, 분산이 5인 확률변수 X에 대하여 확률변수 $Y=aX+b$의 평균이 8, 분산이 45이다. 이때 상수 $a,\ b$에 대하여 ab의 값을 구하시오. (단, $a>0$)

0445 하

확률변수 X에 대하여 $\mathrm{E}(X)=5$, $\mathrm{E}(X^2)=29$일 때, 확률변수 $Y=-3X+1$의 표준편차는?

① 2　　　　② 3　　　　③ 4
④ 6　　　　⑤ 18

0446 중　　　　서술형

확률변수 X에 대하여 $\mathrm{E}(2X+3)=13$, $\mathrm{V}(2X+3)=24$일 때, $\mathrm{E}(X^2)$을 구하시오.

0447 ⑧

어느 반 학생들의 과학 시험 점수를 확률변수 X라 하면 X의 평균은 m, 표준편차는 σ이다. 이때 확률변수 $T=10\times\dfrac{X-m}{\sigma}+50$의 평균과 표준편차의 합은?

① 40　　　　② 50　　　　③ 60
④ 70　　　　⑤ 80

0448 ⑧

확률변수 X에 대하여 $\mathrm{E}(X)=a$, $\mathrm{E}(X^2)=2a+3$일 때, 확률변수 $Y=2X-1$에 대하여 $\sigma(Y)$의 최댓값은?

(단, $-1\leq a\leq3$)

① 2　　　　② $2\sqrt{3}$　　　　③ 4
④ $2\sqrt{6}$　　　　⑤ 6

0449 ⑧

확률변수 X에 대하여 $\mathrm{V}(X)=\dfrac{4}{9}$일 때, 확률변수 $Y=3X+8$에 대하여 $\mathrm{E}(Y^2)=4\mathrm{E}(Y)$이다. 이때 $\mathrm{E}(X)$를 구하시오.

유형 08　**이산확률변수 $aX+b$의 평균, 분산, 표준편차 − 확률분포가 주어진 경우**

확률변수 X의 확률분포를 이용하여 X의 평균, 분산, 표준편차를 먼저 구한 후 확률변수 $aX+b$의 평균, 분산, 표준편차를 구한다.

0450　대표 문제

확률변수 X의 확률분포를 표로 나타내면 다음과 같을 때, $\sigma(4X-3)$은? (단, a는 상수)

X	0	1	2	합계
$\mathrm{P}(X=x)$	a	$2a$	a	1

① $2\sqrt{2}$　　　　② 3　　　　③ $\sqrt{10}$
④ $\sqrt{11}$　　　　⑤ $2\sqrt{3}$

0451 ⑧

이산확률변수 X의 확률질량함수가
$$\mathrm{P}(X=x)=\frac{x+1}{20}\ (x=1,\ 2,\ 3,\ 4,\ 5)$$
일 때, $2X+5$의 평균은?

① 11　　　　② 12　　　　③ 13
④ 14　　　　⑤ 15

0452 ⑧

확률변수 X의 확률분포를 표로 나타내면 다음과 같다. $\mathrm{E}(X)=3$일 때, $\mathrm{V}(3X-5)$를 구하시오.

(단, a, b는 상수)

X	0	a	$2a$	합계
$\mathrm{P}(X=x)$	$\dfrac{2}{3}$	b	b	1

0453 (종) 서술형

확률변수 X의 확률분포를 표로 나타내면 다음과 같다.
$P(X<3)=\dfrac{9}{10}$일 때, $V\left(\dfrac{1}{a}X+10b\right)$를 구하시오.

(단, a, b는 상수)

X	1	2	3	합계
$P(X=x)$	a	$\dfrac{3}{10}$	b	1

0454 (종)

확률변수 X의 확률분포를 표로 나타내면 다음과 같을 때, 확률변수 $Y=aX+b$에 대하여 $E(Y)=-1$, $V(Y)=16$이다. 이때 상수 a, b에 대하여 $b-a$의 값을 구하시오.

(단, $a<0$)

X	0	1	2	3	합계
$P(X=x)$	$\dfrac{5}{12}$	$\dfrac{1}{4}$	$\dfrac{1}{4}$	$\dfrac{1}{12}$	1

0455 (상)

두 확률변수 X, Y의 확률분포를 표로 나타내면 각각 다음과 같다. $E(X)=3$, $E(X^2)=10$일 때, $E(Y)+\sigma(Y)$의 값은? (단, a, b, c, d는 상수)

X	1	2	3	4	합계
$P(X=x)$	a	b	c	d	1

Y	5	9	13	17	합계
$P(Y=y)$	a	b	c	d	1

① 14 ② 17 ③ 21
④ 25 ⑤ 29

확률변수 X의 확률분포를 표로 나타내어 X의 평균, 분산, 표준편차를 구한 후 확률변수 $aX+b$의 평균, 분산, 표준편차를 구한다.

0456 대표 문제

여학생 4명, 남학생 5명으로 구성된 수학 동아리에서 임의로 멘토링에 참여할 2명의 학생을 뽑을 때, 뽑힌 여학생의 수를 확률변수 X라 하자. 이때 확률변수 $Y=9X-28$에 대하여 $V(Y)$는?

① 7 ② 14 ③ 21
④ 28 ⑤ 35

0457 (하)

한 개의 주사위를 던져서 나오는 눈의 수를 확률변수 X라 할 때, $E(2X-5)$는?

① 2 ② 3 ③ 4
④ 5 ⑤ 6

0458 (종)

빨간 구슬 3개, 초록 구슬 2개가 들어 있는 주머니에서 임의로 3개의 구슬을 꺼낼 때, 꺼낸 빨간 구슬의 개수를 확률변수 X라 하자. 이때 $\sigma(5X+6)$을 구하시오.

0459 ⑧

각 면에 1, 1, 2, 4의 숫자가 각각 하나씩 적힌 정사면체 모양의 주사위 한 개를 한 번 던질 때, 바닥에 놓인 면을 제외한 나머지 세 면에 적힌 숫자의 합을 확률변수 X라 하자. 이때 $\mathrm{E}(-3X+1)+\mathrm{V}(4X-3)$의 값은?

① 5   ② 6   ③ 7
④ 8   ⑤ 9

0460 ⑧

1부터 9까지의 자연수가 각각 하나씩 적힌 9장의 카드 중에서 임의로 뽑은 1장의 카드에 적힌 수를 a라 할 때, 이차방정식 $x^2+2ax+7a=0$의 서로 다른 실근의 개수를 확률변수 X라 하자. 이때 $\sigma(9X-1)$은?

① $\sqrt{14}$ ② $2\sqrt{7}$ ③ $2\sqrt{14}$
④ $2\sqrt{21}$ ⑤ $4\sqrt{7}$

0461 ⑧ | 학평 기출 |

주머니 속에 숫자 1, 2, 3, 4가 각각 하나씩 적혀 있는 4개의 공이 들어 있다. 이 주머니에서 임의로 1개의 공을 꺼내어 공에 적혀 있는 수를 확인한 후 다시 넣는다. 이 과정을 2번 반복할 때, 꺼낸 공에 적혀 있는 수를 차례로 a, b라 하자. $a-b$의 값을 확률변수 X라 할 때, 확률변수 $Y=2X+1$의 분산 $\mathrm{V}(Y)$의 값을 구하시오.

◆◇ 개념루트 확률과 통계 182쪽

유형 10   **이항분포에서의 확률**

> 확률변수 X가 이항분포 $\mathrm{B}(n,\ p)$를 따를 때,
> $$\mathrm{P}(X=x)={}_n\mathrm{C}_x p^x (1-p)^{n-x} \ (\text{단},\ x=0,\ 1,\ 2,\ \dots,\ n)$$

0462 대표 문제

화살을 5발 쏘면 4발의 비율로 과녁을 명중시키는 양궁 선수가 있다. 이 선수가 20발의 화살을 쏘아 명중시키는 횟수를 확률변수 X라 할 때, $\mathrm{P}(X \geq 1)$은?

① $1-\left(\dfrac{4}{5}\right)^{20}$ ② $1-\left(\dfrac{1}{5}\right)^{20}$ ③ $\left(\dfrac{1}{5}\right)^{20}$

④ $\left(\dfrac{3}{5}\right)^{20}$ ⑤ $\left(\dfrac{4}{5}\right)^{20}$

0463 ⑧

확률변수 X가 이항분포 $\mathrm{B}\left(5,\ \dfrac{1}{3}\right)$을 따를 때, $\mathrm{P}(X=1)=k\mathrm{P}(X=3)$을 만족시키는 상수 k의 값을 구하시오.

0464 ⑧

한 개의 동전을 10번 던져서 앞면이 나오는 횟수를 확률변수 X라 할 때, $\mathrm{P}(X^2-10X+21=0)$을 구하시오.

0465 ㉦

생산하는 제품의 10%가 불량품인 기계가 있다. 이 기계로 생산한 제품 중에서 임의로 6개를 택할 때, 택한 불량품의 개수를 확률변수 X라 하자. $\mathrm{P}(4<X\le 6)=\dfrac{a}{b\times 10^5}$일 때, $a+b$의 값을 구하시오. (단, a, b는 서로소인 자연수)

0466 ㉦

한 개의 주사위를 8번 던져서 3의 배수의 눈이 나오는 횟수를 확률변수 X라 할 때, $\dfrac{\mathrm{P}(X=3)}{\mathrm{P}(X=4)}$의 값을 구하시오.

0467 ㉧

어느 회사의 항공권을 구입한 사람이 항공기에 탑승하지 않을 확률은 0.1이라 한다. 이 회사의 항공기의 좌석이 25개이고 항공권을 구입한 사람이 27명일 때, 실제로 좌석이 부족할 확률은? (단, $0.9^{27}=0.0581$로 계산한다.)

① 0.1227　② 0.1292　③ 0.1743
④ 0.2034　⑤ 0.2324

빈출

유형 11　이항분포의 평균, 분산, 표준편차
　　　　－ 평균, 분산, 이항분포가 주어진 경우

확률변수 X가 이항분포 $\mathrm{B}(n,\ p)$를 따를 때
(1) 평균: $\mathrm{E}(X)=np$
(2) 분산: $\mathrm{V}(X)=np(1-p)$
(3) 표준편차: $\sigma(X)=\sqrt{np(1-p)}$

0468 대표 문제

이항분포 $\mathrm{B}(n,\ p)$를 따르는 확률변수 X에 대하여 $\mathrm{E}(X)=20$, $\mathrm{V}(X)=\dfrac{50}{3}$일 때, n의 값은?

① 120　　② 240　　③ 360
④ 480　　⑤ 600

0469 ㉦

이항분포 $\mathrm{B}(100,\ p)$를 따르는 확률변수 X에 대하여 $\mathrm{V}(X)=24$일 때, p의 값을 구하시오. $\left(\text{단, } p>\dfrac{1}{2}\right)$

0470 ㉦

확률변수 X의 확률질량함수가
$$\mathrm{P}(X=x)={}_{75}\mathrm{C}_x\left(\frac{1}{5}\right)^x\left(\frac{4}{5}\right)^{75-x}\ (x=0,\ 1,\ 2,\ \ldots,\ 75)$$
일 때, X의 평균과 분산의 합을 구하시오.

0471 중

이항분포 $B(10, p)$를 따르는 확률변수 X의 분산이 최대일 때, X의 평균을 구하시오.

0472 상

서술형

이항분포 $B(n, p)$를 따르는 확률변수 X에 대하여
$P(X=n-1)=36P(X=n)$, $V(X)=9$일 때, $E(X)$를 구하시오.

◆◆ 개념루트 확률과 통계 184쪽

빈출

유형 12 이항분포의 평균, 분산, 표준편차
– 이항분포가 주어지지 않은 경우

확률변수 X가 이항분포를 따를 때, 시행 횟수 n과 한 번의 시행에서 어떤 사건이 일어날 확률 p를 구하여 $B(n, p)$로 나타낸 후 X의 평균, 분산, 표준편차를 구한다.

0473 대표 문제

한 개의 주사위를 90번 던져서 6의 약수의 눈이 나오는 횟수를 확률변수 X라 할 때, $E(X^2)$을 구하시오.

0474 하

어느 공장에서 생산한 성냥의 10 %는 불이 붙지 않는다고 한다. 이 공장에서 생산한 성냥 100개를 켤 때, 불이 붙지 않는 성냥의 개수를 확률변수 X라 하자. 이때 X의 표준편차는?

① 1 　　　　② 2 　　　　③ 3
④ 4 　　　　⑤ 5

0475 중

1개의 썩은 사과를 포함한 4개의 사과가 들어 있는 바구니에서 임의로 1개의 사과를 꺼내어 확인한 후 다시 넣는 시행을 n번 반복할 때, 썩은 사과를 꺼낸 횟수를 확률변수 X라 하자. X의 평균이 16일 때, X의 분산은?

① 10 　　　　② 11 　　　　③ 12
④ 13 　　　　⑤ 14

0476 중

서술형

한 개의 주사위를 30번 던져서 3의 눈이 나오는 횟수를 확률변수 X라 하고, 한 개의 동전을 n번 던져서 앞면이 나오는 횟수를 확률변수 Y라 하자. Y의 분산이 X의 분산보다 크게 되도록 하는 n의 최솟값을 구하시오.

0477 ⒑

빨간 공 a개, 파란 공 4개가 들어 있는 주머니에서 임의로 1개의 공을 꺼내어 확인한 후 다시 넣는 시행을 n번 반복할 때, 빨간 공을 꺼낸 횟수를 확률변수 X라 하자. X의 평균이 12, 분산이 3일 때, $a+n$의 값을 구하시오.

◆◆ 개념루트 확률과 통계 182쪽

유형 13 이항분포의 평균, 분산, 표준편차 – 확률변수가 $aX+b$인 경우

확률변수 X가 따르는 이항분포 $\mathrm{B}(n,\ p)$를 구하여 X의 평균, 분산, 표준편차를 구한 후 확률변수 $aX+b$의 평균, 분산, 표준편차를 구한다.

0478 대표 문제

승률이 80%인 권투 선수가 50번의 경기를 할 때, 승리하는 횟수를 확률변수 X라 하자. 이때 $\mathrm{E}(4X-10)$은?

① 130 ② 140 ③ 150
④ 160 ⑤ 170

0479 ⒑ | 수능 기출 |

확률변수 X가 이항분포 $\mathrm{B}\left(n,\ \dfrac{1}{3}\right)$을 따르고 $\mathrm{V}(2X)=40$일 때, n의 값은?

① 30 ② 35 ③ 40
④ 45 ⑤ 50

0480 ⒑

2개의 당첨 제비를 포함한 6개의 제비가 들어 있는 주머니에서 임의로 1개의 제비를 뽑아 확인한 후 다시 넣는 시행을 45번 반복할 때, 당첨 제비를 뽑은 횟수를 확률변수 X라 하자. 이때 $\mathrm{E}(2X+3)+\mathrm{V}(2X+3)$의 값을 구하시오.

0481 ⒑   서술형

이항분포 $\mathrm{B}(10,\ p)$를 따르는 확률변수 X에 대하여
$$4\mathrm{P}(X=4)=5\mathrm{P}(X=5)$$
일 때, $\mathrm{E}(3X-5)$를 구하시오. (단, $0<p<1$)

0482 ⒑

한 개의 동전을 던져서 앞면이 나오면 4점을 얻고, 뒷면이 나오면 2점을 잃는 게임이 있다. 이 게임을 24번 하여 받는 최종 점수를 확률변수 X라 할 때, $\mathrm{E}(X)$는?

① 4 ② 8 ③ 16
④ 24 ⑤ 28

◆◆ 개념루트 확률과 통계 186쪽

대수   [대수]를 이수한 학생을 위한 이산확률변수와 이항분포

(1) 로그의 성질과 밑의 변환

$a>0$, $a\neq1$, $b>0$이고, m, n은 실수일 때

$\Rightarrow \log_a a=1$, $\log_a b^n=n\log_a b$, $\log_{a^m} b^n=\dfrac{n}{m}\log_a b$

(2) 등차수열

첫째항이 a, 공차가 d인 등차수열의 일반항 a_n은

$\Rightarrow a_n=a+(n-1)d$ $(n=1, 2, 3, \ldots)$

(3) 등비중항

세 수 a, b, c가 이 순서대로 등비수열을 이루면 $\Rightarrow b^2=ac$

(4) 합의 기호 $\sum$

수열 a_n의 첫째항부터 제n항까지의 합을

$\displaystyle\sum_{k=1}^{n} a_k=a_1+a_2+a_3+\cdots+a_n$과 같이 나타낸다.

참고   확률변수 X가 이항분포 $\mathrm{B}(n, p)$를 따를 때 (단, $q=1-p$)

- $\mathrm{E}(X)=\displaystyle\sum_{x=0}^{n} x\times{}_n\mathrm{C}_x p^x q^{n-x}=np$

- $\mathrm{E}(X^2)=\displaystyle\sum_{x=0}^{n} x^2 {}_n\mathrm{C}_x p^x q^{n-x}=npq+(np)^2$

- $\mathrm{V}(X)=\displaystyle\sum_{x=0}^{n} x^2 {}_n\mathrm{C}_x p^x q^{n-x}-\left(\displaystyle\sum_{x=0}^{n} x\times{}_n\mathrm{C}_x p^x q^{n-x}\right)^2=npq$

0483 ⟨중⟩

이산확률변수 X의 확률질량함수가

$$\mathrm{P}(X=x)=k\log_2\frac{x+1}{x} \quad (x=1, 2, 3, \ldots, 7)$$

일 때, 상수 k의 값은?

① $\dfrac{1}{16}$ ② $\dfrac{1}{8}$ ③ $\dfrac{1}{6}$

④ $\dfrac{1}{4}$ ⑤ $\dfrac{1}{3}$

0484 ⟨중⟩

이산확률변수 X의 확률질량함수가

$$\mathrm{P}(X=x)=p_x \quad (x=1, 2, 3, 4, 5)$$

일 때, p_1, p_2, p_3, p_4, p_5가 이 순서대로 등차수열을 이룬다고 한다. 이때 $\mathrm{P}(X=1)+\mathrm{P}(X=5)$의 값을 구하시오.

0485 ⟨중⟩

확률변수 X의 확률분포를 표로 나타내면 다음과 같다. 세 수 a, b, $\dfrac{4}{7}$가 이 순서대로 등비수열을 이룬다고 할 때, 상수 a, b에 대하여 $b-a$의 값을 구하시오.

X	1	2	3	합계
$\mathrm{P}(X=x)$	a	b	$\dfrac{4}{7}$	1

0486 ⟨중⟩

$$a=\sum_{x=0}^{8} x\,{}_8\mathrm{C}_x\left(\frac{1}{2}\right)^x\left(\frac{1}{2}\right)^{8-x},\quad b=\sum_{y=0}^{18} y\,{}_{18}\mathrm{C}_y\left(\frac{2}{3}\right)^y\left(\frac{1}{3}\right)^{18-y},$$

$$c=\sum_{w=0}^{36} w\,{}_{36}\mathrm{C}_w\left(\frac{1}{6}\right)^w\left(\frac{5}{6}\right)^{36-w}$$ 일 때, a, b, c의 대소 관계는?

① $a<b=c$ ② $a<b<c$ ③ $a<c<b$

④ $c<b<a$ ⑤ $c<a=b$

0487 ⟨중⟩

확률변수 X의 확률질량함수가

$$\mathrm{P}(X=x)={}_{49}\mathrm{C}_x\left(\frac{2}{7}\right)^x\left(\frac{5}{7}\right)^{49-x} \quad (x=0, 1, 2, \ldots, 49)$$

일 때, $\displaystyle\sum_{x=0}^{49} x^2\,{}_{49}\mathrm{C}_x\left(\frac{2}{7}\right)^x\left(\frac{5}{7}\right)^{49-x}$의 값을 구하시오.

0488 ⟨중⟩

확률변수 X의 확률질량함수가

$$\mathrm{P}(X=x)={}_{80}\mathrm{C}_x\left(\frac{1}{4}\right)^x\left(\frac{3}{4}\right)^{80-x} \quad (x=0, 1, 2, \ldots, 80)$$

일 때, $\displaystyle\sum_{x=0}^{80} (x^2-x)\mathrm{P}(X=x)$의 값을 구하시오.

AB 유형 점검

0489 유형 01

이산확률변수 X의 확률질량함수가

$$\mathrm{P}(X=x)=\begin{cases} k-\dfrac{1}{11}x & (x=-2,\,-1,\,0) \\[2mm] k+\dfrac{1}{11}x & (x=1,\,2) \end{cases}$$

일 때, 상수 k의 값은?

① $\dfrac{1}{15}$ ② $\dfrac{1}{14}$ ③ $\dfrac{1}{13}$

④ $\dfrac{1}{12}$ ⑤ $\dfrac{1}{11}$

0490 유형 02

확률변수 X의 확률분포를 표로 나타내면 다음과 같다.
$\mathrm{P}(X=1)=\dfrac{3}{2}\mathrm{P}(X=2)$일 때, $\mathrm{P}(X=1$ 또는 $X=3)$을
구하시오. (단, a, b는 상수)

X	1	2	3	합계
$\mathrm{P}(X=x)$	a	$2b$	$3b$	1

0491 유형 03

3개의 당첨 제비를 포함한 8개의 제비 중에서 임의로 4개
의 제비를 동시에 뽑을 때, 뽑은 당첨 제비의 개수를 확률
변수 X라 하자. 이때 $\mathrm{P}(X^2-2X=0)$은?

① $\dfrac{5}{14}$ ② $\dfrac{1}{2}$ ③ $\dfrac{9}{14}$

④ $\dfrac{11}{14}$ ⑤ $\dfrac{13}{14}$

0492 유형 04

이산확률변수 X의 확률분포를 표로 나타내면 다음과 같
다.

X	0	1	a	합계
$\mathrm{P}(X=x)$	$\dfrac{1}{10}$	$\dfrac{1}{2}$	$\dfrac{2}{5}$	1

$\sigma(X)=\mathrm{E}(X)$일 때, $\mathrm{E}(X^2)+\mathrm{E}(X)$의 값은? (단, $a>1$)

① 29 ② 33 ③ 37

④ 41 ⑤ 45

0493 유형 05

한 개의 주사위를 던져서 나오는 눈의 수를 4로 나누었을
때의 나머지를 확률변수 X라 하자. 이때 X의 분산은?

① $\dfrac{5}{6}$ ② $\dfrac{11}{12}$ ③ 1

④ $\dfrac{13}{12}$ ⑤ $\dfrac{7}{6}$

0494 유형 06

어느 복권 회사에서 10 이하의 자연수 중에서 서로 다른 3개
의 수를 적어 내는 복권을 만들어 판매하려고 한다. 이 회
사가 발표한 3개의 수 중에서 3개를 모두 맞힌 사람에게는
300000원, 2개를 맞힌 사람에게는 20000원, 1개를 맞힌 사
람에게는 5000원의 당첨금을 지급한다고 할 때, 이 회사가
손해를 보지 않기 위해서 받아야 하는 복권 1장의 최소 판
매 금액을 구하시오.

(단, 3개의 수의 순서는 생각하지 않는다.)

0495 유형 07

어느 의류 회사에서 생산하는 바지 1벌의 국내 가격을 확률변수 X라 하면 X의 평균은 30000, 표준편차는 8000이다. 이 회사에서 생산하는 바지 1벌의 수출 가격을 확률변수 Y라 하면 $Y=\dfrac{6}{5}X+3200$일 때, $\mathrm{E}(Y)+\sigma(Y)$의 값을 구하시오.

0496 유형 08 | 학평 기출 |

확률변수 X의 확률분포를 표로 나타내면 다음과 같다.

X	2	4	8	16	합계
$\mathrm{P}(X=x)$	$\dfrac{{}_4\mathrm{C}_1}{k}$	$\dfrac{{}_4\mathrm{C}_2}{k}$	$\dfrac{{}_4\mathrm{C}_3}{k}$	$\dfrac{{}_4\mathrm{C}_4}{k}$	1

$\mathrm{E}(3X+1)$의 값은? (단, k는 상수이다.)

① 13 　　　② 14 　　　③ 15
④ 16 　　　⑤ 17

0497 유형 09

1부터 5까지의 자연수 중에서 임의로 2개의 수를 동시에 택할 때, 택한 두 수의 차를 확률변수 X라 하자. 이때 $\sigma(6X-1)$을 구하시오.

0498 유형 09

사탕 3개, 젤리 3개가 들어 있는 간식 상자에서 임의로 2개를 동시에 꺼낼 때, 꺼낸 사탕의 개수를 확률변수 X라 하자. 확률변수 $Y=aX+b$에 대하여 $\mathrm{E}(Y)=4$, $\mathrm{V}(Y)=10$일 때, 상수 a, b에 대하여 $a-b$의 값을 구하시오.

(단, $a>0$)

0499 유형 10

완치율이 60 %인 약을 4명의 환자에게 투약하여 완치되는 환자의 수를 확률변수 X라 할 때, $\mathrm{P}(X\geq3)$은?

① $\dfrac{59}{125}$ 　　　② $\dfrac{296}{625}$ 　　　③ $\dfrac{297}{625}$
④ $\dfrac{298}{625}$ 　　　⑤ $\dfrac{299}{625}$

0500 유형 10

공격 성공률이 p인 배구 선수가 60번 공격할 때 성공하는 횟수를 확률변수 X라 하자. $\dfrac{\mathrm{P}(X=4)}{\mathrm{P}(X=3)}=\dfrac{19}{2}$일 때, p의 값은?

① $\dfrac{2}{5}$ 　　　② $\dfrac{3}{7}$ 　　　③ $\dfrac{1}{2}$
④ $\dfrac{4}{7}$ 　　　⑤ $\dfrac{3}{5}$

0501 유형 11

이항분포 $B(32, p)$를 따르는 확률변수 X에 대하여
$E(X)=8$일 때, $E(X^2)$을 구하시오.

0502 유형 12

서로 다른 두 개의 주사위를 동시에 80번 던질 때, 나오는
두 눈의 수의 곱이 홀수인 횟수를 확률변수 X라 하자. 이
때 $E(X)+V(X)$의 값은?

① 15　　　　　② 20　　　　　③ 25
④ 30　　　　　⑤ 35

0503 유형 13　　　　　| 학평 기출 |

확률변수 X가 이항분포 $B\left(n, \dfrac{1}{3}\right)$을 따르고
$E(3X-1)=17$일 때, $V(X)$의 값은?

① 2　　　　　② $\dfrac{8}{3}$　　　　　③ $\dfrac{10}{3}$
④ 4　　　　　⑤ $\dfrac{14}{3}$

0504 유형 13

검은 구슬과 흰 구슬이 합하여 12개가 들어 있는 주머니에
서 임의로 1개의 구슬을 꺼내어 확인한 후 다시 넣는 시행
을 36번 반복할 때, 검은 구슬을 꺼낸 횟수를 확률변수 X라
하자. $E(X)=6$일 때, $V(4X+1)$을 구하시오.

서술형

0505 유형 06

노란 공 3개, 빨간 공 6개가 들어 있는 상자에서 임의로 2개
의 공을 동시에 꺼낼 때, 꺼낸 공이 모두 노란 공이면 2400
원, 모두 빨간 공이면 1200원, 서로 다른 색의 공이면
1000원을 받는 게임이 있다. 이 게임을 한 번 하여 받을 수
있는 금액의 기댓값을 구하시오.

0506 유형 08

확률변수 X의 확률분포를 표로 나타내면 다음과 같을 때,
$\sigma(aX+2)$를 구하시오. (단, a는 상수)

X	1	2	3	4	합계
$P(X=x)$	$\dfrac{1}{10}$	a	$\dfrac{3}{10}$	$\dfrac{1}{5}a$	1

0507 유형 10 + 11

이항분포 $B(n, p)$를 따르는 확률변수 X에 대하여
$E(X)=3$, $E(X^2)=11$일 때, $\dfrac{P(X=6)}{P(X=5)}$의 값을 구하시
오.

하 ····· 중 ····· 상 100%

C 실력 향상

0508

빨간색 색연필 4개, 파란색 색연필 2개가 들어 있는 주머니에서 임의로 1개의 색연필을 꺼내는 시행을 반복할 때, 파란색 색연필 2개를 모두 꺼낼 때까지 색연필을 꺼낸 총 횟수를 확률변수 X라 하자. $P(4\le X\le 5)$를 구하시오.

(단, 꺼낸 색연필은 다시 넣지 않는다.)

0509

| 모평 기출 |

두 이산확률변수 X와 Y가 가지는 값이 각각 1부터 5까지의 자연수이고

$$P(Y=k)=\frac{1}{2}P(X=k)+\frac{1}{10}\ (k=1,\ 2,\ 3,\ 4,\ 5)$$

이다. $E(X)=4$일 때, $E(Y)=a$이다. $8a$의 값을 구하시오.

0510

오른쪽 그림과 같이 한 모서리의 길이가 1인 정육면체에서 세 꼭짓점을 택하여 삼각형을 만들려고 한다. 만들어지는 삼각형의 넓이의 제곱을 확률변수 X라 할 때, $E(7X)$를 구하시오.

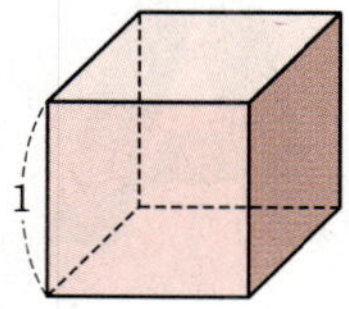

0511

| 수능 기출 |

좌표평면의 원점에 점 P가 있다. 한 개의 주사위를 사용하여 다음 시행을 한다.

> 주사위를 한 번 던져 나온 눈의 수가
> 2 이하이면 점 P를 x축의 양의 방향으로 3만큼,
> 3 이상이면 점 P를 y축의 양의 방향으로 1만큼
> 이동시킨다.

이 시행을 15번 반복하여 이동된 점 P와 직선 $3x+4y=0$ 사이의 거리를 확률변수 X라 하자. $E(X)$의 값은?

① 13　② 15　③ 17
④ 19　⑤ 21

➲ 기출 BOOK 26쪽

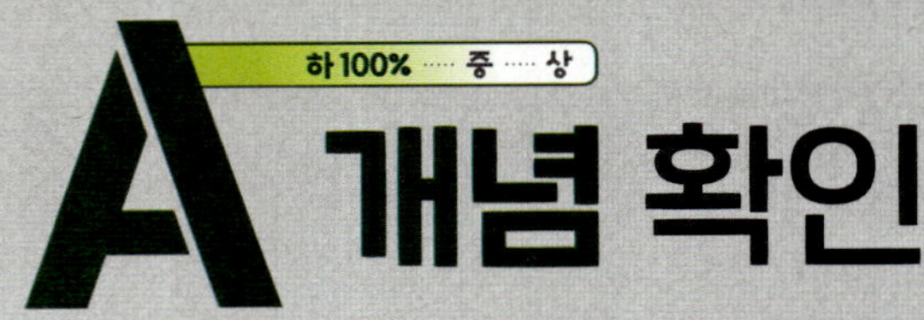

개념 확인

06-1 연속확률변수와 확률밀도함수 유형 01, 02

(1) 연속확률변수

확률변수가 어떤 범위에 속하는 모든 실숫값을 가질 때 그 확률변수를 **연속확률변수**라 한다.

(2) 확률밀도함수

$\alpha \leq X \leq \beta$에서 모든 실숫값을 가질 수 있는 연속확률변수 X에 대하여 $\alpha \leq x \leq \beta$에서 정의된 함수 $f(x)$가 다음을 만족시킬 때, $f(x)$를 연속확률변수 X의 확률밀도함수라 한다.

① $f(x) \geq 0$

② 함수 $y=f(x)$의 그래프와 x축 및 두 직선 $x=\alpha$, $x=\beta$로 둘러싸인 부분의 넓이는 1이다.

③ $\mathrm{P}(a \leq X \leq b)$는 함수 $y=f(x)$의 그래프와 x축 및 두 직선 $x=a$, $x=b$로 둘러싸인 부분의 넓이와 같다. (단, $\alpha \leq a \leq b \leq \beta$)

> **참고** 연속확률변수 X가 특정한 값을 가질 확률은 0이다. 즉, $\mathrm{P}(X=x)=0$이므로 다음이 성립한다.
> $$\mathrm{P}(a \leq X \leq b)=\mathrm{P}(a \leq X < b)=\mathrm{P}(a < X \leq b)=\mathrm{P}(a < X < b)$$

이산확률변수는 하나하나 셀 수 있는 값을 가지는 확률변수이고, 연속확률변수는 어떤 범위에 속하는 연속적인 실숫값을 가질 수 있는 확률변수이다.

06-2 정규분포 유형 03~05

(1) 정규분포

① 실수 전체의 집합에서 정의된 연속확률변수 X의 확률밀도함수 $f(x)$가

$$f(x)=\frac{1}{\sqrt{2\pi}\sigma}e^{-\frac{(x-m)^2}{2\sigma^2}} \quad (m\text{은 상수}, \ \sigma\text{는 양수})$$

일 때, X의 확률분포를 **정규분포**라 한다.

이때 확률밀도함수 $f(x)$의 그래프는 오른쪽 그림과 같고, 이 곡선을 정규분포곡선이라 한다.

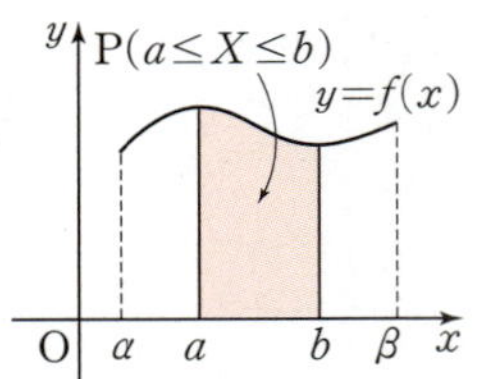

② 평균이 m, 표준편차가 σ인 정규분포를 기호로

$$\mathrm{N}(m, \sigma^2)$$

과 같이 나타내고, 확률변수 X는 정규분포 $\mathrm{N}(m, \sigma^2)$을 따른다고 한다.

이산확률변수는 확률질량함수를 가지며 대표적인 확률분포로는 이항분포가 있고, 연속확률변수는 확률밀도함수를 가지며 대표적인 확률분포로는 정규분포가 있다.

e는 값이 $2.7182\ldots$인 무리수이다.

$\mathrm{N}(m, \sigma^2)$의 N은 Normal distribution(정규분포)의 첫 글자이다.

(2) 정규분포곡선의 성질

정규분포 $\mathrm{N}(m, \sigma^2)$을 따르는 확률변수 X의 정규분포곡선은 다음과 같은 성질을 갖는다.

① 직선 $x=m$에 대하여 대칭인 종 모양의 곡선이고, 점근선은 x축이다.

② 곡선과 x축 사이의 넓이는 1이다.

③ σ의 값이 일정할 때, m의 값이 달라지면 대칭축의 위치는 바뀌지만 곡선의 모양은 변하지 않는다.

➡ $m_1 < m_2$

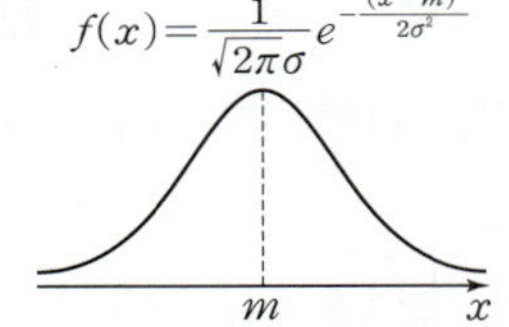

④ m의 값이 일정할 때, σ의 값이 커지면 곡선의 가운데 부분의 높이는 낮아지고 양쪽으로 넓게 퍼진 모양이 된다.

➡ $\sigma_1 < \sigma_2 < \sigma_2$

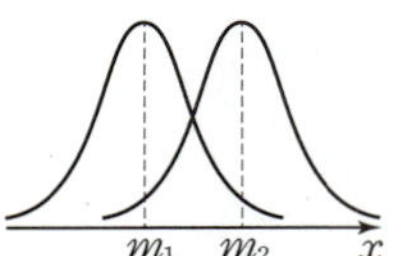

표준편차 σ의 값이 작아지면 정규분포곡선의 가운데 부분의 높이가 높아진다. 이는 평균 근처에 변량이 많이 모여 있는 것이므로 자료가 고르다는 것을 의미한다.

06-1 연속확률변수와 확률밀도함수

0512 보기에서 연속확률변수인 것만을 있는 대로 고르시오.

보기
ㄱ. 어느 공장에서 생산하는 제품의 수명
ㄴ. 어느 지역 주민의 키
ㄷ. 어느 학교 학생의 하루 독서 시간
ㄹ. 어느 반 학생의 가족 구성원 수

0513 $0 \le X \le 1$에서 모든 실숫값을 가질 수 있는 연속확률변수 X의 확률밀도함수 $f(x)$가 될 수 있는 것만을 보기에서 있는 대로 고르시오.

보기
ㄱ. $f(x)=1$ ㄴ. $f(x)=2x$
ㄷ. $f(x)=\dfrac{1}{2}(x+1)$ ㄹ. $f(x)=-x+\dfrac{1}{2}$

0514 연속확률변수 X의 확률밀도함수가

$$f(x)=\frac{1}{3} \ (0 \le x \le 3)$$

일 때, $P(X \le 2)$를 구하시오.

0515 연속확률변수 X의 확률밀도함수가

$$f(x)=\frac{1}{2}x \ (0 \le x \le 2)$$

일 때, $P(1 \le X \le 2)$를 구하시오.

[0516~0517] 연속확률변수 X의 확률밀도함수가
$f(x)=a \, (-2 \le x \le 2)$일 때, 다음을 구하시오. (단, a는 상수)

0516 a의 값

0517 $P(X \ge 1)$

06-2 정규분포

[0518~0519] 확률변수 X의 평균과 분산이 다음과 같을 때, X가 따르는 정규분포를 기호로 나타내시오.

0518 $E(X)=4$, $V(X)=4$

0519 $E(X)=12$, $V(X)=16$

0520 보기에서 정규분포 $N(2, 3^2)$을 따르는 확률변수 X의 확률밀도함수 $f(x)$에 대한 설명으로 옳은 것만을 있는 대로 고르시오.

보기
ㄱ. 함수 $y=f(x)$의 그래프는 직선 $x=2$에 대하여 대칭이다.
ㄴ. 함수 $y=f(x)$의 그래프와 x축 사이의 넓이는 1이다.
ㄷ. $x=3$에서 최댓값을 갖는다.

[0521~0525] 정규분포 $N(m, \sigma^2)$을 따르는 확률변수 X에 대하여

$$P(m \le X \le m+\sigma)=a, \ P(m \le X \le m+2\sigma)=b$$

일 때, 다음을 a, b를 사용하여 나타내시오.

0521 $P(m-\sigma \le X \le m)$

0522 $P(X \le m+\sigma)$

0523 $P(X \ge m+2\sigma)$

0524 $P(m+\sigma \le X \le m+2\sigma)$

0525 $P(m-2\sigma \le X \le m+2\sigma)$

06 연속확률변수와 정규분포

06-3 표준정규분포   유형 06~12

(1) 표준정규분포

① 평균이 0이고 분산이 1인 정규분포 $\mathbf{N(0,\ 1)}$을 **표준정규분포**라 한다.

② 확률변수 Z가 표준정규분포 $\mathrm{N}(0,\ 1)$을 따를 때, Z의 확률밀도함수는

$$f(z)=\frac{1}{\sqrt{2\pi}}e^{-\frac{z^2}{2}}$$

이고, 확률밀도함수 $f(z)$의 그래프는 오른쪽 그림과 같다.
또 임의의 양수 a에 대하여 $\mathrm{P}(0\leq Z\leq a)$는 오른쪽 그림에서
색칠한 부분의 넓이와 같고, 이 확률을 구하여 표로 나타낸 것
이 표준정규분포표이다.

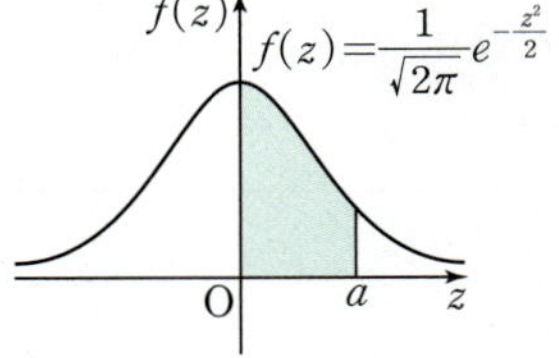

(2) 표준정규분포에서의 확률

확률변수 Z가 표준정규분포를 따를 때, 다음이 성립한다. (단, $0<a<b$)

① $\mathrm{P}(Z\geq 0)=\mathrm{P}(Z\leq 0)=0.5$

② $\mathrm{P}(-a\leq Z\leq 0)=\mathrm{P}(0\leq Z\leq a)$

③ $\mathrm{P}(a\leq Z\leq b)=\mathrm{P}(0\leq Z\leq b)-\mathrm{P}(0\leq Z\leq a)$

④ $\mathrm{P}(Z\geq a)=\mathrm{P}(Z\geq 0)-\mathrm{P}(0\leq Z\leq a)$
$\qquad\qquad=0.5-\mathrm{P}(0\leq Z\leq a)$

⑤ $\mathrm{P}(Z\leq a)=\mathrm{P}(Z\leq 0)+\mathrm{P}(0\leq Z\leq a)$
$\qquad\qquad=0.5+\mathrm{P}(0\leq Z\leq a)$

⑥ $\mathrm{P}(-a\leq Z\leq b)=\mathrm{P}(-a\leq Z\leq 0)+\mathrm{P}(0\leq Z\leq b)$
$\qquad\qquad\qquad=\mathrm{P}(0\leq Z\leq a)+\mathrm{P}(0\leq Z\leq b)$

(3) 정규분포의 표준화

확률변수 X가 정규분포 $\mathrm{N}(m,\ \sigma^2)$을 따를 때, 확률변수

$$Z=\frac{X-m}{\sigma}$$

은 표준정규분포 $\mathrm{N}(0,\ 1)$을 따른다.

이와 같이 정규분포 $\mathrm{N}(m,\ \sigma^2)$을 따르는 확률변수 X를 표준정규분포 $\mathrm{N}(0,\ 1)$을 따르는 확
률변수 Z로 바꾸는 것을 표준화라 한다.

> **참고** 확률변수 X가 정규분포 $\mathrm{N}(m,\ \sigma^2)$을 따르면
> $$\mathrm{P}(a\leq X\leq b)=\mathrm{P}\!\left(\frac{a-m}{\sigma}\leq Z\leq\frac{b-m}{\sigma}\right)$$
> 으로 표준화한 후 표준정규분포표를 이용하여 확률을 구할 수 있다.

06-4 이항분포와 정규분포 사이의 관계   유형 13, 14

확률변수 X가 이항분포 $\mathrm{B}(n,\ p)$를 따를 때, n이 충분히 크면 X는 근사적으로 정규분포
$\mathrm{N}(np,\ npq)$를 따른다. (단, $q=1-p$)

예 확률변수 X가 이항분포 $\mathrm{B}\!\left(100,\ \dfrac{1}{10}\right)$을 따를 때,

$$\mathrm{E}(X)=100\times\frac{1}{10}=10,\ \ \mathrm{V}(X)=100\times\frac{1}{10}\times\frac{9}{10}=9$$

이때 시행횟수 $n=100$은 충분히 크므로 X는 근사적으로 정규분포 $\mathrm{N}(10,\ 3^2)$을 따른다.

> **참고** 확률변수 X가 이항분포 $\mathrm{B}(n,\ p)$를 따를 때, n이 충분히 크면 확률변수 $Z=\dfrac{X-np}{\sqrt{npq}}$는 근사적으로
> 표준정규분포 $\mathrm{N}(0,\ 1)$을 따른다.

표준정규분포를 따르는 확률변수는 보통 Z로 나타낸다.

표준정규분포를 따르는 확률변수 Z의 평균은 0이므로 확률밀도함수 $f(z)$의 그래프는 직선 $z=0$에 대하여 대칭이다.

이항분포 $\mathrm{B}(n,\ p)$에서 $np\geq 5$, $nq\geq 5$를 만족시키면 n을 충분히 큰 값으로 생각한다.

06-3 표준정규분포

[0526~0533] 확률변수 Z가 표준정규분포 N$(0, 1)$을 따를 때, 오른쪽 표준정규분포표를 이용하여 다음을 구하시오.

z	P$(0 \leq Z \leq z)$
0.5	0.1915
1.0	0.3413
1.5	0.4332
2.0	0.4772
2.5	0.4938
3.0	0.4987

0526 P$(Z \geq 0.5)$

0527 P$(Z \leq 2)$

0528 P$(Z \geq -1)$

0529 P$(Z \leq -1.5)$

0530 P$(1 \leq Z \leq 3)$

0531 P$(-2 \leq Z \leq -1.5)$

0532 P$(-0.5 \leq Z \leq 0.5)$

0533 P$(-1 \leq Z \leq 2.5)$

[0534~0537] 확률변수 Z가 표준정규분포 N$(0, 1)$을 따를 때, 오른쪽 표준정규분포표를 이용하여 다음을 만족시키는 실수 k의 값을 구하시오.

z	P$(0 \leq Z \leq z)$
1.0	0.3413
2.0	0.4772
3.0	0.4987

0534 P$(0 \leq Z \leq k) = 0.4772$

0535 P$(Z \leq k) = 0.9987$

0536 P$(Z \geq k) = 0.1587$

0537 P$(-k \leq Z \leq k) = 0.9974$

[0538~0540] 확률변수 X가 다음과 같은 정규분포를 따를 때, X를 표준정규분포를 따르는 확률변수 Z로 표준화하시오.

0538 N$(16, 4^2)$

0539 N$(120, 9^2)$

0540 N$(-4, 5^2)$

[0541~0542] 확률변수 X가 정규분포 N$(10, 2^2)$을 따를 때, 다음 물음에 답하시오.

0541 X를 표준정규분포를 따르는 확률변수 Z로 표준화하시오.

0542 P$(6 \leq X \leq 12)$를 오른쪽 표준정규분포표를 이용하여 구하시오.

z	P$(0 \leq Z \leq z)$
1.0	0.3413
1.5	0.4332
2.0	0.4772

06-4 이항분포와 정규분포 사이의 관계

[0543~0545] 확률변수 X가 다음과 같은 이항분포를 따를 때, X가 근사적으로 따르는 정규분포를 기호로 나타내시오.

0543 B$\left(180, \dfrac{1}{6}\right)$

0544 B$\left(400, \dfrac{1}{2}\right)$

0545 B$\left(600, \dfrac{3}{5}\right)$

B 유형 완성

하 10% · 중 80% · 상 10%

유형 01 확률밀도함수의 성질

확률변수 X의 확률밀도함수 $f(x)\,(\alpha\leq x\leq\beta)$에 대하여
(1) $f(x)\geq0$
(2) 함수 $y=f(x)$의 그래프와 x축 및 두 직선 $x=\alpha$, $x=\beta$로 둘러싸인 부분의 넓이는 1이다.

0546 대표 문제

연속확률변수 X의 확률밀도함수가
$$f(x)=ax \ (0\leq x\leq4)$$
일 때, 상수 a의 값을 구하시오.

0547 중

다음 중 $0\leq x\leq2$에서 정의된 연속확률변수 X의 확률밀도함수 $y=f(x)$의 그래프가 될 수 있는 것은?

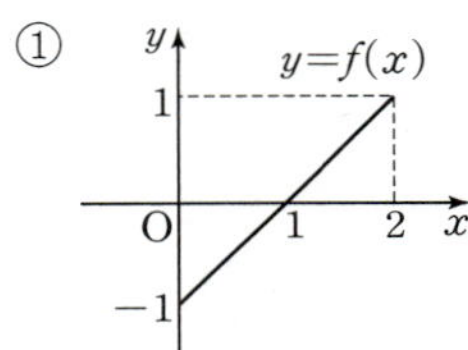

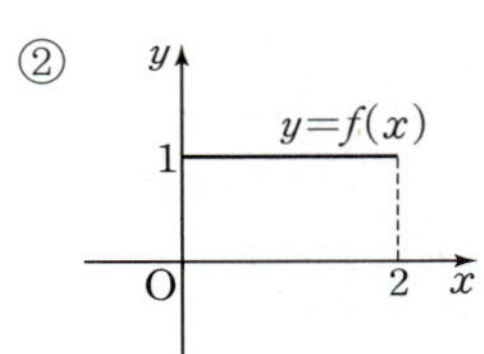

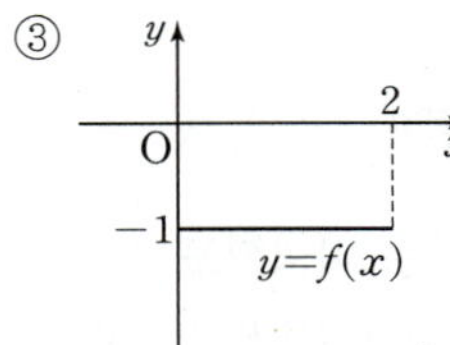

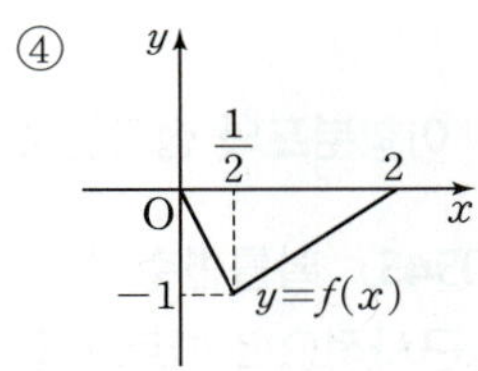

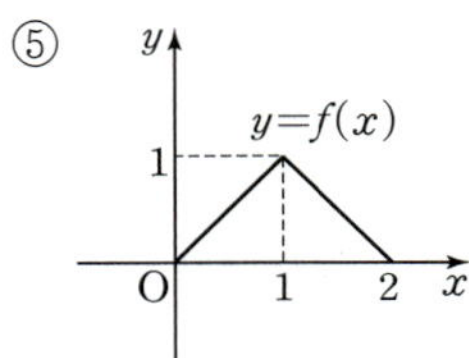

0548 중

연속확률변수 X의 확률밀도함수가
$$f(x)=\begin{cases} ax & (0\leq x\leq2) \\ \dfrac{2}{3}a(5-x) & (2\leq x\leq5) \end{cases}$$
일 때, 상수 a의 값을 구하시오.

 빈출

유형 02 확률밀도함수의 성질을 이용하여 확률 구하기

확률변수 X의 확률밀도함수 $f(x)\,(\alpha\leq x\leq\beta)$에 대하여
(1) $\mathrm{P}(a\leq x\leq b)$는 함수 $y=f(x)$의 그래프와 x축 및 두 직선 $x=a$, $x=b$로 둘러싸인 부분의 넓이와 같다.
(2) $\mathrm{P}(a\leq x\leq b)=\mathrm{P}(a\leq x\leq b)-\mathrm{P}(a\leq x\leq a)$
(단, $\alpha\leq a\leq b\leq\beta$)

0549 대표 문제

연속확률변수 X의 확률밀도함수가
$$f(x)=a(x+2) \ (-1\leq x\leq1)$$
일 때, $\mathrm{P}(X\leq0)$은? (단, a는 상수)

① $\dfrac{1}{8}$ ② $\dfrac{1}{4}$ ③ $\dfrac{3}{10}$

④ $\dfrac{5}{16}$ ⑤ $\dfrac{3}{8}$

0550 중

어느 기차역에서 기차의 도착 예정 시각과 실제 도착 시각의 차를 연속확률변수 X분이라 할 때, X의 확률밀도함수는
$$f(x)=\begin{cases} \dfrac{1}{160}x & (0\leq x\leq16) \\ \dfrac{1}{4}\left(2-\dfrac{1}{10}x\right) & (16\leq x\leq20) \end{cases}$$
이다. 이 기차의 도착 예정 시각과 실제 도착 시각의 차가 10분 이상일 확률을 구하시오.

0551 종

$0 \leq x \leq a$에서 정의된 연속확률변수 X의 확률밀도함수 $y=f(x)$의 그래프가 오른쪽 그림과 같다.

$\mathrm{P}(0 \leq X \leq b)=\dfrac{4}{5}$일 때, 상수 a, b에 대하여 ab의 값을 구하시오.

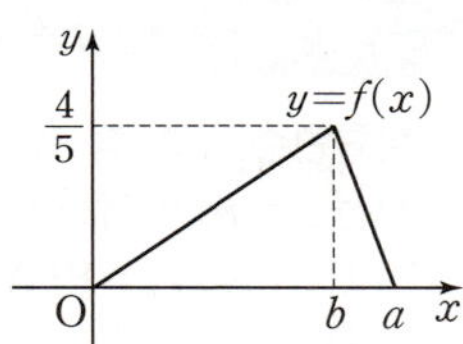

0552 종 서술형

$-2 \leq x \leq 3$에서 정의된 연속확률변수 X의 확률밀도함수 $y=f(x)$의 그래프가 오른쪽 그림과 같을 때, $\mathrm{P}(1 \leq X \leq 2)$를 구하시오.

(단, k는 상수)

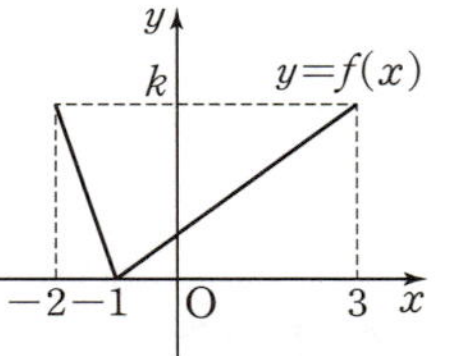

0553 상

$0 \leq x \leq 3$에서 정의된 연속확률변수 X에 대하여
$$\mathrm{P}(x \leq X \leq 3)=a(3-x) \ (0 \leq x \leq 3)$$
이 성립할 때, $\mathrm{P}(0 \leq X \leq a)$는? (단, a는 상수)

① $\dfrac{1}{9}$ ② $\dfrac{2}{9}$ ③ $\dfrac{1}{3}$

④ $\dfrac{7}{9}$ ⑤ $\dfrac{8}{9}$

유형 03   정규분포곡선의 성질

정규분포 $\mathrm{N}(m, \sigma^2)$을 따르는 확률변수 X의 정규분포곡선은
(1) 직선 $x=m$에 대하여 대칭이고, 곡선과 x축 사이의 넓이는 1이다.
  ➡ $\mathrm{P}(X \leq m)=\mathrm{P}(X \geq m)=0.5$
(2) σ의 값이 일정할 때, m의 값이 달라지면 대칭축의 위치는 바뀌지만 곡선의 모양은 변하지 않는다.
(3) m의 값이 일정할 때, σ의 값이 커지면 곡선의 가운데 부분의 높이는 낮아지고 양쪽으로 넓게 퍼진 모양이 된다.

0554 대표 문제

오른쪽 그림의 두 곡선 $y=f(x)$, $y=g(x)$는 각각 정규분포를 따르는 두 확률변수 X_1, X_2의 정규분포곡선이다. 보기에서 옳은 것만을 있는 대르 고르시오.

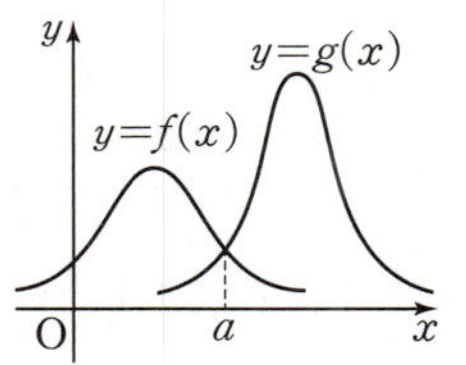

보기
ㄱ. $\mathrm{E}(X_1) < \mathrm{E}(X_2)$
ㄴ. $\sigma(X_1) < \sigma(X_2)$
ㄷ. $\mathrm{P}(X_1 \geq a)=\mathrm{P}(X_2 \geq a)$

0555 하

두 학교 A, B의 학생들의 몸무게는 각각 정규분포를 따르고 그 평균과 표준편차는 오른쪽 표와 같다. 다음 중 두 학교 A, B의 학생들의 몸무게의 정규분포곡선으로 알맞은 것은?

(단위: kg)

학교	A	B
평균	60	71
표준편차	14	21

① 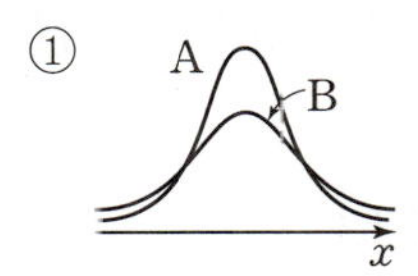   ② 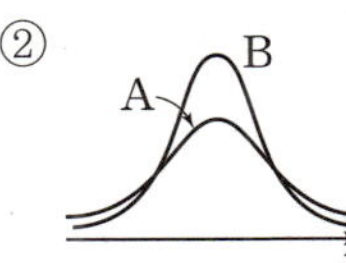   ③ 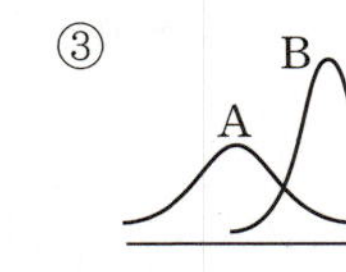

④ 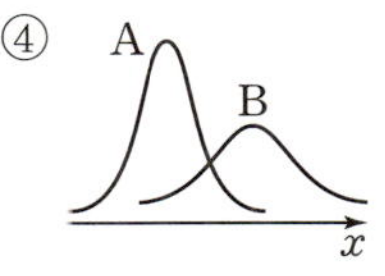   ⑤ 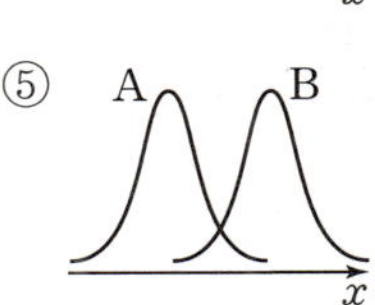

0556 (중)

확률변수 X가 정규분포 $N(m, \sigma^2)$을 따르고 다음 조건을 만족시킬 때, $m+\sigma$의 값을 구하시오. (단, $\sigma>0$)

(가) $P(X\leq 7)=P(X\geq 11)$
(나) $V\left(\dfrac{1}{3}X\right)=9$

0557 (중)

확률변수 X가 정규분포 $N(13, \sigma^2)$을 따르고 $P(X\leq a)+P(X\leq 16)=1$일 때, 상수 a의 값을 구하시오.

0558 (중)

확률변수 X가 정규분포 $N(12, 3^2)$을 따를 때, $P(a-6\leq X\leq a+4)$가 최대가 되도록 하는 상수 a의 값은?

① 11 ② 12 ③ 13
④ 14 ⑤ 15

유형 04 정규분포에서의 확률

확률변수 X가 정규분포 $N(m, \sigma^2)$을 따를 때, 정규분포곡선은 직선 $x=m$에 대하여 대칭이므로
(1) $P(X\leq m)=P(X\geq m)=0.5$
(2) $P(m-\sigma\leq X\leq m)=P(m\leq X\leq m+\sigma)$

0559 대표 문제

정규분포 $N(m, \sigma^2)$을 따르는 확률변수 X에 대하여 $P(m\leq X\leq x)$는 오른쪽 표와 같다. 확률변수 X가 정규분포 $N(45, 3^2)$을 따를 때, $P(36\leq X\leq 48)$을 위의 표를 이용하여 구하시오.

x	$P(m\leq X\leq x)$
$m+\sigma$	0.3413
$m+2\sigma$	0.4772
$m+3\sigma$	0.4987

0560 (중)

확률변수 X가 정규분포 $N(m, \sigma^2)$을 따르고
$$P(m-\sigma\leq X\leq m+\sigma)=a,$$
$$P(m-2\sigma\leq X\leq m+2\sigma)=b$$
일 때, $P(m-2\sigma\leq X\leq m-\sigma)$를 a, b를 사용하여 나타낸 것은?

① $0.5-a$ ② $0.5-b$ ③ $\dfrac{b-a}{2}$
④ $b-a$ ⑤ $\dfrac{a+b}{2}$

0561 (중)

확률변수 X가 정규분포 $N(m, \sigma^2)$을 따르고
$$P(40\leq X\leq 45)=P(55\leq X\leq 60)=0.1359$$
일 때, $P(X\leq 40)+P(50\leq X\leq 55)$의 값을 구하시오.

확률변수 X가 정규분포 $N(m, \sigma^2)$을 따를 때,
$P(X \leq m) = P(X \geq m) = 0.5$이므로 $a \geq m$인 a에 대하여
(1) $P(X \leq a) = P(X \leq m) + P(m \leq X \leq a)$
$\qquad = 0.5 + P(m \leq X \leq a)$
(2) $P(X \geq a) = P(X \geq m) - P(m \leq X \leq a)$
$\qquad = 0.5 - P(m \leq X \leq a)$

0562 대표 문제

확률변수 X가 정규분포 $N(m, \sigma^2)$을 따르면
$$P(m \leq X \leq m + \sigma) = 0.3413$$
이다. 정규분포 $N(15, 2^2)$을 따르는 확률변수 X에 대하여
$P(X \geq a) = 0.1587$을 만족시키는 상수 a의 값은?

① 13　　　　② 14　　　　③ 15
④ 16　　　　⑤ 17

0563 중

정규분포 $N(m, \sigma^2)$을 따르는
확률변수 X에 대하여
$P(m \leq X \leq x)$는 오른쪽 표와
같다.

x	$P(m \leq X \leq x)$
$m + 0.5\sigma$	0.1915
$m + \sigma$	0.3413
$m + 1.5\sigma$	0.4332

$P(m - k\sigma \leq X \leq m + k\sigma) = 0.383$을 만족시키는 양수 k의
값을 위의 표를 이용하여 구하시오.

0564 중

정규분포 $N(m, \sigma^2)$을 따르는
확률변수 X에 대하여
$P(m \leq X \leq x)$는 오른쪽 표와
같다. 확률변수 X가 정규분포
$N(48, 6^2)$을 따를 때,

x	$P(m \leq X \leq x)$
$m + \sigma$	0.3413
$m + 1.5\sigma$	0.4332
$m + 2\sigma$	0.4772
$m + 2.5\sigma$	0.4938

$P(X \leq a) = 0.9332$를 만족시키는 상수 a의 값을 위의 표
를 이용하여 구하시오.

확률변수 X가 정규분포 $N(m, \sigma^2)$을 따를 때
(1) 확률변수 $Z = \dfrac{X - m}{\sigma}$은 표준정규분포 $N(0, 1)$을 따른다.
(2) $P(a \leq X \leq b) = P\left(\dfrac{a - m}{\sigma} \leq Z \leq \dfrac{b - m}{\sigma}\right)$

0565 대표 문제

두 확률변수 X, Y가 각각 정규분포 $N(7, 3^2)$, $N(0, 4^2)$
을 따르고 $P(X \geq 4k) = P(Y \geq 3k)$일 때, 상수 k의 값을
구하시오.

0566 중

두 확률변수 X, Y가 각각 정규분포 $N(25, 4^2)$, $N(0, 1)$
을 따르고 $P(X \leq a) = P(Y \geq a)$일 때, 상수 a의 값은?

① 4　　　　② 5　　　　③ 6
④ 7　　　　⑤ 8

0567 중

두 확률변수 X, Y가 각각 정규분포 $N(18, 6^2)$, $N(m, 4^2)$
을 따르고 $2P(18 \leq X \leq 24) = P(12 \leq Y \leq 2m - 12)$일
때, 상수 m의 값을 구하시오.

빈출

유형 07 표준화하여 확률 구하기

정규분포 $N(m, \sigma^2)$을 따르는 확률변수 X를 $Z=\dfrac{X-m}{\sigma}$으로 표준화한 후 표준정규분포표를 이용하여 확률을 구한다.

0568 대표 문제

확률변수 X가 정규분포 $N(60, 10^2)$을 따를 때, $P(50 \leq X \leq 80)$을 오른쪽 표준정규분포표를 이용하여 구하시오.

z	$P(0\leq Z\leq z)$
1.0	0.3413
1.5	0.4332
2.0	0.4772
2.5	0.4938

0569 중

확률변수 X가 정규분포 $N(32, 4^2)$을 따를 때, 보기에서 옳은 것만을 있는 대로 고른 것은?

(단, $P(0 \leq Z \leq 3)=0.4987$)

> 보기
> ㄱ. $P(20 \leq X \leq 32)=0.4987$
> ㄴ. $P(X \geq 20)=0.9987$
> ㄷ. $P(X \geq 44)=0.0013$

① ㄱ ② ㄱ, ㄴ ③ ㄱ, ㄷ
④ ㄴ, ㄷ ⑤ ㄱ, ㄴ, ㄷ

0570 중

확률변수 X가 정규분포 $N(15, 3^2)$을 따를 때, 확률변수 $Y=3X+4$에 대하여 $P(58 \leq Y \leq 67)$을 오른쪽 표준정규분포표를 이용하여 구하시오.

z	$P(0\leq Z\leq z)$
1.0	0.3413
2.0	0.4772
3.0	0.4987

0571 상

두 확률변수 X, Y가 각각 정규분포 $N(15, 5^2)$, $N(30, \sigma^2)$을 따를 때, $P(X \leq 5)+P(Y \geq 26)=1$이다. 이때 $P(Y \geq 29)$를 오른쪽 표준정규분포표를 이용하여 구하시오.

z	$P(0\leq Z\leq z)$
0.5	0.1915
1.0	0.3413
1.5	0.4332
2.0	0.4772

유형 08 표준화하여 미지수의 값 구하기

정규분포 $N(m, \sigma^2)$을 따르는 확률변수 X에 대하여 $P(X \geq a)=k$이면 X를 $Z=\dfrac{X-m}{\sigma}$으로 표준화하여 $P\left(Z \geq \dfrac{a-m}{\sigma}\right)=k$를 만족시키는 $\dfrac{a-m}{\sigma}$의 값을 표준정규분포표에서 찾아 a의 값을 구한다.

0572 대표 문제

확률변수 X가 정규분포 $N(20, 2^2)$을 따를 때, $P(a \leq X \leq 23)=0.7745$를 만족시키는 상수 a의 값을 오른쪽 표준정규분포표를 이용하여 구하시오.

z	$P(0\leq Z\leq z)$
0.5	0.1915
1.0	0.3413
1.5	0.4332
2.0	0.4772

0573 중

확률변수 X가 정규분포 $N(m, \sigma^2)$을 따를 때, $P(m-k\sigma \leq X \leq m+k\sigma)=0.7888$을 만족시키는 양수 k의 값을 오른쪽 표준정규분포표를 이용하여 구하시오.

z	$P(0\leq Z\leq z)$
1.15	0.3749
1.25	0.3944
1.35	0.4115

0574 (중)   서술형

확률변수 X가 정규분포 $N(24, 4^2)$을 따를 때, $P(X \le 24-k) = 0.3085$이다. 이때 $P(X \ge 15k)$를 오른쪽 표준정규분포표를 이용하여 구하시오.

(단, k는 상수)

z	$P(0 \le Z \le z)$
0.5	0.1915
1.0	0.3413
1.5	0.4332
2.0	0.4772

유형 09   표준화하여 확률 비교하기

두 확률변수 X, Y가 각각 정규분포 $N(m_X, \sigma_X{}^2)$, $N(m_Y, \sigma_Y{}^2)$을 따를 때, X, Y를 각각 $Z_X = \dfrac{X-m_X}{\sigma_X}$, $Z_Y = \dfrac{Y-m_Y}{\sigma_Y}$로 표준화한 후 확률을 비교한다.

0575   대표 문제

어느 회사 전체 입사 지원자의 1차 필기시험, 2차 필기시험, 실기시험 성적은 각각 정규분포를 따르고, 각 시험의 평균, 표준편차와 민지의 성적은 다음 표와 같다. 시험별로 민지의 성적과 전체 입사 지원자의 성적을 비교할 때, 민지의 성적이 상대적으로 높은 시험부터 순서대로 나열하시오.

(단위: 점)

시험	1차 필기시험	2차 필기시험	실기시험
평균	60	55	64
표준편차	9	12	10
민지의 성적	68	67	73

0576 (중)

세 확률변수 X, Y, W가 각각 정규분포 $N(59, 4^2)$, $N(65, 5^2)$, $N(67, 6^2)$을 따르고,

$$a = P(X \ge 65),\ b = P(Y \le 57),\ c = P(W \ge 73)$$

이라 할 때, a, b, c의 대소 관계는?

① $a < b < c$ ② $a = c < b$ ③ $b < a < c$

④ $b = c < a$ ⑤ $c < b < a$

0577 (중)

어느 회사의 1팀, 2팀, 3팀 직원들의 하루 스마트폰 사용 시간은 평균이 각각 68분, 73분, 70분, 표준편차가 각각 8분, 5분, 4분인 정규분포를 따른다고 한다. 하루 스마트폰 사용 시간이 64분인 세 직원 A, B, C가 각각 1팀, 2팀, 3팀 소속일 때, 소속된 각 팀에서 상대적으로 하루 스마트폰 사용 시간이 많은 직원부터 순서대로 나열하시오.

빈출   ◈ 개념루트 확률과 통계 210쪽

유형 10   정규분포의 활용 – 확률 구하기

확률변수가 정규분포를 따를 때, 주어진 확률은 다음과 같은 순서로 구한다.
(1) 확률변수 X를 정한 후 X가 따르는 정규분포 $N(m, \sigma^2)$을 구한다.
(2) X를 $Z = \dfrac{X-m}{\sigma}$으로 표준화한다.
(3) 표준정규분포표를 이용하여 확률을 구한다.

0578   대표 문제

어느 세차장에서 승용차 1대를 세차하는 데 걸리는 시간은 평균이 27분, 표준편차가 5분인 정규분포를 따른다고 한다. 이 세차장에서 승용차 1대를 세차하는 데 42분 이상 걸릴 확률을 위의 표준정규분포표를 이용하여 구하시오.

z	$P(0 \le Z \le z)$
1.0	0.3413
2.0	0.4772
3.0	0.4987

0579 (중)

어느 제과점에서 만드는 과자 1개의 무게는 평균이 $18\ g$, 표준편차가 $0.3\ g$인 정규분포를 따른다고 한다. 이 제과점에서 만든 과자 중에서 무게가 $18.75\ g$ 이하인 것은 전체의 몇 %인가? (단, $P(0 \le Z \le 2.5) = 0.49$)

① 1 %   ② 16 %   ③ 49 %

④ 84 %   ⑤ 99 %

0580 (중) | 모평 기출 |

어느 고등학교의 수학 시험에 응시한 수험생의 시험 점수는 평균이 68점, 표준편차가 10점인 정규분포를 따른다고 한다. 이 수학 시험에 응시한 수험생 중 임의로 선택한 수험생 한 명의 시험 점수가 55점 이상이고 78점 이하일 확률을 오른쪽 표준정규분포표를 이용하여 구한 것은?

z	$P(0 \leq Z \leq z)$
1.0	0.3413
1.1	0.3643
1.2	0.3849
1.3	0.4032

① 0.7262　　　② 0.7445　　　③ 0.7492
④ 0.7675　　　⑤ 0.7881

0581 (중)

윤진이네 집에서 약속 장소인 공원까지 가는 데 걸리는 시간은 평균이 34분, 표준편차가 4분인 정규분포를 따른다고 한다. 약속 시간이 2시이고 윤진이가 집에서 1시 20분에 출발했을 때, 윤진이가 약속 시간에 늦을 확률을 구하시오.
（단, $P(0 \leq Z \leq 1.5)=0.4332$）

0582 (중)

어느 식품 공장에서 생산하는 라면 1봉지의 무게는 평균이 120 g, 표준편차가 12 g인 정규분포를 따른다고 한다. 이 공장에서 생산한 라면 1봉지의 무게가 a g 이하이면 따로 분

z	$P(0 \leq Z \leq z)$
1.0	0.3413
1.5	0.4332
2.0	0.4772
2.5	0.4938

류하여 재확인한다고 한다. 이 공장에서 라면 봉지를 재확인할 확률이 0.0228이라 할 때, 상수 a의 값을 위의 표준정규분포표를 이용하여 구하시오.

 정규분포의 활용 – 도수 구하기

정규분포를 따르는 확률변수 X에 대하여 n개 중에서 특정한 범위에 속하는 것의 개수는 다음과 같은 순서로 구한다.
⑴ 확률변수 X를 정한 후 X가 따르는 정규분포 $N(m, \sigma^2)$을 구한다.
⑵ X를 $Z=\dfrac{X-m}{\sigma}$으로 표준화한다.
⑶ 표준정규분포표를 이용하여 X가 특정한 범위에 속할 확률 p를 구한다.
⑷ $n \times p$의 값을 구한다.

0583 〔대표 문제〕

어느 고등학교 2학년 학생 200명의 키는 평균이 169 cm, 표준편차가 6 cm인 정규분포를 따른다고 한다. 키가 178 cm 이상인 학생의 수를 오른쪽 표준정규분포표를 이용하여 구한 것은?

z	$P(0 \leq Z \leq z)$
0.5	0.19
1.0	0.34
1.5	0.43
2.0	0.48

① 12　　　② 14　　　③ 16
④ 18　　　⑤ 20

0584 (중)　　　서술형

어느 농장에서 수확하는 키위 1개의 무게는 정규분포 $N(62, 2^2)$을 따른다고 한다. 키위 500개를 수확한 이 농장에서 무게가 58 g 이상 66 g 이하인 키위를 정상 제품으로 판매할 때, 정상 제품의 개수를 구하시오.
（단, $P(0 \leq Z \leq 2)=0.477$）

0585 (중)

어느 고등학교 학생 150명의 세계지리 시험 성적은 평균이 70점, 표준편차가 8점인 정규분포를 따른다고 한다. 시험 성적이 62점 이하인 학생은 재평가를 받는다고 할 때, 재평가를 받아야 하는 학생의 수를 구하시오.
（단, $P(0 \leq Z \leq 1)=0.34$）

0586 중

어느 지역 50대 주민들의 혈압을 측정한 결과 최고 혈압은 평균이 143 mmHg, 표준편차가 6 mmHg인 정규분포를 따른다고 한다. 최고 혈압이 140 mmHg 이상이거나 최저 혈압이 90 mmHg 이상이면 고혈압으로 판정한다고 할 때, 이 지역의 50대 주민 4000명 중에서 최고 혈압이 고혈압의 범위에 속하는 50대 주민의 수를 구하시오.

(단, $P(0 \leq Z \leq 0.5) = 0.1915$)

◆◇ 개념루트 확률과 통계 212쪽

유형 12   정규분포의 활용 – 최저 점수 구하기

확률변수 X가 정규분포를 따를 때, 상위 $k \%$ 안에 드는 X의 최솟값을 a로 놓고 $P(X \geq a) = \dfrac{k}{100}$를 만족시키는 a의 값을 구한다.

0587   대표 문제

모집 정원이 21명인 입사 시험에 300명이 응시하였다. 응시자의 시험 점수는 평균이 60점, 표준편차가 2점인 정규분포를 따른다고 할 때, 합격자의 최저 점수를 위의 표준정규분포표를 이용하여 구한 것은?

z	$P(0 \leq Z \leq z)$
1.18	0.38
1.50	0.43
2.06	0.48

① 61점   ② 62점   ③ 63점
④ 64점   ⑤ 65점

0588   중

어느 고등학교 2학년 여학생의 오래매달리기 기록은 평균이 120초, 표준편차가 40초인 정규분포를 따른다고 한다. 오래매달리기 기록이

z	$P(0 \leq Z \leq z)$
1.55	0.44
1.75	0.46
2.05	0.48

상위 4 %인 학생에게 메달을 수여한다고 할 때, 메달을 받은 학생의 최저 기록을 위의 표준정규분포표를 이용하여 구하시오.

0589   중

어느 회사에서는 매년 사원 200명을 대상으로 업무 능력을 평가한다. 올해 사원들의 평가 점수는 평균이 72점, 표준편차가 5점인 정규분포를 따른다고 할 때, 11등 이내에 속하는 사원의 최저 점수를 구하시오. (단, $P(0 \leq Z \leq 1.6) = 0.445$)

0590   상   서술형

600명이 응시한 어느 대학 통계학과 입학 시험에서 응시자의 점수는 평균이 68점, 표준편차가 10점인 정규분포를 따른다고 한다. 응시자 중에서 30명이 1차로 합격했고, 이후 15명이 추가 합격했을 때, 1차 합격자와 추가 합격자의 최저 점수의 차를 구하시오.

(단, $P(0 \leq Z \leq 1.44) = 0.425$, $P(0 \leq Z \leq 1.64) = 0.45$)

◆◇ 개념루트 확률과 통계 216쪽

유형 13   이항분포와 정규분포 사이의 관계

확률변수 X가 이항분포 $B(n, p)$를 따를 때, n이 충분히 크면 X는 근사적으로 정규분포 $N(np, np(1-p))$를 따른다.

0591   대표 문제

확률변수 X가 이항분포 $B\left(150, \dfrac{3}{5}\right)$을 따를 때, $P(75 \leq X \leq 96)$을 오른쪽 표준정규분포표를 이용하여 구하시오.

z	$P(0 \leq Z \leq z)$
1.0	0.3413
1.5	0.4332
2.0	0.4772
2.5	0.4938

0592 서술형

이항분포 $\mathrm{B}(180,\ p)$를 따르는 확률변수 X에 대하여
$\mathrm{V}(X)=25$일 때, $\mathrm{P}\left(X\geq\dfrac{135}{p}\right)$를 구하시오.

(단, $0.5<p<1$, $\mathrm{P}(0\leq Z\leq 2.4)=0.4918$)

0593

$${}_{100}\mathrm{C}_{100}\left(\dfrac{9}{10}\right)^{100}+{}_{100}\mathrm{C}_{99}\left(\dfrac{9}{10}\right)^{99}\left(\dfrac{1}{10}\right)^{1}$$
$$+\cdots+{}_{100}\mathrm{C}_{93}\left(\dfrac{9}{10}\right)^{93}\left(\dfrac{1}{10}\right)^{7}$$

의 값을 오른쪽 표준정규분포표를
이용하여 구하시오.

z	$\mathrm{P}(0\leq Z\leq z)$
0.5	0.1915
1.0	0.3413
1.5	0.4332
2.0	0.4772

◆◆ 개념루트 확률과 통계 218쪽

유형 14 이항분포와 정규분포 사이의 관계의 활용

n번의 독립시행에서 사건 A가 일어날 확률은 다음과 같은 순서
로 구한다.
(1) 확률변수 X를 정한 후 X가 따르는 이항분포 $\mathrm{B}(n,\ p)$를 구
한다.
(2) X의 평균과 분산을 구한 후 X가 근사적으로 따르는 정규분
포 $\mathrm{N}(m,\ \sigma^{2})$을 구한다.
(3) X를 $Z=\dfrac{X-m}{\sigma}$으로 표준화한다.
(4) 표준정규분포표를 이용하여 확률을 구한다.

0594 대표 문제

한 개의 주사위를 720번 던질 때,
6의 눈이 140번 이상 나올 확률을
오른쪽 표준정규분포표를 이용하
여 구하시오.

z	$\mathrm{P}(0\leq Z\leq z)$
1.0	0.3413
2.0	0.4772
3.0	0.4987

0595

어느 공연은 초청장을 받은 사람만
입장할 수 있고, 초청받은 사람 중
에서 20 %는 공연을 보러 오지 않
는다고 한다. 좌석이 332개인 공연
장에서 하는 공연의 초청장을 400
명에게 보냈을 때, 실제로 공연장의 좌석이 부족하지 않을
확률을 위의 표준정규분포표를 이용하여 구한 것은?

z	$\mathrm{P}(0\leq Z\leq z)$
1.0	0.3413
1.5	0.4332
2.0	0.4772
2.5	0.4938

① 0.8413 ② 0.8664 ③ 0.9332
④ 0.9772 ⑤ 0.9938

0596

자유투 성공률이 $\dfrac{2}{3}$인 어느 농구 선수가 450번의 자유투를
하여 성공하는 횟수를 확률변수 X라 할 때,
$\mathrm{P}(300\leq X\leq a)=0.42$를 만족시키는 상수 a의 값을 구하
시오. (단, $\mathrm{P}(0\leq Z\leq 1.4)=0.42$)

0597

각 면에 1, 2, 3, 4의 숫자가 각각
하나씩 적힌 정사면체 모양의 주사
위 한 개를 던져서 바닥에 놓인 면
에 적힌 수가 2의 배수이면 4점을
얻고, 2의 배수가 아니면 1점을 잃

z	$\mathrm{P}(0\leq Z\leq z)$
1.5	0.4332
2.0	0.4772
2.5	0.4938
3.0	0.4987

는 게임이 있다. 이 게임을 64번 하여 얻은 최종 점수가
146점 이상이 될 확률을 위의 표준정규분포표를 이용하여
구하시오.

◆◆ 개념루트 확률과 통계 196쪽

미적분 I [미적분 I]을 이수한 학생을 위한 확률밀도함수의 성질

닫힌구간 $[a, b]$에서 연속인 함수 $f(x)$에 대하여 $f(x) \geq 0$일 때, 곡선 $y = f(x)$와 x축 및 두 직선 $x = a$, $x = b$로 둘러싸인 부분의 넓이를 정적분 $\int_a^b f(x)\,dx$와 같이 나타낸다.

> **참고** $\alpha \leq X \leq \beta$에서 모든 실숫값을 가질 수 있는 연속확률변수 X의 확률밀도함수 $f(x)$ $(\alpha \leq x \leq \beta)$에 대하여
> - $f(x) \geq 0$
> - $\int_\alpha^\beta f(x)\,dx = 1$
> - $\mathrm{P}(a \leq X \leq b) = \int_a^b f(x)\,dx$ (단, $\alpha \leq a \leq b \leq \beta$)

0598 ⑧

연속확률변수 X의 확률밀도함수가
$$f(x) = kx(6-x) \ (0 \leq x \leq 6)$$
일 때, 상수 k의 값을 구하시오.

0599 ⑧

연속확률변수 X의 확률밀도함수가
$$f(x) = \frac{1}{k}(x-1)(x+1) \ (1 \leq x \leq 4)$$
일 때, 상수 k의 값을 구하시오.

0600 ⑧

연속확률변수 X의 확률밀도함수가
$$f(x) = kx^2 \ (0 \leq x \leq 3)$$
일 때, $\mathrm{P}(1 \leq X \leq 2)$는? (단, k는 상수)

① $\dfrac{1}{27}$ ② $\dfrac{7}{27}$ ③ $\dfrac{8}{27}$

④ $\dfrac{19}{27}$ ⑤ $\dfrac{26}{27}$

대수 [대수]를 이수한 학생을 위한 이항분포와 정규분포 사이의 관계

수열 a_n의 첫째항부터 제n항까지의 합을 $\sum\limits_{k=1}^{n} a_k = a_1 + a_2 + a_3 + \cdots + a_n$과 같이 나타낸다.

> **참고** 확률변수 X가 이항분포 $\mathrm{B}(n, p)$를 따를 때, n이 충분히 크면 X는 근사적으로 정규분포를 따르므로
> $$\mathrm{P}(a \leq X \leq b) = \sum_{x=a}^{b} {}_n\mathrm{C}_x p^x q^{n-x}$$
> (단, $0 \leq a < b \leq n$, $q = 1-p$)

0601 ⑧

확률변수 X가 이항분포 $\mathrm{B}\left(25, \dfrac{1}{5}\right)$을 따를 때, $\sum\limits_{n=3}^{7} \mathrm{P}(X \leq n)$의 값을 구하시오.

0602 ⑧

확률변수 X의 확률질량함수가
$$\mathrm{P}(X=x) = {}_{192}\mathrm{C}_x \left(\frac{1}{4}\right)^x \left(\frac{3}{4}\right)^{192-x} \ (x = 0, 1, 2, \ldots, 192)$$
일 때, $\sum\limits_{x=39}^{57} {}_{192}\mathrm{C}_x \left(\dfrac{1}{4}\right)^x \left(\dfrac{3}{4}\right)^{192-x}$의 값을 구하시오.

(단, $\mathrm{P}(0 \leq Z \leq 1.5) = 0.4332$)

0603 ⑧

한 개의 동전을 100번 던져서 앞면이 나오는 횟수를 확률변수 X라 할 때, X의 확률질량함수가
$$\mathrm{P}(X=x) = p_x \ (x = 0, 1, 2, \ldots, 100)$$
이다. 이때 $\sum\limits_{x=55}^{65} p_x$의 값을 위의 표준정규분포표를 이용하여 구하시오.

z	$\mathrm{P}(0 \leq Z \leq z)$
1.0	0.3413
2.0	0.4772
3.0	0.4987

AB 유형 점검

0604 유형 01

연속확률변수 X의 확률밀도함수가

$$f(x)=\begin{cases} a(1-x) & (0\le x\le 1) \\ \dfrac{1}{2}a(x-1) & (1\le x\le 3) \end{cases}$$

일 때, 상수 a의 값은?

① $\dfrac{1}{3}$ ② $\dfrac{4}{9}$ ③ $\dfrac{5}{9}$

④ $\dfrac{2}{3}$ ⑤ $\dfrac{7}{9}$

0605 유형 03

세 수영 동아리 A, B, C의 회원
수는 서로 같다. 각 동아리 회원들
의 연습량이 각각 정규분포를 따르
고 각 정규분포의 정규분포곡선이
오른쪽 그림과 같을 때, 보기에서
옳은 것만을 있는 대로 고른 것은?

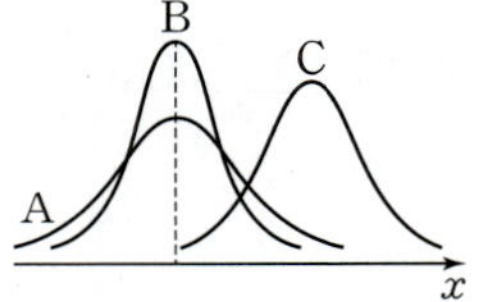

> **보기**
> ㄱ. 동아리 A 회원들은 평균적으로 동아리 B 회원들보다
>   연습량이 더 적다.
> ㄴ. 연습량이 많은 회원이 동아리 C보다 동아리 A에 더 많
>   이 있다.
> ㄷ. 동아리 B 회원들이 동아리 C 회원들보다 연습량이 더
>   고른 편이다.

① ㄱ ② ㄷ ③ ㄱ, ㄷ

④ ㄴ, ㄷ ⑤ ㄱ, ㄴ, ㄷ

0606 유형 03

정규분포 $N(m, 4)$를 따르는 확률변수 X에 대하여 함수

$$g(k)=P(k-8\le X\le k)$$

는 $k=12$일 때 최댓값을 갖는다. 상수 m의 값을 구하시오.

0607 유형 04

확률변수 X가 정규분포 $N(m, \sigma^2)$을 따르고

$$P(X\le m-\sigma)=0.1587$$

일 때, $P(m-\sigma\le X\le m+\sigma)$는?

① 0.1587 ② 0.3413 ③ 0.6587

④ 0.6826 ⑤ 0.8413

0608 유형 05

정규분포 $N(m, \sigma^2)$을 따르는
확률변수 X에 대하여
$P(m\le X\le x)$는 오른쪽 표와
같다. 확률변수 X가 정규분포
$N(50, 8^2)$을 따를 때,
$P(X\ge k)=0.0062$를 만족시키는 상수 k의 값을 위의 표
를 이용하여 구하시오.

x	$P(m\le X\le x)$
$m+1.5\sigma$	0.4332
$m+2\sigma$	0.4772
$m+2.5\sigma$	0.4938
$m+3\sigma$	0.4987

0609 유형 06

두 확률변수 X, Y가 각각 정규분포 $N(35, 4^2)$, $N(24, \sigma^2)$을 따르고 $P(25 \le X \le 31) = P(5\sigma \le Y \le 39)$일 때, 양수 σ의 값을 구하시오.

0610 유형 07

확률변수 X가 정규분포 $N(20, 6^2)$을 따를 때, 확률변수 $Y = 4X - 1$에 대하여 $P(Y \le 91)$을 오른쪽 표준정규분포표를 이용하여 구한 것은?

z	$P(0 \le Z \le z)$
0.5	0.1915
1.0	0.3413
1.5	0.4332
2.0	0.4772

① 0.0668 ② 0.1587 ③ 0.3085
④ 0.6915 ⑤ 0.8413

0611 유형 08

확률변수 X가 정규분포 $N(40, 2^2)$을 따를 때, $P(X \ge k) = 0.0228$을 만족시키는 상수 k의 값을 오른쪽 표준정규분포표를 이용하여 구한 것은?

z	$P(0 \le Z \le z)$
1.0	0.3413
2.0	0.4772
3.0	0.4987

① 42 ② 43 ③ 44
④ 45 ⑤ 46

0612 유형 09

지딘이네 학교 전체 학생의 물리학, 화학, 생명과학, 지구과학 시험 성적은 각각 정규분포를 따르고, 각 과목의 평균, 표준편차와 지민이의 성적은 다음 표와 같다. 보기에서 지민이의 성적에 대한 설명으로 옳은 것만을 있는 대로 고른 것은?

(단위: 점)

과목	물리학	화학	생명과학	지구과학
평균	44	42	52	68
표준편차	16	12	14	10
지민이의 성적	56	54	59	74

보기

ㄱ. 지구과학 성적이 물리학 성적보다 상대적으로 높다.
ㄴ. 상대적으로 물리학 성적이 가장 높고 화학 성적이 가장 낮다.
ㄷ. 화학 성적이 가장 낮지만 물리학 성적보다 상대적으로 높다.

① ㄱ ② ㄷ ③ ㄱ, ㄴ
④ ㄱ, ㄷ ⑤ ㄴ, ㄷ

0613 유형 10 | 모평 기출 |

어느 실험실의 연구원이 어떤 식물로부터 하루 동안 추출하는 호르몬의 양은 평균이 30.2 mg, 표준편차가 0.6 mg인 정규분포를 따른다고 한다. 어느 날 이 연구원이 하루 동안 추출한 호르몬의 양이 29.6 mg 이상이고 31.4 mg 이하일 확률을 오른쪽 표준정규분포표를 이용하여 구한 것은?

z	$P(0 \le Z \le z)$
0.5	0.1915
1.0	0.3413
1.5	0.4332
2.0	0.4772

① 0.3830 ② 0.5328 ③ 0.6247
④ 0.7745 ⑤ 0.8185

0614 유형 11

어느 회사에서 신입 사원을 채용하기 위하여 필기시험을 실시하였다. 응시자 1200명의 시험 점수는 평균이 63점, 표준편차가 5점인 정규분포를 따른다고 한다. 채용된 신입 사원의 최저 점수가 69점일 때, 이 회사에서 채용한 신입 사원의 수를 구하시오. (단, $P(0 \leq Z \leq 1.2) = 0.385$)

0615 유형 12

어느 원반던지기 대회에 150명의 선수가 참가하였다. 선수들의 기록은 평균이 45 m, 표준편차가 3 m인 정규분포를 따른다고 할 때, 3등 이내에 속하는 선수의 최저 기록을 구하시오. (단, $P(0 \leq Z \leq 2) = 0.48$)

0616 유형 13

확률변수 X의 확률질량함수가

$$P(X=x)$$
$$={}_{169}C_x \left(\frac{9}{13}\right)^x \left(\frac{4}{13}\right)^{169-x}$$
$$(x=0, 1, 2, \cdots, 169)$$

일 때, $P(120 \leq X \leq 126)$을 오른쪽 표준정규분포표를 이용하여 구한 것은?

z	$P(0 \leq Z \leq z)$
0.5	0.1915
1.0	0.3413
1.5	0.4332
2.0	0.4772

① 0.0919 ② 0.1359 ③ 0.1498
④ 0.2417 ⑤ 0.2857

0617 유형 02

연속확률변수 X의 확률밀도함수가

$$f(x) = \frac{|x-2|}{k} \quad (0 \leq x \leq 4)$$

일 때, $P(3 \leq X \leq 4)$를 구하시오. (단, k는 상수)

0618 유형 07

정규분포 $N(m, \sigma^2)$을 따르는 확률변수 X의 확률밀도함수 $f(x)$가 모든 실수 x에 대하여 $f(52-x) = f(52+x)$를 만족시킨다. $P(m \leq X \leq m+4) = 0.4772$

z	$P(0 \leq Z \leq z)$
1.5	0.4332
2.0	0.4772
2.5	0.4938
3.0	0.4987

일 때, $P(49 \leq X \leq 57)$을 위의 표준정규분포표를 이용하여 구하시오.

0619 유형 14

1부터 8까지의 자연수가 각각 하나씩 적힌 8개의 공이 들어 있는 주머니에서 임의로 1개의 공을 꺼내어 적힌 수를 확인한 후 다시 넣는

z	$P(0 \leq Z \leq z)$
1.0	0.3413
2.0	0.4772
3.0	0.4987

시행을 48번 반복할 때, 3의 배수가 적힌 공을 꺼내는 횟수가 a번 이상일 확률이 0.0013이라 한다. 이때 상수 a의 값을 위의 표준정규분포표를 이용하여 구하시오.

C 실력 향상

하 ---- 중 ---- 상 100%

0620

오른쪽 그림은 각각 정규분포 $N(8, 5^2)$, $N(20, 5^2)$을 따르는 확률변수 X, Y의 확률밀도 함수 $f(x)$, $g(x)$의 그래프를 나타낸 것이다. 두 곡선과 두 직선 $x=8$, $x=20$으로 둘러싸인 부분의 넓이를 구하시오.
(단, $P(0 \leq Z \leq 1.2)=0.38$, $P(0 \leq Z \leq 2.4)=0.49$)

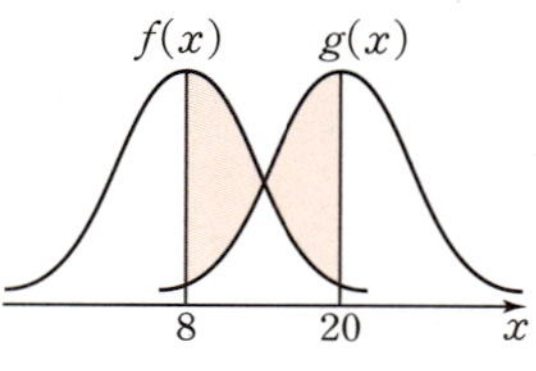

0621

| 수능 기출 |

확률변수 X는 평균이 8, 표준편차가 3인 정규분포를 따르고, 확률변수 Y는 평균이 m, 표준편차가 σ인 정규분포를 따른다. 두 확률변수 X, Y가

$$P(4 \leq X \leq 8) + P(Y \geq 8) = \frac{1}{2}$$

을 만족시킬 때, $P\left(Y \leq 8 + \dfrac{2\sigma}{3}\right)$의 값을 오른쪽 표준정규분포표를 이용하여 구한 것은?

z	$P(0 \leq Z \leq z)$
1.0	0.3413
1.5	0.4332
2.0	0.4772
2.5	0.4938

① 0.8351　　② 0.8413　　③ 0.9332
④ 0.9772　　⑤ 0.9938

0622

| 수능 기출 |

어느 회사 직원들의 어느 날의 출근 시간은 평균이 66.4분, 표준편차가 15분인 정규분포를 따른다고 한다. 이 날 출근 시간이 73분 이상인 직원들 중에서 40 %, 73분 미만인 직원들 중에서 20 %가 지하철을 이용하였고, 나머지 직원들은 다른 교통수단을 이용하였다. 이 날 출근한 이 회사 직원들 중 임의로 선택한 1명이 지하철을 이용하였을 확률은? (단, Z가 표준정규분포를 따르는 확률변수일 때, $P(0 \leq Z \leq 0.44)=0.17$로 계산한다.)

① 0.306　　② 0.296　　③ 0.286
④ 0.276　　⑤ 0.266

0623

어느 영화관에 입장하는 전체 관객의 90 %는 어른이고, 10 %는 어린이이다. 입장한 관객 100명 중에서 어린이가 a명 이상일 확률이 0.1587이라 할 때, 100명 중에서 어른이 $(7a+5)$명 이상일 확률을 위의 표준정규분포표를 이용하여 구하시오.

z	$P(0 \leq Z \leq z)$
0.5	0.1915
1.0	0.3413
1.5	0.4332
2.0	0.4772

🔖 기출 BOOK 32쪽

개념 확인

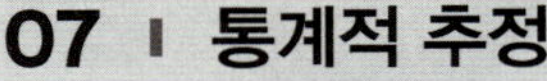
개념⁺

07-1 모집단과 표본

(1) 통계 조사

① **전수조사**: 조사의 대상이 되는 집단 전체를 조사하는 방법

② **표본조사**: 조사의 대상이 되는 집단 전체에서 일부분을 뽑아 조사하는 방법

(2) 모집단과 표본

① **모집단**: 조사의 대상이 되는 집단 전체

② **표본**: 조사하기 위하여 뽑은 모집단의 일부분

③ 표본의 크기: 표본조사에서 뽑은 표본의 개수

④ 추출: 모집단에서 표본을 뽑는 것

(3) 임의추출: 모집단의 각 대상이 같은 확률로 추출되도록 표본을 추출하는 방법

① 복원추출: 한 번 추출된 대상을 되돌려 놓고 다시 추출하는 방법

② 비복원추출: 한 번 추출된 대상을 되돌려 놓지 않고 다시 추출하는 방법

> ● 특별한 언급이 없으면 임의추출은 복원추출을 의미한다. 또 모집단의 크기가 충분히 크면 비복원추출도 복원추출로 볼 수 있다.

07-2 모평균과 표본평균

유형 01~03

(1) 모평균, 모분산, 모표준편차

모집단에서 조사하고자 하는 특성을 나타내는 확률변수를 X라 할 때, X의 평균, 분산, 표준편차를 각각 **모평균, 모분산, 모표준편차**라 하고, 기호로 각각 m, σ^2, σ와 같이 나타낸다.

(2) 표본평균, 표본분산, 표본표준편차

모집단에서 크기가 n인 표본 X_1, X_2, X_3, …, X_n을 임의추출할 때, 이들의 평균, 분산, 표준편차를 각각 **표본평균, 표본분산, 표본표준편차**라 하고, 기호로 각각 $\overline{X}$, S^2, S와 같이 나타낸다.

① 표본평균: $\overline{X}=\dfrac{1}{n}(X_1+X_2+X_3+\cdots+X_n)$

② 표본분산: $S^2=\dfrac{1}{n-1}\{(X_1-\overline{X})^2+(X_2-\overline{X})^2+(X_3-\overline{X})^2+\cdots+(X_n-\overline{X})^2\}$

③ 표본표준편차: $S=\sqrt{S^2}$

> ● 모평균 m은 상수이지만 표본평균 $\overline{X}$는 추출한 표본에 따라 다른 값을 가질 수 있는 확률변수이다. 마찬가지로 S^2, S도 각각 하나의 확률변수이다.

07-3 표본평균의 분포

유형 04~06

모평균이 m, 모표준편차가 σ인 모집단에서 크기가 n인 표본을 임의추출할 때, 표본평균 $\overline{X}$에 대하여

(1) $\mathrm{E}(\overline{X})=m$, $\mathrm{V}(\overline{X})=\dfrac{\sigma^2}{n}$, $\sigma(\overline{X})=\dfrac{\sigma}{\sqrt{n}}$

(2) ① 모집단이 정규분포 $\mathrm{N}(m,\ \sigma^2)$을 따르면 $\overline{X}$는 정규분포 $\mathrm{N}\left(m,\ \dfrac{\sigma^2}{n}\right)$을 따른다.

② 모집단이 정규분포를 따르지 않아도 n이 충분히 크면 $\overline{X}$는 근사적으로 정규분포 $\mathrm{N}\left(m,\ \dfrac{\sigma^2}{n}\right)$을 따른다.

> 참고 $n \geq 30$이면 n을 충분히 큰 값으로 생각한다.

07-1 모집단과 표본

[0624~0628] 다음을 조사할 때, 전수조사와 표본조사 중에서 어느 것이 적합한지 말하시오.

0624 어느 고등학교 학생들의 윗몸 일으키기 기록 조사

0625 어느 공장에서 생산하는 배터리의 수명 조사

0626 어느 과수원에서 수확하는 포도의 당도 조사

0627 어느 반 학생들의 등교 시간 조사

0628 낙동강의 수질 조사

[0629~0631] 서로 다른 숫자가 각각 하나씩 적힌 5개의 공이 들어 있는 주머니에서 2개의 공을 다음과 같이 임의추출하는 경우의 수를 구하시오.

0629 한 개씩 복원추출

0630 한 개씩 비복원추출

0631 동시에 추출

07-2 모평균과 표본평균

[0632~0633] 모집단 $\{0, 1, 2\}$에서 크기가 2인 표본을 임의추출할 때, 표본평균 $\overline{X}$에 대하여 다음을 구하시오.

0632 $\mathrm{P}(\overline{X}=1)$

0633 $\mathrm{P}(\overline{X}=2)$

[0634~0636] 모집단 $\{2, 4, 6\}$에서 크기가 2인 표본을 임의추출할 때, 표본평균 $\overline{X}$에 대하여 다음 물음에 답하시오.

0634 $\overline{X}$가 가질 수 있는 값을 모두 구하시오.

0635 $\overline{X}$의 확률분포에 대한 다음 표를 완성하시오.

$\overline{X}$	2			6	합계
$\mathrm{P}(\overline{X}=\overline{x})$					1

0636 $\overline{X}$의 평균, 분산, 표준편차를 구하시오.

07-3 표본평균의 분포

[0637~0639] 모평균이 60, 모분산이 16인 모집단에서 크기 n이 다음과 같은 표본을 임의추출할 때, 표본평균 $\overline{X}$의 평균, 분산, 표준편차를 구하시오.

0637 $n=4$

0638 $n=16$

0639 $n=64$

[0640~0643] 정규분포 $\mathrm{N}(200, 40^2)$을 따르는 모집단에서 크기가 100인 표본을 임의추출할 때, 표본평균 $\overline{X}$에 대하여 다음 물음에 답하시오.

0640 $\overline{X}$의 평균, 분산, 표준편차를 구하시오.

0641 $\overline{X}$가 따르는 정규분포를 기호로 나타내시오.

0642 $\overline{X}$를 표준정규분포를 따르는 확률변수 Z로 표준화하시오.

0643 $\mathrm{P}(\overline{X}\geq194)$를 구하시오.
(단, $\mathrm{P}(0\leq Z\leq1.5)=0.4332$)

07-4 표본비율 유형 07, 08

(1) 모비율과 표본비율

① **모비율**: 모집단 전체에서 어떤 특성을 갖는 사건의 비율 [기호] p

② **표본비율**: 모집단에서 임의추출한 표본 중에서 어떤 특성을 갖는 사건의 비율 [기호] $\hat{p}$

  이때 크기가 n인 표본에서 어떤 특성을 갖는 사건의 개수를 확률변수 X라 하면

$$\hat{p}=\frac{X}{n}$$

(2) 표본비율의 분포

모비율이 p인 모집단에서 크기가 n인 표본을 임의추출할 때, 표본비율 $\hat{p}$에 대하여

(단, $q=1-p$)

① $\mathrm{E}(\hat{p})=p$, $\mathrm{V}(\hat{p})=\dfrac{pq}{n}$, $\sigma(\hat{p})=\sqrt{\dfrac{pq}{n}}$

② n이 충분히 크면 $\hat{p}$은 근사적으로 정규분포 $\mathrm{N}\left(p,\ \dfrac{pq}{n}\right)$를 따른다.

[참고] $np\geq5$, $nq\geq5$를 만족시키면 n을 충분히 큰 값으로 생각한다.

- 모비율을 나타내는 p는 population proportion (모집단 비율)의 첫 글자이다.

- $\hat{p}$은 'p hat'이라 읽는다.

07-5 모평균의 추정 유형 09~14

(1) 추정: 표본에서 얻은 정보를 이용하여 모평균과 같은 모집단의 특성을 나타내는 값을 추측하는 것

(2) 모평균의 신뢰구간

정규분포 $\mathrm{N}(m,\ \sigma^2)$을 따르는 모집단에서 크기가 n인 표본을 임의추출할 때, 표본평균 $\overline{X}$의 값이 $\overline{x}$이면 **신뢰도**에 따른 모평균 m에 대한 **신뢰구간**은 다음과 같다.

① 신뢰도 95 %의 신뢰구간: $\overline{x}-1.96\dfrac{\sigma}{\sqrt{n}}\leq m\leq\overline{x}+1.96\dfrac{\sigma}{\sqrt{n}}$

② 신뢰도 99 %의 신뢰구간: $\overline{x}-2.58\dfrac{\sigma}{\sqrt{n}}\leq m\leq\overline{x}+2.58\dfrac{\sigma}{\sqrt{n}}$

[참고] • $\mathrm{P}(|Z|\leq k)=\dfrac{\alpha}{100}$일 때, 신뢰도 α %의 신뢰구간은 $\overline{x}-k\dfrac{\sigma}{\sqrt{n}}\leq m\leq\overline{x}+k\dfrac{\sigma}{\sqrt{n}}$

• 모표준편차 σ의 값을 모르는 경우 표본의 크기 n이 충분히 크면($n\geq30$) σ 대신 표본표준편차 S를 이용하여 근사적으로 모평균의 신뢰구간을 구할 수 있다.

- 신뢰도 95 %의 신뢰구간의 길이: $2\times1.96\dfrac{\sigma}{\sqrt{n}}$

  신뢰도 99 %의 신뢰구간의 길이: $2\times2.58\dfrac{\sigma}{\sqrt{n}}$

07-6 모비율의 추정 유형 15~18

모집단에서 크기가 n인 표본을 임의추출하여 구한 표본비율이 $\hat{p}$일 때, n이 충분히 크면 모비율 p에 대한 신뢰구간은 다음과 같다. (단, $\hat{q}=1-\hat{p}$)

(1) 신뢰도 95 %의 신뢰구간: $\hat{p}-1.96\sqrt{\dfrac{\hat{p}\hat{q}}{n}}\leq p\leq\hat{p}+1.96\sqrt{\dfrac{\hat{p}\hat{q}}{n}}$

(2) 신뢰도 99 %의 신뢰구간: $\hat{p}-2.58\sqrt{\dfrac{\hat{p}\hat{q}}{n}}\leq p\leq\hat{p}+2.58\sqrt{\dfrac{\hat{p}\hat{q}}{n}}$

[참고] • $n\hat{p}\geq5$, $n\hat{q}\geq5$를 만족시키면 n을 충분히 큰 값으로 생각한다.

• $\mathrm{P}(|Z|\leq k)=\dfrac{\alpha}{100}$일 때, 신뢰도 α %의 신뢰구간은 $\hat{p}-k\sqrt{\dfrac{\hat{p}\hat{q}}{n}}\leq p\leq\hat{p}+k\sqrt{\dfrac{\hat{p}\hat{q}}{n}}$

- 신뢰도 95 %의 신뢰구간의 길이: $2\times1.96\sqrt{\dfrac{\hat{p}\hat{q}}{n}}$

  신뢰도 99 %의 신뢰구간의 길이: $2\times2.58\sqrt{\dfrac{\hat{p}\hat{q}}{n}}$

07-4 표본비율

[0644~0645] 어느 고등학교의 전체 학생 400명 중에서 걸어서 등교하는 학생은 240명일 때, 다음 물음에 답하시오.

0644 이 고등학교의 학생을 모집단으로 할 때, 걸어서 등교하는 학생의 모비율을 구하시오.

0645 이 고등학교의 학생 50명을 임의추출하여 조사하였더니 걸어서 등교하는 학생이 25명이었을 때, 걸어서 등교하는 학생의 표본비율을 구하시오.

0646 모비율이 $\dfrac{2}{3}$인 모집단에서 크기가 72인 표본을 임의추출할 때, 표본비율 $\hat{p}$에 대하여 다음을 구하시오.

(1) $\mathrm{E}(\hat{p})$

(2) $\mathrm{V}(\hat{p})$

(3) $\sigma(\hat{p})$

[0647~0650] 모비율이 0.2인 모집단에서 크기가 100인 표본을 임의추출할 때, 표본비율 $\hat{p}$에 대하여 다음 물음에 답하시오.

0647 $\hat{p}$의 평균, 분산, 표준편차를 구하시오.

0648 $\hat{p}$이 근사적으로 따르는 정규분포를 기호로 나타내시오.

0649 $\hat{p}$을 표준정규분포를 따르는 확률변수 Z로 표준화하시오.

0650 $\mathrm{P}(\hat{p} \geq 0.24)$를 구하시오.
$$(\text{단, } \mathrm{P}(0 \leq Z \leq 1) = 0.3413)$$

07-5 모평균의 추정

0651 정규분포 $\mathrm{N}(m,\ 18^2)$을 따르는 모집단에서 크기가 81인 표본을 임의추출하였더니 표본평균이 150이었다. 다음과 같은 신뢰도로 추정한 모평균 m에 대한 신뢰구간을 구하시오.
$$(\text{단, } \mathrm{P}(|Z| \leq 1.96) = 0.95,\ \mathrm{P}(|Z| \leq 2.58) = 0.99)$$

(1) 신뢰도 95 %

(2) 신뢰도 99 %

0652 정규분포를 따르는 모집단에서 크기가 144인 표본을 임의추출하였더니 표본평균이 200, 표본표준편차가 6이었다. 다음과 같은 신뢰도로 추정한 모평균 m에 대한 신뢰구간을 구하시오.
$$(\text{단, } \mathrm{P}(|Z| \leq 1.96) = 0.95,\ \mathrm{P}(|Z| \leq 2.58) = 0.99)$$

(1) 신뢰도 95 %

(2) 신뢰도 99 %

07-6 모비율의 추정

0653 모집단에서 크기가 150인 표본을 임의추출하여 구한 표본비율이 0.4이었다. 다음과 같은 신뢰도로 추정한 모비율 p에 대한 신뢰구간을 구하시오.
$$(\text{단, } \mathrm{P}(|Z| \leq 1.96) = 0.95,\ \mathrm{P}(|Z| \leq 2.58) = 0.99)$$

(1) 신뢰도 95 %

(2) 신뢰도 99 %

 유형 완성

◆◇ 개념루트 확률과 통계 228쪽

유형 01 표본평균의 평균, 분산, 표준편차
– 모평균, 모표준편차가 주어진 경우

모평균이 m, 모표준편차가 σ인 모집단에서 크기가 n인 표본을 임의추출할 때, 표본평균 $\overline{X}$에 대하여

$$\mathrm{E}(\overline{X})=m,\ \mathrm{V}(\overline{X})=\frac{\sigma^2}{n},\ \sigma(\overline{X})=\frac{\sigma}{\sqrt{n}}$$

0654 대표 문제

모평균이 10, 모표준편차가 4인 모집단에서 크기가 8인 표본을 임의추출할 때, 표본평균 $\overline{X}$에 대하여 $\dfrac{\mathrm{E}(\overline{X}^2)}{\mathrm{V}(\overline{X})}$의 값을 구하시오.

0655 하 　　　　　　　　　| 수능 기출 |

정규분포 $\mathrm{N}(20,\ 5^2)$을 따르는 모집단에서 크기가 16인 표본을 임의추출하여 구한 표본평균을 $\overline{X}$라 할 때, $\mathrm{E}(\overline{X})+\sigma(\overline{X})$의 값은?

① $\dfrac{91}{4}$ 　　　 ② $\dfrac{89}{4}$ 　　　 ③ $\dfrac{87}{4}$

④ $\dfrac{85}{4}$ 　　　 ⑤ $\dfrac{83}{4}$

0656 중

정규분포 $\mathrm{N}(m,\ 6^2)$을 따르는 모집단에서 크기가 n인 표본을 임의추출할 때, 표본평균 $\overline{X}$의 평균이 11, 분산이 9이다. 이때 $m-n$의 값을 구하시오.

0657 중

모표준편차가 8인 모집단에서 크기가 n인 표본을 임의추출할 때, 표본평균 $\overline{X}$에 대하여 $\sigma(\overline{X})\geq0.2$가 되도록 하는 n의 최댓값을 구하시오.

◆◇ 개념루트 확률과 통계 230쪽

유형 02 표본평균의 평균, 분산, 표준편차
– 모집단의 확률분포가 주어진 경우

모집단에서 크기가 n인 표본을 임의추출할 때, 모집단의 확률변수 X의 확률분포로부터 모평균과 모분산을 구한 후 표본평균 $\overline{X}$의 평균, 분산, 표준편차를 구한다.

0658 대표 문제

모집단의 확률변수 X의 확률분포를 표로 나타내면 다음과 같다. 이 모집단에서 크기가 16인 표본을 임의추출할 때, 표본평균 $\overline{X}$의 표준편차를 구하시오. (단, a는 상수)

X	1	2	3	4	합계
$\mathrm{P}(X=x)$	$\dfrac{1}{4}$	a	$\dfrac{1}{2}$	$\dfrac{1}{8}$	1

0659 중

모집단의 확률변수 X의 확률분포를 표로 나타내면 다음과 같다. 이 모집단에서 크기가 n인 표본을 임의추출할 때, 표본평균 $\overline{X}$의 분산이 $\dfrac{1}{2}$이다. 이때 n의 값은?

X	1	3	5	7	합계
$\mathrm{P}(X=x)$	$\dfrac{2}{5}$	$\dfrac{3}{10}$	$\dfrac{1}{5}$	$\dfrac{1}{10}$	1

① 2 　　　 ② 4 　　　 ③ 6
④ 8 　　　 ⑤ 10

0660 (종)

| 모평 기출 |

어느 모집단의 확률변수 X의 확률분포가 다음 표와 같다.

X	0	2	4	합계
$\mathrm{P}(X=x)$	$\dfrac{1}{6}$	a	b	1

$\mathrm{E}(X^2)=\dfrac{16}{3}$일 때, 이 모집단에서 임의추출한 크기가 20인 표본의 표본평균 $\overline{X}$에 대하여 $\mathrm{V}(\overline{X})$의 값은?

① $\dfrac{1}{60}$ ② $\dfrac{1}{30}$ ③ $\dfrac{1}{20}$

④ $\dfrac{1}{15}$ ⑤ $\dfrac{1}{12}$

0661 (종)

서술형

모집단의 확률변수 X의 확률질량함수가

$$\mathrm{P}(X=x)=\frac{kx+2}{10}\ (x=-1,\ 0,\ 1,\ 2)$$

이다. 이 모집단에서 크기가 9인 표본을 임의추출할 때, 표본평균 $\overline{X}$에 대하여 $\sigma(3\overline{X}+5)$를 구하시오. (단, k는 상수)

◆◇ 개념루트 확률과 통계 230쪽

유형 03   표본평균의 평균, 분산, 표준편차 – 모집단이 주어진 경우

모집단에서 크기가 n인 표본을 임의추출할 때, 확률변수 X의 확률분포를 표로 나타내어 모평균과 모분산을 구한 후 표본평균 $\overline{X}$의 평균, 분산, 표준편차를 구한다.

0662   대표 문제

숫자 1이 적힌 공이 3개, 숫자 2가 적힌 공이 2개, 숫자 3이 적힌 공이 1개 들어 있는 주머니에서 4개의 공을 임의추출할 때, 공에 적힌 숫자의 평균을 $\overline{X}$라 하자. 이때 $\dfrac{\mathrm{E}(\overline{X})}{\mathrm{V}(\overline{X})}$의 값을 구하시오.

0663 (종)

500원짜리 동전 1개, 100원짜리 동전 1개를 동시에 던져서 앞면이 나오는 동전을 모두 상금으로 받는 게임이 있다. 이 게임을 5번 하여 받을 수 있는 상금의 평균을 $\overline{X}$라 할 때, $\mathrm{V}(\overline{X})$를 구하시오.

0664 (종)

숫자 3, 3, 5, 5, 5, 7, 7이 각각 하나씩 적힌 7개의 구슬이 들어 있는 상자에서 크기가 n인 표본을 임의추출할 때, 구슬에 적힌 숫자의 평균 $\overline{X}$의 분산이 $\dfrac{1}{14}$이다. 이때 n의 값을 구하시오.

◆◇ 개념루트 확률과 통계 232쪽

유형 04   표본평균의 확률

정규분포 $\mathrm{N}(m,\ \sigma^2)$을 따르는 모집단에서 크기가 n인 표본을 임의추출할 때, 표본평균 $\overline{X}$에 대한 확률은 다음과 같은 순서로 구한다.

(1) $\overline{X}$가 따르는 정규분포 $\mathrm{N}\left(m,\ \dfrac{\sigma^2}{n}\right)$을 구한다.

(2) $\overline{X}$를 $Z=\dfrac{\overline{X}-m}{\dfrac{\sigma}{\sqrt{n}}}$으로 표준화하여 확률을 구한다.

0665   대표 문제

어느 과일 가게에서 판매하는 귤 1개의 무게는 평균이 60 g, 표준편차가 8 g인 정규분포를 따른다고 한다. 이 가게에서 판매하는 귤 중에서 임의추출한 16개의 무게의 평균이 58 g 이상 64 g 이하일 확률을 위의 표준정규분포표를 이용하여 구하시오.

z	$\mathrm{P}(0\le Z\le z)$
1.0	0.3413
1.5	0.4332
2.0	0.4772
2.5	0.4938

0666 (종)

정규분포 $N(350, 12^2)$을 따르는 모집단에서 크기가 9인 표본을 임의추출할 때, 표본평균 $\overline{X}$가 348 이상일 확률을 오른쪽 표준정규분포표를 이용하여 구하시오.

z	$P(0 \leq Z \leq z)$
0.5	0.1915
1.0	0.3413
1.5	0.4332
2.0	0.4772

0667 (종)

어느 회사에서 생산하는 휴대 전화 배터리의 사용 시간은 평균이 m시간, 표준편차가 20시간인 정규분포를 따른다고 한다. 이 회사에서 생산한 휴대 전화 배터리 중에서 임의추출한 100개의 사용 시간의 평균을 $\overline{X}$라 할 때, 표본평균 $\overline{X}$와 모평균 m의 차가 2시간 이하일 확률을 위의 표준정규분포표를 이용하여 구한 것은?

z	$P(0 \leq Z \leq z)$
1.0	0.3413
1.5	0.4332
2.0	0.4772
2.5	0.4938

① 0.4938　　② 0.6826　　③ 0.7745
④ 0.8351　　⑤ 0.9270

0668 (상)

어느 제과점의 제빵사 1명이 하루에 만드는 빵의 개수는 평균이 500, 표준편차가 16인 정규분포를 따른다고 한다. 임의로 지정된 제빵사 4명이 한 조가 되어 빵을 만든다고 할 때, 한 조가 하루에 만드는 빵이 2080개 이상일 확률을 위의 표준정규분포표를 이용하여 구하시오.

z	$P(0 \leq Z \leq z)$
1.0	0.3413
1.5	0.4332
2.0	0.4772
2.5	0.4938

표본평균 $\overline{X}$가 정규분포 $N\left(m, \dfrac{\sigma^2}{n}\right)$을 따를 때, $\overline{X}$를

$Z = \dfrac{\overline{X} - m}{\dfrac{\sigma}{\sqrt{n}}}$으로 표준화한 후 주어진 확률과 표준정규분포표를

이용하여 표본의 크기를 구한다.

0669　대표 문제

어느 과수원에서 수확하는 사과 1개의 무게는 평균이 300 g, 표준편차가 33 g인 정규분포를 따른다고 한다. 이 과수원에서 수확한 사과 중에서 임의추출한 n개의 사과의 무게의 평균을 $\overline{X}$라 할 때, $P(\overline{X} \geq 289) = 0.9772$이다. 이때 n의 값을 위의 표준정규분포표를 이용하여 구하시오.

z	$P(0 \leq Z \leq z)$
1.0	0.3413
1.5	0.4332
2.0	0.4772
2.5	0.4938

0670 (종)

정규분포 $N(150, 24^2)$을 따르는 모집단에서 크기가 n인 표본을 임의추출할 때, 표본평균 $\overline{X}$에 대하여 $P(\overline{X} \geq 153) = 0.0668$이다. 이때 n의 값을 위의 표준정규분포표를 이용하여 구하시오.

z	$P(0 \leq Z \leq z)$
1.0	0.3413
1.5	0.4332
2.0	0.4772

0671 (종)

어느 AS 센터를 이용하는 고객의 대기 시간은 평균이 40분, 표준편차가 10분인 정규분포를 따른다고 한다. 이 AS 센터를 이용한 고객 중에서 임의추출한 n명의 대기 시간의 평균을 $\overline{X}$라 할 때, $P(30 \leq \overline{X} \leq 50) \geq 0.9544$를 만족시키는 n의 최솟값을 위의 표준정규분포표를 이용하여 구하시오.

z	$P(0 \leq Z \leq z)$
1.5	0.4332
2.0	0.4772
2.5	0.4938
3.0	0.4987

◆◇ 개념루트 확률과 통계 234쪽

유형 06   표본평균의 확률 – 미지수의 값 구하기

표본평균 $\overline{X}$가 정규분포 $N\left(m, \dfrac{\sigma^2}{n}\right)$을 따를 때, $\overline{X}$를

$Z=\dfrac{\overline{X}-m}{\frac{\sigma}{\sqrt{n}}}$ 으로 표준화한 후 주어진 확률과 표준정규분포표를

이용하여 미지수의 값을 구한다.

0672   대표 문제

어느 공장에서 생산하는 건전지 1개의 수명은 평균이 350시간, 표준편차가 50시간인 정규분포를 따른다고 한다. 이 공장에서 생산한 건전지 중에서 임의추출한 100개의 수명의 평균을 $\overline{X}$라 할 때, $P(\overline{X} \geq k)=0.1587$을 만족시키는 상수 k의 값을 위의 표준정규분포표를 이용하여 구하시오.

z	$P(0 \leq Z \leq z)$
1.0	0.3413
2.0	0.4772
3.0	0.4987

0673   중

정규분포 $N(180, 10^2)$을 따르는 모집단에서 크기가 25인 표본을 임의추출할 때, 표본평균 $\overline{X}$에 대하여 $P(|\overline{X}-180| \leq a)=0.8664$를 만족시키는 양수 a의 값을 오른쪽 표준정규분포표를 이용하여 구하시오.

서술형

z	$P(0 \leq Z \leq z)$
1.0	0.3413
1.5	0.4332
2.0	0.4772
2.5	0.4938

0674   중

학평 기출

어느 제과 공장에서 생산하는 과자 1상자의 무게는 평균이 104 g, 표준편차가 4 g인 정규분포를 따른다고 한다. 이 공장에서 생산한 과자 중 임의추출한 4상자의 무게의 표본평균이 a g 이상이고 106 g 이하일 확률을 오른쪽 표준정규분포표를 이용하여 구하면 0.5328이다. 상수 a의 값은?

z	$P(0 \leq Z \leq z)$
0.5	0.1915
1.0	0.3413
1.5	0.4332
2.0	0.4772

① 99   ② 100   ③ 101
④ 102   ⑤ 103

유형 07   표본비율의 평균, 분산, 표준편차

모비율이 p인 모집단에서 크기가 n인 표본을 임의추출할 때, 표본비율 $\hat{p}$에 대하여

$$E(\hat{p})=p, \ V(\hat{p})=\frac{pq}{n}, \ \sigma(\hat{p})=\sqrt{\frac{pq}{n}} \ (\text{단}, \ q=1-p)$$

0675   대표 문제

어느 지역은 방문객의 25 %가 대학생이라고 한다. 이 지역의 방문객 중에서 108명을 임의추출할 때, 대학생의 비율 $\hat{p}$에 대하여 $\sigma(\hat{p})$은?

① $\dfrac{1}{36}$ ② $\dfrac{1}{30}$ ③ $\dfrac{1}{18}$

④ $\dfrac{1}{24}$ ⑤ $\dfrac{1}{12}$

0676   하

모비율이 0.6인 모집단에서 크기가 80인 표본을 임의추출할 때, 표본비율 $\hat{p}$에 대하여 $\dfrac{E(\hat{p})}{V(\hat{p})}$의 값은?

① 20   ② 50   ③ 100
④ 200   ⑤ 300

0677   중

어느 고등학교 학생의 $\dfrac{2}{7}$는 영화 A를 관람했다고 한다. 이 학교 학생 중에서 n명을 임의추출할 때, 영화 A를 관람한 학생의 비율 $\hat{p}$에 대하여 $\sigma(\hat{p})=\dfrac{1}{49}$이다. 이때 n의 값을 구하시오.

유형 08 표본비율의 확률

모비율이 p인 모집단에서 크기가 n인 표본을 임의추출할 때, 표본비율 $\hat{p}$에 대한 확률은 다음과 같은 순서로 구한다.

(1) $\hat{p}$이 따르는 정규분포 $\mathrm{N}\!\left(p,\ \dfrac{pq}{n}\right)$를 구한다. (단, $q=1-p$)

(2) $\hat{p}$을 $Z=\dfrac{\hat{p}-p}{\sqrt{\dfrac{pq}{n}}}$로 표준화하여 확률을 구한다.

0678 대표 문제

어느 지역의 고등학생 중에서 기부를 한 적이 있는 학생의 비율은 $20\,\%$라 한다. 이 지역의 고등학생 100명을 임의추출할 때, 기부를 한 적이 있는 학생이 26명 이상 32명 이하일 확률을 위의 표준정규분포표를 이용하여 구하시오.

z	$\mathrm{P}(0\leq Z\leq z)$
1.5	0.4332
2.0	0.4772
2.5	0.4938
3.0	0.4987

0679 ⑧

어느 TV 프로그램의 시청률은 $10\,\%$라 한다. 전국에서 400가구를 임의추출할 때, 이 TV 프로그램을 시청한 가구의 비율이 $13\,\%$ 이상일 확률을 구하시오.

(단, $\mathrm{P}(0\leq Z\leq 2)=0.48$)

0680 ⑧

| 학평 기출 |

어느 고등학교의 학생 중에서 자전거를 타고 등교하는 학생의 비율은 $25\,\%$라고 한다. 이 고등학교의 학생 중에서 300명을 임의로 추출할 때, 그 중 자전거를 타고 등교하는 학생의 비율이 $\alpha\,\%$ 이상일 확률은 0.0228이다. 이때 오른쪽 표준정규분포표를 이용하여 구한 α의 값은?

z	$\mathrm{P}(0\leq Z\leq z)$
0.5	0.1915
1.0	0.3413
1.5	0.4332
2.0	0.4772

① 29 ② 30 ③ 31
④ 32 ⑤ 33

0681 ⑧

지하철 승객의 $60\,\%$가 지하철 안에서 기사를 본다고 한다. 어느 지하철에 탄 승객 n명을 임의추출할 때, 기사를 보는 승객의 비율을 $\hat{p}$이라 하면 $\mathrm{P}(\hat{p}\geq 0.59)=0.6915$이다. 이때 n의 값을 구하시오.

(단, n은 충분히 큰 수이고, $\mathrm{P}(0\leq Z\leq 0.5)=0.1915$)

유형 09 모평균의 추정

정규분포 $\mathrm{N}(m,\ \sigma^2)$을 따르는 모집단에서 크기가 n인 표본을 임의추출하여 구한 표본평균 $\overline{X}$의 값이 $\overline{x}$이면 모평균 m에 대한 신뢰구간은

(1) 신뢰도 $95\,\%$일 때, $\overline{x}-1.96\dfrac{\sigma}{\sqrt{n}}\leq m\leq \overline{x}+1.96\dfrac{\sigma}{\sqrt{n}}$

(2) 신뢰도 $99\,\%$일 때, $\overline{x}-2.58\dfrac{\sigma}{\sqrt{n}}\leq m\leq \overline{x}+2.58\dfrac{\sigma}{\sqrt{n}}$

참고 • 표본의 크기 n이 충분히 크면 $(n\geq 30)$ 모표준편차 대신 표본표준편차를 이용한다.

• $\mathrm{P}(|Z|\leq k)=\dfrac{\alpha}{100}$일 때, 신뢰도 $\alpha\,\%$의 신뢰구간은
$$\overline{x}-k\dfrac{\sigma}{\sqrt{n}}\leq m\leq \overline{x}+k\dfrac{\sigma}{\sqrt{n}}$$

0682 대표 문제

어느 가게에서 판매하는 초콜릿 1개의 무게는 평균이 $m\,\mathrm{g}$, 표준편차가 $14\,\mathrm{g}$인 정규분포를 따른다고 한다. 이 가게의 초콜릿 중에서 49개를 임의추출하여 무게를 조사하였더니 평균이 $85\,\mathrm{g}$이었을 때, 이 가게의 초콜릿의 무게의 모평균 m에 대한 신뢰도 $99\,\%$의 신뢰구간을 구하시오.

(단, $\mathrm{P}(|Z|\leq 2.58)=0.99$)

0683 ㉵

정규분포를 따르는 모집단에서 크기가 256인 표본을 임의추출하여 구한 평균이 64, 표준편차가 16일 때, 모평균 m에 대한 신뢰도 $95\,\%$의 신뢰구간은? (단, $\mathrm{P}(|Z|\leq 1.96)=0.95$)

① $61.88\leq m\leq 65.8$ ② $61.92\leq m\leq 65.84$
③ $61.96\leq m\leq 65.88$ ④ $62\leq m\leq 65.92$
⑤ $62.04\leq m\leq 65.96$

0684 ⓒ

어느 고등학교 학생들의 키는 평균이 m cm인 정규분포를 따른다고 한다. 이 학교 학생 중에서 100명을 임의추출하여 키를 조사하였더니 평균이 $\bar{x}$ cm, 표준편차가 10 cm이었다. 이 학교 학생들의 키의 모평균 m을 신뢰도 99 %로 추정한 신뢰구간이 $175.42 \leq m \leq a$일 때, a의 값을 구하시오.

(단, $\mathrm{P}(0 \leq Z \leq 2.58) = 0.495$)

0685 ⓢ

서술형

어느 놀이동산에서 놀이기구 A의 대기 시간은 표준편차가 3분인 정규분포를 따른다고 한다. 이 놀이동산에서 놀이기구 A를 이용한 방

z	$\mathrm{P}(0 \leq Z \leq z)$
1.6	0.445
1.7	0.455
1.8	0.464

문객 중에서 임의추출한 225명의 대기 시간의 평균이 50분이었을 때, 놀이기구 A를 이용한 방문객의 대기 시간의 모평균 m을 신뢰도 α %로 추정한 신뢰구간이 $49.66 \leq m \leq 50.34$이다. 이때 α의 값을 위의 표준정규분포표를 이용하여 구하시오.

◆◆ 개념루트 확률과 통계 248쪽

유형 10 모평균의 추정 – 표본의 크기 구하기

정규분포 $\mathrm{N}(m, \sigma^2)$을 따르는 모집단에서 크기가 n인 표본을 임의추출할 때, 신뢰도 α %로 추정한 모평균 m의 신뢰구간을 n을 포함한 식으로 나타낸 후 주어진 신뢰구간과 비교하여 표본의 크기 n의 값을 구한다.

0686 [대표 문제]

어느 회사 직원들의 하루 여가 활동 시간은 평균이 m분, 표준편차가 8분인 정규분포를 따른다고 한다. 이 회사 직원 중에서 n명을 임의추출하여 하루 여가 활동 시간을 조사하였더니 평균이 42분이었다. 이 회사 직원들의 하루 여가 활동 시간의 모평균 m을 신뢰도 99 %로 추정한 신뢰구간이 $36.84 \leq m \leq 47.16$일 때, n의 값을 구하시오.

(단, $\mathrm{P}(|Z| \leq 2.58) = 0.99$)

0687 ⓒ

어느 도시의 가구당 도시가스 월 사용량은 평균이 m m³, 표준편차가 10 m³인 정규분포를 따르고, 이 도시의 가구당 도시가스 월 사용량에 대한 표본조사에서 평균은 50 m³이었다. 이 도시의 가구당 도시가스 월 사용량의 모평균 m을 신뢰도 95 %로 추정한 신뢰구간이 $49.51 \leq m \leq 50.49$일 때, 이 표본조사는 몇 가구를 대상으로 조사한 것인가?

(단, $\mathrm{P}(|Z| \leq 1.96) = 0.95$)

① 100가구 ② 400가구 ③ 900가구
④ 1600가구 ⑤ 2500가구

◆◆ 개념루트 확률과 통계 248쪽

유형 11 모평균의 신뢰구간의 길이

정규분포 $\mathrm{N}(m, \sigma^2)$을 따르는 모집단에서 크기가 n인 표본을 임의추출할 때, 모평균 m에 대한 신뢰구간의 길이는

(1) 신뢰도 95 %일 때, $2 \times 1.96 \dfrac{\sigma}{\sqrt{n}}$

(2) 신뢰도 99 %일 때, $2 \times 2.58 \dfrac{\sigma}{\sqrt{n}}$

[참고] $\mathrm{P}(|Z| \leq k) = \dfrac{\alpha}{100}$일 때, 신뢰도 α %의 신뢰구간의 길이는

$$2k \dfrac{\sigma}{\sqrt{n}}$$

0688 [대표 문제]

어느 양계장에서 납품하는 달걀 1개의 무게는 표준편차가 4 g인 정규분포를 따른다고 한다. 이 양계장에서 납품한 달걀 중에서 256개를 임의추출하여 달걀 1개의 무게의 모평균을 신뢰도 95 %로 추정할 때, 신뢰구간의 길이를 구하시오. (단, $\mathrm{P}(0 \leq Z \leq 1.96) = 0.475$)

0689 ⓗ

정규분포 $\mathrm{N}(m, 10^2)$을 따르는 모집단에서 크기가 900인 표본을 임의추출하여 모평균 m을 신뢰도 99 %로 추정한 신뢰구간이 $a \leq m \leq b$이다. $b - a$의 값을 구하시오.

(단, $\mathrm{P}(|Z| \leq 2.58) = 0.99$)

0690 중

어느 마을버스를 이용하는 고객들의 하루 버스 이용 시간은 표준편차가 15분인 정규분포를 따른다고 한다. 이 고객들 중에서 400명을 임의추출하여 고객들의 하루 버스 이용 시간의 모평균을 신뢰도 95 %, 99 %로 추정할 때, 신뢰구간의 길이를 각각 a, b라 하자. 이때 $a+b$의 값을 구하시오. (단, $\mathrm{P}(|Z|\le1.96)=0.95$, $\mathrm{P}(|Z|\le2.58)=0.99$)

0691 상

어느 도시의 공용 자전거의 1회 이용 시간은 표준편차가 10분인 정규분포를 따른다고 한다. 이 도시의 공용 자전거 이용 목록 중에서 25회를 임의추출하여 자전거 1회 이용 시간의 모평균을 신뢰도 α %로 추정한 신뢰구간의 길이가 7일 때, α의 값을 위의 표준정규분포표를 이용하여 구하시오.

z	$\mathrm{P}(0\le Z\le z)$
1.75	0.46
1.88	0.47
2.05	0.48

◆◆ 개념루트 확률과 통계 248쪽

유형 12 모평균의 신뢰구간의 길이 – 표본의 크기 구하기

정규분포 $\mathrm{N}(m,\ \sigma^2)$을 따르는 모집단에서 크기가 n인 표본을 임의추출할 때, 신뢰도 α %로 추정한 모평균 m의 신뢰구간의 길이를 n을 포함한 식으로 나타낸 후 주어진 길이 조건과 비교하여 표본의 크기 n의 값을 구한다.

0692 대표 문제

어느 병원에서 출생한 신생아의 몸무게는 표준편차가 0.5 kg인 정규분포를 따른다고 한다. 이 병원에서 태어난 신생아 중에서 n명을 임의추출하여 신생아의 몸무게의 모평균을 신뢰도 95 %로 추정할 때, 신뢰구간의 길이가 0.2 이하가 되도록 하는 n의 최솟값을 구하시오.

(단, $\mathrm{P}(|Z|\le1.96)=0.95$)

0693 중

표준편차가 σ인 정규분포를 따르는 모집단에서 크기가 n인 표본을 임의추출하여 모평균 m을 신뢰도 99 %로 추정한 신뢰구간이 $a\le m\le b$이다. 이때 $b-a=0.645\sigma$가 되도록 하는 n의 값을 구하시오.

(단, $\mathrm{P}(0\le Z\le2.58)=0.495$)

◆◆ 개념루트 확률과 통계 250쪽

유형 13 모평균과 표본평균의 차

정규분포 $\mathrm{N}(m,\ \sigma^2)$을 따르는 모집단에서 크기가 n인 표본을 임의추출하여 모평균 m을 추정할 때, 모평균 m과 표본평균 $\overline{x}$의 차 $|m-\overline{x}|$는

(1) 신뢰도 95 %일 때, $|m-\overline{x}|\le1.96\dfrac{\sigma}{\sqrt{n}}$

(2) 신뢰도 99 %일 때, $|m-\overline{x}|\le2.58\dfrac{\sigma}{\sqrt{n}}$

0694 대표 문제

정규분포 $\mathrm{N}(m,\ 10^2)$을 따르는 모집단에서 크기가 n인 표본을 임의추출하여 모평균을 신뢰도 99 %로 추정할 때, 표본평균 $\overline{x}$에 대하여 $|m-\overline{x}|\le6$이 되도록 하는 n의 최솟값은? (단, $\mathrm{P}(|Z|\le2.58)=0.99$)

① 15　　　② 16　　　③ 17
④ 18　　　⑤ 19

0695 중

정규분포를 따르는 모집단에서 크기가 n인 표본을 임의추출하여 모평균을 신뢰도 95 %로 추정할 때, 모평균과 표본평균의 차가 모표준편차의 $\dfrac{1}{25}$ 이하가 되게 하려고 한다. 이때 n의 최솟값을 구하시오. (단, $\mathrm{P}(|Z|\le1.96)=0.95$)

0696 ⓞ

어느 회사에서 판매하는 건전지의 수명은 표준편차가 20시간인 정규분포를 따른다고 한다. 이 회사에서 판매하는 건전지의 수명의 평균을 신뢰도 95 %로 추정할 때, 모평균과 표본평균의 차가 7시간 이하가 되도록 하려면 최소 몇 개를 조사해야 하는가? (단, $P(|Z| \leq 1.96) = 0.95$)

① 16개 ② 32개 ③ 64개
④ 128개 ⑤ 256개

◆◆ 개념루트 확률과 통계 250쪽

유형 14 신뢰구간의 성질

⑴ 표본의 크기가 일정할 때, 신뢰도가 높아질수록 신뢰구간의 길이는 길어진다.
⑵ 신뢰도가 일정할 때, 표본의 크기가 커질수록 신뢰구간의 길이는 짧아진다.

0697 대표 문제

정규분포를 따르는 모집단에서 표본을 임의추출하여 모평균을 추정할 때, 모평균의 신뢰구간에 대하여 다음 중 옳은 것은?

① 표본의 크기가 일정할 때, 신뢰도가 낮아지면 신뢰구간의 길이는 길어진다.
② 표본의 크기가 커지고 신뢰도가 낮아지면 신뢰구간의 길이는 짧아진다.
③ 표본평균의 값이 커지면 신뢰구간의 길이가 길어진다.
④ 신뢰도가 일정할 때, 표본의 크기가 커지면 신뢰구간의 길이는 길어진다.
⑤ 동일한 표본을 사용할 때, 신뢰도 95 %의 신뢰구간은 신뢰도 99 %의 신뢰구간을 포함한다.

0698 ⓞ

정규분포 $N(m, \sigma^2)$을 따르는 모집단에서 크기가 n인 표본을 임의추출하여 모평균을 추정하려고 한다. 일정한 신뢰도로 모평균 m을 추정할 때, 다음 중 신뢰구간의 길이가 가장 긴 것은?

① $n=25$, $\sigma=5$ ② $n=25$, $\sigma=10$
③ $n=36$, $\sigma=3$ ④ $n=36$, $\sigma=6$
⑤ $n=36$, $\sigma=9$

0699 ⓞ

정규분포 $N(m, \sigma^2)$을 따르는 모집단에서 표본을 임의추출하여 모평균을 추정하려고 한다. 신뢰도가 일정할 때, 표본의 크기가 a배가 되면 신뢰구간의 길이는 3배가 된다. 이때 a의 값을 구하시오.

◆◆ 개념루트 확률과 통계 254쪽

유형 15 모비율의 추정

모집단에서 크기가 n인 표본을 임의추출할 때, n이 충분히 크고 표본비율의 값이 $\hat{p}$이면 모비율 p에 대한 신뢰구간은

(단, $\hat{q} = 1 - \hat{p}$)

⑴ 신뢰도 95 %일 때, $\hat{p} - 1.96\sqrt{\dfrac{\hat{p}\hat{q}}{n}} \leq p \leq \hat{p} + 1.96\sqrt{\dfrac{\hat{p}\hat{q}}{n}}$

⑵ 신뢰도 99 %일 때, $\hat{p} - 2.58\sqrt{\dfrac{\hat{p}\hat{q}}{n}} \leq p \leq \hat{p} + 2.58\sqrt{\dfrac{\hat{p}\hat{q}}{n}}$

0700 대표 문제

어느 기업의 제품 A의 사용률을 알아보기 위하여 150가구를 임의추출하여 조사하였더니 60가구가 제품 A를 사용하고 있었다. 이 기업의 제품 A의 사용률 p에 대한 신뢰도 95 %의 신뢰구간은? (단, $P(0 \leq Z \leq 1.96) = 0.475$)

① $0.2968 \leq p \leq 0.5032$ ② $0.3068 \leq p \leq 0.4932$
③ $0.3176 \leq p \leq 0.4824$ ④ $0.3216 \leq p \leq 0.4784$
⑤ $0.3892 \leq p \leq 0.4108$

0701 ⊗

어느 도시에서 시립 미술관 개방 시간 연장을 희망하는 주민들의 비율을 알아보기 위하여 이 도시의 주민 중에서 900명을 임의추출하여 조사한 결과 810명이 개방 시간 연장을 희망하였다. 임의추출한 900명 중에서 개방 시간 연장을 희망한 사람의 비율을 $\hat{p}$이라 할 때, 이 도시 주민 전체의 시립 미술관 개방 시간 연장을 희망하는 비율 p를 신뢰도 99%로 추정한 신뢰구간이 $\hat{p}-c \le p \le \hat{p}+c$이다. $\hat{p}+100c$의 값을 구하시오. (단, $\mathrm{P}(0 \le Z \le 2.58)=0.495$)

0702 ⊕

어느 대학교에서 학생 400명을 임의추출하여 도서 A를 읽었는지 조사하였더니 도서 A를 읽은 학생이 320명이었다. 이 대학교 전체 학생 중에서 도서 A를 읽은 학생의 비율

z	$\mathrm{P}(0 \le Z \le z)$
1.28	0.40
1.34	0.41
1.41	0.42
1.48	0.43

p를 신뢰도 $\alpha\%$로 추정한 신뢰구간이 $0.7732 \le p \le 0.8268$일 때, α의 값을 위의 표준정규분포표를 이용하여 구하시오.

◆◆ 개념루트 확률과 통계 256쪽

유형 16 모비율의 추정 – 표본의 크기 구하기

모집단에서 크기가 n인 표본을 임의추출할 때, 신뢰도 $\alpha\%$로 추정한 모비율 p의 신뢰구간을 n을 포함한 식으로 나타낸 후 주어진 신뢰구간과 비교하여 표본의 크기 n의 값을 구한다.

0703 대표 문제

어느 회사에서 생산하는 제품 중에서 n개를 임의추출하여 불량률을 조사하였더니 $\dfrac{1}{10}$이었다. 이 회사에서 생산하는 전체 제품의 불량률 p를 신뢰도 99%로 추정한 신뢰구간이 $0.0226 \le p \le 0.1774$일 때, n의 값은?

(단, n은 충분히 큰 수이고, $\mathrm{P}(|Z| \le 2.58)=0.99$)

① 25 ② 50 ③ 100
④ 200 ⑤ 400

0704 ⊗

서술형 ○

어느 소비자 단체에서 휴대 전화 사용자 n명을 임의추출하여 통화 품질 만족도를 조사하였더니 만족 75%, 불만족 18%, 무응답 7%로 나타났다. 전체 휴대 전화 사용자 중에서 통화 품질에 만족하는 사람의 비율 p를 신뢰도 95%로 추정한 신뢰구간이 $0.652 \le p \le 0.848$일 때, n의 값을 구하시오. (단, n은 충분히 큰 수이고, $\mathrm{P}(|Z| \le 1.96)=0.95$)

◆◆ 개념루트 확률과 통계 256쪽

유형 17 모비율의 신뢰구간의 길이

모집단에서 크기가 n인 표본을 임의추출할 때, n이 충분히 크고 표본비율의 값이 $\hat{p}$이면 모비율 p에 대한 신뢰구간의 길이는
(단, $\hat{q}=1-\hat{p}$)

(1) 신뢰도 95%일 때, $2 \times 1.96\sqrt{\dfrac{\hat{p}\hat{q}}{n}}$

(2) 신뢰도 99%일 때, $2 \times 2.58\sqrt{\dfrac{\hat{p}\hat{q}}{n}}$

0705 대표 문제

어느 고등학교에서 학생 n명을 임의추출하여 스마트폰 보유 여부를 조사하였더니 스마트폰을 가지고 있는 학생의 비율이 90%이었다. 이 고등학교 전체 학생 중에서 스마트폰을 가지고 있는 학생의 비율 p를 신뢰도 95%로 추정할 때, 신뢰구간의 길이가 0.0588 이하가 되도록 하는 n의 최솟값을 구하시오.

(단, n은 충분히 큰 수이고, $\mathrm{P}(|Z| \le 1.96)=0.95$)

0706 ⊛

어느 지역의 고등학생 중에서 2100명을 대상으로 부모님께 받고 싶은 선물을 조사하였더니 태블릿 PC가 전체 응답의 30%를 차지했다고 한다. 이 지역의 전체 고등학생 중에서 태블릿 PC를 받고 싶은 학생의 비율 p를 신뢰도 99%로 추정할 때, 신뢰구간의 길이는? (단, $\mathrm{P}(|Z| \le 2.58)=0.99$)

① 0.0129 ② 0.0172 ③ 0.0196
④ 0.0258 ⑤ 0.0516

0707 ⑧ | 학평 기출 |

다음은 어느 회사의 직원 중 임의로 선택한 100명의 출근 소요 시간을 조사한 표이다.

소요 시간	인원수(명)
30분 미만	4
30분 이상 60분 미만	16
60분 이상 90분 미만	50
90분 이상 120분 미만	30
합계	100

이 결과를 이용하여 얻은 이 회사 전체 직원 중 출근 소요 시간이 60분 이상 120분 미만인 직원의 비율 p에 대한 신뢰도 95 %의 신뢰구간이 $a \leq p \leq b$일 때, $5000(b-a)$의 값은? (단, Z가 표준정규분포를 따르는 확률변수일 때, $\mathrm{P}(|Z| \leq 1.96)=0.95$로 계산한다.)

① 392 ② 784 ③ 1176
④ 1568 ⑤ 1960

0708 ⑧ | 모평 기출 |

어느 고등학교에서 대중교통을 이용하여 등교하는 학생의 비율을 알아보기 위하여 이 고등학교 학생 중 n명을 임의추출하여 조사한 결과 50 %의 학생이 대중교통을 이용하여 등교하는 것으로 나타났다. 이 결과를 이용하여 구한 이 고등학교 전체 학생 중에서 대중교통을 이용하여 등교하는 학생의 비율 p에 대한 신뢰도 95 %의 신뢰구간이 $a \leq p \leq b$이다. $b-a=0.14$일 때, n의 값을 구하시오. (단, Z가 표준정규분포를 따르는 확률변수일 때, $\mathrm{P}(|Z| \leq 1.96)=0.95$로 계산한다.)

유형 18 모비율과 표본비율의 차

모집단에서 크기가 n인 표본을 임의추출하여 모비율 p를 추정할 때, n이 충분히 크면 모비율 p와 표본비율 $\hat{p}$의 차 $|p-\hat{p}|$은 (단, $\hat{q}=1-\hat{p}$)

(1) 신뢰도 95 %일 때, $|p-\hat{p}| \leq 1.96\sqrt{\dfrac{\hat{p}\hat{q}}{n}}$

(2) 신뢰도 99 %일 때, $|p-\hat{p}| \leq 2.58\sqrt{\dfrac{\hat{p}\hat{q}}{n}}$

0709 대표 문제

어느 회사의 직원 중에서 n명을 임의추출하였더니 아침을 먹는 직원의 비율이 20 %이었다. 이 회사의 전체 직원 중에서 아침을 먹는 직원의 비율 p를 신뢰도 99 %로 추정할 때, 모비율과 표본비율의 차가 0.0344 이하가 되도록 하는 n의 최솟값을 구하시오.
(단, n은 충분히 큰 수이고, $\mathrm{P}(|Z| \leq 2.58)=0.99$)

0710 ⑧

어느 자전거 대여소를 이용한 고객 중에서 600명을 임의추출하여 연령대를 조사하였더니 40 %가 청소년이었다고 한다. 전체 고객 중에서 청소년의 비율 p를 신뢰도 95 %로 추정할 때, 모비율과 표본비율의 차의 최댓값을 구하시오.
(단, $\mathrm{P}(0 \leq Z \leq 1.96)=0.475$)

0711 ⑧

어느 고등학교 학생 중에서 n명을 임의추출하여 핸드폰 사용 실태를 설문조사한 결과 10 %가 핸드폰 중독이라는 판정을 받았다. 이 고등학교에서 핸드폰 중독 판정률 p를 신뢰도 99 %로 추정할 때, 모비율과 표본비율의 차가 3.87 % 이하가 되도록 하는 n의 최솟값은?
(단, n은 충분히 큰 수이고, $\mathrm{P}(|Z| \leq 2.58)=0.99$)

① 100 ② 200 ③ 300
④ 400 ⑤ 500

AB 유형 점검

0712 유형 01

모집단의 확률변수 X에 대하여 $\mathrm{E}(X)=5$이다. 이 모집단에서 크기가 4인 표본을 임의추출하여 구한 표본평균 $\overline{X}$에 대하여 $\mathrm{E}(\overline{X}^2)=30$일 때, $\mathrm{E}(X^2)$을 구하시오.

0713 유형 03

무게가 $1\,\mathrm{kg}$, $2\,\mathrm{kg}$, $3\,\mathrm{kg}$인 과일 바구니가 각각 20개, 40개, 20개 있다. 이 중에서 임의추출한 n개의 과일 바구니의 무게의 평균을 $\overline{X}$라 하자. $\sigma(6\overline{X}-2)=\dfrac{\sqrt{2}}{2}$일 때, n의 값은?

① 6 　　② 24 　　③ 28

④ 36 　　⑤ 42

0714 유형 05

정규분포 $\mathrm{N}(60,\ 16^2)$을 따르는 모집단에서 크기가 n인 표본을 임의추출할 때, 표본평균 $\overline{X}$에 대하여 $\mathrm{P}(\overline{X}\leq 64)\leq 0.8413$이다. 이때 n의 최댓값을 오른쪽 표준정규분포표를 이용하여 구하시오.

z	$\mathrm{P}(0\leq Z\leq z)$
0.5	0.1915
1.0	0.3413
1.5	0.4332
2.0	0.4772

0715 유형 06

어느 학교 학생들의 통학 시간은 평균이 50분, 표준편차가 σ분인 정규분포를 따른다. 이 학교 학생들을 대상으로 16명을 임의추출하여 조사한 통학 시간의 표본평균을 $\overline{X}$라 하자. $\mathrm{P}(50\leq \overline{X}\leq 56)=0.4332$일 때, σ의 값을 오른쪽 표준정규분포표를 이용하여 구하시오.

z	$\mathrm{P}(0\leq Z\leq z)$
1.0	0.3413
1.5	0.4332
2.0	0.4772

0716 유형 07

어느 대학교에서 수업 A를 수강한 학생 중에서 B학점 이상인 학생은 $55\,\%$이다. 수업 A를 수강한 학생 중에서 n명을 임의추출할 때, B학점 이상인 학생의 비율 $\hat{p}$에 대하여 $\mathrm{V}(\hat{p})=\dfrac{3}{400}$이다. 이때 n의 값은?

① 31 　　② 32 　　③ 33

④ 34 　　⑤ 35

0717 유형 08

어느 회사에서 새로운 교육 제도에 대하여 전체 임직원을 대상으로 찬성 여부를 조사하였더니 찬성이 $20\,\%$이었다. 이 회사의 임직원 400명을 임의추출할 때, 찬성으로 응답한 사람의 비율이 $\alpha\,\%$ 이상일 확률이 0.9938이다. 이때 α의 값을 위의 표준정규분포표를 이용하여 구하시오.

z	$\mathrm{P}(0\leq Z\leq z)$
2.00	0.4772
2.25	0.4878
2.50	0.4938

0718 유형 09 | 수능 기출 |

정규분포 $N(m, 5^2)$을 따르는 모집단에서 크기가 49인 표본을 임의추출하여 얻은 표본평균이 $\overline{x}$일 때, 모평균 m에 대한 신뢰도 95 %의 신뢰구간이 $a \leq m \leq \dfrac{6}{5}a$이다. $\overline{x}$의 값은? (단, Z가 표준정규분포를 따르는 확률변수일 때, $P(|Z| \leq 1.96) = 0.95$로 계산한다.)

① 15.2 ② 15.4 ③ 15.6
④ 15.8 ⑤ 16.0

0719 유형 10

어느 과수원에서 수확한 자두 1개의 무게는 평균이 m g, 표준편차가 5 g인 정규분포를 따른다고 한다. 이 과수원에서 수확한 자두 중에서 n개를 임의추출하여 무게를 조사하였더니 평균이 64 g이었다. 이 과수원에서 수확한 자두 1개의 무게의 모평균 m을 신뢰도 95 %로 추정한 신뢰구간이 $63.02 \leq m \leq 64.98$일 때, n의 값은?

(단, $P(0 \leq Z \leq 1.96) = 0.475$)

① 64 ② 81 ③ 100
④ 121 ⑤ 144

0720 유형 11

어느 고등학교 학생들의 한 달 독서 시간은 평균이 m시간, 표준편차가 3시간인 정규분포를 따른다고 한다. 이 학교 학생 중에서 36명을 임의추출하여 학생들의 한 달 독서 시간의 모평균 m을 신뢰도 99 %로 추정할 때, 신뢰구간의 길이를 구하시오. (단, $P(|Z| \leq 2.58) = 0.99$)

0721 유형 12

정규분포를 따르는 모집단에서 크기가 4인 표본을 임의추출하여 모평균을 추정하였더니 신뢰구간의 길이가 2.45이었다. 이 모집단에서 같은 신뢰도로 모평균을 추정할 때, 신뢰구간의 길이가 0.49가 되도록 하는 표본의 크기는?

① 31 ② 100 ③ 121
④ 144 ⑤ 169

0722 유형 13

어느 하프 마라톤 대회 참가자들의 기록은 표준편차가 300초인 정규분포를 따른다고 한다. 이 대회 참가자의 기록의 모평균을 신뢰도 95 %로 추정할 때, 모평균과 표본평균의 차가 42초 이하가 되도록 하는 표본의 크기의 최솟값을 구하시오. (단, $P(|Z| \leq 1.96) = 0.95$)

0723 유형 14

정규분포 $N(m, \sigma^2)$을 따르는 모집단에서 크기가 n인 표본을 임의추출하여 모평균 m을 신뢰도 x %로 추정한 신뢰구간이 $a \leq m \leq b$일 때, 보기에서 옳은 것만을 있는 대로 고른 것은?

보기
ㄱ. 표본의 크기가 일정할 때, 신뢰도가 높아지면 $b-a$의 값은 커진다.
ㄴ. 신뢰도가 일정할 때, 표본의 크기가 2배가 되면 $b-a$의 값은 $\dfrac{1}{2}$배가 된다.
ㄷ. 신뢰도가 높아지고 표본의 크기가 커지면 $b-a$의 값은 커진다.

① ㄱ ② ㄱ, ㄴ ③ ㄱ, ㄷ
④ ㄴ, ㄷ ⑤ ㄱ, ㄴ, ㄷ

0724 유형 15

어느 광고 제작사에서는 음료수 A의 광고에 대한 반응을 조사하기 위하여 우리나라 성인 100명을 임의추출하여 음료수 A의 광고를 보여준 후 설문 조사를 하였다. 그 결과 '음료수 A를 구매하고 싶다.'라고 응답한 사람이 90명이었을 때, 이 광고를 본 우리나라 전체 성인 중에서 '음료수 A를 구매하고 싶다.'라고 응답한 사람의 비율 p에 대한 신뢰도 99 %의 신뢰구간은? (단, $P(|Z| \leq 2.58) = 0.99$)

① $0.8871 \leq p \leq 0.9129$ ② $0.8742 \leq p \leq 0.9258$
③ $0.8484 \leq p \leq 0.9516$ ④ $0.8226 \leq p \leq 0.9774$
⑤ $0.8097 \leq p \leq 0.9903$

0725 유형 15 | 수능 기출 |

어느 고등학교에서 오전 8시 이전에 등교하는 학생의 비율 p를 알아보기 위하여 어느 날 이 학교 학생 중에서 300명을 임의추출하여 오전 8시 이전에 등교한 학생의 표본비율 $\hat{p}$을 구하였다. 표본비율 $\hat{p}$을 이용하여 구한 비율 p에 대한 신뢰도 95 %의 신뢰구간이 $0.701 \leq p \leq 0.799$일 때, 임의추출된 300명의 학생 중에서 오전 8시 이전에 등교한 학생의 수를 구하시오. (단, Z가 표준정규분포를 따를 때, $P(|Z| \leq 1.96) = 0.95$이다.)

0726 유형 17

어느 지역에서 올림픽 유치를 희망하는 주민의 비율을 알아보기 위하여 이 지역 주민 중에서 400명을 임의추출하여 조사하였더니 n명이 올림픽 유치를 희망하였다. 이 지역 전체 주민 중에서 올림픽 유치를 희망하는 주민의 비율 p를 신뢰도 99 %로 추정한 신뢰구간의 길이가 0.1032일 때, n의 값을 구하시오. (단, $n > 100$, $P(0 \leq Z \leq 2.58) = 0.495$)

0727 유형 02

모집단의 확률변수 X의 확률분포를 표로 나타내면 다음과 같다. 이 모집단에서 크기가 5인 표본을 임의추출할 때, 표본평균 $\overline{X}$에 대하여 $E(\overline{X}) - \sigma(\overline{X})$의 값을 구하시오.

(단, a는 상수)

X	1	3	5	합계
$P(X=x)$	a	$2a$	$3a$	1

0728 유형 04

어느 커피 공장에서 생산하는 커피 분말 1봉지의 무게는 평균이 20 g, 표준편차가 2 g인 정규분포를 따른다고 한다. 이 커피 분말을 임의로 16봉지씩 한 상자에 담아 판매할 때,

z	$P(0 \leq Z \leq z)$
2.2	0.4861
2.3	0.4893
2.4	0.4918
2.5	0.4938

한 상자의 무게가 300 g 이하이면 불량품으로 분류한다고 한다. 이 커피 공장에서 생산한 20000개의 상자 중에서 불량품으로 판정되는 상자의 개수를 위의 표준정규분포표를 이용하여 구하시오. (단, 상자의 무게는 고려하지 않는다.)

0729 유형 18

어느 지역의 고등학생 중에서 n명을 임의추출하여 컴퓨터 보유율을 조사하였더니 75 %가 보유하고 있다고 답변하였다. 이 지역의 전체 고등학생 중에서 컴퓨터를 보유하고 있는 학생의 비율을 신뢰도 99 %로 추정할 때, 모비율과 표본비율의 차가 0.1075 이하가 되도록 하는 n의 최솟값을 구하시오.

(단, n은 충분히 큰 수이고, $P(0 \leq Z \leq 2.58) = 0.495$)

C 실력 향상

하 ···· 중 ···· 상100%

0730

| 수능 기출 |

정규분포 $N(50, 8^2)$을 따르는 모집단에서 크기가 16인 표본을 임의추출하여 구한 표본평균을 $\overline{X}$, 정규분포 $N(75, \sigma^2)$을 따르는 모집단에서 크기가 25인 표본을 임의추출하여 구한 표본평균을 $\overline{Y}$라 하자. $P(\overline{X} \leq 53) + P(\overline{Y} \leq 69) = 1$일 때, $P(\overline{Y} \geq 71)$의 값을 오른쪽 표준정규분포표를 이용하여 구한 것은?

z	$P(0 \leq Z \leq z)$
1.0	0.3413
1.2	0.3849
1.4	0.4192
1.6	0.4452

① 0.8413 ② 0.8644 ③ 0.8849
④ 0.9192 ⑤ 0.9452

0731

| 수능 기출 |

어느 자동차 회사에서 생산하는 전기 자동차의 1회 충전 주행 거리는 평균이 m이고 표준편차가 σ인 정규분포를 따른다고 한다. 이 자동차 회사에서 생산한 전기 자동차 100대를 임의추출하여 얻은 1회 충전 주행 거리의 표본평균이 $\overline{x_1}$일 때, 모평균 m에 대한 신뢰도 95 %의 신뢰구간이 $a \leq m \leq b$이다. 이 자동차 회사에서 생산한 전기 자동차 400대를 임의추출하여 얻은 1회 충전 주행 거리의 표본평균이 $\overline{x_2}$일 때, 모평균 m에 대한 신뢰도 99 %의 신뢰구간이 $c \leq m \leq d$이다. $\overline{x_1} - \overline{x_2} = 1.34$이고 $a = c$일 때, $b - a$의 값은? (단, 주행 거리의 단위는 km이고, Z가 표준정규분포를 따르는 확률변수일 때 $P(|Z| \leq 1.96) = 0.95$, $P(|Z| \leq 2.58) = 0.99$로 계산한다.)

① 5.88 ② 7.84 ③ 9.80
④ 11.76 ⑤ 13.72

0732

정규분포 $N(m, \sigma^2)$을 따르는 모집단에서 크기가 n인 표본을 임의추출하여 신뢰도 α %로 추정한 모평균 m의 신뢰구간의 길이를 $f(n, \alpha)$라 할 때, 보기에서 옳은 것만을 있는 대로 고른 것은? (단, $n > 2$)

보기
ㄱ. $\alpha < \beta$이면 $f(n, \alpha) > f(n, \beta)$
ㄴ. $f(n^2, \alpha) < f(2n, \alpha)$
ㄷ. $f(16n, \alpha) = \dfrac{1}{4} f(n, \alpha)$

① ㄱ ② ㄴ ③ ㄱ, ㄷ
④ ㄴ, ㄷ ⑤ ㄱ, ㄴ, ㄷ

0733

어느 모집단에서 100명을 임의추출하여 모비율 p를 신뢰도 α %로 추정한 신뢰구간이 $\dfrac{1}{5} - c \leq p \leq \dfrac{1}{5} + c$이었다. 같은 모집단에서 n명을 임의추출하여 모비율 p를 신뢰도 α %로 추정한 신뢰구간이 $\dfrac{1}{10} - \dfrac{3}{8}c \leq p \leq \dfrac{1}{10} + \dfrac{3}{8}c$일 때, n의 값을 구하시오. (단, n은 충분히 큰 수)

🔵 기출 BOOK 38쪽

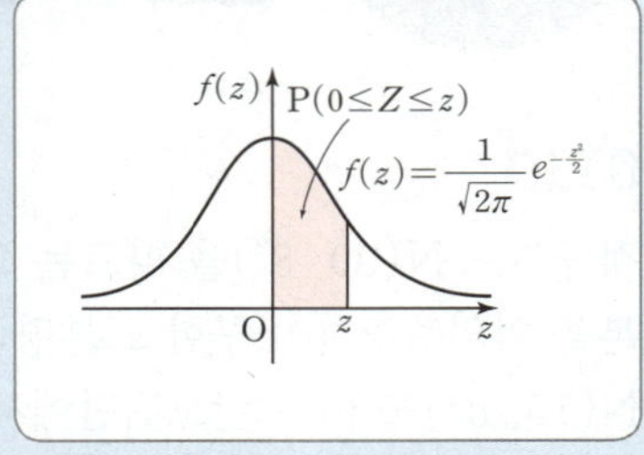

z	0.00	0.01	0.02	0.03	0.04	0.05	0.06	0.07	0.08	0.09
0.0	0.0000	0.0040	0.0080	0.0120	0.0160	0.0199	0.0239	0.0279	0.0319	0.0359
0.1	0.0398	0.0438	0.0478	0.0517	0.0557	0.0596	0.0636	0.0675	0.0714	0.0753
0.2	0.0793	0.0832	0.0871	0.0910	0.0948	0.0987	0.1026	0.1064	0.1103	0.1141
0.3	0.1179	0.1217	0.1255	0.1293	0.1331	0.1368	0.1406	0.1443	0.1480	0.1517
0.4	0.1554	0.1591	0.1628	0.1664	0.1700	0.1736	0.1772	0.1808	0.1844	0.1879
0.5	0.1915	0.1950	0.1985	0.2019	0.2054	0.2088	0.2123	0.2157	0.2190	0.2224
0.6	0.2257	0.2291	0.2324	0.2357	0.2389	0.2422	0.2454	0.2486	0.2517	0.2549
0.7	0.2580	0.2611	0.2642	0.2673	0.2704	0.2734	0.2764	0.2794	0.2823	0.2852
0.8	0.2881	0.2910	0.2939	0.2967	0.2995	0.3023	0.3051	0.3078	0.3106	0.3133
0.9	0.3159	0.3186	0.3212	0.3238	0.3264	0.3289	0.3315	0.3340	0.3365	0.3389
1.0	0.3413	0.3438	0.3461	0.3485	0.3508	0.3531	0.3554	0.3577	0.3599	0.3621
1.1	0.3643	0.3665	0.3686	0.3708	0.3729	0.3749	0.3770	0.3790	0.3810	0.3830
1.2	0.3849	0.3869	0.3888	0.3907	0.3925	0.3944	0.3962	0.3980	0.3997	0.4015
1.3	0.4032	0.4049	0.4066	0.4082	0.4099	0.4115	0.4131	0.4147	0.4162	0.4177
1.4	0.4192	0.4207	0.4222	0.4236	0.4251	0.4265	0.4279	0.4292	0.4306	0.4319
1.5	0.4332	0.4345	0.4357	0.4370	0.4382	0.4394	0.4406	0.4418	0.4429	0.4441
1.6	0.4452	0.4463	0.4474	0.4484	0.4495	0.4505	0.4515	0.4525	0.4535	0.4545
1.7	0.4554	0.4564	0.4573	0.4582	0.4591	0.4599	0.4608	0.4616	0.4625	0.4633
1.8	0.4641	0.4649	0.4656	0.4664	0.4671	0.4678	0.4686	0.4693	0.4699	0.4706
1.9	0.4713	0.4719	0.4726	0.4732	0.4738	0.4744	0.4750	0.4756	0.4761	0.4767
2.0	0.4772	0.4778	0.4783	0.4788	0.4793	0.4798	0.4803	0.4808	0.4812	0.4817
2.1	0.4821	0.4826	0.4830	0.4834	0.4838	0.4842	0.4846	0.4850	0.4854	0.4857
2.2	0.4861	0.4864	0.4868	0.4871	0.4875	0.4878	0.4881	0.4884	0.4887	0.4890
2.3	0.4893	0.4896	0.4898	0.4901	0.4904	0.4906	0.4909	0.4911	0.4913	0.4916
2.4	0.4918	0.4920	0.4922	0.4925	0.4927	0.4929	0.4931	0.4932	0.4934	0.4936
2.5	0.4938	0.4940	0.4941	0.4943	0.4945	0.4946	0.4948	0.4949	0.4951	0.4952
2.6	0.4953	0.4955	0.4956	0.4957	0.4959	0.4960	0.4961	0.4962	0.4963	0.4964
2.7	0.4965	0.4966	0.4967	0.4968	0.4969	0.4970	0.4971	0.4972	0.4973	0.4974
2.8	0.4974	0.4975	0.4976	0.4977	0.4977	0.4978	0.4979	0.4979	0.4980	0.4981
2.9	0.4981	0.4982	0.4982	0.4983	0.4984	0.4984	0.4985	0.4985	0.4986	0.4986
3.0	0.4987	0.4987	0.4987	0.4988	0.4988	0.4989	0.4989	0.4989	0.4990	0.4990
3.1	0.4990	0.4991	0.4991	0.4991	0.4992	0.4992	0.4992	0.4992	0.4993	0.4993
3.2	0.4993	0.4993	0.4994	0.4994	0.4994	0.4994	0.4994	0.4995	0.4995	0.4995
3.3	0.4995	0.4995	0.4995	0.4996	0.4996	0.4996	0.4996	0.4996	0.4996	0.4997
3.4	0.4997	0.4997	0.4997	0.4997	0.4997	0.4997	0.4997	0.4997	0.4997	0.4998

유형만랩 기출 BOOK

280문항 수록

확률과 통계

visang

유형만랩 기출 BOOK

확률과 통계

01 / 중복순열과 같은 것이 있는 순열

1 등식 $_n\mathrm{C}_2 + _n\Pi_2 = 92$를 만족시키는 자연수 n의 값은?

① 6　　　　② 7　　　　③ 8
④ 9　　　　⑤ 10

2 7명의 학생 중에서 5명을 뽑아서 서로 다른 2개의 학급에 배정하는 경우의 수를 구하시오.
　　　　(단, 1명도 배정하지 않는 반이 있을 수 있다.)

3 지민이를 포함한 5명이 가위바위보를 할 때, 지민이가 가위를 내는 경우의 수는?

① 3　　　　② 9　　　　③ 27
④ 81　　　　⑤ 243

4 다섯 개의 숫자 3, 4, 5, 6, 7로 중복을 허용하여 만들 수 있는 네 자리의 자연수 중에서 짝수의 개수는?

① 48　　　　② 125　　　　③ 250
④ 480　　　　⑤ 625

5 네 개의 숫자 0, 2, 4, 6으로 중복을 허용하여 만들 수 있는 세 자리의 자연수 중에서 숫자 6을 반드시 포함하는 자연수의 개수는?

① 18　　　　② 24　　　　③ 30
④ 36　　　　⑤ 48

6 파란색, 흰색, 노란색의 깃발이 각각 한 개씩 있다. 이 깃발 중에서 하나를 들었다 내리는 동작을 6번 하여 만들 수 있는 신호의 개수는?

① 702　　　　② 711　　　　③ 720
④ 729　　　　⑤ 738

7 전체집합 $U=\{1,\ 2,\ 3,\ 4,\ 5\}$의 두 부분집합 $A,\ B$가 서로소일 때, 두 집합 $A,\ B$를 정하는 경우의 수는?

① 9   ② 27   ③ 81
④ 243   ⑤ 729

8 전체집합 $U=\{1,\ 2,\ 3,\ 4,\ 5,\ 6,\ 7\}$의 두 부분집합 $A,\ B$가 $n(A-B)=3,\ n(A\cap B)=1$을 만족시킬 때, 두 집합 $A,\ B$를 정하는 경우의 수는?

① 1060   ② 1120   ③ 1160
④ 1200   ⑤ 1240

9 두 집합 $X=\{a,\ b,\ c,\ d,\ e\},\ Y=\{1,\ 2,\ 3,\ 4\}$에 대하여 X에서 Y로의 함수 f 중에서 $f(a)=4,\ f(e)\neq1$인 함수의 개수는?

① 64   ② 128   ③ 192
④ 256   ⑤ 320

10 집합 $X=\{1,\ 2,\ 3,\ 4\}$에 대하여 X에서 X로의 함수 f 중에서 $f(1)=1$ 또는 $f(4)=4$인 함수의 개수를 구하시오.

11 흰 바둑돌 5개와 검은 바둑돌 4개를 일렬로 배열하는 경우의 수는?

(단, 같은 색의 바둑돌은 서로 구별하지 않는다.)

① 114   ② 118   ③ 122
④ 126   ⑤ 130

12 6개의 문자 $a,\ a,\ b,\ b,\ b,\ c$를 일렬로 배열할 때, 양 끝에 서로 다른 문자가 오도록 배열하는 경우의 수를 구하시오.

13 5개의 문자 $a,\ b,\ c,\ d,\ e$를 일렬로 배열할 때, b가 d보다 앞에 오도록 배열하는 경우의 수는?

① 60   ② 62   ③ 64
④ 66   ⑤ 68

14 science에 있는 7개의 문자를 일렬로 배열할 때, s가 두 개의 c 사이에 있도록 배열하는 경우의 수를 구하시오.

15 일곱 개의 숫자 1, 1, 2, 2, 2, 3, 4를 모두 사용하여 만들 수 있는 일곱 자리의 자연수 중에서 **홀수**의 개수는?

① 180 ② 200 ③ 220
④ 240 ⑤ 260

16 여덟 개의 숫자 1, 1, 1, 2, 2, 3, 3, 3에서 5개의 숫자를 택하여 만들 수 있는 다섯 자리의 자연수 중에서 숫자 1, 2, 3이 적어도 1개씩 포함된 자연수의 개수를 구하시오.

17 오른쪽 그림과 같은 도로망이 있다. A 지점에서 P 지점을 거쳐 B 지점까지 최단 거리로 가는 경우의 수를 구하시오.

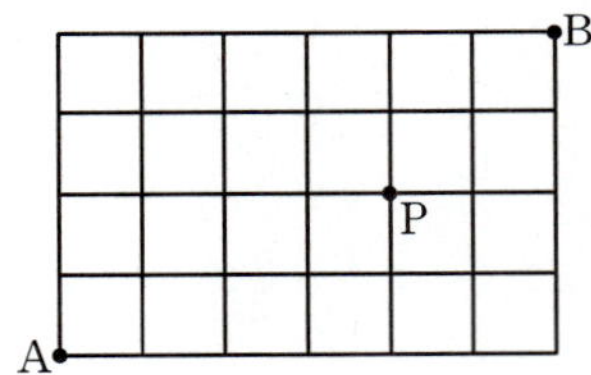

18 오른쪽 그림과 같은 도로망이 있다. 수빈이는 A 지점에서 B 지점까지 최단 거리로 가고, 보름이는 B 지점에서 A 지점까지 최단 거리로 간다고 할 때, 수빈이와 보름이가 서로 만나는 경우의 수는?
(단, 두 사람은 동시에 출발하여 같은 속력으로 간다.)

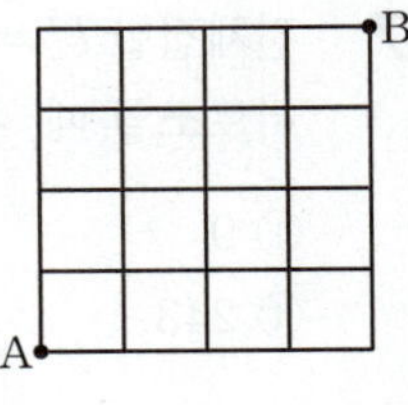

① 1750 ② 1770 ③ 1790
④ 1810 ⑤ 1830

19 다음 그림과 같은 도로망이 있다. A 지점에서 B 지점까지 최단 거리로 가는 경우의 수를 구하시오.

20 다음 그림과 같은 도로망이 있다. A 지점에서 B 지점까지 최단 거리로 가는 경우의 수는?

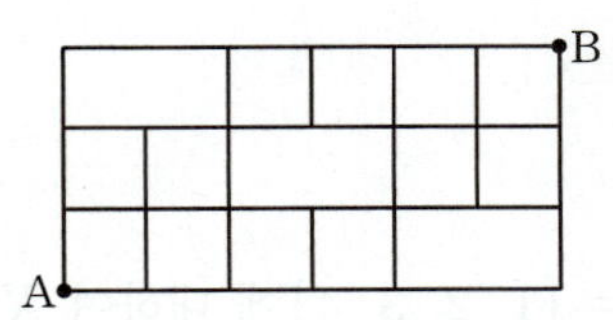

① 62 ② 64 ③ 66
④ 68 ⑤ 70

 01 / 중복순열과 같은 것이 있는 순열 맞힌 개수 / 20

1 봉사의 날에 5명의 학생이 각각 세 시설 A, B, C 중에서 1개씩 택하여 봉사를 가는 경우의 수는?
(단, 1명도 택하지 않는 시설이 있을 수 있다.)

① 81 ② 125 ③ 164
④ 200 ⑤ 243

2 서로 다른 5개의 빵을 4개의 접시 A, B, C, D에 나누어 담을 때, 두 접시 A, B에는 빵을 1개씩만 담는 경우의 수를 구하시오. (단, 빈 접시가 있을 수 있다.)

3 다섯 개의 숫자 0, 1, 2, 3, 4로 중복을 허용하여 만들 수 있는 네 자리의 자연수 중에서 3000 이상인 홀수의 개수를 구하시오.

4 네 개의 숫자 1, 2, 3, 4로 중복을 허용하여 만들 수 있는 네 자리의 자연수 중에서 적어도 2개의 서로 다른 숫자로 이루어진 자연수의 개수를 구하시오.

5 두 부호 •, −를 일렬로 배열하여 신호를 만들려고 한다. 두 부호를 합해서 7개까지 사용하여 만들 수 있는 서로 다른 신호의 개수는?

① 252 ② 254 ③ 256
④ 258 ⑤ 260

6 검은색, 흰색, 빨간색, 파란색 깃발이 각각 1개씩 있다. 이 깃발들을 합해서 n번 이하로 들어 올려서 만들 수 있는 서로 다른 신호가 1000개 이상이 되도록 하는 n의 최솟값을 구하시오. (단, 깃발은 한 번 이상 들어 올려야 하고, 2개 이상의 깃발을 동시에 들어 올리지 않는다.)

7 전체집합 $U=\{a,\ b,\ c,\ d\}$의 두 부분집합 A, B가 $A\subset B$를 만족시킬 때, 두 집합 A, B를 정하는 경우의 수는?

① 31   ② 42   ③ 50
④ 65   ⑤ 81

8 전체집합 $U=\{1,\ 2,\ 3,\ 4,\ 5,\ 6\}$의 두 부분집합 A, B가 $A\cup B=U$, $A\cap B=\varnothing$을 만족시킬 때, 두 집합 A, B를 정하는 경우의 수를 구하시오.

9 두 집합 $X=\{0,\ 1,\ 2,\ 3\}$, $Y=\{1,\ 3,\ 5,\ 7\}$에 대하여 X에서 Y로의 함수 f 중에서 $f(1)+f(2)=8$인 함수의 개수를 구하시오.

10 두 집합 $X=\{1,\ 2,\ 3,\ 4\}$, $Y=\{1,\ 2,\ 3,\ 4,\ 5\}$에 대하여 X에서 Y로의 함수 f 중에서 $f(2)\leq4$인 함수의 개수는?

① 5   ② 20   ③ 100
④ 125   ⑤ 500

11 grammar에 있는 7개의 문자를 일렬로 배열하는 경우의 수를 구하시오.

12 검은 공 1개, 흰 공 3개, 빨간 공 2개, 파란 공 3개를 일렬로 배열할 때, 흰 공이 2개만 서로 이웃하도록 배열하는 경우의 수를 구하시오.

(단, 같은 색의 공은 서로 구별하지 않는다.)

13 education에 있는 9개의 문자를 일렬로 배열할 때, a, t, i, o, n은 이 순서대로 배열하는 경우의 수를 구하시오.

14 어느 회사원이 해야 할 업무는 A, B를 포함하여 7가지이다. 오늘 A, B를 포함하여 4가지 업무를 하려고 하는데 먼저 시작한 업무를 끝내야 다음 업무를 시작할 수 있고 A는 B보다 먼저 해야 할 때, 오늘 해야 할 업무를 택하고 택한 업무의 순서를 정하는 경우의 수는?

① 30   ② 60   ③ 90
④ 120   ⑤ 150

15 여섯 개의 숫자 2, 2, 2, 4, 4, 5에서 4개의 숫자를 택하여 만들 수 있는 네 자리의 자연수 중에서 5의 배수의 개수를 구하시오.

16 일곱 개의 숫자 0, 1, 1, 2, 2, 2, 3에서 5개의 숫자를 택하여 만들 수 있는 다섯 자리의 자연수를 크기가 작은 것부터 순서대로 배열할 때, 20113은 몇 번째 수인가?

① 72번째 ② 73번째 ③ 74번째
④ 75번째 ⑤ 76번째

17 오른쪽 그림과 같은 도로망이 있다. A 지점에서 P 지점과 Q 지점 사이의 도로를 거쳐 B 지점까지 최단 거리로 가는 경우의 수는?

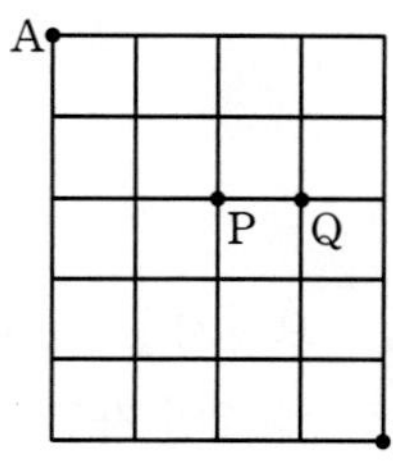

① 22 ② 23
③ 24 ④ 25
⑤ 26

18 오른쪽 그림과 같은 도로망이 있다. A 지점에서 B 지점까지 최단 거리로 갈 때, P 지점은 거치고 Q 지점은 거치지 않는 경우의 수는?

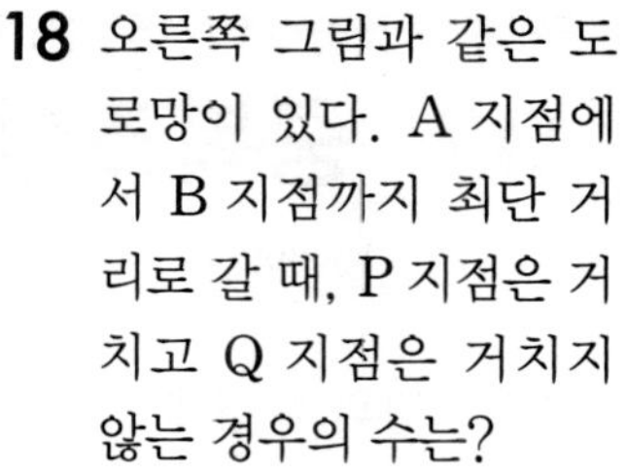
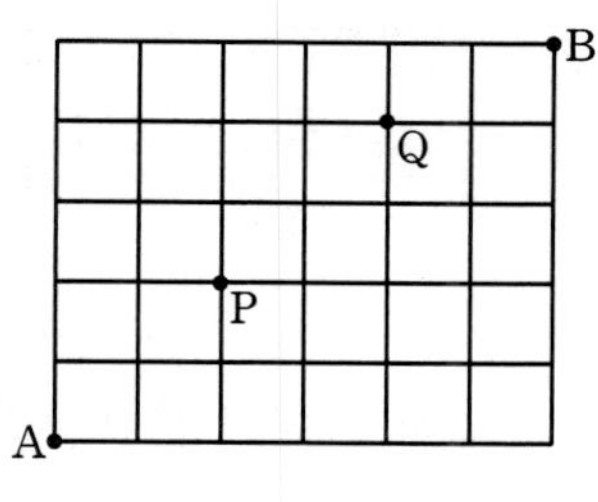

① 98 ② 100 ③ 102
④ 104 ⑤ 106

19 오른쪽 그림과 같은 도로망이 있다. A 지점에서 B 지점까지 최단 거리로 가는 경우의 수를 구하시오.

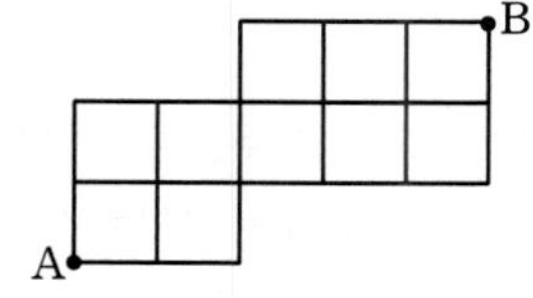

20 오른쪽 그림과 같은 도로망이 있다. A 지점에서 B 지점까지 최단 거리로 가는 경우의 수는?

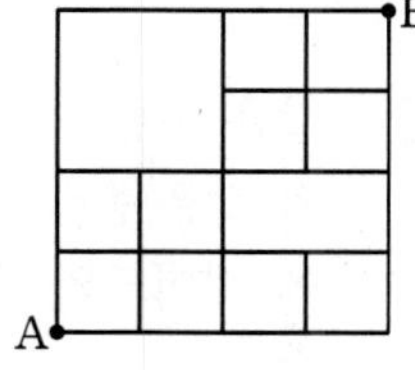

① 24 ② 30
③ 36 ④ 42
⑤ 48

1 같은 금액의 문화상품권 9장을 3명의 학생에게 나누어 주는 경우의 수는? (단, 문화상품권끼리는 서로 구별하지 않고, 문화상품권을 받지 못하는 학생이 있을 수 있다.)

① 55　　　② 90　　　③ 220
④ 504　　　⑤ 729

2 고기만두, 김치만두, 새우만두 중에서 중복을 허용하여 n개를 사는 경우의 수가 171일 때, 각 종류의 만두를 적어도 2개씩 포함하여 n개를 사는 경우의 수를 구하시오. (단, 각 종류의 만두는 n개 이상씩 있고, 같은 종류의 만두는 서로 구별하지 않는다.)

3 같은 종류의 그릇 4개에 서로 다른 종류의 케이크 4개와 같은 종류의 초콜릿 6개를 나누어 담을 때, 각 그릇에 케이크와 초콜릿을 각각 1개 이상씩 담는 경우의 수는?

① 10　　　② 12　　　③ 14
④ 16　　　⑤ 18

4 $(a+b+c)^n$의 전개식에서 서로 다른 항의 개수가 45일 때, 자연수 n의 값은?

① 7　　　② 8　　　③ 9
④ 10　　　⑤ 11

5 $4 < x < y \leq 9 < z \leq w < 14$를 만족시키는 자연수 x, y, z, w의 순서쌍 (x, y, z, w)의 개수를 구하시오.

6 부등식 $x+y+z \leq 11$을 만족시키는 $x \geq 3$, $y \geq 2$, $z \geq 2$인 자연수 x, y, z의 순서쌍 (x, y, z)의 개수는?

① 25　　　② 30　　　③ 35
④ 40　　　⑤ 45

7 방정식 $x+y+z+5w=15$를 만족시키는 자연수 x, y, z, w의 순서쌍 (x, y, z, w)의 개수를 구하시오.

8 네 자리의 자연수 중에서 각 자리의 수의 합이 8인 자연수의 개수는?

① 110 ② 120 ③ 130
④ 140 ⑤ 150

9 두 집합 $X=\{-3, -1, 1, 3\}$, $Y=\{1, 2, 3, 4, 5\}$에 대하여 X에서 Y로의 함수 f 중에서

$$f(-3) \leq f(-1) \leq f(1) \leq f(3)$$

을 만족시키는 함수의 개수는?

① 64 ② 66 ③ 68
④ 70 ⑤ 72

10 두 집합 $X=\{1, 2, 3, 4, 5\}$, $Y=\{3, 4, 5, 6, 7, 8\}$에 대하여 X에서 Y로의 함수 f 중에서 다음 조건을 만족시키는 함수의 개수를 구하시오.

> ㈎ $f(1) \leq f(2) \leq f(3)$
> ㈏ $f(4) > f(5)$

11 $(x-1)^n$의 전개식에서 x^2의 계수가 -36일 때, x^3의 계수를 구하시오. (단, n은 자연수)

12 $(1+\sqrt{2x})^{15}$의 전개식에서 계수가 유리수인 서로 다른 항의 개수는?

① 0 ② 7 ③ 8
④ 14 ⑤ 15

13 $(2x+1)(1+x)^6$의 전개식에서 x^3의 계수는?

① 20 ② 30 ③ 40
④ 50 ⑤ 60

14 $(ax-y)^3(x+y)^4$의 전개식에서 xy^6의 계수가 8일 때, 상수 a의 값은?

① $\dfrac{1}{4}$ ② $\dfrac{1}{2}$ ③ 1

④ 2 ⑤ 4

15 다음 중 오른쪽 그림의 색칠한 부분에 있는 모든 수의 합과 같은 것은?

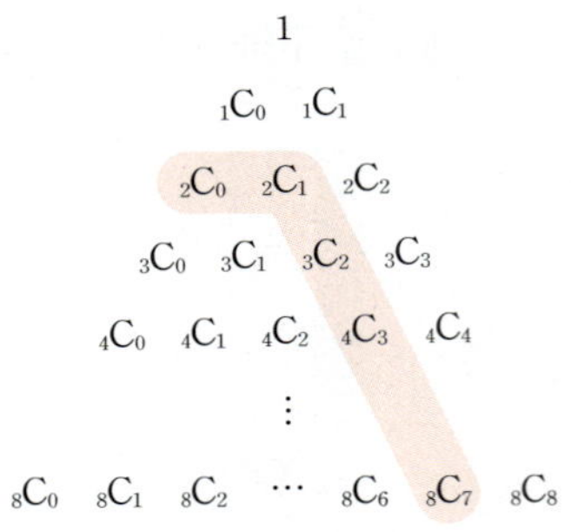

$$1$$
$$_1C_0 \quad _1C_1$$
$$_2C_0 \quad _2C_1 \quad _2C_2$$
$$_3C_0 \quad _3C_1 \quad _3C_2 \quad _3C_3$$
$$_4C_0 \quad _4C_1 \quad _4C_2 \quad _4C_3 \quad _4C_4$$
$$\vdots$$
$$_8C_0 \quad _8C_1 \quad _8C_2 \quad \cdots \quad _8C_6 \quad _8C_7 \quad _8C_8$$

① $_9C_2$ ② $_9C_3$
③ $_{10}C_2$ ④ $_{10}C_3$
⑤ $_{10}C_4$

16 x에 대한 항등식

$$(1+x)+(1+x)^2+(1+x)^3+\cdots+(1+x)^{15}$$
$$=a_0+a_1x+a_2x^2+\cdots+a_{15}x^{15}$$

에서 a_{11}의 값을 구하시오.

(단, $a_0, a_1, a_2, \ldots, a_{15}$는 상수)

17 $_{50}C_1-{}_{50}C_2+{}_{50}C_3-{}_{50}C_4+\cdots+{}_{50}C_{49}$의 값은?

① 0 ② 1 ③ 2
④ 2^{49} ⑤ 2^{50}

18 집합 $A=\{x_1,\ x_2,\ x_3,\ \ldots,\ x_8\}$의 부분집합 중에서 원소의 개수가 짝수인 것의 개수를 구하시오.

19 $_{30}C_1\times2+{}_{30}C_2\times2^2+{}_{30}C_3\times2^3+\cdots+{}_{30}C_{30}\times2^{30}$의 값은?

① $2^{30}-1$ ② 2^{30} ③ $2^{30}+1$
④ $3^{30}-1$ ⑤ 3^{30}

20 $11^{21}-1$을 1000으로 나누었을 때의 나머지는?

① 190 ② 200 ③ 210
④ 220 ⑤ 230

 02 / 중복조합과 이항정리

맞힌 개수

/ 20

1 $_{13-r}H_{r+1}=_{14-2r}H_{2r}$를 만족시키는 모든 자연수 r의 값의 합은?

① 3 ② 4 ③ 5
④ 6 ⑤ 7

2 서로 다른 종류의 음료수 3개와 같은 종류의 빵 2개를 3명에게 나누어 주는 경우의 수는?

(단, 아무 것도 받지 못하는 사람이 있을 수 있다.)

① 6 ② 27 ③ 54
④ 108 ⑤ 162

3 깨 송편, 밤 송편, 콩 송편을 섞어서 20개를 한 상자에 넣어 포장하려고 한다. 3종류의 송편을 적어도 4개씩 포함하여 포장하는 경우의 수를 구하시오. (단, 각 종류의 송편은 20개 이상씩 있고, 같은 종류의 송편은 서로 구별하지 않는다.)

4 서로 다른 종류의 펜 4개와 같은 종류의 지우개 4개를 3명의 학생 A, B, C에게 남김없이 나누어 줄 때, 다음 조건을 만족시키도록 나누어 주는 경우의 수를 구하시오.

(개) 각 학생에게 적어도 1개의 펜을 나누어 준다.
(내) 각 학생에게 펜과 지우개를 합하여 5개 이하로 나누어 준다.

5 $(a-b)^2(x+y+z)^3(p+q+r+s)^2$의 전개식에서 서로 다른 항의 개수는?

① 100 ② 150 ③ 200
④ 250 ⑤ 300

6 한 개의 주사위를 4번 던져서 나오는 눈의 수를 차례대로 a, b, c, d라 할 때, $a \le b \le c \le d$를 만족시키는 순서쌍 (a, b, c, d)의 개수는?

① 120 ② 122 ③ 124
④ 126 ⑤ 128

7 $1\leq|a|\leq|b|\leq|c|\leq8$을 만족시키는 정수 a, b, c의 순서쌍 (a,b,c)의 개수는?

① 800   ② 880   ③ 960

④ 1040   ⑤ 1120

8 방정식 $x+y+z=10$을 만족시키는 음이 아닌 정수 x, y, z의 순서쌍 (x,y,z)의 개수를 a, 자연수 x, y, z의 순서쌍 (x,y,z)의 개수를 b라 할 때, $a+b$의 값은?

① 96   ② 99   ③ 102

④ 105   ⑤ 108

9 다음 조건을 만족시키는 자연수 a, b, c, d의 순서쌍 (a,b,c,d)의 개수는?

> (개) a, b, c, d 중에서 홀수는 2개이다.
> (내) $a+b+c+d=12$

① 100   ② 110   ③ 120

④ 130   ⑤ 140

10 두 집합 $X=\{1,2,3\}$, $Y=\{y\,|\,y$는 10 이하의 홀수$\}$에 대하여 함수 $f:X\longrightarrow Y$가 $f(1)\leq f(2)$를 만족시킬 때, 함수 f의 개수를 구하시오.

11 두 집합 $X=\{1,2,3,4,5\}$, $Y=\{1,2,3,4,5,6,7,8\}$에 대하여 다음 조건을 만족시키는 함수 $f:X\longrightarrow Y$의 개수를 구하시오.

> (개) $f(3)$은 3의 배수이다.
> (내) $x_1\in X$, $x_2\in X$일 때, $x_1<x_2$이면 $f(x_1)\leq f(x_2)$이다.

12 $(x^2-2x)^4$의 전개식에서 x^6의 계수는?

① 22   ② 24   ③ 26

④ 28   ⑤ 30

13 $\left(x^3+\dfrac{1}{x^n}\right)^{10}$ 의 전개식에서 상수항이 존재하도록 하는 자연수 n의 개수를 구하시오.

14 $(x^2+a)(x-1)^4$의 전개식에서 x^2의 계수가 13일 때, x^4의 계수를 구하시오. (단, a는 상수)

15 $(x+2)^3(x-2)^4$의 전개식에서 x^5의 계수를 구하시오.

16 $_5C_1+_6C_2+_7C_3+_8C_4+_9C_5$의 값은?

① 245 ② 248 ③ 251
④ 254 ⑤ 257

17 $x^3(1+x)+x^3(1+x)^2+x^3(1+x)^3+\cdots+x^3(1+x)^7$ 의 전개식에서 x^6의 계수는?

① 60 ② 65 ③ 70
④ 75 ⑤ 80

18 $_nC_1+_nC_2+_nC_3+\cdots+_nC_n$의 값이 3의 배수가 되도록 하는 30 이하의 자연수 n의 개수는?

① 14 ② 15 ③ 16
④ 17 ⑤ 18

19 $A=_{10}C_0+_{10}C_1\times 3+_{10}C_2\times 3^2+\cdots+_{10}C_{10}\times 3^{10}$,
$B=_{10}C_0-_{10}C_1\times 5+_{10}C_2\times 5^2-\cdots+_{10}C_{10}\times 5^{10}$에 대하여 $A-B$의 값을 구하시오.

20 전체집합 $U=\{1,\ 3,\ 5,\ \ldots,\ 17\}$의 두 부분집합 A, B가 $A\subset B$를 만족시킬 때, 두 집합 A, B를 정하는 경우의 수는?

① 2^9 ② 2^9+1 ③ 3^9-1
④ 3^9 ⑤ 3^9+1

03 / 확률의 개념과 활용

1 한 개의 주사위를 2번 던질 때, 나오는 눈의 수를 차례대로 a, b라 하자. ab의 값이 8 또는 12가 되는 사건을 A, 6 이하의 자연수 n에 대하여 $a+b=n$이 되는 사건을 B_n이라 할 때, 두 사건 A와 B_n이 서로 배반사건이 되도록 하는 자연수 n의 개수를 구하시오.

2 1부터 14까지의 자연수가 각각 하나씩 적힌 14장의 카드가 들어 있는 주머니에서 임의로 1장의 카드를 꺼낼 때, 꺼낸 카드에 적힌 수가 12의 약수인 사건을 A라 하자. 사건 A와 서로 배반인 사건의 개수를 구하시오.

3 서로 다른 두 개의 주사위를 던져서 나오는 눈의 수를 각각 a, b라 할 때, 이차방정식 $x^2+2ax+b=0$이 허근을 가질 확률을 구하시오.

4 answer에 있는 6개의 문자를 일렬로 배열할 때, 양 끝에 a와 r가 오도록 배열할 확률은?

① $\dfrac{1}{30}$ ② $\dfrac{1}{15}$ ③ $\dfrac{1}{10}$

④ $\dfrac{2}{15}$ ⑤ $\dfrac{1}{6}$

5 여섯 개의 숫자 0, 1, 2, 3, 4, 5로 중복을 허용하여 만들 수 있는 세 자리의 자연수 중에서 임의로 1개를 택할 때, 그 수가 5의 배수일 확률은?

① $\dfrac{1}{3}$ ② $\dfrac{16}{45}$ ③ $\dfrac{17}{45}$

④ $\dfrac{2}{5}$ ⑤ $\dfrac{19}{45}$

6 process에 있는 7개의 문자를 일렬로 배열할 때, p가 c보다 앞에 오고 c가 r보다 앞에 오도록 배열할 확률을 구하시오.

7 흰 공 3개, 검은 공 2개가 들어 있는 주머니에서 임의로 3개의 공을 동시에 꺼낼 때, 흰 공 2개와 검은 공 1개가 나올 확률은?

① $\dfrac{3}{10}$ ② $\dfrac{2}{5}$ ③ $\dfrac{1}{2}$

④ $\dfrac{3}{5}$ ⑤ $\dfrac{7}{10}$

8 집합 $X=\{1,\ 2,\ 3,\ 4,\ 5,\ 6\}$의 부분집합 중에서 임의의 집합 A를 택할 때, 그 집합이 다음 조건을 만족시킬 확률을 구하시오.

> (가) 집합 A와 집합 $B=\{1,\ 2,\ 3\}$은 서로소이다.
> (나) 집합 A의 원소의 개수는 2 이상이다.

9 방정식 $x+y+z+w=10$을 만족시키는 자연수 $x,\ y,\ z,\ w$의 순서쌍 $(x,\ y,\ z,\ w)$ 중에서 임의로 1개를 택할 때, $z \geq 3$일 확률은?

① $\dfrac{5}{12}$ ② $\dfrac{3}{7}$ ③ $\dfrac{3}{8}$

④ $\dfrac{19}{42}$ ⑤ $\dfrac{4}{7}$

10 두 집합 $X=\{1,\ 2,\ 3,\ 4,\ 5\}$, $Y=\{1,\ 3,\ 5\}$에 대하여 X에서 Y로의 함수 f 중에서 임의로 1개를 택할 때, 그 함수가 다음 조건을 만족시킬 확률을 구하시오.

> 집합 X의 임의의 두 홀수인 원소 $x_1,\ x_2$에 대하여 $x_1 < x_2$이면 $f(x_1) \leq f(x_2)$

11 어느 공장에서 생산된 제품 1000개 중에서 12개가 불량품으로 판정되었다. 이 공장의 제품 중에서 임의로 1개를 택할 때, 그 제품이 불량품일 확률은?

① $\dfrac{1}{250}$ ② $\dfrac{1}{125}$ ③ $\dfrac{3}{250}$

④ $\dfrac{7}{500}$ ⑤ $\dfrac{2}{125}$

12 오른쪽 그림과 같이 $\overline{AB}=2$, $\overline{AD}=1$인 직사각형 $ABCD$의 내부에 임의의 점 P를 잡을 때, 삼각형 PAB가 둔각삼각형일 확률을 구하시오.

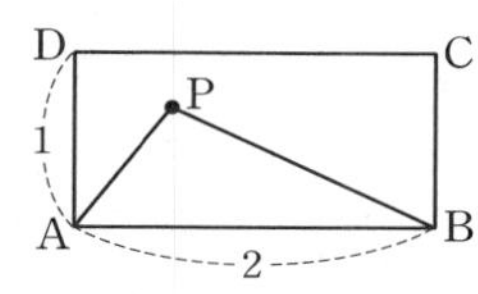

13 표본공간 S의 임의의 두 사건 $A,\ B$에 대하여 보기에서 옳은 것만을 있는 대로 고른 것은?

> **보기**
> ㄱ. $0 \leq P(A)+P(B) \leq 1$
> ㄴ. $0 \leq P(A)P(B) \leq 1$
> ㄷ. $0 \leq P(A \cup B) \leq 1$

① ㄴ   ② ㄱ, ㄴ   ③ ㄱ, ㄷ

④ ㄴ, ㄷ   ⑤ ㄱ, ㄴ, ㄷ

14 두 사건 A, B에 대하여
$$\mathrm{P}(A^c)=\frac{3}{4},\ \mathrm{P}(B)=\frac{2}{3},\ \mathrm{P}(A\cup B)=\frac{4}{5}$$
일 때, $\mathrm{P}(A\cap B)$를 구하시오.

15 두 사건 A, B^c가 서로 배반사건이고
$$\mathrm{P}(A\cap B)=\frac{1}{8},\ \mathrm{P}(A)+\mathrm{P}(B)=\frac{2}{3}$$
일 때, $\mathrm{P}(B)$를 구하시오.

16 어느 기관에서 대학생을 대상으로 졸업 후 진로에 대하여 조사하였을 때, 취업을 희망하는 학생이 전체의 $\frac{5}{8}$, 대학원 진학을 희망하는 학생이 전체의 $\frac{1}{5}$, 취업과 대학원 진학을 동시에 희망하는 학생이 전체의 $\frac{1}{10}$이었다. 조사에 응답한 학생 중에서 임의로 1명을 택할 때, 그 학생이 취업 또는 대학원 진학을 희망한 학생일 확률은?

① $\dfrac{7}{10}$ ② $\dfrac{29}{40}$ ③ $\dfrac{3}{4}$

④ $\dfrac{31}{40}$ ⑤ $\dfrac{4}{5}$

17 파란 공 3개, 빨간 공 4개가 들어 있는 주머니에서 임의로 3개의 공을 동시에 꺼낼 때, 파란 공이 1개만 나오거나 하나도 나오지 않을 확률을 구하시오.

18 1부터 90까지의 자연수가 각각 하나씩 적힌 90개의 공이 들어 있는 주머니에서 임의로 1개의 공을 꺼낼 때, 꺼낸 공에 적힌 수가 33과 서로소일 확률은?

① $\dfrac{7}{15}$ ② $\dfrac{23}{45}$ ③ $\dfrac{5}{9}$

④ $\dfrac{3}{5}$ ⑤ $\dfrac{29}{45}$

19 k개의 당첨 제비를 포함한 12개의 제비가 들어 있는 주머니에서 임의로 2개의 제비를 동시에 뽑을 때, 적어도 1개는 당첨 제비일 확률이 $\dfrac{5}{11}$이다. 이때 k의 값을 구하시오.

20 1부터 13까지의 자연수가 각각 하나씩 적힌 13장의 카드가 들어 있는 상자에서 임의로 3장의 카드를 동시에 꺼낼 때, 꺼낸 카드에 적힌 수의 최댓값이 10 이상일 확률은?

① $\dfrac{9}{13}$ ② $\dfrac{100}{143}$ ③ $\dfrac{101}{143}$

④ $\dfrac{102}{143}$ ⑤ $\dfrac{103}{143}$

중단원 기출 문제 2회 | 03 / 확률의 개념과 활용

맞힌 개수 / 20

1 1부터 20까지의 자연수가 각각 하나씩 적힌 20장의 카드가 들어 있는 상자에서 임의로 1장의 카드를 꺼낼 때, 꺼낸 카드에 적힌 수가 15의 약수인 사건을 A, 3으로 나누었을 때의 나머지가 2인 사건을 B, 7의 배수인 사건을 C라 하자. 보기에서 서로 배반사건인 것만을 있는 대로 고르시오.

> **보기**
> ㄱ. A와 B ㄴ. A와 C ㄷ. B와 C

2 표본공간 $S=\{2, 3, 5, 7, 9, 11, 13\}$에 대하여 두 사건 A, B가 $A=\{x \mid x$는 3의 배수$\}$, $B=\{7, 9, 11, 13\}$일 때, 표본공간 S의 사건 중에서 A, B와 모두 배반사건인 것의 개수를 구하시오.

3 한 개의 주사위를 3번 던져서 나오는 눈의 수를 차례대로 a, b, c라 할 때, $a<b+2 \leq c$일 확률은?

① $\dfrac{1}{9}$ ② $\dfrac{5}{36}$ ③ $\dfrac{1}{6}$

④ $\dfrac{7}{36}$ ⑤ $\dfrac{2}{9}$

4 남학생 4명과 여학생 4명이 일렬로 설 때, 남학생과 여학생이 교대로 설 확률을 구하시오.

5 집합 $X=\{1, 2, 3, 4, 5\}$, $Y=\{1, 2, 3, 4\}$에 대하여 $f : X \to Y$ 중에서 임의로 1개를 택할 때, 그 함수가 $a+b=5$이면 $f(a)=f(b)$를 만족시킬 확률을 구하시오. (단, $a \in X$, $b \in X$)

6 한 개의 주사위를 4번 던져서 나오는 눈의 수를 차례대로 a, b, c, d라 할 때, $abcd=6$일 확률을 구하시오.

7 website에 있는 7개의 문자를 일렬로 배열할 때, s와 t가 양 끝에 오도록 배열할 확률은?

① $\dfrac{1}{21}$ ② $\dfrac{1}{20}$ ③ $\dfrac{1}{19}$

④ $\dfrac{1}{18}$ ⑤ $\dfrac{1}{17}$

8 유진이네 반의 1번부터 10번까지의 학생들 중에서 임의로 3명을 뽑아 청소 당번을 정할 때, 7번, 8번, 9번 학생을 뽑지 않을 확률은?

(단, 청소 당번의 순서는 생각하지 않는다.)

① $\dfrac{1}{8}$ ② $\dfrac{1}{6}$ ③ $\dfrac{5}{24}$

④ $\dfrac{1}{4}$ ⑤ $\dfrac{7}{24}$

9 집합 $X=\{1, 2, 3, 4, 5\}$에 대하여 X에서 X로의 함수 f 중에서 임의로 1개를 택할 때, 그 함수가 다음 조건을 만족시킬 확률을 구하시오.

> ㈎ 집합 X의 원소 $x_1,\ x_2$에 대하여 $x_1<x_2$이면
> $\quad f(x_1)\leq f(x_2)$
> ㈏ $f(2)=3$

10 빨간 공과 파란 공을 합하여 7개의 공이 들어 있는 주머니에서 임의로 2개의 공을 동시에 꺼내어 색을 확인하고 다시 넣는 시행을 여러 번 반복하였더니 7번에 1번 꼴로 2개의 공이 모두 빨간 공이었다. 이때 주머니 속에 들어 있는 빨간 공의 개수를 구하시오.

11 $-3\leq a\leq5$인 실수 a에 대하여 이차방정식 $x^2+3ax+9a=0$이 실근을 가질 확률은?

① $\dfrac{1}{8}$ ② $\dfrac{1}{4}$ ③ $\dfrac{3}{8}$

④ $\dfrac{1}{2}$ ⑤ $\dfrac{5}{8}$

12 표본공간 S의 임의의 두 사건 A, B에 대하여 보기에서 옳은 것만을 있는 대로 고른 것은?

> **보기**
> ㄱ. $P(A)+P(B)=2$이면 $S=A=B$
> ㄴ. $0\leq P(A\cap B)\leq P(A)$
> ㄷ. $P(A)+P(B)\leq P(S)$

① ㄱ ② ㄱ, ㄴ ③ ㄱ, ㄷ

④ ㄴ, ㄷ ⑤ ㄱ, ㄴ, ㄷ

13 두 사건 A, B에 대하여

$$P(A)=\dfrac{1}{5},\ P(B)=\dfrac{2}{5},\ P(A^c\cap B^c)=\dfrac{1}{2}$$

일 때, $P(A\cap B)$는?

① $\dfrac{1}{10}$ ② $\dfrac{1}{5}$ ③ $\dfrac{3}{10}$

④ $\dfrac{2}{5}$ ⑤ $\dfrac{1}{2}$

14 두 사건 A, B가 서로 배반사건이고 $\mathrm{P}(A \cup B) = \dfrac{5}{7}$, $\mathrm{P}(A) + \mathrm{P}(B^c) = \dfrac{2}{5}$일 때, $\mathrm{P}(B^c)$는?

① $\dfrac{11}{35}$ ② $\dfrac{12}{35}$ ③ $\dfrac{13}{35}$

④ $\dfrac{2}{5}$ ⑤ $\dfrac{3}{7}$

15 1부터 100까지의 자연수가 각각 하나씩 적힌 100장의 카드 중에서 임의로 1장의 카드를 뽑을 때, 뽑은 카드에 적힌 수가 5의 배수이거나 6의 배수일 확률을 구하시오.

16 교사 2명과 학생 5명이 일렬로 설 때, 교사끼리 서로 이웃하여 서거나 양 끝에 학생이 설 확률을 구하시오.

17 4명의 학생이 가위바위보를 한 번 할 때, 승부가 나지 않을 확률을 구하시오.

18 3명의 학생이 7곳의 여행 장소 중에서 자신의 여행 장소를 하나씩 택할 때, 여행 장소가 같은 학생이 있을 확률을 구하시오.

19 4개의 분홍색 우산을 포함한 16개의 우산 중에서 임의로 2개의 우산을 동시에 뽑을 때, 적어도 1개는 분홍색 우산을 뽑을 확률을 구하시오.

20 서로 다른 5개의 동전을 동시에 던질 때, 뒷면이 2개 이상 나올 확률은?

① $\dfrac{25}{32}$ ② $\dfrac{13}{16}$ ③ $\dfrac{27}{32}$

④ $\dfrac{7}{8}$ ⑤ $\dfrac{29}{32}$

1 두 사건 A, B에 대하여

$$\mathrm{P}(A)=\frac{1}{5},\ \mathrm{P}(B)=\frac{1}{2},\ \mathrm{P}(A^c\cap B)=\frac{2}{5}$$

일 때, $\mathrm{P}(B\,|\,A)$는?

① $\dfrac{1}{2}$　　② $\dfrac{2}{5}$　　③ $\dfrac{3}{10}$

④ $\dfrac{1}{5}$　　⑤ $\dfrac{1}{10}$

2 어느 학교에서 300명의 학생을 대상으로 교복 착용 여부를 조사한 결과 교복을 착용하는 학생은 전체의 80 %, 교복을 착용하는 여학생은 126명이다. 임의로 택한 1명이 교복을 착용하는 학생일 때, 그 학생이 남학생일 확률을 구하시오.

3 남학생 3명, 여학생 4명이 있는 어느 동아리에서 임의로 택한 3명이 발표를 한다고 할 때, 발표를 할 남학생과 여학생의 수를 각각 a, b라 하자. $2a>b$일 때, $a=2$일 확률을 구하시오.

4 같은 종류의 9개의 상자에 불고기 피자 4개와 고구마 피자 5개가 각각 1개씩 들어 있다. 지훈이와 규진이가 차례대로 상자를 임의로 1개씩 열어 볼 때, 적어도 1개는 고구마 피자가 들어 있을 확률을 구하시오.
(단, 열어 본 상자는 다시 열어 보지 않는다.)

5 어느 반에서 후보로 추천된 여학생 n명, 남학생 $(n+2)$명 중에서 임의로 반장 1명을 뽑은 후 나머지 후보 중에서 임의로 부반장 1명을 뽑을 때, 반장과 부반장이 모두 남학생일 확률이 $\dfrac{5}{14}$이다. 이때 n의 값을 구하시오.

6 어느 프로 야구팀이 비가 오는 날 경기에서 이길 확률이 0.5이고, 비가 오지 않는 날 경기에서 이길 확률이 0.6이다. 어느 날 비가 올 확률이 0.2일 때, 이 야구팀이 경기를 하여 이길 확률은?

① 0.52　　② 0.55　　③ 0.58

④ 0.61　　⑤ 0.64

7 상자 A에는 빨간색 사탕 2개와 초록색 사탕 4개가 들어 있고, 상자 B에는 빨간색 사탕 3개와 초록색 사탕 2개가 들어 있다. 임의로 상자 1개를 택하여 2개의 사탕을 동시에 꺼낼 때, 꺼낸 사탕이 모두 빨간색 사탕일 확률을 구하시오.

8 어느 고등학교는 3학년 학생의 60%가 남학생이다. 이 학교의 3학년 학생을 대상으로 수시 모집 응시 여부를 조사한 결과 남학생의 $\dfrac{1}{12}$, 여학생의 $\dfrac{1}{10}$이 수시 모집에 응시하지 않았다. 이 학교의 3학년 학생 중에서 임의로 택한 1명이 수시 모집에 응시하지 않은 학생일 때, 그 학생이 남학생일 확률을 구하시오.

9 어느 자동차 보험 회사는 보험에 가입한 고객을 우대 고객과 일반 고객으로 나누는데, 우대 고객과 일반 고객 수의 비는 $3:7$이고 우대 고객과 일반 고객의 만기 후 보험 재가입률은 각각 80%, 40%이다. 이 보험 회사의 보험에 가입한 고객 중에서 임의로 택한 1명이 만기 후 보험에 재가입하지 않았을 때, 그 고객이 우대 고객이었을 확률은?

① $\dfrac{1}{8}$ ② $\dfrac{1}{4}$ ③ $\dfrac{3}{8}$

④ $\dfrac{1}{2}$ ⑤ $\dfrac{5}{8}$

10 한 개의 주사위를 2번 던져서 첫 번째로 나오는 눈의 수가 2의 배수인 사건을 A, 나오는 두 눈의 수의 합이 11인 사건을 B, 두 번째로 나오는 눈의 수가 6의 약수인 사건을 C라 할 때, 보기에서 서로 독립인 사건인 것만을 있는 대로 고른 것은?

> **보기**
> ㄱ. A와 B ㄴ. A와 C ㄷ. B와 C

① ㄱ   ② ㄱ, ㄴ   ③ ㄱ, ㄷ

④ ㄴ, ㄷ   ⑤ ㄱ, ㄴ, ㄷ

11 표본공간 $S=\{x \mid x$는 12의 양의 약수$\}$에 대하여 두 사건 A, B는 서로 독립이다. 이때 $A=\{2,\,3,\,4\}$, $A\cap B=\{3,\,4\}$를 만족시키는 사건 B의 개수를 구하시오.

12 두 사건 A, B에 대하여 보기에서 옳은 것만을 있는 대로 고르시오. (단, $0<\mathrm{P}(A)<1$, $0<\mathrm{P}(B)<1$)

> **보기**
> ㄱ. 두 사건 A, A^c는 서로 종속이다.
> ㄴ. 두 사건 A, B가 서로 배반사건이면 A, B는 서로 독립이다.
> ㄷ. 두 사건 A, B가 서로 독립이면 두 사건 A^c, B도 서로 독립이다.

13 두 사건 A, B가 서로 독립이고
$$\mathrm{P}(A\,|\,B)=\frac{3}{20},\ \mathrm{P}(A\cap B^c)=\frac{1}{8}$$
일 때, $\mathrm{P}(B)$는?

① $\dfrac{1}{3}$ ② $\dfrac{1}{4}$ ③ $\dfrac{1}{5}$

④ $\dfrac{1}{6}$ ⑤ $\dfrac{1}{8}$

14 갑과 을이 투호에서 화살을 던져 병 속에 넣을 때, 갑은 4번에 3번 꼴로 성공하고 을은 3번에 2번 꼴로 성공한다고 한다. 갑과 을이 화살을 1개씩 던질 때, 갑 또는 을이 성공할 확률은? (단, 갑과 을이 화살을 던져 성공하는 사건은 서로 영향을 주지 않는다.)

① $\dfrac{7}{12}$ ② $\dfrac{2}{3}$ ③ $\dfrac{3}{4}$

④ $\dfrac{5}{6}$ ⑤ $\dfrac{11}{12}$

15 어느 고등학교 2학년 학생을 대상으로 방과 후 학교 신청 여부를 조사한 결과 신청한 남학생은 20명, 신청하지 않은 남학생은 40명, 신청한 여학생은 30명이었다. 이 2학년 학생 중에서 임의로 1명을 택할 때, 그 학생이 남학생인 사건과 방과 후 학교를 신청한 학생인 사건이 서로 독립이다. 이때 방과 후 학교를 신청하지 않은 여학생의 수는?

① 50 ② 55 ③ 60
④ 65 ⑤ 70

16 어느 양궁 선수가 10점 과녁을 맞힐 확률이 $\dfrac{3}{4}$이라 한다. 이 선수가 5발을 쏠 때, 1발 이상 10점 과녁에 맞힐 확률은?

① $\dfrac{1015}{1024}$ ② $\dfrac{1017}{1024}$ ③ $\dfrac{1019}{1024}$
④ $\dfrac{1021}{1024}$ ⑤ $\dfrac{1023}{1024}$

17 민규네 학교에서 실시하는 수학 골든벨의 본선에 진출하려면 예선에서 3문제를 모두 맞혀야 한다. 그런데 3문제 중에서 2문제를 맞힌 학생들을 대상으로 패자 부활전을 진행하여 추가 문제를 맞힌 학생을 본선에 진출시킨다. 민규가 각각의 예선 문제를 맞힐 확률이 $\dfrac{1}{2}$이고, 패자 부활전 추가 문제를 맞힐 확률이 $\dfrac{1}{3}$일 때, 민규가 본선에 진출할 확률을 구하시오.

18 두 팀 A, B가 경기를 할 때, 먼저 4번의 경기에서 이기는 팀이 우승을 한다. 매 경기마다 A 팀이 B 팀을 이길 확률이 각각 $\dfrac{1}{3}$이고, A 팀이 1번, B 팀이 2번 이겼을 때 A 팀이 우승할 확률은? (단, 비기는 경우는 없다.)

① $\dfrac{2}{27}$ ② $\dfrac{1}{9}$ ③ $\dfrac{4}{27}$
④ $\dfrac{5}{27}$ ⑤ $\dfrac{2}{9}$

19 1부터 8까지의 자연수가 각각 하나씩 적힌 8장의 카드가 들어 있는 주머니에서 임의로 1장의 카드를 꺼낼 때, 꺼낸 카드에 적힌 수의 약수의 개수가 k이면 한 개의 동전을 k번 던진다. 이때 동전의 앞면이 3번 이상 나올 확률을 구하시오.

20 수직선 위의 점 P는 서로 다른 두 개의 동전을 동시에 던져서 모두 앞면이 나오면 양의 방향으로 1만큼, 적어도 1개가 뒷면이 나오면 음의 방향으로 2만큼 이동한다. 서로 다른 두 개의 동전을 동시에 6번 던질 때, 원점에서 출발한 점 P가 다시 원점으로 돌아올 확률을 구하시오.

1 두 사건 A, B에 대하여
$$P(A^C)=0.7, \ P(B^C|A)=0.2, \ P(A\cup B)=0.8$$
일 때, $P(B)$는?

① 0.68　　　② 0.7　　　③ 0.72

④ 0.74　　　⑤ 0.76

2 오른쪽 표는 어느 고등학교에서 학생 60명을 대상으로 강릉과 담양 중 여행지로 선호하는 지역을 조사하여 나타

(단위: 명)

	강릉	담양	합계
남학생	19	15	34
여학생	11	15	26
합계	30	30	60

낸 것이다. 이 학생 중에서 임의로 택한 1명이 여학생일 때, 그 학생이 담양을 선호하는 학생일 확률을 구하시오.

3 education에 있는 9개의 문자를 자음끼리 서로 이웃하지 않도록 일렬로 배열할 때, a와 e가 서로 이웃하도록 배열할 확률을 구하시오.

4 흰 공 5개, 검은 공 3개가 들어 있는 주머니에서 공을 임의로 1개씩 2번 꺼낼 때, 2번 모두 흰 공을 꺼낼 확률을 구하시오. (단, 꺼낸 공은 다시 넣지 않는다.)

5 사과 3개, 배 5개가 들어 있는 상자에서 다온이와 채윤이가 차례대로 과일을 임의로 1개씩 꺼낼 때, 꺼낸 과일 중 하나만 배일 확률을 구하시오.
(단, 꺼낸 과일은 다시 넣지 않는다.)

6 주머니 A에는 흰 공 2개와 검은 공 4개가 들어 있고, 주머니 B에는 흰 공 3개와 검은 공 1개가 들어 있다. 주머니 A에서 임의로 1개의 공을 꺼내어 흰 공이 나오면 추가로 흰 공 2개를 주머니 B에 넣고, 검은 공이 나오면 추가로 검은 공 2개를 주머니 B에 넣은 후 주머니 B에서 임의로 1개의 공을 꺼낼 때, 꺼낸 공이 흰 공일 확률을 구하시오.

7 어느 반 학생은 전체의 30%가 버스로 등교한다. 어느 날 버스로 등교한 학생의 $\dfrac{1}{5}$이 지각하였고, 버스로 등교하지 않은 학생의 $\dfrac{1}{20}$이 지각하였다. 이 반 학생 중에서 임의로 택한 1명이 지각한 학생이었을 때, 그 학생이 버스로 등교하였을 확률을 구하시오.

8 어느 거짓말 탐지기의 정확도는 80 %, 즉 참말을 참으로 판정할 확률과 거짓말을 거짓으로 판정할 확률이 각각 80 %이다. 참말을 할 확률이 0.6인 어떤 사람이 한 말에 대하여 거짓말 탐지기가 거짓으로 판정하였을 때, 실제로 그 사람이 참말을 하였을 확률을 구하시오.

9 한 개의 주사위를 던져서 나오는 눈의 수가 소수인 사건을 A, 짝수인 사건을 B, 3의 배수인 사건을 C라 할 때, 보기에서 서로 독립인 사건인 것만을 있는 대로 고른 것은?

> **보기**
> ㄱ. A와 B ㄴ. A와 C ㄷ. B와 C

① ㄱ ② ㄷ ③ ㄱ, ㄴ
④ ㄴ, ㄷ ⑤ ㄱ, ㄴ, ㄷ

10 표본공간 $S=\{1,\ 2,\ 3,\ 4,\ 5,\ 6\}$에 대하여 $A=\{1,\ 2,\ 3\}$일 때, 다음 조건을 만족시키는 사건 B의 개수를 구하시오.

> ㈎ 두 사건 A와 B는 서로 독립이다.
> ㈏ $n(A\cap B)=2$

11 다음은 두 사건 A, B가 서로 독립일 때, 두 사건 A^c, B^c도 서로 독립임을 증명하는 과정이다. ㈎, ㈏, ㈐에 알맞은 것은? (단, $0<\mathrm{P}(A)<1$, $0<\mathrm{P}(B)<1$)

> 두 사건 A, B가 서로 독립이면
> $$\mathrm{P}(A\cap B)=\boxed{\ ㈎\ }$$
> $A^c\cap B^c=(\boxed{\ ㈏\ })^c$이므로
> $$\begin{aligned}\mathrm{P}(A^c\cap B^c)&=\mathrm{P}((\boxed{\ ㈏\ })^c)\\&=1-\mathrm{P}(A\cup B)\\&=1-\{\boxed{\ ㈐\ }+\mathrm{P}(B)-\mathrm{P}(A\cap B)\}\\&=1-\{\boxed{\ ㈐\ }+\mathrm{P}(B)-\boxed{\ ㈎\ }\}\\&=\{1-\boxed{\ ㈐\ }\}\{1-\mathrm{P}(B)\}\\&=\mathrm{P}(A^c)\mathrm{P}(B^c)\end{aligned}$$
> 따라서 두 사건 A, B가 서로 독립이면 두 사건 A^c, B^c도 서로 독립이다.

① ㈎ $\mathrm{P}(A)\mathrm{P}(B)$ ㈏ $A\cap B$ ㈐ $\mathrm{P}(A)$
② ㈎ $\mathrm{P}(A)\mathrm{P}(B)$ ㈏ $A\cup B$ ㈐ $\mathrm{P}(A)$
③ ㈎ $\mathrm{P}(A)\mathrm{P}(B)$ ㈏ $A\cup B$ ㈐ $\mathrm{P}(A^c)$
④ ㈎ $\mathrm{P}(A)+\mathrm{P}(B)$ ㈏ $A\cup B$ ㈐ $\mathrm{P}(A^c)$
⑤ ㈎ $\mathrm{P}(A)+\mathrm{P}(B)$ ㈏ $A-B$ ㈐ $\mathrm{P}(A)$

12 두 사건 A, B가 서로 독립이고
$$\mathrm{P}(A)=\frac{2}{3},\ \mathrm{P}(A\cap B)=\mathrm{P}(A)-\frac{1}{2}\mathrm{P}(B)$$
일 때, $\mathrm{P}(B)$는?

① $\dfrac{1}{7}$ ② $\dfrac{2}{7}$ ③ $\dfrac{3}{7}$
④ $\dfrac{4}{7}$ ⑤ $\dfrac{5}{7}$

13 두 사건 A, B가 서로 독립이고
$$\mathrm{P}(A)=\frac{1}{3},\ \mathrm{P}(A\cup B)=\frac{4}{9}$$
일 때, $\mathrm{P}(B)$를 구하시오.

14 어느 축구팀에서 승부차기 성공률이 각각 $\dfrac{3}{4}$, $\dfrac{5}{6}$인 두 축구 선수 A, B가 1번씩 승부차기를 할 때, 적어도 1명이 승부차기를 성공할 확률을 구하시오. (단, 축구 선수 A, B가 승부차기를 성공하는 사건은 서로 영향을 주지 않는다.)

15 주머니 A에는 빨간 구슬 2개와 검은 구슬 4개가 들어 있고, 주머니 B에는 빨간 구슬 4개와 검은 구슬 3개가 들어 있다. 두 주머니 A, B에서 각각 구슬을 임의로 1개씩 꺼낼 때, 꺼낸 구슬이 빨간 구슬 1개, 검은 구슬 1개일 확률을 구하시오.

16 1부터 6까지의 자연수가 각각 하나씩 적힌 6개의 공이 들어 있는 주머니에서 임의로 2개의 공을 동시에 꺼낸 후 다시 넣는 시행을 4번 한다. 이때 공에 적힌 수가 모두 4 이하인 사건이 3번 일어날 확률을 구하시오.

17 어느 고등학교 체육대회에서 청팀, 백팀이 시합을 할 때, 먼저 5번의 경기를 이기는 팀이 우승을 한다. 매 경기마다 청팀이 백팀을 이길 확률이 각각 $\dfrac{3}{4}$이고 청팀이 3승 2패로 앞서고 있을 때, 청팀이 우승할 확률을 구하시오. (단, 비기는 경우는 없다.)

18 한 개의 주사위를 던져서 나오는 눈의 수가 5 이상이면 한 개의 동전을 5번 던지고, 4 이하이면 한 개의 동전을 4번 던질 때, 동전의 앞면이 1번 나올 확률을 구하시오.

19 좌표평면 위의 원점에 점 A가 있다. 한 개의 동전을 던져서 앞면이 나오면 x축의 방향으로 1만큼, 뒷면이 나오면 y축의 방향으로 1만큼 움직인다. 한 개의 동전을 6번 던질 때, 점 A가 점 $(4, 2)$에 도착할 확률은?

① $\dfrac{5}{64}$　　② $\dfrac{5}{32}$　　③ $\dfrac{15}{64}$

④ $\dfrac{5}{16}$　　⑤ $\dfrac{25}{64}$

20 오른쪽 그림과 같이 한 변의 길이가 1인 정오각형 ABCDE의 꼭짓점 A에서 출발하여 변을 따라 다음과 같은 규칙으로 움직이는 점 P가 있다. 한 개의 동전을 4번 던질 때, 점 P가 다시 꼭짓점 A로 돌아올 확률을 구하시오.

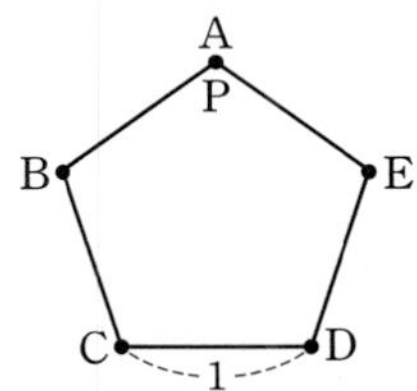

> 한 개의 동전을 던져 앞면이 나오면 시계 반대 방향으로 2만큼, 뒷면이 나오면 시계 방향으로 1만큼 움직인다.

1 이산확률변수 X의 확률질량함수가
$$\mathrm{P}(X=x)=\frac{2x-1}{a}\ (x=1,\ 2,\ 3)$$
일 때, 상수 a의 값을 구하시오.

2 확률변수 X의 확률분포를 표로 나타내면 다음과 같을 때, $\mathrm{P}(X\leq 0)$을 구하시오. (단, k는 상수)

X	-2	-1	0	1	2	합계
$\mathrm{P}(X=x)$	$2k$	k	$3k$	$12k$	$6k$	1

3 서로 다른 두 개의 주사위를 동시에 던져서 나오는 두 눈의 수의 합을 확률변수 X라 하자. 이때 $\mathrm{P}(X^2-14X+48\leq 0)$은?

① $\dfrac{1}{6}$　　② $\dfrac{5}{18}$　　③ $\dfrac{11}{36}$

④ $\dfrac{15}{36}$　　⑤ $\dfrac{4}{9}$

4 남학생 5명과 여학생 3명 중에서 임의로 4명의 대표를 뽑을 때, 뽑힌 남학생의 수를 확률변수 X라 하자. $\mathrm{P}(X\geq a)=\dfrac{1}{2}$일 때, 자연수 a의 값을 구하시오.

5 확률변수 X의 확률분포를 표로 나타내면 다음과 같다. $\mathrm{E}(X)=3$일 때, $\mathrm{E}(X^2)$은? (단, a, b는 상수)

X	2	3	6	합계
$\mathrm{P}(X=x)$	$\dfrac{1}{2}$	a	b	1

① 8　　② 9　　③ 10
④ 11　　⑤ 12

6 확률변수 X가 가질 수 있는 값이 0, 1, 2, 3이고
$$\mathrm{P}(X=k)=3\mathrm{P}(X=k+1)\ (k=0,\ 1,\ 2)$$
일 때, $\mathrm{E}(X)$를 구하시오.

7 1부터 5까지의 자연수가 각각 하나씩 적힌 5개의 공이 들어 있는 주머니에서 임의로 3개의 공을 동시에 꺼낼 때, 꺼낸 짝수가 적힌 공의 개수를 확률변수 X라 하자. 이때 $\sigma(X)$를 구하시오.

8 각 면에 2, 2, 2, 4의 숫자가 각각 하나씩 적힌 정사면체 모양의 주사위 A와 각 면에 2, 4, 4, 6의 숫자가 각각 하나씩 적힌 정사면체 모양의 주사위 B를 동시에 던질 때, 바닥에 놓인 면에 적힌 두 수의 합을 확률변수 X라 하자. 이때 $\mathrm{E}(X)$를 구하시오.

9 어느 복권의 당첨금별 당첨 복권의 매수가 오른쪽 표와 같을 때, 이 복권 1장으로 받을 수 있는 당첨금의 기댓값은?

당첨금(만 원)	매수
100	5
50	10
20	20
0	65
합계	100

① 8만 원 ② 14만 원
③ 26만 원 ④ 42만 원
⑤ 100만 원

10 노란 구슬 a개, 파란 구슬 7개가 들어 있는 상자에서 임의로 1개의 구슬을 꺼낼 때, 노란 구슬을 꺼내면 9000원, 파란 구슬을 꺼내면 2700원을 받는 게임이 있다. 이 게임을 한 번 하여 받을 수 있는 금액의 기댓값이 4100원일 때, a의 값을 구하시오.

11 평균이 1, 분산이 9인 확률변수 X에 대하여 확률변수 $Y=aX+b$의 평균이 -1, 분산이 36이다. 이때 상수 a, b에 대하여 $a-b$의 값을 구하시오. (단, $a>0$)

12 확률변수 X에 대하여 $\mathrm{V}(X)=\dfrac{5}{8}$일 때, 확률변수 $Y=8X-2$에 대하여 $\mathrm{E}(Y^2)=13\mathrm{E}(Y)$이다. 이때 $\mathrm{E}(X)$의 최댓값을 구하시오.

13 확률변수 X의 확률분포를 표로 나타내면 다음과 같을 때, $\sigma(5X-1)$을 구하시오. (단, a는 상수)

X	0	1	2	합계
$\mathrm{P}(X=x)$	$\dfrac{3}{10}$	a	$\dfrac{3}{10}$	1

14 튤립 3송이, 장미 4송이 중에서 임의로 2송이를 동시에 택할 때, 택한 튤립의 수를 확률변수 X라 하자. 이때 확률변수 $Y=7X+3$의 분산은?

① 10 　　　② 15 　　　③ 20
④ 25 　　　⑤ 30

15 자유투를 4번 하면 3번의 비율로 성공하는 농구 선수가 있다. 이 선수가 자유투를 3번 할 때, 성공하는 횟수를 확률변수 X라 하자. 이때 $P(X \geq 1)$은?

① $\dfrac{61}{64}$ 　　　② $\dfrac{123}{128}$ 　　　③ $\dfrac{31}{32}$
④ $\dfrac{125}{128}$ 　　　⑤ $\dfrac{63}{64}$

16 확률변수 X가 이항분포 $B\left(6, \dfrac{2}{5}\right)$를 따를 때, $P(X>4)=\dfrac{2^a}{5^b}$이다. 자연수 a, b에 대하여 $a+b$의 값을 구하시오.

17 이항분포 $B(20, p)$를 따르는 확률변수 X의 표준편차가 $\dfrac{5}{3}$일 때, $\dfrac{P(X=7)}{P(X=6)}$의 값을 구하시오.

$$\left(단, p>\dfrac{1}{2}\right)$$

18 서하와 우주가 가위바위보를 n번 할 때, 서하가 이기는 횟수를 확률변수 X라 하자. $V(X)=4$일 때, $E(X)+E(X^2)$의 값은?

① 42 　　　② 43 　　　③ 44
④ 45 　　　⑤ 46

19 확률변수 X가 이항분포 $B\left(n, \dfrac{1}{6}\right)$을 따르고 $E(3X-2)=5$일 때, n의 값은?

① 11 　　　② 12 　　　③ 13
④ 14 　　　⑤ 15

20 원점 O를 출발하여 수직선 위를 움직이는 점 P가 있다. 한 개의 주사위를 던져서 소수의 눈이 나오면 양의 방향으로 5만큼, 소수가 아닌 눈이 나오면 음의 방향으로 2만큼 점 P를 이동시킨다. 주사위를 40번 던진 후의 점 P의 좌표를 확률변수 X라 할 때, $E(X)$를 구하시오.

05 / 이산확률변수와 이항분포

맞힌 개수 / 20

1 확률변수 X의 확률분포를 표로 나타내면 다음과 같을 때, 상수 a의 값을 구하시오.

X	0	1	2	합계
$P(X=x)$	$2a^2$	$2a$	a^2	1

2 이산확률변수 X의 확률질량함수가
$$P(X=x)=\frac{k}{x(x-1)} \ (x=2, 3, 4, 5, 6)$$
일 때, $P(X^2-9X+18=0)$은? (단, k는 상수)

① $\dfrac{6}{25}$ ② $\dfrac{9}{25}$ ③ $\dfrac{11}{25}$

④ $\dfrac{7}{10}$ ⑤ $\dfrac{4}{5}$

3 빨간 공 4개, 파란 공 4개가 들어 있는 주머니에서 임의로 2개의 공을 동시에 꺼낼 때, 꺼낸 빨간 공의 개수를 확률변수 X라 하자. 이때 $P(X\leq1)$을 구하시오.

4 딸기맛 사탕을 포함하여 서로 다른 맛의 사탕 5개가 들어 있는 주머니에서 임의로 1개의 사탕을 꺼내는 시행을 할 때, 딸기맛 사탕을 꺼낼 때까지 시행한 횟수를 확률변수 X라 하자. 이때 $P(2<X\leq4)$를 구하시오. (단, 꺼낸 사탕은 다시 넣지 않는다.)

5 확률변수 X의 확률분포를 표로 나타내면 다음과 같을 때, X의 분산을 구하시오. (단, a는 상수)

X	0	1	2	3	합계
$P(X=x)$	$\dfrac{1}{6}$	$\dfrac{1}{12}$	$\dfrac{1}{3}$	a	1

6 2개의 당첨 제비를 포함한 10개의 제비 중에서 임의로 2개의 제비를 동시에 뽑을 때, 뽑은 당첨 제비의 개수를 확률변수 X라 하자. 이때 $\sigma(X)$를 구하시오.

7 서로 다른 두 개의 동전을 동시에 던져서 모두 앞면이 나오면 500원, 모두 뒷면이 나오면 1000원을 받고, 서로 다른 면이 나오면 600원을 내기로 했다. 이 게임을 한 번 하여 받을 수 있는 금액의 기댓값을 구하시오.

8 확률변수 X에 대하여 $\mathrm{E}(X)=a$, $\mathrm{E}(X^2)=6a+7$일 때, 확률변수 $Y=4X+3$에 대하여 $\sigma(Y)$의 최댓값은?
(단, $-1\leq a\leq 5$)

① 16 ② 17 ③ 18
④ 19 ⑤ 20

9 확률변수 X의 확률분포를 표로 나타내면 다음과 같을 때, $\mathrm{V}(5X+8)$을 구하시오.

X	1	2	3	합계
$\mathrm{P}(X=x)$	$\dfrac{2}{5}$	$\dfrac{1}{5}$	$\dfrac{2}{5}$	1

10 이산확률변수 X의 확률질량함수가
$$\mathrm{P}(X=x)=a(x-2) \ (x=3,\,4,\,5,\,6,\,7)$$
일 때, $\mathrm{E}(3X-1)$을 구하시오. (단, a는 상수)

11 1부터 5까지의 자연수가 각각 하나씩 적힌 5장의 카드 중에서 임의로 2장의 카드를 뽑을 때, 뽑은 카드에 적힌 자연수 중에서 큰 수를 확률변수 X라 하자. 이때 $\mathrm{V}(7X-2)$는?

① 46 ② 47 ③ 48
④ 49 ⑤ 50

12 자연수 a에 대하여 1, 2, 2, 4, a가 각각 하나씩 적힌 5장의 카드 중에서 임의로 1장의 카드를 뽑을 때, 뽑은 카드에 적힌 수를 확률변수 X라 하자.
$\mathrm{E}(5X-3)=9$일 때, $\sigma(5X-3)$을 구하시오.

13 어느 양궁 선수가 화살을 한 번 쏠 때, 10점 과녁에 맞힐 확률이 0.8이라 한다. 이 양궁 선수가 화살을 10번 쏠 때, 8번 이상 10점 과녁에 맞힐 확률은?

① $\dfrac{9\times 4^8}{5^9}$ ② $\dfrac{14\times 4^9}{5^{10}}$ ③ $\dfrac{49\times 4^8}{5^{10}}$
④ $\dfrac{61\times 4^8}{5^{10}}$ ⑤ $\dfrac{101\times 4^8}{5^{10}}$

14 어느 공연을 예약한 사람 중에서 공연을 관람하지 않는 사람은 $10\,\%$라 한다. 공연장의 좌석이 32개이고 공연을 예약한 사람이 34명일 때, 실제로 좌석이 부족할 확률은? (단, $0.9^{33}=0.031$로 계산한다.)

① 0.0992　　② 0.1054　　③ 0.1085

④ 0.1333　　⑤ 0.1395

15 확률변수 X가 이항분포 $\mathrm{B}\!\left(48,\ \dfrac{1}{4}\right)$을 따를 때, 이차방정식 $x^2+ax+b=0$의 두 근이 $\mathrm{E}(X)$, $\sigma(X)$이다. 상수 a, b에 대하여 $a+b$의 값을 구하시오.

16 이항분포 $\mathrm{B}(n,\ p)$를 따르는 확률변수 X의 평균이 90, 표준편차가 $5\sqrt{3}$일 때, $n+6p$의 값을 구하시오.

17 한 개의 주사위를 9번 던져서 2의 약수의 눈이 나오는 횟수를 확률변수 X라 할 때, X^2의 평균은?

① 9　　② $\dfrac{19}{2}$　　③ 10

④ $\dfrac{21}{2}$　　⑤ 11

18 흰 바둑돌 6개와 검은 바둑돌 3개가 들어 있는 주머니에서 임의로 1개의 바둑돌을 꺼내어 확인한 후 다시 넣는 시행을 n번 반복할 때, 검은 바둑돌을 꺼낸 횟수를 확률변수 X라 하자. $\mathrm{E}(X^2)=\dfrac{16}{3}$일 때, n의 값을 구하시오.

19 어느 전구 회사에서 생산하는 전구의 $2\,\%$는 불량품이라 한다. 이 회사에서 생산한 전구 중에서 임의로 50개를 택하여 검사할 때, 택한 불량품의 개수를 확률변수 X라 하자. 이때 $\mathrm{V}(10X+1)$을 구하시오.

20 이항분포 $\mathrm{B}\!\left(n,\ \dfrac{5}{6}\right)$를 따르는 확률변수 X에 대하여 $\mathrm{P}(X=5)=20\mathrm{P}(X=4)$일 때, $\mathrm{V}(6X)$는?

① 20　　② 60　　③ 120

④ 180　　⑤ 240

1 연속확률변수 X의 확률밀도함수가
$$f(x)=a(2x-3) \ (-1 \leq x \leq 1)$$
일 때, 상수 a의 값은?

① -1 　　② $-\dfrac{1}{2}$ 　　③ $-\dfrac{1}{3}$

④ $-\dfrac{1}{4}$ 　　⑤ $-\dfrac{1}{6}$

2 $0 \leq x \leq 6$에서 정의된 연속확률변수 X의 확률밀도함수 $y=f(x)$의 그래프가 오른쪽 그림과 같을 때, 상수 p에 대하여 $\mathrm{P}(0 \leq X \leq 6p)$를 구하시오.

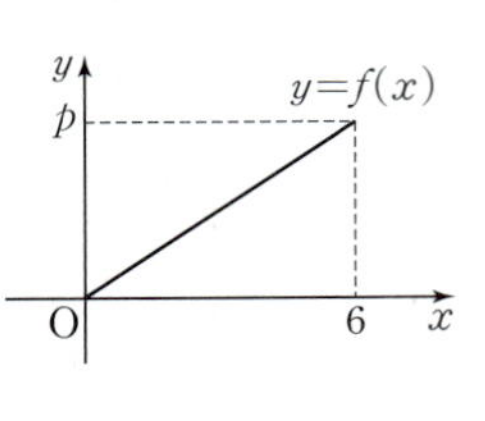

3 $0 \leq x \leq 8$에서 정의된 연속확률변수 X의 확률밀도함수 $f(x)$가 다음 조건을 만족시킬 때, 양수 a에 대하여 $\mathrm{P}(16a \leq X \leq 8-16a)$를 구하시오.

> (가) $f(4-x)=f(4+x) \ (0 \leq x \leq 4)$
> (나) $0 \leq x \leq 4$일 때, $f(x)=ax$

4 정규분포를 따르는 두 확률변수 X_1, X_2의 확률밀도함수를 각각 $f(x)$, $g(x)$라 하자. 두 함수 $y=f(x)$, $y=g(x)$의 그래프가 오른쪽 그림과 같을 때, 보기에서 옳은 것만을 있는 대로 고른 것은?

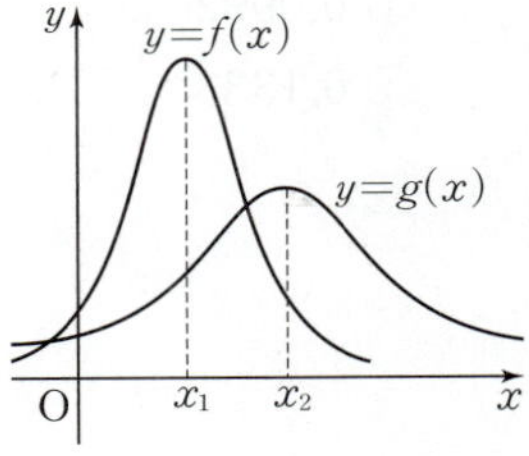

> **보기**
> ㄱ. $\mathrm{E}(X_1) < \mathrm{E}(X_2)$
> ㄴ. $\mathrm{V}(X_1) > \mathrm{V}(X_2)$
> ㄷ. $f(\mathrm{E}(X_1)) > g(\mathrm{E}(X_2))$

① ㄱ 　　② ㄱ, ㄴ 　　③ ㄱ, ㄷ

④ ㄴ, ㄷ 　　⑤ ㄱ, ㄴ, ㄷ

5 확률변수 X가 정규분포 $\mathrm{N}(m, 36)$을 따르고 $\mathrm{P}(10 \leq X \leq 12)=\mathrm{P}(18 \leq X \leq 20)$일 때, m의 값을 구하시오.

6 정규분포 $\mathrm{N}(m, \sigma^2)$을 따르는 확률변수 X에 대하여 $\mathrm{P}(m \leq X \leq x)$는 오른쪽 표와 같다. 확률변수 X가 정규분포 $\mathrm{N}(2, 1)$을 따

x	$\mathrm{P}(m \leq X \leq x)$
$m+0.5\sigma$	0.1915
$m+\sigma$	0.3413
$m+1.5\sigma$	0.4332
$m+2\sigma$	0.4772

를 때, 곡선 $y=x^2+2Xx-X+2$와 직선 $y=4x$가 만나지 않을 확률을 위의 표를 이용하여 구하시오.

7 확률변수 X가 정규분포 $N(m, \sigma^2)$을 따르면
$$P(m \le X \le m+2\sigma) = 0.4772$$
이다. 평균이 40, 표준편차가 6인 확률변수 X에 대하여 $P(X \le a) = 0.9772$를 만족시키는 상수 a의 값을 구하시오.

8 양계장 A에서 생산하는 달걀 1개의 무게는 평균이 60 g, 표준편차가 10 g인 정규분포를 따르고, 양계장 B에서 생산하는 달걀 1개의 무게는 평균이 65 g, 표준편차가 15 g인 정규분포를 따른다고 한다. 양계장 A에서 임의로 택한 달걀 1개의 무게가 a g 이상일 확률과 양계장 B에서 임의로 택한 달걀 1개의 무게가 a g 이하일 확률이 같을 때, 상수 a의 값을 구하시오.

9 확률변수 X가 정규분포 $N(40, 5^2)$을 따를 때, $P(34 \le X \le 43)$을 오른쪽 표준정규분포표를 이용하여 구한 것은?

z	$P(0 \le Z \le z)$
0.6	0.2257
1.2	0.3849
1.8	0.4641

① 0.1592　　② 0.2257　　③ 0.3849
④ 0.6106　　⑤ 0.6898

10 확률변수 X가 정규분포 $N(21, 3^2)$을 따를 때, $P(15 \le X \le a) = 0.9104$를 만족시키는 상수 a의 값을 오른쪽 표준정규분포표를 이용하여 구하시오.

z	$P(0 \le Z \le z)$
1.0	0.3413
1.5	0.4332
2.0	0.4772
2.5	0.4938

11 세 확률변수 X, Y, W가 각각 정규분포 $N(40, 3^2)$, $N(45, 4^2)$, $N(45, 6^2)$을 따르고,
$$a = P(X \le 46), \quad b = P(Y \ge 35), \quad c = P(W \le 51)$$
이라 할 때, a, b, c의 대소 관계는?

① $a < c < b$　　② $b < a < c$　　③ $b < c < a$
④ $c < a < b$　　⑤ $c < a = b$

12 어느 고등학교 학생들의 키는 평균이 171 cm, 표준편차가 7 cm인 정규분포를 따른다고 한다. 이 고등학교 학생 중에서 키가 164 cm 이상 178 cm 이하인 학생은 전체 학생의 몇 %인가? (단, $P(0 \le Z \le 1) = 0.34$)

① 16 %　　② 32 %　　③ 34 %
④ 68 %　　⑤ 84 %

13 어느 자격증 시험의 응시자 400명의 점수는 평균이 68점, 표준편차가 σ점인 정규분포를 따르고 점수가 80점 이상이면 합격한다고 한다. 합격자의 수가 28명일 때, σ의 값을 위의 표준정규분포표를 이용하여 구하시오.

z	$P(0 \le Z \le z)$
1.00	0.34
1.25	0.39
1.50	0.43
1.75	0.46

14 어느 공장에서 생산하는 과자 1봉지의 무게는 평균이 121 g, 표준편차가 2 g인 정규분포를 따른다고 한다. 이 공장에서 생산한 과자 5000봉지 중에서 무게가 118 g 이하인 과자는 몇 봉지인지 위의 표준정규분포표를 이용하여 구한 것은?

z	$P(0 \le Z \le z)$
1.0	0.3413
1.5	0.4332
2.0	0.4772
2.5	0.4938

① 331봉지   ② 332봉지   ③ 333봉지
④ 334봉지   ⑤ 335봉지

15 어느 대학교에서 한국어 능력을 평가하는 시험을 응시한 학생 250명 중에서 상위 15명에게 상품을 준다고 한다. 이 시험에 응시한 학생들의 점수는 평균이 132점, 표준편차가 20점인 정규분포를 따른다고 할 때, 상품을 받는 학생의 최저 점수를 구하시오.
(단, $P(0 \le Z \le 1.55) = 0.44$)

16 확률변수 X가 이항분포 $B\left(48, \dfrac{1}{4}\right)$을 따를 때, $P(X \le 15)$를 오른쪽 표준정규분포표를 이용하여 구하시오.

z	$P(0 \le Z \le z)$
1.0	0.3413
2.0	0.4772
3.0	0.4987

17 이항분포 $B(490, p)$를 따르는 확률변수 X에 대하여 $\sigma(X) = 10$일 때, $P(X \le 135)$를 구하시오.
(단, $0 < p < 0.5$, $P(0 \le Z \le 0.5) = 0.1915$)

18 한 개의 주사위를 162번 던질 때, 5의 약수의 눈이 42번 이상 60번 이하로 나올 확률을 오른쪽 표준정규분포표를 이용하여 구한 것은?

z	$P(0 \le Z \le z)$
0.5	0.1915
1.0	0.3413
1.5	0.4332
2.0	0.4772

① 0.6826   ② 0.8185   ③ 0.84
④ 0.9544   ⑤ 0.9759

19 원점 O를 출발하여 수직선 위를 움직이는 점 P가 있다. 한 개의 동전을 던져서 앞면이 나오면 양의 방향으로 2만큼, 뒷면이 나오면 음의 방향으로 1만큼 점 P를 이동시킨다. 한 개의 동전을 100번 던질 때, 점 P의 좌표가 26 이상일 확률을 위의 표준정규분포표를 이용하여 구하시오.

z	$P(0 \le Z \le z)$
1.2	0.3849
1.4	0.4192
1.6	0.4452

20 아윤이가 정답이 1개인 오지선다 문제 25개에 임의로 답을 할 때, 문제를 a개 이상 맞힐 확률이 0.01이라 한다. 이때 상수 a의 값을 오른쪽 표준정규분포표를 이용하여 구한 것은?

z	$P(0 \le Z \le z)$
1.0	0.34
1.5	0.43
2.0	0.48
2.5	0.49

① 6   ② 8   ③ 10
④ 12   ⑤ 14

06 / 연속확률변수와 정규분포

1 $0\leq x\leq 5$에서 정의된 연속 확률변수 X의 확률밀도함수 $y=f(x)$의 그래프가 오른쪽 그림과 같을 때, 상수 k의 값을 구하시오.

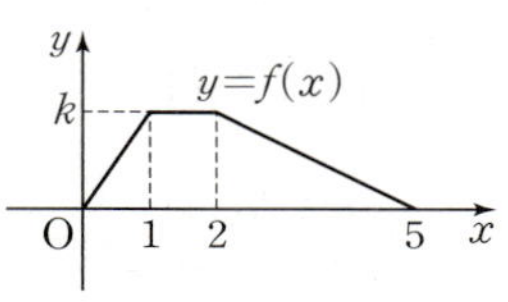

2 연속확률변수 X의 확률밀도함수가
$$f(x)=a(6-x)\ (0\leq x\leq 6)$$
일 때, $\mathrm{P}(2\leq X\leq 5)$는? (단, a는 상수)

① $\dfrac{1}{12}$　　② $\dfrac{1}{6}$　　③ $\dfrac{1}{4}$

④ $\dfrac{1}{3}$　　⑤ $\dfrac{5}{12}$

3 세 학교 A, B, C의 학생들의 수학 성적은 각각 정규분포를 따르고, 정규분포곡선은 오른쪽 그림과 같다.

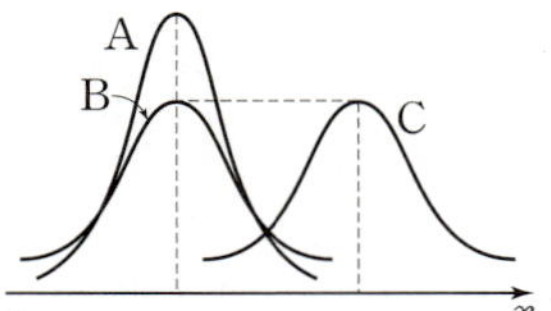

세 학교 A, B, C의 수학 성적의 평균을 각각 m_1, m_2, m_3, 표준편차를 각각 σ_1, σ_2, σ_3이라 할 때, 다음 중 옳은 것은?

① $m_1>m_2=m_3$, $\sigma_1=\sigma_2<\sigma_3$

② $m_1>m_2=m_3$, $\sigma_1<\sigma_2=\sigma_3$

③ $m_1=m_2<m_3$, $\sigma_1=\sigma_2<\sigma_3$

④ $m_1=m_2<m_3$, $\sigma_1<\sigma_2=\sigma_3$

⑤ $m_1=m_2<m_3$, $\sigma_1>\sigma_2=\sigma_3$

4 정규분포 $\mathrm{N}(m,\,2^2)$을 따르는 확률변수 X에 대하여 함수 $f(k)=\mathrm{P}(k-4\leq X\leq k+6)$은 $k=9$일 때 최댓값을 갖는다. 이때 상수 m의 값을 구하시오.

5 확률변수 X가 정규분포 $\mathrm{N}(m,\,\sigma^2)$을 따르고 $\mathrm{P}(X\leq 2)=0.28$, $\mathrm{P}(X\leq 12)=0.72$일 때, $\mathrm{P}(|X-m|\leq 5)$를 구하시오.

6 정규분포 $\mathrm{N}(m,\,\sigma^2)$을 따르는 확률변수 X에 대하여 $\mathrm{P}(m\leq X\leq x)$는 오른쪽 표와 같다. 확률변수 X가 정규분포 $\mathrm{N}(60,\,4^2)$을 따를 때, $\mathrm{P}(48\leq X\leq 68)$을 위의 표를 이용하여 구한 것은?

x	$\mathrm{P}(m\leq X\leq x)$
$m+\sigma$	0.3413
$m+2\sigma$	0.4772
$m+3\sigma$	0.4987

① 0.6826　　② 0.8185　　③ 0.84

④ 0.9544　　⑤ 0.9759

7 오른쪽 그림은 표준정규분포 $\mathrm{N}(0,\,1)$을 따르는 확률변수 Z의 확률밀도함수 $y=f(z)$의 그래프이다. 정규분포 $\mathrm{N}(30,\,6^2)$을 따르는 확률변수 X에 대하여 $\mathrm{P}(18\leq X\leq a)$가 위의 그림의 색칠한 부분의 넓이와 같을 때, 상수 a의 값을 구하시오.

8 두 확률변수 X, Y가 각각 정규분포 $N(20, 4^2)$, $N(30, 5^2)$을 따르고 $P(24 \leq X \leq 32) = P(35 \leq Y \leq k)$일 때, 상수 k의 값을 구하시오.

9 확률변수 X가 정규분포 $N(55, 4^2)$을 따를 때, $P(|X-54| \leq 6)$을 오른쪽 표준정규분포표를 이용하여 구하시오.

z	$P(0 \leq Z \leq z)$
1.25	0.3944
1.50	0.4332
1.75	0.4599
2.00	0.4772

10 두 확률변수 X, Y는 각각 정규분포 $N(12, 3^2)$, $N(m, 3^2)$을 따르고 X, Y의 확률밀도함수는 각각 $f(x)$, $g(x)$일 때, 다음 조건을 만족시킨다. 이때 $P(Y \geq 27)$을 위의 표준정규분포표를 이용하여 구한 것은?

z	$P(0 \leq Z \leq z)$
0.5	0.1915
1.0	0.3413
1.5	0.4332
2.0	0.4772

> (가) $P(X \leq 12) \leq P(Y \geq 20)$
> (나) $f(16) = g(20)$

① 0.0228   ② 0.0668   ③ 0.1587

④ 0.3085   ⑤ 0.3413

11 확률변수 X가 정규분포 $N(10, 2^2)$을 따를 때, $P(4 \leq X \leq k+7) = 0.9319$이다. 이때 상수 k의 값을 오른쪽 표준정규분포표를 이용하여 구하시오.

z	$P(0 \leq Z \leq z)$
1.5	0.4332
2.0	0.4772
2.5	0.4938
3.0	0.4987

12 지형이네 반 전체 학생의 국어, 영어, 수학 시험 성적은 각각 정규분포를 따르고, 각 과목의 평균, 표준편차와 지형이의 성적은 다음 표와 같다. 각 과목별로 지형이의 성적과 반 전체 학생의 성적을 비교할 때, 지형이의 성적이 상대적으로 높은 과목부터 순서대로 나열한 것은?

(단위: 점)

과목	국어	영어	수학
평균	56	58	64
표준편차	8	10	14
지형이의 성적	72	75	78

① 국어, 영어, 수학   ② 국어, 수학, 영어

③ 영어, 국어, 수학   ④ 영어, 수학, 국어

⑤ 수학, 국어, 영어

13 어느 식당에서 판매하는 밥 1공기의 열량은 평균이 320 kcal, 표준편차가 8 kcal인 정규분포를 따른다고 한다. 이 식당에서 밥 1공기를 먹었을 때, 섭취한 열량이 304 kcal 이상 324 kcal 이하일 확률을 위의 표준정규분포표를 이용하여 구하시오.

z	$P(0 \leq Z \leq z)$
0.5	0.1915
1.0	0.3413
1.5	0.4332
2.0	0.4772

14 어느 회사에서 만든 로봇 청소기가 완전히 충전되었을 때 청소할 수 있는 시간은 평균이 150분, 표준편차가 15분인 정규분포를 따른다고 한다. 이 회사에서 만든 로봇 청소기 중에서 임의로 택한 1대의 로봇 청소기가 완전히 충전되었을 때 청소할 수 있는 시간이 a분 이상일 확률이 0.1587이라 한다. 이때 상수 a의 값을 구하시오. (단, $P(0 \leq Z \leq 1) = 0.3413$)

15 어느 고등학교 학생 400명의 음악 수행 평가 점수는 평균이 58점, 표준편차가 8점인 정규분포를 따른다고 한다. 이 학교에서 음악 수행 평가 점수가 46점 이상 70점 이하인 학생의 수를 위의 표준정규분포표를 이용하여 구하시오.

z	$P(0\leq Z\leq z)$
1.0	0.34
1.5	0.43
2.0	0.48
2.5	0.49

16 어느 대학교 교양 수업의 평가 점수는 평균이 70점, 표준편차가 5점인 정규분포를 따르고 평가 점수가 상위 8 %에 속하는 학생은 A학점을 받는다고 한다. A학점을 받은 학생의 최저 점수를 위의 표준정규분포표를 이용하여 구한 것은?

z	$P(0\leq Z\leq z)$
1.3	0.40
1.4	0.42
1.5	0.43
1.6	0.45

① 76점　　② 77점　　③ 78점
④ 79점　　⑤ 80점

17 확률변수 X의 확률질량함수가
$$P(X=x)={}_{400}C_x\left(\frac{1}{5}\right)^x\left(\frac{4}{5}\right)^{400-x}$$
$$(x=0,\ 1,\ 2,\ \dots,\ 400)$$
일 때, $P(X\leq 96)$을 오른쪽 표준정규분포표를 이용하여 구하시오.

z	$P(0\leq Z\leq z)$
0.5	0.1915
1.0	0.3413
1.5	0.4332
2.0	0.4772

18 한 개의 동전을 64번 던질 때, 앞면이 28번 이상 44번 이하로 나올 확률을 오른쪽 표준정규분포표를 이용하여 구한 것은?

z	$P(0\leq Z\leq z)$
1.0	0.3413
2.0	0.4772
3.0	0.4987

① 0.1574　　② 0.6826　　③ 0.8185
④ 0.84　　⑤ 0.9759

19 10점을 얻을 확률이 $\frac{1}{4}$, 2점을 잃을 확률이 $\frac{3}{4}$인 게임이 있다. 0점에서 시작하여 이 게임을 1200번 하여 얻은 최종 점수가 1560점 이상일 확률을 구하시오.
(단, $P(0\leq Z\leq 2)=0.4772$)

20 숫자 1이 적힌 공이 2개, 숫자 2가 적힌 공이 3개, 숫자 3이 적힌 공이 5개 들어 있는 주머니에서 임의로 1개의 공을 꺼내어 공에 적힌 숫자를 확인한 후 다시 주머니에 넣는 시행을 100번 반복하였을 때, 숫자 1이 적힌 공을 꺼낸 횟수를 확률변수 X, 숫자 3이 적힌 공을 꺼낸 횟수를 확률변수 Y라 하자.
$P(X\leq 24)=P(Y\geq a)$가 성립할 때, 상수 a의 값을 구하시오.

1 모평균이 15, 모표준편차가 6인 모집단에서 크기가 3인 표본을 임의추출할 때, 표본평균 $\overline{X}$에 대하여 $\mathrm{E}(\overline{X}^2)$을 구하시오.

2 모집단의 확률변수 X의 확률분포를 표로 나타내면 다음과 같다. 이 모집단에서 크기가 5인 표본을 임의추출할 때, 표본평균 $\overline{X}$의 평균과 분산의 합을 구하시오. (단, a는 상수)

X	0	1	2	3	합계
$\mathrm{P}(X=x)$	$\dfrac{1}{4}$	a	$\dfrac{1}{4}$	$\dfrac{1}{3}$	1

3 1부터 6까지의 자연수가 각각 하나씩 적힌 6장의 카드 중에서 임의로 3장의 카드를 동시에 뽑는 시행을 20번 반복할 때, n번째 시행에서 뽑은 3장의 카드에 적힌 수 중에서 두 번째로 큰 수를 x_n이라 하자. 20개의 수 x_1, x_2, x_3, …, x_{20}의 평균을 $\overline{X}$라 할 때, $\mathrm{V}(20\overline{X}+3)$을 구하시오. (단, $1 \leq n \leq 20$)

4 모집단의 확률변수 X의 확률분포를 표로 나타내면 다음과 같다. 이 모집단에서 크기가 3인 표본을 임의추출할 때, 표본평균 $\overline{X}$에 대하여 $\mathrm{P}(\overline{X}=2)$를 구하시오.

X	1	2	3	합계
$\mathrm{P}(X=x)$	$\dfrac{1}{2}$	$\dfrac{1}{3}$	$\dfrac{1}{6}$	1

5 어느 회사에서 생산하는 화장품 1개의 무게는 평균이 220 g, 표준편차가 20 g인 정규분포를 따른다고 한다. 이 화장품을 임의로 4개씩 한 상자에 포장하여 판매할 때, 한 상자의 무게가 800 g 이하이면 판매하지 못한다고 한다. 이 회사에서 10000개의 상자를 생산할 때, 판매하지 못하는 상자가 193개 이하일 확률을 위의 표준정규분포표를 이용하여 구한 것은?

(단, 상자의 무게는 고려하지 않는다.)

z	$\mathrm{P}(0 \leq Z \leq z)$
0.5	0.19
1.0	0.34
1.5	0.43
2.0	0.48

① 0.02   ② 0.07   ③ 0.16
④ 0.31   ⑤ 0.43

6 어느 밭에서 수확한 귤 1개의 무게는 평균이 100 g, 표준편차가 12 g인 정규분포를 따른다고 한다. 이 밭에서 수확한 귤 중에서 임의추출한 n개의 귤의 무게의 평균을 $\overline{X}$라 할 때, $\mathrm{P}(\overline{X} \leq 94)=0.0668$이다. 이때 n의 값을 위의 표준정규분포표를 이용하여 구하시오.

z	$\mathrm{P}(0 \leq Z \leq z)$
1.0	0.3413
1.5	0.4332
2.0	0.4772
2.5	0.4938

7 정규분포 $\mathrm{N}(40,\ 8^2)$을 따르는 모집단에서 크기가 16인 표본을 임의추출하여 구한 표본평균을 $\overline{X}$, 정규분포 $\mathrm{N}(60,\ \sigma^2)$을 따르는 모집단에서 크기가 36인 표본을 임의추출하여 구한 표본평균을 $\overline{Y}$라 하자. $\mathrm{P}(\overline{X} \leq 42)=\mathrm{P}(\overline{Y} \geq 57)$일 때, 양수 σ의 값을 구하시오.

8 어느 도시의 남성과 여성 인구의 비율은 $84 : 16$이다. 이 도시에서 임의추출한 n명 중에서 남성의 비율 $\hat{p}$에 대하여 $\hat{p}$의 표준편차가 0.016 이하가 되도록 하는 n의 최솟값을 구하시오.

9 어느 고등학교의 축제에 전체 학생의 20%가 참여하였다. 이 고등학교의 학생 중에서 400명을 임의추출할 때, 축제에 참여한 학생의 수가 92명 이상일 확률을 위의 표준정규분포표를 이용하여 구한 것은?

z	$P(0\leq Z\leq z)$
0.5	0.1915
1.0	0.3413
1.5	0.4332
2.0	0.4772

① 0.0228 ② 0.0334 ③ 0.0668
④ 0.1587 ⑤ 0.3085

10 어느 고객센터에 전화한 고객들의 통화 대기 시간은 평균이 m초, 표준편차가 150초인 정규분포를 따른다고 한다. 이 고객센터에 전화한 고객 중에서 임의추출한 225명의 통화 대기 시간의 평균이 $\overline{x}$초이었다. 이 고객센터에 전화한 고객의 통화 대기 시간의 모평균 m을 신뢰도 95%로 추정한 신뢰구간이 $\overline{x}-c\leq m\leq\overline{x}+c$일 때, c의 값을 구하시오.
(단, $P(0\leq Z\leq 1.96)=0.475$)

11 어느 공장에서 생산하는 타이어의 수명은 평균이 m일, 표준편차가 20일인 정규분포를 따른다고 한다. 이 공장에서 생산한 타이어 중에서 n개를 임의추출하여 수명을 조사하였더니 평균이 1500일이었다. 이 공장에서 생산한 타이어의 수명의 모평균 m을 신뢰도 99%로 추정한 신뢰구간이 $1474.2\leq m\leq 1525.8$일 때, n의 값은? (단, $P(|Z|\leq 2.58)=0.99$)

① 4 ② 9 ③ 16
④ 25 ⑤ 36

12 모평균이 m, 모표준편차가 σ인 정규분포를 따르는 모집단에서 크기가 196인 표본을 임의추출하여 모평균 m을 신뢰도 95%로 추정한 신뢰구간은 $a\leq m\leq b$이고, 이 모집단에서 크기가 441인 표본을 임의추출하여 모평균 m을 신뢰도 99%로 추정한 신뢰구간은 $c\leq m\leq d$이다. $b-a=1.96$일 때, $100(d-c)$의 값을 구하시오.
(단, $P(|Z|\leq 1.96)=0.95$, $P(|Z|\leq 2.58)=0.99$)

13 어느 출판사에서 제작하는 책 1권의 무게는 표준편차가 $32\ g$인 정규분포를 따른다고 한다. 이 출판사에서 제작한 책 중에서 64권을 임의추출하여 모평균을 신뢰도 $a\%$로 추정한 신뢰구간의 길이가 16.4일 때, a의 값을 위의 표준정규분포표를 이용하여 구하시오.

z	$P(0\leq Z\leq z)$
1.88	0.470
1.96	0.475
2.05	0.480
2.58	0.495

14 어느 농장에서 수확하는 바나나의 길이는 표준편차가 5 cm인 정규분포를 따른다고 한다. 이 농장에서 수확한 바나나 중에서 n개를 임의추출하여 바나나의 길이의 모평균을 신뢰도 95 %로 추정할 때, 신뢰구간의 길이가 1.4 이하가 되도록 하는 n의 최솟값을 구하시오.
(단, $\mathrm{P}(|Z| \leq 1.96) = 0.95$)

15 어느 자격증 시험의 점수는 표준편차가 8점인 정규분포를 따른다고 한다. 이 시험에 응시한 사람 중에서 64명을 임의추출하여 자격증 시험 점수의 모평균을 신뢰도 99 %로 추정할 때, 모평균과 표본평균의 차의 최댓값은? (단, $\mathrm{P}(0 \leq Z \leq 2.58) = 0.495$)

① 0.86　　　② 1.29　　　③ 2.58
④ 3.44　　　⑤ 3.87

16 정규분포를 따르는 모집단에서 임의추출한 크기가 n인 표본의 표본평균을 $\overline{X_n}$라 하고, $\overline{X_n}$의 분포를 이용하여 모평균 m을 신뢰도 95 %, 99 %로 추정한 신뢰구간을 각각 $a_n \leq m \leq b_n$, $c_n \leq m \leq d_n$이라 하자. 보기에서 옳은 것만을 있는 대로 고른 것은?
(단, $\mathrm{P}(|Z| \leq 1.96) = 0.95$, $\mathrm{P}(|Z| \leq 2.58) = 0.99$)

> **보기**
> ㄱ. $b_{2n} - a_{2n} \leq b_n - a_n$
> ㄴ. $d_n - c_n = 3(d_{9n} - c_{9n})$
> ㄷ. $b_n - a_n \leq d_n - c_n$

① ㄱ　　　② ㄴ　　　③ ㄱ, ㄴ
④ ㄴ, ㄷ　　　⑤ ㄱ, ㄴ, ㄷ

17 어느 도시 시민 중에서 196명을 임의추출하여 시립도서관 보수 공사에 대한 의견을 조사하였더니 98명의 시민이 찬성하였다. 이 도시 전체 시민 중에서 보수 공사에 찬성하는 시민의 비율 p에 대한 신뢰도 95 %의 신뢰구간은? (단, $\mathrm{P}(|Z| \leq 1.96) = 0.95$)

① $0.304 \leq p \leq 0.696$　　② $0.36 \leq p \leq 0.64$
③ $0.402 \leq p \leq 0.598$　　④ $0.43 \leq p \leq 0.57$
⑤ $0.451 \leq p \leq 0.549$

18 어느 고등학교의 학생 n명을 임의추출하여 혈액형을 조사하였더니 혈액형이 O형인 학생이 20 %이었다. 이 고등학교 전체 학생 중에서 혈액형이 O형인 학생의 비율 p를 신뢰도 99 %로 추정한 신뢰구간이 $0.1484 \leq p \leq 0.2516$일 때, n의 값을 구하시오.
(단, n은 충분히 큰 수이고, $\mathrm{P}(|Z| \leq 2.58) = 0.99$)

19 어느 모집단에서 표본을 임의추출하여 모비율을 추정하려고 한다. 표본의 크기가 n, 표본비율이 $\hat{p}$일 때의 모비율을 신뢰도 96 %로 추정한 신뢰구간의 길이를 l이라 할 때, 표본의 크기가 36, 표본비율이 $\hat{p}$일 때의 모비율을 신뢰도 98 %로 추정한 신뢰구간의 길이는 $4l$이다. 이때 n의 값을 구하시오.
(단, n은 충분히 큰 수이고, $\mathrm{P}(|Z| \leq 2.1) = 0.96$, $\mathrm{P}(|Z| \leq 2.4) = 0.98$)

20 어느 도시의 시민 n명을 임의추출하여 연령대별 인구의 비율을 조사하였더니 10대가 10 %이었다. 이 도시의 전체 인구 중에서 10대의 비율 p를 신뢰도 95 %로 추정할 때, 모비율과 표본비율의 차가 4.9 % 이하가 되도록 하는 n의 최솟값을 구하시오.
(단, n은 충분히 큰 수이고, $\mathrm{P}(|Z| \leq 1.96) = 0.95$)

07 / 통계적 추정

1 정규분포 $\mathrm{N}(60, 5^2)$을 따르는 모집단에서 크기가 16인 표본을 임의추출할 때, 표본평균 $\overline{X}$에 대하여 $\mathrm{E}(\overline{X})\sigma(\overline{X})$의 값을 구하시오.

2 모집단의 확률변수 X의 확률분포를 표로 나타내면 다음과 같다. 이 모집단에서 크기가 2인 표본을 임의추출할 때, 표본평균 $\overline{X}$에 대하여 $\mathrm{E}(\overline{X})=1$이다. 이때 $\mathrm{V}(\overline{X})$를 구하시오. (단, a, b는 상수)

X	0	1	2	3	합계
$\mathrm{P}(X=x)$	$\dfrac{5}{12}$	$\dfrac{1}{4}$	a	b	1

3 1부터 7까지의 홀수가 각각 하나씩 적힌 4개의 공 중에서 2개의 공을 임의추출할 때, 공에 적힌 숫자의 평균을 $\overline{X}$라 하자. 이때 $\mathrm{E}(\overline{X})\mathrm{V}(\overline{X})$의 값을 구하시오.

4 어느 고등학교 남학생의 제자리멀리뛰기 기록은 평균이 260 cm, 표준편차가 15 cm인 정규분포를 따른다고 한다. 이 고등학교의 남학생 중에서 임의추출한 25명의 제자리멀리뛰기 기록의 평균이 257 cm 이상 266 cm 이하일 확률을 위의 표준정규분포표를 이용하여 구하시오.

z	$\mathrm{P}(0\leq Z\leq z)$
1.0	0.3413
2.0	0.4772
3.0	0.4987

5 어느 공장에서 생산하는 제품 1개의 무게는 평균이 300 g, 표준편차가 40 g인 정규분포를 따른다고 한다. 이 공장에서 생산하는 제품 중에서 임의추출한 1개의 무게가 200 g 이상일 확률을 p_1, 임의추출한 n개의 무게의 평균이 296 g 이상일 확률을 p_2라 할 때, $p_1-p_2=0.0606$이다. 이때 n의 값을 위의 표준정규분포표를 이용하여 구하시오.

z	$\mathrm{P}(0\leq Z\leq z)$
1.5	0.4332
2.0	0.4772
2.5	0.4938
3.0	0.4987

6 정규분포 $\mathrm{N}(40, 3^2)$을 따르는 모집단에서 크기가 36인 표본을 임의추출할 때, 표본평균 $\overline{X}$에 대하여 $\mathrm{P}(\overline{X}\geq k)\leq 0.1587$을 만족시키는 상수 k의 최솟값을 위의 표준정규분포표를 이용하여 구하시오.

z	$\mathrm{P}(0\leq Z\leq z)$
0.5	0.1915
1.0	0.3413
1.5	0.4332
2.0	0.4772

7 어느 SNS는 홈페이지를 통해 가입한 사람의 비율이 40 %이다. 이 SNS 가입자 중에서 150명을 임의추출할 때, 홈페이지를 통해 가입한 사람의 비율이 a % 이상일 확률은 0.9772이다. 이때 a의 값을 위의 표준정규분포표를 이용하여 구하시오.

z	$\mathrm{P}(0\leq Z\leq z)$
2.00	0.4772
2.25	0.4878
2.50	0.4938

8 어느 가게에서 판매하는 음료수 1병의 용량은 평균이 m mL, 표준편차가 20 mL인 정규분포를 따른다고 한다. 이 가게에서 판매하는 음료수 100병을 임의추출하여 용량을 조사하였더니 평균이 120 mL이었다. 이 가게에서 판매하는 음료수의 용량의 모평균 m에 대한 신뢰도 95 %의 신뢰구간에 속하는 자연수의 개수를 구하시오. (단, $\mathrm{P}(|Z|\leq1.96)=0.95$)

9 모평균이 m, 모표준편차가 σ인 정규분포를 따르는 모집단에서 크기가 n인 표본을 임의추출하여 구한 평균이 $\overline{x}$, 표본표준편차가 6이었을 때, 모평균 m을 신뢰도 95 %로 추정한 신뢰구간이 $11.02\leq m\leq12.98$이고, 신뢰도 99 %로 추정한 신뢰구간은 $a\leq m\leq b$이다. 이때 $\overline{x}+a$의 값을 구하시오. (단, n은 충분히 큰 수이고, $\mathrm{P}(|Z|\leq1.96)=0.95$, $\mathrm{P}(|Z|\leq2.58)=0.99$)

10 정규분포 $\mathrm{N}(m,\ \sigma^2)$을 따르는 모집단에서 크기가 n인 표본을 임의추출하여 구한 표본평균 $\overline{x}$를 이용하여 모평균 m을 추정하려고 한다. 모평균 m을 신뢰도 96 %로 추정한 신뢰구간이 $\overline{x}-c\leq m\leq\overline{x}+c$이고, 신뢰도 α %로 추정한 신뢰구간이 $\overline{x}-\dfrac{1}{2}c\leq m\leq\overline{x}+\dfrac{1}{2}c$이다. 이때 α의 값을 위의 표준정규분포표를 이용하여 구하시오. (단, $\sigma>0$)

z	$\mathrm{P}(0\leq Z\leq z)$
1.02	0.35
1.16	0.38
1.34	0.41
2.04	0.48

11 어느 가게에서 피자를 배달하는 데 걸리는 시간은 표준편차가 6분인 정규분포를 따른다고 한다. 피자를 배달하는 데 걸리는 시간을 임의로 16번 측정하여 피자 배달 시간의 모평균을 신뢰도 99 %로 추정할 때, 신뢰구간의 길이를 구하시오. (단, $\mathrm{P}(|Z|\leq2.58)=0.99$)

12 정규분포 $\mathrm{N}(m,\ 5^2)$을 따르는 모집단에서 크기가 25인 표본을 임의추출하여 모평균 m을 신뢰도 x %로 추정한 신뢰구간이 $\alpha\leq m\leq\beta$일 때, $f(x)=\beta-\alpha$라 하자. 상수 x_1, x_2에 대하여 $f(x_1)=2$, $f(x_2)=5$일 때, x_2-x_1의 값을 위의 표준정규분포표를 이용하여 구하시오.

z	$\mathrm{P}(0\leq Z\leq z)$
1.0	0.3413
1.5	0.4332
2.0	0.4772
2.5	0.4938

13 정규분포 $\mathrm{N}(m,\ \sigma^2)$을 따르는 모집단에서 크기가 n인 표본을 임의추출하여 모평균 m을 신뢰도 99 %로 추정한 신뢰구간의 길이가 $\dfrac{3}{5}\sigma$ 이하가 되도록 하는 n의 최솟값을 구하시오. (단, $\sigma>0$, $\mathrm{P}(|Z|\leq2.58)=0.99$)

14 정규분포 $N(m, 5^2)$을 따르는 모집단에서 크기가 n인 표본을 임의추출하여 모평균 m을 신뢰도 95%로 추정할 때, 표본평균 $\bar{x}$에 대하여 $|m-\bar{x}| \leq 1$이 되도록 하는 n의 최솟값을 구하시오.

$$(\text{단, } P(|Z| \leq 1.96) = 0.95)$$

15 정규분포 $N(m, \sigma^2)$을 따르는 모집단에서 크기가 n인 표본을 임의추출하여 모평균 m을 신뢰도 $x\%$로 추정한 신뢰구간이 $a \leq m \leq b$일 때, 보기에서 옳은 것만을 있는 대로 고른 것은?

> **보기**
> ㄱ. x의 값이 일정할 때, n의 값이 커지면 $b-a$의 값은 작아진다.
> ㄴ. n의 값이 일정할 때, x의 값이 작아지면 $b-a$의 값은 커진다.
> ㄷ. x의 값이 커지고 n의 값이 작아지면 $b-a$의 값은 커진다.

① ㄱ 　　② ㄷ 　　③ ㄱ, ㄴ
④ ㄱ, ㄷ 　　⑤ ㄱ, ㄴ, ㄷ

16 모비율이 p인 모집단에서 크기가 n인 표본을 임의추출하여 구한 표본비율 $\hat{p}$에 대하여

$$P(|\hat{p}-p| \leq 0.12\sqrt{\hat{p}(1-\hat{p})}) \geq 0.8664$$

일 때, n의 최솟값을 구하시오.

(단, n은 충분히 큰 수이고, $P(0 \leq Z \leq 1.5) = 0.4332$)

17 어느 문구 회사에서 신제품 출시에 앞서 고등학생 300명을 임의추출하여 제품의 선호도를 조사하였더니 노트 A를 선호하는 학생이 75명이었다. 이때 전체 고등학생 중에서 노트 A를 선호하는 학생의 비율 p에 대한 신뢰도 99%의 신뢰구간을 구하시오.

$$(\text{단, } P(|Z| \leq 2.58) = 0.99)$$

18 어느 음식점에서 고객 서비스 만족도를 알아보기 위하여 작년에 이 음식점을 방문했던 고객 중에서 600명을 임의추출하여 조사한 결과 60%가 서비스에 만족한다고 답하였다. 이 음식점의 전체 고객 중에서 서비스에 만족하는 고객의 비율 p를 신뢰도 95%로 추정한 신뢰구간을 $a \leq p \leq b$라 할 때, $b-a$의 값을 구하시오.

$$(\text{단, } P(|Z| \leq 1.96) = 0.95)$$

19 어떤 작물의 씨앗 중에서 n개를 임의추출하여 조사하였더니 80%가 발아하였다. 이 씨앗의 발아율을 신뢰도 99%로 추정할 때, 신뢰구간의 길이가 0.1032 이하가 되도록 하는 n의 최솟값을 구하시오.

(단, n은 충분히 큰 수이고, $P(|Z| \leq 2.58) = 0.99$)

20 어느 공장에서 생산한 상품 중에서 n개를 임의추출하여 조사하였더니 불량품의 비율이 10%이었다. 전체 상품 중에서 불량품의 비율 p를 신뢰도 92%로 추정할 때, 모비율과 표본비율의 차가 0.017 이하가 되도록 하는 n의 최솟값을 구하시오.

(단, n은 충분히 큰 수이고, $P(|Z| \leq 1.7) = 0.92$)

memo

문제부터 해설까지 자세하게!

Full수록

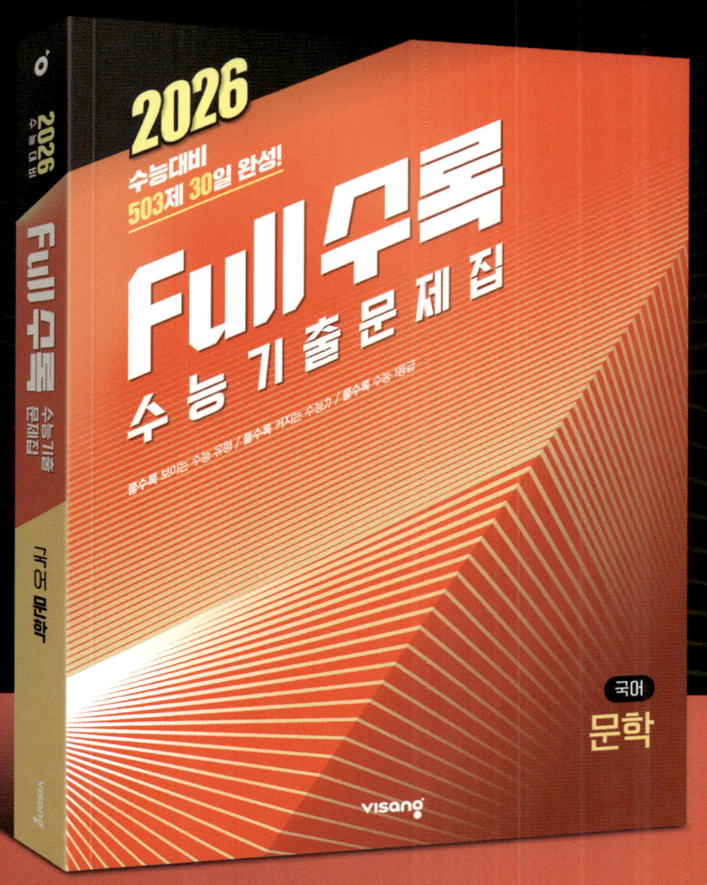

Full수록

풀수록 커지는 수능 실력! 풀수록 1등급!

- 최신 수능 트렌드 완벽 반영!
- 한눈에 파악하는 기출 경향과 유형별 문제!
- 상세한 지문 분석 및 직관적인 해설!
- 완벽한 일차별 학습 플래닝!

수능기출 | 국어 영역, 영어 영역, 수학 영역, 사회탐구 영역, 과학탐구 영역
고1 모의고사 | 국어 영역, 영어 영역

 **책 속의 가접 별책** (특허 제 0557442호)

'정답과 해설'은 본책에서 쉽게 분리할 수 있도록 제작되었으므로
유통 과정에서 분리될 수 있으나 파본이 아닌 정상제품입니다.

정답과 해설

확률과 통계

ABOVE IMAGINATION

우리는 남다른 상상과 혁신으로
교육 문화의 새로운 전형을 만들어
모든 이의 행복한 경험과 성장에 기여한다

정답과 해설

유형만랩

확률과 통계

01 / 중복순열과 같은 것이 있는 순열

0001 답 6

$_6\Pi_1=6^1=6$

0002 답 8

$_2\Pi_3=2^3=8$

0003 답 25

$_5\Pi_2=5^2=25$

0004 답 256

$_4\Pi_4=4^4=256$

0005 답 12

$_n\Pi_2=144$에서

$n^2=12^2$ $\therefore n=12$

0006 답 3

$_n\Pi_3=27$에서

$n^3=3^3$ $\therefore n=3$

0007 답 7

$_2\Pi_r=128$에서

$2^r=2^7$ $\therefore r=7$

0008 답 3

$_5\Pi_r=125$에서

$5^r=5^3$ $\therefore r=3$

0009 답 243

구하는 경우의 수는

$_3\Pi_5=3^5=243$

0010 답 216

구하는 경우의 수는

$_6\Pi_3=6^3=216$

0011 답 81

구하는 경우의 수는 3개의 문자에서 4개를 택하는 중복순열의 수와 같으므로

$_3\Pi_4=3^4=81$

0012 답 64

구하는 경우의 수는 2개에서 6개를 택하는 중복순열의 수와 같으므로

$_2\Pi_6=2^6=64$

0013 답 105

구하는 경우의 수는

$\dfrac{7!}{2!\times 4!}=105$

0014 답 30

구하는 경우의 수는 맨 앞자리에 a를 고정시키고 나머지 문자 a, b, b, b, b, c를 일렬로 배열하는 경우의 수와 같으므로

$\dfrac{6!}{4!}=30$

0015 답 60

구하는 자연수의 개수는

$\dfrac{6!}{2!\times 3!}=60$

0016 답 20

구하는 자연수의 개수는 일의 자리에 1을 고정시키고 나머지 숫자 1, 2, 2, 2, 3을 일렬로 배열하는 경우의 수와 같으므로

$\dfrac{5!}{3!}=20$

0017 답 20

구하는 경우의 수는

$\dfrac{6!}{3!\times 3!}=20$

0018 답 ③

구하는 경우의 수는 4개의 접시에서 3개를 택하는 중복순열의 수와 같으므로

$_4\Pi_3=4^3=64$

0019 답 128

구하는 경우의 수는 2종류의 아이스크림에서 7종류를 택하는 중복순열의 수와 같으므로

$_2\Pi_7=2^7=128$

0020 답 ④

A 지역의 중학생 3명을 고등학교에 배정하는 경우의 수는 3곳의 고등학교에서 3곳을 택하는 중복순열의 수와 같으므로

$_3\Pi_3=3^3=27$

B 지역의 중학생 2명을 고등학교에 배정하는 경우의 수는 4곳의 고등학교에서 2곳을 택하는 중복순열의 수와 같으므로

$_4\Pi_2=4^2=16$

따라서 구하는 경우의 수는

$27\times 16=432$

0021 답 ⑤

5개의 문자에서 4개를 택하는 중복순열의 수는
$$_5\Pi_4=5^4=625$$
문자 a를 포함하지 않는 경우의 수는 문자 a를 제외한 나머지 4개의
문자에서 4개를 택하는 중복순열의 수와 같으므로
$$_4\Pi_4=4^4=256$$
따라서 구하는 경우의 수는
$$625-256=369$$

0022 답 ③

A가 미국 또는 영국을 여행하는 경우의 수는 2
B, C가 여행하는 경우의 수는 5개의 나라에서 2개를 택하는 중복순
열의 수와 같으므로
$$_5\Pi_2=5^2=25$$
따라서 구하는 경우의 수는
$$2\times25=50$$

0023 답 62

6명의 학생을 2개의 반 A, B에 배정하는 경우의 수는 2개의 반에서
6개를 택하는 중복순열의 수와 같으므로
$$_2\Pi_6=2^6=64$$
6명의 학생을 모두 같은 반에 배정하는 경우의 수는 2
따라서 구하는 경우의 수는
$$64-2=62$$

0024 답 232

4명의 선거인이 1명의 후보에게 각각 기명으로 투표하는 경우의 수
는 4명의 후보에서 4명을 택하는 중복순열의 수와 같으므로
$$_4\Pi_4=4^4=256 \qquad\qquad \cdots\cdots \textbf{❶}$$
4명의 선거인이 모두 다른 후보에게 투표하는 경우의 수는 4명의 후
보에서 4명을 택하는 순열의 수와 같으므로
$$_4P_4=24 \qquad\qquad \cdots\cdots \textbf{❷}$$
따라서 구하는 경우의 수는
$$256-24=232 \qquad\qquad \cdots\cdots \textbf{❸}$$

채점 기준	
❶ 전체 경우의 수 구하기	40 %
❷ 4명의 선거인이 모두 다른 후보에게 투표하는 경우의 수 구하기	40 %
❸ 적어도 2명의 선거인이 같은 후보에게 투표하는 경우의 수 구하기	20 %

0025 답 ④

문자 V를 다섯 자리 중에서 두 자리에 배열하는 경우의 수는 5개의
자리에서 2개를 택하는 조합의 수와 같으므로 $_5C_2=10$
나머지 자리에 문자를 배열하는 경우의 수는 문자 V를 제외한 나머
지 3개의 문자에서 3개를 택하는 중복순열의 수와 같으므로
$$_3\Pi_3=3^3=27$$
따라서 구하는 경우의 수는
$$10\times27=270$$

0026 답 ⑤

서로 다른 6개의 공 중에서 주머니 A에 3개의 공을 넣는 경우의 수
는 6개의 공에서 3개를 택하는 조합의 수와 같으므로
$$_6C_3=20$$
나머지 3개의 공을 두 주머니 B, C에 나누어 넣는 경우의 수는 2개
의 주머니에서 3개를 택하는 중복순열의 수와 같으므로
$$_2\Pi_3=2^3=8$$
따라서 구하는 경우의 수는
$$20\times8=160$$

0027 답 ④

천의 자리에 올 수 있는 숫자는 1, 2, 3, 4의 4가지
홀수이므로 일의 자리에 올 수 있는 숫자는 1, 3의 2가지
나머지 자리에 5개의 숫자에서 중복을 허용하여 2개를 택하여 일렬
로 배열하는 경우의 수는
$$_5\Pi_2=5^2=25$$
따라서 구하는 자연수의 개수는
$$4\times2\times25=200$$

0028 답 48

백의 자리에 올 수 있는 숫자는 1, 2, 3의 3가지
나머지 자리에 4개의 숫자에서 중복을 허용하여 2개를 택하여 일렬
로 배열하는 경우의 수는
$$_4\Pi_2=4^2=16$$
따라서 구하는 자연수의 개수는
$$3\times16=48$$

0029 답 ①

(ⅰ) 천의 자리의 숫자가 1인 경우
　　나머지 자리에 4개의 숫자에서 중복을 허용하여 3개를 택하여
　　일렬로 배열하는 경우의 수는
$$_4\Pi_3=4^3=64$$
(ⅱ) 천의 자리의 숫자가 2이고, 백의 자리의 숫자가 0인 경우
　　나머지 자리에 4개의 숫자에서 중복을 허용하여 2개를 택하여
　　일렬로 배열하는 경우의 수는
$$_4\Pi_2=4^2=16$$
(ⅰ), (ⅱ)에서 구하는 경우의 수는
$$64+16=80$$

0030 답 52

(ⅰ) 0, 1, 2, 3, 4에서 택하여 자연수를 만드는 경우
　　백의 자리에 올 수 있는 숫자는 1, 2, 3, 4의 4가지
　　나머지 자리에 5개의 숫자에서 중복을 허용하여 2개를 택하여
　　일렬로 배열하는 경우의 수는
$$_5\Pi_2=5^2=25$$
　　따라서 세 자리의 자연수의 개수는
$$4\times25=100 \qquad\qquad \cdots\cdots \textbf{❶}$$

(ii) 3을 제외하고 0, 1, 2, 4에서 택하여 자연수를 만드는 경우

    백의 자리에 올 수 있는 숫자는 1, 2, 4의 3가지

    나머지 자리에 4개의 숫자에서 중복을 허용하여 2개를 택하여

    일렬로 배열하는 경우의 수는

    $_4\Pi_2=4^2=16$

    따라서 숫자 3을 포함하지 않는 세 자리의 자연수의 개수는

    $3\times16=48$ …… ❷

(i), (ii)에서 구하는 자연수의 개수는

$100-48=52$ …… ❸

채점 기준

❶ 세 자리의 자연수의 개수 구하기	40 %
❷ 숫자 3을 포함하지 않는 세 자리의 자연수의 개수 구하기	40 %
❸ 숫자 3을 적어도 1개는 포함하는 세 자리의 자연수의 개수 구하기	20 %

0031 답 ⑤

(i) 0, 1, 2에서 택하여 자연수를 만드는 경우

    천의 자리에 올 수 있는 숫자는 1, 2의 2가지

    나머지 자리에 3개의 숫자에서 중복을 허용하여 3개를 택하여

    일렬로 배열하는 경우의 수는

    $_3\Pi_3=3^3=27$

    따라서 네 자리의 자연수의 개수는

    $2\times27=54$

(ii) 각 자리의 수의 합이 7보다 큰 경우

    2222의 1가지

(i), (ii)에서 구하는 자연수의 개수는

$54-1=53$

0032 답 ②

두 부호를 3개 사용하여 만들 수 있는 신호의 개수는

$_2\Pi_3=2^3=8$

두 부호를 4개 사용하여 만들 수 있는 신호의 개수는

$_2\Pi_4=2^4=16$

두 부호를 5개 사용하여 만들 수 있는 신호의 개수는

$_2\Pi_5=2^5=32$

따라서 구하는 신호의 개수는

$8+16+32=56$

0033 답 340

네 기호를 1개 사용하여 만들 수 있는 신호의 개수는

$_4\Pi_1=4$

네 기호를 2개 사용하여 만들 수 있는 신호의 개수는

$_4\Pi_2=4^2=16$

네 기호를 3개 사용하여 만들 수 있는 신호의 개수는

$_4\Pi_3=4^3=64$

네 기호를 4개 사용하여 만들 수 있는 신호의 개수는

$_4\Pi_4=4^4=256$

따라서 구하는 신호의 개수는

$4+16+64+256=340$

0034 답 ②

세 기호를 1개 사용하여 만들 수 있는 신호의 개수는

$_3\Pi_1=3$

세 기호를 2개 사용하여 만들 수 있는 신호의 개수는

$_3\Pi_2=3^2=9$

세 기호를 3개 사용하여 만들 수 있는 신호의 개수는

$_3\Pi_3=3^3=27$

세 기호를 4개 사용하여 만들 수 있는 신호의 개수는

$_3\Pi_4=3^4=81$

세 기호를 5개 사용하여 만들 수 있는 신호의 개수는

$_3\Pi_5=3^5=243$

$n=4$일 때, 서로 다른 신호의 개수는

$3+9+27+81=120<300$

$n=5$일 때, 서로 다른 신호의 개수는

$3+9+27+81+243=363>300$

따라서 n의 최솟값은 5이다.

0035 답 27

전체집합 U의 원소 1, 2, 3, 4, 5 중에서 2, 4는 집합 $A\cap B$의 원소이고, 1, 3, 5는 세 집합 $A-B$, $B-A$, $(A\cup B)^c$ 중에서 어느 하나의 원소이다.

따라서 구하는 경우의 수는 3개의 집합에서 3개를 택하는 중복순열의 수와 같으므로

$_3\Pi_3=3^3=27$

0036 답 ③

$A\cup B=U$이므로 $A\cup B=\{1, 2, 3, 4\}$

집합 $A\cap B$에 속하는 1개의 원소를 택하는 경우의 수는

$_4C_1=4$

집합 $A\cap B$에 속하지 않는 나머지 3개의 원소는 두 집합 $A-B$, $B-A$ 중에서 어느 하나의 원소이다.

즉, 나머지 3개의 원소가 속하는 집합을 정하는 경우의 수는 2개의 집합에서 3개를 택하는 중복순열의 수와 같으므로

$_2\Pi_3=2^3=8$

따라서 구하는 경우의 수는

$4\times8=32$

0037 답 ④

$f(1)\neq1$이므로 $f(1)$의 값이 될 수 있는 수는 2, 3, 4, 5의 4가지

또 집합 Y의 원소 1, 2, 3, 4, 5의 5개에서 중복을 허용하여 2개를 택하여 집합 X의 원소 2, 3에 대응시키는 경우의 수는

$_5\Pi_2=5^2=25$

따라서 구하는 함수의 개수는

$4\times25=100$

다른 풀이

X에서 Y로의 함수의 개수는 집합 Y의 원소 1, 2, 3, 4, 5의 5개에서 중복을 허용하여 3개를 택하여 집합 X의 원소 1, 2, 3에 대응시키는 경우의 수와 같으므로

$_5\Pi_3=5^3=125$

X에서 Y로의 함수 중에서 $f(1)=1$인 함수의 개수는 집합 X의 원소 1에 대응하는 집합 Y의 원소는 1로 고정시키고, 집합 Y의 원소 1, 2, 3, 4, 5의 5개에서 중복을 허용하여 2개를 택하여 집합 X의 원소 2, 3에 대응시키는 경우의 수와 같으므로

$_5\Pi_2=5^2=25$

따라서 구하는 함수의 개수는

$125-25=100$

0038 답 4

X에서 Y로의 함수의 개수는 집합 Y의 원소 a, b, c, d의 4개에서 중복을 허용하여 2개를 택하여 집합 X의 원소 -1, 1에 대응시키는 경우의 수와 같으므로

$_4\Pi_2=4^2=16 \qquad \therefore m=16$

X에서 Y로의 일대일함수의 개수는 집합 Y의 원소 a, b, c, d의 4개에서 서로 다른 2개를 택하여 집합 X의 원소 -1, 1에 대응시키는 경우의 수와 같으므로

$_4P_2=12 \qquad \therefore n=12$

$\therefore m-n=16-12=4$

0039 답 9

X에서 Y로의 함수 중에서 $f(-1)=4$, $f(3)=6$인 함수의 개수는 집합 X의 원소 -1과 3에 대응하는 집합 Y의 원소는 각각 4와 6으로 고정시키고, 집합 Y의 원소 2, 4, 6의 3개에서 중복을 허용하여 2개를 택하여 집합 X의 원소 -3, 1에 대응시키는 경우의 수와 같으므로

$_3\Pi_2=3^2=9$

0040 답 ④

X에서 Y로의 함수의 개수는 집합 Y의 원소 1, 2의 2개에서 중복을 허용하여 5개를 택하여 집합 X의 원소 a, b, c, d, e에 대응시키는 경우의 수와 같으므로

$_2\Pi_5=2^5=32$

이때 치역이 $\{1\}$인 함수의 개수는 1, 치역이 $\{2\}$인 함수의 개수는 1이므로 치역과 공역이 같은 함수의 개수는

$32-(1+1)=30$

0041 답 ④

양 끝에 p, n을 고정시키고 그 사이에 나머지 a, s, s, i, o의 5개의 문자를 일렬로 배열하는 경우의 수는

$\dfrac{5!}{2!}=60$

p, n끼리 자리를 바꾸는 경우의 수는 $2!=2$

따라서 구하는 경우의 수는

$60\times2=120$

0042 답 5040

구하는 경우의 수는

$\dfrac{8!}{2!\times2!\times2!}=5040$

0043 답 60

파란 공이 홀수 개 있으므로 가운데에 파란 공 1개를 놓아야 한다.

가운데에 놓은 파란 공을 기준으로 한쪽에 노란 공 2개, 파란 공 1개, 흰 공 3개를 일렬로 배열하면 반대쪽은 좌우 대칭이 되므로 공의 순서가 정해진다.

따라서 구하는 경우의 수는

$\dfrac{6!}{2!\times3!}=60$

0044 답 ③

모음 a, i, i를 한 문자 A로 생각하여 A, s, s, s, t, t, t, c를 일렬로 배열하는 경우의 수는

$\dfrac{8!}{3!\times3!}=1120$

모음 a, i, i끼리 자리를 바꾸는 경우의 수는 $\dfrac{3!}{2!}=3$

따라서 구하는 경우의 수는

$1120\times3=3360$

0045 답 ④

b와 d를 제외한 a, a, c, c, c, e를 일렬로 배열하는 경우의 수는

$\dfrac{6!}{2!\times3!}=60$

a, a, c, c, c, e의 사이사이와 양 끝의 7개의 자리에서 2개를 택하여 b와 d를 배열하는 경우의 수는

$_7P_2=42$

따라서 구하는 경우의 수는

$60\times42=2520$

다른 풀이

(i) a, a, b, c, c, c, d, e를 일렬로 배열하는 경우의 수는

$\dfrac{8!}{2!\times3!}=3360$

(ii) b와 d를 한 문자 B로 생각하여 a, a, B, c, c, c, e를 일렬로 배열하는 경우의 수는

$\dfrac{7!}{2!\times3!}=420$

b, d끼리 자리를 바꾸는 경우의 수는

$2!=2$

즉, b와 d가 서로 이웃하도록 배열하는 경우의 수는

$420\times2=840$

(i), (ii)에서 구하는 경우의 수는

$3360-840=2520$

0046 답 16

집합 Y의 원소 4, 5, 6의 3개에서 중복을 허용하여 4개를 택할 때, 그 합이 19인 경우는

$(4, 4, 5, 6)$ 또는 $(4, 5, 5, 5)$ $\qquad$ ……❶

(i) 함숫값이 4, 4, 5, 6인 함수의 개수는

$\dfrac{4!}{2!}=12$

(ii) 함숫값이 4, 5, 5, 5인 함수의 개수는

$\dfrac{4!}{3!}=4$ $\qquad$ ……❷

(i), (ii)에서 구하는 함수의 개수는

$12+4=16$ …… ⓘⓘⓘ

ⓘ $f(1)+f(2)+f(3)+f(4)=19$인 경우 구하기	30 %
ⓘⓘ 함숫값이 4, 4, 5, 6 또는 4, 5, 5, 5인 함수의 개수 구하기	50 %
ⓘⓘⓘ $f(1)+f(2)+f(3)+f(4)=19$인 함수의 개수 구하기	20 %

0047 답 ⑤

(i) 1단씩 0번, 2단씩 4번 오르는 경우의 수는 1

(ii) 1단씩 2번, 2단씩 3번 오르는 경우의 수는

$$\frac{5!}{2!\times3!}=10$$

(iii) 1단씩 4번, 2단씩 2번 오르는 경우의 수는

$$\frac{6!}{4!\times2!}=15$$

(iv) 1단씩 6번, 2단씩 1번 오르는 경우의 수는

$$\frac{7!}{6!}=7$$

(v) 1단씩 8번, 2단씩 0번 오르는 경우의 수는 1

(i)~(v)에서 구하는 경우의 수는

$1+10+15+7+1=34$

다른 풀이

(i) 2단씩 오르는 횟수가 0인 경우

계단을 오르는 8번 중에서 2단을 오르는 경우는 없으므로 경우의 수는 1

(ii) 2단씩 오르는 횟수가 1인 경우

계단을 오르는 7번 중에서 2단을 오르는 1번을 고르는 경우의 수는 $_7C_1=7$

(iii) 2단씩 오르는 횟수가 2인 경우

계단을 오르는 6번 중에서 2단을 오르는 2번을 고르는 경우의 수는 $_6C_2=15$

(iv) 2단씩 오르는 횟수가 3인 경우

계단을 오르는 5번 중에서 2단을 오르는 3번을 고르는 경우의 수는 $_5C_3=_5C_2=10$

(v) 2단씩 오르는 횟수가 4인 경우

계단을 오르는 4번 중에서 2단을 오르는 4번을 고르는 경우의 수는 1

(i)~(v)에서 구하는 경우의 수는

$1+7+15+10+1=34$

0048 답 ②

(i) o끼리 서로 이웃하는 경우

2개의 o를 한 문자 O로 생각하여 f, O, l, l, w를 일렬로 배열하는 경우의 수는

$$\frac{5!}{2!}=60$$

(ii) l끼리 서로 이웃하는 경우

2개의 l을 한 문자 L로 생각하여 f, o, L, o, w를 일렬로 배열하는 경우의 수는

$$\frac{5!}{2!}=60$$

(iii) o끼리, l끼리 모두 서로 이웃하는 경우

2개의 o, 2개의 l을 각각 문자 O, L로 생각하여 f, O, L, w를 일렬로 배열하는 경우의 수는

$4!=24$

(i), (ii), (iii)에서 구하는 경우의 수는

$60+60-24=96$

0049 답 1260

t, c의 순서가 정해져 있으므로 t, c를 모두 X로 바꾸어 생각하여 X, X, e, e, a, h, r를 일렬로 배열한 후 첫 번째 X를 t로, 두 번째 X를 c로 바꾸면 된다.

따라서 구하는 경우의 수는

$$\frac{7!}{2!\times2!}=1260$$

0050 답 ⑤

o, a, e의 순서가 정해져 있으므로 o, a, e를 모두 X로 바꾸어 생각하여 X, X, X, r, n, g를 일렬로 배열한 후 첫 번째 X를 a로, 두 번째 X를 e로, 세 번째 X를 o로 바꾸면 된다.

따라서 구하는 경우의 수는

$$\frac{6!}{3!}=120$$

0051 답 ④

빨간 구슬의 순서가 정해져 있으므로 빨간 구슬을 모두 같은 종류의 구슬로 바꾸어 생각하여 같은 종류의 빨간 구슬 6개와 같은 종류의 파란 구슬 3개를 일렬로 배열한 후 첫 번째 빨간 구슬부터 크기가 작은 순서대로 바꾸면 된다.

따라서 구하는 경우의 수는

$$\frac{9!}{6!\times3!}=84$$

0052 답 ②

1, 4와 3, 5의 순서가 각각 정해져 있으므로 1, 4를 모두 X로, 3, 5를 모두 Y로 바꾸어 생각하여 X, X, Y, Y, 2, 6을 일렬로 배열한 후 첫 번째 X는 1로, 두 번째 X는 4로 바꾸고, 첫 번째 Y는 5로, 두 번째 Y는 3으로 바꾸면 된다.

따라서 구하는 경우의 수는

$$\frac{6!}{2!\times2!}=180$$

0053 답 ④

모음 a, a, i를 한 문자로 바꾸어 생각하고, 자음 p, r, c, c, t, l을 다른 한 문자로 바꾸어 생각하여 모음이 자음보다 앞에 오도록 배열하는 경우의 수는 1

모음 a, a, i끼리 자리를 바꾸는 경우의 수는

$$\frac{3!}{2!}=3$$

자음 p, r, c, c, t, l끼리 자리를 바꾸는 경우의 수는

$$\frac{6!}{2!}=360$$

따라서 구하는 경우의 수는 $1\times3\times360=1080$

0054　답 36

(ⅰ) 일의 자리에 2가 오는 경우

　나머지 자리에 1, 2, 3, 4의 4개의 숫자를 일렬로 배열하는 경우
　의 수는

　$4!=24$

(ⅱ) 일의 자리에 4가 오는 경우

　나머지 자리에 1, 2, 2, 3의 4개의 숫자를 일렬로 배열하는 경우
　의 수는

　$\dfrac{4!}{2!}=12$

(ⅰ), (ⅱ)에서 구하는 자연수의 개수는

$24+12=36$

0055　답 ④

(ⅰ) 맨 앞자리에 1이 오는 경우

　나머지 자리에 0, 1, 2, 3, 3의 5개의 숫자를 일렬로 배열하는 경
　우의 수는

　$\dfrac{5!}{2!}=60$

(ⅱ) 맨 앞자리에 2가 오는 경우

　나머지 자리에 0, 1, 1, 3, 3의 5개의 숫자를 일렬로 배열하는 경
　우의 수는

　$\dfrac{5!}{2!\times2!}=30$

(ⅲ) 맨 앞자리에 3이 오는 경우

　나머지 자리에 0, 1, 1, 2, 3의 5개의 숫자를 일렬로 배열하는 경
　우의 수는

　$\dfrac{5!}{2!}=60$

(ⅰ), (ⅱ), (ⅲ)에서 구하는 자연수의 개수는

$60+30+60=150$

다른 풀이

0, 1, 1, 2, 3, 3을 일렬로 배열하는 경우의 수는

$\dfrac{6!}{2!\times2!}=180$

이때 맨 앞자리에 0이 오는 경우의 수는 나머지 자리에 1, 1, 2, 3, 3
의 5개의 숫자를 일렬로 배열하는 경우의 수와 같으므로

$\dfrac{5!}{2!\times2!}=30$

따라서 구하는 자연수의 개수는

$180-30=150$

0056　답 ①

백의 자리, 십의 자리, 일의 자리에 홀수 1, 1, 3을 배열하는 경우의
수는

$\dfrac{3!}{2!}=3$

나머지 자리에 2, 2, 2, 4, 4의 5개의 숫자를 일렬로 배열하는 경우
의 수는

$\dfrac{5!}{3!\times2!}=10$

따라서 구하는 자연수의 개수는

$3\times10=30$

0057　답 540

(ⅰ) 맨 앞자리에 3이 오는 경우

　나머지 자리에 0, 1, 1, 2, 3, 4의 6개의 숫자를 일렬로 배열하는
　경우의 수는

　$\dfrac{6!}{2!}=360$

(ⅱ) 맨 앞자리에 4가 오는 경우

　나머지 자리에 0, 1, 1, 2, 3의 6개의 숫자를 일렬로 배열하는
　경우의 수는

　$\dfrac{6!}{2!\times2!}=180$

(ⅰ), (ⅱ)에서 구하는 자연수의 개수는

$360+180=540$

0058　답 18

3의 배수이려면 각 자리의 숫자의 합이 3의 배수이어야 한다.

1, 1, 2, 2, 3, 3, 3에서 택한 4개의 숫자의 합이

6인 경우 ➡ 1, 1, 2, 2

9인 경우 ➡ 1, 2, 3, 3　　　　　　　　　　　　　　　⋯⋯ ❶

(ⅰ) 1, 1, 2, 2를 일렬로 배열하는 경우의 수는

　$\dfrac{4!}{2!\times2!}=6$

(ⅱ) 1, 2, 3, 3을 일렬로 배열하는 경우의 수는

　$\dfrac{4!}{2!}=12$　　　　　　　　　　　　　　　　⋯⋯ ❷

(ⅰ), (ⅱ)에서 구하는 자연수의 개수는

$6+12=18$　　　　　　　　　　　　　　　　　　⋯⋯ ❸

채점 기준	
❶ 택한 4개의 숫자의 합이 3의 배수가 되는 경우 구하기	30 %
❷ 1, 1, 2, 2 또는 1, 2, 3, 3을 일렬로 배열하는 경우의 수 구하기	40 %
❸ 3의 배수의 개수 구하기	30 %

0059　답 40

구하는 경우의 수는

$\dfrac{4!}{3!}\times\dfrac{5!}{2!\times3!}=4\times10=40$

0060　답 34

P 지점을 생각하지 않고 A 지점에서 B 지점까지 최단 거리로 가는
경우의 수는

$\dfrac{8!}{4!\times4!}=70$

A 지점에서 P 지점을 거쳐 B 지점까지 최단 거리로 가는 경우의 수
는

$\dfrac{4!}{2!\times2!}\times\dfrac{4!}{2!\times2!}=6\times6=36$

따라서 구하는 경우의 수는

$70-36=34$

0061　답 236

(ⅰ) A 지점에서 P 지점을 거쳐 B 지점까지 최단 거리로 가는 경우의
　수는

　$\dfrac{4!}{3!}\times\dfrac{7!}{4!\times3!}=4\times35=140$

(ii) A 지점에서 Q 지점을 거쳐 B 지점까지 최단 거리로 가는 경우의 수는

$$\frac{8!}{5!\times3!}\times\frac{3!}{2!}=56\times3=168$$

(iii) A 지점에서 P 지점과 Q 지점을 모두 거쳐 B 지점까지 최단 거리로 가는 경우의 수는

$$\frac{4!}{3!}\times\frac{4!}{2!\times2!}\times\frac{3!}{2!}=4\times6\times3=72$$

(i), (ii), (iii)에서 구하는 경우의 수는
$140+168-72=236$

0062 답 ④

꼭짓점 A에서 꼭짓점 B까지 최단 거리로 가려면 가로, 세로, 높이의 방향으로 각각 정육면체의 모서리를 3번, 2번, 4번 지나야 하므로 구하는 경우의 수는

$$\frac{9!}{3!\times2!\times4!}=1260$$

오른쪽 그림과 같이 크기가 같은 정육면체를 가로, 세로, 높이의 칸의 개수가 각각 p, q, r가 되도록 쌓아 올려 직육면체를 만들었을 때, 각 정육면체의 모서리를 따라 꼭짓점 A에서 꼭짓점 B까지 최단 거리로 가는 경우의 수는

$$\frac{(p+q+r)!}{p!\times q!\times r!}$$

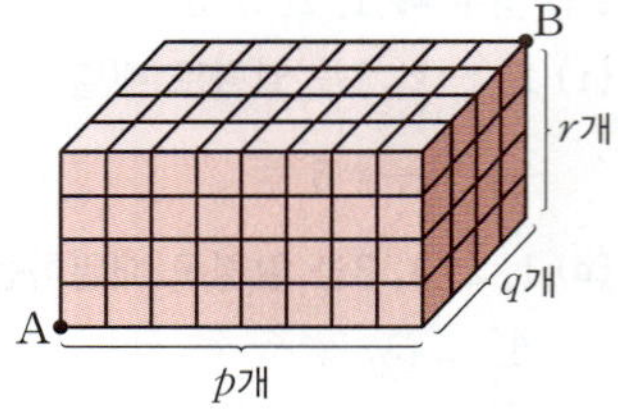

0063 답 26

오른쪽 그림과 같이 세 지점 P, Q, R를 잡으면 A 지점에서 B 지점까지 최단 거리로 가는 경우는
A → P → B 또는 A → Q → B
또는 A → R → B

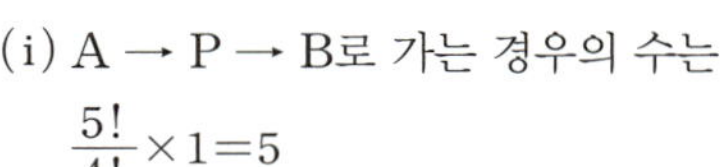

(i) A → P → B로 가는 경우의 수는
$$\frac{5!}{4!}\times1=5$$

(ii) A → Q → B로 가는 경우의 수는
$$\frac{5!}{4!}\times\frac{4!}{3!}=5\times4=20$$

(iii) A → R → B로 가는 경우의 수는
$$1\times1=1$$

(i), (ii), (iii)에서 구하는 경우의 수는
$5+20+1=26$

0064 답 ④

오른쪽 그림과 같이 네 지점 P, Q, R, S를 잡으면 A 지점에서 B 지점까지 최단 거리로 가는 경우는
A → P → B 또는 A → Q → B
또는 A → R → B 또는 A → S → B
(i) A → P → B로 가는 경우의 수는
$$1\times1=1$$

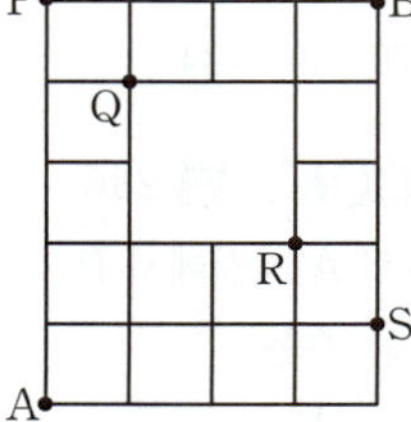

(ii) A → Q → B로 가는 경우의 수는
$$\frac{5!}{4!}\times\frac{4!}{3!}=5\times4=20$$

(iii) A → R → B로 가는 경우의 수는
$$\frac{5!}{3!\times2!}\times\frac{4!}{3!}=10\times4=40$$

(iv) A → S → B로 가는 경우의 수는
$$\frac{5!}{4!}\times1=5$$

(i)~(iv)에서 구하는 경우의 수는
$1+20+40+5=66$

오른쪽 그림과 같이 지나갈 수 없는 길을 점선으로 연결하여 그 교점을 C라 하면 구하는 경우의 수는 A → B로 가는 경우의 수에서 A → C → B로 가는 경우의 수를 뺀 것과 같으므로

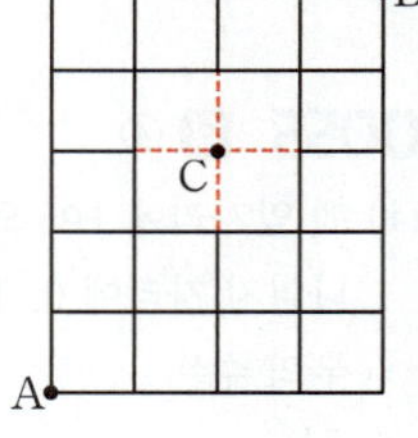

$$\frac{9!}{4!\times5!}-\frac{5!}{2!\times3!}\times\frac{4!}{2!\times2!}$$
$$=126-10\times6=66$$

0065 답 74

오른쪽 그림과 같이 세 지점 P, Q, R를 잡으면 A 지점에서 B 지점까지 최단 거리로 가는 경우는
A → P → B 또는 A → Q → B
또는 A → R → B

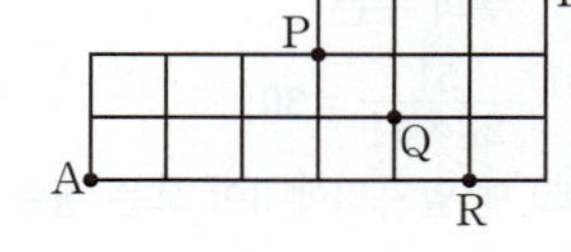

(i) A → P → B로 가는 경우의 수는
$$\frac{5!}{3!\times2!}\times\frac{4!}{3!}=10\times4=40$$

(ii) A → Q → B로 가는 경우의 수는
$$\frac{5!}{4!}\times\frac{4!}{2!\times2!}=5\times6=30$$

(iii) A → R → B로 가는 경우의 수는
$$1\times\frac{4!}{3!}=4$$

(i), (ii), (iii)에서 구하는 경우의 수는
$40+30+4=74$

0066 답 37

오른쪽 그림과 같이 세 지점 P, Q, R를 잡으면 A 지점에서 B 지점까지 최단 거리로 가는 경우는
A → P → B 또는 A → Q → B
또는 A → R → B

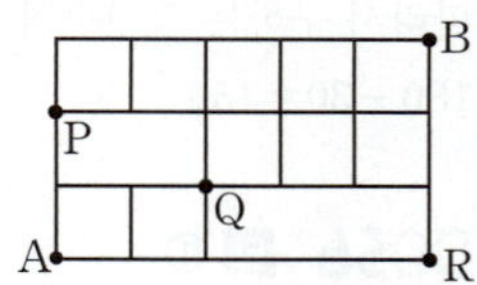

(i) A → P → B로 가는 경우의 수는
$$1\times\frac{6!}{5!}=6$$

(ii) A → Q → B로 가는 경우의 수는
$$\frac{3!}{2!}\times\frac{5!}{3!\times2!}=3\times10=30$$

(iii) A → R → B로 가는 경우의 수는 $1\times1=1$

(i), (ii), (iii)에서 구하는 경우의 수는
$6+30+1=37$

0067 답 **125**

구하는 경우의 수는 5편의 영화에서 3편을 택하는 중복순열의 수와
같으므로

$_5\Pi_3=5^3=125$

0068 답 ④

마지막 자리에 올 수 있는 것은

a, b의 2가지

나머지 자리에 1, 3, a, b의 4개에서 중복을 허용하여 4개를 택하여
일렬로 배열하는 경우의 수는

$_4\Pi_4=4^4=256$

따라서 구하는 암호의 개수는

$2\times256=512$

0069 답 ③

5의 배수이므로 일의 자리에 올 수 있는 숫자는 5의 1가지

나머지 자리에 5개의 숫자에서 중복을 허용하여 3개를 택하여 일렬
로 배열하는 경우의 수는

$_5\Pi_3=5^3=125$

따라서 구하는 경우의 수는

$1\times125=125$

0070 답 ③

(i) 한 자리의 자연수인 경우

　　한 자리의 자연수는 1, 2, 3, 4, 5의 5가지

(ii) 두 자리의 자연수인 경우

　　십의 자리에 올 수 있는 숫자는

　　1, 2, 3, 4, 5의 5가지

　　일의 자리에 올 수 있는 숫자는

　　0, 1, 2, 3, 4, 5의 6가지

　　따라서 두 자리의 자연수의 개수는

　　$5\times6=30$

(iii) 세 자리의 자연수인 경우

　　백의 자리에 올 수 있는 숫자는

　　1, 2, 3, 4, 5의 5가지

　　나머지 자리에 6개의 숫자에서 중복을 허용하여 2개를 택하여
　　일렬로 배열하는 경우의 수는

　　$_6\Pi_2=6^2=36$

　　따라서 세 자리의 자연수의 개수는

　　$5\times36=180$

(iv) 네 자리의 자연수 중에서 10□□, 11□□ 꼴인 경우

　　나머지 자리에 6개의 숫자에서 중복을 허용하여 2개를 택하여
　　일렬로 배열하면 되므로 그 경우의 수는

　　$2\times_6\Pi_2=2\times6^2=72$

(i)~(iv)에서 1200보다 작은 자연수의 개수는

$5+30+180+72=287$

따라서 1200은 288번째 수이다.

0071 답 **63**

켜거나 끄는 것 2가지에서 6가지를 택하는 중복순열의 수는

$_2\Pi_6=2^6=64$

이때 모든 전구가 꺼진 1가지 경우는 제외해야 하므로 구하는 신호
의 개수는

$64-1=63$

0072 답 ⑤

전체집합 U의 6개의 원소 중에서 집합 $A\cup B$의 원소 5개를 택하는
경우의 수는

$_6C_5=_6C_1=6$

$A\cap B=\varnothing$이므로 집합 $A\cup B$의 5개의 원소는 두 집합 A, B 중에
서 어느 하나의 원소이다.

즉, 5개의 원소가 속하는 집합을 정하는 경우의 수는 2개의 집합에
서 5개를 택하는 중복순열의 수와 같으므로

$_2\Pi_5=2^5=32$

따라서 구하는 순서쌍 $(A,\ B)$의 개수는

$6\times32=192$

0073 답 **180**

X에서 Y로의 함수의 개수는 집합 Y의 원소 1, 2, 3, 4, 5, 6의 6개
에서 중복을 허용하여 3개를 택하여 집합 X의 원소 a, b, c에 대응
시키는 경우의 수와 같으므로

$_6\Pi_3=6^3=216$　　$\therefore m=216$

X에서 Y로의 함수 중에서 $f(b)=3$인 함수의 개수는 집합 X의 원
소 b에 대응하는 집합 Y의 원소는 3으로 고정시키고, 집합 Y의 원
소 1, 2, 3, 4, 5, 6의 6개에서 중복을 허용하여 2개를 택하여 집합
X의 원소 a, c에 대응시키는 경우의 수와 같으므로

$_6\Pi_2=6^2=36$　　$\therefore n=36$

$\therefore m-n=216-36=180$

0074 답 ③

$f(2)f(3)f(4)\neq0$이려면 $f(2)\neq0$, $f(3)\neq0$, $f(4)\neq0$이어야 한다.

$f(2)$, $f(3)$, $f(4)$의 값을 정하는 경우의 수는 집합 X의 원소 1, 2,
3, 4의 4개에서 중복을 허용하여 3개를 택하여 집합 X의 원소 2, 3,
4에 대응시키는 경우의 수와 같으므로

$_4\Pi_3=4^3=64$

$f(0)$, $f(1)$의 값을 정하는 경우의 수는 집합 X의 원소 0, 1, 2, 3,
4의 5개에서 중복을 허용하여 2개를 택하여 집합 X의 원소 0, 1에
대응시키는 경우의 수와 같으므로

$_5\Pi_2=5^2=25$

따라서 구하는 함수의 개수는

$64\times25=1600$

0075 답 **12**

양 끝에 두 개의 m을 고정시키고 그 사이에 나머지 u, u, s, e의 4
개의 문자를 일렬로 배열하는 경우의 수는

$\dfrac{4!}{2!}=12$

0076 답 ⑤

b와 c를 한 문자 B로 생각하여 a, a, B, d, d, d를 일렬로 배열하는 경우의 수는

$$\frac{6!}{2! \times 3!} = 60$$

b, c끼리 자리를 바꾸는 경우의 수는

$$2! = 2$$

따라서 구하는 경우의 수는

$$60 \times 2 = 120$$

0077 답 ⑤

빨간 공 2개, 검은 공 4개를 일렬로 배열하는 경우의 수는

$$\frac{6!}{2! \times 4!} = 15$$

빨간 공 2개와 검은 공 4개의 사이사이와 양 끝의 7개의 자리에서 2개를 택하여 흰 공 2개를 배열하는 경우의 수는

$$_7C_2 = 21$$

따라서 구하는 경우의 수는

$$15 \times 21 = 315$$

다른 풀이

흰 공 2개, 빨간 공 2개, 검은 공 4개를 일렬로 배열하는 경우의 수는

$$\frac{8!}{2! \times 2! \times 4!} = 420$$

흰 공 2개를 한 묶음으로 생각하여 7개의 공을 일렬로 배열하는 경우의 수는

$$\frac{7!}{2! \times 4!} = 105$$

따라서 구하는 경우의 수는

$$420 - 105 = 315$$

0078 답 60

홀수 1, 3, 5의 순서가 정해져 있으므로 1, 3, 5를 모두 X로 바꾸어 생각하여 X, X, X, 2, 2, 4를 일렬로 배열한 후 첫 번째 X를 1로, 두 번째 X를 3으로, 세 번째 X를 5로 바꾸면 된다.

따라서 구하는 경우의 수는

$$\frac{6!}{3! \times 2!} = 60$$

0079 답 ②

여섯 개의 숫자 1, 2, 2, 2, 3, 3에서 3개를 택하는 경우는

(1, 2, 2) 또는 (1, 2, 3) 또는 (1, 3, 3) 또는 (2, 2, 2)

또는 (2, 2, 3) 또는 (2, 3, 3)

(i) 1, 2, 2를 일렬로 배열하는 경우의 수는

$$\frac{3!}{2!} = 3$$

(ii) 1, 2, 3을 일렬로 배열하는 경우의 수는

$$3! = 6$$

(iii) 1, 3, 3을 일렬로 배열하는 경우의 수는

$$\frac{3!}{2!} = 3$$

(iv) 2, 2, 2를 일렬로 배열하는 경우의 수는

$$1$$

(v) 2, 2, 3을 일렬로 배열하는 경우의 수는

$$\frac{3!}{2!} = 3$$

(vi) 2, 3, 3을 일렬로 배열하는 경우의 수는

$$\frac{3!}{2!} = 3$$

(i)~(vi)에서 구하는 자연수의 개수는

$$3 + 6 + 3 + 1 + 3 + 3 = 19$$

0080 답 ⑤

(i) 맨 앞자리에 1이 오고, 일의 자리에 3이 오는 경우

나머지 자리에 0, 0, 2, 2, 3의 5개의 숫자를 일렬로 배열하는 경우의 수는

$$\frac{5!}{2! \times 2!} = 30$$

(ii) 맨 앞자리에 2가 오고, 일의 자리에 1이 오는 경우

나머지 자리에 0, 0, 2, 3, 3의 5개의 숫자를 일렬로 배열하는 경우의 수는

$$\frac{5!}{2! \times 2!} = 30$$

(iii) 맨 앞자리에 2가 오고, 일의 자리에 3이 오는 경우

나머지 자리에 0, 0, 1, 2, 3의 5개의 숫자를 일렬로 배열하는 경우의 수는

$$\frac{5!}{2!} = 60$$

(iv) 맨 앞자리에 3이 오고, 일의 자리에 1이 오는 경우

나머지 자리에 0, 0, 2, 2, 3의 5개의 숫자를 일렬로 배열하는 경우의 수는

$$\frac{5!}{2! \times 2!} = 30$$

(v) 맨 앞자리에 3이 오고, 일의 자리에 3이 오는 경우

나머지 자리에 0, 0, 1, 2, 2의 5개의 숫자를 일렬로 배열하는 경우의 수는

$$\frac{5!}{2! \times 2!} = 30$$

(i)~(v)에서 구하는 자연수의 개수는

$$30 + 30 + 60 + 30 + 30 = 180$$

0081 답 ③

오른쪽 그림과 같이 두 마름모 모양의 도로망을 연결하는 지점을 C라 하면 A 지점에서 C 지점을 거쳐 B 지점까지 최단 거리로 가는 경우의 수는

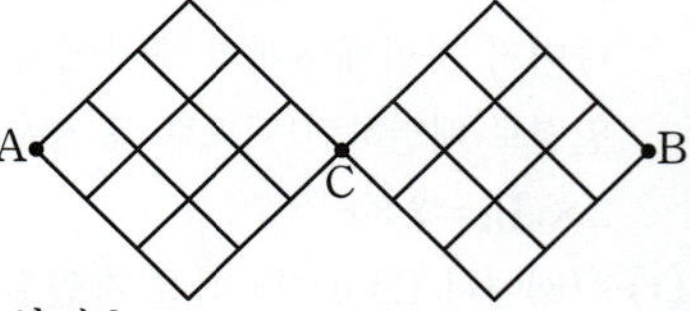

$$\frac{6!}{3! \times 3!} \times \frac{6!}{3! \times 3!} = 20 \times 20 = 400$$

0082 탑 94

오른쪽 그림과 같이 네 지점 P, Q, R, S를 잡으면 A 지점에서 B 지점까지 최단 거리로 가는 경우는

$A \rightarrow P \rightarrow B$

또는 $A \rightarrow Q \rightarrow B$

또는 $A \rightarrow R \rightarrow B$

또는 $A \rightarrow S \rightarrow B$

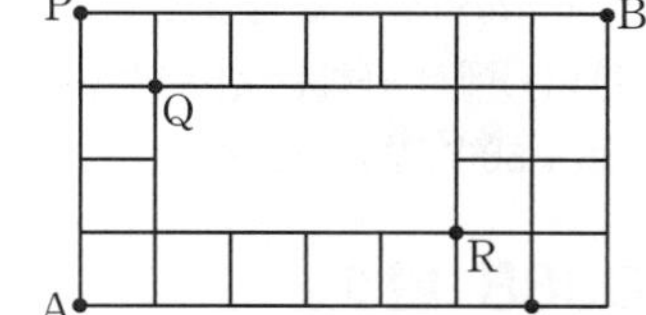

(i) $A \rightarrow P \rightarrow B$로 가는 경우의 수는

$$1 \times 1 = 1$$

(ii) $A \rightarrow Q \rightarrow B$로 가는 경우의 수는

$$\frac{4!}{3!} \times \frac{7!}{6!} = 4 \times 7 = 28$$

(iii) $A \rightarrow R \rightarrow B$로 가는 경우의 수는

$$\frac{6!}{5!} \times \frac{5!}{2! \times 3!} = 6 \times 10 = 60$$

(iv) $A \rightarrow S \rightarrow B$로 가는 경우의 수는

$$1 \times \frac{5!}{4!} = 5$$

(i)~(iv)에서 구하는 경우의 수는

$$1 + 28 + 60 + 5 = 94$$

0083 탑 300

(i) 천의 자리에 3이 오는 경우

백의 자리에 4 또는 5가 오고, 나머지 자리에 1, 2, 3, 4, 5의 5개의 숫자에서 중복을 허용하여 2개를 택하여 일렬로 배열하는 경우의 수는

$$2 \times {}_5\Pi_2 = 2 \times 5^2 = 50 \qquad \cdots\cdots \text{①}$$

(ii) 천의 자리에 4가 오는 경우

나머지 자리에 1, 2, 3, 4, 5의 5개의 숫자에서 중복을 허용하여 3개를 택하여 일렬로 배열하는 경우의 수는

$${}_5\Pi_3 = 5^3 = 125 \qquad \cdots\cdots \text{②}$$

(iii) 천의 자리에 5가 오는 경우

나머지 자리에 1, 2, 3, 4, 5의 5개의 숫자에서 중복을 허용하여 3개를 택하여 일렬로 배열하는 경우의 수는

$${}_5\Pi_3 = 5^3 = 125 \qquad \cdots\cdots \text{③}$$

(i), (ii), (iii)에서 구하는 자연수의 개수는

$$50 + 125 + 125 = 300 \qquad \cdots\cdots \text{④}$$

채점 기준

① 천의 자리에 3이 오는 경우의 수 구하기	30 %
② 천의 자리에 4가 오는 경우의 수 구하기	30 %
③ 천의 자리에 5가 오는 경우의 수 구하기	30 %
④ 3400보다 큰 자연수의 개수 구하기	10 %

0084 탑 32

㈏에서 $f(1) + f(3) = 5$이므로

$f(1) = 1$, $f(3) = 4$ 또는 $f(1) = 2$, $f(3) = 3$

또는 $f(1) = 3$, $f(3) = 2$ 또는 $f(1) = 4$, $f(3) = 1$ $\qquad \cdots\cdots$ ①

(i) $f(1) = 1$, $f(3) = 4$일 때

㈎에서 치역의 원소의 개수가 2이므로 치역은 $\{1, 4\}$이다.

따라서 함수 f의 개수는 1, 4의 2개에서 중복을 허용하여 3개를 택하여 집합 X의 원소 2, 4, 5에 대응시키는 경우의 수와 같으므로

$${}_2\Pi_3 = 2^3 = 8$$

(ii) $f(1) = 2$, $f(3) = 3$일 때

㈎에서 치역의 원소의 개수가 2이므로 치역은 $\{2, 3\}$이다.

따라서 함수 f의 개수는 2, 3의 2개에서 중복을 허용하여 3개를 택하여 집합 X의 원소 2, 4, 5에 대응시키는 경우의 수와 같으므로

$${}_2\Pi_3 = 2^3 = 8$$

(iii) $f(1) = 3$, $f(3) = 2$일 때

㈎에서 치역의 원소의 개수가 2이므로 치역은 $\{2, 3\}$이다.

따라서 함수 f의 개수는 2, 3의 2개에서 중복을 허용하여 3개를 택하여 집합 X의 원소 2, 4, 5에 대응시키는 경우의 수와 같으므로

$${}_2\Pi_3 = 2^3 = 8$$

(iv) $f(1) = 4$, $f(3) = 1$일 때

㈎에서 치역의 원소의 개수가 2이므로 치역은 $\{1, 4\}$이다.

따라서 함수 f의 개수는 1, 4의 2개에서 중복을 허용하여 3개를 택하여 집합 X의 원소 2, 4, 5에 대응시키는 경우의 수와 같으므로

$${}_2\Pi_3 = 2^3 = 8 \qquad \cdots\cdots \text{②}$$

(i)~(iv)에서 구하는 함수의 개수는

$$8 + 8 + 8 + 8 = 32 \qquad \cdots\cdots \text{③}$$

채점 기준

① $f(1) + f(3) = 5$를 만족시키는 $f(1)$, $f(3)$의 값 구하기	20 %
② 각 경우에서 함수의 개수 구하기	60 %
③ 함수 f의 개수 구하기	20 %

0085 탑 192

A 지점에서 B 지점까지 최단 거리로 가는 경우의 수는

$$\frac{10!}{5! \times 5!} = 252 \qquad \cdots\cdots \text{①}$$

A 지점에서 P 지점과 Q 지점 사이의 도로를 거쳐 B 지점까지 최단 거리로 가는 경우의 수는

$$\frac{3!}{2!} \times 1 \times \frac{6!}{3! \times 3!} = 3 \times 1 \times 20 = 60 \qquad \cdots\cdots \text{②}$$

따라서 구하는 경우의 수는

$$252 - 60 = 192 \qquad \cdots\cdots \text{③}$$

채점 기준

① A 지점에서 B 지점까지 최단 거리로 가는 경우의 수 구하기	40 %
② A 지점에서 P 지점과 Q 지점 사이의 도로를 거쳐 B 지점까지 최단 거리로 가는 경우의 수 구하기	40 %
③ A 지점에서 P 지점과 Q 지점 사이의 도로를 거치지 않고 B 지점까지 최단 거리로 가는 경우의 수 구하기	20 %

0086 답 ④

(i) B가 받는 사탕의 개수가 0인 경우

5개의 사탕을 2명의 학생 A, C에게 나누어 주는 경우의 수는
2명의 학생에서 5명을 택하는 중복순열의 수와 같으므로
$$_2\Pi_5 = 2^5 = 32$$
이때 A가 사탕을 받지 못하는 경우의 수는 1
따라서 그 경우의 수는 $32 - 1 = 31$

(ii) B가 받는 사탕의 개수가 1인 경우

B가 받는 사탕을 정하는 경우의 수는
$$_5C_1 = 5$$
남은 4개의 사탕을 2명의 학생 A, C에게 나누어 주는 경우의 수는 2명의 학생에서 4명을 택하는 중복순열의 수와 같으므로
$$_2\Pi_4 = 2^4 = 16$$
이때 A가 사탕을 받지 못하는 경우의 수는 1
따라서 그 경우의 수는 $5 \times (16-1) = 75$

(iii) B가 받는 사탕의 개수가 2인 경우

B가 받는 사탕을 정하는 경우의 수는
$$_5C_2 = 10$$
남은 3개의 사탕을 2명의 학생 A, C에게 나누어 주는 경우의 수는 2명의 학생에서 3명을 택하는 중복순열의 수와 같으므로
$$_2\Pi_3 = 2^3 = 8$$
이때 A가 사탕을 받지 못하는 경우의 수는 1
따라서 그 경우의 수는 $10 \times (8-1) = 70$

(i), (ii), (iii)에서 구하는 경우의 수는
$$31 + 75 + 70 = 176$$

0087 답 1200

(i) a를 택하지 않는 경우

5개의 문자 b, c, d, e, f에서 중복을 허용하여 4개를 택하여
일렬로 배열하는 경우의 수는
$$_5\Pi_4 = 5^4 = 625$$

(ii) a를 1번 택하는 경우

문자 a를 놓을 자리를 정하는 경우의 수는 $_4C_1 = 4$
나머지 자리에 5개의 문자 b, c, d, e, f에서 중복을 허용하여
3개를 택하여 일렬로 배열하는 경우의 수는
$$_5\Pi_3 = 5^3 = 125$$
따라서 a를 1번 택하는 경우의 수는 $4 \times 125 = 500$

(iii) a를 2번 택하는 경우

문자 a가 연속으로 2번 오지 않도록 2개의 a를 배열하는 경우는
$a\square a\square$, $a\square\square a$, $\square a\square a$의 3가지
나머지 자리에 5개의 문자 b, c, d, e, f에서 중복을 허용하여
2개를 택하여 일렬로 배열하는 경우의 수는
$$_5\Pi_2 = 5^2 = 25$$
따라서 a를 2번 택하는 경우의 수는 $3 \times 25 = 75$

(iv) a를 3번 택하는 경우

문자 a는 항상 2번 또는 3번 연속으로 온다.

(v) a를 4번 택하는 경우

$aaaa$이므로 문자 a는 항상 4번 연속으로 온다.

(i)~(v)에서 구하는 경우의 수는
$$625 + 500 + 75 = 1200$$

0088 답 ①

다섯 자리의 자연수를 만들 때 ㈎에서 선택할 수 있는 홀수의 개수는 0, 1, 2, 3이고, ㈏에서 선택할 수 있는 짝수의 개수는 0, 2, 4이다.

따라서 선택할 수 있는 다섯 개의 숫자는 홀수 1개, 짝수 4개 또는 홀수 3개, 짝수 2개이어야 한다.

(i) 홀수 1개, 짝수 4개를 선택하는 경우

홀수 1, 3, 5 중에서 1개를 선택하는 경우의 수는
$$_3C_1 = 3$$
짝수 2, 4, 6 중에서 2개를 선택하는 경우의 수는
$$_3C_2 = {}_3C_1 = 3$$
택한 5개의 숫자를 일렬로 배열하는 경우의 수는
$$\frac{5!}{2! \times 2!} = 30$$
따라서 자연수의 개수는 $3 \times 3 \times 30 = 270$

(ii) 홀수 3개, 짝수 2개를 선택하는 경우

홀수 1, 3, 5를 모두 선택하는 경우의 수는 $_3C_3 = 1$
짝수 2, 4, 6 중에서 1개를 선택하는 경우의 수는
$$_3C_1 = 3$$
택한 5개의 숫자를 일렬로 배열하는 경우의 수는
$$\frac{5!}{2!} = 60$$
따라서 자연수의 개수는 $1 \times 3 \times 60 = 180$

(i), (ii)에서 구하는 자연수의 개수는
$$270 + 180 = 450$$

0089 답 12

오른쪽으로 한 칸 가는 것을 a, 위쪽으로 한 칸 가는 것을 b, 대각선으로 한 칸 가는 것을 c라 하고, a와 b의 길이를 각각 1이라 하자.

(i) 대각선을 0번 이용하는 경우

A 지점에서 B 지점까지 최단 거리로 가는 것은 3개의 a와 3개의 b를 일렬로 배열하는 것과 같고, 이동한 거리는 6이다.

(ii) 대각선을 1번 이용하는 경우

A 지점에서 B 지점까지 최단 거리로 가는 것은 2개의 a와 2개의 b와 1개의 c를 일렬로 배열하는 것과 같고, 이동한 거리는 $4 + \sqrt{2}$이다.

(iii) 대각선을 2번 이용하는 경우

A 지점에서 B 지점까지 최단 거리로 가는 것은 1개의 a와 1개의 b와 2개의 c를 일렬로 배열하는 것과 같고, 이동한 거리는 $2 + 2\sqrt{2}$이다.

(i), (ii), (iii)에서 A 지점에서 B 지점까지 최단 거리로 가는 경우는 대각선을 2번 이용하는 경우이다.

따라서 구하는 경우의 수는 a, b, c, c를 일렬로 배열하는 경우의 수와 같으므로
$$\frac{4!}{2!} = 12$$

02 / 중복조합과 이항정리

A 개념 확인

0090 답 **4**

$_2H_3=_4C_3=_4C_1=4$

0091 답 **6**

$_3H_2=_4C_2=6$

0092 답 **35**

$_5H_3=_7C_3=35$

0093 답 **495**

$_5H_8=_{12}C_8=_{12}C_4=495$

0094 답 **8**

$_2H_7=_8C_7=_8C_1$이므로 $_8C_1=_nC_1$에서 $n=8$

0095 답 **3**

$_4H_r=_{3+r}C_r=_{3+r}C_3$이므로 $_{3+r}C_3=_6C_3$에서
$3+r=6$ $\therefore r=3$

0096 답 **10**

구하는 경우의 수는 $_3H_3=_5C_3=_5C_2=10$

0097 답 **56**

구하는 경우의 수는 $_4H_5=_8C_5=_8C_3=56$

0098 답 **35**

구하는 경우의 수는 4개의 문자에서 4개를 택하는 중복조합의 수와
같으므로 $_4H_4=_7C_4=_7C_3=35$

0099 답 **252**

구하는 경우의 수는 6개의 숫자에서 5개를 택하는 중복조합의 수와
같으므로 $_6H_5=_{10}C_5=252$

0100 답 $a^4+4a^3b+6a^2b^2+4ab^3+b^4$

$(a+b)^4=_4C_0a^4+_4C_1a^3b+_4C_2a^2b^2+_4C_3ab^3+_4C_4b^4$
$=a^4+4a^3b+6a^2b^2+4ab^3+b^4$

0101 답 $x^5-5x^4y+10x^3y^2-10x^2y^3+5xy^4-y^5$

$(x-y)^5=_5C_0x^5+_5C_1x^4(-y)+_5C_2x^3(-y)^2+_5C_3x^2(-y)^3$
$\qquad\qquad+_5C_4x(-y)^4+_5C_5(-y)^5$
$=x^5-5x^4y+10x^3y^2-10x^2y^3+5xy^4-y^5$

0102 답 $16a^4+96a^3b+216a^2b^2+216ab^3+81b^4$

$(2a+3b)^4=_4C_0(2a)^4+_4C_1(2a)^3 3b+_4C_2(2a)^2(3b)^2+_4C_3 2a(3b)^3$
$\qquad\qquad+_4C_4(3b)^4$
$=16a^4+96a^3b+216a^2b^2+216ab^3+81b^4$

0103 답 $x^5-10x^3+40x-\dfrac{80}{x}+\dfrac{80}{x^3}-\dfrac{32}{x^5}$

$\left(x-\dfrac{2}{x}\right)^5=_5C_0x^5+_5C_1x^4\left(-\dfrac{2}{x}\right)+_5C_2x^3\left(-\dfrac{2}{x}\right)^2+_5C_3x^2\left(-\dfrac{2}{x}\right)^3$
$\qquad\qquad+_5C_4x\left(-\dfrac{2}{x}\right)^4+_5C_5\left(-\dfrac{2}{x}\right)^5$
$=x^5-10x^3+40x-\dfrac{80}{x}+\dfrac{80}{x^3}-\dfrac{32}{x^5}$

0104 답 (1) **8** (2) **70** (3) **28**

$(a+b)^8$의 전개식의 일반항은
$_8C_r a^{8-r}b^r$

(1) a^7b항은 $r=1$일 때이므로 그 계수는
$\quad _8C_1=8$

(2) a^4b^4항은 $r=4$일 때이므로 그 계수는
$\quad _8C_4=70$

(3) a^2b^6항은 $r=6$일 때이므로 그 계수는
$\quad _8C_6=_8C_2=28$

0105 답 **32**

$_5C_0+_5C_1+_5C_2+_5C_3+_5C_4+_5C_5=2^5=32$

0106 답 **0**

$_6C_0-_6C_1+_6C_2-\cdots+_6C_6=0$

0107 답 **64**

$_7C_1+_7C_3+_7C_5+_7C_7=2^{7-1}=2^6=64$

B 유형 완성

0108 답 ④

구하는 경우의 수는 5명의 학생에서 7명을 택하는 중복조합의 수와
같으므로
$_5H_7=_{11}C_7=_{11}C_4=330$

0109 답 ③

구하는 경우의 수는 4종류의 공에서 9개를 택하는 중복조합의 수와
같으므로
$_4H_9=_{12}C_9=_{12}C_3=220$

0110 답 **136**

7명의 회원이 1개의 보드게임에 각각 무기명으로 투표하는 경우의
수는 2개의 보드게임에서 7개를 택하는 중복조합의 수와 같으므로
$_2H_7=_8C_7=_8C_1=8$ $\therefore a=8$
7명의 회원이 1개의 보드게임에 각각 기명으로 투표하는 경우의 수
는 2개의 보드게임에서 7개를 택하는 중복순열의 수와 같으므로
$_2\Pi_7=2^7=128$ $\therefore b=128$
$\therefore a+b=8+128=136$

0111 답 **126**

먼저 5종류의 과일을 각각 1개씩 사고, 나머지 5개의 과일을 사면 된다.

따라서 구하는 경우의 수는 5종류의 과일에서 5개를 택하는 중복조합의 수와 같으므로

$_5H_5=_9C_5=_9C_4=126$

0112 답 ①

먼저 펜을 세 주머니 A, B, C에 각각 3개, 3개, 1개씩 넣고, 나머지 8개의 펜을 나누어 넣으면 된다.

따라서 구하는 경우의 수는 3개의 주머니에서 8개를 택하는 중복조합의 수와 같으므로

$_3H_8=_{10}C_8=_{10}C_2=45$

0113 답 **84**

서로 다른 4개의 상자 중에서 빈 상자 1개를 택하는 경우의 수는

$_4C_1=4$

나머지 3개의 상자에 먼저 공을 각각 1개씩 넣고, 나머지 5개의 공을 나누어 넣으면 된다.

나머지 5개의 공을 나누어 넣는 경우의 수는 3개의 상자에서 5개를 택하는 중복조합의 수와 같으므로

$_3H_5=_7C_5=_7C_2=21$

따라서 구하는 경우의 수는

$4\times21=84$

0114 답 **460**

8장의 엽서를 5명에게 나누어 주는 경우의 수는 5명에서 8명을 택하는 중복조합의 수와 같으므로

$_5H_8=_{12}C_8=_{12}C_4=495$ $\qquad\qquad$ ······ ❶

5명이 모두 적어도 1장의 엽서를 받도록 하려면 먼저 5명에게 엽서를 1장씩 나누어 주고, 나머지 3장의 엽서를 나누어 주면 된다.

나머지 3장의 엽서를 나누어 주는 경우의 수는 5명에서 3명을 택하는 중복조합의 수와 같으므로

$_5H_3=_7C_3=35$ $\qquad\qquad$ ······ ❷

따라서 엽서를 1장도 받지 못하는 사람이 생기는 경우의 수는

$495-35=460$ $\qquad\qquad$ ······ ❸

<table>
<tr><td>채점 기준</td><td></td></tr>
<tr><td>❶ 8장의 엽서를 5명에게 나누어 주는 경우의 수 구하기</td><td>40 %</td></tr>
<tr><td>❷ 5명이 모두 적어도 1장의 엽서를 받는 경우의 수 구하기</td><td>40 %</td></tr>
<tr><td>❸ 엽서를 1장도 받지 못하는 사람이 생기는 경우의 수 구하기</td><td>20 %</td></tr>
</table>

0115 답 ①

(ⅰ) 노란 구슬을 택하지 않는 경우

빨간 구슬과 파란 구슬 중에서 6개의 구슬을 택하면 되므로 그 경우의 수는 2종류의 구슬에서 6개를 택하는 중복조합의 수와 같다.

$\therefore _2H_6=_7C_6=_7C_1=7$

(ⅱ) 노란 구슬을 1개 택하는 경우

빨간 구슬과 파란 구슬 중에서 나머지 5개의 구슬을 택하면 되므로 그 경우의 수는 2종류의 구슬에서 5개를 택하는 중복조합의 수와 같다.

$\therefore _2H_5=_6C_5=_6C_1=6$

(ⅲ) 노란 구슬을 2개 택하는 경우

빨간 구슬과 파란 구슬 중에서 나머지 4개의 구슬을 택하면 되므로 그 경우의 수는 2종류의 구슬에서 4개를 택하는 중복조합의 수와 같다.

$\therefore _2H_4=_5C_4=_5C_1=5$

(ⅳ) 노란 구슬을 3개 택하는 경우

빨간 구슬과 파란 구슬 중에서 나머지 3개의 구슬을 택하면 되므로 그 경우의 수는 2종류의 구슬에서 3개를 택하는 중복조합의 수와 같다.

$\therefore _2H_3=_4C_3=_4C_1=4$

(ⅰ)~(ⅳ)에서 구하는 경우의 수는 $7+6+5+4=22$

다른 풀이

3종류의 구슬에서 6개를 택하는 중복조합의 수는

$_3H_6=_8C_6=_8C_2=28$

노란 구슬을 4개 이상 택하려면 먼저 노란 구슬을 4개 택하고, 나머지 2개의 구슬을 택하면 된다.

나머지 2개의 구슬을 택하는 경우의 수는 3종류의 구슬에서 2개를 택하는 중복조합의 수와 같으므로 $_3H_2=_4C_2=6$

따라서 구하는 경우의 수는 $28-6=22$

0116 답 ②

구하는 항의 개수는 3개의 문자 a, b, c에서 7개를 택하는 중복조합의 수와 같으므로 $_3H_7=_9C_7=_9C_2=36$

0117 답 **140**

$(x+y)^3$의 전개식의 항의 개수는 2개의 문자 x, y에서 3개를 택하는 중복조합의 수와 같으므로

$_2H_3=_4C_3=_4C_1=4$

$(a+b+c+d)^4$의 전개식의 항의 개수는 4개의 문자 a, b, c, d에서 4개를 택하는 중복조합의 수와 같으므로

$_4H_4=_7C_4=_7C_3=35$

따라서 구하는 항의 개수는 $4\times35=140$

0118 답 ③

$(x+y+z)^5$의 전개식의 항의 개수는 3개의 문자 x, y, z에서 5개를 택하는 중복조합의 수와 같으므로

$_3H_5=_7C_5=_7C_2=21$

$(x+y+z)^5$의 전개식에서 x를 포함하지 않는 항의 개수는 x를 제외한 2개의 문자 y, z에서 5개를 택하는 중복조합의 수와 같으므로

$_2H_5=_6C_5=_6C_1=6$

따라서 구하는 항의 개수는 $21-6=15$

다른 풀이

$(x+y+z)^5$의 전개식에서 x를 포함하는 항의 개수는 먼저 x를 1개 택하고 3개의 문자 x, y, z에서 4개를 택하는 중복조합의 수와 같으므로 $_3H_4=_6C_4=_6C_2=15$

0119 답 ②

$2 \leq a \leq b \leq c$에서 a, b, c의 값을 정하는 경우의 수는 2, 3, 4, 5, 6의 5개의 자연수에서 중복을 허용하여 3개를 택한 후 크기가 작거나 같은 수부터 순서대로 a, b, c에 대응시키는 경우의 수와 같으므로 구하는 순서쌍의 개수는
$${}_5H_3 = {}_7C_3 = 35$$

0120 답 45

$1 \leq a \leq b \leq 5$에서 a, b의 값을 정하는 경우의 수는 1, 2, 3, 4, 5의 5개의 자연수에서 중복을 허용하여 2개를 택한 후 크기가 작거나 같은 수부터 순서대로 a, b에 대응시키는 경우의 수와 같으므로
$${}_5H_2 = {}_6C_2 = 15$$
$5 < c < d < 9$에서 c, d의 값을 정하는 경우의 수는 6, 7, 8의 3개의 자연수에서 2개를 택한 후 크기가 작은 수부터 순서대로 c, d에 대응시키는 경우의 수와 같으므로
$${}_3C_2 = {}_3C_1 = 3$$
따라서 구하는 순서쌍의 개수는
$$15 \times 3 = 45$$

0121 답 ⑤

㈎에서 a, b, c의 합이 짝수이므로 a, b, c가 모두 짝수이거나 a, b, c 중에서 짝수는 1개, 홀수는 2개이어야 한다.

(ⅰ) a, b, c가 모두 짝수인 경우

㈏의 $a \leq b \leq c \leq 15$에서 a, b, c의 값을 정하는 경우의 수는 2, 4, 6, …, 14의 7개의 짝수에서 중복을 허용하여 3개를 택한 후 크기가 작거나 같은 수부터 순서대로 a, b, c에 대응시키는 경우의 수와 같으므로
$${}_7H_3 = {}_9C_3 = 84$$

(ⅱ) a, b, c 중에서 짝수는 1개, 홀수는 2개인 경우

2, 4, 6, …, 14의 7개의 짝수에서 1개를 택하는 경우의 수는
$${}_7C_1 = 7$$
1, 3, 5, …, 15의 8개의 홀수에서 중복을 허용하여 2개를 택하는 경우의 수는 ${}_8H_2 = {}_9C_2 = 36$

이때 택한 짝수 1개와 홀수 2개를 크기가 작거나 같은 수부터 순서대로 a, b, c에 대응시키면 되므로 a, b, c의 값을 정하는 경우의 수는
$$7 \times 36 = 252$$

(ⅰ), (ⅱ)에서 구하는 순서쌍의 개수는
$$84 + 252 = 336$$

0122 답 ④

음이 아닌 정수 x, y, z의 순서쌍 (x, y, z)의 개수는 3개의 문자 x, y, z에서 12개를 택하는 중복조합의 수와 같으므로
$${}_3H_{12} = {}_{14}C_{12} = {}_{14}C_2 = 91 \qquad \therefore a = 91$$
한편 x, y, z가 자연수일 때, $X = x-1$, $Y = y-1$, $Z = z-1$이라 하면 X, Y, Z는 음이 아닌 정수이다.
$x = X+1$, $y = Y+1$, $z = Z+1$을 방정식 $x+y+z = 12$에 대입하면
$$(X+1) + (Y+1) + (Z+1) = 12$$
$$\therefore X+Y+Z = 9$$

따라서 자연수 x, y, z의 순서쌍 (x, y, z)의 개수는 방정식 $X + Y + Z = 9$를 만족시키는 음이 아닌 정수 X, Y, Z의 순서쌍 (X, Y, Z)의 개수, 즉 3개의 문자 X, Y, Z에서 9개를 택하는 중복조합의 수와 같으므로
$${}_3H_9 = {}_{11}C_9 = {}_{11}C_2 = 55 \qquad \therefore b = 55$$
$$\therefore a+b = 91 + 55 = 146$$

0123 답 ⑤

x, y, z, w가 음이 아닌 정수이므로 $x+y+z+w < 4$에서
$x+y+z+w = 0$ 또는 $x+y+z+w = 1$ 또는 $x+y+z+w = 2$
또는 $x+y+z+w = 3$

(ⅰ) 방정식 $x+y+z+w = 0$을 만족시키는 음이 아닌 정수 x, y, z, w의 순서쌍 (x, y, z, w)는 $(0, 0, 0, 0)$의 1개

(ⅱ) 방정식 $x+y+z+w = 1$을 만족시키는 음이 아닌 정수 x, y, z, w의 순서쌍 (x, y, z, w)의 개수는 4개의 문자 x, y, z, w에서 1개를 택하는 중복조합의 수와 같으므로
$${}_4H_1 = {}_4C_1 = 4$$

(ⅲ) 방정식 $x+y+z+w = 2$를 만족시키는 음이 아닌 정수 x, y, z, w의 순서쌍 (x, y, z, w)의 개수는 4개의 문자 x, y, z, w에서 2개를 택하는 중복조합의 수와 같으므로
$${}_4H_2 = {}_5C_2 = 10$$

(ⅳ) 방정식 $x+y+z+w = 3$을 만족시키는 음이 아닌 정수 x, y, z, w의 순서쌍 (x, y, z, w)의 개수는 4개의 문자 x, y, z, w에서 3개를 택하는 중복조합의 수와 같으므로
$${}_4H_3 = {}_6C_3 = 20$$

(ⅰ)~(ⅳ)에서 구하는 순서쌍의 개수는
$$1 + 4 + 10 + 20 = 35$$

0124 답 105

$a \geq 1$, $b \geq 2$, $c \geq 3$인 자연수이므로 $A = a-1$, $B = b-2$, $C = c-3$이라 하면 A, B, C는 음이 아닌 정수이다.
$a = A+1$, $b = B+2$, $c = C+3$을 방정식 $a+b+c = 19$에 대입하면
$$(A+1) + (B+2) + (C+3) = 19$$
$$\therefore A+B+C = 13$$
따라서 구하는 순서쌍의 개수는 방정식 $A+B+C = 13$을 만족시키는 음이 아닌 정수 A, B, C의 순서쌍 (A, B, C)의 개수, 즉 3개의 문자 A, B, C에서 13개를 택하는 중복조합의 수와 같으므로
$${}_3H_{13} = {}_{15}C_{13} = {}_{15}C_2 = 105$$

0125 답 7

방정식 $x+y+z = n$을 만족시키는 음이 아닌 정수 x, y, z의 순서쌍 (x, y, z)의 개수는 3개의 문자 x, y, z에서 n개를 택하는 중복조합의 수와 같으므로
$${}_3H_n = {}_{n+2}C_n = {}_{n+2}C_2$$
즉, ${}_{n+2}C_2 = 36$이므로
$$\frac{(n+2)(n+1)}{2 \times 1} = 36$$
$$(n+2)(n+1) = 72 = 9 \times 8$$
$$\therefore n = 7 \ (\because n은 자연수)$$

0126 답 ②

a, b, c, d가 자연수이므로 $A=a-1$, $B=b-1$, $C=c-1$,
$D=d-1$이라 하면 A, B, C, D는 음이 아닌 정수이다.
$a=A+1$, $b=B+1$, $c=C+1$, $d=D+1$을 방정식
$a+b+c+3d=10$에 대입하면
$(A+1)+(B+1)+(C+1)+3(D+1)=10$
$\therefore A+B+C+3D=4$
이때 D의 계수가 가장 크므로 D가 될 수 있는 수를 구하면
$D=0$ 또는 $D=1$
(i) $D=0$일 때
　방정식 $A+B+C+3D=4$에서 $A+B+C=4$
　따라서 자연수 a, b, c, d의 순서쌍 (a, b, c, d)의 개수는 방정
　식 $A+B+C=4$를 만족시키는 음이 아닌 정수 A, B, C의 순
　서쌍 (A, B, C)의 개수, 즉 3개의 문자 A, B, C에서 4개를 택
　하는 중복조합의 수와 같으므로
　$_3\mathrm{H}_4=_6\mathrm{C}_4=_6\mathrm{C}_2=15$
(ii) $D=1$일 때
　방정식 $A+B+C+3D=4$에서 $A+B+C=1$
　따라서 자연수 a, b, c, d의 순서쌍 (a, b, c, d)의 개수는 방정
　식 $A+B+C=1$을 만족시키는 음이 아닌 정수 A, B, C의 순
　서쌍 (A, B, C)의 개수, 즉 3개의 문자 A, B, C에서 1개를 택
　하는 중복조합의 수와 같으므로
　$_3\mathrm{H}_1=_3\mathrm{C}_1=3$
(i), (ii)에서 구하는 순서쌍의 개수는 $15+3=18$

0127 답 **56**

집합 Y의 원소 1, 2, 3, 4, 5, 6의 6개에서 중복을 허용하여 3개를
택한 후 크기가 작거나 같은 수부터 순서대로 집합 X의 원소 -1,
0, 1에 대응시키면 되므로 구하는 함수의 개수는
$_6\mathrm{H}_3=_8\mathrm{C}_3=56$

0128 답 ⑤

$f(1)$의 값이 될 수 있는 수는 1, 2, 3, 4의 4개이다.
또 $f(2)\leq f(3)\leq f(4)$에서 $f(2)$, $f(3)$, $f(4)$의 값을 정하는 경우
의 수는 집합 X의 원소 1, 2, 3, 4의 4개에서 중복을 허용하여 3개
를 택한 후 크기가 작거나 같은 수부터 순서대로 집합 X의 원소 2,
3, 4에 대응시키는 경우의 수와 같으므로
$_4\mathrm{H}_3=_6\mathrm{C}_3=20$
따라서 구하는 함수의 개수는 $4\times20=80$

0129 답 ③

㉮에서 $f(3)=4$, $f(5)=6$이므로 ㉯에 의하여
$f(1)\leq f(2)\leq 4\leq f(4)\leq 6$
$f(1)\leq f(2)\leq 4$에서 $f(1)$, $f(2)$의 값을 정하는 경우의 수는 집합
Y의 원소 1, 2, 3, 4의 4개에서 중복을 허용하여 2개를 택한 후 크
기가 작거나 같은 수부터 순서대로 집합 X의 원소 1, 2에 대응시키
는 경우의 수와 같으므로
$_4\mathrm{H}_2=_5\mathrm{C}_2=10$

$4\leq f(4)\leq 6$에서 $f(4)$의 값이 될 수 있는 수는 4, 5, 6의 3개이다.
따라서 구하는 함수의 개수는
$10\times3=30$

0130 답 **2**

$\left(x^2-\dfrac{a}{x}\right)^5$의 전개식의 일반항은
$_5\mathrm{C}_r(x^2)^{5-r}\left(-\dfrac{a}{x}\right)^r=_5\mathrm{C}_r(-a)^r\dfrac{x^{10-2r}}{x^r}$
x^4항은 $10-2r-r=4$일 때이므로
$r=2$
이때 x^4의 계수가 40이므로
$_5\mathrm{C}_2\times(-a)^2=40$
$10a^2=40$, $a^2=4$
$\therefore a=2 \ (\because a>0)$

0131 답 ④

$(x+3y^2)^5$의 전개식의 일반항은
$_5\mathrm{C}_r x^{5-r}(3y^2)^r=_5\mathrm{C}_r 3^r x^{5-r}y^{2r}$
x^3y^4항은 $5-r=3$, $2r=4$일 때이므로
$r=2$
따라서 구하는 x^3y^4의 계수는
$_5\mathrm{C}_2\times 3^2=10\times9=90$

0132 답 ②

$(x+a)^{10}$의 전개식의 일반항은
$_{10}\mathrm{C}_r x^{10-r}a^r=_{10}\mathrm{C}_r a^r x^{10-r}$
x^7항은 $10-r=7$일 때이므로 $r=3$
따라서 x^7의 계수는
$_{10}\mathrm{C}_3\times a^3=120a^3$
한편 x^8항은 $10-r=8$일 때이므로 $r=2$
따라서 x^8의 계수는
$_{10}\mathrm{C}_2\times a^2=45a^2$
이때 x^7의 계수가 x^8의 계수의 8배이므로
$120a^3=8\times45a^2$
$\therefore a=3 \ (\because a>0)$

0133 답 **42**

$\left(x^4+\dfrac{1}{x^3}\right)^n$의 전개식의 일반항은
$_n\mathrm{C}_r(x^4)^{n-r}\left(\dfrac{1}{x^3}\right)^r=_n\mathrm{C}_r\dfrac{x^{4n-4r}}{x^{3r}}$
상수항은 $4n-4r=3r$일 때이므로
$n=\dfrac{7}{4}r$ ⋯⋯ ❶
이때 n은 자연수이므로 r는 4의 배수이어야 한다.
즉, $r=4$일 때 n이 최소이므로 최솟값은
$m=\dfrac{7}{4}\times4=7$
이때의 상수항은
$k=_7\mathrm{C}_4=_7\mathrm{C}_3=35$ ⋯⋯ ❷
$\therefore m+k=42$ ⋯⋯ ❸

채점 기준

❶ n, r의 관계식 구하기	40 %
❷ m, k의 값 구하기	40 %
❸ $m+k$의 값 구하기	20 %

0134 답 160

$(1+2x)^5$의 전개식의 일반항은

$_5C_r(2x)^r=\,_5C_r2^rx^r$ $\qquad$ …… ㉠

이때

$(1+x)(1+2x)^5=(1+2x)^5+x(1+2x)^5$

이므로 x^4항은 1과 ㉠의 x^4항을 곱하는 경우, x와 ㉠의 x^3항을 곱하는 경우에 나타난다.

(ⅰ) 1과 ㉠의 x^4항을 곱하는 경우

㉠의 x^4항은 $r=4$일 때이므로

$_5C_4\times2^4\times x^4=\,_5C_1\times2^4\times x^4$
$\qquad\qquad\qquad =5\times16\times x^4=80x^4$

따라서 1과 ㉠의 x^4항을 곱하면

$1\times80x^4=80x^4$

(ⅱ) x와 ㉠의 x^3항을 곱하는 경우

㉠의 x^3항은 $r=3$일 때이므로

$_5C_3\times2^3\times x^3=\,_5C_2\times2^3\times x^3$
$\qquad\qquad\qquad =10\times8\times x^3=80x^3$

따라서 x와 ㉠의 x^3항을 곱하면

$x\times80x^3=80x^4$

(ⅰ), (ⅱ)에서 구하는 x^4의 계수는

$80+80=160$

0135 답 ③

$\left(x+\dfrac{1}{x}\right)^5$의 전개식의 일반항은

$_5C_rx^{5-r}\left(\dfrac{1}{x}\right)^r=\,_5C_r\dfrac{x^{5-r}}{x^r}$ $\qquad$ …… ㉠

이때

$(2x^3+3)\left(x+\dfrac{1}{x}\right)^5=2x^3\left(x+\dfrac{1}{x}\right)^5+3\left(x+\dfrac{1}{x}\right)^5$

이므로 상수항은 $2x^3$과 ㉠의 $\dfrac{1}{x^3}$항을 곱하는 경우, 3과 ㉠의 상수항을 곱하는 경우에 나타난다.

(ⅰ) $2x^3$과 ㉠의 $\dfrac{1}{x^3}$항을 곱하는 경우

㉠의 $\dfrac{1}{x^3}$항은 $r-(5-r)=3$, 즉 $r=4$일 때이므로

$_5C_4\times\dfrac{1}{x^3}=\,_5C_1\times\dfrac{1}{x^3}=\dfrac{5}{x^3}$

따라서 $2x^3$과 ㉠의 $\dfrac{1}{x^3}$항을 곱하면

$2x^3\times\dfrac{5}{x^3}=10$

(ⅱ) 3과 ㉠의 상수항을 곱하는 경우

㉠의 상수항은 $5-r=r$, 즉 $r=\dfrac{5}{2}$일 때이고 r는 $0\leq r\leq5$인 정수이므로 ㉠의 상수항은 존재하지 않는다.

(ⅰ), (ⅱ)에서 구하는 상수항은 10이다.

0136 답 ②

$\left(x+\dfrac{a}{x^2}\right)^4$의 전개식의 일반항은

$_4C_rx^{4-r}\left(\dfrac{a}{x^2}\right)^r=\,_4C_ra^r\dfrac{x^{4-r}}{x^{2r}}$ $\qquad$ …… ㉠

이때

$\left(x^2-\dfrac{1}{x}\right)\left(x+\dfrac{a}{x^2}\right)^4=x^2\left(x+\dfrac{a}{x^2}\right)^4-\dfrac{1}{x}\left(x+\dfrac{a}{x^2}\right)^4$

이므로 x^3항은 x^2과 ㉠의 x항을 곱하는 경우, $-\dfrac{1}{x}$과 ㉠의 x^4항을 곱하는 경우에 나타난다.

(ⅰ) x^2과 ㉠의 x항을 곱하는 경우

㉠의 x항은 $4-r-2r=1$, 즉 $r=1$일 때이므로

$_4C_1\times a\times x=4ax$

따라서 x^2과 ㉠의 x항을 곱하면

$x^2\times4ax=4ax^3$

(ⅱ) $-\dfrac{1}{x}$과 ㉠의 x^4항을 곱하는 경우

㉠의 x^4항은 $4-r-2r=4$, 즉 $r=0$일 때이므로

$_4C_0\times x^4=x^4$

따라서 $-\dfrac{1}{x}$과 ㉠의 x^4항을 곱하면

$-\dfrac{1}{x}\times x^4=-x^3$

(ⅰ), (ⅱ)에서 x^3의 계수는 $4a-1$

따라서 $4a-1=7$이므로

$a=2$

0137 답 -48

$(1+x)^4$의 전개식의 일반항은

$_4C_rx^r$

$(2-x)^5$의 전개식의 일반항은

$_5C_s2^{5-s}(-x)^s=\,_5C_s(-1)^s\,2^{5-s}x^s$

따라서 $(1+x)^4(2-x)^5$의 전개식의 일반항은

$_4C_rx^r\times\,_5C_s(-1)^s\,2^{5-s}x^s=\,_4C_r\times\,_5C_s(-1)^s\,2^{5-s}x^{r+s}$

x^2항은 $r+s=2$ (r, s는 $0\leq r\leq4$, $0\leq s\leq5$인 정수)일 때이므로 r, s의 순서쌍 $(r,\ s)$는

$(0,\ 2)$, $(1,\ 1)$, $(2,\ 0)$

따라서 x^2의 계수는

$_4C_0\times\,_5C_2\times(-1)^2\times2^3+\,_4C_1\times\,_5C_1\times(-1)\times2^4+\,_4C_2\times\,_5C_0\times2^5$
$=80+(-320)+192=-48$

0138 답 2

$(x-a)^3$의 전개식의 일반항은

$_3C_rx^{3-r}(-a)^r=\,_3C_r(-a)^rx^{3-r}$

$(x+2)^4$의 전개식의 일반항은

$_4C_sx^{4-s}2^s=\,_4C_s2^sx^{4-s}$

따라서 $(x-a)^3(x+2)^4$의 전개식의 일반항은

$_3C_r(-a)^rx^{3-r}\times\,_4C_s2^sx^{4-s}=\,_3C_r\times\,_4C_s(-a)^r2^sx^{7-r-s}$ $\qquad$ …… ❶

x항은 $7-r-s=1$, 즉 $r+s=6$ (r, s는 $0\leq r\leq3$, $0\leq s\leq4$인 정수)일 때이므로 r, s의 순서쌍 $(r,\ s)$는 $\qquad$ …… ❷

$(2,\ 4)$, $(3,\ 3)$

이때 x의 계수가 -64이므로
$$_3C_2 \times {}_4C_4 \times (-a)^2 \times 2^4 + {}_3C_3 \times {}_4C_3 \times (-a)^3 \times 2^3 = -64$$
$$48a^2 - 32a^3 = -64$$
$$2a^3 - 3a^2 - 4 = 0$$
$$(a-2)(2a^2 + a + 2) = 0$$
$$\therefore a = 2 \ (\because a\text{는 실수}) \qquad \cdots\cdots \text{ⅲ}$$

채점 기준	
❶ $(x-a)^3(x+2)^4$의 전개식의 일반항 구하기	40 %
❷ r, s가 될 수 있는 값 구하기	30 %
❸ a의 값 구하기	30 %

0139 답 ②

$(x^2+1)^4$의 전개식의 일반항은
$$_4C_r (x^2)^r = {}_4C_r x^{2r}$$
$(x^3+1)^n$의 전개식의 일반항은
$$_nC_s (x^3)^s = {}_nC_s x^{3s}$$
따라서 $(x^2+1)^4(x^3+1)^n$의 전개식의 일반항은
$$_4C_r x^{2r} \times {}_nC_s x^{3s} = {}_4C_r \times {}_nC_s x^{2r+3s}$$
x^5항은 $2r+3s=5$ (r, s는 $0 \le r \le 4$, $0 \le s \le n$인 정수)일 때이므로 r, s의 순서쌍 (r, s)는
$$(1, 1)$$
이때 x^5의 계수가 12이므로
$$_4C_1 \times {}_nC_1 = 12$$
$$4n = 12$$
$$\therefore n = 3$$
또 x^6항은 $2r+3s=6$일 때이므로 r, s의 순서쌍 (r, s)는
$$(0, 2), (3, 0)$$
따라서 구하는 x^6의 계수는
$$_4C_0 \times {}_3C_2 + {}_4C_3 \times {}_3C_0 = 3+4 = 7$$

0140 답 ②

$\dfrac{(x-2)^4(3x^2+1)^3}{x}$의 전개식에서 x^4의 계수는
$(x-2)^4(3x^2+1)^3$의 전개식에서 x^5의 계수와 같다.
$(x-2)^4$의 전개식의 일반항은
$$_4C_r x^{4-r}(-2)^r = {}_4C_r (-2)^r x^{4-r}$$
$(3x^2+1)^3$의 전개식의 일반항은
$$_3C_s (3x^2)^{3-s} = {}_3C_s 3^{3-s} x^{6-2s}$$
따라서 $(x-2)^4(3x^2+1)^3$의 전개식의 일반항은
$$_4C_r (-2)^r x^{4-r} \times {}_3C_s 3^{3-s} x^{6-2s} = {}_4C_r \times {}_3C_s (-2)^r 3^{3-s} x^{10-r-2s}$$
x^5항은 $10-r-2s=5$, 즉 $r+2s=5$ (r, s는 $0 \le r \le 4$, $0 \le s \le 3$인 정수)일 때이므로 r, s의 순서쌍 (r, s)는
$$(1, 2), (3, 1)$$
즉, $(x-2)^4(3x^2+1)^3$의 전개식에서 x^5의 계수는
$$_4C_1 \times {}_3C_2 \times (-2) \times 3 + {}_4C_3 \times {}_3C_1 \times (-2)^3 \times 3^2$$
$$= -72 + (-864)$$
$$= -936$$
따라서 구하는 x^4의 계수는 -936이다.

0141 답 ②

$_1C_1 = {}_2C_2$이므로
$$_1C_1 + {}_2C_1 + {}_3C_1 + {}_4C_1 + {}_5C_1 = {}_2C_2 + {}_2C_1 + {}_3C_1 + {}_4C_1 + {}_5C_1$$
$$= {}_3C_2 + {}_3C_1 + {}_4C_1 + {}_5C_1$$
$$= {}_4C_2 + {}_4C_1 + {}_5C_1$$
$$= {}_5C_2 + {}_5C_1$$
$$= {}_6C_2$$

0142 답 ③

$_3C_0 = {}_4C_0$이므로
$$_3C_0 + {}_4C_1 + {}_5C_2 + {}_6C_3 + \cdots + {}_{12}C_9 = {}_4C_0 + {}_4C_1 + {}_5C_2 + {}_6C_3 + \cdots + {}_{12}C_9$$
$$= {}_5C_1 + {}_5C_2 + {}_6C_3 + \cdots + {}_{12}C_9$$
$$= {}_6C_2 + {}_6C_3 + \cdots + {}_{12}C_9$$
$$\vdots$$
$$= {}_{12}C_8 + {}_{12}C_9$$
$$= {}_{13}C_9$$
$$= {}_{13}C_4$$

0143 답 ④

$$_3C_1 + {}_4C_2 + {}_5C_3 + \cdots + {}_{10}C_8 = {}_3C_0 + {}_3C_1 + {}_4C_2 + {}_5C_3 + \cdots + {}_{10}C_8 - {}_3C_0$$
$$= {}_4C_1 + {}_4C_2 + {}_5C_3 + \cdots + {}_{10}C_8 - 1$$
$$= {}_5C_2 + {}_5C_3 + \cdots + {}_{10}C_8 - 1$$
$$\vdots$$
$$= {}_{10}C_7 + {}_{10}C_8 - 1$$
$$= {}_{11}C_8 - 1$$
$$= {}_{11}C_3 - 1$$
$$_3C_2 + {}_4C_3 + {}_5C_4 + \cdots + {}_{10}C_9$$
$$= {}_2C_0 + {}_2C_1 + {}_3C_2 + {}_4C_3 + {}_5C_4 + \cdots + {}_{10}C_9 - ({}_2C_0 + {}_2C_1)$$
$$= {}_3C_1 + {}_3C_2 + {}_4C_3 + {}_5C_4 + \cdots + {}_{10}C_9 - (1+2)$$
$$= {}_4C_2 + {}_4C_3 + {}_5C_4 + \cdots + {}_{10}C_9 - 3$$
$$\vdots$$
$$= {}_{10}C_8 + {}_{10}C_9 - 3$$
$$= {}_{11}C_9 - 3$$
$$= {}_{11}C_2 - 3$$
따라서 색칠한 부분에 있는 모든 수의 합은
$$_{11}C_3 - 1 + {}_{11}C_2 - 3 = {}_{11}C_2 + {}_{11}C_3 - 4$$
$$= {}_{12}C_3 - 4$$
$$= 220 - 4$$
$$= 216$$

0144 답 ④

$(1+x)^n$의 전개식의 일반항은 $_nC_r x^r$
x^4항은 $(1+x)^4$의 전개식부터 나오므로
$(1+x)^4$의 전개식에서 x^4의 계수는 $_4C_4$
$(1+x)^5$의 전개식에서 x^4의 계수는 $_5C_4$
$(1+x)^6$의 전개식에서 x^4의 계수는 $_6C_4$
$$\vdots$$
$(1+x)^{10}$의 전개식에서 x^4의 계수는 $_{10}C_4$

따라서 구하는 x^4의 계수는
$$_4C_4+_5C_4+_6C_4+\cdots+_{10}C_4=_5C_5+_5C_4+_6C_4+\cdots+_{10}C_4$$
$$=_6C_5+_6C_4+\cdots+_{10}C_4$$
$$=_7C_5+_7C_4+\cdots+_{10}C_4$$
$$\vdots$$
$$=_{10}C_5+_{10}C_4$$
$$=_{11}C_5=462$$

0145 답 715

$(1+x^3)^n$의 전개식의 일반항은 $_nC_r x^{3r}$
x^9항은 $(1+x^3)^3$의 전개식부터 나오므로
$(1+x^3)^3$의 전개식에서 x^9의 계수는 $_3C_3$
$(1+x^3)^4$의 전개식에서 x^9의 계수는 $_4C_3$
$(1+x^3)^5$의 전개식에서 x^9의 계수는 $_5C_3$
$$\vdots$$
$(1+x^3)^{12}$의 전개식에서 x^9의 계수는 $_{12}C_3$
따라서 구하는 x^9의 계수는
$$_3C_3+_4C_3+_5C_3+\cdots+_{12}C_3=_4C_4+_4C_3+_5C_3+\cdots+_{12}C_3$$
$$=_5C_4+_5C_3+\cdots+_{12}C_3$$
$$=_6C_4+_6C_3+\cdots+_{12}C_3$$
$$\vdots$$
$$=_{12}C_4+_{12}C_3$$
$$=_{13}C_4=715$$

0146 답 ⑤

$(1+x)^n$의 전개식의 일반항은 $_nC_r x^r$
x^2항은 $(1+x)^2$의 전개식부터 나오므로
$(1+x)^2$의 전개식에서 x^2의 계수는 $_2C_2$
$(1+x)^3$의 전개식에서 x^2의 계수는 $_3C_2$
$(1+x)^4$의 전개식에서 x^2의 계수는 $_4C_2$
$$\vdots$$
$(1+x)^n$의 전개식에서 x^2의 계수는 $_nC_2$
따라서 x^2의 계수는
$$_2C_2+_3C_2+_4C_2+\cdots+_nC_2=_3C_3+_3C_2+_4C_2+\cdots+_nC_2$$
$$=_4C_3+_4C_2+\cdots+_nC_2$$
$$=_5C_3+_5C_2+\cdots+_nC_2$$
$$\vdots$$
$$=_nC_3+_nC_2=_{n+1}C_3$$
$$=\frac{(n+1)n(n-1)}{3\times2\times1}$$
즉, $\dfrac{(n+1)n(n-1)}{6}=120$이므로
$(n+1)n(n-1)=720=10\times9\times8$
$\therefore n=9$ ($\because n$은 자연수)

0147 답 ③

$_{20}C_0-_{20}C_1+_{20}C_2-_{20}C_3+_{20}C_4-\cdots-_{20}C_{19}+_{20}C_{20}=0$이므로
$_{20}C_0-(_{20}C_1-_{20}C_2+_{20}C_3-_{20}C_4+\cdots+_{20}C_{19})+_{20}C_{20}=0$
$\therefore _{20}C_1-_{20}C_2+_{20}C_3-_{20}C_4+\cdots+_{20}C_{19}=_{20}C_0+_{20}C_{20}$
$$=1+1=2$$

0148 답 8

$_nC_0+_nC_1+_nC_2+_nC_3+\cdots+_nC_n=2^n$이므로
$_nC_1+_nC_2+_nC_3+\cdots+_nC_n=2^n-_nC_0$
$$=2^n-1$$
즉, $2^n-1=255$이므로
$2^n=256=2^8$ $\therefore n=8$

0149 답 ③

$_nC_0+_nC_1+_nC_2+_nC_3+\cdots+_nC_n=2^n$이므로
$_nC_1+_nC_2+_nC_3+\cdots+_nC_{n-1}=2^n-(_nC_0+_nC_n)$
$$=2^n-2$$
따라서 주어진 부등식은
$100<2^n-2<1000$ $\therefore 102<2^n<1002$
이때 $2^6=64$, $2^7=128$, $2^8=256$, $2^9=512$, $2^{10}=1024$이므로
자연수 n은 7, 8, 9의 3개이다.

0150 답 4

$_{17}C_1+_{17}C_3+_{17}C_5+\cdots+_{17}C_{17}=2^{17-1}=2^{16}$ ······ ❶
또 $_{13}C_0+_{13}C_1+_{13}C_2+\cdots+_{13}C_6=_{13}C_{13}+_{13}C_{12}+_{13}C_{11}+\cdots+_{13}C_7$이고
$(_{13}C_0+_{13}C_1+_{13}C_2+\cdots+_{13}C_6)+(_{13}C_{13}+_{13}C_{12}+_{13}C_{11}+\cdots+_{13}C_7)$
$=2^{13}$
이므로
$2(_{13}C_0+_{13}C_1+_{13}C_2+\cdots+_{13}C_6)=2^{13}$
$\therefore _{13}C_0+_{13}C_1+_{13}C_2+\cdots+_{13}C_6=2^{12}$ ······ ❷
따라서 $\dfrac{_{17}C_1+_{17}C_3+_{17}C_5+\cdots+_{17}C_{17}}{_{13}C_0+_{13}C_1+_{13}C_2+\cdots+_{13}C_6}=\dfrac{2^{16}}{2^{12}}=2^4$이므로
$n=4$ ······ ❸

채점 기준	
❶ 분자의 값 구하기	40 %
❷ 분모의 값 구하기	40 %
❸ n의 값 구하기	20 %

0151 답 ①

$(1+x)^n=_nC_0+_nC_1 x+_nC_2 x^2+\cdots+_nC_n x^n$의 양변에 $x=7$, $n=9$를 대입하면
$8^9=_9C_0+_9C_1\times7+_9C_2\times7^2+_9C_3\times7^3+\cdots+_9C_9\times7^9$
$\therefore _9C_1\times7+_9C_2\times7^2+_9C_3\times7^3+\cdots+_9C_9\times7^9=(2^3)^9-_9C_0$
$$=2^{27}-1$$

0152 답 ③

$(1+x)^n=_nC_0+_nC_1 x+_nC_2 x^2+\cdots+_nC_n x^n$의 양변에 $x=30$, $n=50$을 대입하면
$31^{50}=_{50}C_0+_{50}C_1\times30+_{50}C_2\times30^2+\cdots+_{50}C_{50}\times30^{50}$
$$=1+50\times30+30^2(_{50}C_2+_{50}C_3\times30+\cdots+_{50}C_{50}\times30^{48})$$
$$=1501+30^2(_{50}C_2+_{50}C_3\times30+\cdots+_{50}C_{50}\times30^{48})$$
이때 $30^2(_{50}C_2+_{50}C_3\times30+\cdots+_{50}C_{50}\times30^{48})$은 900으로 나누어떨어지므로 31^{50}을 900으로 나누었을 때의 나머지는 1501을 900으로 나누었을 때의 나머지와 같다.
이때 $1501=900\times1+601$이므로 31^{50}을 900으로 나누었을 때의 나머지는 601이다.

0153 답 10

$(1+x)^n={}_nC_0+{}_nC_1x+{}_nC_2x^2+\cdots+{}_nC_nx^n$의 양변에 $x=10$, $n=12$
를 대입하면
$11^{12}={}_{12}C_0+{}_{12}C_1\times10+{}_{12}C_2\times10^2+{}_{12}C_3\times10^3+\cdots+{}_{12}C_{12}\times10^{12}$
$\qquad=1+12\times10+66\times100+10^3({}_{12}C_3+{}_{12}C_4\times10+\cdots+{}_{12}C_{12}\times10^9)$
$\qquad=6721+10^3({}_{12}C_3+{}_{12}C_4\times10+\cdots+{}_{12}C_{12}\times10^9)$
이때 $10^3({}_{12}C_3+{}_{12}C_4\times10+\cdots+{}_{12}C_{12}\times10^9)$은 1000으로 나누어떨
어지므로 11^{12}의 백의 자리의 숫자는 7, 십의 자리의 숫자는 2, 일의
자리의 숫자는 1이다.
따라서 $a=7$, $b=2$, $c=1$이므로
$a+b+c=10$

0154 답 24

$({}_{12}C_0)^2+({}_{12}C_1)^2+({}_{12}C_2)^2+\cdots+({}_{12}C_{12})^2$
$={}_{12}C_0\times{}_{12}C_0+{}_{12}C_1\times{}_{12}C_1+{}_{12}C_2\times{}_{12}C_2+\cdots+{}_{12}C_{12}\times{}_{12}C_{12}$
$={}_{12}C_0\times{}_{12}C_{12}+{}_{12}C_1\times{}_{12}C_{11}+{}_{12}C_2\times{}_{12}C_{10}+\cdots+{}_{12}C_{12}\times{}_{12}C_0$
이때 $(1+x)^{12}$의 전개식의 일반항은 ${}_{12}C_rx^r$이므로 위의 식은
$(1+x)^{12}(1+x)^{12}$의 전개식에서 x^{12}의 계수와 같다.
그런데 $(1+x)^{12}(1+x)^{12}=(1+x)^{24}$이므로 $(1+x)^{12}(1+x)^{12}$의
전개식에서 x^{12}의 계수는 $(1+x)^{24}$의 전개식에서 x^{12}의 계수와 같다.
$(1+x)^{24}$의 전개식의 일반항은 ${}_{24}C_sx^s$이므로 x^{12}의 계수는 ${}_{24}C_{12}$
따라서 $({}_{12}C_0)^2+({}_{12}C_1)^2+({}_{12}C_2)^2+\cdots+({}_{12}C_{12})^2={}_{24}C_{12}$이므로
$n=24$

0155 답 1

$\sum_{k=0}^{16}{}_{16}C_k\left(\dfrac{1}{4}\right)^{16-k}\left(\dfrac{3}{4}\right)^k$
$={}_{16}C_0\left(\dfrac{1}{4}\right)^{16}+{}_{16}C_1\left(\dfrac{1}{4}\right)^{15}\left(\dfrac{3}{4}\right)+{}_{16}C_2\left(\dfrac{1}{4}\right)^{14}\left(\dfrac{3}{4}\right)^2+\cdots+{}_{16}C_{16}\left(\dfrac{3}{4}\right)^{16}$
$=\left(\dfrac{1}{4}+\dfrac{3}{4}\right)^{16}=1^{16}=1$

0156 답 21

$(1+x)^n$의 전개식의 일반항은 ${}_nC_rx^r$
즉, x^4, x^5, x^6의 계수는 각각
${}_nC_4$, ${}_nC_5$, ${}_nC_6$
이 세 수가 등차수열을 이루므로
$_nC_5=\dfrac{{}_nC_4+{}_nC_6}{2}\qquad\therefore 2{}_nC_5={}_nC_4+{}_nC_6$
$2\times\dfrac{n!}{5!(n-5)!}=\dfrac{n!}{4!(n-4)!}+\dfrac{n!}{6!(n-6)!}$
$2\times6(n-4)=6\times5+(n-4)(n-5)$
$n^2-21n+98=0,\ (n-7)(n-14)=0$
$\therefore n=7$ 또는 $n=14$
따라서 모든 자연수 n의 값의 합은
$7+14=21$

0157 답 $\dfrac{28}{27}$

$(x+a)^{10}$의 전개식의 일반항은 ${}_{10}C_rx^{10-r}a^r={}_{10}C_ra^rx^{10-r}$
즉, x, x^2, x^4의 계수는 각각
${}_{10}C_9a^9$, ${}_{10}C_8a^8$, ${}_{10}C_6a^6$

이 세 수가 등비수열을 이루므로
$({}_{10}C_8a^8)^2={}_{10}C_9a^9\times{}_{10}C_6a^6$
$({}_{10}C_2)^2a^{16}={}_{10}C_1\times{}_{10}C_4a^{15}$
$\therefore a=\dfrac{{}_{10}C_1\times{}_{10}C_4}{({}_{10}C_2)^2}=\dfrac{10\times210}{45^2}=\dfrac{28}{27}\ (\because a\neq0)$

0158 답 ①

${}_{31}C_0+{}_{31}C_1+{}_{31}C_2+\cdots+{}_{31}C_{15}={}_{31}C_{31}+{}_{31}C_{30}+{}_{31}C_{29}+\cdots+{}_{31}C_{16}$이고
$({}_{31}C_0+{}_{31}C_1+{}_{31}C_2+\cdots+{}_{31}C_{15})+({}_{31}C_{31}+{}_{31}C_{30}+{}_{31}C_{29}+\cdots+{}_{31}C_{16})=2^{31}$
이므로
$2({}_{31}C_0+{}_{31}C_1+{}_{31}C_2+\cdots+{}_{31}C_{15})=2^{31}$
$\therefore {}_{31}C_0+{}_{31}C_1+{}_{31}C_2+\cdots+{}_{31}C_{15}=2^{30}$
$\therefore \log_4({}_{31}C_0+{}_{31}C_1+{}_{31}C_2+\cdots+{}_{31}C_{15})=\log_4 2^{30}$
$\qquad\qquad\qquad\qquad\qquad\qquad\qquad=\log_{2^2}2^{30}$
$\qquad\qquad\qquad\qquad\qquad\qquad\qquad=\dfrac{30}{2}=15$

0159 답 170

${}_{2k}C_0+{}_{2k}C_2+{}_{2k}C_4+\cdots+{}_{2k}C_{2k}=2^{2k-1}$이므로
$f(n)=\sum_{k=1}^{n}({}_{2k}C_0+{}_{2k}C_2+{}_{2k}C_4+\cdots+{}_{2k}C_{2k})$
$\qquad=\sum_{k=1}^{n}2^{2k-1}$
$\qquad=\dfrac{1}{2}\sum_{k=1}^{n}4^k$
$\qquad=\dfrac{1}{2}\times\dfrac{4(4^n-1)}{4-1}$
$\qquad=\dfrac{2}{3}(4^n-1)$
$\therefore f(4)=\dfrac{2}{3}(4^4-1)$
$\qquad\quad=\dfrac{2}{3}\times255=170$

0160 답 ②

$\sum_{k=1}^{10}{}_{10}C_k\times8^k={}_{10}C_1\times8+{}_{10}C_2\times8^2+{}_{10}C_3\times8^3+\cdots+{}_{10}C_{10}\times8^{10}$
$\qquad\qquad\qquad\qquad\qquad\qquad\qquad\qquad\qquad\cdots\cdots\ \text{㉠}$
$(1+x)^n={}_nC_0+{}_nC_1x+{}_nC_2x^2+\cdots+{}_nC_nx^n$의 양변에 $x=8$, $n=10$
을 대입하면
$9^{10}={}_{10}C_0+{}_{10}C_1\times8+{}_{10}C_2\times8^2+\cdots+{}_{10}C_{10}\times8^{10}$
$\therefore {}_{10}C_1\times8+{}_{10}C_2\times8^2+\cdots+{}_{10}C_{10}\times8^{10}=9^{10}-{}_{10}C_0$
$\qquad\qquad\qquad\qquad\qquad\qquad\qquad\qquad=(3^2)^{10}-1$
$\qquad\qquad\qquad\qquad\qquad\qquad\qquad\qquad=3^{20}-1$
따라서 ㉠에서
$\sum_{k=1}^{10}{}_{10}C_k\times8^k={}_{10}C_1\times8+{}_{10}C_2\times8^2+{}_{10}C_3\times8^3+\cdots+{}_{10}C_{10}\times8^{10}$
$\qquad\qquad\qquad=3^{20}-1$

0161 답 20

$(1+x)^n={}_nC_0+{}_nC_1x+{}_nC_2x^2+\cdots+{}_nC_nx^n$의 양변에 $x=-3$,
$n=20$을 대입하면
$(-2)^{20}={}_{20}C_0-{}_{20}C_1\times3+{}_{20}C_2\times3^2-\cdots+{}_{20}C_{20}\times3^{20}$
$\therefore {}_{20}C_0-{}_{20}C_1\times3+{}_{20}C_2\times3^2-\cdots+{}_{20}C_{20}\times3^{20}=2^{20}$
$\therefore \log_2({}_{20}C_0-{}_{20}C_1\times3+{}_{20}C_2\times3^2-\cdots+{}_{20}C_{20}\times3^{20})=\log_2 2^{20}=20$

AB 유형 점검

0162 답 ③

$$_2H_5 + _3\Pi_4 + _6C_2 = {}_6C_5 + 3^4 + 15$$
$$= {}_6C_1 + 81 + 15$$
$$= 6 + 81 + 15 = 102$$

0163 답 ①

구하는 경우의 수는 3종류의 빵에서 7개를 택하는 중복조합의 수와 같으므로

$$_3H_7 = {}_9C_7 = {}_9C_2 = 36$$

0164 답 28

먼저 공책을 3명의 학생에게 각각 2권씩 나누어 주고, 나머지 6권의 공책을 나누어 주면 된다.

따라서 구하는 경우의 수는 3명의 학생에서 6명을 택하는 중복조합의 수와 같으므로

$$_3H_6 = {}_8C_6 = {}_8C_2 = 28$$

0165 답 ②

$(x+y+z+w)^n$의 전개식의 항의 개수는 4개의 문자 x, y, z, w에서 n개를 택하는 중복조합의 수와 같으므로

$$_4H_n = {}_{n+3}C_n = {}_{n+3}C_3$$

즉, $_{n+3}C_3 = 120$이므로

$$\frac{(n+3)(n+2)(n+1)}{3 \times 2 \times 1} = 120$$

$$(n+3)(n+2)(n+1) = 720 = 10 \times 9 \times 8$$

$$\therefore n = 7 \ (\because n\text{은 자연수})$$

0166 답 84

$2 \le a \le b \le c \le 8$에서 a, b, c의 값을 정하는 경우의 수는 2, 3, 4, 5, 6, 7, 8의 7개의 자연수에서 중복을 허용하여 3개를 택한 후 크기가 작거나 같은 수부터 순서대로 a, b, c에 대응시키는 경우의 수와 같으므로 구하는 순서쌍의 개수는

$$_7H_3 = {}_9C_3 = 84$$

0167 답 ④

x, y, z, w가 자연수이므로 $X = x-1$, $Y = y-1$, $Z = z-1$, $W = w-1$이라 하면 X, Y, Z, W는 음이 아닌 정수이다.

$x = X+1$, $y = Y+1$, $z = Z+1$, $w = W+1$을 부등식 $6 \le x+y+z+w \le 8$에 대입하면

$$6 \le (X+1)+(Y+1)+(Z+1)+(W+1) \le 8$$

$$\therefore 2 \le X+Y+Z+W \le 4$$

$$\therefore X+Y+Z+W = 2 \text{ 또는 } X+Y+Z+W = 3$$
$$\text{또는 } X+Y+Z+W = 4$$

(ⅰ) 방정식 $X+Y+Z+W = 2$를 만족시키는 음이 아닌 정수 X, Y, Z, W의 순서쌍 (X, Y, Z, W)의 개수는 4개의 문자 X, Y, Z, W에서 2개를 택하는 중복조합의 수와 같으므로

$$_4H_2 = {}_5C_2 = 10$$

(ⅱ) 방정식 $X+Y+Z+W = 3$을 만족시키는 음이 아닌 정수 X, Y, Z, W의 순서쌍 (X, Y, Z, W)의 개수는 4개의 문자 X, Y, Z, W에서 3개를 택하는 중복조합의 수와 같으므로

$$_4H_3 = {}_6C_3 = 20$$

(ⅲ) 방정식 $X+Y+Z+W = 4$를 만족시키는 음이 아닌 정수 X, Y, Z, W의 순서쌍 (X, Y, Z, W)의 개수는 4개의 문자 X, Y, Z, W에서 4개를 택하는 중복조합의 수와 같으므로

$$_4H_4 = {}_7C_4 = {}_7C_3 = 35$$

(ⅰ), (ⅱ), (ⅲ)에서 구하는 순서쌍의 개수는

$$10 + 20 + 35 = 65$$

0168 답 74

㉮의 $a+b+c+d = 6$을 만족시키는 음이 아닌 정수 a, b, c, d의 순서쌍 (a, b, c, d)의 개수는 4개의 문자 a, b, c, d에서 6개를 택하는 중복조합의 수와 같으므로

$$_4H_6 = {}_9C_6 = {}_9C_3 = 84$$

㉯를 만족시키지 않으려면 a, b, c, d가 모두 0이 아니어야 하므로 a, b, c, d는 양의 정수이다.

$A = a-1$, $B = b-1$, $C = c-1$, $D = d-1$이라 하면 A, B, C, D는 음이 아닌 정수이다.

$a = A+1$, $b = B+1$, $c = C+1$, $d = D+1$을 방정식 $a+b+c+d = 6$에 대입하면

$$(A+1)+(B+1)+(C+1)+(D+1) = 6$$

$$\therefore A+B+C+D = 2$$

즉, 순서쌍 (a, b, c, d)의 개수는 방정식 $A+B+C+D = 2$를 만족시키는 음이 아닌 정수 A, B, C, D의 순서쌍 (A, B, C, D)의 개수, 즉 4개의 문자 A, B, C, D에서 2개를 택하는 중복조합의 수와 같으므로

$$_4H_2 = {}_5C_2 = 10$$

따라서 구하는 순서쌍의 개수는

$$84 - 10 = 74$$

0169 답 ⑤

㉯에서 $f(1) \le f(2) \le f(3) \le f(4)$

㉮에서 $f(1) = 1$인 경우와 $f(3) = 3$인 경우가 있다.

(ⅰ) $f(1) = 1$인 경우

$1 \le f(2) \le f(3) \le f(4)$에서 $f(2)$, $f(3)$, $f(4)$의 값을 정하는 경우의 수는 집합 Y의 원소 1, 3, 5, 7, 9의 5개에서 중복을 허용하여 3개를 택한 후 크기가 작거나 같은 수부터 순서대로 집합 X의 원소 2, 3, 4에 대응시키는 경우의 수와 같으므로

$$_5H_3 = {}_7C_3 = 35$$

(ⅱ) $f(3) = 3$인 경우

$f(1) \le f(2) \le 3$에서 $f(1)$, $f(2)$의 값을 정하는 경우의 수는 집합 Y의 원소 1, 3의 2개에서 중복을 허용하여 2개를 택한 후 크기가 작거나 같은 수부터 순서대로 집합 X의 원소 1, 2에 대응시키는 경우의 수와 같으므로

$$_2H_2 = {}_3C_2 = {}_3C_1 = 3$$

$3 \le f(4)$에서 $f(4)$의 값이 될 수 있는 수는 3, 5, 7, 9의 4개이다.

따라서 함수의 개수는 $3 \times 4 = 12$

(iii) $f(1)=1$, $f(3)=3$인 경우

　　$1 \leq f(2) \leq 3$에서 $f(2)$의 값이 될 수 있는 수는 1, 3의 2개이고, $3 \leq f(4)$에서 $f(4)$의 값이 될 수 있는 수는 3, 5, 7, 9의 4개이다.

　　따라서 함수의 개수는

　　$2 \times 4 = 8$

(i), (ii), (iii)에서 구하는 함수의 개수는 $35 + 12 - 8 = 39$

0170　답 6

$(ax+1)^6$의 전개식의 일반항은

$_6C_r(ax)^r = {}_6C_r\, a^r x^r$

x항은 $r=1$일 때이므로 x의 계수는

$_6C_1\, a = 6a$

x^3항은 $r=3$일 때이므로 x^3의 계수는

$_6C_3\, a^3 = 20a^3$

이때 x의 계수와 x^3의 계수가 같으므로 $6a = 20a^3$에서

$20a^2 = 6\ (\because\ a>0)$

0171　답 10

$\left(x+\dfrac{1}{x}\right)^4$의 전개식의 일반항은

$_4C_r\, x^{4-r}\left(\dfrac{1}{x}\right)^r = {}_4C_r\, \dfrac{x^{4-r}}{x^r}$ ...... ㉠

이때

$(x^2+x+1)\left(x+\dfrac{1}{x}\right)^4 = x^2\left(x+\dfrac{1}{x}\right)^4 + x\left(x+\dfrac{1}{x}\right)^4 + \left(x+\dfrac{1}{x}\right)^4$

이므로 x^2항은 x^2과 ㉠의 상수항을 곱하는 경우, x와 ㉠의 x항을 곱하는 경우, 1과 ㉠의 x^2항을 곱하는 경우에 나타난다.

(i) x^2과 ㉠의 상수항을 곱하는 경우

　　㉠의 상수항은 $4-r=r$, 즉 $r=2$일 때이므로

　　$_4C_2 = 6$

　　따라서 x^2과 ㉠의 상수항을 곱하면

　　$x^2 \times 6 = 6x^2$

(ii) x와 ㉠의 x항을 곱하는 경우

　　㉠의 x항은 $4-r-r=1$, 즉 $r=\dfrac{3}{2}$일 때이고 r는 $0 \leq r \leq 4$인 정수이므로 ㉠의 x항은 존재하지 않는다.

(iii) 1과 ㉠의 x^2항을 곱하는 경우

　　㉠의 x^2항은 $4-r-r=2$, 즉 $r=1$일 때이므로

　　$_4C_1 \times x^2 = 4x^2$

　　따라서 1과 ㉠의 x^2항을 곱하면

　　$1 \times 4x^2 = 4x^2$

(i), (ii), (iii)에서 구하는 x^2의 계수는

$6+4 = 10$

0172　답 7

$(1+x)^5$의 전개식의 일반항은

$_5C_r\, x^r$

$(1+x^2)^n$의 전개식의 일반항은

$_nC_s(x^2)^s = {}_nC_s\, x^{2s}$

따라서 $(1+x)^5(1+x^2)^n$의 전개식의 일반항은

$_5C_r\, x^r \times {}_nC_s\, x^{2s} = {}_5C_r \times {}_nC_s\, x^{r+2s}$

x^3항은 $r+2s=3\ (r,\ s$는 $0 \leq r \leq 5,\ 0 \leq s \leq n$인 정수)일 때이므로 r, s의 순서쌍 $(r,\ s)$는

$(1,\ 1),\ (3,\ 0)$

이때 x^3의 계수가 45이므로

$_5C_1 \times {}_nC_1 + {}_5C_3 \times {}_nC_0 = 45$

$5n + 10 = 45$

$\therefore\ n = 7$

0173　답 ③

$_3C_3 = {}_4C_4$이므로

$\begin{aligned}
_3C_3 + {}_4C_3 + {}_5C_3 + {}_6C_3 + \cdots + {}_{10}C_3 &= {}_4C_4 + {}_4C_3 + {}_5C_3 + {}_5C_3 + \cdots + {}_{10}C_3 \\
&= {}_5C_4 + {}_5C_3 + {}_6C_3 + \cdots + {}_{10}C_3 \\
&= {}_6C_4 + {}_6C_3 + \cdots + {}_{10}C_3 \\
&\quad\ \vdots \\
&= {}_{10}C_4 + {}_{10}C_3 \\
&= {}_{11}C_4
\end{aligned}$

0174　답 56

주어진 다항식의 전개식에서 x^5항은 x와 $(1+x^2)^n$의 x^4항을 곱하는 경우에 나타나므로 x^5의 계수는 $(1+x^2)^n$의 전개식에서 x^4의 계수와 같다.

$(1+x^2)^n$의 전개식의 일반항은 $_nC_r\, x^{2r}$

x^4항은 $(1+x^2)^2$의 전개식부터 나오므로

$(1+x^2)^2$의 전개식에서 x^4의 계수는 $_2C_2$

$(1+x^2)^3$의 전개식에서 x^4의 계수는 $_3C_2$

$(1+x^2)^4$의 전개식에서 x^4의 계수는 $_4C_2$

$\qquad\qquad \vdots$

$(1+x^2)^7$의 전개식에서 x^4의 계수는 $_7C_2$

따라서 구하는 x^5의 계수는

$\begin{aligned}
_2C_2 + {}_3C_2 + {}_4C_2 + \cdots + {}_7C_2 &= {}_3C_3 + {}_3C_2 + {}_4C_2 + \cdots + {}_7C_2 \\
&= {}_4C_3 + {}_4C_2 + {}_5C_2 + {}_6C_2 + {}_7C_2 \\
&= {}_5C_3 + {}_5C_2 + {}_6C_2 + {}_7C_2 \\
&\quad\ \vdots \\
&= {}_7C_3 + {}_7C_2 \\
&= {}_8C_3 = 56
\end{aligned}$

0175　답 ④

ㄱ. $_{100}C_0 + {}_{100}C_1 + {}_{100}C_2 + \cdots + {}_{100}C_{99} + {}_{100}C_{100} = 2^{100}$에서

$\begin{aligned}
_{100}C_0 + {}_{100}C_1 + {}_{100}C_2 + \cdots + {}_{100}C_{99} &= 2^{100} - {}_{100}C_{100} \\
&= 2^{100} - 1
\end{aligned}$

ㄴ. $_6C_0 - {}_6C_1 + {}_6C_2 - {}_6C_3 + \cdots + {}_6C_6 = 0$

ㄷ. $_{11}C_6 + {}_{11}C_7 + {}_{11}C_8 + \cdots + {}_{11}C_{11} = {}_{11}C_5 + {}_{11}C_4 + {}_{11}C_3 + \cdots + {}_{11}C_0$이고

$({}_{11}C_0 + {}_{11}C_1 + {}_{11}C_2 + \cdots + {}_{11}C_5) + ({}_{11}C_6 + {}_{11}C_7 + {}_{11}C_8 + \cdots + {}_{11}C_{11})$

$= 2^{11}$

이므로

$2({}_{11}C_6 + {}_{11}C_7 + {}_{11}C_8 + \cdots + {}_{11}C_{11}) = 2^{11}$

$\therefore\ {}_{11}C_6 + {}_{11}C_7 + {}_{11}C_8 + \cdots + {}_{11}C_{11} = 2^{10}$

따라서 보기에서 옳은 것은 ㄱ, ㄷ이다.

0176 답 5

$_{2n+1}C_1=_{2n+1}C_{2n}$, $_{2n+1}C_3=_{2n+1}C_{2n-2}$, $\cdots$, $_{2n+1}C_n=_{2n+1}C_{n+1}$
이므로 주어진 부등식의 좌변에서
$_{2n+1}C_0+_{2n+1}C_1+_{2n+1}C_2+\cdots+_{2n+1}C_n$
$=_{2n+1}C_0+_{2n+1}C_{2n}+_{2n+1}C_2+_{2n+1}C_{2n-2}+\cdots+_{2n+1}C_{n+1}$
$=_{2n+1}C_0+_{2n+1}C_2+_{2n+1}C_4+\cdots+_{2n+1}C_{2n-2}+_{2n+1}C_{2n}$
$=2^{2n+1-1}=2^{2n}$
따라서 주어진 부등식은 $2^{2n}<1500$
이때 $2^{10}=1024$, $2^{11}=2048$이므로 n의 최댓값은 5이다.

0177 답 ④

$(1+x)^n=_nC_0+_nC_1x+_nC_2x^2+\cdots+_nC_nx^n$의 양변에 $x=5$, $n=8$
을 대입하면
$6^8=_8C_0+_8C_1\times5+_8C_2\times5^2+\cdots+_8C_8\times5^8$
$\therefore N=6^8=(2\times3)^8=2^8\times3^8$
따라서 $N=2^8\times3^8$의 양의 약수의 개수는
$(8+1)(8+1)=81$

0178 답 90

함수 f의 개수는 집합 Y의 원소 4, 5, 6, 7, 8의 5개에서 중복을 허
용하여 3개를 택하여 집합 X의 원소 1, 2, 3에 대응시키는 경우의
수와 같으므로
$_5\Pi_3=5^3=125$ $\quad\therefore a=125$ $\qquad\cdots\cdots$ ❶
$f(3)\leq f(2)\leq f(1)$을 만족시키는 함수 f의 개수는 집합 Y의 원소
4, 5, 6, 7, 8의 5개에서 중복을 허용하여 3개를 택한 후 크기가 크
거나 같은 수부터 순서대로 집합 X의 원소 1, 2, 3에 대응시키는 경
우의 수와 같으므로
$_5H_3=_7C_3=35$ $\quad\therefore b=35$ $\qquad\cdots\cdots$ ❷
$\therefore a-b=125-35=90$ $\qquad\cdots\cdots$ ❸

채점 기준	
❶ a의 값 구하기	40 %
❷ b의 값 구하기	40 %
❸ $a-b$의 값 구하기	20 %

0179 답 4

$(3+x)^{15}$의 전개식의 일반항은
$_{15}C_r3^{15-r}x^r$
x^k의 계수는 $_{15}C_k3^{15-k}$
x^{k+1}의 계수는 $_{15}C_{k+1}3^{14-k}$ $\qquad\cdots\cdots$ ❶
x^k의 계수가 x^{k+1}의 계수보다 크려면
$_{15}C_k3^{15-k}>_{15}C_{k+1}3^{14-k}$
$\dfrac{15!}{k!(15-k)!}\times3^{15-k}>\dfrac{15!}{(k+1)!(14-k)!}\times3^{14-k}$
$3(k+1)>15-k$
$4k>12$ $\quad\therefore k>3$ $\qquad\cdots\cdots$ ❷
따라서 자연수 k의 최솟값은 4이다. $\qquad\cdots\cdots$ ❸

채점 기준	
❶ x^k, x^{k+1}의 계수 구하기	30 %
❷ k의 값의 범위 구하기	50 %
❸ k의 최솟값 구하기	20 %

0180 답 27

$(2x-1)^5$의 전개식의 일반항은
$_5C_r(-1)^{5-r}(2x)^r=_5C_r(-1)^{5-r}2^rx^r$ $\qquad\cdots\cdots$ ㉠
이때
$(ax+3)(2x-1)^5=ax(2x-1)^5+3(2x-1)^5$
이므로 x^2항은 ax와 ㉠의 x항을 곱하는 경우, 3과 ㉠의 x^2항을 곱하
는 경우에 나타난다.
(ⅰ) ax와 ㉠의 x항을 곱하는 경우
㉠의 x항은 $r=1$일 때이므로
$_5C_1\times(-1)^4\times2\times x=5\times1\times2\times x$
$\qquad\qquad\qquad=10x$
따라서 ax와 ㉠의 x항을 곱하면
$ax\times10x=10ax^2$ $\qquad\cdots\cdots$ ❶
(ⅱ) 3과 ㉠의 x^2항을 곱하는 경우
㉠의 x^2항은 $r=2$일 때이므로
$_5C_2\times(-1)^3\times2^2\times x^2=10\times(-1)\times4\times x^2$
$\qquad\qquad\qquad\qquad\qquad=-40x^2$
따라서 3과 ㉠의 x^2항을 곱하면
$3\times(-40x^2)=-120x^2$ $\qquad\cdots\cdots$ ❷
(ⅰ), (ⅱ)에서 x^2의 계수는
$10a-120$
따라서 $10a-120=150$이므로
$a=27$ $\qquad\cdots\cdots$ ❸

채점 기준	
❶ $ax(2x-1)^5$의 전개식에서 x^2항 구하기	40 %
❷ $3(2x-1)^5$의 전개식에서 x^2항 구하기	40 %
❸ a의 값 구하기	20 %

C 실력 향상

35쪽

0181 답 51

(ⅰ) 2종류의 과일을 2개씩 택하는 경우
3종류의 과일 중에서 2종류의 과일을 택하는 경우의 수는
$_3C_2=_3C_1=3$
택한 과일 중에서 1종류의 과일 2개를 2명의 학생에게 나누어
주는 경우의 수는
$_2H_2=_3C_2=_3C_1=3$
나머지 1종류의 과일 2개를 2명의 학생에게 나누어 주는 경우의
수는
$_2H_2=_3C_2=_3C_1=3$
한 학생이 4개의 과일을 모두 받는 경우의 수는 2

즉, 택한 과일을 2명의 학생에게 나누어 주는 경우의 수는
$3 \times 3 - 2 = 7$
따라서 2종류의 과일을 2개씩 택하는 경우의 수는
$3 \times 7 = 21$

(ii) 1종류의 과일을 2개 택하고 나머지 종류의 과일을 1개씩 택하는
경우
2개를 택하는 과일의 종류를 정하는 경우의 수는
$_3C_1 = 3$
택한 과일 중에서 1종류의 과일 2개를 2명의 학생에게 나누어
주는 경우의 수는
$_2H_2 = _3C_2 = _3C_1 = 3$
1종류의 과일 1개를 2명의 학생에게 나누어 주는 경우의 수는
각각 2
한 학생이 4개의 과일을 모두 받는 경우의 수는 2
즉, 택한 과일을 2명의 학생에게 나누어 주는 경우의 수는
$3 \times 2 \times 2 - 2 = 10$
따라서 1종류의 과일을 2개, 나머지 종류의 과일을 1개씩 택하
는 경우의 수는
$3 \times 10 = 30$
(i), (ii)에서 구하는 경우의 수는
$21 + 30 = 51$

0182 답 196

(i) $a \leq b$인 경우
$a \leq b \leq c \leq d$에서 a, b, c, d의 값을 정하는 경우의 수는 1, 2, 3,
4, 5, 6의 6개의 자연수에서 중복을 허용하여 4개를 택한 후 크
기가 작거나 같은 수부터 순서대로 a, b, c, d에 대응시키는 경
우의 수와 같으므로
$_6H_4 = _9C_4 = 126$

(ii) $b \leq a$인 경우
$b \leq a \leq c \leq d$에서 a, b, c, d의 값을 정하는 경우의 수는 1, 2, 3,
4, 5, 6의 6개의 자연수에서 중복을 허용하여 4개를 택한 후 크
기가 작거나 같은 수부터 순서대로 b, a, c, d에 대응시키는 경
우의 수와 같으므로
$_6H_4 = _9C_4 = 126$

(iii) $a = b$인 경우
$a = b \leq c \leq d$에서 a, b, c, d의 값을 정하는 경우의 수는 1, 2, 3,
4, 5, 6의 6개의 자연수에서 중복을 허용하여 3개를 택한 후 크
기가 작거나 같은 수부터 순서대로 a, c, d에 대응시키는 경우의
수와 같으므로
$_6H_3 = _8C_3 = 56$
(i), (ii), (iii)에서 구하는 순서쌍의 개수는
$126 + 126 - 56 = 196$

0183 답 170

㈏에서 $f(1) \geq f(2) \geq f(3) \geq f(4)$
㈎에서 $f(2)$의 값이 짝수이므로
$f(2) = 2$ 또는 $f(2) = 4$ 또는 $f(2) = 6$ 또는 $f(2) = 8$

(i) $f(2) = 2$일 때
$f(1) \geq 2$에서 $f(1)$의 값이 될 수 있는 수는 2, 3, 4, 5, 6, 7, 8
의 7개이다.
$2 \geq f(3) \geq f(4)$에서 $f(3)$, $f(4)$의 값을 정하는 경우의 수는 집
합 Y의 원소 1, 2의 2개에서 중복을 허용하여 2개를 택한 후 크
기가 크거나 같은 수부터 순서대로 집합 X의 원소 3, 4에 대응
시키는 경우의 수와 같으므로
$_2H_2 = _3C_2 = _3C_1 = 3$
따라서 함수의 개수는
$7 \times 3 = 21$

(ii) $f(2) = 4$일 때
$f(1) \geq 4$에서 $f(1)$의 값이 될 수 있는 수는 4, 5, 6, 7, 8의 5개
이다.
$4 \geq f(3) \geq f(4)$에서 $f(3)$, $f(4)$의 값을 정하는 경우의 수는 집
합 Y의 원소 1, 2, 3, 4의 4개에서 중복을 허용하여 2개를 택한
후 크기가 크거나 같은 수부터 순서대로 집합 X의 원소 3, 4에
대응시키는 경우의 수와 같으므로
$_4H_2 = _5C_2 = 10$
따라서 함수의 개수는
$5 \times 10 = 50$

(iii) $f(2) = 6$일 때
$f(1) \geq 6$에서 $f(1)$의 값이 될 수 있는 수는 6, 7, 8의 3개이다.
$6 \geq f(3) \geq f(4)$에서 $f(3)$, $f(4)$의 값을 정하는 경우의 수는 집
합 Y의 원소 1, 2, 3, 4, 5, 6의 6개에서 중복을 허용하여 2개를
택한 후 크기가 크거나 같은 수부터 순서대로 집합 X의 원소 3,
4에 대응시키는 경우의 수와 같으므로
$_6H_2 = _7C_2 = 21$
따라서 함수의 개수는
$3 \times 21 = 63$

(iv) $f(2) = 8$일 때
$f(1) \geq 8$에서 $f(1)$의 값은 8이다.
$8 \geq f(3) \geq f(4)$에서 $f(3)$, $f(4)$의 값을 정하는 경우의 수는 집
합 Y의 원소 1, 2, 3, 4, 5, 6, 7, 8의 8개에서 중복을 허용하여
2개를 택한 후 크기가 크거나 같은 수부터 순서대로 집합 X의
원소 3, 4에 대응시키는 경우의 수와 같으므로
$_8H_2 = _9C_2 = 36$
따라서 함수의 개수는
$1 \times 36 = 36$
(i)~(iv)에서 구하는 함수의 개수는
$21 + 50 + 63 + 36 = 170$

0184 답 ④

$(1+x)^n = {}_nC_0 + {}_nC_1 x + {}_nC_2 x^2 + \cdots + {}_nC_n x^n$의 양변에 $x = 42$, $n = 7$
을 대입하면
$43^7 = {}_7C_0 + {}_7C_1 \times 42 + {}_7C_2 \times 42^2 + \cdots + {}_7C_7 \times 42^7$
$= 1 + 42({}_7C_1 + {}_7C_2 \times 42 + \cdots + {}_7C_7 \times 42^6)$
$= 1 + 6 \times 7({}_7C_1 + {}_7C_2 \times 42 + \cdots + {}_7C_7 \times 42^6)$
즉, 43^7을 7로 나누었을 때의 나머지는 1이다.
따라서 수요일로부터 43^7일째 되는 날은 목요일이다.

A 개념 확인

0185 답 {1, 2, 3, 4}

0186 답 {1}, {2}, {3}, {4}

0187 답 {2, 4}

0188 답 {1, 2, 4}

0189 답 (1) {4, 5, 8, 10, 12} (2) ∅
(3) {1, 2, 3, 5, 6, 7, 9, 10, 11}
(4) {1, 2, 3, 4, 6, 7, 8, 9, 11, 12}

$A=\{4, 8, 12\}$, $B=\{5, 10\}$이므로
(1) $A\cup B=\{4, 5, 8, 10, 12\}$
(2) $A\cap B=\varnothing$
(3) $A^C=\{1, 2, 3, 5, 6, 7, 9, 10, 11\}$
(4) $B^C=\{1, 2, 3, 4, 6, 7, 8, 9, 11, 12\}$

0190 답 (1) ∅ (2) {HT, TH}
(3) ∅ (4) **A와 B, C와 A**

$A=\{HH\}$, $B=\{HT, TH\}$, $C=\{HT, TH, TT\}$
(1) $A\cap B=\varnothing$
(2) $B\cap C=\{HT, TH\}$
(3) $C\cap A=\varnothing$
(4) $A\cap B=\varnothing$, $C\cap A=\varnothing$이므로 A와 B, C와 A는 서로 배반사건
이다.

0191 답 $\dfrac{1}{2}$

짝수의 눈이 나오는 경우는 2, 4, 6이므로 $\dfrac{3}{6}=\dfrac{1}{2}$

0192 답 $\dfrac{1}{3}$

3의 배수의 눈이 나오는 경우는 3, 6이므로 $\dfrac{2}{6}=\dfrac{1}{3}$

0193 답 $\dfrac{2}{3}$

6의 약수의 눈이 나오는 경우는 1, 2, 3, 6이므로 $\dfrac{4}{6}=\dfrac{2}{3}$

0194 답 (1) **24** (2) **12** (3) $\dfrac{1}{2}$

(1) 4명이 일렬로 서는 경우의 수는 $4!=24$
(2) A, B를 한 사람으로 생각하여 3명이 일렬로 서는 경우의 수는
$3!=6$

A, B가 서로 자리를 바꾸는 경우의 수는 $2!=2$
따라서 A, B가 서로 이웃하도록 서는 경우의 수는
$6\times 2=12$
(3) A, B가 서로 이웃하도록 설 확률은 $\dfrac{12}{24}=\dfrac{1}{2}$

0195 답 $\dfrac{1}{500}$

구하는 확률은 $\dfrac{20}{10000}=\dfrac{1}{500}$

0196 답 $\dfrac{9}{10}$

구하는 확률은 $\dfrac{1800}{2000}=\dfrac{9}{10}$

0197 답 **1**

카드에 적힌 수가 5 이하인 사건은 반드시 일어나므로 구하는 확률
은 1이다.

0198 답 **0**

카드에 적힌 수가 두 자리의 수인 사건은 절대로 일어날 수 없으므
로 구하는 확률은 0이다.

0199 답 **0**

카드에 적힌 수가 6의 배수인 사건은 절대로 일어날 수 없으므로 구
하는 확률은 0이다.

0200 답 **0**

나오는 두 눈의 수의 합이 15인 사건은 절대로 일어날 수 없으므로
구하는 확률은 0이다.

0201 답 **1**

나오는 두 눈의 수의 차가 5 이하인 사건은 반드시 일어나므로 구하
는 확률은 1이다.

0202 답 **0**

나오는 두 눈의 수의 곱이 7인 사건은 절대로 일어날 수 없으므로 구
하는 확률은 0이다.

0203 답 $\dfrac{3}{4}$

$$P(A\cup B)=P(A)+P(B)-P(A\cap B)$$
$$=\dfrac{1}{2}+\dfrac{1}{2}-\dfrac{1}{4}=\dfrac{3}{4}$$

0204 답 $\dfrac{2}{15}$

$P(A\cup B)=P(A)+P(B)-P(A\cap B)$에서
$$\dfrac{4}{5}=\dfrac{3}{5}+\dfrac{1}{3}-P(A\cap B)$$
$$\therefore P(A\cap B)=\dfrac{3}{5}+\dfrac{1}{3}-\dfrac{4}{5}=\dfrac{2}{15}$$

0205 답 $\dfrac{5}{8}$

$$\mathrm{P}(A\cup B)=\mathrm{P}(A)+\mathrm{P}(B)=\dfrac{3}{8}+\dfrac{1}{4}=\dfrac{5}{8}$$

0206 답 $\dfrac{4}{9}$

$\mathrm{P}(A\cup B)=\mathrm{P}(A)+\mathrm{P}(B)$에서

$$\dfrac{7}{9}=\mathrm{P}(A)+\dfrac{1}{3}$$

$$\therefore\ \mathrm{P}(A)=\dfrac{7}{9}-\dfrac{1}{3}=\dfrac{4}{9}$$

0207 답 $\dfrac{1}{3}$

$$\mathrm{P}(A^{c})=1-\mathrm{P}(A)=1-\dfrac{2}{3}=\dfrac{1}{3}$$

0208 답 (1) $\dfrac{1}{8}$ (2) $\dfrac{7}{8}$

(1) A^{c}는 모두 뒷면이 나오는 사건이므로

$$\mathrm{P}(A^{c})=\dfrac{1}{2\times2\times2}=\dfrac{1}{8}$$

(2) $\mathrm{P}(A)=1-\mathrm{P}(A^{c})=1-\dfrac{1}{8}=\dfrac{7}{8}$

0209 답 (1) $\dfrac{4}{35}$ (2) $\dfrac{31}{35}$

(1) A^{c}는 모두 초록 구슬만 꺼내는 사건이므로

$$\mathrm{P}(A^{c})=\dfrac{{}_{4}\mathrm{C}_{3}}{{}_{7}\mathrm{C}_{3}}=\dfrac{4}{35}$$

(2) $\mathrm{P}(A)=1-\mathrm{P}(A^{c})=1-\dfrac{4}{35}=\dfrac{31}{35}$

B 유형 완성

42~51쪽

0210 답 ㄱ, ㄷ

표본공간을 S라 하면 $S=\{1,\ 2,\ 3,\ 4,\ 6,\ 12\}$이므로
$A=\{1,\ 3\}$, $B=\{4,\ 12\}$, $C=\{2,\ 3\}$
ㄱ. $A\cap B=\varnothing$이므로 A와 B는 서로 배반사건이다.
ㄴ. $A\cap C=\{3\}$이므로 A와 C는 서로 배반사건이 아니다.
ㄷ. $B\cap C=\varnothing$이므로 B와 C는 서로 배반사건이다.
따라서 보기에서 서로 배반사건인 것은 ㄱ, ㄷ이다.

0211 답 ③

① 두 사건 A, B가 서로 배반사건이므로 $A\cap B=\varnothing$
② $A\cap A^{c}=\varnothing$
③ [반례] $S=\{1,\ 2,\ 3,\ 4\}$, $A=\{1,\ 2\}$, $B=\{3\}$이면
  $A^{c}=\{3,\ 4\}$, $B^{c}=\{1,\ 2,\ 4\}$이므로 $A^{c}\cap B^{c}=\{4\}$
④ $A\cap B=\varnothing$이므로 $A\subset B^{c}$
⑤ $A\cap B=\varnothing$이므로 $B\subset A^{c}$
  $\therefore\ A^{c}\cup B=A^{c}$

0212 답 16

표본공간을 S라 하면 $S=\{1,\ 2,\ 3,\ ...,\ 8\}$이므로
$A=\{1,\ 3,\ 5,\ 7\}$
사건 A와 서로 배반인 사건은 A^{c}의 부분집합이므로
$A^{c}=\{2,\ 4,\ 6,\ 8\}$
따라서 구하는 사건의 개수는 A^{c}의 부분집합의 개수와 같으므로
$2^{4}=16$

0213 답 4

사건 A와 서로 배반인 사건은 A^{c}의 부분집합이고, 사건 B와 서로
배반인 사건은 B^{c}의 부분집합이므로 두 사건 A, B와 모두 배반인
사건은 $A^{c}\cap B^{c}$의 부분집합이다.
이때 $A^{c}=\{-3,\ -2,\ 2,\ 3\}$, $B^{c}=\{-2,\ -1,\ 1,\ 3\}$이므로
$A^{c}\cap B^{c}=\{-2,\ 3\}$
따라서 구하는 사건의 개수는 $A^{c}\cap B^{c}$의 부분집합의 개수와 같으므로
$2^{2}=4$

0214 답 ④

서로 다른 두 개의 주사위를 동시에 던질 때, 나오는 모든 경우의 수는
$6\times6=36$
나오는 두 눈의 수를 각각 a, b라 하면 순서쌍 $(a,\ b)$에 대하여 $a+b$
를 4로 나누었을 때의 나머지가 3인 경우는
(i) $a+b=3$인 경우
  $(1,\ 2)$, $(2,\ 1)$의 2개
(ii) $a+b=7$인 경우
  $(1,\ 6)$, $(2,\ 5)$, $(3,\ 4)$, $(4,\ 3)$, $(5,\ 2)$, $(6,\ 1)$의 6개
(iii) $a+b=11$인 경우
  $(5,\ 6)$, $(6,\ 5)$의 2개
(i), (ii), (iii)에서 두 눈의 수의 합을 4로 나누었을 때의 나머지가 3
인 경우의 수는
$2+6+2=10$
따라서 구하는 확률은 $\dfrac{10}{36}=\dfrac{5}{18}$

0215 답 $\dfrac{1}{4}$

집합 A의 부분집합의 개수는
$2^{6}=64$
집합 A의 부분집합 중에서 원소 5, 7을 모두 포함하는 부분집합의
개수는
$2^{6-2}=2^{4}=16$
따라서 구하는 확률은 $\dfrac{16}{64}=\dfrac{1}{4}$

0216 답 ③

$360=2^{3}\times3^{2}\times5$이므로 360의 양의 약수의 개수는
$(3+1)(2+1)(1+1)=24$
짝수는 2를 소인수로 가지므로 360의 양의 약수 중에서 짝수의 개수
는 $2^{2}\times3^{2}\times5$의 양의 약수의 개수와 같다.
즉, 360의 양의 약수 중에서 짝수의 개수는
$(2+1)(2+1)(1+1)=18$
따라서 구하는 확률은 $\dfrac{18}{24}=\dfrac{3}{4}$

0217 답 $\dfrac{14}{25}$

나오는 모든 경우의 수는

$5\times5=25$

이차방정식 $ax^2+bx+1=0$의 판별식을 D라 하면 이 방정식이 실근을 가질 조건은

$D=b^2-4a\geq0$ $\quad\therefore\ 4a\leq b^2$

이 부등식을 만족시키는 경우는

(i) $a=1$일 때, $b=3,\ 5,\ 7,\ 9$의 4가지

(ii) $a=3$일 때, $b=5,\ 7,\ 9$의 3가지

(iii) $a=5$일 때, $b=5,\ 7,\ 9$의 3가지

(iv) $a=7$일 때, $b=7,\ 9$의 2가지

(v) $a=9$일 때, $b=7,\ 9$의 2가지

(i)~(v)에서 주어진 이차방정식이 실근을 갖는 경우의 수는

$4+3+3+2+2=14$

따라서 구하는 확률은 $\dfrac{14}{25}$

0218 답 $\dfrac{2}{7}$

7명이 일렬로 서는 경우의 수는

$7!=5040$

여학생이 일렬로 서는 경우의 수는

$4!=24$

4명의 여학생 사이사이와 양 끝의 5개의 자리에 남학생이 서는 경우의 수는

$_5\mathrm{P}_3=60$

즉, 남학생끼리 서로 이웃하지 않도록 서는 경우의 수는

$24\times60=1440$

따라서 구하는 확률은 $\dfrac{1440}{5040}=\dfrac{2}{7}$

0219 답 $\dfrac{2}{5}$

5명이 탑승하는 순서대로 일렬로 서는 경우의 수는

$5!=120$

부부를 한 사람으로 생각하여 4명이 일렬로 서는 경우의 수는

$4!=24$

부부끼리 순서를 바꾸는 경우의 수는 $2!=2$

즉, 부부가 연이어 탑승하는 경우의 수는

$24\times2=48$

따라서 구하는 확률은 $\dfrac{48}{120}=\dfrac{2}{5}$

0220 답 $\dfrac{7}{20}$

만들 수 있는 네 자리의 자연수의 개수는 $_5\mathrm{P}_4=120$ ····· ❶

42□□, 43□□, 45□□ 꼴의 자연수의 개수는 각각 $_3\mathrm{P}_2=6$

5□□□ 꼴의 자연수의 개수는 $_4\mathrm{P}_3=24$

즉, 4200 이상인 자연수의 개수는

$3\times6+24=42$ ····· ❷

따라서 구하는 확률은 $\dfrac{42}{120}=\dfrac{7}{20}$ ····· ❸

❶ 만들 수 있는 네 자리의 자연수의 개수 구하기	30 %
❷ 4200 이상인 자연수의 개수 구하기	50 %
❸ 4200 이상일 확률 구하기	20 %

0221 답 $\dfrac{3}{10}$

6명이 일렬로 서는 경우의 수는 $6!=720$

첫 번째 자리에 서는 1학년 학생을 정하는 경우의 수는 3

마지막 자리에 서는 2학년 학생을 정하는 경우의 수는 3

나거지 자리에 1학년 학생 2명과 2학년 학생 2명이 서는 경우의 수는

$4!=24$

즉, 첫 번째 자리에 1학년 학생이 서고, 마지막 자리에 2학년 학생이 서는 경우의 수는

$3\times3\times24=216$

따라서 구하는 확률은 $\dfrac{216}{720}=\dfrac{3}{10}$

0222 답 ④

9장의 카드를 일렬로 배열하는 경우의 수는 9!

문자 A가 적힌 카드의 바로 양옆에 숫자가 적힌 카드를 놓는 경우의 수는

$_4\mathrm{P}_2=12$

문자 A가 적힌 카드와 그 양옆에 놓이는 카드를 1장으로 생각하여 7장의 카드를 일렬로 배열하는 경우의 수는 7!

즉, 문자 A가 적힌 카드의 바로 양옆에 각각 숫자가 적힌 카드를 놓는 경우의 수는

$12\times7!$

따라서 구하는 확률은 $\dfrac{12\times7!}{9!}=\dfrac{1}{6}$

0223 답 ③

맨 앞자리에 올 수 있는 숫자는 1, 2, 3, 4의 4가지이므로 만들 수 있는 여섯 자리의 자연수의 개수는

$4\times_5\Pi_5=4\times5^5$

짝수이므로 일의 자리에 올 수 있는 숫자는 0, 2, 4의 3가지

맨 앞자리에 올 수 있는 숫자는 1, 2, 3, 4의 4가지

즉, 짝수의 개수는

$4\times_5\Pi_4\times3=4\times5^4\times3$

따라서 구하는 확률은 $\dfrac{4\times5^4\times3}{4\times5^5}=\dfrac{3}{5}$

0224 답 $\dfrac{1}{4}$

X에서 Y로의 함수 f의 개수는 $_4\Pi_3=4^3=64$

$f(a)+f(b)=5$를 만족시키는 경우는

$f(a)=1,\ f(b)=4$ 또는 $f(a)=2,\ f(b)=3$

또는 $f(a)=3,\ f(b)=2$ 또는 $f(a)=4,\ f(b)=1$의 4가지

$f(c)$의 값이 될 수 있는 수는 1, 2, 3, 4의 4개이다.

즉, $f(a)+f(b)=5$를 만족시키는 함수의 개수는

$4\times4=16$

따라서 구하는 확률은 $\dfrac{16}{64}=\dfrac{1}{4}$

0225 답 $\dfrac{5}{32}$

4명의 학생에게 서로 다른 연필 5자루를 나누어 주는 경우의 수는
$_4\Pi_5=4^5=1024$ …… ❶
연필 5자루 중에서 2자루를 택하여 A와 B에게 먼저 1자루씩 나누어 주는 경우의 수는 $_5P_2=20$
2명의 학생 C, D에게 나머지 연필 3자루를 나누어 주는 경우의 수는 $_2\Pi_3=2^3=8$
즉, A와 B가 각각 연필 1자루만 받는 경우의 수는
$20\times8=160$ …… ❷
따라서 구하는 확률은 $\dfrac{160}{1024}=\dfrac{5}{32}$ …… ❸

채점 기준	
❶ 4명의 학생에게 서로 다른 연필 5자루를 나누어 주는 경우의 수 구하기	30 %
❷ A와 B가 각각 연필 1자루만 받는 경우의 수 구하기	50 %
❸ A와 B가 각각 연필 1자루만 받을 확률 구하기	20 %

0226 답 $\dfrac{1}{7}$

brother에 있는 7개의 문자를 일렬로 배열하는 경우의 수는
$\dfrac{7!}{2!}=2520$
자음 b, r, r, t, h를 한 문자 B로 생각하여 B, o, e를 일렬로 배열하는 경우의 수는 $3!=6$
자음 b, r, r, t, h끼리 자리를 바꾸는 경우의 수는 $\dfrac{5!}{2!}=60$
즉, 자음끼리 서로 이웃하도록 배열하는 경우의 수는 $6\times60=360$
따라서 구하는 확률은 $\dfrac{360}{2520}=\dfrac{1}{7}$

0227 답 ②

만들 수 있는 여섯 자리의 자연수의 개수는 $\dfrac{6!}{3!\times2!}=60$
맨 앞자리에 2를 놓고 나머지 자리에 1, 1, 1, 2, 3의 5개의 숫자를 일렬로 배열하는 경우의 수는 $\dfrac{5!}{3!}=20$
따라서 구하는 확률은 $\dfrac{20}{60}=\dfrac{1}{3}$

0228 답 $\dfrac{18}{35}$

A 지점에서 B 지점까지 최단 거리로 가는 경우의 수는
$\dfrac{7!}{4!\times3!}=35$ …… ❶
A 지점에서 P 지점을 거쳐 B 지점까지 최단 거리로 가는 경우의 수는
$\dfrac{4!}{2!\times2!}\times\dfrac{3!}{2!}=6\times3=18$ …… ❷
따라서 구하는 확률은 $\dfrac{18}{35}$ …… ❸

채점 기준	
❶ A 지점에서 B 지점까지 최단 거리로 가는 경우의 수 구하기	40 %
❷ A 지점에서 P 지점을 거쳐 B 지점까지 최단 거리로 가는 경우의 수 구하기	40 %
❸ A 지점에서 P 지점을 거쳐 B 지점까지 최단 거리로 갈 확률 구하기	20 %

0229 답 $\dfrac{1}{6}$

9명의 학생이 일렬로 서는 경우의 수는 9!
주원, 민지, 태원이를 모두 X로 바꾸어 생각하여 9명의 학생이 일렬로 선 후 첫 번째 X를 주원이로, 두 번째 X를 민지로, 세 번째 X를 태원이로 바꾸면 되므로 그 경우의 수는 $\dfrac{9!}{3!}$
따라서 구하는 확률은 $\dfrac{\frac{9!}{3!}}{9!}=\dfrac{1}{6}$

0230 답 $\dfrac{5}{128}$

X에서 X로의 함수 f의 개수는
$_4\Pi_4=4^4=256$
$f(1)+f(2)+f(3)+f(4)=6$을 만족시키는 $f(1)$, $f(2)$, $f(3)$, $f(4)$의 값을 정하는 경우의 수는 1, 1, 1, 3 또는 1, 1, 2, 2를 일렬로 배열하는 경우의 수와 같으므로
$\dfrac{4!}{3!}+\dfrac{4!}{2!\times2!}=4+6=10$
따라서 구하는 확률은 $\dfrac{10}{256}=\dfrac{5}{128}$

0231 답 ④

7개의 공 중에서 2개를 꺼내는 경우의 수는 $_7C_2=21$
흰 공 1개, 검은 공 1개를 꺼내는 경우의 수는 $_4C_1\times_3C_1=12$
따라서 구하는 확률은 $\dfrac{12}{21}=\dfrac{4}{7}$

0232 답 $\dfrac{4}{15}$

6명 중에서 4명을 뽑는 경우의 수는
$_6C_4=_6C_2=15$
A는 포함되고 B는 포함되지 않는 경우의 수는 A, B를 제외한 나머지 4명 중에서 3명을 뽑고 A를 포함시키는 경우의 수와 같으므로
$_4C_3=_4C_1=4$
따라서 구하는 확률은 $\dfrac{4}{15}$

0233 답 ①

10명 중에서 대표 2명을 뽑는 경우의 수는
$_{10}C_2=45$
남학생 수를 x라 하면 여학생 수는 $10-x$이므로 남학생 1명과 여학생 1명을 뽑는 경우의 수는
$_xC_1\times_{10-x}C_1=x(10-x)$
따라서 남학생 1명과 여학생 1명을 뽑을 확률은 $\dfrac{x(10-x)}{45}$
즉, $\dfrac{x(10-x)}{45}=\dfrac{8}{15}$이므로
$x^2-10x+24=0$, $(x-4)(x-6)=0$
$\therefore x=4$ 또는 $x=6$
따라서 남학생 4명, 여학생 6명 또는 남학생 6명, 여학생 4명이므로 구하는 남학생 수와 여학생 수의 차는 2이다.

0234 답 $\dfrac{5}{28}$

8개의 공 중에서 3개를 꺼내는 경우의 수는

$_8C_3=56$

가장 작은 수가 3인 경우의 수는 3이 적힌 공을 꺼내고, 4, 5, 6, 7, 8이 적힌 5개의 공 중에서 2개를 꺼내는 경우의 수와 같으므로

$_5C_2=10$

따라서 구하는 확률은 $\dfrac{10}{56}=\dfrac{5}{28}$

0235 답 $\dfrac{1}{2}$

9개의 점 중에서 2개를 택하여 만들 수 있는 선분의 개수는

$_9C_2=36$

길이가 1인 선분의 개수는 가로, 세로마다 각각 2개씩 있으므로

$3\times2+3\times2=12$

길이가 2인 선분의 개수는 가로, 세로마다 각각 1개씩 있으므로

$3\times1+3\times1=6$

즉, 선분의 길이가 유리수인 선분의 개수는

$12+6=18$

따라서 구하는 확률은 $\dfrac{18}{36}=\dfrac{1}{2}$

0236 답 $\dfrac{10}{81}$

5명이 가위바위보를 한 번 할 때, 나오는 모든 경우의 수는

$_3\Pi_5=3^5=243$

이기는 사람 2명을 정하는 경우의 수는 $_5C_2=10$

각각의 경우에 대하여 이기는 경우는 (가위, 가위, 보, 보, 보), (바위, 바위, 가위, 가위, 가위), (보, 보, 바위, 바위, 바위)의 3가지

즉, 이기는 사람이 2명인 경우의 수는

$10\times3=30$

따라서 구하는 확률은 $\dfrac{30}{243}=\dfrac{10}{81}$

0237 답 $\dfrac{7}{12}$

방정식 $x+y+z=7$을 만족시키는 음이 아닌 정수 x, y, z의 순서쌍 (x, y, z)의 개수는

$_3H_7=_9C_7=_9C_2=36$

$x\geq2$를 만족시키는 음이 아닌 정수 x, y, z의 순서쌍 (x, y, z)의 개수는

$_3H_{7-2}=_3H_5=_7C_5=_7C_2=21$

따라서 구하는 확률은 $\dfrac{21}{36}=\dfrac{7}{12}$

0238 답 $\dfrac{1}{13}$

4명의 학생에게 음료수 12병을 나누어 주는 경우의 수는

$_4H_{12}=_{15}C_{12}=_{15}C_3=455$ ······ ❶

모든 학생이 2병 이상 받으려면 먼저 모든 학생에게 2병씩 나누어 주고, 나머지 4병을 4명의 학생에게 나누어 주면 되므로 그 경우의 수는

$_4H_4=_7C_4=_7C_3=35$ ······ ❷

따라서 구하는 확률은 $\dfrac{35}{455}=\dfrac{1}{13}$ ······ ❸

0239 답 ③

X에서 Y로의 함수 f의 개수는 $_4\Pi_3=4^3=64$

$i<j$이면 $f(i)\leq f(j)$에서 $f(1)\leq f(2)\leq f(3)$

이를 만족시키는 함수 f는 집합 Y의 원소 1, 2, 3, 4의 4개에서 중복을 허용하여 3개를 택한 후 크기가 작거나 같은 수부터 순서대로 집합 X의 원소 1, 2, 3에 대응시키면 되므로 그 개수는

$_4H_3=_6C_3=20$

따라서 구하는 확률은 $\dfrac{20}{64}=\dfrac{5}{16}$

0240 답 $\dfrac{35}{216}$

한 개의 주사위를 3번 던져서 나오는 모든 경우의 수는

$6\times6\times6=216$

(i) $a_1\leq a_2\leq a_3$인 경우

6개의 숫자에서 중복을 허용하여 3개를 택한 후 크기가 작거나 같은 수부터 순서대로 a_1, a_2, a_3에 대응시키면 되므로 그 경우의 수는

$_6H_3=_8C_3=56$

(ii) $a_1\leq a_2=a_3$인 경우

6개의 숫자에서 중복을 허용하여 2개를 택한 후 크기가 작거나 같은 수부터 순서대로 a_1, a_2에 대응시키면 되므로 그 경우의 수는

$_6H_2=_7C_2=21$

(i), (ii)에서 $a_1\leq a_2<a_3$인 경우의 수는

$56-21=35$

따라서 구하는 확률은 $\dfrac{35}{216}$

0241 답 ②

15개의 구슬 중에서 2개를 꺼내는 경우의 수는

$_{15}C_2=105$

노란 구슬의 개수를 n이라 하면 2개의 구슬이 모두 노란 구슬인 경우의 수는 $_nC_2=\dfrac{n(n-1)}{2}$

따라서 2개의 구슬이 모두 노란 구슬일 확률은

$\dfrac{\dfrac{n(n-1)}{2}}{105}=\dfrac{n(n-1)}{210}$

즉, $\dfrac{n(n-1)}{210}=\dfrac{2}{10}$이므로

$n(n-1)=42=7\times6$ $\therefore n=7$ ($\because n$은 자연수)

따라서 주머니 속에 들어 있는 노란 구슬의 개수는 7이다.

0242 답 5

공장 A에서 생산한 장난감을 1개 택할 때, 불량품일 확률은

$a=\dfrac{4}{2000}=\dfrac{1}{500}$

공장 B에서 생산한 장난감을 1개 택할 때, 불량품일 확률은

$$b=\frac{2}{5000}=\frac{1}{2500}$$

$$\therefore \frac{a}{b}=\frac{\dfrac{1}{500}}{\dfrac{1}{2500}}=5$$

0243 답 $\dfrac{5}{12}$

전체 학생 수는

$$300+150+180+90=720$$

혈액형이 A형인 학생이 300명이므로 구하는 확률은

$$\frac{300}{720}=\frac{5}{12}$$

0244 답 $\dfrac{\pi}{8}$

오른쪽 그림과 같이 선분 AB를 지름으로 하는 반원을 그리면 반원 위의 점 P에 대하여 삼각형 PAB는 직각삼각형이므로 삼각형 PAB가 둔각삼각형이려면 점 P는 색칠한 부분에 있어야 한다.

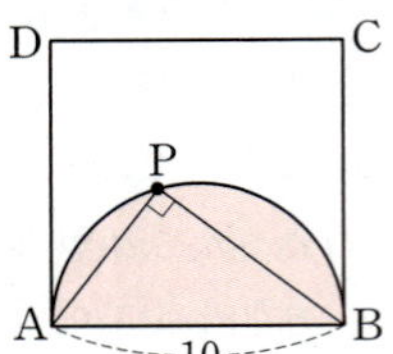

따라서 구하는 확률은

$$\frac{(\text{색칠한 반원의 넓이})}{(\square ABCD\text{의 넓이})}=\frac{\dfrac{25}{2}\pi}{100}=\frac{\pi}{8}$$

0245 답 $\dfrac{5}{16}$

반지름의 길이가 4인 원의 넓이는 16π

색칠한 부분의 넓이는 $9\pi-4\pi=5\pi$

따라서 구하는 확률은

$$\frac{5\pi}{16\pi}=\frac{5}{16}$$

0246 답 ⑤

이차방정식 $x^2-6ax+6a=0$의 판별식을 D라 할 때, 이 방정식이 실근을 가지려면

$$\frac{D}{4}=9a^2-6a\geq0,\ 3a(3a-2)\geq0$$

$$\therefore a\leq0 \ \text{또는} \ a\geq\frac{2}{3}$$

그런데 $-2\leq a\leq3$이므로 오른쪽 그림에서 구하는 확률은

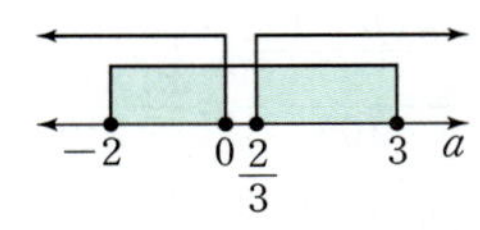

$$\frac{\{0-(-2)\}+\left(3-\dfrac{2}{3}\right)}{3-(-2)}=\frac{13}{15}$$

0247 답 ㄱ, ㄴ, ㄷ

ㄱ. $0\leq P(A)\leq1,\ 0\leq P(B)\leq1$이므로

$$-1\leq P(A)-P(B)\leq1$$

ㄴ. $(A\cap B)\subset(A\cup B)$이므로

$$P(A\cap B)\leq P(A\cup B)$$

ㄷ. $0\leq P(A)\leq1,\ 0\leq P(B)\leq1$이므로

$$0\leq P(A)P(B)\leq1$$

이때 $P(S)=1$이므로

$$P(A)P(B)\leq P(S)$$

따라서 보기에서 옳은 것은 ㄱ, ㄴ, ㄷ이다.

0248 답 ①

ㄱ. $P(S)=1,\ P(\varnothing)=0$이므로 $P(S)-P(\varnothing)=1$

ㄴ. [반례] $S=\{1,\ 2,\ 3,\ 4,\ 5\}$, $A=\{1,\ 2,\ 3,\ 4\}$, $B=\{4,\ 5\}$이면

$$A\cup B=S\text{이지만 } P(A)+P(B)=\frac{4}{5}+\frac{2}{5}=\frac{6}{5}$$

ㄷ. [반례] $S=\{1,\ 2,\ 3,\ 4,\ 5,\ 6\}$, $A=\{3,\ 6\}$, $B=\{1,\ 2,\ 3,\ 6\}$이면 $P(A)+P(B)=\frac{2}{6}+\frac{4}{6}=1$이지만 $A\cap B=\{3,\ 6\}$이므로 두 사건 A, B는 서로 배반사건이 아니다.

따라서 보기에서 옳은 것은 ㄱ이다.

0249 답 $\dfrac{4}{5}$

$P(A^c\cup B^c)=P((A\cap B)^c)=1-P(A\cap B)$이므로

$$\frac{3}{5}=1-P(A\cap B) \qquad \therefore P(A\cap B)=\frac{2}{5}$$

$$\therefore P(A\cup B)=P(A)+P(B)-P(A\cap B)$$

$$=\frac{1}{2}+\frac{7}{10}-\frac{2}{5}=\frac{4}{5}$$

0250 답 ②

$P(A^c)=\dfrac{5}{6}$에서

$$P(A)=1-P(A^c)=1-\frac{5}{6}=\frac{1}{6}$$

A와 B가 서로 배반사건이므로 $P(A\cup B)=P(A)+P(B)$에서

$$\frac{3}{4}=\frac{1}{6}+P(B) \qquad \therefore P(B)=\frac{7}{12}$$

$$\therefore P(B^c)=1-P(B)=1-\frac{7}{12}=\frac{5}{12}$$

0251 답 ①

$$P(A\cup B)-P(A\cap B)=P(A\cap B^c)+P(A^c\cap B)$$

$$=\frac{1}{3}+\frac{1}{4}=\frac{7}{12}$$

이때 A와 B가 서로 배반사건이면 $P(A\cap B)=0$이므로

$$P(A\cup B)=\frac{7}{12}$$

$$\therefore P(A^c\cap B^c)=P((A\cup B)^c)=1-P(A\cup B)$$

$$=1-\frac{7}{12}=\frac{5}{12}$$

다른 풀이

A와 B가 서로 배반사건이면 $A\cap B=\varnothing$이므로

$$A\cap B^c=A,\ A^c\cap B=B$$

$$\therefore P(A\cap B^c)=P(A)=\frac{1}{3},\ P(A^c\cap B)=P(B)=\frac{1}{4}$$

$P(A\cup B)=P(A)+P(B)$에서 $P(A\cup B)=\dfrac{1}{3}+\dfrac{1}{4}=\dfrac{7}{12}$

$$\therefore P(A^c\cap B^c)=P((A\cup B)^c)=1-P(A\cup B)$$

$$=1-\frac{7}{12}=\frac{5}{12}$$

0252 답 ②

$P(A)=\dfrac{5}{2}P(A\cap B)$, $P(B)=3P(A\cap B)$이므로

$$P(A\cup B)=P(A)+P(B)-P(A\cap B)$$
$$=\dfrac{5}{2}P(A\cap B)+3P(A\cap B)-P(A\cap B)$$
$$=\dfrac{9}{2}P(A\cap B)$$

$\therefore \dfrac{P(A\cap B)}{P(A\cup B)}=\dfrac{2}{9}$

0253 답 $\dfrac{3}{5}$

꺼낸 카드에 적힌 수가 2의 배수인 사건을 A, 5의 배수인 사건을 B라 하면 $A\cap B$는 10의 배수인 사건이므로

$$P(A)=\dfrac{15}{30},\ P(B)=\dfrac{6}{30},\ P(A\cap B)=\dfrac{3}{30}$$

따라서 구하는 확률은

$$P(A\cup B)=P(A)+P(B)-P(A\cap B)$$
$$=\dfrac{15}{30}+\dfrac{6}{30}-\dfrac{3}{30}=\dfrac{3}{5}$$

0254 답 ⑤

택한 학생이 미술을 좋아하는 학생인 사건을 A, 음악을 좋아하는 학생인 사건을 B라 하면

$$P(A)=0.55,\ P(B)=0.3,\ P(A\cap B)=\dfrac{24}{120}=0.2$$

따라서 구하는 확률은

$$P(A\cup B)=P(A)+P(B)-P(A\cap B)$$
$$=0.55+0.3-0.2=0.65$$

0255 답 $\dfrac{3}{4}$

A가 B보다 앞에 있도록 배열하는 사건을 A, D가 E보다 뒤에 있도록 배열하는 사건을 B라 하자.

(ⅰ) A가 B보다 앞에 있는 경우

A, B를 모두 X로 바꾸어 생각하여 일렬로 배열하는 경우와 같으므로

$$P(A)=\dfrac{\dfrac{5!}{2!}}{5!}=\dfrac{1}{2}$$

(ⅱ) D가 E보다 뒤에 있는 경우

D, E를 모두 Y로 바꾸어 생각하여 일렬로 배열하는 경우와 같으므로

$$P(B)=\dfrac{\dfrac{5!}{2!}}{5!}=\dfrac{1}{2}$$

(ⅲ) A가 B보다 앞에 있고, D가 E보다 뒤에 있는 경우

A, B를 모두 X로, D, E를 모두 Y로 바꾸어 생각하여 일렬로 배열하는 경우와 같으므로

$$P(A\cap B)=\dfrac{\dfrac{5!}{2!\times 2!}}{5!}=\dfrac{1}{4}$$

(ⅰ), (ⅱ), (ⅲ)에서 구하는 확률은

$$P(A\cup B)=P(A)+P(B)-P(A\cap B)$$
$$=\dfrac{1}{2}+\dfrac{1}{2}-\dfrac{1}{4}=\dfrac{3}{4}$$

0256 답 ③

(ⅰ) 흰 공 1개, 검은 공 2개를 꺼낼 확률은

$$P(A)=\dfrac{{}_2C_1\times {}_4C_2}{{}_6C_3}=\dfrac{12}{20}$$

(ⅱ) 2가 적힌 공 3개를 꺼낼 확률은

$$P(B)=\dfrac{{}_4C_3}{{}_6C_3}=\dfrac{4}{20}$$

(ⅲ) 2가 적힌 흰 공 1개, 2가 적힌 검은 공 2개를 꺼낼 확률은

$$P(A\cap B)=\dfrac{{}_1C_1\times {}_3C_2}{{}_6C_3}=\dfrac{3}{20}$$

(ⅰ), (ⅱ), (ⅲ)에서 구하는 확률은

$$P(A\cup B)=P(A)+P(B)-P(A\cap B)$$
$$=\dfrac{12}{20}+\dfrac{4}{20}-\dfrac{3}{20}=\dfrac{13}{20}$$

0257 답 $\dfrac{1}{2}$

$12x^2-7nx+n^2=0$을 풀면

$(4x-n)(3x-n)=0$　　$\therefore x=\dfrac{n}{4}$ 또는 $x=\dfrac{n}{3}$

이때 이차방정식이 정수해를 가지려면 자연수 n이 4의 배수 또는 3의 배수이어야 한다.　　…… ❶

n이 4의 배수인 사건을 A, 3의 배수인 사건을 B라 하면 $A\cap B$는 12의 배수인 사건이므로

$$P(A)=\dfrac{5}{20},\ P(B)=\dfrac{6}{20},\ P(A\cap B)=\dfrac{1}{20}\quad ……❷$$

따라서 구하는 확률은

$$P(A\cup B)=P(A)+P(B)-P(A\cap B)$$
$$=\dfrac{5}{20}+\dfrac{6}{20}-\dfrac{1}{20}=\dfrac{1}{2}\quad ……❸$$

채점 기준

❶ 정수해를 갖는 조건 구하기	30 %
❷ n이 4의 배수, 3의 배수, 12의 배수일 확률 구하기	30 %
❸ 정수해를 가질 확률 구하기	40 %

0258 답 ④

꺼낸 2개의 공이 모두 흰색인 사건을 A, 모두 검은색인 사건을 B라 하자.

(ⅰ) 흰 공 2개를 꺼낼 확률은

$$P(A)=\dfrac{{}_4C_2}{{}_9C_2}=\dfrac{6}{36}$$

(ⅱ) 검은 공 2개를 꺼낼 확률은

$$P(B)=\dfrac{{}_5C_2}{{}_9C_2}=\dfrac{10}{36}$$

(ⅰ), (ⅱ)에서 A와 B는 서로 배반사건이므로 구하는 확률은

$$P(A\cup B)=P(A)+P(B)$$
$$=\dfrac{6}{36}+\dfrac{10}{36}=\dfrac{4}{9}$$

0259 답 ②

선생님이 맨 앞에 서는 사건을 A, 맨 뒤에 서는 사건을 B라 하자.

(ⅰ) 선생님이 맨 앞에 설 확률은

$$P(A)=\dfrac{7!}{8!}=\dfrac{1}{8}$$

(ii) 선생님이 맨 뒤에 설 확률은
$$P(B)=\frac{7!}{8!}=\frac{1}{8}$$
(i), (ii)에서 A와 B는 서로 배반사건이므로 구하는 확률은
$$P(A\cup B)=P(A)+P(B)=\frac{1}{8}+\frac{1}{8}=\frac{1}{4}$$

0260 답 $\frac{1}{4}$

두 눈의 수의 합이 5인 사건을 A, 합이 8인 사건을 B라 하자.
이때 나오는 두 눈의 수를 a, b라 하면 순서쌍 (a, b)에 대하여
$A=\{(1, 4), (2, 3), (3, 2), (4, 1)\}$,
$B=\{(2, 6), (3, 5), (4, 4), (5, 3), (6, 2)\}$이므로
$$P(A)=\frac{4}{36}, \ P(B)=\frac{5}{36}$$
A와 B는 서로 배반사건이므로 구하는 확률은
$$P(A\cup B)=P(A)+P(B)=\frac{4}{36}+\frac{5}{36}=\frac{1}{4}$$

0261 답 $\frac{5}{14}$

남학생이 여학생보다 많으려면 5명의 학생 중에서 남학생이 3명 또는 4명이어야 한다.
남학생이 3명인 사건을 A, 4명인 사건을 B라 하면
$$P(A)=\frac{_4C_3\times{}_5C_2}{_9C_5}=\frac{40}{126}$$
$$P(B)=\frac{_4C_4\times{}_5C_1}{_9C_5}=\frac{5}{126}$$
A와 B는 서로 배반사건이므로 구하는 확률은
$$P(A\cup B)=P(A)+P(B)=\frac{40}{126}+\frac{5}{126}=\frac{5}{14}$$

0262 답 ④

나오는 두 눈의 수의 곱이 6의 배수가 아닌 사건을 A라 하면 A^c는 두 눈의 수의 곱이 6의 배수인 사건이다.
이때 나오는 두 눈의 수를 a, b라 하면 순서쌍 (a, b)에 대하여 ab가 6의 배수인 경우는
$\underset{ab=6}{(1, 6), (2, 3), (3, 2), (6, 1)}$, $\underset{ab=12}{(2, 6), (3, 4), (4, 3), (6, 2)}$,
$\underset{ab=18}{(3, 6), (6, 3)}$, $\underset{ab=24}{(4, 6), (6, 4)}$, $\underset{ab=30}{(5, 6), (6, 5)}$, $\underset{ab=36}{(6, 6)}$의 15개
$$\therefore P(A^c)=\frac{15}{36}=\frac{5}{12}$$
따라서 구하는 확률은
$$P(A)=1-P(A^c)=1-\frac{5}{12}=\frac{7}{12}$$

0263 답 ②

모음끼리 서로 이웃하지 않도록 배열하는 사건을 A라 하면 A^c는 모음끼리 서로 이웃하도록 배열하는 사건이다.
모음 o, u를 한 문자 O로 생각하여 r, O, n, d를 일렬로 배열한 후 o, u끼리 자리를 바꾸어야 하므로
$$P(A^c)=\frac{4!\times2!}{5!}=\frac{48}{120}=\frac{2}{5}$$
따라서 구하는 확률은
$$P(A)=1-P(A^c)=1-\frac{2}{5}=\frac{3}{5}$$

0264 답 $\frac{61}{125}$

치역에 2가 포함되는 사건을 A라 하면 A^c는 치역에 2가 포함되지 않는 사건이므로
$$P(A^c)=\frac{_4\Pi_3}{_5\Pi_3}=\frac{4^3}{5^3}=\frac{64}{125}$$
따라서 구하는 확률은
$$P(A)=1-P(A^c)=1-\frac{64}{125}=\frac{61}{125}$$

0265 답 $\frac{4}{9}$

x, y, z가 $(x-y)(y-z)(z-x)=0$을 만족시키는 사건을 A라 하면 A^c는 $(x-y)(y-z)(z-x)\neq0$, 즉 $x\neq y$, $y\neq z$, $z\neq x$를 만족시키는 사건이다. 즉, A^c는 주사위의 눈의 수가 모두 다른 사건이므로
$$P(A^c)=\frac{_6P_3}{6\times6\times6}=\frac{120}{216}=\frac{5}{9}$$
따라서 구하는 확률은
$$P(A)=1-P(A^c)=1-\frac{5}{9}=\frac{4}{9}$$

0266 답 ④

꺼낸 2개의 공 중에서 적어도 1개는 3의 배수가 적힌 공인 사건을 A라 하면 A^c는 2개 모두 3의 배수가 아닌 수가 적힌 공인 사건이다.
15개의 공 중에서 3의 배수가 적힌 공은 3, 6, 9, 12, 15의 5개이므로 3의 배수가 아닌 수가 적힌 공은 10개이다.
$$\therefore P(A^c)=\frac{_{10}C_2}{_{15}C_2}=\frac{45}{105}=\frac{3}{7}$$
따라서 구하는 확률은
$$P(A)=1-P(A^c)=1-\frac{3}{7}=\frac{4}{7}$$

0267 답 $\frac{2}{3}$

어린이 사이에 적어도 1명의 어른이 서는 사건을 A라 하면 A^c는 어린이끼리 서로 이웃하도록 서는 사건이다.
어린이를 한 사람으로 생각하여 5명이 일렬로 선 후 어린이끼리 자리를 바꾸어 서야 하므로
$$P(A^c)=\frac{5!\times2!}{6!}=\frac{1}{3}$$
따라서 구하는 확률은
$$P(A)=1-P(A^c)=1-\frac{1}{3}=\frac{2}{3}$$

0268 답 ⑤

근무조 A와 근무조 B에서 적어도 1명씩 선택되는 사건을 A라 하면 A^c는 3명이 모두 근무조 A에서 선택되거나 근무조 B에서 선택되는 사건이다.
근무조 A에서 3명을 선택하거나 근무조 B에서 3명을 선택해야 하므로
$$P(A^c)=\frac{_5C_3+{}_4C_3}{_9C_3}=\frac{14}{84}=\frac{1}{6}$$
따라서 구하는 확률은
$$P(A)=1-P(A^c)=1-\frac{1}{6}=\frac{5}{6}$$

0269 답 7

$(n+3)$개의 공 중에서 2개의 공을 꺼낼 때, 적어도 1개는 흰 공인 사건을 A라 하면 A^c는 2개 모두 검은 공인 사건이므로

$$\mathrm{P}(A^c)=\frac{{}_3\mathrm{C}_2}{{}_{n+3}\mathrm{C}_2}=\frac{6}{(n+3)(n+2)} \qquad\cdots\cdots\ \text{❶}$$

이때 $\mathrm{P}(A)=\dfrac{14}{15}$이므로

$$\mathrm{P}(A^c)=1-\mathrm{P}(A)=1-\frac{14}{15}=\frac{1}{15}$$

즉, $\dfrac{6}{(n+3)(n+2)}=\dfrac{1}{15}$이므로 $\qquad\cdots\cdots\ \text{❷}$

$(n+3)(n+2)=90=10\times9$

$\therefore\ n=7\ (\because\ n\text{은 자연수}) \qquad\cdots\cdots\ \text{❸}$

채점 기준	
❶ 2개 모두 검은 공을 꺼낼 확률을 n에 대한 식으로 나타내기	40 %
❷ 주어진 확률을 이용하여 등식 세우기	30 %
❸ n의 값 구하기	30 %

0270 답 $\dfrac{31}{32}$

앞면이 나온 동전의 개수와 뒷면이 나온 동전의 개수의 차가 4 이하인 사건을 A라 하면 A^c는 앞면이 나온 동전의 개수와 뒷면이 나온 동전의 개수의 차가 5 이상인 사건이다.

이때 동전의 개수의 차는 5가 될 수 없으므로 A^c는 개수의 차가 6, 즉 모두 앞면만 나오거나 모두 뒷면만 나오는 사건이다.

$$\therefore\ \mathrm{P}(A^c)=\frac{1+1}{2^6}=\frac{2}{64}=\frac{1}{32}$$

따라서 구하는 확률은

$$\mathrm{P}(A)=1-\mathrm{P}(A^c)=1-\frac{1}{32}=\frac{31}{32}$$

0271 답 $\dfrac{65}{84}$

꺼낸 동전의 금액의 합이 200원 미만인 사건을 A라 하면 A^c는 금액의 합이 200원 이상인 사건이다.

A^c는 100원짜리 동전 2개와 다른 금액의 동전 1개를 꺼내거나 100원짜리 동전 1개와 50원짜리 동전 2개를 꺼내는 사건이므로

$$\mathrm{P}(A^c)=\frac{{}_2\mathrm{C}_2\times{}_7\mathrm{C}_1+{}_2\mathrm{C}_1\times{}_4\mathrm{C}_2}{{}_9\mathrm{C}_3}=\frac{19}{84}$$

따라서 구하는 확률은

$$\mathrm{P}(A)=1-\mathrm{P}(A^c)=1-\frac{19}{84}=\frac{65}{84}$$

0272 답 ③

꺼낸 카드에 적힌 세 자연수 중에서 가장 작은 수가 4 이하이거나 7 이상인 사건을 A라 하면 A^c는 꺼낸 카드에 적힌 세 자연수 중에서 가장 작은 수가 5 또는 6인 사건이다.

A^c는 5가 적힌 카드를 꺼내고 6, 7, 8, 9, 10이 적힌 카드 5장 중에서 2장을 꺼내거나 6이 적힌 카드를 꺼내고 7, 8, 9, 10이 적힌 카드 4장 중에서 2장을 꺼내는 사건이므로

$$\mathrm{P}(A^c)=\frac{{}_5\mathrm{C}_2+{}_4\mathrm{C}_2}{{}_{10}\mathrm{C}_3}=\frac{16}{120}=\frac{2}{15}$$

따라서 구하는 확률은

$$\mathrm{P}(A)=1-\mathrm{P}(A^c)=1-\frac{2}{15}=\frac{13}{15}$$

0273 답 ⑤

$A=\{2,\ 8,\ 10\}$, $B=\{2,\ 3,\ 5,\ 7\}$, $C=\{3,\ 9\}$

① $n(A)=3$

② $A\cap B=\{2\}$이므로 A와 B는 서로 배반사건이 아니다.

③ $A\cap C=\varnothing$이므로 A와 C는 서로 배반사건이다.

④ $B\cap C=\{3\}$이므로 B와 C는 서로 배반사건이 아니다.

⑤ $A\cap C=\varnothing$이므로 $A\subset C^c$

따라서 옳은 것은 ⑤이다.

0274 답 8

표본공간을 S라 하면 $S=\{1,\ 2,\ 3,\ \dots,\ 10\}$이므로

$A=\{1,\ 2,\ 5,\ 10\}$, $B=\{3,\ 6,\ 9\}$

사건 A와 서로 배반인 사건은 A^c의 부분집합이고, 사건 B와 서로 배반인 사건은 B^c의 부분집합이므로 두 사건 A, B와 모두 배반인 사건은 $A^c\cap B^c$의 부분집합이다.

이때 $A^c=\{3,\ 4,\ 6,\ 7,\ 8,\ 9\}$, $B^c=\{1,\ 2,\ 4,\ 5,\ 7,\ 8,\ 10\}$이므로

$A^c\cap B^c=\{4,\ 7,\ 8\}$

따라서 구하는 사건의 개수는 $A^c\cap B^c$의 부분집합의 개수와 같으므로 $2^3=8$

0275 답 ②

두 수 a, b를 선택하는 모든 경우의 수는

$4\times4=16$

(i) $a=1$일 때

　$1<\dfrac{b}{1}<4$, 즉 $1<b<4$이므로 b의 값은 존재하지 않는다.

(ii) $a=3$일 때

　$1<\dfrac{b}{3}<4$, 즉 $3<b<12$이므로 $b=4,\ 6,\ 8,\ 10$의 4가지

(iii) $a=5$일 때

　$1<\dfrac{b}{5}<4$, 즉 $5<b<20$이므로 $b=6,\ 8,\ 10$의 3가지

(iv) $a=7$일 때

　$1<\dfrac{b}{7}<4$, 즉 $7<b<28$이므로 $b=8,\ 10$의 2가지

(i)~(iv)에서 $1<\dfrac{b}{a}<4$인 경우의 수는

$4+3+2=9$

따라서 구하는 확률은 $\dfrac{9}{16}$

0276 답 $\dfrac{1}{5}$

만들 수 있는 다섯 자리의 자연수의 개수는

$5!=120$

5의 배수이면 일의 자리에 올 수 있는 숫자가 5뿐이므로 5의 배수의 개수는

$4!=24$

따라서 구하는 확률은 $\dfrac{24}{120}=\dfrac{1}{5}$

0277 답 ③

만들 수 있는 네 자리의 자연수의 개수는

$3 \times {}_4\Pi_3 = 3 \times 4^3 = 192$

$22\square\square$, $23\square\square$ 꼴의 자연수의 개수는

$2 \times {}_4\Pi_2 = 2 \times 4^2 = 32$

$3\square\square\square$ 꼴의 자연수의 개수는

${}_4\Pi_3 = 4^3 = 64$

즉, 2133보다 큰 자연수의 개수는

$32 + 64 = 96$

따라서 구하는 확률은 $\dfrac{96}{192} = \dfrac{1}{2}$

0278 답 ①

destiny에 있는 7개의 문자를 일렬로 배열하는 경우의 수는

$7!$

t, s, y를 모두 X로 바꾸어 생각하여 d, e, X, X, i, n, X를 일렬
로 배열한 후 첫 번째 X를 y로, 두 번째 X를 t로, 세 번째 X를 s로
바꾸면 되므로 그 경우의 수는

$\dfrac{7!}{3!}$

따라서 구하는 확률은 $\dfrac{\frac{7!}{3!}}{7!} = \dfrac{1}{6}$

0279 답 $\dfrac{1}{10}$

5장의 카드 중에서 3장을 뽑는 경우의 수는

${}_5C_3 = {}_5C_2 = 10$

카드에 적힌 세 숫자의 곱이 홀수인 경우는 세 숫자가 모두 홀수인
경우이므로 1, 3, 5가 적힌 카드를 뽑는 1가지이다.

따라서 구하는 확률은 $\dfrac{1}{10}$

0280 답 $\dfrac{7}{45}$

방정식 $x+y+z=8$을 만족시키는 음이 아닌 정수 x, y, z의 순서쌍
(x, y, z)의 개수는

${}_3H_8 = {}_{10}C_8 = {}_{10}C_2 = 45$

$z=2$이면 $x+y=6$

이 방정식을 만족시키는 음이 아닌 정수 x, y의 순서쌍 (x, y)의 개
수는

${}_2H_6 = {}_7C_6 = {}_7C_1 = 7$

따라서 구하는 확률은 $\dfrac{7}{45}$

0281 답 7

10개의 바둑돌 중에서 2개를 꺼내는 경우의 수는

${}_{10}C_2 = 45$

흰 바둑돌의 개수를 n이라 하면 검은 바둑돌의 개수는 $10-n$이므로
서로 다른 색의 바둑돌이 나오는 경우의 수는

${}_nC_1 \times {}_{10-n}C_1 = n(10-n)$

따라서 서로 다른 색의 바둑돌이 나올 확률은

$\dfrac{n(10-n)}{45}$

즉, $\dfrac{n(10-n)}{45} = \dfrac{7}{15}$이므로

$n^2 - 10n + 21 = 0$

$(n-3)(n-7) = 0$ $\qquad$ $\therefore$ $n=3$ 또는 $n=7$

그런데 흰 바둑돌이 검은 바둑돌보다 많이 들어 있으므로 흰 바둑돌
의 개수는 7이다.

0282 답 $\dfrac{1}{4}$

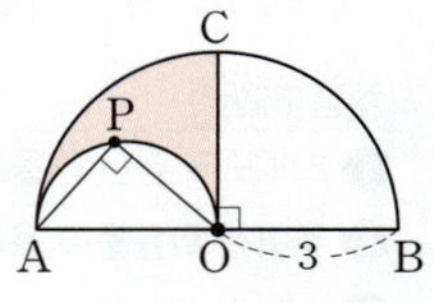

오른쪽 그림에서 삼각형 PAO가 직각삼각
형이려면 선분 AO를 지름으로 하는 반원
위에 점 P가 있거나 $\angle BOC = 90°$인 점 C
를 잡을 때 선분 OC 위에 점 P가 있어야
한다.

따라서 삼각형 PAO가 예각삼각형이 되려면 점 P가 색칠한 부분에
있어야 하므로 구하는 확률은

$$\dfrac{\text{(색칠한 부분의 넓이)}}{\text{($\overline{AB}$를 지름으로 하는 반원의 넓이)}} = \dfrac{\frac{9}{4}\pi - \frac{9}{8}\pi}{\frac{9}{2}\pi} = \dfrac{1}{4}$$

0283 답 ③

ㄱ. 두 사건 A, B가 서로 배반사건이면 $A \cap B = \varnothing$이므로
$\quad$ $P(A \cup B) = P(A) + P(B)$

ㄴ. $\varnothing \subset (A \cap B) \subset S$이므로 $0 \leq P(A \cap B) \leq 1$

ㄷ. [반례] $S = \{1, 2, 3\}$, $A = \{1, 2\}$, $B = \{2, 3\}$이면
$\quad$ $B^c = \{1\}$이므로 $A \cap B^c = \{1\}$
$\quad$ 이때 $P(A) = \dfrac{2}{3}$, $P(B) = \dfrac{2}{3}$, $P(A \cap B^c) = \dfrac{1}{3}$이므로
$\quad$ $P(A \cap B^c) > P(A) - P(B)$

따라서 보기에서 옳은 것은 ㄱ, ㄴ이다.

0284 답 ①

$P(A \cup B) = \dfrac{3}{4}$, $P(A^c \cap B) = \dfrac{2}{3}$이므로

$P(A) = P(A \cup B) - P(A^c \cap B)$

$\quad = \dfrac{3}{4} - \dfrac{2}{3}$

$\quad = \dfrac{1}{12}$

0285 답 $\dfrac{3}{10}$

$P(B) = 2P(A) = 2 \times \dfrac{3}{10} = \dfrac{3}{5}$이므로

$P(B^c) = 1 - P(B) = 1 - \dfrac{3}{5} = \dfrac{2}{5}$

A와 B^c가 서로 배반사건이면 $P(A \cap B^c) = 0$이므로

$P(A \cup B^c) = P(A) + P(B^c) = \dfrac{3}{10} + \dfrac{2}{5} = \dfrac{7}{10}$

$\therefore$ $P(A^c \cap B) = P((A \cup B^c)^c) = 1 - P(A \cup B^c)$

$\qquad = 1 - \dfrac{7}{10} = \dfrac{3}{10}$

다른 풀이

A와 B^C가 서로 배반사건이므로

$A \cap B^C = \varnothing$　　$\therefore A \subset B$

이때 $P(A) = \dfrac{3}{10}$, $P(B) = 2P(A) = 2 \times \dfrac{3}{10} = \dfrac{3}{5}$이므로

$P(A^C \cap B) = P(B) - P(A) = \dfrac{3}{5} - \dfrac{3}{10} = \dfrac{3}{10}$

0286 답 0.28

택한 학생이 축구를 좋아하는 학생인 사건을 A, 농구를 좋아하는 학생인 사건을 B라 하면

$P(A) = 0.2$, $P(B) = 0.13$, $P(A \cap B) = 0.05$

따라서 구하는 확률은

$$P(A \cup B) = P(A) + P(B) - P(A \cap B)$$
$$= 0.2 + 0.13 - 0.05$$
$$= 0.28$$

0287 답 $\dfrac{1}{7}$

뽑은 학생이 모두 1학년 학생인 사건을 A, 모두 2학년 학생인 사건을 B라 하자.

(ⅰ) 모두 1학년 학생일 확률은

$$P(A) = \dfrac{{}_2C_2}{{}_8C_2} = \dfrac{1}{28}$$

(ⅱ) 모두 2학년 학생일 확률은

$$P(B) = \dfrac{{}_3C_2}{{}_8C_2} = \dfrac{3}{28}$$

(ⅰ), (ⅱ)에서 A와 B는 서로 배반사건이므로 구하는 확률은

$$P(A \cup B) = P(A) + P(B)$$
$$= \dfrac{1}{28} + \dfrac{3}{28} = \dfrac{1}{7}$$

0288 답 $\dfrac{5}{9}$

a, b가 $f(a)f(b) = 0$을 만족시키는 사건을 A라 하면 A^C는 $f(a)f(b) \neq 0$, 즉 $f(a) \neq 0$, $f(b) \neq 0$을 만족시키는 사건이다.

$f(a) = a^2 - 5a + 4 = (a-1)(a-4) \neq 0$

$\therefore a \neq 1$, $a \neq 4$

$f(b) = b^2 - 5b + 4 = (b-1)(b-4) \neq 0$

$\therefore b \neq 1$, $b \neq 4$

따라서 a, b의 값은 각각 2, 3, 5, 6이 될 수 있으므로 $f(a) \neq 0$, $f(b) \neq 0$을 만족시키는 a, b의 순서쌍 (a, b)의 개수는 $4 \times 4 = 16$

$\therefore P(A^C) = \dfrac{16}{36} = \dfrac{4}{9}$

따라서 구하는 확률은

$$P(A) = 1 - P(A^C) = 1 - \dfrac{4}{9} = \dfrac{5}{9}$$

0289 답 ③

상자에 n송이의 장미가 들어 있다고 하자.

꺼낸 3송이의 꽃 중에서 적어도 1송이는 장미인 사건을 A라 하면 A^C는 모두 장미가 아닌 사건이므로

$$P(A^C) = \dfrac{{}_{10-n}C_3}{{}_{10}C_3} = \dfrac{(10-n)(9-n)(8-n)}{720}$$

이때 $P(A) = \dfrac{29}{30}$이므로

$$P(A^C) = 1 - P(A) = 1 - \dfrac{29}{30} = \dfrac{1}{30}$$

즉, $\dfrac{(10-n)(9-n)(8-n)}{720} = \dfrac{1}{30}$이므로

$(10-n)(9-n)(8-n) = 24 = 4 \times 3 \times 2$

$\therefore n = 6$ ($\because$ n은 자연수)

따라서 장미는 6송이가 있다.

0290 답 $\dfrac{19}{49}$

적어도 2명이 같은 요일을 택하는 사건을 A라 하면 A^C는 모두 다른 요일을 택하는 사건이므로

$$P(A^C) = \dfrac{{}_7P_3}{{}_7\Pi_3} = \dfrac{210}{343} = \dfrac{30}{49}$$

따라서 구하는 확률은

$$P(A) = 1 - P(A^C) = 1 - \dfrac{30}{49} = \dfrac{19}{49}$$

0291 답 ⑤

양 끝에 놓인 카드에 적힌 두 수의 합이 10 이하가 되도록 카드가 놓이는 사건을 A라 하면 A^C는 양 끝에 놓인 카드에 적힌 두 수의 합이 10 초과가 되도록 카드가 놓이는 사건, 즉 양 끝에 숫자 5, 6이 적힌 카드가 놓이는 사건이다.

양 끝에 숫자 5, 6이 적힌 카드를 배열하는 경우의 수는 2!

각각의 경우에 대하여 그 사이에 숫자 1, 2, 3, 4가 적힌 카드를 일렬로 배열하는 경우의 수는 4!이므로

$$P(A^C) = \dfrac{2! \times 4!}{6!} = \dfrac{1}{15}$$

따라서 구하는 확률은

$$P(A) = 1 - P(A^C) = 1 - \dfrac{1}{15} = \dfrac{14}{15}$$

0292 답 $\dfrac{24}{125}$

만들 수 있는 네 자리의 자연수의 개수는

$${}_5\Pi_4 = 5^4 = 625 \quad\quad \cdots\cdots ❶$$

각 자리의 숫자가 모두 다르려면 5개의 숫자 중에서 서로 다른 4개를 택하여 자연수를 만들어야 하므로 자연수의 개수는

$${}_5P_4 = 120 \quad\quad \cdots\cdots ❷$$

따라서 구하는 확률은 $\dfrac{120}{625} = \dfrac{24}{125}$　　$\cdots\cdots ❸$

채점 기준

❶ 만들 수 있는 모든 자연수의 개수 구하기		40 %
❷ 각 자리의 숫자가 모두 다른 자연수의 개수 구하기		40 %
❸ 각 자리의 숫자가 모두 다른 자연수일 확률 구하기		20 %

0293 답 $\dfrac{11}{63}$

9장의 카드 중에서 4장을 꺼내는 경우의 수는

$${}_9C_4 = 126 \quad\quad \cdots\cdots ❶$$

꺼낸 카드에 적힌 수 중에서 가장 작은 수를 a, 가장 큰 수를 b라 할 때, $a+b = 9$인 경우는 다음과 같다.

(i) $a=1$, $b=8$인 경우

나머지 2장은 2, 3, 4, 5, 6, 7이 적힌 카드 중에서 꺼내야 하므로 그 경우의 수는

$$_6\mathrm{C}_2=15$$

(ii) $a=2$, $b=7$인 경우

나머지 2장은 3, 4, 5, 6이 적힌 카드 중에서 꺼내야 하므로 그 경우의 수는

$$_4\mathrm{C}_2=6$$

(iii) $a=3$, $b=6$인 경우

나머지 2장은 4, 5가 적힌 카드 중에서 꺼내야 하므로 그 경우의 수는

$$_2\mathrm{C}_2=1$$

(i), (ii), (iii)에서 가장 큰 수와 가장 작은 수의 합이 9인 경우의 수는

$$15+6+1=22 \qquad \cdots\cdots ❷$$

따라서 구하는 확률은 $\dfrac{22}{126}=\dfrac{11}{63}$ $\qquad \cdots\cdots ❸$

❶ 4장의 카드를 꺼내는 모든 경우의 수 구하기	20 %	
❷ 가장 큰 수와 가장 작은 수의 합이 9인 경우의 수 구하기	70 %	
❸ 가장 큰 수와 가장 작은 수의 합이 9일 확률 구하기	10 %	

0294 답 $\dfrac{11}{20}$

뽑은 공에 적힌 수가 3의 배수인 사건을 A, 5의 배수인 사건을 B라 하면 $A\cap B$는 15의 배수인 사건이므로

$$\mathrm{P}(A)=\frac{6}{20},\ \mathrm{P}(B)=\frac{4}{20},\ \mathrm{P}(A\cap B)=\frac{1}{20} \qquad \cdots\cdots ❶$$

$$\therefore \mathrm{P}(A\cup B)=\mathrm{P}(A)+\mathrm{P}(B)-\mathrm{P}(A\cap B)$$
$$=\frac{6}{20}+\frac{4}{20}-\frac{1}{20}$$
$$=\frac{9}{20} \qquad \cdots\cdots ❷$$

따라서 구하는 확률은

$$\mathrm{P}(A^c\cap B^c)=\mathrm{P}((A\cup B)^c)=1-\mathrm{P}(A\cup B)$$
$$=1-\frac{9}{20}=\frac{11}{20} \qquad \cdots\cdots ❸$$

❶ 3의 배수, 5의 배수, 15의 배수일 확률 구하기	40 %	
❷ 3의 배수 또는 5의 배수일 확률 구하기	30 %	
❸ 3의 배수도 아니고 5의 배수도 아닐 확률 구하기	30 %	

C 실력 향상

55쪽

0295 답 $\dfrac{11}{32}$

만들 수 있는 여섯 자리의 자연수의 개수는

$$_2\Pi_6=2^6=64$$

여섯 자리의 자연수의 각 자리의 숫자를 a, b, c, d, e, f라 할 때, 3의 배수이려면 $a+b+c+d+e+f$의 값이 3의 배수이어야 한다.

(i) $a+b+c+d+e+f=6$인 경우

$a=b=c=d=e=f=1$의 1가지

(ii) $a+b+c+d+e+f=9$인 경우

$1+1+1+2+2+2=9$이므로 3개의 숫자 1과 3개의 숫자 2를 일렬로 배열하는 경우의 수는

$$\frac{6!}{3!\times 3!}=20$$

(iii) $a+b+c+d+e+f=12$인 경우

$a=b=c=d=e=f=2$의 1가지

(i), (ii), (iii)에서 3의 배수의 개수는

$$1+20+1=22$$

따라서 구하는 확률은

$$\frac{22}{64}=\frac{11}{32}$$

0296 답 ④

X에서 Y로의 일대일함수 f의 개수는

$$_7\mathrm{P}_4=840$$

$f(2)=2$이므로 $f(1)\times f(2)\times f(3)\times f(4)$가 4의 배수이려면 함수 f의 치역에 4 또는 6이 포함되어야 한다.

함수 f의 치역에 4가 포함된 사건을 A, 6이 포함된 사건을 B라 하자.

(i) 함수 f의 치역에 4가 포함되는 경우

2, 4를 포함하여 치역의 원소를 정하는 경우의 수는 $_5\mathrm{C}_2=10$

치역의 원소를 각각 $f(1)$, $f(3)$, $f(4)$에 대응시키는 경우의 수는 $3!=6$

$$\therefore \mathrm{P}(A)=\frac{10\times 6}{840}=\frac{60}{840}$$

(ii) 함수 f의 치역에 6이 포함되는 경우

2, 6을 포함하여 치역의 원소를 정하는 경우의 수는 $_5\mathrm{C}_2=10$

치역의 원소를 각각 $f(1)$, $f(3)$, $f(4)$에 대응시키는 경우의 수는 $3!=6$

$$\therefore \mathrm{P}(B)=\frac{10\times 6}{840}=\frac{60}{840}$$

(iii) 함수 f의 치역에 4, 6이 포함되는 경우

2, 4, 6을 포함하여 치역의 원소를 정하는 경우의 수는 $_4\mathrm{C}_1=4$

치역의 원소를 각각 $f(1)$, $f(3)$, $f(4)$에 대응시키는 경우의 수는 $3!=6$

$$\therefore \mathrm{P}(A\cap B)=\frac{4\times 6}{840}=\frac{24}{840}$$

(i), (ii), (iii)에서 구하는 확률은

$$\mathrm{P}(A\cup B)=\mathrm{P}(A)+\mathrm{P}(B)-\mathrm{P}(A\cap B)$$
$$=\frac{60}{840}+\frac{60}{840}-\frac{24}{840}$$
$$=\frac{4}{35}$$

0297 답 19

방정식 $x+y+z=10$을 만족시키는 음이 아닌 정수 x, y, z의 순서쌍 (x, y, z)의 개수는

$$_3\mathrm{H}_{10}={}_{12}\mathrm{C}_{10}={}_{12}\mathrm{C}_2=66$$

$(x-y)(y-z)(z-x) \neq 0$인 사건을 A라 하면 A^c는

$(x-y)(y-z)(z-x)=0$인 사건이므로

$x=y$ 또는 $y=z$ 또는 $z=x$

(ⅰ) $x=y$인 경우

　방정식 $x+y+z=10$을 만족시키는 음이 아닌 정수 x, y, z의

　순서쌍 (x, y, z)는

　$(0, 0, 10)$, $(1, 1, 8)$, $\ldots$, $(5, 5, 0)$의 6개

(ⅱ) $y=z$인 경우

　(ⅰ)과 같은 방법으로 하면 음이 아닌 정수 x, y, z의 순서쌍

　(x, y, z)의 개수는 6이다.

(ⅲ) $z=x$인 경우

　(ⅰ)과 같은 방법으로 하면 음이 아닌 정수 x, y, z의 순서쌍

　(x, y, z)의 개수는 6이다.

(ⅳ) $x=y=z$인 경우

　방정식 $x+y+z=10$을 만족시키는 음이 아닌 정수 x, y, z의

　순서쌍 (x, y, z)는 존재하지 않는다.

(ⅰ)~(ⅳ)에서 순서쌍 (x, y, z)의 개수는

$6+6+6=18$

$\therefore \mathrm{P}(A^c)=\dfrac{18}{66}=\dfrac{3}{11}$

따라서 순서쌍 (x, y, z)가 $(x-y)(y-z)(z-x) \neq 0$을 만족시킬

확률은

$\mathrm{P}(A)=1-\mathrm{P}(A^c)$

$\qquad =1-\dfrac{3}{11}=\dfrac{8}{11}$

따라서 $p=11$, $q=8$이므로

$p+q=19$

0298 답 $\dfrac{21}{26}$

방정식 $x+y+z=14$를 만족시키는 자연수 x, y, z의 순서쌍

(x, y, z)의 개수는

${}_3\mathrm{H}_{14-3}={}_3\mathrm{H}_{11}={}_{13}\mathrm{C}_{11}={}_{13}\mathrm{C}_2=78$

x, y, z 중에서 적어도 하나가 홀수인 사건을 A라 하면 A^c는 x, y,

z가 모두 짝수인 사건이다.

x, y, z가 모두 짝수이므로 음이 아닌 정수 X, Y, Z에 대하여

$x=2X+2$, $y=2Y+2$, $z=2Z+2$

이를 방정식 $x+y+z=14$에 대입하면

$(2X+2)+(2Y+2)+(2Z+2)=14$

$2X+2Y+2Z=8$

$\therefore X+Y+Z=4$

방정식 $X+Y+Z=4$를 만족시키는 음이 아닌 정수 X, Y, Z의 순

서쌍 (X, Y, Z)의 개수는

${}_3\mathrm{H}_4={}_6\mathrm{C}_4={}_6\mathrm{C}_2=15$

$\therefore \mathrm{P}(A^c)=\dfrac{15}{78}=\dfrac{5}{26}$

따라서 구하는 확률은

$\mathrm{P}(A)=1-\mathrm{P}(A^c)$

$\qquad =1-\dfrac{5}{26}=\dfrac{21}{26}$

A 개념 확인

0299 답 (1) $\dfrac{1}{3}$　(2) $\dfrac{1}{2}$　(3) $\dfrac{2}{3}$

$A=\{2, 4, 6\}$, $B=\{1, 2, 3, 6\}$에서 $A \cap B=\{2, 6\}$

(1) $\mathrm{P}(A \cap B)=\dfrac{2}{6}=\dfrac{1}{3}$

(2) $\mathrm{P}(A|B)=\dfrac{\mathrm{P}(A \cap B)}{\mathrm{P}(B)}=\dfrac{\frac{1}{3}}{\frac{4}{6}}=\dfrac{1}{2}$

(3) $\mathrm{P}(B|A)=\dfrac{\mathrm{P}(A \cap B)}{\mathrm{P}(A)}=\dfrac{\frac{1}{3}}{\frac{3}{6}}=\dfrac{2}{3}$

0300 답 (1) $\dfrac{1}{36}$　(2) $\dfrac{1}{9}$

(1) $\mathrm{P}(A \cap B)=\mathrm{P}(A)\mathrm{P}(B|A)=\dfrac{1}{3} \times \dfrac{1}{12}=\dfrac{1}{36}$

(2) $\mathrm{P}(A|B)=\dfrac{\mathrm{P}(A \cap B)}{\mathrm{P}(B)}=\dfrac{\frac{1}{36}}{\frac{1}{4}}=\dfrac{1}{9}$

0301 답 (1) $\dfrac{3}{8}$　(2) $\dfrac{3}{7}$　(3) 종속

(1) (ⅰ) 첫 번째에 검은 바둑돌, 두 번째에 흰 바둑돌을 꺼낼 확률은

　$\dfrac{5}{8} \times \dfrac{3}{7}=\dfrac{15}{56}$

　(ⅱ) 첫 번째에 흰 바둑돌, 두 번째에 흰 바둑돌을 꺼낼 확률은

　$\dfrac{3}{8} \times \dfrac{2}{7}=\dfrac{3}{28}$

　(ⅰ), (ⅱ)에서 $\mathrm{P}(B)=\dfrac{15}{56}+\dfrac{3}{28}=\dfrac{3}{8}$

(2) 사건 $A \cap B$는 첫 번째에 검은 바둑돌, 두 번째에 흰 바둑돌을 꺼

　내는 사건이므로

　$\mathrm{P}(B|A)=\dfrac{\mathrm{P}(A \cap B)}{\mathrm{P}(A)}=\dfrac{\frac{15}{56}}{\frac{5}{8}}=\dfrac{3}{7}$

(3) $\mathrm{P}(B)=\dfrac{3}{8}$, $\mathrm{P}(B|A)=\dfrac{3}{7}$에서 $\mathrm{P}(B) \neq \mathrm{P}(B|A)$

　따라서 두 사건 A, B는 서로 종속이다.

0302 답 독립

$\mathrm{P}(A)\mathrm{P}(B)=0.15 \times 0.4=0.06$, $\mathrm{P}(A \cap B)=0.06$이므로

$\mathrm{P}(A \cap B)=\mathrm{P}(A)\mathrm{P}(B)$

따라서 두 사건 A, B는 서로 독립이다.

0303 답 종속

$\mathrm{P}(A)\mathrm{P}(B)=0.3 \times 0.6=0.18$, $\mathrm{P}(A \cap B)=0.2$이므로

$\mathrm{P}(A \cap B) \neq \mathrm{P}(A)\mathrm{P}(B)$

따라서 두 사건 A, B는 서로 종속이다.

0304 답 **0.07**

두 사건 A, B가 서로 독립이므로
$$P(A \cap B) = P(A)P(B) = 0.2 \times 0.35 = 0.07$$

0305 답 **0.28**

두 사건 A^c, B가 서로 독립이므로
$$P(A^c \cap B) = P(A^c)P(B) = (1-0.2) \times 0.35 = 0.28$$

0306 답 **0.2**

두 사건 A, B^c가 서로 독립이므로
$$P(A \,|\, B^c) = P(A) = 0.2$$

0307 답 **0.65**

두 사건 A^c, B^c가 서로 독립이므로
$$P(B^c \,|\, A^c) = P(B^c) = 1 - 0.35 = 0.65$$

0308 답 **0.48**

갑이 시험에 합격하는 사건을 A, 을이 시험에 합격하는 사건을 B라 하면 두 사건 A, B가 서로 독립이므로
$$P(A \cap B) = P(A)P(B) = 0.6 \times 0.8 = 0.48$$

0309 답 (1) $\dfrac{1}{6}$ (2) $\dfrac{5}{72}$

(1) $P(A) = \dfrac{1}{6}$

(2) $P(A) = \dfrac{1}{6}$, $P(A^c) = 1 - \dfrac{1}{6} = \dfrac{5}{6}$이고, 각 시행은 서로 독립이므로 구하는 확률은
$$_3C_2 \left(\frac{1}{6}\right)^2 \left(\frac{5}{6}\right)^1 = \frac{5}{72}$$

0310 답 $\dfrac{4}{9}$

소수가 적힌 공을 꺼내는 사건을 A라 하면 $A = \{2,\ 3\}$
$P(A) = \dfrac{2}{3}$, $P(A^c) = \dfrac{1}{3}$이고, 각 시행은 서로 독립이므로 구하는 확률은
$$_3C_2 \left(\frac{2}{3}\right)^2 \left(\frac{1}{3}\right)^1 = \frac{4}{9}$$

B 유형 완성

58~65쪽

0311 답 $\dfrac{3}{5}$

$P(A \cup B) = P(A) + P(B) - P(A \cap B)$이므로
$$\frac{3}{5} = \frac{2}{5} + P(B) - \frac{3}{10} \qquad \therefore P(B) = \frac{1}{2}$$
$$\therefore P(A \,|\, B) = \frac{P(A \cap B)}{P(B)} = \frac{\frac{3}{10}}{\frac{1}{2}} = \frac{3}{5}$$

0312 답 ④

$P(A \cap B) = P(B)P(A \,|\, B) = 0.4 \times 0.5 = 0.2$
$$\therefore P(A \cup B) = P(A) + P(B) - P(A \cap B)$$
$$= 0.3 + 0.4 - 0.2 = 0.5$$

0313 답 $\dfrac{1}{2}$

$P(A^c \cap B) = P(B)P(A^c \,|\, B) = \dfrac{3}{4} \times \dfrac{1}{3} = \dfrac{1}{4}$이므로
$$P(A \cap B) = P(B) - P(A^c \cap B)$$
$$= \frac{3}{4} - \frac{1}{4} = \frac{1}{2}$$

0314 답 ③

$P(A \,|\, B) = P(B \,|\, A)$에서
$$\frac{P(A \cap B)}{P(B)} = \frac{P(A \cap B)}{P(A)}$$
$$\therefore P(A) = P(B) \qquad \cdots\cdots \ \bigcirc$$
$P(A \cup B) = P(A) + P(B) - P(A \cap B)$에서
$$1 = P(A) + P(B) - \frac{1}{4}$$
$$P(A) + P(B) = \frac{5}{4}$$
$\bigcirc$에서 $2P(A) = \dfrac{5}{4}$
$$\therefore P(A) = \frac{5}{8}$$

0315 답 $\dfrac{3}{10}$

A와 B가 서로 배반사건이면 $A \cap B = \varnothing$이므로
$$A^c \cap B = B$$
$$\therefore P(A^c \cap B) = P(B) = \frac{1}{5}$$
$P(A) = \dfrac{1}{3}$에서
$$P(A^c) = 1 - \frac{1}{3} = \frac{2}{3}$$
$$\therefore P(B \,|\, A^c) = \frac{P(A^c \cap B)}{P(A^c)} = \frac{\frac{1}{5}}{\frac{2}{3}} = \frac{3}{10}$$

0316 답 $\dfrac{5}{6}$

2학년 학생인 사건을 A, 남학생인 사건을 B라 하면
$$P(A) = \frac{24}{40} = \frac{3}{5}, \quad P(A \cap B) = \frac{20}{40} = \frac{1}{2}$$
따라서 구하는 확률은
$$P(B \,|\, A) = \frac{P(A \cap B)}{P(A)} = \frac{\frac{1}{2}}{\frac{3}{5}} = \frac{5}{6}$$

다른 풀이

구하는 확률은 2학년 학생 중에서 남학생을 택할 확률과 같으므로
$$\frac{(2\text{학년 남학생 수})}{(2\text{학년 학생 수})} = \frac{20}{24} = \frac{5}{6}$$

0317 답 $\dfrac{5}{12}$

버스로 등교하는 학생인 사건을 A, 여학생인 사건을 B라 하면
$$P(A)=0.6,\ P(A\cap B)=0.25$$
따라서 구하는 확률은
$$P(B|A)=\frac{P(A\cap B)}{P(A)}=\frac{0.25}{0.6}=\frac{5}{12}$$

0318 답 2

조사 대상자 수는 $14+x+18+6=x+38$이므로 남자인 사건을 A, B 영화를 선호하는 사람인 사건을 B라 하면
$$P(A)=\frac{x+14}{x+38},\ P(A\cap B)=\frac{x}{x+38}$$
따라서 임의로 택한 1명이 남자일 때, 그 사람이 B 영화를 선호할 확률은
$$P(B|A)=\frac{P(A\cap B)}{P(A)}=\frac{\dfrac{x}{x+38}}{\dfrac{x+14}{x+38}}=\frac{x}{x+14}$$
즉, $\dfrac{x}{x+14}=\dfrac{1}{8}$이므로
$$8x=x+14 \qquad \therefore x=2$$

다른 풀이

임의로 택한 1명이 남자일 때, 그 사람이 B 영화를 선호할 확률은 남자 중에서 B 영화를 선호하는 사람을 택할 확률과 같으므로
$$\frac{(\text{B 영화를 선호하는 남자 수})}{(\text{남자 수})}=\frac{x}{x+14}$$
즉, $\dfrac{x}{x+14}=\dfrac{1}{8}$이므로
$$8x=x+14 \qquad \therefore x=2$$

0319 답 ④

당첨 제비를 1개 뽑는 사건을 A, 1등 당첨 제비를 뽑는 사건을 B라 하면
$$P(A)=\frac{{}_5C_1\times{}_5C_2}{{}_{10}C_3}=\frac{50}{120}=\frac{5}{12}$$
$$P(A\cap B)=\frac{{}_2C_1\times{}_5C_2}{{}_{10}C_3}=\frac{20}{120}=\frac{1}{6}$$
따라서 구하는 확률은
$$P(B|A)=\frac{P(A\cap B)}{P(A)}=\frac{\dfrac{1}{6}}{\dfrac{5}{12}}=\frac{2}{5}$$

0320 답 ④

ab가 짝수인 사건을 A, a, b가 모두 짝수인 사건을 B라 하자.
ab가 짝수인 사건의 여사건은 ab가 홀수인 사건, 즉 a, b가 모두 홀수인 사건이므로
$$P(A)=1-\frac{3\times3}{6\times6}=\frac{3}{4}$$
$$P(A\cap B)=\frac{3\times3}{6\times6}=\frac{1}{4}$$
따라서 구하는 확률은
$$P(B|A)=\frac{P(A\cap B)}{P(A)}=\frac{\dfrac{1}{4}}{\dfrac{3}{4}}=\frac{1}{3}$$

0321 답 ③

첫 번째에 당첨권을 뽑지 못하는 사건을 A, 두 번째에 당첨권을 뽑지 못하는 사건을 B라 하면
$$P(A)=\frac{10}{15}=\frac{2}{3},\ P(B|A)=\frac{9}{14}$$
따라서 구하는 확률은
$$P(A\cap B)=P(A)P(B|A)=\frac{2}{3}\times\frac{9}{14}=\frac{3}{7}$$

0322 답 ③

남자인 사건을 A, 40대인 사건을 B라 하면
$$P(A)=0.8,\ P(B|A)=0.6$$
따라서 구하는 확률은
$$P(A\cap B)=P(A)P(B|A)=0.8\times0.6=0.48$$

0323 답 $\dfrac{1}{6}$

노란색 필통을 택하는 사건을 A, 빨간색 볼펜을 꺼내는 사건을 B라 하면
$$P(A)=\frac{1}{2},\ P(B|A)=\frac{4}{12}=\frac{1}{3}$$
따라서 구하는 확률은
$$P(A\cap B)=P(A)P(B|A)=\frac{1}{2}\times\frac{1}{3}=\frac{1}{6}$$

0324 답 $\dfrac{8}{15}$

채린이가 3의 배수가 아닌 수가 적힌 카드를 꺼내는 사건을 A, 정현이가 3의 배수가 아닌 수가 적힌 카드를 꺼내는 사건을 B라 하자.
두 사람 중에서 적어도 1명이 3의 배수가 적힌 카드를 꺼내는 사건은 $(A\cap B)^c$이고, 이때 $A\cap B$는 두 사람이 모두 3의 배수가 아닌 수가 적힌 카드를 꺼내는 사건이다.
$$P(A)=\frac{7}{10},\ P(B|A)=\frac{6}{9}=\frac{2}{3}$$이므로
$$P(A\cap B)=P(A)P(B|A)=\frac{7}{10}\times\frac{2}{3}=\frac{7}{15}$$
따라서 구하는 확률은
$$P((A\cap B)^c)=1-P(A\cap B)$$
$$=1-\frac{7}{15}=\frac{8}{15}$$

0325 답 7

첫 번째에 100원짜리 동전을 꺼내는 사건을 A, 두 번째에 500원짜리 동전을 꺼내는 사건을 B라 하면
$$P(A)=\frac{4}{n+4},\ P(B|A)=\frac{n}{n+3}$$
따라서 첫 번째에 100원짜리 동전을, 두 번째에 500원짜리 동전을 꺼낼 확률은
$$P(A\cap B)=P(A)P(B|A)=\frac{4}{n+4}\times\frac{n}{n+3}$$
즉, $\dfrac{4}{n+4}\times\dfrac{n}{n+3}=\dfrac{2}{7}$이므로
$$(n+3)(n+4)=14n,\ n^2-7n+12=0$$
$$(n-3)(n-4)=0 \qquad \therefore n=3 \text{ 또는 } n=4$$
따라서 모든 n의 값의 합은 $3+4=7$

0326 답 $\dfrac{5}{8}$

진아가 망고 푸딩을 꺼내는 사건을 A, 지원이가 망고 푸딩을 꺼내는 사건을 B라 하면

$\mathrm{P}(A)=\dfrac{5}{8},\ \mathrm{P}(A^c)=\dfrac{3}{8}$

$\mathrm{P}(B|A)=\dfrac{4}{7},\ \mathrm{P}(B|A^c)=\dfrac{5}{7}$

$\therefore\ \mathrm{P}(A\cap B)=\mathrm{P}(A)\mathrm{P}(B|A)=\dfrac{5}{8}\times\dfrac{4}{7}=\dfrac{5}{14},$

$\quad\ \mathrm{P}(A^c\cap B)=\mathrm{P}(A^c)\mathrm{P}(B|A^c)=\dfrac{3}{8}\times\dfrac{5}{7}=\dfrac{15}{56}$

따라서 구하는 확률은

$\mathrm{P}(B)=\mathrm{P}(A\cap B)+\mathrm{P}(A^c\cap B)$

$\qquad\ =\dfrac{5}{14}+\dfrac{15}{56}=\dfrac{5}{8}$

0327 답 $\dfrac{7}{20}$

화요일에 비가 오는 사건을 A, 수요일에 비가 오는 사건을 B라 하면

$\mathrm{P}(A)=\dfrac{1}{2},\ \mathrm{P}(A^c)=1-\dfrac{1}{2}=\dfrac{1}{2}$

$\mathrm{P}(B|A)=\dfrac{1}{2},\ \mathrm{P}(B|A^c)=\dfrac{1}{5}$

$\therefore\ \mathrm{P}(A\cap B)=\mathrm{P}(A)\mathrm{P}(B|A)=\dfrac{1}{2}\times\dfrac{1}{2}=\dfrac{1}{4},$

$\quad\ \mathrm{P}(A^c\cap B)=\mathrm{P}(A^c)\mathrm{P}(B|A^c)=\dfrac{1}{2}\times\dfrac{1}{5}=\dfrac{1}{10}$

따라서 구하는 확률은

$\mathrm{P}(B)=\mathrm{P}(A\cap B)+\mathrm{P}(A^c\cap B)$

$\qquad\ =\dfrac{1}{4}+\dfrac{1}{10}=\dfrac{7}{20}$

0328 답 0.125

암에 걸린 사람을 택하는 사건을 A, 암에 걸렸다고 진단하는 사건을 B라 하면

$\mathrm{P}(A)=0.1,\ \mathrm{P}(A^c)=1-0.1=0.9$

$\mathrm{P}(B|A)=0.8,\ \mathrm{P}(B|A^c)=0.05$ $\qquad$ ······ ❶

$\therefore\ \mathrm{P}(A\cap B)=\mathrm{P}(A)\mathrm{P}(B|A)=0.1\times0.8=0.08,$

$\quad\ \mathrm{P}(A^c\cap B)=\mathrm{P}(A^c)\mathrm{P}(B|A^c)=0.9\times0.05=0.045$ ······ ❷

따라서 구하는 확률은

$\mathrm{P}(B)=\mathrm{P}(A\cap B)+\mathrm{P}(A^c\cap B)$

$\qquad\ =0.08+0.045=0.125$ $\qquad$ ······ ❸

채점 기준

❶ 택한 1명이 암에 걸린 사람일 확률과 암에 걸리지 않은 사람일 확률을 구하고 각각의 경우 암에 걸렸다고 진단할 확률 구하기		20 %
❷ 암에 걸린 사람을 택하고 암에 걸렸다고 진단할 확률과 암에 걸리지 않은 사람을 택하고 암에 걸렸다고 진단할 확률 구하기		50 %
❸ 암에 걸렸다고 진단할 확률 구하기		30 %

0329 답 $\dfrac{19}{30}$

주머니 A를 택하는 사건을 A, 서로 다른 색의 공을 꺼내는 사건을 B라 하면

$\mathrm{P}(A)=\dfrac{1}{2},\ \mathrm{P}(A^c)=\dfrac{1}{2}$

$\mathrm{P}(B|A)=\dfrac{{}_2\mathrm{C}_1\times{}_2\mathrm{C}_1}{{}_4\mathrm{C}_2}=\dfrac{2}{3},\ \mathrm{P}(B|A^c)=\dfrac{{}_3\mathrm{C}_1\times{}_2\mathrm{C}_1}{{}_5\mathrm{C}_2}=\dfrac{3}{5}$

$\therefore\ \mathrm{P}(A\cap B)=\mathrm{P}(A)\mathrm{P}(B|A)=\dfrac{1}{2}\times\dfrac{2}{3}=\dfrac{1}{3},$

$\quad\ \mathrm{P}(A^c\cap B)=\mathrm{P}(A^c)\mathrm{P}(B|A^c)=\dfrac{1}{2}\times\dfrac{3}{5}=\dfrac{3}{10}$

따라서 구하는 확률은

$\mathrm{P}(B)=\mathrm{P}(A\cap B)+\mathrm{P}(A^c\cap B)$

$\qquad\ =\dfrac{1}{3}+\dfrac{3}{10}=\dfrac{19}{30}$

0330 답 ③

흰 옷인 사건을 A, 로봇이 흰 옷이라 판별하는 사건을 B라 하면

$\mathrm{P}(A)=\dfrac{4}{10}=\dfrac{2}{5},\ \mathrm{P}(A^c)=\dfrac{6}{10}=\dfrac{3}{5}$

$\mathrm{P}(B|A)=1-p,\ \mathrm{P}(B|A^c)=p$

$\therefore\ \mathrm{P}(A\cap B)=\mathrm{P}(A)\mathrm{P}(B|A)=\dfrac{2}{5}(1-p),$

$\quad\ \mathrm{P}(A^c\cap B)=\mathrm{P}(A^c)\mathrm{P}(B|A^c)=\dfrac{3}{5}p$

따라서 로봇이 흰 옷이라 판별할 확률은

$\mathrm{P}(B)=\mathrm{P}(A\cap B)+\mathrm{P}(A^c\cap B)$

$\qquad\ =\dfrac{2}{5}(1-p)+\dfrac{3}{5}p$

$\qquad\ =\dfrac{1}{5}p+\dfrac{2}{5}$

즉, $\dfrac{1}{5}p+\dfrac{2}{5}=\dfrac{11}{25}$이므로 $p=\dfrac{1}{5}$

0331 답 $\dfrac{21}{29}$

중국어를 선택한 학생인 사건을 A, 안경을 쓴 학생인 사건을 B라 하면

$\mathrm{P}(A^c)=0.4,\ \mathrm{P}(A)=1-0.4=0.6$

$\mathrm{P}(B|A^c)=0.4,\ \mathrm{P}(B|A)=0.7$

$\therefore\ \mathrm{P}(A\cap B)=\mathrm{P}(A)\mathrm{P}(B|A)=0.6\times0.7=0.42,$

$\quad\ \mathrm{P}(A^c\cap B)=\mathrm{P}(A^c)\mathrm{P}(B|A^c)=0.4\times0.4=0.16$

따라서 구하는 확률은

$\mathrm{P}(A|B)=\dfrac{\mathrm{P}(A\cap B)}{\mathrm{P}(B)}$

$\qquad\ =\dfrac{\mathrm{P}(A\cap B)}{\mathrm{P}(A\cap B)+\mathrm{P}(A^c\cap B)}$

$\qquad\ =\dfrac{0.42}{0.42+0.16}=\dfrac{21}{29}$

0332 답 $\dfrac{7}{8}$

갑이 당첨 제비를 뽑지 못하는 사건을 A, 을이 당첨 제비를 뽑는 사건을 B라 하면

$\mathrm{P}(A^c)=\dfrac{2}{9},\ \mathrm{P}(A)=1-\dfrac{2}{9}=\dfrac{7}{9}$

$\mathrm{P}(B|A^c)=\dfrac{1}{8},\ \mathrm{P}(B|A)=\dfrac{2}{8}=\dfrac{1}{4}$

$\therefore\ \mathrm{P}(A\cap B)=\mathrm{P}(A)\mathrm{P}(B|A)=\dfrac{7}{9}\times\dfrac{1}{4}=\dfrac{7}{36},$

$\quad\ \mathrm{P}(A^c\cap B)=\mathrm{P}(A^c)\mathrm{P}(B|A^c)=\dfrac{2}{9}\times\dfrac{1}{8}=\dfrac{1}{36}$

따라서 구하는 확률은
$$P(A|B)=\frac{P(A\cap B)}{P(B)}$$
$$=\frac{P(A\cap B)}{P(A\cap B)+P(A^c\cap B)}$$
$$=\frac{\frac{7}{36}}{\frac{7}{36}+\frac{1}{36}}=\frac{7}{8}$$

0333 답 $\frac{9}{352}$

보석이 가품인 사건을 A, 진품으로 감별하는 사건을 B라 하면
$$P(A^c)=0.7,\ P(A)=1-0.7=0.3$$
$$P(B|A)=0.06,\ P(B|A^c)=1-0.02=0.98 \quad\cdots\cdots\ ⓘ$$
$$\therefore P(A\cap B)=P(A)P(B|A)=0.3\times0.06=0.018,$$
$$P(A^c\cap B)=P(A^c)P(B|A^c)=0.7\times0.98=0.686 \quad\cdots\cdots\ ⓙ$$
따라서 구하는 확률은
$$P(A|B)=\frac{P(A\cap B)}{P(B)}$$
$$=\frac{P(A\cap B)}{P(A\cap B)+P(A^c\cap B)}$$
$$=\frac{0.018}{0.018+0.686}=\frac{9}{352} \quad\cdots\cdots\ ⓚ$$

채점 기준

ⓘ	감정 의뢰를 맡긴 보석이 가품일 확률과 진품일 확률을 구하고 각각의 경우 진품으로 감별할 확률 구하기	30 %
ⓙ	가품을 감정 의뢰 맡기고 진품으로 감별할 확률과 진품을 감정 의뢰 맡기고 진품으로 감별할 확률 구하기	40 %
ⓚ	진품으로 감별했을 때, 가품일 확률 구하기	30 %

0334 답 $\frac{7}{17}$

상자 A를 택하는 사건을 A, 분홍 구슬 2개를 꺼내는 사건을 B라 하면
$$P(A)=\frac{1}{2},\ P(A^c)=\frac{1}{2}$$
$$P(B|A)=\frac{{}_3C_2}{{}_6C_2}=\frac{1}{5},\ P(B|A^c)=\frac{{}_4C_2}{{}_7C_2}=\frac{2}{7}$$
$$\therefore P(A\cap B)=P(A)P(B|A)=\frac{1}{2}\times\frac{1}{5}=\frac{1}{10},$$
$$P(A^c\cap B)=P(A^c)P(B|A^c)=\frac{1}{2}\times\frac{2}{7}=\frac{1}{7}$$
따라서 구하는 확률은
$$P(A|B)=\frac{P(A\cap B)}{P(B)}=\frac{P(A\cap B)}{P(A\cap B)+P(A^c\cap B)}$$
$$=\frac{\frac{1}{10}}{\frac{1}{10}+\frac{1}{7}}=\frac{7}{17}$$

0335 답 ㄱ, ㄴ, ㄷ

동전의 앞면을 H, 뒷면을 T라 하고, 표본공간을 S라 하면
$$S=\{HH,\ HT,\ TH,\ TT\}$$이므로
$$A=\{TH,\ TT\},\ B=\{HT,\ TT\},\ C=\{HT,\ TH\}$$
$$\therefore P(A)=P(B)=P(C)=\frac{2}{4}=\frac{1}{2}$$

ㄱ. $A\cap B=\{TT\}$이므로 $P(A\cap B)=\frac{1}{4}$
$\quad\therefore P(A\cap B)=P(A)P(B)$
따라서 두 사건 A, B는 서로 독립이다.

ㄴ. $A\cap C=\{TH\}$이므로 $P(A\cap C)=\frac{1}{4}$
$\quad\therefore P(A\cap C)=P(A)P(C)$
따라서 두 사건 A, C는 서로 독립이다.

ㄷ. $B\cap C=\{HT\}$이므로 $P(B\cap C)=\frac{1}{4}$
$\quad\therefore P(B\cap C)=P(B)P(C)$
따라서 두 사건 B, C는 서로 독립이다.
따라서 보기에서 서로 독립인 사건은 ㄱ, ㄴ, ㄷ이다.

0336 답 ④

$$P(A)=\frac{25}{50}=\frac{1}{2},\ P(B)=\frac{10}{50}=\frac{1}{5}$$

ㄱ. $A\cap B$는 10의 배수가 적힌 카드가 나오는 사건이므로
$$P(A\cap B)=\frac{5}{50}=\frac{1}{10}$$

ㄴ. $P(A\cup B)=P(A)+P(B)-P(A\cap B)$
$$=\frac{1}{2}+\frac{1}{5}-\frac{1}{10}=\frac{3}{5}$$

ㄷ. $P(A\cap B)=P(A)P(B)$이므로 두 사건 A, B는 서로 독립이다.
따라서 보기에서 옳은 것은 ㄱ, ㄷ이다.

0337 답 8

표본공간을 S라 하면 $S=\{1,\ 2,\ 3,\ 4,\ 5,\ 6\}$이므로
$$A=\{1,\ 3,\ 5\} \qquad \therefore P(A)=\frac{3}{6}=\frac{1}{2}$$

(i) $m=1$이면 $B=\{1\}$, $A\cap B=\{1\}$이므로
$$P(B)=\frac{1}{6},\ P(A\cap B)=\frac{1}{6}$$
$$\therefore P(A\cap B)\neq P(A)P(B)$$
따라서 두 사건 A, B는 서로 종속이다.

(ii) $m=2$이면 $B=\{1,\ 2\}$, $A\cap B=\{1\}$이므로
$$P(B)=\frac{2}{6}=\frac{1}{3},\ P(A\cap B)=\frac{1}{6}$$
$$\therefore P(A\cap B)=P(A)P(B)$$
따라서 두 사건 A, B는 서로 독립이다.

(iii) $m=3$이면 $B=\{1,\ 3\}$, $A\cap B=\{1,\ 3\}$이므로
$$P(B)=\frac{2}{6}=\frac{1}{3},\ P(A\cap B)=\frac{2}{6}=\frac{1}{3}$$
$$\therefore P(A\cap B)\neq P(A)P(B)$$
따라서 두 사건 A, B는 서로 종속이다.

(iv) $m=4$이면 $B=\{1,\ 2,\ 4\}$, $A\cap B=\{1\}$이므로
$$P(B)=\frac{3}{6}=\frac{1}{2},\ P(A\cap B)=\frac{1}{6}$$
$$\therefore P(A\cap B)\neq P(A)P(B)$$
따라서 두 사건 A, B는 서로 종속이다.

(v) $m=5$이면 $B=\{1,\ 5\}$, $A\cap B=\{1,\ 5\}$이므로
$$P(B)=\frac{2}{6}=\frac{1}{3},\ P(A\cap B)=\frac{2}{6}=\frac{1}{3}$$
$$\therefore P(A\cap B)\neq P(A)P(B)$$
따라서 두 사건 A, B는 서로 종속이다.

(vi) $m=6$이면 $B=\{1,\ 2,\ 3,\ 6\}$, $A\cap B=\{1,\ 3\}$이므로

$$P(B)=\frac{4}{6}=\frac{2}{3},\ P(A\cap B)=\frac{2}{6}=\frac{1}{3}$$

$$\therefore\ P(A\cap B)=P(A)P(B)$$

따라서 두 사건 A, B는 서로 독립이다.

(i)~(vi)에서 두 사건 A, B가 서로 독립이 되도록 하는 m의 값은 2, 6이므로 그 합은

$2+6=8$

0338 답 ㄱ, ㄴ, ㄷ

ㄱ. 두 사건 A, B가 서로 독립이면 사건 B가 일어나거나 일어나지 않는 것이 사건 A가 일어날 확률에 아무런 영향을 주지 않으므로

$$P(A\,|\,B^c)=P(A)$$

ㄴ. 두 사건 A, B가 서로 배반사건이면 $A\cap B=\varnothing$이므로

$$P(A\cap B)=0$$

$$\therefore\ P(A\cup B)=P(A)+P(B)$$

ㄷ. 두 사건 A, B가 서로 독립이면 $P(A\cap B)=P(A)P(B)$이고 두 사건 A^c, B도 서로 독립이므로

$$P(A^c\cap B)=P(A^c)P(B)$$

$$\begin{aligned}\therefore\ P(B)&=P(A\cap B)+P(A^c\cap B)\\&=P(A)P(B)+P(A^c)P(B)\end{aligned}$$

따라서 보기에서 옳은 것은 ㄱ, ㄴ, ㄷ이다.

0339 답 ㄱ, ㄷ

ㄱ. $P(A\,|\,B)=P(A)$, $P(A\,|\,B^c)=P(A)$이므로

$$P(A\,|\,B)=P(A\,|\,B^c)$$

ㄴ. 두 사건 A, B가 서로 독립이면 두 사건 A^c, B도 서로 독립이므로

$$P(A^c\,|\,B)=P(A^c)=1-P(A)$$

ㄷ. 두 사건 A, B가 서로 독립이면 $P(B\,|\,A)=P(B)$이고 두 사건 A^c, B^c도 서로 독립이므로

$$P(B^c\,|\,A^c)=P(B^c)$$

$$\therefore\ P(B^c\,|\,A^c)=P(B^c)=1-P(B)=1-P(B\,|\,A)$$

따라서 보기에서 옳은 것은 ㄱ, ㄷ이다.

다른 풀이

두 사건 A, B가 서로 독립이면

$$P(A\cap B)=P(A)P(B)$$

ㄴ. $\begin{aligned}P(A^c\,|\,B)&=\frac{P(A^c\cap B)}{P(B)}=\frac{P(B)-P(A\cap B)}{P(B)}\\&=\frac{P(B)-P(A)P(B)}{P(B)}=1-P(A)\end{aligned}$

ㄷ. $P(B\,|\,A)=P(B)$이므로

$$\begin{aligned}P(B^c\,|\,A^c)&=\frac{P(A^c\cap B^c)}{P(A^c)}=\frac{1-P(A\cup B)}{1-P(A)}\\&=\frac{1-\{P(A)+P(B)-P(A\cap B)\}}{1-P(A)}\\&=\frac{1-\{P(A)+P(B)-P(A)P(B)\}}{1-P(A)}\\&=\frac{1-P(A)-\{1-P(A)\}P(B)}{1-P(A)}\\&=1-P(B)=1-P(B\,|\,A)\end{aligned}$$

0340 답 ④

ㄱ. $P(A\,|\,B)=P(B\,|\,A)$이면

$$\frac{P(A\cap B)}{P(B)}=\frac{P(A\cap B)}{P(A)}$$

$$\therefore\ P(A)=P(B)\ \text{또는}\ P(A\cap B)=0$$

그런데 이는 $A=B$를 의미하지는 않는다.

ㄴ. $P(A\,|\,B)=P(A\,|\,B^c)$에서

$$\frac{P(A\cap B)}{P(B)}=\frac{P(A\cap B^c)}{P(B^c)}$$

$$\frac{P(A\cap B)}{P(B)}=\frac{P(A)-P(A\cap B)}{1-P(B)}$$

$$P(A\cap B)\{1-P(B)\}=P(B)\{P(A)-P(A\cap B)\}$$

$$\therefore\ P(A\cap B)=P(A)P(B)$$

따라서 두 사건 A, B는 서로 독립이다.

ㄷ. $P(A^c\cap B)=P(B)-P(A\cap B)$이므로

$P(A^c\cap B)=P(B)-P(A)P(B)$이면

$$P(A\cap B)=P(A)P(B)$$

따라서 두 사건 A, B는 서로 독립이다.

따라서 보기에서 옳은 것은 ㄴ, ㄷ이다.

0341 답 $\dfrac{2}{3}$

두 사건 A, B가 서로 독립이므로 $P(A\cap B)=P(A)P(B)$에서

$$\frac{1}{6}=\frac{1}{2}P(B)\qquad\therefore\ P(B)=\frac{1}{3}$$

$$\begin{aligned}\therefore\ P(A\cup B)&=P(A)+P(B)-P(A\cap B)\\&=\frac{1}{2}+\frac{1}{3}-\frac{1}{6}=\frac{2}{3}\end{aligned}$$

0342 답 ⑤

$P(A^c)=\dfrac{2}{5}$에서

$$P(A)=1-\frac{2}{5}=\frac{3}{5}$$

두 사건 A, B가 서로 독립이므로

$$P(A\cap B)=P(A)P(B)=\frac{3}{5}\times\frac{1}{6}=\frac{1}{10}$$

$$\begin{aligned}\therefore\ P(A^c\cup B^c)&=P((A\cap B)^c)\\&=1-P(A\cap B)\\&=1-\frac{1}{10}=\frac{9}{10}\end{aligned}$$

0343 답 $\dfrac{1}{4}$

두 사건 A, B가 서로 독립이면 두 사건 A^c, B와 두 사건 A, B^c도 각각 서로 독립이다.

$P(B\,|\,A^c)=\dfrac{1}{6}$에서 $P(B)=\dfrac{1}{6}$

$P(A\cap B^c)+P(A^c\cap B)=\dfrac{1}{3}$에서

$$P(A)P(B^c)+P(A^c)P(B)=\frac{1}{3}$$

$$P(A)\{1-P(B)\}+\{1-P(A)\}P(B)=\frac{1}{3}$$

$$P(A)\times\frac{5}{6}+\{1-P(A)\}\times\frac{1}{6}=\frac{1}{3}$$

$$\frac{2}{3}P(A)=\frac{1}{6}\qquad\therefore\ P(A)=\frac{1}{4}$$

0344 답 ①

두 사건 A, B가 서로 독립이면 두 사건 A, B^c도 서로 독립이므로

$P(A \cap B^c) = \dfrac{1}{12}$에서

$P(A)P(B^c) = \dfrac{1}{12}$

$\dfrac{1}{4}P(B^c) = \dfrac{1}{12}$ $\therefore P(B^c) = \dfrac{1}{3}$

$\therefore P(B) = 1 - \dfrac{1}{3} = \dfrac{2}{3}$ ······ ㉠

$P(B^c \cap C^c) = \dfrac{2}{9}$에서

$P(B^c \cap C^c) = P((B \cup C)^c) = 1 - P(B \cup C)$

즉, $1 - P(B \cup C) = \dfrac{2}{9}$이므로

$P(B \cup C) = \dfrac{7}{9}$

두 사건 B, C가 서로 배반사건이면 $P(B \cap C) = 0$이므로

$P(B \cup C) = P(B) + P(C)$

$\dfrac{7}{9} = \dfrac{2}{3} + P(C)$ $(\because ㉠)$

$\therefore P(C) = \dfrac{1}{9}$

0345 답 $\dfrac{11}{15}$

A와 B가 그림을 완성하는 사건을 각각 A, B라 하면

$P(A) = \dfrac{3}{5}$, $P(B) = \dfrac{1}{3}$

이때 두 사건 A, B가 서로 독립이므로

$P(A \cap B) = P(A)P(B)$

따라서 구하는 확률은

$\begin{aligned}
P(A \cup B) &= P(A) + P(B) - P(A \cap B) \\
&= P(A) + P(B) - P(A)P(B) \\
&= \dfrac{3}{5} + \dfrac{1}{3} - \dfrac{3}{5} \times \dfrac{1}{3} = \dfrac{11}{15}
\end{aligned}$

0346 답 $\dfrac{3}{4}$

A와 B가 예선을 통과하는 사건을 각각 A, B라 하면

$P(A) = \dfrac{1}{3}$, $P(A^c) = 1 - \dfrac{1}{3} = \dfrac{2}{3}$, $P(A^c \cap B) = \dfrac{1}{2}$

이때 두 사건 A, B가 서로 독립이므로 두 사건 A^c, B도 서로 독립이다.

즉, $P(A^c \cap B) = P(A^c)P(B)$이므로

$\dfrac{1}{2} = \dfrac{2}{3}P(B)$

$\therefore P(B) = \dfrac{3}{4}$

0347 답 5

여학생인 사건을 A, B 디자인을 선호하는 학생인 사건을 B라 하면

$P(A) = \dfrac{12}{36} = \dfrac{1}{3}$, $P(B) = \dfrac{15}{36} = \dfrac{5}{12}$, $P(A \cap B) = \dfrac{x}{36}$

이때 두 사건 A, B가 서로 독립이므로

$P(A \cap B) = P(A)P(B)$

$\dfrac{x}{36} = \dfrac{1}{3} \times \dfrac{5}{12}$ $\therefore x = 5$

0348 답 $\dfrac{1}{2}$

두 수의 합이 홀수이려면 하나는 홀수, 다른 하나는 짝수이어야 한다.

두 정육면체 모양의 주사위 A, B의 바닥에 놓인 면에 적힌 수가 홀수인 사건을 각각 A, B라 하면

$P(A) = \dfrac{3}{6} = \dfrac{1}{2}$, $P(A^c) = \dfrac{3}{6} = \dfrac{1}{2}$

$P(B) = \dfrac{4}{6} = \dfrac{2}{3}$, $P(B^c) = \dfrac{2}{6} = \dfrac{1}{3}$

이때 두 사건 A, B가 서로 독립이므로 두 사건 A, B^c와 두 사건 A^c, B도 서로 독립이다.

(i) 두 정육면체 모양의 주사위 A, B의 바닥에 놓인 면에 적힌 수가 각각 홀수, 짝수일 확률은

$\begin{aligned}
P(A \cap B^c) &= P(A)P(B^c) \\
&= \dfrac{1}{2} \times \dfrac{1}{3} = \dfrac{1}{6}
\end{aligned}$ ······ ❶

(ii) 두 정육면체 모양의 주사위 A, B의 바닥에 놓인 면에 적힌 수가 각각 짝수, 홀수일 확률은

$\begin{aligned}
P(A^c \cap B) &= P(A^c)P(B) \\
&= \dfrac{1}{2} \times \dfrac{2}{3} = \dfrac{1}{3}
\end{aligned}$ ······ ❷

(i), (ii)에서 구하는 확률은

$\dfrac{1}{6} + \dfrac{1}{3} = \dfrac{1}{2}$ ······ ❸

채점 기준	
❶ 두 정육면체 모양의 주사위 A, B의 바닥에 놓인 면에 적힌 수가 각각 홀수, 짝수일 확률 구하기	40 %
❷ 두 정육면체 모양의 주사위 A, B의 바닥에 놓인 면에 적힌 수가 각각 짝수, 홀수일 확률 구하기	40 %
❸ 바닥에 놓인 면에 적힌 두 수의 합이 홀수일 확률 구하기	20 %

0349 답 $\dfrac{4}{5}$

세 학생 A, B, C가 음악 수행평가를 통과하지 못하는 사건을 각각 A, B, C라 하면

$P(A) = 1 - \dfrac{1}{3} = \dfrac{2}{3}$, $P(B) = 1 - \dfrac{2}{5} = \dfrac{3}{5}$, $P(C) = 1 - \dfrac{1}{2} = \dfrac{1}{2}$

3명 중에서 적어도 1명이 통과하는 사건은 $(A \cap B \cap C)^c$이고, 이때 $A \cap B \cap C$는 3명이 모두 통과하지 못하는 사건이다.

이때 세 사건 A, B, C가 서로 독립이므로

$\begin{aligned}
P(A \cap B \cap C) &= P(A)P(B)P(C) \\
&= \dfrac{2}{3} \times \dfrac{3}{5} \times \dfrac{1}{2} = \dfrac{1}{5}
\end{aligned}$

따라서 구하는 확률은

$\begin{aligned}
P((A \cap B \cap C)^c) &= 1 - P(A \cap B \cap C) \\
&= 1 - \dfrac{1}{5} = \dfrac{4}{5}
\end{aligned}$

0350 답 $\dfrac{4}{81}$

동규가 이기는 경우를 ○, 지는 경우를 ×로 나타내자.

이때 동규가 이길 확률이 $\dfrac{1}{3}$이고 두 사람이 비기는 경우는 없으므로

승규가 이길 확률은 $\dfrac{2}{3}$이다.

(i) 동규가 승자로 결정되는 경우

$\times\bigcirc\times\bigcirc\bigcirc$이어야 하므로 그 확률은

$$\frac{2}{3}\times\frac{1}{3}\times\frac{2}{3}\times\frac{1}{3}\times\frac{1}{3}=\frac{4}{243}$$

(ii) 승규가 승자로 결정되는 경우

$\bigcirc\times\bigcirc\times\times$이어야 하므로 그 확률은

$$\frac{1}{3}\times\frac{2}{3}\times\frac{1}{3}\times\frac{2}{3}\times\frac{2}{3}=\frac{8}{243}$$

(i), (ii)에서 구하는 확률은

$$\frac{4}{243}+\frac{8}{243}=\frac{4}{81}$$

0351 답 $\dfrac{80}{81}$

6의 약수의 눈이 1개 이상 나오는 사건을 A라 하면 A^c는 6의 약수의 눈이 하나도 나오지 않는 사건이다.

한 개의 주사위를 던져서 6의 약수의 눈이 나오지 않을 확률이 $\dfrac{1}{3}$이므로

$$\mathrm{P}(A^c)={}_4\mathrm{C}_4\left(\frac{1}{3}\right)^4=\frac{1}{81}$$

따라서 구하는 확률은

$$\mathrm{P}(A)=1-\frac{1}{81}=\frac{80}{81}$$

0352 답 ④

어느 질병에 걸린 환자 1명이 완치될 확률은

$$\frac{80}{100}=\frac{4}{5}$$

따라서 구하는 확률은

$${}_4\mathrm{C}_3\left(\frac{4}{5}\right)^3\left(\frac{1}{5}\right)^1=\frac{256}{625}$$

0353 답 ⑤

한 개의 동전과 한 개의 주사위를 동시에 던져서 동전은 뒷면이 나오고 주사위는 4 이하의 눈의 수가 나올 확률은

$$\frac{1}{2}\times\frac{2}{3}=\frac{1}{3}$$

따라서 구하는 확률은

$${}_6\mathrm{C}_2\left(\frac{1}{3}\right)^2\left(\frac{2}{3}\right)^4=\frac{80}{243}$$

0354 답 ①

한 개의 주사위를 4번 던질 때, $a\times b\times c\times d$가 27의 배수이려면 3의 배수의 눈이 3번 또는 4번 나와야 한다.

한 개의 주사위를 한 번 던질 때, 3의 배수의 눈이 나올 확률은 $\dfrac{1}{3}$

(i) 3의 배수의 눈이 3번 나올 확률은

$${}_4\mathrm{C}_3\left(\frac{1}{3}\right)^3\left(\frac{2}{3}\right)^1=\frac{8}{81}$$

(ii) 3의 배수의 눈이 4번 나올 확률은

$${}_4\mathrm{C}_4\left(\frac{1}{3}\right)^4=\frac{1}{81}$$

(i), (ii)에서 구하는 확률은

$$\frac{8}{81}+\frac{1}{81}=\frac{1}{9}$$

0355 답 $\dfrac{3}{8}$

4번째 경기에서 우승자가 결정되려면 우승자는 3번째 경기까지 2번 이기고 마지막 4번째 경기에서 이겨야 한다.

이때 한 번의 경기에서 선수 A가 이길 확률이 $\dfrac{1}{2}$이고 비기는 경우는 없으므로 선수 B가 이길 확률도 $\dfrac{1}{2}$이다.

(i) 선수 A가 우승할 확률은

$${}_3\mathrm{C}_2\left(\frac{1}{2}\right)^2\left(\frac{1}{2}\right)^1\times\frac{1}{2}=\frac{3}{16}$$

(ii) 선수 B가 우승할 확률은

$${}_3\mathrm{C}_2\left(\frac{1}{2}\right)^2\left(\frac{1}{2}\right)^1\times\frac{1}{2}=\frac{3}{16}$$

(i), (ii)에서 구하는 확률은

$$\frac{3}{16}+\frac{3}{16}=\frac{3}{8}$$

0356 답 $\dfrac{32}{729}$

A 팀이 이길 확률이 $\dfrac{2}{3}$이고 두 팀이 비기는 경우는 없으므로 B 팀이 이길 확률은 $\dfrac{1}{3}$이다.

4차전까지 2승 2패로 비길 확률은

$${}_4\mathrm{C}_2\left(\frac{2}{3}\right)^2\left(\frac{1}{3}\right)^2=\frac{8}{27}$$

7차전에서 B 팀이 최종 우승하기 위해서는 B 팀이 5, 6차전 중에서 1번 이기고 7차전에서 이겨야 하므로 B 팀이 최종 우승할 확률은

$$\frac{8}{27}\times{}_2\mathrm{C}_1\left(\frac{2}{3}\right)^1\left(\frac{1}{3}\right)^1\times\frac{1}{3}=\frac{32}{729}$$

0357 답 ②

빨간 공이 나올 확률이 $\dfrac{3}{4}$이고, 노란 공이 나올 확률이 $\dfrac{1}{4}$이다.

(i) 빨간 공이 나오고, 한 개의 동전을 3번 던져서 앞면이 3번 나올 확률은

$$\frac{3}{4}\times{}_3\mathrm{C}_3\left(\frac{1}{2}\right)^3=\frac{3}{32}$$

(ii) 노란 공이 나오고, 한 개의 동전을 4번 던져서 앞면이 3번 나올 확률은

$$\frac{1}{4}\times{}_4\mathrm{C}_3\left(\frac{1}{2}\right)^3\left(\frac{1}{2}\right)^1=\frac{1}{16}$$

(i), (ii)에서 구하는 확률은 $\dfrac{3}{32}+\dfrac{1}{16}=\dfrac{5}{32}$

0358 답 $\dfrac{152}{567}$

꺼낸 카드에 적힌 두 수가 서로 같을 확률은

$$\frac{{}_4\mathrm{C}_2+{}_3\mathrm{C}_2}{{}_7\mathrm{C}_2}=\frac{6+3}{21}=\frac{3}{7}$$

꺼낸 카드에 적힌 두 수가 서로 다를 확률은

$$1-\frac{3}{7}=\frac{4}{7} \qquad\qquad \cdots\cdots ❶$$

(i) 꺼낸 카드에 적힌 두 수가 서로 같고, 한 개의 주사위를 5번 던져서 3의 약수의 눈이 2번 나올 확률은

$$\frac{3}{7}\times{}_5\mathrm{C}_2\left(\frac{1}{3}\right)^2\left(\frac{2}{3}\right)^3=\frac{80}{567} \qquad\qquad \cdots\cdots ❷$$

(ii) 꺼낸 카드에 적힌 두 수가 서로 다르고, 한 개의 주사위를 3번 던져서 3의 약수의 눈이 2번 나올 확률은

$$\frac{4}{7} \times {}_3\mathrm{C}_2 \left(\frac{1}{3}\right)^2 \left(\frac{2}{3}\right)^1 = \frac{8}{63} \qquad \cdots\cdots \text{ⓘ}$$

(i), (ii)에서 구하는 확률은

$$\frac{80}{567} + \frac{8}{63} = \frac{152}{567} \qquad \cdots\cdots \text{ⓥ}$$

채점 기준

ⓘ 꺼낸 카드에 적힌 두 수가 서로 같을 확률과 서로 다를 확률 구하기	20 %
ⓙ 꺼낸 카드에 적힌 두 수가 서로 같고, 한 개의 주사위를 5번 던져서 3의 약수의 눈이 2번 나올 확률 구하기	30 %
ⓚ 꺼낸 카드에 적힌 두 수가 서로 다르고, 한 개의 주사위를 3번 던져서 3의 약수의 눈이 2번 나올 확률 구하기	30 %
ⓛ 3의 약수의 눈이 2번 나올 확률 구하기	20 %

0359 답 $\dfrac{5}{16}$

A가 이기는 횟수를 x, 지는 횟수를 y라 하면 5번의 게임을 하므로

$$x + y = 5 \qquad \cdots\cdots \text{㉠}$$

위로 1계단 올라가는 것을 $+1$, 아래로 1계단 내려가는 것을 -1로 생각하면 5번의 게임을 하여 A가 1계단 내려가게 되므로

$$x \times 1 + y \times (-1) = -1$$

$$\therefore x - y = -1 \qquad \cdots\cdots \text{㉡}$$

㉠, ㉡을 연립하여 풀면

$$x = 2, \ y = 3$$

게임에서 A가 이길 확률은 $\dfrac{1}{2}$이고, A가 5번의 게임 중에서 2번 이기고 3번 져야 하므로 구하는 확률은

$${}_5\mathrm{C}_2 \left(\frac{1}{2}\right)^2 \left(\frac{1}{2}\right)^3 = \frac{5}{16}$$

0360 답 $\dfrac{9}{2048}$

6번의 시행을 하여 빨간 공이 나오는 횟수를 x, 파란 공이 나오는 횟수를 y라 하면

$$x + y = 6 \qquad \cdots\cdots \text{㉠}$$

6번의 시행을 한 후 13점을 얻어야 하므로

$$3x + 2y = 13 \qquad \cdots\cdots \text{㉡}$$

㉠, ㉡을 연립하여 풀면

$$x = 1, \ y = 5$$

빨간 공을 꺼낼 확률은 $\dfrac{6}{8} = \dfrac{3}{4}$이고, 6번의 시행에서 빨간 공이 1번 나와야 하므로 구하는 확률은

$${}_6\mathrm{C}_1 \left(\frac{3}{4}\right)^1 \left(\frac{1}{4}\right)^5 = \frac{9}{2048}$$

0361 답 ④

점 P의 좌표가 2 이상이려면 6의 약수의 눈이 2번 이상 나와야 한다.
한 개의 주사위를 한 번 던질 때, 6의 약수의 눈이 나올 확률은

$$\frac{4}{6} = \frac{2}{3}$$

(i) 6의 약수의 눈이 2번 나오는 경우
한 개의 주사위를 4번 던질 때, 6의 약수의 눈이 2번 나올 확률은

$${}_4\mathrm{C}_2 \left(\frac{2}{3}\right)^2 \left(\frac{1}{3}\right)^2 = \frac{8}{27}$$

(ii) 6의 약수의 눈이 3번 나오는 경우
한 개의 주사위를 4번 던질 때, 6의 약수의 눈이 3번 나올 확률은

$${}_4\mathrm{C}_3 \left(\frac{2}{3}\right)^3 \left(\frac{1}{3}\right)^1 = \frac{32}{81}$$

(iii) 6의 약수의 눈이 4번 나오는 경우
한 개의 주사위를 4번 던질 때, 6의 약수의 눈이 4번 나올 확률은

$${}_4\mathrm{C}_4 \left(\frac{2}{3}\right)^4 = \frac{16}{81}$$

(i), (ii), (iii)에서 구하는 확률은

$$\frac{8}{27} + \frac{32}{81} + \frac{16}{81} = \frac{8}{9}$$

다른 풀이

점 P의 좌표가 2 이상인 사건을 A라 하면 A^c는 점 P의 좌표가 1 이하인 사건이다.
점 P의 좌표가 1 이하이려면 6의 약수의 눈이 1번 이하 나와야 한다.
한 개의 주사위를 한 번 던질 때, 6의 약수의 눈이 나올 확률은

$$\frac{4}{6} = \frac{2}{3}$$

(i) 6의 약수의 눈이 0번 나오는 경우
한 개의 주사위를 4번 던질 때, 6의 약수의 눈이 0번 나올 확률은

$${}_4\mathrm{C}_0 \left(\frac{1}{3}\right)^4 = \frac{1}{81}$$

(ii) 6의 약수의 눈이 1번 나오는 경우
한 개의 주사위를 4번 던질 때, 6의 약수의 눈이 1번 나올 확률은

$${}_4\mathrm{C}_1 \left(\frac{2}{3}\right)^1 \left(\frac{1}{3}\right)^3 = \frac{8}{81}$$

(i), (ii)에서 $\mathrm{P}(A^c) = \dfrac{1}{81} + \dfrac{8}{81} = \dfrac{1}{9}$

따라서 구하는 확률은 $\mathrm{P}(A^c) = 1 - \dfrac{1}{9} = \dfrac{8}{9}$

AB 유형 점검

66~68쪽

0362 답 $\dfrac{1}{2}$

$\mathrm{P}(A \cap B) = \mathrm{P}(A)\mathrm{P}(B|A) = \dfrac{1}{4} \times \dfrac{1}{3} = \dfrac{1}{12}$이므로

$$\begin{aligned} \mathrm{P}(A \cup B) &= \mathrm{P}(A) + \mathrm{P}(B) - \mathrm{P}(A \cap B) \\ &= \frac{1}{4} + \frac{1}{3} - \frac{1}{12} = \frac{1}{2} \end{aligned}$$

$$\begin{aligned} \therefore \ \mathrm{P}(A^c \cap B^c) &= \mathrm{P}((A \cup B)^c) \\ &= 1 - \mathrm{P}(A \cup B) \\ &= 1 - \frac{1}{2} = \frac{1}{2} \end{aligned}$$

0363 답 $\dfrac{7}{20}$

남학생인 사건을 A, 피아노를 선호하는 학생인 사건을 B라 하면

$$\mathrm{P}(A) = \frac{15}{50} = \frac{3}{10}, \ \mathrm{P}(B) = \frac{36}{50} = \frac{18}{25}, \ \mathrm{P}(A \cap B) = \frac{9}{50}$$

$$\therefore p_1 = \mathrm{P}(B \mid A) = \frac{\mathrm{P}(A \cap B)}{\mathrm{P}(A)} = \frac{\frac{9}{50}}{\frac{3}{10}} = \frac{3}{5},$$

$$p_2 = \mathrm{P}(A \mid B) = \frac{\mathrm{P}(A \cap B)}{\mathrm{P}(B)} = \frac{\frac{9}{50}}{\frac{18}{25}} = \frac{1}{4}$$

$$\therefore p_1 - p_2 = \frac{3}{5} - \frac{1}{4} = \frac{7}{20}$$

p_1은 남학생 중에서 피아노를 선호하는 남학생을 택할 확률과 같으므로

$$p_1 = \frac{(\text{피아노를 선호하는 남학생 수})}{(\text{남학생 수})} = \frac{9}{15} = \frac{3}{5}$$

p_2는 피아노를 선호하는 학생 중에서 남학생을 택할 확률과 같으므로

$$p_2 = \frac{(\text{피아노를 선호하는 남학생 수})}{(\text{피아노를 선호하는 학생 수})} = \frac{9}{36} = \frac{1}{4}$$

$$\therefore p_1 - p_2 = \frac{3}{5} - \frac{1}{4} = \frac{7}{20}$$

0364　답 ②

$a \times b$가 4의 배수인 사건을 A, $a + b \leq 7$인 사건을 B라 하자.

$a \times b$가 4의 배수인 경우는

(i) $a \times b = 4$일 때
  $(1, 4)$, $(2, 2)$, $(4, 1)$의 3가지

(ii) $a \times b = 8$일 때
  $(2, 4)$, $(4, 2)$의 2가지

(iii) $a \times b = 12$일 때
  $(2, 6)$, $(3, 4)$, $(4, 3)$, $(6, 2)$의 4가지

(iv) $a \times b = 16$일 때
  $(4, 4)$의 1가지

(v) $a \times b = 20$일 때
  $(4, 5)$, $(5, 4)$의 2가지

(vi) $a \times b = 24$일 때
  $(4, 6)$, $(6, 4)$의 2가지

(vii) $a \times b = 28$을 만족시키는 경우는 없다.

(viii) $a \times b = 32$를 만족시키는 경우는 없다.

(ix) $a \times b = 36$일 때
  $(6, 6)$의 1가지

(i)~(ix)에서 $a \times b$가 4의 배수인 경우의 수는
$$3 + 2 + 4 + 1 + 2 + 2 + 1 = 15$$

$$\therefore \mathrm{P}(A) = \frac{15}{36} = \frac{5}{12}$$

$a \times b$가 4의 배수이고 $a + b \leq 7$인 경우는
$(1, 4)$, $(2, 2)$, $(2, 4)$, $(3, 4)$, $(4, 1)$, $(4, 2)$, $(4, 3)$의 7가지
이므로

$$\mathrm{P}(A \cap B) = \frac{7}{36}$$

따라서 구하는 확률은

$$\mathrm{P}(B \mid A) = \frac{\mathrm{P}(A \cap B)}{\mathrm{P}(A)} = \frac{\frac{7}{36}}{\frac{5}{12}} = \frac{7}{15}$$

0365　답 $\dfrac{1}{6}$

1학년 학생인 사건을 A, 여학생인 사건을 B라 하면

$$\mathrm{P}(A) = \frac{30}{100} = \frac{3}{10}, \ \mathrm{P}(B \mid A) = \frac{5}{9}$$

따라서 구하는 확률은

$$\mathrm{P}(A \cap B) = \mathrm{P}(A)\mathrm{P}(B \mid A)$$
$$= \frac{3}{10} \times \frac{5}{9} = \frac{1}{6}$$

0366　답 ③

첫 번째에 파란 공을 꺼내는 사건을 A, 두 번째에 파란 공을 꺼내는 사건을 B라 하면

$$\mathrm{P}(A) = \frac{3}{10}, \ \mathrm{P}(A^c) = \frac{7}{10}$$

$$\mathrm{P}(B \mid A) = \frac{2}{9}, \ \mathrm{P}(B \mid A^c) = \frac{3}{9} = \frac{1}{3}$$

$$\therefore \mathrm{P}(A \cap B) = \mathrm{P}(A)\mathrm{P}(B \mid A) = \frac{3}{10} \times \frac{2}{9} = \frac{1}{15},$$

$$\mathrm{P}(A^c \cap B) = \mathrm{P}(A^c)\mathrm{P}(B \mid A^c) = \frac{7}{10} \times \frac{1}{3} = \frac{7}{30}$$

따라서 구하는 확률은

$$\mathrm{P}(B) = \mathrm{P}(A \cap B) + \mathrm{P}(A^c \cap B)$$
$$= \frac{1}{15} + \frac{7}{30}$$
$$= \frac{3}{10}$$

0367　답 4

공장 A에서 생산한 제품인 사건을 A, 불량품인 사건을 B라 하면

$$\mathrm{P}(A) = \frac{3}{5}, \ \mathrm{P}(A^c) = \frac{2}{5}$$

$$\mathrm{P}(B \mid A) = \frac{p}{100}, \ \mathrm{P}(B \mid A^c) = \frac{2}{100} = \frac{1}{50}$$

$$\therefore \mathrm{P}(A \cap B) = \mathrm{P}(A)\mathrm{P}(B \mid A) = \frac{3}{5} \times \frac{p}{100} = \frac{3p}{500},$$

$$\mathrm{P}(A^c \cap B) = \mathrm{P}(A^c)\mathrm{P}(B \mid A^c) = \frac{2}{5} \times \frac{1}{50} = \frac{1}{125}$$

따라서 제품이 불량품일 확률은

$$\mathrm{P}(B) = \mathrm{P}(A \cap B) + \mathrm{P}(A^c \cap B) = \frac{3p}{500} + \frac{1}{125} = \frac{3p + 4}{500}$$

즉, $\dfrac{3p + 4}{500} = \dfrac{4}{125}$이므로 $3p + 4 = 16$ $\quad \therefore p = 4$

0368　답 ③

이 팀이 치르는 경기가 홈 경기인 사건을 A, 이 팀이 승리하는 사건을 B라 하면

$$\mathrm{P}(A) = 0.4, \ \mathrm{P}(A^c) = 1 - 0.4 = 0.6$$

$$\mathrm{P}(B \mid A) = 0.8, \ \mathrm{P}(B \mid A^c) = 0.6$$

$$\therefore \mathrm{P}(A \cap B) = \mathrm{P}(A)\mathrm{P}(B \mid A) = 0.4 \times 0.8 = 0.32,$$

$$\mathrm{P}(A^c \cap B) = \mathrm{P}(A^c)\mathrm{P}(B \mid A^c) = 0.6 \times 0.6 = 0.36$$

따라서 구하는 확률은

$$\mathrm{P}(A \mid B) = \frac{\mathrm{P}(A \cap B)}{\mathrm{P}(B)} = \frac{\mathrm{P}(A \cap B)}{\mathrm{P}(A \cap B) + \mathrm{P}(A^c \cap B)}$$
$$= \frac{0.32}{0.32 + 0.36} = \frac{8}{17}$$

0369 답 ③

동전의 앞면을 H, 뒷면을 T라 하면
$A=\{\text{HHH, TTT}\}$, $B=\{\text{HTT, THT, TTH, TTT}\}$,
$A\cap B=\{\text{TTT}\}$

ㄱ. $P(A)=\dfrac{2}{2^3}=\dfrac{1}{4}$

ㄴ. $P(A\cap B)=\dfrac{1}{2^3}=\dfrac{1}{8}$

ㄷ. $P(B)=\dfrac{4}{2^3}=\dfrac{1}{2}$이므로

$\quad P(A\cap B)=P(A)P(B)$

$\quad$ 따라서 두 사건 A, B는 서로 독립이다.

따라서 보기에서 옳은 것은 ㄱ, ㄴ이다.

0370 답 ㄱ, ㄴ, ㄷ

ㄱ. $B\subset A$이면 $A\cap B=B$이므로

$\quad P(A|B)=\dfrac{P(A\cap B)}{P(B)}=\dfrac{P(B)}{P(B)}=1$

ㄴ. 두 사건 A, B가 서로 배반사건이면 $A\cap B=\varnothing$이므로

$\quad P(A\cap B)=0$

$\quad \therefore P(A|B)=\dfrac{P(A\cap B)}{P(B)}=0$

ㄷ. 두 사건 A, B가 서로 독립이면 $P(A\cap B)=P(A)P(B)$이므로

$\quad \{1-P(A)\}\{1-P(B)\}=1-P(A)-P(B)+P(A)P(B)$
$\quad\qquad\qquad\qquad\qquad\quad =1-P(A)-P(B)+P(A\cap B)$
$\quad\qquad\qquad\qquad\qquad\quad =1-\{P(A)+P(B)-P(A\cap B)\}$
$\quad\qquad\qquad\qquad\qquad\quad =1-P(A\cup B)$

따라서 보기에서 옳은 것은 ㄱ, ㄴ, ㄷ이다.

0371 답 $\dfrac{1}{9}$

두 사건 A, B가 서로 독립이므로
$P(B|A)=P(B)$
이때 $P(B|A)=P(A)$에서
$P(A)=P(B)$ $\quad$ ……… ㉠
$P(A\cup B)=\dfrac{5}{9}$에서

$P(A)+P(B)-P(A\cap B)=\dfrac{5}{9}$

$P(A)+P(B)-P(A)P(B)=\dfrac{5}{9}$

$P(A)+P(A)-P(A)P(A)=\dfrac{5}{9}$ ($\because$ ㉠)

$2P(A)-\{P(A)\}^2=\dfrac{5}{9}$

$9\{P(A)\}^2-18P(A)+5=0$
$\{3P(A)-1\}\{3P(A)-5\}=0$

$\therefore P(A)=\dfrac{1}{3}$ ($\because 0\le P(A)\le 1$)

$\therefore P(B)=P(A)=\dfrac{1}{3}$

$\therefore P(A\cap B)=P(A)P(B)$
$\qquad\qquad\quad =\dfrac{1}{3}\times\dfrac{1}{3}=\dfrac{1}{9}$

0372 답 $\dfrac{1}{6}$

혜인이와 은별이가 이번 주 공연을 관람하는 사건을 각각 A, B라 하면

$P(A)=\dfrac{1}{6}$, $P(A^c)=1-\dfrac{1}{6}=\dfrac{5}{6}$

$P(B)=\dfrac{4}{5}$, $P(B^c)=1-\dfrac{4}{5}=\dfrac{1}{5}$

이때 두 사건 A, B가 서로 독립이므로 두 사건 A^c, B^c도 서로 독립이다.

따라서 구하는 확률은

$P(A^c\cap B^c)=P(A^c)P(B^c)=\dfrac{5}{6}\times\dfrac{1}{5}=\dfrac{1}{6}$

0373 답 ①

앞면이 나오는 횟수와 뒷면이 나오는 횟수의 곱이 6이려면 앞면이 2번, 뒷면이 3번 또는 앞면이 3번, 뒷면이 2번 나와야 한다.

(i) 앞면이 2번, 뒷면이 3번 나올 확률은

$\quad {}_5\mathrm{C}_2\left(\dfrac{1}{2}\right)^2\left(\dfrac{1}{2}\right)^3=\dfrac{5}{16}$

(ii) 앞면이 3번, 뒷면이 2번 나올 확률은

$\quad {}_5\mathrm{C}_3\left(\dfrac{1}{2}\right)^3\left(\dfrac{1}{2}\right)^2=\dfrac{5}{16}$

(i), (ii)에서 구하는 확률은

$\dfrac{5}{16}+\dfrac{5}{16}=\dfrac{5}{8}$

0374 답 $\dfrac{175}{256}$

적어도 하루는 오로라를 관측하는 사건을 A라 하면 A^c는 4일 동안 오로라를 관측하지 못하는 사건이므로

$P(A^c)={}_4\mathrm{C}_0\left(\dfrac{3}{4}\right)^4=\dfrac{81}{256}$

따라서 구하는 확률은

$P(A)=1-\dfrac{81}{256}=\dfrac{175}{256}$

0375 답 $\dfrac{53}{512}$

A 팀이 우승하려면 3번째 경기에서 우승하거나 4번째 경기에서 우승하거나 5번째 경기에서 우승해야 한다.

A 팀이 이길 확률이 $\dfrac{1}{4}$이고 두 팀이 비기는 경우는 없으므로 B 팀이 이길 확률은 $\dfrac{3}{4}$이다.

(i) A 팀이 3번째 경기에서 우승하는 경우

$\quad$ A 팀이 3번 연속하여 이길 확률은

$\quad {}_3\mathrm{C}_3\left(\dfrac{1}{4}\right)^3=\dfrac{1}{64}$

(ii) A 팀이 4번째 경기에서 우승하는 경우

$\quad$ A 팀이 3번째 경기까지 2번 이기고 4번째 경기에서 이길 확률은

$\quad {}_3\mathrm{C}_2\left(\dfrac{1}{4}\right)^2\left(\dfrac{3}{4}\right)^1\times\dfrac{1}{4}=\dfrac{9}{256}$

(iii) A 팀이 5번째 경기에서 우승하는 경우

$\quad$ A 팀이 4번째 경기까지 2번 이기고 5번째 경기에서 이길 확률은

$\quad {}_4\mathrm{C}_2\left(\dfrac{1}{4}\right)^2\left(\dfrac{3}{4}\right)^2\times\dfrac{1}{4}=\dfrac{27}{512}$

(ⅰ), (ⅱ), (ⅲ)에서 구하는 확률은

$$\frac{1}{64}+\frac{9}{256}+\frac{27}{512}=\frac{53}{512}$$

0376 답 ③

서로 다른 두 개의 동전을 동시에 던져서 모두 뒷면이 나올 확률이 $\frac{1}{2}\times\frac{1}{2}=\frac{1}{4}$ 이고 앞면이 적어도 1개 나올 확률이 $1-\frac{1}{4}=\frac{3}{4}$ 이다.

(ⅰ) 서로 다른 두 개의 동전을 동시에 던져서 모두 뒷면이 나오고, 한 개의 주사위를 4번 던져서 6의 약수의 눈이 3번 나올 확률은

$$\frac{1}{4}\times{}_4\mathrm{C}_3\left(\frac{2}{3}\right)^3\left(\frac{1}{3}\right)^1=\frac{8}{81}$$

(ⅱ) 서로 다른 두 개의 동전을 동시에 던져서 앞면이 적어도 1개 나오고, 한 개의 주사위를 5번 던져서 6의 약수의 눈이 3번 나올 확률은

$$\frac{3}{4}\times{}_5\mathrm{C}_3\left(\frac{2}{3}\right)^3\left(\frac{1}{3}\right)^2=\frac{20}{81}$$

(ⅰ), (ⅱ)에서 구하는 확률은

$$\frac{8}{81}+\frac{20}{81}=\frac{28}{81}$$

0377 답 ②

한 개의 동전을 8번 던져서 앞면이 나오는 횟수를 x, 뒷면이 나오는 횟수를 y라 하면

$$x+y=8 \qquad \cdots\cdots \ \bigcirc$$

한 개의 동전을 8번 던져서 50점을 얻어야 하므로

$$10x-5y=50 \qquad \cdots\cdots \ \bigcirc$$

㉠, ㉡을 연립하여 풀면

$$x=6,\ y=2$$

따라서 한 개의 동전을 8번 던져서 앞면이 6번 나와야 하므로 구하는 확률은

$$_8\mathrm{C}_6\left(\frac{1}{2}\right)^6\left(\frac{1}{2}\right)^2=\frac{7}{64}$$

0378 답 13

채이가 당첨 제비를 뽑는 사건을 A, 한별이가 당첨 제비를 뽑지 못하는 사건을 B라 하면

$$\mathrm{P}(A)=\frac{3}{n},\ \mathrm{P}(B|A)=\frac{n-3}{n-1}$$

따라서 채이는 당첨 제비를 뽑고 한별이는 당첨 제비를 뽑지 못할 확률은

$$\mathrm{P}(A\cap B)=\mathrm{P}(A)\mathrm{P}(B|A)=\frac{3}{n}\times\frac{n-3}{n-1} \qquad \cdots\cdots \ ❶$$

즉, $\dfrac{3}{n}\times\dfrac{n-3}{n-1}=\dfrac{1}{4}$ 이므로

$$n(n-1)=12(n-3)$$
$$n^2-13n+36=0$$
$$(n-4)(n-9)=0 \qquad \therefore\ n=4 \ 또는 \ n=9 \qquad \cdots\cdots \ ❷$$

따라서 모든 n의 값의 합은 $4+9=13$ $\qquad \cdots\cdots \ ❸$

0379 답 $\frac{1}{2}$

두 수의 합이 짝수이려면 두 수 모두 짝수이거나 두 수 모두 홀수이어야 한다.

두 주머니 A, B에서 꺼낸 카드에 적힌 수가 짝수인 사건을 각각 A, B라 하면

$$\mathrm{P}(A)=\frac{1}{6},\ \mathrm{P}(A^c)=\frac{5}{6},\ \mathrm{P}(B)=\frac{3}{6}=\frac{1}{2},\ \mathrm{P}(B^c)=\frac{3}{6}=\frac{1}{2}$$

이때 두 사건 A, B가 서로 독립이므로 두 사건 A^c, B^c도 서로 독립이다.

(ⅰ) 두 주머니 A, B에서 모두 짝수가 적힌 카드를 꺼낼 확률은

$$\mathrm{P}(A\cap B)=\mathrm{P}(A)\mathrm{P}(B)$$
$$=\frac{1}{6}\times\frac{1}{2}=\frac{1}{12} \qquad \cdots\cdots \ ❶$$

(ⅱ) 두 주머니 A, B에서 모두 홀수가 적힌 카드를 꺼낼 확률은

$$\mathrm{P}(A^c\cap B^c)=\mathrm{P}(A^c)\mathrm{P}(B^c)$$
$$=\frac{5}{6}\times\frac{1}{2}=\frac{5}{12} \qquad \cdots\cdots \ ❷$$

(ⅰ), (ⅱ)에서 구하는 확률은

$$\frac{1}{12}+\frac{5}{12}=\frac{1}{2} \qquad \cdots\cdots \ ❸$$

0380 답 $\frac{6}{11}$

꺼낸 카드에 적힌 수가 3의 배수일 확률이 $\frac{3}{9}=\frac{1}{3}$ 이고 3의 배수가 아닐 확률이 $1-\frac{1}{3}=\frac{2}{3}$ 이다.

(ⅰ) 꺼낸 카드에 적힌 수가 3의 배수이고, 한 개의 동전을 3번 던져서 앞면이 1번 나올 확률은

$$\frac{1}{3}\times{}_3\mathrm{C}_1\left(\frac{1}{2}\right)^1\left(\frac{1}{2}\right)^2=\frac{1}{8} \qquad \cdots\cdots \ ❶$$

(ⅱ) 꺼낸 카드에 적힌 수가 3의 배수가 아니고, 한 개의 동전을 5번 던져서 앞면이 1번 나올 확률은

$$\frac{2}{3}\times{}_5\mathrm{C}_1\left(\frac{1}{2}\right)^1\left(\frac{1}{2}\right)^4=\frac{5}{48} \qquad \cdots\cdots \ ❷$$

(ⅰ), (ⅱ)에서 동전의 앞면이 1번 나올 확률은

$$\frac{1}{8}+\frac{5}{48}=\frac{11}{48} \qquad \cdots\cdots \ ❸$$

따라서 구하는 확률은 $\dfrac{\dfrac{1}{8}}{\dfrac{11}{48}}=\dfrac{6}{11}$ $\qquad \cdots\cdots \ ❹$

0381　답 ⑤

$a+b+c$가 짝수인 사건을 A, a가 홀수인 사건을 B라 하자.

$a+b+c$가 짝수인 경우는

(i) 세 수 a, b, c가 모두 짝수인 경우

2, 4, 6, 8이 적힌 공 중에서 3개를 꺼내면 되므로 $_4\mathrm{C}_3=4$

(ii) 세 수 a, b, c 중에서 1개만 짝수인 경우

2, 4, 6, 8이 적힌 공 중에서 1개, 1, 3, 5, 7이 적힌 공 중에서 2개를 꺼내면 되므로 $_4\mathrm{C}_1\times{_4}\mathrm{C}_2=24$

(i), (ii)에서 $a+b+c$가 짝수인 경우의 수는

$4+24=28$

$\therefore \mathrm{P}(A)=\dfrac{28}{_8\mathrm{C}_3}=\dfrac{28}{56}=\dfrac{1}{2}$

$a+b+c$가 짝수이고 a가 홀수인 경우는

(iii) $a=1$일 때

3, 5, 7이 적힌 공 중에서 1개, 2, 4, 6, 8이 적힌 공 중에서 1개를 꺼내면 되므로 $_3\mathrm{C}_1\times{_4}\mathrm{C}_1=12$

(iv) $a=3$일 때

5, 7이 적힌 공 중에서 1개, 4, 6, 8이 적힌 공 중에서 1개를 꺼내면 되므로 $_2\mathrm{C}_1\times{_3}\mathrm{C}_1=6$

(v) $a=5$일 때

7이 적힌 공을 뽑고, 6, 8이 적힌 공 중에서 1개를 꺼내면 되므로 $1\times{_2}\mathrm{C}_1=2$

(iii), (iv), (v)에서 $a+b+c$가 짝수이고 a가 홀수인 경우의 수는

$12+6+2=20$

$\therefore \mathrm{P}(A\cap B)=\dfrac{20}{_8\mathrm{C}_3}=\dfrac{20}{56}=\dfrac{5}{14}$

따라서 구하는 확률은

$$\mathrm{P}(B|A)=\dfrac{\mathrm{P}(A\cap B)}{\mathrm{P}(A)}=\dfrac{\dfrac{5}{14}}{\dfrac{1}{2}}=\dfrac{5}{7}$$

0382　답 30

상자 A에서 검은색 볼펜을 꺼내는 사건을 A, 두 상자 A, B에서 서로 같은 색의 볼펜을 꺼내는 사건을 B라 하면

$\mathrm{P}(A)=\dfrac{n}{100}$, $\mathrm{P}(A^c)=\dfrac{100-n}{100}$

$\mathrm{P}(B|A)=\dfrac{100-2n}{100}$, $\mathrm{P}(B|A^c)=\dfrac{2n}{100}$

$\therefore \mathrm{P}(A\cap B)=\mathrm{P}(A)\mathrm{P}(B|A)=\dfrac{n}{100}\times\dfrac{100-2n}{100}=\dfrac{100n-2n^2}{10000}$,

$\mathrm{P}(A^c\cap B)=\mathrm{P}(A^c)\mathrm{P}(B|A^c)=\dfrac{100-n}{100}\times\dfrac{2n}{100}=\dfrac{200n-2n^2}{10000}$

두 상자 A, B에서 각각 임의로 1개씩 꺼낸 볼펜의 색이 서로 같을 때, 그 색이 검은색일 확률은

$$\mathrm{P}(A|B)=\dfrac{\mathrm{P}(A\cap B)}{\mathrm{P}(B)}=\dfrac{\mathrm{P}(A\cap B)}{\mathrm{P}(A\cap B)+\mathrm{P}(A^c\cap B)}$$

$$=\dfrac{\dfrac{100n-2n^2}{10000}}{\dfrac{100n-2n^2}{10000}+\dfrac{200n-2n^2}{10000}}=\dfrac{n-50}{2n-150}$$

즉, $\dfrac{n-50}{2n-150}=\dfrac{2}{9}$이므로

$9n-450=4n-300$

$5n=150$　　$\therefore n=30$

0383　답 ④

한 개의 주사위를 3번 던지므로

$m+n=3$　　……㉠

이때 m, n은 $0\le m\le3$, $0\le n\le3$인 정수이므로

$|m-n|=1$ 또는 $|m-n|=3$

그런데 $i^{|m-n|}=i$이려면 $|m-n|=1$이어야 하므로

$m-n=-1$ 또는 $m-n=1$　　……㉡

㉠, ㉡을 연립하여 풀면

$m=1$, $n=2$ 또는 $m=2$, $n=1$

(i) $m=1$, $n=2$인 경우

2가 1번, 2가 아닌 수가 2번 나와야 하므로 그 확률은

$_3\mathrm{C}_1\left(\dfrac{1}{4}\right)^1\left(\dfrac{3}{4}\right)^2=\dfrac{27}{64}$

(ii) $m=2$, $n=1$인 경우

2가 2번, 2가 아닌 수가 1번 나와야 하므로 그 확률은

$_3\mathrm{C}_2\left(\dfrac{1}{4}\right)^2\left(\dfrac{3}{4}\right)^1=\dfrac{9}{64}$

(i), (ii)에서 구하는 확률은

$\dfrac{27}{64}+\dfrac{9}{64}=\dfrac{9}{16}$

공통수학1 **다시보기**

복소수 i에 대하여

$$i^{4n+1}=i,\ i^{4n+2}=-1,\ i^{4n+3}=-i,\ i^{4n+4}=1$$

(단, n은 음이 아닌 정수)

0384　답 ④

한 개의 주사위를 5번 던져서 3의 배수의 눈이 나오는 횟수를 x, 3의 배수가 아닌 눈이 나오는 횟수를 y라 하면

$x-y=5$

$\therefore y=5-x$　　……㉠

점 P가 꼭짓점 A에 있으려면 $2x+y$가 3의 배수가 되어야 하므로

$2x+y=3k$ (단, k는 자연수)

이 식에 ㉠을 대입하면

$2x+5-x=3k$　　$\therefore x+5=3k$

이때 x는 $0\le x\le5$인 정수이므로

$x=1$ 또는 $x=4$

(i) 3의 배수의 눈이 1번 나올 확률은

$_5\mathrm{C}_1\left(\dfrac{1}{3}\right)^1\left(\dfrac{2}{3}\right)^4=\dfrac{80}{243}$

(ii) 3의 배수의 눈이 4번 나올 확률은

$_5\mathrm{C}_4\left(\dfrac{1}{3}\right)^4\left(\dfrac{2}{3}\right)^1=\dfrac{10}{243}$

(i), (ii)에서 구하는 확률은

$\dfrac{80}{243}+\dfrac{10}{243}=\dfrac{10}{27}$

05 / 이산확률변수와 이항분포

A 개념 확인

0385 답 ㄷ, ㄹ

0386 답 0, 1, 2

한 개의 동전을 2번 던지므로 X가 가질 수 있는 값은 0, 1, 2이다.

0387 답 $P(X=0)=\dfrac{1}{4}$, $P(X=1)=\dfrac{1}{2}$, $P(X=2)=\dfrac{1}{4}$

한 개의 동전을 한 번 던져서 앞면이 나올 확률은 $\dfrac{1}{2}$, 뒷면이 나올

확률은 $\dfrac{1}{2}$이므로

$P(X=0)=\dfrac{1}{2}\times\dfrac{1}{2}=\dfrac{1}{4}$, $P(X=1)=\dfrac{1}{2}\times\dfrac{1}{2}+\dfrac{1}{2}\times\dfrac{1}{2}=\dfrac{1}{2}$,

$P(X=2)=\dfrac{1}{2}\times\dfrac{1}{2}=\dfrac{1}{4}$

0388 답

X	0	1	2	합계
$P(X=x)$	$\dfrac{1}{4}$	$\dfrac{1}{2}$	$\dfrac{1}{4}$	1

0389 답 4, $2-x$

0390 답

X	0	1	2	합계
$P(X=x)$	$\dfrac{5}{18}$	$\dfrac{5}{9}$	$\dfrac{1}{6}$	1

0391 답 $\dfrac{3}{8}$

확률의 총합은 1이므로

$a+\dfrac{1}{8}+\dfrac{1}{4}+\dfrac{1}{4}=1$ ∴ $a=\dfrac{3}{8}$

0392 답 $\dfrac{5}{8}$

$P(X=1 \text{ 또는 } X=4)=P(X=1)+P(X=4)$

$=\dfrac{3}{8}+\dfrac{1}{4}=\dfrac{5}{8}$

0393 답 $\dfrac{3}{4}$

$P(1\leq X\leq 3)=P(X=1)+P(X=2)+P(X=3)$

$=\dfrac{3}{8}+\dfrac{1}{8}+\dfrac{1}{4}=\dfrac{3}{4}$

다른 풀이

$P(1\leq X\leq 3)=1-P(X=4)$

$=1-\dfrac{1}{4}=\dfrac{3}{4}$

0394 답 4

$V(X)=E(X^2)-\{E(X)\}^2$

$=20-4^2=4$

0395 답 2

$\sigma(X)=\sqrt{V(X)}=\sqrt{4}=2$

0396 답 2

$E(X)=0\times\dfrac{1}{7}+1\times\dfrac{2}{7}+2\times\dfrac{2}{7}+4\times\dfrac{2}{7}=2$

0397 답 2

$E(X^2)=0^2\times\dfrac{1}{7}+1^2\times\dfrac{2}{7}+2^2\times\dfrac{2}{7}+4^2\times\dfrac{2}{7}=6$이므로

$V(X)=E(X^2)-\{E(X)\}^2=6-2^2=2$

0398 답

X	0	1	2	합계
$P(X=x)$	$\dfrac{4}{9}$	$\dfrac{4}{9}$	$\dfrac{1}{9}$	1

한 개의 주사위를 한 번 던져서 3의 배수의 눈이 나올 확률은 $\dfrac{2}{6}=\dfrac{1}{3}$,

3의 배수가 아닌 눈이 나올 확률은 $\dfrac{4}{6}=\dfrac{2}{3}$이다.

확률변수 X가 가질 수 있는 값은 0, 1, 2이고, 각각의 확률은

$P(X=0)=\dfrac{2}{3}\times\dfrac{2}{3}=\dfrac{4}{9}$,

$P(X=1)=\dfrac{1}{3}\times\dfrac{2}{3}+\dfrac{2}{3}\times\dfrac{1}{3}=\dfrac{4}{9}$,

$P(X=2)=\dfrac{1}{3}\times\dfrac{1}{3}=\dfrac{1}{9}$

이므로 확률변수 X의 확률분포를 표로 나타내면 다음과 같다.

X	0	1	2	합계
$P(X=x)$	$\dfrac{4}{9}$	$\dfrac{4}{9}$	$\dfrac{1}{9}$	1

0399 답 평균: $\dfrac{2}{3}$, 분산: $\dfrac{4}{9}$, 표준편차: $\dfrac{2}{3}$

$E(X)=0\times\dfrac{4}{9}+1\times\dfrac{4}{9}+2\times\dfrac{1}{9}=\dfrac{2}{3}$

$E(X^2)=0^2\times\dfrac{4}{9}+1^2\times\dfrac{4}{9}+2^2\times\dfrac{1}{9}=\dfrac{8}{9}$

∴ $V(X)=E(X^2)-\{E(X)\}^2=\dfrac{8}{9}-\left(\dfrac{2}{3}\right)^2=\dfrac{4}{9}$

∴ $\sigma(X)=\sqrt{V(X)}=\sqrt{\dfrac{4}{9}}=\dfrac{2}{3}$

0400 답 평균: 2, 분산: $\dfrac{4}{25}$, 표준편차: $\dfrac{2}{5}$

$E\left(\dfrac{1}{5}X\right)=\dfrac{1}{5}E(X)=\dfrac{1}{5}\times 10=2$

$V\left(\dfrac{1}{5}X\right)=\left(\dfrac{1}{5}\right)^2 V(X)=\dfrac{1}{25}\times 4=\dfrac{4}{25}$

$\sigma\left(\dfrac{1}{5}X\right)=\left|\dfrac{1}{5}\right|\sigma(X)=\dfrac{1}{5}\times 2=\dfrac{2}{5}$

0401 답 평균: 13, 분산: 4, 표준편차: 2

$E(X+3)=E(X)+3=10+3=13$

$V(X+3)=V(X)=4$

$\sigma(X+3)=\sigma(X)=2$

0402 답 평균: 8, 분산: 1, 표준편차: 1

$$E\left(\frac{X+6}{2}\right)=\frac{1}{2}E(X)+\frac{6}{2}=\frac{1}{2}\times 10+3=8$$

$$V\left(\frac{X+6}{2}\right)=\left(\frac{1}{2}\right)^2 V(X)=\frac{1}{4}\times 4=1$$

$$\sigma\left(\frac{X+6}{2}\right)=\left|\frac{1}{2}\right|\sigma(X)=\frac{1}{2}\times 2=1$$

0403 답 평균: 4, 분산: 36, 표준편차: 6

$$E(-2X)=-2E(X)=-2\times(-2)=4$$

$$V(-2X)=(-2)^2 V(X)=4\times 9=36$$

$$\sigma(-2X)=|-2|\sigma(X)=2\times 3=6$$

0404 답 평균: -1, 분산: 81, 표준편차: 9

$$E(3X+5)=3E(X)+5=3\times(-2)+5=-1$$

$$V(3X+5)=3^2 V(X)=9\times 9=81$$

$$\sigma(3X+5)=|3|\sigma(X)=3\times 3=9$$

0405 답 평균: $-\dfrac{7}{3}$, 분산: 4, 표준편차: 2

$$E\left(\frac{2}{3}X-1\right)=\frac{2}{3}E(X)-1=\frac{2}{3}\times(-2)-1=-\frac{7}{3}$$

$$V\left(\frac{2}{3}X-1\right)=\left(\frac{2}{3}\right)^2 V(X)=\frac{4}{9}\times 9=4$$

$$\sigma\left(\frac{2}{3}X-1\right)=\left|\frac{2}{3}\right|\sigma(X)=\frac{2}{3}\times 3=2$$

0406 답 (1) 5 (2) $\dfrac{1}{2}$ (3) $2\sqrt{2}$

$$E(X)=1\times\frac{1}{4}+2\times\frac{1}{2}+3\times\frac{1}{4}=2$$

$$E(X^2)=1^2\times\frac{1}{4}+2^2\times\frac{1}{2}+3^2\times\frac{1}{4}=\frac{9}{2}$$

$$\therefore\ V(X)=E(X^2)-\{E(X)\}^2=\frac{9}{2}-2^2=\frac{1}{2}$$

$$\therefore\ \sigma(X)=\sqrt{V(X)}=\sqrt{\frac{1}{2}}=\frac{\sqrt{2}}{2}$$

(1) $E(2X+1)=2E(X)+1=2\times 2+1=5$

(2) $V(-X-5)=(-1)^2 V(X)=1\times\frac{1}{2}=\frac{1}{2}$

(3) $\sigma(4X+10)=|4|\sigma(X)=4\times\frac{\sqrt{2}}{2}=2\sqrt{2}$

0407 답 $B\left(5,\dfrac{1}{2}\right)$

0408 답 이항분포를 따르지 않는다.

0409 답 $B\left(10,\dfrac{2}{5}\right)$

0410 답 $P(X=x)={}_4C_x\left(\dfrac{1}{2}\right)^x\left(\dfrac{1}{2}\right)^{4-x}$ $(x=0,\ 1,\ 2,\ 3,\ 4)$

0411 답 $\dfrac{1}{4}$

$$P(X=3)={}_4C_3\left(\frac{1}{2}\right)^3\left(\frac{1}{2}\right)^1=\frac{1}{4}$$

0412 답 $B\left(3,\dfrac{1}{5}\right)$

0413 답 $P(X=x)={}_3C_x\left(\dfrac{1}{5}\right)^x\left(\dfrac{4}{5}\right)^{3-x}$ $(x=0,\ 1,\ 2,\ 3)$

0414 답 $\dfrac{12}{125}$

$$P(X=2)={}_3C_2\left(\frac{1}{5}\right)^2\left(\frac{4}{5}\right)^1=\frac{12}{125}$$

0415 답 평균: 50, 분산: 25, 표준편차: 5

$$E(X)=100\times\frac{1}{2}=50$$

$$V(X)=100\times\frac{1}{2}\times\frac{1}{2}=25$$

$$\sigma(X)=\sqrt{25}=5$$

0416 답 평균: 32, 분산: 24, 표준편차: $2\sqrt{6}$

$$E(X)=128\times\frac{1}{4}=32$$

$$V(X)=128\times\frac{1}{4}\times\frac{3}{4}=24$$

$$\sigma(X)=\sqrt{24}=2\sqrt{6}$$

B 유형 완성

76~87쪽

0417 답 ④

확률의 총합은 1이므로

$$P(X=1)+P(X=2)+P(X=3)+P(X=4)=1$$

$$4k+5k+6k+7k=1,\ 22k=1\qquad\therefore\ k=\frac{1}{22}$$

0418 답 $\dfrac{1}{2}$

확률의 총합은 1이므로

$$\frac{1}{2}a^2+\frac{3}{4}a+\frac{1}{4}a+\frac{1}{2}a^2+\frac{1}{2}a=1$$

$$2a^2+3a-2=0,\ (a+2)(2a-1)=0$$

$$\therefore\ a=-2\ \text{또는}\ a=\frac{1}{2}$$

이때 $0\le P(X=x)\le 1$이므로 $a=\dfrac{1}{2}$

0419 답 ①

확률의 총합은 1이므로

$$P(X=0)+P(X=1)+P(X=2)+\cdots+P(X=99)=1$$

$$\frac{k}{2\times 3}+\frac{k}{3\times 4}+\frac{k}{4\times 5}+\cdots+\frac{k}{101\times 102}=1$$

$$k\left\{\left(\frac{1}{2}-\frac{1}{3}\right)+\left(\frac{1}{3}-\frac{1}{4}\right)+\left(\frac{1}{4}-\frac{1}{5}\right)+\cdots+\left(\frac{1}{101}-\frac{1}{102}\right)\right\}=1$$

$$k\left(\frac{1}{2}-\frac{1}{102}\right)=1,\ \frac{25}{51}k=1\qquad\therefore\ 25k=51$$

0420 답 ⑤

확률의 총합은 1이므로

$a+\dfrac{1}{4}+2a+\dfrac{1}{4}=1,\ 3a=\dfrac{1}{2}\qquad \therefore a=\dfrac{1}{6}$

$\therefore \mathrm{P}(0\le X<2)=\mathrm{P}(X=0)+\mathrm{P}(X=1)$

$\qquad\qquad\qquad\ =\dfrac{1}{4}+2a=\dfrac{1}{4}+2\times\dfrac{1}{6}=\dfrac{7}{12}$

0421 답 ③

확률의 총합은 1이므로

$\mathrm{P}(X=1)+\mathrm{P}(X=2)+\mathrm{P}(X=3)=1$

$\left(\dfrac{1}{5}+k\right)+\left(\dfrac{2}{5}+k\right)+k=1,\ 3k=\dfrac{2}{5}$

$\therefore k=\dfrac{2}{15}$

$\therefore \mathrm{P}(X=1\ \text{또는}\ X=3)=\mathrm{P}(X=1)+\mathrm{P}(X=3)$

$\qquad\qquad\qquad\qquad\quad =\dfrac{1}{5}+k+k=\dfrac{1}{5}+2k$

$\qquad\qquad\qquad\qquad\quad =\dfrac{1}{5}+2\times\dfrac{2}{15}=\dfrac{7}{15}$

다른 풀이

$\mathrm{P}(X=1\ \text{또는}\ X=3)=\mathrm{P}(X=1)+\mathrm{P}(X=3)$

$\qquad\qquad\qquad\qquad =1-\mathrm{P}(X=2)$

$\qquad\qquad\qquad\qquad =1-\left(\dfrac{2}{5}+k\right)$

$\qquad\qquad\qquad\qquad =1-\left(\dfrac{2}{5}+\dfrac{2}{15}\right)=\dfrac{7}{15}$

0422 답 $\dfrac{3}{8}$

확률의 총합은 1이므로

$\mathrm{P}(X=2)+\mathrm{P}(X=3)+\mathrm{P}(X=4)+\mathrm{P}(X=5)+\mathrm{P}(X=6)=1$

이때 $\mathrm{P}(2\le X\le5)+\mathrm{P}(X=6)=1$에서

$\mathrm{P}(2\le X\le5)=\dfrac{3}{4}$이므로

$\dfrac{3}{4}+\mathrm{P}(X=6)=1\qquad\therefore \mathrm{P}(X=6)=\dfrac{1}{4}$

또 $\mathrm{P}(X=2)+\mathrm{P}(3\le X\le6)=1$에서

$\mathrm{P}(3\le X\le6)=\dfrac{7}{8}$이므로

$\mathrm{P}(X=2)+\dfrac{7}{8}=1\qquad\therefore \mathrm{P}(X=2)=\dfrac{1}{8}$

$\therefore \mathrm{P}(X=2)+\mathrm{P}(X=6)=\dfrac{1}{8}+\dfrac{1}{4}=\dfrac{3}{8}$

0423 답 $\dfrac{2-\sqrt{2}}{3}$

$\mathrm{P}(X=x)=\dfrac{k}{\sqrt{x}+\sqrt{x+1}}=\dfrac{k(\sqrt{x}-\sqrt{x+1})}{(\sqrt{x}+\sqrt{x+1})(\sqrt{x}-\sqrt{x+1})}$

$\qquad\qquad =k(\sqrt{x+1}-\sqrt{x})$

확률의 총합은 1이므로

$\mathrm{P}(X=1)+\mathrm{P}(X=2)+\mathrm{P}(X=3)+\cdots+\mathrm{P}(X=15)=1$

$k\{(\sqrt{2}-\sqrt{1})+(\sqrt{3}-\sqrt{2})+(\sqrt{4}-\sqrt{3})+\cdots+(\sqrt{16}-\sqrt{15})\}=1$

$k(\sqrt{16}-\sqrt{1})=1,\ 3k=1\qquad\therefore k=\dfrac{1}{3}\qquad\cdots\cdots\ \mathbf{i}$

$X^2-9X+8=0$에서

$(X-1)(X-8)=0\qquad\therefore X=1\ \text{또는}\ X=8$

$\therefore \mathrm{P}(X^2-9X+8=0)=\mathrm{P}(X=1\ \text{또는}\ X=8)$

$\qquad\qquad\qquad\qquad\quad =\mathrm{P}(X=1)+\mathrm{P}(X=8)$

$\qquad\qquad\qquad\qquad\quad =k(\sqrt{2}-\sqrt{1})+k(\sqrt{9}-\sqrt{8})$

$\qquad\qquad\qquad\qquad\quad =\dfrac{\sqrt{2}-1}{3}+\dfrac{3-2\sqrt{2}}{3}=\dfrac{2-\sqrt{2}}{3}\qquad\cdots\cdots\ \mathbf{ii}$

채점 기준

i	k의 값 구하기	50 %
ii	$\mathrm{P}(X^2-9X+8=0)$ 구하기	50 %

0424 답 ①

$\dfrac{3}{\mathrm{P}(X=k)}=\dfrac{k}{\mathrm{P}(X=k+1)}$에서

$\mathrm{P}(X=k+1)=\dfrac{k}{3}\mathrm{P}(X=k)$

$\mathrm{P}(X=1)=a$라 하면

$\mathrm{P}(X=2)=\dfrac{1}{3}\mathrm{P}(X=1)=\dfrac{1}{3}a$

$\mathrm{P}(X=3)=\dfrac{2}{3}\mathrm{P}(X=2)=\dfrac{2}{3}\times\dfrac{1}{3}a=\dfrac{2}{9}a$

$\mathrm{P}(X=4)=\dfrac{3}{3}\mathrm{P}(X=3)=\dfrac{2}{9}a$

확률의 총합은 1이므로

$\mathrm{P}(X=1)+\mathrm{P}(X=2)+\mathrm{P}(X=3)+\mathrm{P}(X=4)=1$

$a+\dfrac{1}{3}a+\dfrac{2}{9}a+\dfrac{2}{9}a=1,\ \dfrac{16}{9}a=1\qquad\therefore a=\dfrac{9}{16}$

$\therefore \mathrm{P}(X\ge3)=\mathrm{P}(X=3)+\mathrm{P}(X=4)$

$\qquad\qquad\quad =\dfrac{2}{9}a+\dfrac{2}{9}a=\dfrac{4}{9}a$

$\qquad\qquad\quad =\dfrac{4}{9}\times\dfrac{9}{16}=\dfrac{1}{4}$

0425 답 ⑤

확률변수 X가 가질 수 있는 값은 0, 1, 2, 3이고, 각각의 확률은

$\mathrm{P}(X=0)=\dfrac{{}_4\mathrm{C}_0\times{}_3\mathrm{C}_3}{{}_7\mathrm{C}_3}=\dfrac{1}{35},\ \mathrm{P}(X=1)=\dfrac{{}_4\mathrm{C}_1\times{}_3\mathrm{C}_2}{{}_7\mathrm{C}_3}=\dfrac{12}{35},$

$\mathrm{P}(X=2)=\dfrac{{}_4\mathrm{C}_2\times{}_3\mathrm{C}_1}{{}_7\mathrm{C}_3}=\dfrac{18}{35},\ \mathrm{P}(X=3)=\dfrac{{}_4\mathrm{C}_3\times{}_3\mathrm{C}_0}{{}_7\mathrm{C}_3}=\dfrac{4}{35}$

이므로 확률변수 X의 확률분포를 표로 나타내면 다음과 같다.

X	0	1	2	3	합계
$\mathrm{P}(X=x)$	$\dfrac{1}{35}$	$\dfrac{12}{35}$	$\dfrac{18}{35}$	$\dfrac{4}{35}$	1

$\therefore \mathrm{P}(X\ge2)=\mathrm{P}(X=2)+\mathrm{P}(X=3)=\dfrac{18}{35}+\dfrac{4}{35}=\dfrac{22}{35}$

0426 답 ②

확률변수 X가 가질 수 있는 값은 2, 3, 4, …, 8이다.

바닥에 놓인 면에 적힌 수를 각각 $a,\ b$라 하면 순서쌍 $(a,\ b)$에 대하여 두 수의 합이

(i) 5인 경우는 $(1,\ 4),\ (2,\ 3),\ (3,\ 2),\ (4,\ 1)$의 4가지이므로

$\qquad \mathrm{P}(X=5)=\dfrac{4}{4\times4}=\dfrac{1}{4}$

(ii) 6인 경우는 $(2,\ 4),\ (3,\ 3),\ (4,\ 2)$의 3가지이므로

$\qquad \mathrm{P}(X=6)=\dfrac{3}{4\times4}=\dfrac{3}{16}$

(i), (ii)에서

$$P(X=5 \text{ 또는 } X=6)=P(X=5)+P(X=6)$$
$$=\frac{1}{4}+\frac{3}{16}=\frac{7}{16}$$

참고 확률변수 X의 확률분포를 표로 나타내면 다음과 같다.

X	2	3	4	5	6	7	8	합계
$P(X=x)$	$\frac{1}{16}$	$\frac{1}{8}$	$\frac{3}{16}$	$\frac{1}{4}$	$\frac{3}{16}$	$\frac{1}{8}$	$\frac{1}{16}$	1

0427 답 $\frac{1}{2}$

확률변수 X가 가질 수 있는 값은 2, 4, 6이므로

$$P(X>3)=P(X=4)+P(X=6)$$

뽑은 카드에 적힌 수를 각각 a, $b\,(a<b)$라 하면 순서쌍 (a, b)에 대하여 두 수의 차가

(i) 4인 경우는 $(2, 6)$, $(4, 8)$의 2가지이므로

$$P(X=4)=\frac{2}{{}_4C_2}=\frac{1}{3}$$

(ii) 6인 경우는 $(2, 8)$의 1가지이므로

$$P(X=6)=\frac{1}{{}_4C_2}=\frac{1}{6}$$

(i), (ii)에서

$$P(X>3)=P(X=4)+P(X=6)=\frac{1}{3}+\frac{1}{6}=\frac{1}{2}$$

참고 확률변수 X의 확률분포를 표로 나타내면 다음과 같다.

X	2	4	6	합계
$P(X=x)$	$\frac{1}{2}$	$\frac{1}{3}$	$\frac{1}{6}$	1

0428 답 ⑤

확률변수 X가 가질 수 있는 값은 1, 2, 3, 4, 5, 6이다.

$X^2-8X+15\le0$에서 $(X-3)(X-5)\le0$ ∴ $3\le X\le5$

나오는 눈의 수를 각각 a, b라 하면 순서쌍 (a, b)에 대하여 두 수 중에서 크지 않은 수가

(i) 3인 경우는 $(3, 3)$, $(3, 4)$, $(3, 5)$, $(3, 6)$, $(4, 3)$, $(5, 3)$, $(6, 3)$의 7가지이므로

$$P(X=3)=\frac{7}{6\times6}=\frac{7}{36}$$

(ii) 4인 경우는 $(4, 4)$, $(4, 5)$, $(4, 6)$, $(5, 4)$, $(6, 4)$의 5가지이므로

$$P(X=4)=\frac{5}{6\times6}=\frac{5}{36}$$

(iii) 5인 경우는 $(5, 5)$, $(5, 6)$, $(6, 5)$의 3가지이므로

$$P(X=5)=\frac{3}{6\times6}=\frac{1}{12}$$

(i), (ii), (iii)에서

$$P(X^2-8X+15\le0)=P(3\le X\le5)$$
$$=P(X=3)+P(X=4)+P(X=5)$$
$$=\frac{7}{36}+\frac{5}{36}+\frac{1}{12}=\frac{5}{12}$$

참고 확률변수 X의 확률분포를 표로 나타내면 다음과 같다.

X	1	2	3	4	5	6	합계
$P(X=x)$	$\frac{11}{36}$	$\frac{1}{4}$	$\frac{7}{36}$	$\frac{5}{36}$	$\frac{1}{12}$	$\frac{1}{36}$	1

0429 답 $\frac{11}{15}$

확률변수 X가 가질 수 있는 값은 2, 3, 4, 5이다.

$X^2-7X+12=0$에서 $(X-3)(X-4)=0$

∴ $X=3$ 또는 $X=4$

(i) 두 수의 합이 3인 경우는 1, 2가 적힌 공을 꺼내는 경우이고, 1이 적힌 공이 2개, 2가 적힌 공이 3개이므로

$$2\times3=6\text{(가지)}$$

$$∴ P(X=3)=\frac{6}{{}_6C_2}=\frac{2}{5}$$

(ii) 두 수의 합이 4인 경우는 1, 3 또는 2, 2가 적힌 공을 꺼내는 경우이고, 1이 적힌 공이 2개, 2가 적힌 공이 3개, 3이 적힌 공이 1개이므로

$$2\times1+{}_3C_2=2+3=5\text{(가지)}$$

$$∴ P(X=4)=\frac{5}{{}_6C_2}=\frac{1}{3}$$

(i), (ii)에서

$$P(X^2-7X+12=0)=P(X=3)+P(X=4)=\frac{2}{5}+\frac{1}{3}=\frac{11}{15}$$

참고 확률변수 X의 확률분포를 표로 나타내면 다음과 같다.

X	2	3	4	5	합계
$P(X=x)$	$\frac{1}{15}$	$\frac{2}{5}$	$\frac{1}{3}$	$\frac{1}{5}$	1

0430 답 2

확률변수 X가 가질 수 있는 값은 1, 2, 3, 4이고, 각각의 확률은

$$P(X=1)=\frac{{}_7C_1\times{}_3C_3}{{}_{10}C_4}=\frac{1}{30}, \quad P(X=2)=\frac{{}_7C_2\times{}_3C_2}{{}_{10}C_4}=\frac{3}{10},$$

$$P(X=3)=\frac{{}_7C_3\times{}_3C_1}{{}_{10}C_4}=\frac{1}{2}, \quad P(X=4)=\frac{{}_7C_4\times{}_3C_0}{{}_{10}C_4}=\frac{1}{6}$$

이므로 확률변수 X의 확률분포를 표로 나타내면 다음과 같다.

X	1	2	3	4	합계
$P(X=x)$	$\frac{1}{30}$	$\frac{3}{10}$	$\frac{1}{2}$	$\frac{1}{6}$	1

이때 $P(X=1)+P(X=2)=\frac{1}{30}+\frac{3}{10}=\frac{1}{3}$이므로

$$P(X\le2)=\frac{1}{3} \quad ∴ k=2$$

0431 답 $\frac{8}{7}$

확률의 총합은 1이므로

$$\frac{3}{7}+\frac{2}{7}+a+\frac{1}{7}=1 \quad ∴ a=\frac{1}{7}$$

따라서 확률변수 X에 대하여

$$E(X)=1\times\frac{3}{7}+2\times\frac{2}{7}+3\times\frac{1}{7}+4\times\frac{1}{7}=2$$

$$E(X^2)=1^2\times\frac{3}{7}+2^2\times\frac{2}{7}+3^2\times\frac{1}{7}+4^2\times\frac{1}{7}=\frac{36}{7}$$

$$∴ V(X)=E(X^2)-\{E(X)\}^2=\frac{36}{7}-2^2=\frac{8}{7}$$

0432 답 ①

확률의 총합은 1이므로

$$P(X=1)+P(X=2)+P(X=3)+P(X=4)=1$$

$$k+4k+9k+16k=1, \ 30k=1 \quad ∴ k=\frac{1}{30}$$

따라서 확률변수 X의 확률분포를 표로 나타내면 다음과 같다.

X	1	2	3	4	합계
$P(X=x)$	$\frac{1}{30}$	$\frac{2}{15}$	$\frac{3}{10}$	$\frac{8}{15}$	1

확률변수 X에 대하여

$$E(X)=1\times\frac{1}{30}+2\times\frac{2}{15}+3\times\frac{3}{10}+4\times\frac{8}{15}=\frac{10}{3}$$

$$E(X^2)=1^2\times\frac{1}{30}+2^2\times\frac{2}{15}+3^2\times\frac{3}{10}+4^2\times\frac{8}{15}=\frac{59}{5}$$

$$\therefore V(X)=E(X^2)-\{E(X)\}^2=\frac{59}{5}-\left(\frac{10}{3}\right)^2=\frac{31}{45}$$

0433 답 ②

확률의 총합은 1이므로

$$a+(a+b)+b=1,\ 2a+2b=1$$

$$\therefore a+b=\frac{1}{2} \qquad \cdots\cdots ㉠$$

$E(X^2)=a+5$에서

$$1^2\times a+2^2\times(a+b)+3^2\times b=a+5$$

$$a+4a+4b+9b=a+5 \qquad \therefore 4a+13b=5 \qquad \cdots\cdots ㉡$$

㉠, ㉡을 연립하여 풀면 $a=\frac{1}{6}$, $b=\frac{1}{3}$

$$\therefore b-a=\frac{1}{6}$$

0434 답 $\sqrt{11}$

확률의 총합은 1이므로

$$b+\frac{1}{4}+\frac{1}{2}=1 \qquad \therefore b=\frac{1}{4} \qquad \cdots\cdots \mathbf{❶}$$

$E(X)=1$에서

$$-a\times\frac{1}{4}+0\times\frac{1}{4}+a\times\frac{1}{2}=1,\ \frac{1}{4}a=1 \qquad \therefore a=4 \qquad \cdots\cdots \mathbf{❷}$$

따라서 확률변수 X의 확률분포를 표로 나타내면 다음과 같다.

X	-4	0	4	합계
$P(X=x)$	$\frac{1}{4}$	$\frac{1}{4}$	$\frac{1}{2}$	1

확률변수 X에 대하여

$$E(X^2)=(-4)^2\times\frac{1}{4}+0^2\times\frac{1}{4}+4^2\times\frac{1}{2}=12$$이므로

$$V(X)=E(X^2)-\{E(X)\}^2=12-1^2=11$$

$$\therefore \sigma(X)=\sqrt{V(X)}=\sqrt{11} \qquad \cdots\cdots \mathbf{❸}$$

채점 기준

$\mathbf{❶}$ b의 값 구하기		20 %
$\mathbf{❷}$ a의 값 구하기		20 %
$\mathbf{❸}$ $\sigma(X)$ 구하기		60 %

0435 답 $\frac{1}{4}$

확률의 총합이 1이므로

$$a+b+c=1 \qquad \cdots\cdots ㉠$$

$E(X)=\frac{5}{2}$에서

$$0\times a+2\times b+4\times c=\frac{5}{2} \qquad \therefore b+2c=\frac{5}{4} \qquad \cdots\cdots ㉡$$

$E(X^2)=0^2\times a+2^2\times b+4^2\times c=4b+16c$이므로

$$V(X)=E(X^2)-\{E(X)\}^2=4b+16c-\left(\frac{5}{2}\right)^2$$

이때 $V(X)=\frac{7}{4}$이므로

$$4b+16c-\frac{25}{4}=\frac{7}{4} \qquad \therefore b+4c=2 \qquad \cdots\cdots ㉢$$

㉡, ㉢을 연립하여 풀면

$$b=\frac{1}{2},\ c=\frac{3}{8}$$

이를 ㉠에 대입하면

$$a+\frac{1}{2}+\frac{3}{8}=1 \qquad \therefore a=\frac{1}{8}$$

$$\therefore a+b-c=\frac{1}{8}+\frac{1}{2}-\frac{3}{8}=\frac{1}{4}$$

0436 답 $\frac{7}{8}$

확률의 총합은 1이므로

$$a+\frac{1}{4}+\frac{1}{8}+b=1 \qquad \therefore a+b=\frac{5}{8} \qquad \cdots\cdots ㉠$$

$$E(X)=0\times a+1\times\frac{1}{4}+2\times\frac{1}{8}+3\times b=3b+\frac{1}{2}$$

$$E(X^2)=0^2\times a+1^2\times\frac{1}{4}+2^2\times\frac{1}{8}+3^2\times b=9b+\frac{3}{4}$$

$$\therefore V(X)=E(X^2)-\{E(X)\}^2$$
$$=9b+\frac{3}{4}-\left(3b+\frac{1}{2}\right)^2=-9b^2+6b+\frac{1}{2}$$
$$=-9\left(b-\frac{1}{3}\right)^2+\frac{3}{2}$$

따라서 X의 분산은 $b=\frac{1}{3}$일 때 최댓값을 갖는다.

$b=\frac{1}{3}$을 ㉠에 대입하면

$$a+\frac{1}{3}=\frac{5}{8} \qquad \therefore a=\frac{7}{24}$$

$$\therefore \frac{a}{b}=\frac{\frac{7}{24}}{\frac{1}{3}}=\frac{7}{8}$$

0437 답 $\frac{4\sqrt{6}}{15}$

확률변수 X가 가질 수 있는 값은 0, 1, 2이고, 각각의 확률은

$$P(X=0)=\frac{{}_4C_0\times{}_6C_2}{{}_{10}C_2}=\frac{1}{3},\ P(X=1)=\frac{{}_4C_1\times{}_6C_1}{{}_{10}C_2}=\frac{8}{15},$$

$$P(X=2)=\frac{{}_4C_2\times{}_6C_0}{{}_{10}C_2}=\frac{2}{15}$$

이므로 확률변수 X의 확률분포를 표로 나타내면 다음과 같다.

X	0	1	2	합계
$P(X=x)$	$\frac{1}{3}$	$\frac{8}{15}$	$\frac{2}{15}$	1

확률변수 X에 대하여

$$E(X)=0\times\frac{1}{3}+1\times\frac{8}{15}+2\times\frac{2}{15}=\frac{4}{5}$$

$$E(X^2)=0^2\times\frac{1}{3}+1^2\times\frac{8}{15}+2^2\times\frac{2}{15}=\frac{16}{15}$$

$$\therefore V(X)=E(X^2)-\{E(X)\}^2=\frac{16}{15}-\left(\frac{4}{5}\right)^2=\frac{32}{75}$$

$$\therefore \sigma(X)=\sqrt{V(X)}=\sqrt{\frac{32}{75}}=\frac{4\sqrt{6}}{15}$$

0438 답 ④

확률변수 X가 가질 수 있는 값은 0, 1, 2이고, 각각의 확률은

$$P(X=0)=\frac{1}{3}\times\frac{1}{4}=\frac{1}{12},$$

$$P(X=1)=\frac{2}{3}\times\frac{1}{4}+\frac{1}{3}\times\frac{3}{4}=\frac{5}{12},$$

$$P(X=2)=\frac{2}{3}\times\frac{3}{4}=\frac{1}{2}$$

이므로 확률변수 X의 확률분포를 표로 나타내면 다음과 같다.

X	0	1	2	합계
$P(X=x)$	$\frac{1}{12}$	$\frac{5}{12}$	$\frac{1}{2}$	1

확률변수 X에 대하여

$$E(X)=0\times\frac{1}{12}+1\times\frac{5}{12}+2\times\frac{1}{2}=\frac{17}{12}$$

0439 답 $\frac{5}{9}$

확률변수 X가 가질 수 있는 값은 1, 2, 3이다.
뽑은 카드에 적힌 수를 각각 a, $b\,(a<b)$라 하면 순서쌍 $(a,\ b)$에 대하여 두 수 중에서 작은 수가

(i) 1인 경우는 $(1,\ 2)$, $(1,\ 3)$, $(1,\ 4)$의 3가지이므로

$$P(X=1)=\frac{3}{{}_4C_2}=\frac{1}{2}$$

(ii) 2인 경우는 $(2,\ 3)$, $(2,\ 4)$의 2가지이므로

$$P(X=2)=\frac{2}{{}_4C_2}=\frac{1}{3}$$

(iii) 3인 경우는 $(3,\ 4)$의 1가지이므로

$$P(X=3)=\frac{1}{{}_4C_2}=\frac{1}{6}$$

(i), (ii), (iii)에서 확률변수 X의 확률분포를 표로 나타내면 다음과 같다.

X	1	2	3	합계
$P(X=x)$	$\frac{1}{2}$	$\frac{1}{3}$	$\frac{1}{6}$	1

확률변수 X에 대하여

$$E(X)=1\times\frac{1}{2}+2\times\frac{1}{3}+3\times\frac{1}{6}=\frac{5}{3}$$

$$E(X^2)=1^2\times\frac{1}{2}+2^2\times\frac{1}{3}+3^2\times\frac{1}{6}=\frac{10}{3}$$

$$\therefore V(X)=E(X^2)-\{E(X)\}^2=\frac{10}{3}-\left(\frac{5}{3}\right)^2=\frac{5}{9}$$

0440 답 ②

0, 1, 2의 숫자가 각각 a개, b개, c개씩 적힌 공이 총 6개이므로

$$a+b+c=6 \quad \cdots\cdots ㉠$$

확률변수 X가 가질 수 있는 값은 0, 1, 2이고, 각각의 확률은

$$P(X=0)=\frac{a}{6},\ P(X=1)=\frac{b}{6},\ P(X=2)=\frac{c}{6}$$

이므로 확률변수 X의 확률분포를 표로 나타내면 다음과 같다.

X	0	1	2	합계
$P(X=x)$	$\frac{a}{6}$	$\frac{b}{6}$	$\frac{c}{6}$	1

$E(X)=\frac{3}{2}$에서

$$0\times\frac{a}{6}+1\times\frac{b}{6}+2\times\frac{c}{6}=\frac{3}{2}$$

$$\therefore b+2c=9 \quad \cdots\cdots ㉡$$

또 $E(X^2)=0^2\times\frac{a}{6}+1^2\times\frac{b}{6}+2^2\times\frac{c}{6}=\frac{b+4c}{6}$이므로

$V(X)=\frac{7}{12}$에서

$$\frac{b+4c}{6}-\left(\frac{3}{2}\right)^2=\frac{7}{12}$$

$$\therefore b+4c=17 \quad \cdots\cdots ㉢$$

㉡, ㉢을 연립하여 풀면

$$b=1,\ c=4$$

이를 ㉠에 대입하면

$$a+1+4=6 \quad \therefore a=1$$

$$\therefore ab+c=1\times1+4=5$$

0441 답 ②

행운권 1장으로 받을 수 있는 상금을 확률변수 X라 할 때, X의 확률분포를 표로 나타내면 다음과 같다.

X	0	5000	10000	100000	합계
$P(X=x)$	$\frac{389}{500}$	$\frac{1}{5}$	$\frac{1}{50}$	$\frac{1}{500}$	1

확률변수 X에 대하여

$$E(X)=0\times\frac{389}{500}+5000\times\frac{1}{5}+10000\times\frac{1}{50}+100000\times\frac{1}{500}$$
$$=1400$$

따라서 구하는 기댓값은 1400원이다.

0442 답 350원

동전의 앞면을 H, 뒷면을 T라 할 때, 게임을 한 번 하여 나오는 모든 경우를 표로 나타내면 다음과 같다.

500원	100원	100원	받는 금액(원)
H	H	H	0
H	H	T	100
H	T	H	100
H	T	T	200
T	H	H	500
T	H	T	600
T	T	H	600
T	T	T	700

게임을 한 번 하여 받을 수 있는 금액을 확률변수 X라 할 때, X가 가질 수 있는 값은 0, 100, 200, 500, 600, 700이고, 각각의 확률은

$$P(X=0)=\frac{1}{8},\ P(X=100)=\frac{2}{8}=\frac{1}{4},\ P(X=200)=\frac{1}{8},$$

$$P(X=500)=\frac{1}{8},\ P(X=600)=\frac{2}{8}=\frac{1}{4},\ P(X=700)=\frac{1}{8}$$

이므로 확률변수 X의 확률분포를 표로 나타내면 다음과 같다.

X	0	100	200	500	600	700	합계
$P(X=x)$	$\frac{1}{8}$	$\frac{1}{4}$	$\frac{1}{8}$	$\frac{1}{8}$	$\frac{1}{4}$	$\frac{1}{8}$	1

확률변수 X에 대하여
$$E(X)$$
$$=0\times\frac{1}{8}+100\times\frac{1}{4}+200\times\frac{1}{8}+500\times\frac{1}{8}+600\times\frac{1}{4}+700\times\frac{1}{8}$$
$$=350$$
따라서 구하는 기댓값은 350원이다.

0443 답 ④

게임을 한 번 하여 받을 수 있는 금액을 확률변수 X라 할 때, X가 가질 수 있는 값은 4900, -2800이고, 각각의 확률은
$$P(X=4900)=\frac{a}{a+3}, \ P(X=-2800)=\frac{3}{a+3}$$
이므로 확률변수 X의 확률분포를 표로 나타내면 다음과 같다.

X	4900	-2800	합계
$P(X=x)$	$\dfrac{a}{a+3}$	$\dfrac{3}{a+3}$	1

이때 $E(X)=1600$이므로
$$4900\times\frac{a}{a+3}+(-2800)\times\frac{3}{a+3}=1600$$
$$\frac{49a-84}{a+3}=16, \ 49a-84=16a+48$$
$$33a=132 \qquad \therefore a=4$$

0444 답 6

$E(X)=2$이므로 $E(Y)=8$에서
$$E(aX+b)=8, \ aE(X)+b=8$$
$$\therefore 2a+b=8 \quad \cdots\cdots \ \bigcirc$$
또 $V(X)=5$이므로 $V(Y)=45$에서
$$V(aX+b)=45, \ a^2V(X)=45$$
$$5a^2=45, \ a^2=9$$
$$\therefore a=3 \ (\because a>0)$$
이를 $\bigcirc$에 대입하면
$$6+b=8 \qquad \therefore b=2$$
$$\therefore ab=3\times2=6$$

0445 답 ④

$V(X)=E(X^2)-\{E(X)\}^2=29-5^2=4$이므로
$$\sigma(X)=\sqrt{V(X)}=\sqrt{4}=2$$
$$\therefore \sigma(Y)=\sigma(-3X+1)=|-3|\sigma(X)$$
$$=3\times2=6$$

0446 답 31

$E(2X+3)=13$에서
$$2E(X)+3=13 \qquad \therefore E(X)=5 \qquad\qquad \cdots\cdots \ \mathbf{i}$$
$V(2X+3)=24$에서
$$2^2V(X)=24 \qquad \therefore V(X)=6 \qquad\qquad \cdots\cdots \ \mathbf{ii}$$
$V(X)=E(X^2)-\{E(X)\}^2$에서
$$E(X^2)=V(X)+\{E(X)\}^2=6+5^2=31 \qquad \cdots\cdots \ \mathbf{iii}$$

채점 기준

$\mathbf{i}$ $E(X)$ 구하기		30 %
$\mathbf{ii}$ $V(X)$ 구하기		30 %
$\mathbf{iii}$ $E(X^2)$ 구하기		40 %

0447 답 ③

$E(X)=m$, $\sigma(X)=\sigma$이고,
$$T=10\times\frac{X-m}{\sigma}+50=\frac{10}{\sigma}X-\frac{10m}{\sigma}+50$$이므로
$$E(T)=E\left(\frac{10}{\sigma}X-\frac{10m}{\sigma}+50\right)=\frac{10}{\sigma}E(X)-\frac{10m}{\sigma}+50$$
$$=\frac{10}{\sigma}\times m-\frac{10m}{\sigma}+50=50$$
$$\sigma(T)=\sigma\left(\frac{10}{\sigma}X-\frac{10m}{\sigma}+50\right)=\left|\frac{10}{\sigma}\right|\sigma(X)$$
$$=\frac{10}{\sigma}\times\sigma=10$$
따라서 확률변수 T의 평균과 표준편차의 합은
$$E(T)+\sigma(T)=50+10=60$$

0448 답 ③

$E(X)=a$, $E(X^2)=2a+3$이므로
$$V(X)=E(X^2)-\{E(X)\}^2=2a+3-a^2$$
$$\therefore V(Y)=V(2X-1)=2^2V(X)$$
$$=4(2a+3-a^2)=-4a^2+8a+12$$
$$=-4(a-1)^2+16 \ (-1\leq a\leq3)$$
따라서 $V(Y)$는 $a=1$일 때 최댓값 16을 가지므로 $\sigma(Y)$의 최댓값은
$$\sqrt{16}=4$$

0449 답 -2

$V(X)=\frac{4}{9}$에서
$$V(Y)=V(3X+8)=3^2V(X)=9\times\frac{4}{9}=4$$
$E(Y)=a$라 하면 $E(Y^2)=4a$이므로
$$V(Y)=E(Y^2)-\{E(Y)\}^2=4a-a^2$$
$4a-a^2=4$에서 $a^2-4a+4=0$
$$(a-2)^2=0 \qquad \therefore a=2$$
즉, $E(Y)=2$이므로
$$E(3X+8)=2, \ 3E(X)+8=2$$
$$\therefore E(X)=-2$$

0450 답 ①

확률의 총합은 1이므로
$$a+2a+a=1, \ 4a=1 \qquad \therefore a=\frac{1}{4}$$
즉, 확률변수 X의 확률분포를 표로 나타내면 다음과 같다.

X	0	1	2	합계
$P(X=x)$	$\dfrac{1}{4}$	$\dfrac{1}{2}$	$\dfrac{1}{4}$	1

확률변수 X에 대하여
$$E(X)=0\times\frac{1}{4}+1\times\frac{1}{2}+2\times\frac{1}{4}=1$$
$$E(X^2)=0^2\times\frac{1}{4}+1^2\times\frac{1}{2}+2^2\times\frac{1}{4}=\frac{3}{2}$$
$$\therefore V(X)=E(X^2)-\{E(X)\}^2=\frac{3}{2}-1^2=\frac{1}{2}$$
따라서 $\sigma(X)=\sqrt{V(X)}=\sqrt{\frac{1}{2}}=\frac{\sqrt{2}}{2}$이므로
$$\sigma(4X-3)=|4|\sigma(X)=4\times\frac{\sqrt{2}}{2}=2\sqrt{2}$$

0451 답 ②

확률변수 X의 확률분포를 표로 나타내면 다음과 같다.

X	1	2	3	4	5	합계
$\mathrm{P}(X=x)$	$\dfrac{1}{10}$	$\dfrac{3}{20}$	$\dfrac{1}{5}$	$\dfrac{1}{4}$	$\dfrac{3}{10}$	1

확률변수 X에 대하여

$$\mathrm{E}(X)=1\times\frac{1}{10}+2\times\frac{3}{20}+3\times\frac{1}{5}+4\times\frac{1}{4}+5\times\frac{3}{10}=\frac{7}{2}$$

$$\therefore\ \mathrm{E}(2X+5)=2\mathrm{E}(X)+5=2\times\frac{7}{2}+5=12$$

0452 답 189

확률의 총합은 1이므로

$$\frac{2}{3}+b+b=1,\ 2b=\frac{1}{3}\qquad\therefore\ b=\frac{1}{6}$$

$\mathrm{E}(X)=3$에서

$$0\times\frac{2}{3}+a\times\frac{1}{6}+2a\times\frac{1}{6}=3,\ \frac{a}{2}=3\qquad\therefore\ a=6$$

따라서 확률변수 X의 확률분포를 표로 나타내면 다음과 같다.

X	0	6	12	합계
$\mathrm{P}(X=x)$	$\dfrac{2}{3}$	$\dfrac{1}{6}$	$\dfrac{1}{6}$	1

확률변수 X에 대하여

$$\mathrm{E}(X^2)=0^2\times\frac{2}{3}+6^2\times\frac{1}{6}+12^2\times\frac{1}{6}=30\text{이므로}$$

$$\mathrm{V}(X)=\mathrm{E}(X^2)-\{\mathrm{E}(X)\}^2=30-3^2=21$$

$$\therefore\ \mathrm{V}(3X-5)=3^2\mathrm{V}(X)=9\times21=189$$

0453 답 $\dfrac{5}{4}$

$\mathrm{P}(X<3)=\dfrac{9}{10}$에서

$$\mathrm{P}(X=1)+\mathrm{P}(X=2)=\frac{9}{10}$$

$$a+\frac{3}{10}=\frac{9}{10}\qquad\therefore\ a=\frac{3}{5}$$

확률의 총합은 1이므로

$$\frac{3}{5}+\frac{3}{10}+b=1\qquad\therefore\ b=\frac{1}{10}\qquad\cdots\cdots\ \text{❶}$$

따라서 확률변수 X의 확률분포를 표로 나타내면 다음과 같다.

X	1	2	3	합계
$\mathrm{P}(X=x)$	$\dfrac{3}{5}$	$\dfrac{3}{10}$	$\dfrac{1}{10}$	1

확률변수 X에 대하여

$$\mathrm{E}(X)=1\times\frac{3}{5}+2\times\frac{3}{10}+3\times\frac{1}{10}=\frac{3}{2}$$

$$\mathrm{E}(X^2)=1^2\times\frac{3}{5}+2^2\times\frac{3}{10}+3^2\times\frac{1}{10}=\frac{27}{10}$$

$$\therefore\ \mathrm{V}(X)=\mathrm{E}(X^2)-\{\mathrm{E}(X)\}^2=\frac{27}{10}-\left(\frac{3}{2}\right)^2=\frac{9}{20}\qquad\cdots\cdots\ \text{❷}$$

$$\therefore\ \mathrm{V}\left(\frac{1}{a}X+10b\right)=\mathrm{V}\left(\frac{5}{3}X+1\right)=\left(\frac{5}{3}\right)^2\mathrm{V}(X)$$

$$=\frac{25}{9}\times\frac{9}{20}=\frac{5}{4}\qquad\cdots\cdots\ \text{❸}$$

❶ a, b의 값 구하기		20 %
❷ $\mathrm{V}(X)$ 구하기		50 %
❸ $\mathrm{V}\left(\dfrac{1}{a}X+10b\right)$ 구하기		30 %

0454 답 7

확률변수 X에 대하여

$$\mathrm{E}(X)=0\times\frac{5}{12}+1\times\frac{1}{4}+2\times\frac{1}{4}+3\times\frac{1}{12}=1$$

$$\mathrm{E}(X^2)=0^2\times\frac{5}{12}+1^2\times\frac{1}{4}+2^2\times\frac{1}{4}+3^2\times\frac{1}{12}=2$$

$$\therefore\ \mathrm{V}(X)=\mathrm{E}(X^2)-\{\mathrm{E}(X)\}^2=2-1^2=1$$

$\mathrm{E}(Y)=-1$에서

$$\mathrm{E}(aX+b)=-1,\ a\mathrm{E}(X)+b=-1$$

$$\therefore\ a+b=-1\qquad\cdots\cdots\ \bigcirc$$

$\mathrm{V}(Y)=16$에서

$$\mathrm{V}(aX+b)=16,\ a^2\mathrm{V}(X)=16$$

$$a^2=16\qquad\therefore\ a=-4\ (\because\ a<0)$$

이를 $\bigcirc$에 대입하면

$$-4+b=-1\qquad\therefore\ b=3$$

$$\therefore\ b-a=3-(-4)=7$$

0455 답 ②

$\mathrm{E}(X)=3$, $\mathrm{E}(X^2)=10$이므로

$$\mathrm{V}(X)=\mathrm{E}(X^2)-\{\mathrm{E}(X)\}^2=10-3^2=1$$

$$\therefore\ \sigma(X)=\sqrt{\mathrm{V}(X)}=\sqrt{1}=1$$

이때 $Y=4X+1$이므로

$$\mathrm{E}(Y)=\mathrm{E}(4X+1)=4\mathrm{E}(X)+1=4\times3+1=13$$

$$\sigma(Y)=\sigma(4X+1)=|4|\sigma(X)=4\times1=4$$

$$\therefore\ \mathrm{E}(Y)+\sigma(Y)=13+4=17$$

0456 답 ⑤

확률변수 X가 가질 수 있는 값은 0, 1, 2이고, 각각의 확률은

$$\mathrm{P}(X=0)=\frac{{}_4\mathrm{C}_0\times{}_5\mathrm{C}_2}{{}_9\mathrm{C}_2}=\frac{5}{18},$$

$$\mathrm{P}(X=1)=\frac{{}_4\mathrm{C}_1\times{}_5\mathrm{C}_1}{{}_9\mathrm{C}_2}=\frac{5}{9},$$

$$\mathrm{P}(X=2)=\frac{{}_4\mathrm{C}_2\times{}_5\mathrm{C}_0}{{}_9\mathrm{C}_2}=\frac{1}{6}$$

이므로 확률변수 X의 확률분포를 표로 나타내면 다음과 같다.

X	0	1	2	합계
$\mathrm{P}(X=x)$	$\dfrac{5}{18}$	$\dfrac{5}{9}$	$\dfrac{1}{6}$	1

확률변수 X에 대하여

$$\mathrm{E}(X)=0\times\frac{5}{18}+1\times\frac{5}{9}+2\times\frac{1}{6}=\frac{8}{9}$$

$$\mathrm{E}(X^2)=0^2\times\frac{5}{18}+1^2\times\frac{5}{9}+2^2\times\frac{1}{6}=\frac{11}{9}$$

$$\therefore\ \mathrm{V}(X)=\mathrm{E}(X^2)-\{\mathrm{E}(X)\}^2=\frac{11}{9}-\left(\frac{8}{9}\right)^2=\frac{35}{81}$$

$$\therefore\ \mathrm{V}(Y)=\mathrm{V}(9X-28)=9^2\mathrm{V}(X)=81\times\frac{35}{81}=35$$

0457 답 ①

확률변수 X가 가질 수 있는 값은 1, 2, 3, 4, 5, 6이므로 확률변수 X의 확률분포를 표로 나타내면 다음과 같다.

X	1	2	3	4	5	6	합계
$\mathrm{P}(X=x)$	$\frac{1}{6}$	$\frac{1}{6}$	$\frac{1}{6}$	$\frac{1}{6}$	$\frac{1}{6}$	$\frac{1}{6}$	1

확률변수 X에 대하여

$$\mathrm{E}(X)=1\times\frac{1}{6}+2\times\frac{1}{6}+3\times\frac{1}{6}+4\times\frac{1}{6}+5\times\frac{1}{6}+6\times\frac{1}{6}=\frac{7}{2}$$

$$\therefore\ \mathrm{E}(2X-5)=2\mathrm{E}(X)-5=2\times\frac{7}{2}-5=2$$

0458 답 3

확률변수 X가 가질 수 있는 값은 1, 2, 3이고, 각각의 확률은

$$\mathrm{P}(X=1)=\frac{{}_3\mathrm{C}_1\times{}_2\mathrm{C}_2}{{}_5\mathrm{C}_3}=\frac{3}{10},\ \mathrm{P}(X=2)=\frac{{}_3\mathrm{C}_2\times{}_2\mathrm{C}_1}{{}_5\mathrm{C}_3}=\frac{3}{5},$$

$$\mathrm{P}(X=3)=\frac{{}_3\mathrm{C}_3\times{}_2\mathrm{C}_0}{{}_5\mathrm{C}_3}=\frac{1}{10}$$

이므로 확률변수 X의 확률분포를 표로 나타내면 다음과 같다.

X	1	2	3	합계
$\mathrm{P}(X=x)$	$\frac{3}{10}$	$\frac{3}{5}$	$\frac{1}{10}$	1

확률변수 X에 대하여

$$\mathrm{E}(X)=1\times\frac{3}{10}+2\times\frac{3}{5}+3\times\frac{1}{10}=\frac{9}{5}$$

$$\mathrm{E}(X^2)=1^2\times\frac{3}{10}+2^2\times\frac{3}{5}+3^2\times\frac{1}{10}=\frac{18}{5}$$

$$\therefore\ \mathrm{V}(X)=\mathrm{E}(X^2)-\{\mathrm{E}(X)\}^2$$
$$=\frac{18}{5}-\left(\frac{9}{5}\right)^2=\frac{9}{25}$$

따라서 $\sigma(X)=\sqrt{\mathrm{V}(X)}=\sqrt{\frac{9}{25}}=\frac{3}{5}$이므로

$$\sigma(5X+6)=|5|\sigma(X)=5\times\frac{3}{5}=3$$

0459 답 ③

정사면체 모양의 주사위의 네 면에 적힌 숫자의 합은 $1+1+2+4=8$이므로 정사면체 모양의 주사위의 바닥에 놓인 면에 적힌 숫자를 a라 하면 나머지 세 면에 적힌 숫자의 합은 $8-a$이다. a의 값이

(i) 1인 경우는 2가지이고 $X=8-1=7$이므로
$$\mathrm{P}(X=7)=\frac{2}{4}=\frac{1}{2}$$

(ii) 2의 경우는 1가지이고 $X=8-2=6$이므로
$$\mathrm{P}(X=6)=\frac{1}{4}$$

(iii) 4인 경우는 1가지이고 $X=8-4=4$이므로
$$\mathrm{P}(X=4)=\frac{1}{4}$$

(i), (ii), (iii)에서 확률변수 X의 확률분포를 표로 나타내면 다음과 같다.

X	4	6	7	합계
$\mathrm{P}(X=x)$	$\frac{1}{4}$	$\frac{1}{4}$	$\frac{1}{2}$	1

확률변수 X에 대하여

$$\mathrm{E}(X)=4\times\frac{1}{4}+6\times\frac{1}{4}+7\times\frac{1}{2}=6,$$

$$\mathrm{E}(X^2)=4^2\times\frac{1}{4}+6^2\times\frac{1}{4}+7^2\times\frac{1}{2}=\frac{75}{2}$$이므로

$$\mathrm{V}(X)=\mathrm{E}(X^2)-\{\mathrm{E}(X)\}^2$$
$$=\frac{75}{2}-6^2=\frac{3}{2}$$

$$\therefore\ \mathrm{E}(-3X+1)=-3\mathrm{E}(X)+1=-3\times6+1=-17$$

$$\mathrm{V}(4X-3)=4^2\mathrm{V}(X)=16\times\frac{3}{2}=24$$

$$\therefore\ \mathrm{E}(-3X+1)+\mathrm{V}(4X-3)=-17+24=7$$

0460 답 ③

확률변수 X가 가질 수 있는 값은 0, 1, 2이다.

이차방정식 $x^2+2ax+7a=0$의 판별식을 D라 하면

$$\frac{D}{4}=a^2-7a$$

이차방정식의 서로 다른 실근의 개수가

(i) 0인 경우는 $\frac{D}{4}<0$이어야 하므로
$$a^2-7a<0,\ a(a-7)<0$$
$$\therefore\ 0<a<7$$
즉, a는 1, 2, 3, 4, 5, 6의 6가지이므로
$$\mathrm{P}(X=0)=\frac{6}{9}=\frac{2}{3}$$

(ii) 1인 경우는 $\frac{D}{4}=0$이어야 하므로
$$a^2-7a=0,\ a(a-7)=0$$
$$\therefore\ a=7\ (\because\ 1\leq a\leq9)$$
즉, a는 7의 1가지이므로
$$\mathrm{P}(X=1)=\frac{1}{9}$$

(iii) 2인 경우는 $\frac{D}{4}>0$이어야 하므로
$$a^2-7a>0,\ a(a-7)>0$$
$$\therefore\ a>7\ (\because\ 1\leq a\leq9)$$
즉, a는 8, 9의 2가지이므로
$$\mathrm{P}(X=2)=\frac{2}{9}$$

(i), (ii), (iii)에서 확률변수 X의 확률분포를 표로 나타내면 다음과 같다.

X	0	1	2	합계
$\mathrm{P}(X=x)$	$\frac{2}{3}$	$\frac{1}{9}$	$\frac{2}{9}$	1

확률변수 X에 대하여

$$\mathrm{E}(X)=0\times\frac{2}{3}+1\times\frac{1}{9}+2\times\frac{2}{9}=\frac{5}{9}$$

$$\mathrm{E}(X^2)=0^2\times\frac{2}{3}+1^2\times\frac{1}{9}+2^2\times\frac{2}{9}=1$$

$$\therefore\ \mathrm{V}(X)=\mathrm{E}(X^2)-\{\mathrm{E}(X)\}^2$$
$$=1-\left(\frac{5}{9}\right)^2=\frac{56}{81}$$

따라서 $\sigma(X)=\sqrt{\mathrm{V}(X)}=\sqrt{\frac{56}{81}}=\frac{2\sqrt{14}}{9}$이므로

$$\sigma(9X-1)=|9|\sigma(X)=9\times\frac{2\sqrt{14}}{9}=2\sqrt{14}$$

0461 답 **10**

확률변수 X가 될 수 있는 값은 -3, -2, -1, 0, 1, 2, 3이다.

순서쌍 (a, b)에 대하여 $a-b$의 값이

(i) -3인 경우는 $(1, 4)$의 1가지이므로

$$P(X=-3)=\frac{1}{4\times 4}=\frac{1}{16}$$

(ii) -2인 경우는 $(1, 3)$, $(2, 4)$의 2가지이므로

$$P(X=-2)=\frac{2}{4\times 4}=\frac{1}{8}$$

(iii) -1인 경우는 $(1, 2)$, $(2, 3)$, $(3, 4)$의 3가지이므로

$$P(X=-1)=\frac{3}{4\times 4}=\frac{3}{16}$$

(iv) 0인 경우는 $(1, 1)$, $(2, 2)$, $(3, 3)$, $(4, 4)$의 4가지이므로

$$P(X=0)=\frac{4}{4\times 4}=\frac{1}{4}$$

(v) 1인 경우는 $(2, 1)$, $(3, 2)$, $(4, 3)$의 3가지이므로

$$P(X=1)=\frac{3}{4\times 4}=\frac{3}{16}$$

(vi) 2인 경우는 $(3, 1)$, $(4, 2)$의 2가지이므로

$$P(X=2)=\frac{2}{4\times 4}=\frac{1}{8}$$

(vii) 3인 경우는 $(4, 1)$의 1가지이므로

$$P(X=3)=\frac{1}{4\times 4}=\frac{1}{16}$$

(i)~(vii)에서 확률변수 X의 확률분포를 표로 나타내면 다음과 같다.

X	-3	-2	-1	0	1	2	3	합계
$P(X=x)$	$\frac{1}{16}$	$\frac{1}{8}$	$\frac{3}{16}$	$\frac{1}{4}$	$\frac{3}{16}$	$\frac{1}{8}$	$\frac{1}{16}$	1

확률변수 X에 대하여

$$E(X)=-3\times\frac{1}{16}+(-2)\times\frac{1}{8}+(-1)\times\frac{3}{16}+0\times\frac{1}{4}+1\times\frac{3}{16}$$
$$+2\times\frac{1}{8}+3\times\frac{1}{16}$$
$$=0$$

$$E(X^2)=(-3)^2\times\frac{1}{16}+(-2)^2\times\frac{1}{8}+(-1)^2\times\frac{3}{16}+0^2\times\frac{1}{4}$$
$$+1^2\times\frac{3}{16}+2^2\times\frac{1}{8}+3^2\times\frac{1}{16}$$
$$=\frac{5}{2}$$

$$\therefore V(X)=E(X^2)-\{E(X)\}^2=\frac{5}{2}$$

$$\therefore V(Y)=V(2X+1)=2^2V(X)=4\times\frac{5}{2}=10$$

0462 답 **②**

확률변수 X는 이항분포 $B\left(20, \frac{4}{5}\right)$를 따르므로 X의 확률질량함수는

$$P(X=x)=_{20}C_x\left(\frac{4}{5}\right)^x\left(\frac{1}{5}\right)^{20-x} (x=0, 1, 2, \ldots, 20)$$

$$\therefore P(X\geq 1)=1-P(X=0)$$
$$=1-_{20}C_0\left(\frac{1}{5}\right)^{20}$$
$$=1-\left(\frac{1}{5}\right)^{20}$$

0463 답 **2**

확률변수 X의 확률질량함수는

$$P(X=x)=_5C_x\left(\frac{1}{3}\right)^x\left(\frac{2}{3}\right)^{5-x} (x=0, 1, 2, 3, 4, 5)$$

이때 $P(X=1)=kP(X=3)$에서

$$_5C_1\left(\frac{1}{3}\right)^1\left(\frac{2}{3}\right)^4=k\times {_5C_3}\left(\frac{1}{3}\right)^3\left(\frac{2}{3}\right)^2$$

$$\left(\frac{2}{3}\right)^2=2k\times\left(\frac{1}{3}\right)^2 \qquad \therefore k=2$$

0464 답 $\dfrac{15}{64}$

확률변수 X는 이항분포 $B\left(10, \frac{1}{2}\right)$을 따르므로 X의 확률질량함수는

$$P(X=x)=_{10}C_x\left(\frac{1}{2}\right)^x\left(\frac{1}{2}\right)^{10-x} (x=0, 1, 2, \ldots, 10)$$

$X^2-10X+21=0$에서 $(X-3)(X-7)=0$

$\therefore X=3$ 또는 $X=7$

$$\therefore P(X^2-10X+21=0)=P(X=3 \text{ 또는 } X=7)$$
$$=P(X=3)+P(X=7)$$
$$=_{10}C_3\left(\frac{1}{2}\right)^3\left(\frac{1}{2}\right)^7+_{10}C_7\left(\frac{1}{2}\right)^7\left(\frac{1}{2}\right)^3$$
$$=\frac{15}{128}+\frac{15}{128}=\frac{15}{64}$$

0465 답 **13**

확률변수 X는 이항분포 $B\left(6, \frac{1}{10}\right)$을 따르므로 X의 확률질량함수는

$$P(X=x)=_6C_x\left(\frac{1}{10}\right)^x\left(\frac{9}{10}\right)^{6-x} (x=0, 1, 2, \ldots, 6)$$

$$\therefore P(4<X\leq 6)=P(X=5)+P(X=6)$$
$$=_6C_5\left(\frac{1}{10}\right)^5\left(\frac{9}{10}\right)^1+_6C_6\left(\frac{1}{10}\right)^6$$
$$=\frac{54}{10^6}+\frac{1}{10^6}=\frac{11}{2\times 10^5}$$

따라서 $a=11$, $b=2$이므로

$a+b=13$

0466 답 $\dfrac{8}{5}$

한 개의 주사위를 한 번 던질 때, 3의 배수의 눈이 나올 확률은

$$\frac{2}{6}=\frac{1}{3}$$

즉, 확률변수 X는 이항분포 $B\left(8, \frac{1}{3}\right)$을 따르므로 X의 확률질량함수는

$$P(X=x)=_8C_x\left(\frac{1}{3}\right)^x\left(\frac{2}{3}\right)^{8-x} (x=0, 1, 2, \ldots, 8)$$

$$\therefore \frac{P(X=3)}{P(X=4)}=\frac{_8C_3\left(\frac{1}{3}\right)^3\left(\frac{2}{3}\right)^5}{_8C_4\left(\frac{1}{3}\right)^4\left(\frac{2}{3}\right)^4}=\frac{\frac{2}{3}}{\frac{5}{4}\times\frac{1}{3}}=\frac{8}{5}$$

0467 답 **⑤**

실제로 항공기에 탑승하는 사람의 수를 확률변수 X라 하면 X는 이항분포 $B(27, 0.9)$를 따르므로 X의 확률질량함수는

$$P(X=x)=_{27}C_x 0.9^x\times 0.1^{27-x} (x=0, 1, 2, \ldots, 27)$$

이때 좌석이 부족하려면 $X>25$이어야 하므로 구하는 확률은

$$\begin{aligned}
\mathrm{P}(X>25)&=\mathrm{P}(X=26)+\mathrm{P}(X=27)\\
&=_{27}\mathrm{C}_{26}0.9^{26}\times0.1^{1}+_{27}\mathrm{C}_{27}0.9^{27}\\
&=2.7\times0.9^{26}+0.9^{27}\\
&=3\times0.9^{27}+0.9^{27}\\
&=4\times0.9^{27}\\
&=4\times0.0581=0.2324
\end{aligned}$$

0468 답 ①

$\mathrm{E}(X)=20$에서

$np=20 \qquad \cdots\cdots ㉠$

$\mathrm{V}(X)=\dfrac{50}{3}$에서

$np(1-p)=\dfrac{50}{3} \qquad \cdots\cdots ㉡$

㉠을 ㉡에 대입하면

$20(1-p)=\dfrac{50}{3},\ 1-p=\dfrac{5}{6}$

$\therefore p=\dfrac{1}{6}$

이를 ㉠에 대입하면

$\dfrac{1}{6}n=20 \qquad \therefore n=120$

0469 답 $\dfrac{3}{5}$

$\mathrm{V}(X)=24$에서

$100p(1-p)=24,\ 25p^2-25p+6=0$

$(5p-2)(5p-3)=0$

$\therefore p=\dfrac{3}{5}\left(\because p>\dfrac{1}{2}\right)$

0470 답 27

확률변수 X는 이항분포 $\mathrm{B}\left(75,\dfrac{1}{5}\right)$을 따르므로

$\mathrm{E}(X)=75\times\dfrac{1}{5}=15$

$\mathrm{V}(X)=75\times\dfrac{1}{5}\times\dfrac{4}{5}=12$

$\therefore \mathrm{E}(X)+\mathrm{V}(X)=15+12=27$

0471 답 5

$$\begin{aligned}
\mathrm{V}(X)&=10p(1-p)=-10p^2+10p\\
&=-10\left(p-\dfrac{1}{2}\right)^2+\dfrac{5}{2}
\end{aligned}$$

즉, X의 분산은 $p=\dfrac{1}{2}$일 때 최댓값을 갖는다.

따라서 이항분포 $\mathrm{B}\left(10,\dfrac{1}{2}\right)$을 따르는 확률변수 X의 평균은

$\mathrm{E}(X)=10\times\dfrac{1}{2}=5$

0472 답 18

확률변수 X의 확률질량함수는

$_{n}\mathrm{C}_{x}p^{x}(1-p)^{n-x}\ (x=0,\ 1,\ 2,\ \ldots,\ n)$

$\mathrm{P}(X=n-1)=36\mathrm{P}(X=n)$에서

$_{n}\mathrm{C}_{n-1}p^{n-1}(1-p)^{1}=36_{n}\mathrm{C}_{n}p^{n}$

$n(1-p)=36p \qquad \cdots\cdots ㉠$

이때 $\mathrm{V}(X)=9$이므로

$np(1-p)=9 \qquad \cdots\cdots ㉡ \qquad\qquad \cdots\cdots ❶$

㉠을 ㉡에 대입하면

$36p^2=9,\ p^2=\dfrac{1}{4} \qquad \therefore p=\dfrac{1}{2}\ (\because p>0)$

이를 ㉡에 대입하면

$\dfrac{1}{4}n=9 \qquad \therefore n=36 \qquad\qquad \cdots\cdots ❷$

따라서 확률변수 X는 이항분포 $\mathrm{B}\left(36,\dfrac{1}{2}\right)$을 따르므로

$\mathrm{E}(X)=36\times\dfrac{1}{2}=18 \qquad\qquad \cdots\cdots ❸$

채점 기준

❶ 평균, 분산에 대한 식 세우기		40 %
❷ n, p의 값 구하기		30 %
❸ $\mathrm{E}(X)$ 구하기		30 %

0473 답 3620

한 개의 주사위를 한 번 던질 때, 6의 약수의 눈이 나올 확률은

$\dfrac{4}{6}=\dfrac{2}{3}$

즉, 확률변수 X는 이항분포 $\mathrm{B}\left(90,\dfrac{2}{3}\right)$를 따르므로

$\mathrm{E}(X)=90\times\dfrac{2}{3}=60$

$\mathrm{V}(X)=90\times\dfrac{2}{3}\times\dfrac{1}{3}=20$

$\mathrm{V}(X)=\mathrm{E}(X^2)-\{\mathrm{E}(X)\}^2$에서

$\mathrm{E}(X^2)=\mathrm{V}(X)+\{\mathrm{E}(X)\}^2=20+60^2=3620$

0474 답 ③

확률변수 X는 이항분포 $\mathrm{B}\left(100,\dfrac{1}{10}\right)$을 따르므로

$\sigma(X)=\sqrt{100\times\dfrac{1}{10}\times\dfrac{9}{10}}=3$

0475 답 ③

한 번의 시행에서 썩은 사과를 꺼낼 확률은 $\dfrac{1}{4}$이다.

확률변수 X는 이항분포 $\mathrm{B}\left(n,\dfrac{1}{4}\right)$을 따르므로 $\mathrm{E}(X)=16$에서

$n\times\dfrac{1}{4}=16 \qquad \therefore n=64$

따라서 확률변수 X는 이항분포 $\mathrm{B}\left(64,\dfrac{1}{4}\right)$을 따르므로

$\mathrm{V}(X)=64\times\dfrac{1}{4}\times\dfrac{3}{4}=12$

0476 답 17

한 개의 주사위를 한 번 던질 때, 3의 눈이 나올 확률은 $\dfrac{1}{6}$이다.

즉, 확률변수 X는 이항분포 $\mathrm{B}\left(30,\dfrac{1}{6}\right)$을 따르므로

$\mathrm{V}(X)=30\times\dfrac{1}{6}\times\dfrac{5}{6}=\dfrac{25}{6} \qquad\qquad \cdots\cdots ❶$

한 개의 동전을 한 번 던질 때 앞면이 나올 확률은 $\dfrac{1}{2}$이다.

즉, 확률변수 Y는 이항분포 $\mathrm{B}\left(n, \dfrac{1}{2}\right)$을 따르므로

$$\mathrm{V}(Y)=n\times\dfrac{1}{2}\times\dfrac{1}{2}=\dfrac{n}{4} \qquad \cdots\cdots \text{ⅱ}$$

이때 $\mathrm{V}(Y)>\mathrm{V}(X)$이어야 하므로

$$\dfrac{n}{4}>\dfrac{25}{6} \qquad \therefore n>\dfrac{50}{3}$$

따라서 n의 최솟값은 17이다. $\qquad \cdots\cdots \text{ⅲ}$

채점 기준

ⅰ $\mathrm{V}(X)$ 구하기	40 %
ⅱ $\mathrm{V}(Y)$ 구하기	40 %
ⅲ n의 최솟값 구하기	20 %

0477 답 28

한 번의 시행에서 빨간 공을 꺼낼 확률은 $\dfrac{a}{a+4}$이므로 확률변수 X는 이항분포 $\mathrm{B}\left(n, \dfrac{a}{a+4}\right)$를 따른다.

$\mathrm{E}(X)=12$에서

$$n\times\dfrac{a}{a+4}=12 \qquad \cdots\cdots \text{㉠}$$

$\mathrm{V}(X)=3$에서

$$n\times\dfrac{a}{a+4}\times\dfrac{4}{a+4}=3 \qquad \cdots\cdots \text{㉡}$$

㉠을 ㉡에 대입하면

$$12\times\dfrac{4}{a+4}=3,\ a+4=16$$

$$\therefore a=12$$

이를 ㉠에 대입하면

$$\dfrac{3}{4}n=12 \qquad \therefore n=16$$

$$\therefore a+n=12+16=28$$

0478 답 ③

확률변수 X는 이항분포 $\mathrm{B}\left(50, \dfrac{4}{5}\right)$를 따르므로

$$\mathrm{E}(X)=50\times\dfrac{4}{5}=40$$

$$\therefore \mathrm{E}(4X-10)=4\mathrm{E}(X)-10$$
$$=4\times40-10=150$$

0479 답 ④

$\mathrm{V}(2X)=40$에서

$$2^2\mathrm{V}(X)=40 \qquad \therefore \mathrm{V}(X)=10$$

이때 확률변수 X가 이항분포 $\mathrm{B}\left(n, \dfrac{1}{3}\right)$을 따르므로

$$n\times\dfrac{1}{3}\times\dfrac{2}{3}=10 \qquad \therefore n=45$$

0480 답 73

한 번의 시행에서 당첨 제비를 뽑을 확률은

$$\dfrac{2}{6}=\dfrac{1}{3}$$

즉, 확률변수 X는 이항분포 $\mathrm{B}\left(45, \dfrac{1}{3}\right)$을 따르므로

$$\mathrm{E}(X)=45\times\dfrac{1}{3}=15$$

$$\mathrm{V}(X)=45\times\dfrac{1}{3}\times\dfrac{2}{3}=10$$

$$\therefore \mathrm{E}(2X+3)=2\mathrm{E}(X)+3=2\times15+3=33,$$
$$\mathrm{V}(2X+3)=2^2\mathrm{V}(X)=4\times10=40$$

$$\therefore \mathrm{E}(2X+3)+\mathrm{V}(2X+3)=33+40=73$$

0481 답 7

확률변수 X의 확률질량함수는

$$\mathrm{P}(X=x)={}_{10}\mathrm{C}_x p^x(1-p)^{10-x}\ (x=0,\ 1,\ 2,\ \cdots,\ 10)$$

$4\mathrm{P}(X=4)=5\mathrm{P}(X=5)$에서

$$4\,{}_{10}\mathrm{C}_4 p^4(1-p)^6=5\,{}_{10}\mathrm{C}_5 p^5(1-p)^5$$

$$4(1-p)=5\times\dfrac{6}{5}p,\ 2-2p=3p$$

$$5p=2 \qquad \therefore p=\dfrac{2}{5} \qquad \cdots\cdots \text{ⅰ}$$

따라서 확률변수 X는 이항분포 $\mathrm{B}\left(10, \dfrac{2}{5}\right)$를 따르므로

$$\mathrm{E}(X)=10\times\dfrac{2}{5}=4$$

$$\therefore \mathrm{E}(3X-5)=3\mathrm{E}(X)-5$$
$$=3\times4-5=7 \qquad \cdots\cdots \text{ⅱ}$$

채점 기준

ⅰ p의 값 구하기	50 %
ⅱ $\mathrm{E}(3X-5)$ 구하기	50 %

0482 답 ④

게임을 24번 할 때 동전의 앞면이 나오는 횟수를 확률변수 Y라 하면 뒷면이 나오는 횟수는 $24-Y$이므로

$$X=4Y-2(24-Y)=6Y-48$$

확률변수 Y는 이항분포 $\mathrm{B}\left(24, \dfrac{1}{2}\right)$을 따르므로

$$\mathrm{E}(Y)=24\times\dfrac{1}{2}=12$$

$$\therefore \mathrm{E}(X)=\mathrm{E}(6Y-48)=6\mathrm{E}(Y)-48$$
$$=6\times12-48=24$$

0483 답 ⑤

확률의 총합은 1이므로

$$\mathrm{P}(X=1)+\mathrm{P}(X=2)+\mathrm{P}(X=3)+\cdots+\mathrm{P}(X=7)=1$$

$$k\log_2 2+k\log_2\dfrac{3}{2}+k\log_2\dfrac{4}{3}+\cdots+k\log_2\dfrac{8}{7}=1$$

$$k\left(\log_2 2+\log_2\dfrac{3}{2}+\log_2\dfrac{4}{3}+\cdots+\log_2\dfrac{8}{7}\right)=1$$

$$k\log_2\left(2\times\dfrac{3}{2}\times\dfrac{4}{3}\times\cdots\times\dfrac{8}{7}\right)=1$$

$$k\log_2 8=1,\ k\log_2 2^3=1$$

$$3k=1 \qquad \therefore k=\dfrac{1}{3}$$

0484 답 $\dfrac{2}{5}$

$p_1,\ p_2,\ p_3,\ p_4,\ p_5$가 이 순서대로 등차수열을 이루므로 공차를 d라 하면

$$p_1=p_3-2d,\ p_2=p_3-d,\ p_4=p_3+d,\ p_5=p_3+2d$$

확률의 총합은 1이므로
$$p_1+p_2+p_3+p_4+p_5=1$$
$$(p_3-2d)+(p_3-d)+p_3+(p_3+d)+(p_3+2d)=1$$
$$5p_3=1 \qquad \therefore p_3=\frac{1}{5}$$
$$\begin{aligned}\therefore \mathrm{P}(X=1)+\mathrm{P}(X=5)&=p_1+p_5\\&=(p_3-2d)+(p_3+2d)\\&=2p_3=2\times\frac{1}{5}=\frac{2}{5}\end{aligned}$$

0485　답 $\frac{1}{7}$

확률의 총합은 1이므로
$$a+b+\frac{4}{7}=1 \qquad \therefore a+b=\frac{3}{7} \qquad \cdots\cdots ㉠$$

a, b, $\frac{4}{7}$가 이 순서대로 등비수열을 이루므로
$$b^2=\frac{4}{7}a \qquad\qquad \cdots\cdots ㉡$$

㉠에서 $a=\frac{3}{7}-b$를 ㉡에 대입하면
$$b^2=\frac{4}{7}\left(\frac{3}{7}-b\right)$$
$$49b^2+28b-12=0, (7b-2)(7b+6)=0$$
$$\therefore b=\frac{2}{7} (\because b>0)$$

이를 ㉠에 대입하면
$$a+\frac{2}{7}=\frac{3}{7} \qquad \therefore a=\frac{1}{7}$$
$$\therefore b-a=\frac{2}{7}-\frac{1}{7}=\frac{1}{7}$$

0486　답 ③

$a=\sum\limits_{x=0}^{8} x\,_8\mathrm{C}_x\left(\frac{1}{2}\right)^x\left(\frac{1}{2}\right)^{8-x}$ 은 이항분포 $\mathrm{B}\left(8,\frac{1}{2}\right)$을 따르는 확률변수 X의 평균이므로
$$a=\mathrm{E}(X)=8\times\frac{1}{2}=4$$

$b=\sum\limits_{y=0}^{18} y\,_{18}\mathrm{C}_y\left(\frac{2}{3}\right)^y\left(\frac{1}{3}\right)^{18-y}$ 은 이항분포 $\mathrm{B}\left(18,\frac{2}{3}\right)$를 따르는 확률변수 Y의 평균이므로
$$b=\mathrm{E}(Y)=18\times\frac{2}{3}=12$$

$c=\sum\limits_{w=0}^{36} w\,_{36}\mathrm{C}_w\left(\frac{1}{6}\right)^w\left(\frac{5}{6}\right)^{36-w}$ 은 이항분포 $\mathrm{B}\left(36,\frac{1}{6}\right)$을 따르는 확률변수 W의 평균이므로
$$c=\mathrm{E}(W)=36\times\frac{1}{6}=6$$
$$\therefore a<c<b$$

0487　답 206

확률변수 X는 이항분포 $\mathrm{B}\left(49,\frac{2}{7}\right)$를 따르므로

$\sum\limits_{x=0}^{49} x^2\,_{49}\mathrm{C}_x\left(\frac{2}{7}\right)^x\left(\frac{5}{7}\right)^{49-x}$ 은 확률변수 X^2의 평균이다.

이때 $\mathrm{E}(X)=49\times\frac{2}{7}=14$, $\mathrm{V}(X)=49\times\frac{2}{7}\times\frac{5}{7}=10$이므로
$$\mathrm{V}(X)=\mathrm{E}(X^2)-\{\mathrm{E}(X)\}^2$$에서
$$\mathrm{E}(X^2)=\mathrm{V}(X)+\{\mathrm{E}(X)\}^2=10+14^2=206$$

0488　답 395

확률변수 X는 이항분포 $\mathrm{B}\left(80,\frac{1}{4}\right)$을 따르므로
$$\sum\limits_{x=0}^{80}(x^2-x)\mathrm{P}(X=x)=\sum\limits_{x=0}^{80} x^2\mathrm{P}(X=x)-\sum\limits_{x=0}^{80} x\mathrm{P}(X=x)$$에서
$\sum\limits_{x=0}^{80} x^2\mathrm{P}(X=x)$는 확률변수 X^2의 평균, $\sum\limits_{x=0}^{80} x\mathrm{P}(X=x)$는 확률변수 X의 평균이다.

이때 $\mathrm{E}(X)=80\times\frac{1}{4}=20$, $\mathrm{V}(X)=80\times\frac{1}{4}\times\frac{3}{4}=15$이므로
$$\mathrm{V}(X)=\mathrm{E}(X^2)-\{\mathrm{E}(X)\}^2$$에서
$$\mathrm{E}(X^2)=\mathrm{V}(X)+\{\mathrm{E}(X)\}^2=15+20^2=415$$
$$\begin{aligned}\therefore \sum\limits_{x=0}^{80}(x^2-x)\mathrm{P}(X=x)&=\sum\limits_{x=0}^{80} x^2\mathrm{P}(X=x)-\sum\limits_{x=0}^{80} x\mathrm{P}(X=x)\\&=\mathrm{E}(X^2)-\mathrm{E}(X)\\&=415-20=395\end{aligned}$$

0489　답 ⑤

확률의 총합은 1이므로
$$\mathrm{P}(X=-2)+\mathrm{P}(X=-1)+\mathrm{P}(X=0)+\mathrm{P}(X=1)+\mathrm{P}(X=2)=1$$
$$\left(k+\frac{2}{11}\right)+\left(k+\frac{1}{11}\right)+k+\left(k+\frac{1}{11}\right)+\left(k+\frac{2}{11}\right)=1$$
$$5k+\frac{6}{11}=1, 5k=\frac{5}{11} \qquad \therefore k=\frac{1}{11}$$

0490　답 $\frac{3}{4}$

확률의 총합은 1이므로
$$a+2b+3b=1 \qquad \therefore a+5b=1 \qquad \cdots\cdots ㉠$$
$$\mathrm{P}(X=1)=\frac{3}{2}\mathrm{P}(X=2)$$에서
$$a=\frac{3}{2}\times 2b \qquad \therefore a=3b \qquad\qquad \cdots\cdots ㉡$$

㉠, ㉡을 연립하여 풀면
$$a=\frac{3}{8}, b=\frac{1}{8}$$
$$\begin{aligned}\therefore \mathrm{P}(X=1 \text{ 또는 } X=3)&=\mathrm{P}(X=1)+\mathrm{P}(X=3)\\&=a+3b=\frac{3}{8}+3\times\frac{1}{8}=\frac{3}{4}\end{aligned}$$

$$\begin{aligned}\mathrm{P}(X=1 \text{ 또는 } X=3)&=\mathrm{P}(X=1)+\mathrm{P}(X=3)\\&=1-\mathrm{P}(X=2)\\&=1-2b=1-2\times\frac{1}{8}=\frac{3}{4}\end{aligned}$$

0491　답 ②

확률변수 X가 가질 수 있는 값은 0, 1, 2, 3이고, 각각의 확률은
$$\mathrm{P}(X=0)=\frac{_3\mathrm{C}_0\times _5\mathrm{C}_4}{_8\mathrm{C}_4}=\frac{1}{14}, \mathrm{P}(X=1)=\frac{_3\mathrm{C}_1\times _5\mathrm{C}_3}{_8\mathrm{C}_4}=\frac{3}{7}$$
$$\mathrm{P}(X=2)=\frac{_3\mathrm{C}_2\times _5\mathrm{C}_2}{_8\mathrm{C}_4}=\frac{3}{7}, \mathrm{P}(X=3)=\frac{_3\mathrm{C}_3\times _5\mathrm{C}_1}{_8\mathrm{C}_4}=\frac{1}{14}$$

이므로 확률변수 X의 확률분포를 표로 나타내면 다음과 같다.

X	0	1	2	3	합계
$P(X=x)$	$\dfrac{1}{14}$	$\dfrac{3}{7}$	$\dfrac{3}{7}$	$\dfrac{1}{14}$	1

한편 $X^2-2X=0$에서 $X(X-2)=0$

$\therefore X=0$ 또는 $X=2$

$\therefore P(X^2-2X=0)=P(X=0$ 또는 $X=2)$

$\qquad\qquad\qquad=P(X=0)+P(X=2)$

$\qquad\qquad\qquad=\dfrac{1}{14}+\dfrac{3}{7}=\dfrac{1}{2}$

0492 답 ⑤

확률변수 X에 대하여

$E(X)=0\times\dfrac{1}{10}+1\times\dfrac{1}{2}+a\times\dfrac{2}{5}=\dfrac{2}{5}a+\dfrac{1}{2}$

$E(X^2)=0^2\times\dfrac{1}{10}+1^2\times\dfrac{1}{2}+a^2\times\dfrac{2}{5}=\dfrac{2}{5}a^2+\dfrac{1}{2}$

$\sigma(X)=E(X)$에서 $V(X)=\{E(X)\}^2$이므로

$E(X^2)-\{E(X)\}^2=\{E(X)\}^2$

$\therefore E(X^2)-2\{E(X)\}^2=0$

$\dfrac{2}{5}a^2+\dfrac{1}{2}-2\left(\dfrac{2}{5}a+\dfrac{1}{2}\right)^2=0$

$a^2-10a=0,\ a(a-10)=0$

$\therefore a=10\ (\because a>1)$

$\therefore E(X^2)+E(X)=\left(\dfrac{2}{5}\times10^2+\dfrac{1}{2}\right)+\left(\dfrac{2}{5}\times10+\dfrac{1}{2}\right)=45$

0493 답 ②

확률변수 X가 가질 수 있는 값은 0, 1, 2, 3이다.

(i) 나머지가 0인 경우는 4의 1가지이므로

$\qquad P(X=0)=\dfrac{1}{6}$

(ii) 나머지가 1인 경우는 1, 5의 2가지이므로

$\qquad P(X=1)=\dfrac{2}{6}=\dfrac{1}{3}$

(iii) 나머지가 2인 경우는 2, 6의 2가지이므로

$\qquad P(X=2)=\dfrac{2}{6}=\dfrac{1}{3}$

(iv) 나머지가 3인 경우는 3의 1가지이므로

$\qquad P(X=3)=\dfrac{1}{6}$

(i)~(iv)에서 확률변수 X의 확률분포를 표로 나타내면 다음과 같다.

X	0	1	2	3	합계
$P(X=x)$	$\dfrac{1}{6}$	$\dfrac{1}{3}$	$\dfrac{1}{3}$	$\dfrac{1}{6}$	1

확률변수 X에 대하여

$E(X)=0\times\dfrac{1}{6}+1\times\dfrac{1}{3}+2\times\dfrac{1}{3}+3\times\dfrac{1}{6}=\dfrac{3}{2}$

$E(X^2)=0^2\times\dfrac{1}{6}+1^2\times\dfrac{1}{3}+2^2\times\dfrac{1}{3}+3^2\times\dfrac{1}{6}=\dfrac{19}{6}$

$\therefore V(X)=E(X^2)-\{E(X)\}^2$

$\qquad\qquad=\dfrac{19}{6}-\left(\dfrac{3}{2}\right)^2=\dfrac{11}{12}$

0494 답 8625원

복권 1장으로 받을 수 있는 당첨금을 확률변수 X라 할 때, X가 가질 수 있는 값은 0, 5000, 20000, 300000이고, 각각의 확률은

$P(X=0)=\dfrac{{}_3C_0\times{}_7C_3}{{}_{10}C_3}=\dfrac{7}{24}$,

$P(X=5000)=\dfrac{{}_3C_1\times{}_7C_2}{{}_{10}C_3}=\dfrac{21}{40}$,

$P(X=20000)=\dfrac{{}_3C_2\times{}_7C_1}{{}_{10}C_3}=\dfrac{7}{40}$,

$P(X=300000)=\dfrac{{}_3C_3\times{}_7C_0}{{}_{10}C_3}=\dfrac{1}{120}$

이므로 확률변수 X의 확률분포를 표로 나타내면 다음과 같다.

X	0	5000	20000	300000	합계
$P(X=x)$	$\dfrac{7}{24}$	$\dfrac{21}{40}$	$\dfrac{7}{40}$	$\dfrac{1}{120}$	1

확률변수 X에 대하여

$E(X)=0\times\dfrac{7}{24}+5000\times\dfrac{21}{40}+20000\times\dfrac{7}{40}+300000\times\dfrac{1}{120}$

$\qquad=8625$

따라서 구하는 최소 판매 금액은 8625원이다.

0495 답 48800

$E(X)=30000,\ \sigma(X)=8000$에서

$E(Y)=E\left(\dfrac{6}{5}X+3200\right)=\dfrac{6}{5}E(X)+3200$

$\qquad=\dfrac{6}{5}\times30000+3200=39200$

$\sigma(Y)=\sigma\left(\dfrac{6}{5}X+3200\right)=\left|\dfrac{6}{5}\right|\sigma(X)$

$\qquad=\dfrac{6}{5}\times8000=9600$

$\therefore E(Y)+\sigma(Y)=39200+9600=48800$

0496 답 ⑤

확률의 총합은 1이므로

$\dfrac{{}_4C_1}{k}+\dfrac{{}_4C_2}{k}+\dfrac{{}_4C_3}{k}+\dfrac{{}_4C_4}{k}=1$

$\dfrac{4}{k}+\dfrac{6}{k}+\dfrac{4}{k}+\dfrac{1}{k}=1,\ \dfrac{15}{k}=1\qquad\therefore k=15$

따라서 확률변수 X의 확률분포를 표로 나타내면 다음과 같다.

X	2	4	8	16	합계
$P(X=x)$	$\dfrac{4}{15}$	$\dfrac{2}{5}$	$\dfrac{4}{15}$	$\dfrac{1}{15}$	1

확률변수 X에 대하여

$E(X)=2\times\dfrac{4}{15}+4\times\dfrac{2}{5}+8\times\dfrac{4}{15}+16\times\dfrac{1}{15}=\dfrac{16}{3}$

$\therefore E(3X+1)=3E(X)+1=3\times\dfrac{16}{3}+1=17$

0497 답 6

확률변수 X가 가질 수 있는 값은 1, 2, 3, 4이다.

택한 수를 각각 a, $b\,(a<b)$라 하면 순서쌍 $(a,\ b)$에 대하여 두 수의 차가

(i) 1인 경우는 $(1,\ 2)$, $(2,\ 3)$, $(3,\ 4)$, $(4,\ 5)$의 4가지이므로

$\qquad P(X=1)=\dfrac{4}{{}_5C_2}=\dfrac{2}{5}$

(ⅱ) 2인 경우는 $(1, 3)$, $(2, 4)$, $(3, 5)$의 3가지이므로

$$P(X=2)=\frac{3}{{}_5C_2}=\frac{3}{10}$$

(ⅲ) 3인 경우는 $(1, 4)$, $(2, 5)$의 2가지이므로

$$P(X=3)=\frac{2}{{}_5C_2}=\frac{1}{5}$$

(ⅳ) 4인 경우는 $(1, 5)$의 1가지이므로

$$P(X=4)=\frac{1}{{}_5C_2}=\frac{1}{10}$$

(ⅰ)~(ⅳ)에서 확률변수 X의 확률분포를 표로 나타내면 다음과 같다.

X	1	2	3	4	합계
$P(X=x)$	$\frac{2}{5}$	$\frac{3}{10}$	$\frac{1}{5}$	$\frac{1}{10}$	1

확률변수 X에 대하여

$$E(X)=1\times\frac{2}{5}+2\times\frac{3}{10}+3\times\frac{1}{5}+4\times\frac{1}{10}=2$$

$$E(X^2)=1^2\times\frac{2}{5}+2^2\times\frac{3}{10}+3^2\times\frac{1}{5}+4^2\times\frac{1}{10}=5$$

$$\therefore V(X)=E(X^2)-\{E(X)\}^2=5-2^2=1$$

따라서 $\sigma(X)=1$이므로

$$\sigma(6X-1)=|6|\sigma(X)=6\times1=6$$

0498 답 6

확률변수 X가 가질 수 있는 값은 0, 1, 2이고, 각각의 확률은

$$P(X=0)=\frac{{}_3C_0\times{}_3C_2}{{}_6C_2}=\frac{1}{5}, \quad P(X=1)=\frac{{}_3C_1\times{}_3C_1}{{}_6C_2}=\frac{3}{5},$$

$$P(X=2)=\frac{{}_3C_2\times{}_3C_0}{{}_6C_2}=\frac{1}{5}$$

이므로 확률변수 X의 확률분포를 표로 나타내면 다음과 같다.

X	0	1	2	합계
$P(X=x)$	$\frac{1}{5}$	$\frac{3}{5}$	$\frac{1}{5}$	1

확률변수 X에 대하여

$$E(X)=0\times\frac{1}{5}+1\times\frac{3}{5}+2\times\frac{1}{5}=1$$

$$E(X^2)=0^2\times\frac{1}{5}+1^2\times\frac{3}{5}+2^2\times\frac{1}{5}=\frac{7}{5}$$

$$\therefore V(X)=E(X^2)-\{E(X)\}^2=\frac{7}{5}-1^2=\frac{2}{5}$$

이때 $E(Y)=4$에서

$$E(aX+b)=4, \ aE(X)+b=4 \quad \therefore a+b=4 \quad \cdots\cdots \ ㉠$$

또 $V(Y)=10$에서

$$V(aX+b)=10, \ a^2V(X)=10$$

$$\frac{2}{5}a^2=10, \ a^2=25 \quad \therefore a=5 \ (\because a>0)$$

이를 ㉠에 대입하면

$$5+b=4 \quad \therefore b=-1$$

$$\therefore a-b=5-(-1)=6$$

0499 답 ③

확률변수 X는 이항분포 $B\left(4, \frac{3}{5}\right)$을 따르므로 X의 확률질량함수는

$$P(X=x)={}_4C_x\left(\frac{3}{5}\right)^x\left(\frac{2}{5}\right)^{4-x} \ (x=0, 1, 2, 3, 4)$$

$$\therefore P(X\geq3)=P(X=3)+P(X=4)$$

$$={}_4C_3\left(\frac{3}{5}\right)^3\left(\frac{2}{5}\right)^1+{}_4C_4\left(\frac{3}{5}\right)^4$$

$$=\frac{216}{625}+\frac{81}{625}=\frac{297}{625}$$

0500 답 ①

확률변수 X는 이항분포 $B(60, p)$를 따르므로 X의 확률질량함수는

$$P(X=x)={}_{60}C_x p^x(1-p)^{60-x} \ (x=0, 1, 2, \ldots, 60)$$

$$\therefore \frac{P(X=4)}{P(X=3)}=\frac{{}_{60}C_4 p^4(1-p)^{56}}{{}_{60}C_3 p^3(1-p)^{57}}=\frac{57p}{4(1-p)}$$

이때 $\dfrac{P(X=4)}{P(X=3)}=\dfrac{19}{2}$에서

$$\frac{57p}{4(1-p)}=\frac{19}{2}$$

$$3p=2-2p, \ 5p=2$$

$$\therefore p=\frac{2}{5}$$

0501 답 70

$E(X)=8$에서

$$32p=8 \qquad \therefore p=\frac{1}{4}$$

즉, 확률변수 X는 이항분포 $B\left(32, \frac{1}{4}\right)$을 따르므로

$$V(X)=32\times\frac{1}{4}\times\frac{3}{4}=6$$

따라서 $V(X)=E(X^2)-\{E(X)\}^2$에서

$$E(X^2)=V(X)+\{E(X)\}^2=6+8^2=70$$

0502 답 ⑤

나오는 두 눈의 수의 곱이 홀수가 되려면 나오는 두 눈의 수가 모두 홀수이어야 하므로 그 확률은

$$\frac{3}{6}\times\frac{3}{6}=\frac{1}{4}$$

즉, 확률변수 X는 이항분포 $B\left(80, \frac{1}{4}\right)$을 따르므로

$$E(X)=80\times\frac{1}{4}=20$$

$$V(X)=80\times\frac{1}{4}\times\frac{3}{4}=15$$

$$\therefore E(X)+V(X)=20+15=35$$

0503 답 ④

$E(3X-1)=17$에서

$$3E(X)-1=17 \qquad \therefore E(X)=6$$

이때 확률변수 X가 이항분포 $B\left(n, \frac{1}{3}\right)$을 따르므로

$$n\times\frac{1}{3}=6 \qquad \therefore n=18$$

따라서 확률변수 X가 이항분포 $B\left(18, \frac{1}{3}\right)$을 따르므로

$$V(X)=18\times\frac{1}{3}\times\frac{2}{3}=4$$

0504 답 80

주머니에 들어 있는 검은 구슬의 개수를 x라 하면 한 번의 시행에서 검은 구슬을 꺼낼 확률은 $\dfrac{x}{12}$이므로 확률변수 X는 이항분포 $B\left(36, \dfrac{x}{12}\right)$를 따른다.

$E(X)=6$에서

$$36\times\dfrac{x}{12}=6 \quad \therefore x=2$$

따라서 확률변수 X는 이항분포 $B\left(36, \dfrac{1}{6}\right)$을 따르므로

$$V(X)=36\times\dfrac{1}{6}\times\dfrac{5}{6}=5$$

$$\therefore V(4X+1)=4^2V(X)=16\times5=80$$

0505 답 1200원

게임을 한 번 하여 받을 수 있는 금액을 확률변수 X라 할 때, X가 가질 수 있는 값은 1000, 1200, 2400이고, 각각의 확률은

$$P(X=1000)=\dfrac{{}_3C_1\times{}_6C_1}{{}_9C_2}=\dfrac{1}{2},\ P(X=1200)=\dfrac{{}_6C_2}{{}_9C_2}=\dfrac{5}{12},$$

$$P(X=2400)=\dfrac{{}_3C_2}{{}_9C_2}=\dfrac{1}{12}$$

이므로 확률변수 X의 확률분포를 표로 나타내면 다음과 같다.

X	1000	1200	2400	합계
$P(X=x)$	$\dfrac{1}{2}$	$\dfrac{5}{12}$	$\dfrac{1}{12}$	1

    …… ❶

확률변수 X에 대하여

$$E(X)=1000\times\dfrac{1}{2}+1200\times\dfrac{5}{12}+2400\times\dfrac{1}{12}=1200$$

따라서 구하는 기댓값은 1200원이다. …… ❷

❶ 게임을 한 번 하여 받을 수 있는 금액을 X로 놓고 X의 확률분포를 표로 나타내기	50 %
❷ 게임을 한 번 하여 받을 수 있는 금액의 기댓값 구하기	50 %

0506 답 $\dfrac{2}{5}$

확률의 총합은 1이므로

$$\dfrac{1}{10}+a+\dfrac{3}{10}+\dfrac{1}{5}a=1,\ \dfrac{6}{5}a=\dfrac{3}{5} \quad \therefore a=\dfrac{1}{2} \quad …… ❶$$

따라서 확률변수 X의 확률분포를 표로 나타내면 다음과 같다.

X	1	2	3	4	합계
$P(X=x)$	$\dfrac{1}{10}$	$\dfrac{1}{2}$	$\dfrac{3}{10}$	$\dfrac{1}{10}$	1

확률변수 X에 대하여

$$E(X)=1\times\dfrac{1}{10}+2\times\dfrac{1}{2}+3\times\dfrac{3}{10}+4\times\dfrac{1}{10}=\dfrac{12}{5}$$

$$E(X^2)=1^2\times\dfrac{1}{10}+2^2\times\dfrac{1}{2}+3^2\times\dfrac{3}{10}+4^2\times\dfrac{1}{10}=\dfrac{32}{5}$$

$$\therefore V(X)=E(X^2)-\{E(X)\}^2=\dfrac{32}{5}-\left(\dfrac{12}{5}\right)^2=\dfrac{16}{25}$$

$$\therefore \sigma(X)=\sqrt{V(X)}=\sqrt{\dfrac{16}{25}}=\dfrac{4}{5} \quad …… ❷$$

$$\therefore \sigma(aX+2)=\sigma\left(\dfrac{1}{2}X+2\right)=\left|\dfrac{1}{2}\right|\sigma(X)$$

$$=\dfrac{1}{2}\times\dfrac{4}{5}=\dfrac{2}{5} \quad …… ❸$$

❶ a의 값 구하기	20 %
❷ $\sigma(X)$ 구하기	50 %
❸ $\sigma(aX+2)$ 구하기	30 %

0507 답 $\dfrac{1}{3}$

$E(X)=3$에서 $np=3$ …… ㉠

$V(X)=E(X^2)-\{E(X)\}^2=11-3^2=2$이므로

$np(1-p)=2$ …… ㉡   …… ❶

㉠을 ㉡에 대입하면

$$3(1-p)=2,\ 1-p=\dfrac{2}{3} \quad \therefore p=\dfrac{1}{3}$$

이를 ㉠에 대입하면

$$\dfrac{1}{3}n=3 \quad \therefore n=9 \quad …… ❷$$

따라서 확률변수 X는 이항분포 $B\left(9, \dfrac{1}{3}\right)$을 따르므로 X의 확률질량함수는

$$P(X=x)={}_9C_x\left(\dfrac{1}{3}\right)^x\left(\dfrac{2}{3}\right)^{9-x} \ (x=0,\ 1,\ 2,\ …,\ 9)$$

$$\therefore \dfrac{P(X=6)}{P(X=5)}=\dfrac{{}_9C_6\left(\dfrac{1}{3}\right)^6\left(\dfrac{2}{3}\right)^3}{{}_9C_5\left(\dfrac{1}{3}\right)^5\left(\dfrac{2}{3}\right)^4}=\dfrac{\dfrac{1}{3}}{\dfrac{6}{4}\times\dfrac{2}{3}}=\dfrac{1}{3} \quad …… ❸$$

❶ 평균, 분산에 대한 식 세우기	30 %
❷ n, p의 값 구하기	30 %
❸ $\dfrac{P(X=6)}{P(X=5)}$의 값 구하기	40 %

C 실력 향상   91쪽

0508 답 $\dfrac{7}{15}$

확률변수 X가 가질 수 있는 값은 2, 3, 4, 5, 6이다.

(i) $X=4$일 때

3회까지 빨간색 색연필과 파란색 색연필을 각각 2개, 1개씩 꺼내고, 4회에 파란색 색연필을 꺼내는 경우이므로 빨간색 연필을 꺼내는 경우를 빨, 파란색 연필을 꺼내는 경우를 파라 하고, 색연필을 꺼낸 순서대로 순서쌍으로 나타내면

(파, 빨, 빨, 파), (빨, 파, 빨, 파), (빨, 빨, 파, 파)

$$\therefore P(X=4)=\dfrac{2}{6}\times\dfrac{4}{5}\times\dfrac{3}{4}\times\dfrac{1}{3}+\dfrac{4}{6}\times\dfrac{2}{5}\times\dfrac{3}{4}\times\dfrac{1}{3}$$

$$+\dfrac{4}{6}\times\dfrac{3}{5}\times\dfrac{2}{4}\times\dfrac{1}{3}$$

$$=\dfrac{1}{5}$$

(ii) $X=5$일 때

4회까지 빨간색 색연필과 파란색 색연필을 각각 3개, 1개씩 꺼내고, 5회에 파란색 색연필을 꺼내는 경우이므로 빨간색 연필을 꺼내는 경우를 빨, 파란색 연필을 꺼내는 경우를 파 라 하고, 색연필을 꺼낸 순서대로 순서쌍으로 나타내면

(파, 빨, 빨, 빨, 파), (빨, 파, 빨, 빨, 파),

(빨, 빨, 파, 빨, 파), (빨, 빨, 빨, 파, 파)

$$\therefore \text{P}(X=5)=\frac{2}{6}\times\frac{4}{5}\times\frac{3}{4}\times\frac{2}{3}\times\frac{1}{2}+\frac{4}{6}\times\frac{2}{5}\times\frac{3}{4}\times\frac{2}{3}\times\frac{1}{2}$$
$$+\frac{4}{6}\times\frac{3}{5}\times\frac{2}{4}\times\frac{2}{3}\times\frac{1}{2}+\frac{4}{6}\times\frac{3}{5}\times\frac{2}{4}\times\frac{2}{3}\times\frac{1}{2}$$
$$=\frac{4}{15}$$

$$\therefore \text{P}(4\leq X\leq 5)=\text{P}(X=4)+\text{P}(X=5)$$
$$=\frac{1}{5}+\frac{4}{15}=\frac{7}{15}$$

참고 확률변수 X의 확률분포를 표로 나타내면 다음과 같다.

X	2	3	4	5	6	합계
$\text{P}(X=x)$	$\frac{1}{15}$	$\frac{2}{15}$	$\frac{1}{5}$	$\frac{4}{15}$	$\frac{1}{3}$	1

0509 답 28

$\text{E}(Y)$
$$=\text{P}(Y=1)+2\text{P}(Y=2)+3\text{P}(Y=3)+4\text{P}(Y=4)+5\text{P}(Y=5)$$
$$=\left\{\frac{1}{2}\text{P}(X=1)+\frac{1}{10}\right\}+2\left\{\frac{1}{2}\text{P}(X=2)+\frac{1}{10}\right\}$$
$$+3\left\{\frac{1}{2}\text{P}(X=3)+\frac{1}{10}\right\}+4\left\{\frac{1}{2}\text{P}(X=4)+\frac{1}{10}\right\}$$
$$+5\left\{\frac{1}{2}\text{P}(X=5)+\frac{1}{10}\right\}$$
$$=\frac{1}{2}\{\text{P}(X=1)+2\text{P}(X=2)+3\text{P}(X=3)+4\text{P}(X=4)$$
$$+5\text{P}(X=5)\}+\frac{1}{10}(1+2+3+4+5)$$
$$=\frac{1}{2}\text{E}(X)+\frac{3}{2}$$
$$=\frac{1}{2}\times 4+\frac{3}{2}\ (\because \text{E}(X)=4)$$
$$=\frac{7}{2}$$

따라서 $a=\frac{7}{2}$이므로

$$8a=8\times\frac{7}{2}=28$$

0510 답 3

8개의 꼭짓점 중에서 3개를 택하여 만들 수 있는 서로 다른 삼각형의 종류는 다음 그림과 같다.

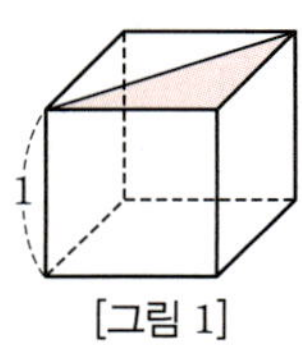
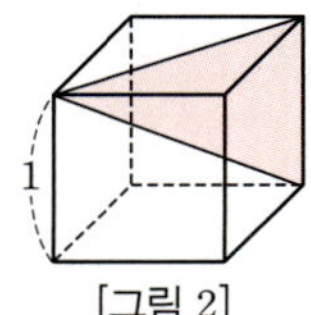
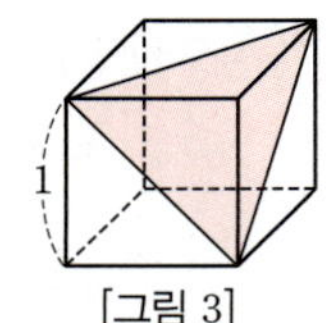

(i) [그림 1]과 같은 삼각형인 경우

삼각형의 넓이는 $\frac{1}{2}\times 1\times 1=\frac{1}{2}$이므로 그 제곱은

$$\left(\frac{1}{2}\right)^2=\frac{1}{4}$$

이때 정사각형인 한 면에 4개의 삼각형이 존재하므로 그 개수는

$$4\times 6=24$$

$$\therefore \text{P}\left(X=\frac{1}{4}\right)=\frac{24}{_8\text{C}_3}=\frac{3}{7}$$

(ii) [그림 2]와 같은 삼각형인 경우

삼각형의 넓이는 $\frac{1}{2}\times\sqrt{2}\times 1=\frac{\sqrt{2}}{2}$이므로 그 제곱은

$$\left(\frac{\sqrt{2}}{2}\right)^2=\frac{1}{2}$$

이때 정사각형인 한 면에 2개의 대각선이 있고, 하나의 대각선에 대하여 2개의 삼각형이 존재하므로 그 개수는

$$2\times 2\times 6=24$$

$$\therefore \text{P}\left(X=\frac{1}{2}\right)=\frac{24}{_8\text{C}_3}=\frac{3}{7}$$

(iii) [그림 3]과 같은 삼각형인 경우

삼각형의 넓이는 $\frac{\sqrt{3}}{4}\times(\sqrt{2})^2=\frac{\sqrt{3}}{2}$이므로 그 제곱은

$$\left(\frac{\sqrt{3}}{2}\right)^2=\frac{3}{4}$$

이때 정사각형인 한 면에 2개의 대각선이 있고, 하나의 대각선에 대하여 2개의 삼각형이 존재한다. 그런데 세 변의 길이가 모두 면의 대각선으로 3번 중복되므로 그 개수는

$$2\times 2\times 6\div 3=8$$

$$\therefore \text{P}\left(X=\frac{3}{4}\right)=\frac{8}{_8\text{C}_3}=\frac{1}{7}$$

(i), (ii), (iii)에서 확률변수 X의 확률분포를 표로 나타내면 다음과 같다.

X	$\frac{1}{4}$	$\frac{1}{2}$	$\frac{3}{4}$	합계
$\text{P}(X=x)$	$\frac{3}{7}$	$\frac{3}{7}$	$\frac{1}{7}$	1

확률변수 X에 대하여

$$\text{E}(X)=\frac{1}{4}\times\frac{3}{7}+\frac{1}{2}\times\frac{3}{7}+\frac{3}{4}\times\frac{1}{7}=\frac{3}{7}$$

$$\therefore \text{E}(7X)=7\text{E}(X)=7\times\frac{3}{7}=3$$

0511 답 ③

주사위를 15번 던져 2 이하의 눈의 수가 나오는 횟수를 확률변수 Y라 하면 이동된 점 P의 좌표는

$$(3Y,\ 15-Y)$$

점 P와 직선 $3x+4y=0$ 사이의 거리는

$$\frac{|9Y+4(15-Y)|}{\sqrt{3^2+4^2}}=\frac{|5Y+60|}{5}$$
$$=Y+12\ (\because Y\geq 0)$$

즉, $X=Y+12$이고 확률변수 Y는 이항분포 $\text{B}\left(15,\ \frac{1}{3}\right)$을 따르므로

$$\text{E}(Y)=15\times\frac{1}{3}=5$$

$$\therefore \text{E}(X)=\text{E}(Y+12)=\text{E}(Y)+12$$
$$=5+12=17$$

A 개념 확인

92~95쪽

0512 답 ㄱ, ㄴ, ㄷ

0513 답 ㄱ, ㄴ

ㄱ. 함수 $y=f(x)$의 그래프와 x축, y축 및
직선 $x=1$로 둘러싸인 부분의 넓이는
$1 \times 1 = 1$

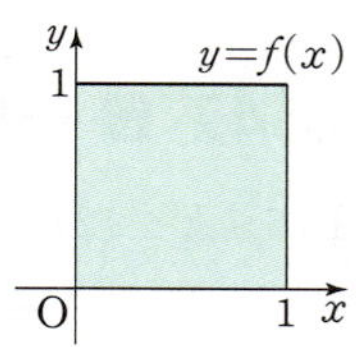

ㄴ. 함수 $y=f(x)$의 그래프와 x축 및 직선
$x=1$로 둘러싸인 부분의 넓이는
$\dfrac{1}{2} \times 1 \times 2 = 1$

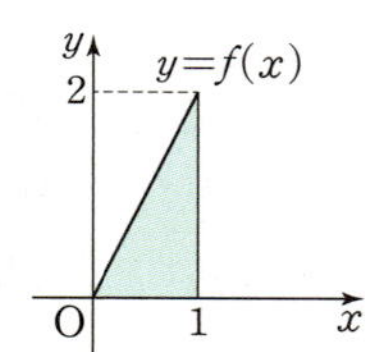

ㄷ. 함수 $y=f(x)$의 그래프와 x축, y축 및
직선 $x=1$로 둘러싸인 부분의 넓이는
$\dfrac{1}{2} \times \left(\dfrac{1}{2}+1\right) \times 1 = \dfrac{3}{4}$

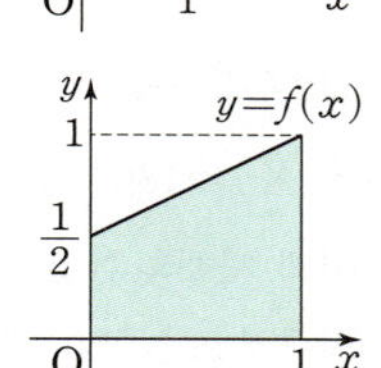

ㄹ. $\dfrac{1}{2} < x \leq 1$에서 $f(x) < 0$

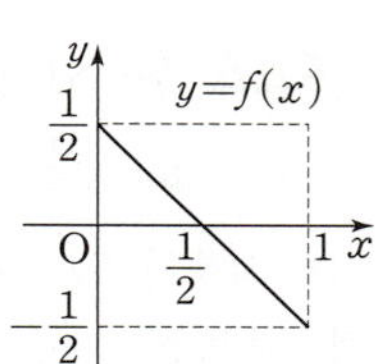

따라서 보기에서 확률밀도함수가 될 수 있는 것은 ㄱ, ㄴ이다.

0514 답 $\dfrac{2}{3}$

구하는 확률은 함수 $y=f(x)$의 그래프와 x축,
y축 및 직선 $x=2$로 둘러싸인 부분의 넓이와
같으므로

$$P(X \leq 2) = 2 \times \dfrac{1}{3} = \dfrac{2}{3}$$

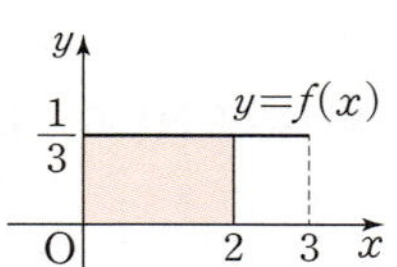

0515 답 $\dfrac{3}{4}$

구하는 확률은 함수 $y=f(x)$의 그래프와 x축
및 두 직선 $x=1$, $x=2$로 둘러싸인 부분의
넓이와 같으므로

$$P(1 \leq X \leq 2) = \dfrac{1}{2} \times \left(\dfrac{1}{2}+1\right) \times 1 = \dfrac{3}{4}$$

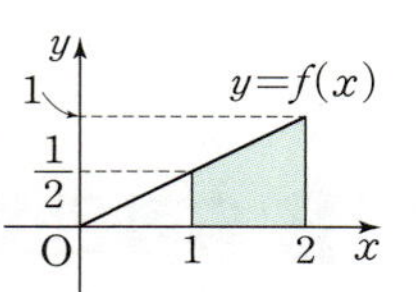

0516 답 $\dfrac{1}{4}$

$f(x) \geq 0$이므로 $a \geq 0$
함수 $y=f(x)$의 그래프와 x축 및 두 직
선 $x=-2$, $x=2$로 둘러싸인 부분의 넓
이가 1이므로
$4a=1$ $\quad \therefore a = \dfrac{1}{4}$

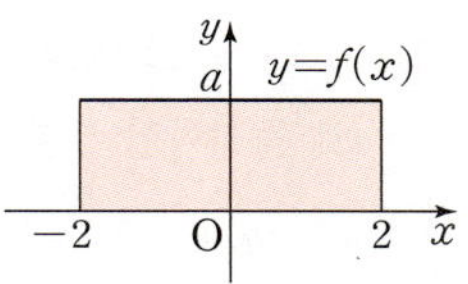

0517 답 $\dfrac{1}{4}$

구하는 확률은 함수 $y=f(x)$의 그래프와
x축 및 두 직선 $x=1$, $x=2$로 둘러싸인
부분의 넓이와 같으므로

$$P(X \geq 1) = 1 \times \dfrac{1}{4} = \dfrac{1}{4}$$

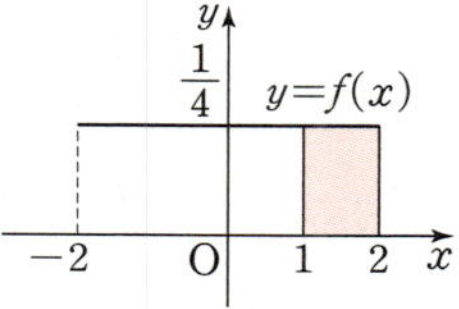

0518 답 $N(4, 2^2)$

0519 답 $N(12, 4^2)$

0520 답 ㄱ, ㄴ

ㄷ. $x=2$에서 최댓값을 갖는다.
따라서 보기에서 옳은 것은 ㄱ, ㄴ이다.

0521 답 a

$$P(m-\sigma \leq X \leq m) = P(m \leq X \leq m+\sigma) = a$$

0522 답 $a+0.5$

$$P(X \leq m+\sigma) = P(m \leq X \leq m+\sigma) + P(X \leq m)$$
$$= a+0.5$$

0523 답 $0.5-b$

$$P(X \geq m+2\sigma) = P(X \geq m) - P(m \leq X \leq m+2\sigma)$$
$$= 0.5-b$$

0524 답 $b-a$

$$P(m+\sigma \leq X \leq m+2\sigma)$$
$$= P(m \leq X \leq m+2\sigma) - P(m \leq X \leq m+\sigma)$$
$$= b-a$$

0525 답 $2b$

$$P(m-2\sigma \leq X \leq m+2\sigma)$$
$$= P(m-2\sigma \leq X \leq m) + P(m \leq X \leq m+2\sigma)$$
$$= 2P(m \leq X \leq m+2\sigma)$$
$$= 2b$$

0526 답 0.3085

$$P(Z \geq 0.5) = P(Z \geq 0) - P(0 \leq Z \leq 0.5)$$
$$= 0.5 - 0.1915$$
$$= 0.3085$$

0527 답 0.9772

$$P(Z \leq 2) = P(Z \leq 0) + P(0 \leq Z \leq 2)$$
$$= 0.5 + 0.4772$$
$$= 0.9772$$

0528 답 0.8413

$$P(Z \geq -1) = P(Z \leq 1)$$
$$= P(Z \leq 0) + P(0 \leq Z \leq 1)$$
$$= 0.5 + 0.3413$$
$$= 0.8413$$

0529 답 **0.0668**

$$P(Z\leq-1.5)=P(Z\geq1.5)$$
$$=P(Z\geq0)-P(0\leq Z\leq1.5)$$
$$=0.5-0.4332$$
$$=0.0668$$

0530 답 **0.1574**

$$P(1\leq Z\leq3)=P(0\leq Z\leq3)-P(0\leq Z\leq1)$$
$$=0.4987-0.3413$$
$$=0.1574$$

0531 답 **0.044**

$$P(-2\leq Z\leq-1.5)=P(1.5\leq Z\leq2)$$
$$=P(0\leq Z\leq2)-P(0\leq Z\leq1.5)$$
$$=0.4772-0.4332$$
$$=0.044$$

0532 답 **0.383**

$$P(-0.5\leq Z\leq0.5)=P(-0.5\leq Z\leq0)+P(0\leq Z\leq0.5)$$
$$=2P(0\leq Z\leq0.5)$$
$$=2\times0.1915$$
$$=0.383$$

0533 답 **0.8351**

$$P(-1\leq Z\leq2.5)=P(-1\leq Z\leq0)+P(0\leq Z\leq2.5)$$
$$=P(0\leq Z\leq1)+P(0\leq Z\leq2.5)$$
$$=0.3413+0.4938$$
$$=0.8351$$

0534 답 **2**

0535 답 **3**

$P(Z\leq k)=0.9987$에서
$$P(Z\leq0)+P(0\leq Z\leq k)=0.9987$$
$$0.5+P(0\leq Z\leq k)=0.9987$$
$$\therefore P(0\leq Z\leq k)=0.4987$$
$$\therefore k=3$$

0536 답 **1**

$P(Z\geq k)=0.1587$에서
$$P(Z\geq0)-P(0\leq Z\leq k)=0.1587$$
$$0.5-P(0\leq Z\leq k)=0.1587$$
$$\therefore P(0\leq Z\leq k)=0.3413$$
$$\therefore k=1$$

0537 답 **3**

$P(-k\leq Z\leq k)=0.9974$에서
$$P(-k\leq Z\leq0)+P(0\leq Z\leq k)=0.9974$$
$$2P(0\leq Z\leq k)=0.9974$$
$$\therefore P(0\leq Z\leq k)=0.4987$$
$$\therefore k=3$$

0538 답 $Z=\dfrac{X-16}{4}$

0539 답 $Z=\dfrac{X-120}{9}$

0540 답 $Z=\dfrac{X+4}{5}$

0541 답 $Z=\dfrac{X-10}{2}$

0542 답 **0.8185**

$$P(6\leq X\leq12)=P\left(\frac{6-10}{2}\leq Z\leq\frac{12-10}{2}\right)$$
$$=P(-2\leq Z\leq1)$$
$$=P(-2\leq Z\leq0)+P(0\leq Z\leq1)$$
$$=P(0\leq Z\leq2)+P(0\leq Z\leq1)$$
$$=0.4772+0.3413$$
$$=0.8185$$

0543 답 $N(30,\,5^2)$

$E(X)=180\times\dfrac{1}{6}=30$, $V(X)=180\times\dfrac{1}{6}\times\dfrac{5}{6}=25=5^2$

이때 시행횟수 $n=180$은 충분히 크므로 확률변수 X는 근사적으로 정규분포 $N(30,\,5^2)$을 따른다.

0544 답 $N(200,\,10^2)$

$E(X)=400\times\dfrac{1}{2}=200$, $V(X)=400\times\dfrac{1}{2}\times\dfrac{1}{2}=100=10^2$

이때 시행횟수 $n=400$은 충분히 크므로 확률변수 X는 근사적으로 정규분포 $N(200,\,10^2)$을 따른다.

0545 답 $N(360,\,12^2)$

$E(X)=600\times\dfrac{3}{5}=360$, $V(X)=600\times\dfrac{3}{5}\times\dfrac{2}{5}=144=12^2$

이때 시행횟수 $n=600$은 충분히 크므로 확률변수 X는 근사적으로 정규분포 $N(360,\,12^2)$을 따른다.

0546 답 $\dfrac{1}{8}$

$f(x)\geq0$이므로 $a\geq0$

함수 $y=f(x)$의 그래프와 x축 및 직선 $x=4$로 둘러싸인 부분의 넓이가 1이므로

$$\frac{1}{2}\times4\times4a=1,\ 8a=1$$

$$\therefore a=\frac{1}{8}$$

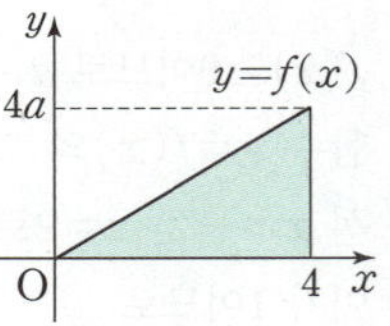

0547 답 ⑤

① $0 \leq x < 1$에서 $f(x) < 0$이므로 확률밀도함수의 그래프가 될 수 없다.

② 함수 $y = f(x)$의 그래프와 x축, y축 및 직선 $x = 2$로 둘러싸인 부분의 넓이가 $2 \times 1 = 2$이므로 확률밀도함수의 그래프가 될 수 없다.

③ $0 \leq x \leq 2$에서 $f(x) < 0$이므로 확률밀도함수의 그래프가 될 수 없다.

④ $0 < x < 2$에서 $f(x) < 0$이므로 확률밀도함수의 그래프가 될 수 없다.

⑤ $0 \leq x \leq 2$에서 $f(x) \geq 0$이고 함수 $y = f(x)$의 그래프와 x축으로 둘러싸인 부분의 넓이가 $\dfrac{1}{2} \times 2 \times 1 = 1$이므로 확률밀도함수의 그래프이다.

따라서 확률밀도함수 $y = f(x)$의 그래프가 될 수 있는 것은 ⑤이다.

0548 답 $\dfrac{1}{5}$

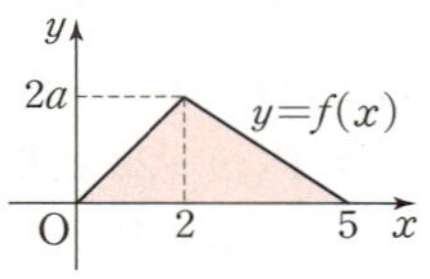

$f(x) \geq 0$이므로 $a \geq 0$

함수 $y = f(x)$의 그래프와 x축으로 둘러싸인 부분의 넓이가 1이므로

$\dfrac{1}{2} \times 5 \times 2a = 1$, $5a = 1$ $\quad \therefore a = \dfrac{1}{5}$

0549 답 ⑤

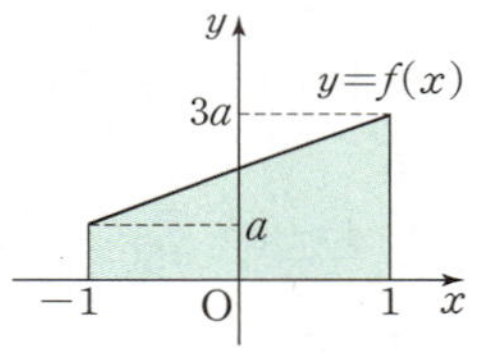

$f(x) \geq 0$이므로 $a \geq 0$

함수 $y = f(x)$의 그래프와 x축 및 두 직선 $x = -1$, $x = 1$로 둘러싸인 부분의 넓이가 1이므로

$\dfrac{1}{2} \times (a + 3a) \times 2 = 1$, $4a = 1$

$\therefore a = \dfrac{1}{4}$

$\therefore f(x) = \dfrac{1}{4}(x + 2) \ (-1 \leq x \leq 1)$

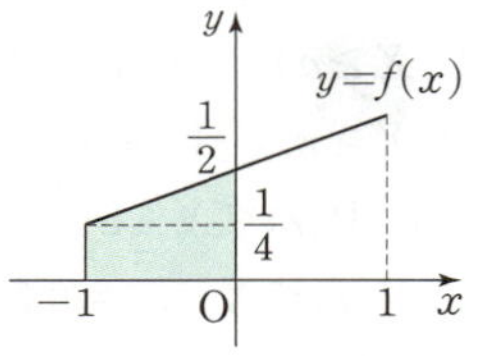

따라서 구하는 확률은 함수 $y = f(x)$의 그래프와 x축, y축 및 직선 $x = -1$로 둘러싸인 부분의 넓이와 같으므로

$\mathrm{P}(X \leq 0) = \dfrac{1}{2} \times \left(\dfrac{1}{4} + \dfrac{1}{2} \right) \times 1 = \dfrac{3}{8}$

0550 답 $\dfrac{11}{16}$

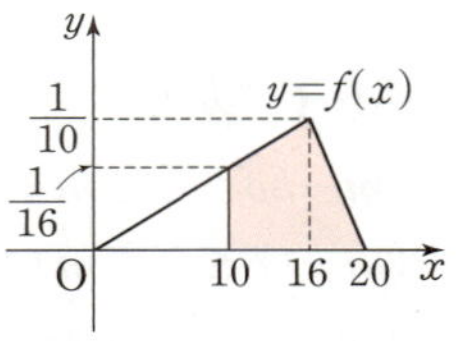

구하는 확률은 $\mathrm{P}(X \geq 10)$이고, 함수 $y = f(x)$의 그래프와 x축 및 두 직선 $x = 10$, $x = 20$으로 둘러싸인 부분의 넓이와 같으므로

$\mathrm{P}(X \geq 10)$

$= \dfrac{1}{2} \times \left(\dfrac{1}{16} + \dfrac{1}{10} \right) \times 6 + \dfrac{1}{2} \times 4 \times \dfrac{1}{10}$

$= \dfrac{11}{16}$

$\mathrm{P}(X \geq 10) = 1 - \mathrm{P}(0 \leq X \leq 10)$

$\qquad = 1 - \dfrac{1}{2} \times 10 \times \dfrac{1}{16} = \dfrac{11}{16}$

0551 답 5

함수 $y = f(x)$의 그래프와 x축으로 둘러싸인 부분의 넓이가 1이므로

$\dfrac{1}{2} \times a \times \dfrac{4}{5} = 1$, $\dfrac{2}{5}a = 1$

$\therefore a = \dfrac{5}{2}$

한편 $\mathrm{P}(0 \leq X \leq b)$는 함수 $y = f(x)$의 그래프와 x축, y축 및 직선 $x = b$로 둘러싸인 부분의 넓이와 같으므로 $\mathrm{P}(0 \leq X \leq b) = \dfrac{4}{5}$에서

$\dfrac{1}{2} \times b \times \dfrac{4}{5} = \dfrac{4}{5}$, $\dfrac{2}{5}b = \dfrac{4}{5}$ $\quad \therefore b = 2$

$\therefore ab = \dfrac{5}{2} \times 2 = 5$

0552 답 $\dfrac{1}{4}$

함수 $y = f(x)$의 그래프와 x축 및 두 직선 $x = -2$, $x = 3$으로 둘러싸인 부분의 넓이가 1이므로

$\dfrac{1}{2} \times 1 \times k + \dfrac{1}{2} \times 4 \times k = 1$, $\dfrac{5}{2}k = 1$ $\quad \therefore k = \dfrac{2}{5}$ ······ ❶

$-1 \leq x \leq 3$에서 함수 $y = f(x)$의 그래프는 두 점 $(-1, 0)$, $\left(3, \dfrac{2}{5} \right)$를 지나는 직선이므로

$f(x) = \dfrac{\dfrac{2}{5} - 0}{3 - (-1)} \{ x - (-1) \}$

$\therefore f(x) = \dfrac{1}{10}(x + 1) \ (-1 \leq x \leq 3)$

$\therefore f(1) = \dfrac{1}{5}$, $f(2) = \dfrac{3}{10}$ ······ ❷

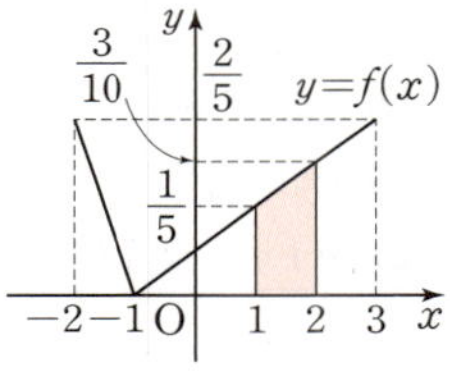

따라서 구하는 확률은 함수 $y = f(x)$의 그래프와 x축 및 두 직선 $x = 1$, $x = 2$로 둘러싸인 부분의 넓이와 같으므로

$\mathrm{P}(1 \leq X \leq 2) = \dfrac{1}{2} \times \left(\dfrac{1}{5} + \dfrac{3}{10} \right) \times 1$

$\qquad = \dfrac{1}{4}$ ······ ❸

❶ k의 값 구하기	30 %
❷ $f(1)$, $f(2)$의 값 구하기	30 %
❸ $\mathrm{P}(1 \leq X \leq 2)$ 구하기	40 %

0553 답 ①

$\mathrm{P}(0 \leq X \leq 3) = 1$이므로

$3a = 1$ $\quad \therefore a = \dfrac{1}{3}$

따라서 $\mathrm{P}(x \leq X \leq 3) = \dfrac{1}{3}(3 - x) \ (0 \leq x \leq 3)$에서

$\mathrm{P}\left(0 \leq X \leq \dfrac{1}{3} \right) = \mathrm{P}(0 \leq X \leq 3) - \mathrm{P}\left(\dfrac{1}{3} \leq X \leq 3 \right)$

$\qquad = 1 - \dfrac{1}{3}\left(3 - \dfrac{1}{3} \right)$

$\qquad = 1 - \dfrac{8}{9} = \dfrac{1}{9}$

0554 답 ㄱ

ㄱ. 확률변수 X_1의 정규분포곡선의 대칭축이 확률변수 X_2의 정규
  분포곡선의 대칭축보다 왼쪽에 있으므로
  $$E(X_1)<E(X_2)$$

ㄴ. 확률변수 X_1의 정규분포곡선의 가운데 부분의 높이가 확률변수
  X_2의 정규분포곡선의 가운데 부분의 높이보다 낮으므로
  $$\sigma(X_1)>\sigma(X_2)$$

ㄷ. $E(X_1)<a$이므로 $P(X_1\geq a)<0.5$
  $E(X_2)>a$이므로 $P(X_2\geq a)>0.5$
  $$\therefore\ P(X_1\geq a)<P(X_2\geq a)$$

따라서 보기에서 옳은 것은 ㄱ이다.

0555 답 ④

평균이 클수록 정규분포곡선의 대칭축은 오른쪽에 있고, 표준편차
가 클수록 정규분포곡선의 가운데 부분의 높이는 낮아지고 양쪽으로
넓게 퍼진 모양이 된다.

학교 B가 학교 A보다 학생들의 몸무게의 평균과 표준편차가 더 크
므로 두 학교에 대한 정규분포곡선으로 알맞은 것은 ④이다.

0556 답 18

정규분포곡선은 직선 $x=m$에 대하여 대칭
이고 $P(X\leq 7)=P(X\geq 11)$이므로

$$m=\frac{7+11}{2}=9 \qquad \cdots\cdots \text{ⅰ}$$

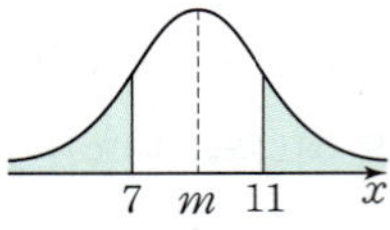

또 $V\left(\dfrac{1}{3}X\right)=9$에서 $\left(\dfrac{1}{3}\right)^2V(X)=9$

$$\therefore\ V(X)=81$$

즉, $\sigma^2=81$이므로 $\sigma=9$ ($\because\ \sigma>0$) $\qquad \cdots\cdots \text{ⅱ}$

$$\therefore\ m+\sigma=9+9=18 \qquad \cdots\cdots \text{ⅲ}$$

채점 기준	
ⅰ m의 값 구하기	40 %
ⅱ σ의 값 구하기	40 %
ⅲ $m+\sigma$의 값 구하기	20 %

0557 답 10

$P(X\leq a)+P(X\leq 16)=1$에서

$$P(X\leq a)=1-P(X\leq 16)$$
$$=P(X\geq 16)$$

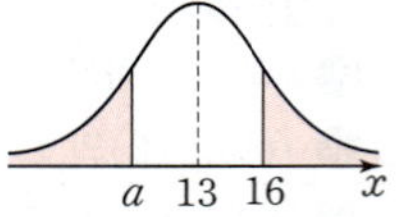

이때 정규분포곡선은 직선 $x=13$에 대하여 대칭이므로

$$\frac{a+16}{2}=13,\ a+16=26 \qquad \therefore\ a=10$$

0558 답 ③

확률변수 X의 평균이 12이므로 X의 확률밀도함수는 $x=12$에서
최댓값을 갖고, 정규분포곡선은 직선 $x=12$에 대하여 대칭이다.

따라서 $P(a-6\leq X\leq a+4)$가 최대가 되

려면 $a-6$, $a+4$의 평균이 12이어야 하므로

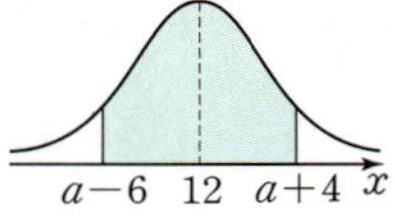

$$\frac{(a-6)+(a+4)}{2}=12,\ a-1=12$$
$$\therefore\ a=13$$

0559 답 0.84

$m=45$, $\sigma=3$이므로

$$P(36\leq X\leq 48)=P(45-9\leq X\leq 45+3)$$
$$=P(m-3\sigma\leq X\leq m+\sigma)$$
$$=P(m-3\sigma\leq X\leq m)+P(m\leq X\leq m+\sigma)$$
$$=P(m\leq X\leq m+3\sigma)+P(m\leq X\leq m+\sigma)$$
$$=0.4987+0.3413=0.84$$

0560 답 ③

$P(m-\sigma\leq X\leq m+\sigma)=a$에서

$$P(m-\sigma\leq X\leq m)+P(m\leq X\leq m+\sigma)=a$$
$$2P(m\leq X\leq m+\sigma)=a$$
$$\therefore\ P(m\leq X\leq m+\sigma)=\frac{a}{2}$$

$P(m-2\sigma\leq X\leq m+2\sigma)=b$에서

$$P(m-2\sigma\leq X\leq m)+P(m\leq X\leq m+2\sigma)=b$$
$$2P(m\leq X\leq m+2\sigma)=b$$
$$\therefore\ P(m\leq X\leq m+2\sigma)=\frac{b}{2}$$

$$\therefore\ P(m-2\sigma\leq X\leq m-\sigma)$$
$$=P(m-2\sigma\leq X\leq m)-P(m-\sigma\leq X\leq m)$$
$$=P(m\leq X\leq m+2\sigma)-P(m\leq X\leq m+\sigma)$$
$$=\frac{b}{2}-\frac{a}{2}=\frac{b-a}{2}$$

0561 답 0.3641

정규분포곡선은 직선 $x=m$에 대하여 대칭
이고 $P(40\leq X\leq 45)=P(55\leq X\leq 60)$이
므로

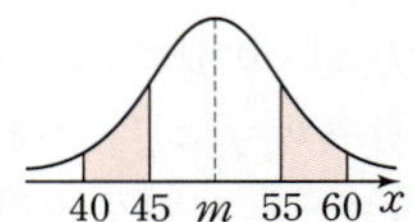

$$m=\frac{45+55}{2}=50$$

$$\therefore\ P(X\leq 40)+P(50\leq X\leq 55)=P(X\leq 40)+P(45\leq X\leq 50)$$
$$=P(X\leq 50)-P(40\leq X\leq 45)$$
$$=0.5-0.1359=0.3641$$

0562 답 ⑤

$P(X\geq a)=0.1587$에서

$$P(X\geq m)-P(m\leq X\leq a)=0.1587$$
$$0.5-P(m\leq X\leq a)=0.1587$$
$$\therefore\ P(m\leq X\leq a)=0.3413$$

이때 $P(m\leq X\leq m+\sigma)=0.3413$이므로

$$a=m+\sigma$$

따라서 $m=15$, $\sigma=2$이므로

$$a=15+2=17$$

0563 답 0.5

$P(m-k\sigma\leq X\leq m+k\sigma)=0.383$에서

$$P(m-k\sigma\leq X\leq m)+P(m\leq X\leq m+k\sigma)=0.383$$
$$2P(m\leq X\leq m+k\sigma)=0.383$$
$$\therefore\ P(m\leq X\leq m+k\sigma)=0.1915$$

이때 $P(m\leq X\leq m+0.5\sigma)=0.1915$이므로

$$k=0.5$$

0564 답 57

$P(X \le a) = 0.9332$에서
$P(X \le m) + P(m \le X \le a) = 0.9332$
$0.5 + P(m \le X \le a) = 0.9332$
$\therefore P(m \le X \le a) = 0.4332$
이때 $P(m \le X \le m + 1.5\sigma) = 0.4332$이므로
$a = m + 1.5\sigma$
따라서 $m = 48$, $\sigma = 6$이므로
$a = 48 + 1.5 \times 6 = 57$

0565 답 4

두 확률변수 X, Y가 각각 정규분포 $N(7, 3^2)$, $N(0, 4^2)$을 따르므로 $Z_X = \dfrac{X-7}{3}$, $Z_Y = \dfrac{Y}{4}$로 놓으면 두 확률변수 Z_X, Z_Y는 모두 표준정규분포 $N(0, 1)$을 따른다.
$P(X \ge 4k) = P(Y \ge 3k)$에서
$P\left(Z_X \ge \dfrac{4k-7}{3}\right) = P\left(Z_Y \ge \dfrac{3k}{4}\right)$
따라서 $\dfrac{4k-7}{3} = \dfrac{3k}{4}$이므로
$16k - 28 = 9k$, $7k = 28$ $\therefore k = 4$

0566 답 ②

확률변수 X가 정규분포 $N(25, 4^2)$을 따르므로 $Z = \dfrac{X-25}{4}$로 놓으면 두 확률변수 Z, Y는 모두 표준정규분포 $N(0, 1)$을 따른다.
$P(X \le a) = P(Y \ge a)$에서
$P\left(Z \le \dfrac{a-25}{4}\right) = P(Y \ge a)$
$P\left(Z \le \dfrac{a-25}{4}\right) = P(Y \le -a)$
따라서 $\dfrac{a-25}{4} = -a$이므로
$a - 25 = -4a$, $5a = 25$ $\therefore a = 5$

0567 답 16

두 확률변수 X, Y가 각각 정규분포 $N(18, 6^2)$, $N(m, 4^2)$을 따르므로 $Z_X = \dfrac{X-18}{6}$, $Z_Y = \dfrac{Y-m}{4}$으로 놓으면 두 확률변수 Z_X, Z_Y는 모두 표준정규분포 $N(0, 1)$을 따른다.
$P(12 \le Y \le 2m - 12)$에서
$2m - 12 \ge 12$ $\therefore m \ge 12$
$2P(18 \le X \le 24) = P(12 \le Y \le 2m - 12)$에서
$2P\left(\dfrac{18-18}{6} \le Z_X \le \dfrac{24-18}{6}\right) = P\left(\dfrac{12-m}{4} \le Z_Y \le \dfrac{2m-12-m}{4}\right)$
$2P(0 \le Z_X \le 1) = P\left(-\dfrac{m-12}{4} \le Z_Y \le \dfrac{m-12}{4}\right)$ $(\because m \ge 12)$
$2P(0 \le Z_X \le 1) = P\left(-\dfrac{m-12}{4} \le Z_Y \le 0\right) + P\left(0 \le Z_Y \le \dfrac{m-12}{4}\right)$
$2P(0 \le Z_X \le 1) = 2P\left(0 \le Z_Y \le \dfrac{m-12}{4}\right)$
$\therefore P(0 \le Z_X \le 1) = P\left(0 \le Z_Y \le \dfrac{m-12}{4}\right)$

따라서 $1 = \dfrac{m-12}{4}$이므로
$m - 12 = 4$ $\therefore m = 16$

0568 답 0.8185

확률변수 X가 정규분포 $N(60, 10^2)$을 따르므로 $Z = \dfrac{X-60}{10}$으로 놓으면 확률변수 Z는 표준정규분포 $N(0, 1)$을 따른다.
$\therefore P(50 \le X \le 80) = P\left(\dfrac{50-60}{10} \le Z \le \dfrac{80-60}{10}\right)$
$= P(-1 \le Z \le 2)$
$= P(-1 \le Z \le 0) + P(0 \le Z \le 2)$
$= P(0 \le Z \le 1) + P(0 \le Z \le 2)$
$= 0.3413 + 0.4772$
$= 0.8185$

0569 답 ⑤

확률변수 X가 정규분포 $N(32, 4^2)$을 따르므로 $Z = \dfrac{X-32}{4}$로 놓으면 확률변수 Z는 표준정규분포 $N(0, 1)$을 따른다.
ㄱ. $P(20 \le X \le 32) = P\left(\dfrac{20-32}{4} \le Z \le \dfrac{32-32}{4}\right)$
$= P(-3 \le Z \le 0)$
$= P(0 \le Z \le 3)$
$= 0.4987$
ㄴ. $P(X \ge 20) = P\left(Z \ge \dfrac{20-32}{4}\right)$
$= P(Z \ge -3)$
$= P(Z \le 3)$
$= P(Z \le 0) + P(0 \le Z \le 3)$
$= 0.5 + 0.4987$
$= 0.9987$
ㄷ. $P(X \ge 44) = P\left(Z \ge \dfrac{44-32}{4}\right)$
$= P(Z \ge 3)$
$= P(Z \ge 0) - P(0 \le Z \le 3)$
$= 0.5 - 0.4987$
$= 0.0013$
따라서 보기에서 옳은 것은 ㄱ, ㄴ, ㄷ이다.

0570 답 0.1359

확률변수 X가 정규분포 $N(15, 3^2)$을 따르므로 $Z = \dfrac{X-15}{3}$로 놓으면 확률변수 Z는 표준정규분포 $N(0, 1)$을 따른다.
$Y = 3X + 4$이므로
$P(58 \le Y \le 67) = P(58 \le 3X + 4 \le 67)$
$= P(18 \le X \le 21)$
$= P\left(\dfrac{18-15}{3} \le Z \le \dfrac{21-15}{3}\right)$
$= P(1 \le Z \le 2)$
$= P(0 \le Z \le 2) - P(0 \le Z \le 1)$
$= 0.4772 - 0.3413$
$= 0.1359$

$E(X)=15$, $\sigma(X)=3$이므로
$$E(Y)=E(3X+4)=3E(X)+4$$
$$=3\times15+4=49$$
$$\sigma(Y)=\sigma(3X+4)=|3|\sigma(X)$$
$$=3\times3=9$$
따라서 확률변수 Y는 정규분포 $N(49, 9^2)$을 따르므로
$Z=\dfrac{Y-49}{9}$로 놓으면 Z는 표준정규분포 $N(0, 1)$을 따른다.

$$\therefore\ P(58\leq Y\leq67)=P\left(\frac{58-49}{9}\leq Z\leq\frac{67-49}{9}\right)$$
$$=P(1\leq Z\leq2)$$
$$=P(0\leq Z\leq2)-P(0\leq Z\leq1)$$
$$=0.4772-0.3413$$
$$=0.1359$$

0571 답 0.6915

두 확률변수 X, Y가 각각 정규분포 $N(15, 5^2)$, $N(30, \sigma^2)$을 따르므로 $Z_X=\dfrac{X-15}{5}$, $Z_Y=\dfrac{Y-30}{\sigma}$으로 놓으면 두 확률변수 Z_X, Z_Y는 모두 표준정규분포 $N(0, 1)$을 따른다.
$P(X\leq5)+P(Y\geq26)=1$에서
$$P\left(Z_X\leq\frac{5-15}{5}\right)+P\left(Z_Y\geq\frac{26-30}{\sigma}\right)=1$$
$$P(Z_X\leq-2)+P\left(Z_Y\geq-\frac{4}{\sigma}\right)=1$$
즉, $-2=-\dfrac{4}{\sigma}$이므로 $\sigma=2$
따라서 확률변수 Y는 정규분포 $N(30, 2^2)$을 따르므로
$$P(Y\geq29)=P\left(Z_Y\geq\frac{29-30}{2}\right)$$
$$=P(Z_Y\geq-0.5)=P(Z_Y\leq0.5)$$
$$=P(Z_Y\leq0)+P(0\leq Z_Y\leq0.5)$$
$$=0.5+0.1915$$
$$=0.6915$$

0572 답 18

확률변수 X가 정규분포 $N(20, 2^2)$을 따르므로 $Z=\dfrac{X-20}{2}$으로 놓으면 확률변수 Z는 표준정규분포 $N(0, 1)$을 따른다.
$P(a\leq X\leq23)=0.7745$에서
$$P\left(\frac{a-20}{2}\leq Z\leq\frac{23-20}{2}\right)=0.7745$$
$$P\left(\frac{a-20}{2}\leq Z\leq1.5\right)=0.7745$$
$$P\left(\frac{a-20}{2}\leq Z\leq0\right)+P(0\leq Z\leq1.5)=0.7745$$
$$P\left(0\leq Z\leq\frac{20-a}{2}\right)+0.4332=0.7745$$
$$\therefore\ P\left(0\leq Z\leq\frac{20-a}{2}\right)=0.3413$$
이때 $P(0\leq Z\leq1)=0.3413$이므로
$$\frac{20-a}{2}=1,\ 20-a=2$$
$$\therefore\ a=18$$

0573 답 1.25

확률변수 X가 정규분포 $N(m, \sigma^2)$을 따르므로 $Z=\dfrac{X-m}{\sigma}$으로 놓으면 확률변수 Z는 표준정규분포 $N(0, 1)$을 따른다.
$P(m-k\sigma\leq X\leq m+k\sigma)=0.7888$에서
$$P\left(\frac{m-k\sigma-m}{\sigma}\leq Z\leq\frac{m+k\sigma-m}{\sigma}\right)=0.7888$$
$$P(-k\leq Z\leq k)=0.7888$$
$$P(-k\leq Z\leq0)+P(0\leq Z\leq k)=0.7888$$
$$2P(0\leq Z\leq k)=0.7888$$
$$\therefore\ P(0\leq Z\leq k)=0.3944$$
이때 $P(0\leq Z\leq1.25)=0.3944$이므로
$$k=1.25$$

0574 답 0.0668

확률변수 X가 정규분포 $N(24, 4^2)$을 따르므로 $Z=\dfrac{X-24}{4}$로 놓으면 확률변수 Z는 표준정규분포 $N(0, 1)$을 따른다. $\cdots\cdots$ ❶
$P(X\leq24-k)=0.3085$에서
$$P\left(Z\leq\frac{24-k-24}{4}\right)=0.3085$$
$$P\left(Z\leq-\frac{k}{4}\right)=0.3085$$
$$P\left(Z\geq\frac{k}{4}\right)=0.3085$$
$$P(Z\geq0)-P\left(0\leq Z\leq\frac{k}{4}\right)=0.3085$$
$$0.5-P\left(0\leq Z\leq\frac{k}{4}\right)=0.3085$$
$$\therefore\ P\left(0\leq Z\leq\frac{k}{4}\right)=0.1915$$
이때 $P(0\leq Z\leq0.5)=0.1915$이므로
$$\frac{k}{4}=0.5\qquad\therefore\ k=2 \qquad\cdots\cdots ❷$$
$$\therefore\ P(X\geq15k)=P(X\geq30)$$
$$=P\left(Z\geq\frac{30-24}{4}\right)$$
$$=P(Z\geq1.5)$$
$$=P(Z\geq0)-P(0\leq Z\leq1.5)$$
$$=0.5-0.4332$$
$$=0.0668 \qquad\cdots\cdots ❸$$

❶ 확률변수 X 표준화하기		20 %
❷ k의 값 구하기		50 %
❸ $P(X\geq15k)$ 구하기		30 %

0575 답 2차 필기시험, 실기시험, 1차 필기시험

회사 입사 지원자의 1차 필기시험, 2차 필기시험, 실기시험 성적을 각각 확률변수 X_A, X_B, X_C라 하면 X_A, X_B, X_C는 각각 정규분포 $N(60, 9^2)$, $N(55, 12^2)$, $N(64, 10^2)$을 따르므로
$$Z_A=\frac{X_A-60}{9},\ Z_B=\frac{X_B-55}{12},\ Z_C=\frac{X_C-64}{10}$$
로 놓으면 세 확률변수 Z_A, Z_B, Z_C는 모두 표준정규분포 $N(0, 1)$을 따른다.

다른 지원자보다 민지의 1차 필기시험, 2차 필기시험, 실기시험 성적이 높을 확률은 각각
$$\mathrm{P}(X_A<68)=\mathrm{P}\left(Z_A<\frac{68-60}{9}\right)=\mathrm{P}\left(Z_A<\frac{8}{9}\right)$$
$$\mathrm{P}(X_B<67)=\mathrm{P}\left(Z_B<\frac{67-55}{12}\right)=\mathrm{P}(Z_B<1)$$
$$\mathrm{P}(X_C<73)=\mathrm{P}\left(Z_C<\frac{73-64}{10}\right)=\mathrm{P}\left(Z_C<\frac{9}{10}\right)$$
이때 $\mathrm{P}(Z_B<1)>\mathrm{P}\left(Z_C<\frac{9}{10}\right)>\mathrm{P}\left(Z_A<\frac{8}{9}\right)$이므로
$$\mathrm{P}(X_B<67)>\mathrm{P}(X_C<73)>\mathrm{P}(X_A<68)$$
따라서 민지의 성적이 상대적으로 높은 시험부터 순서대로 나열하면 2차 필기시험, 실기시험, 1차 필기시험이다.

0576 답 ③

세 확률변수 X, Y, W가 각각 정규분포 $\mathrm{N}(59,\ 4^2)$, $\mathrm{N}(65,\ 5^2)$, $\mathrm{N}(67,\ 6^2)$을 따르므로
$$Z_X=\frac{X-59}{4},\ Z_Y=\frac{Y-65}{5},\ Z_W=\frac{W-67}{6}$$
로 놓으면 세 확률변수 Z_X, Z_Y, Z_W는 모두 표준정규분포 $\mathrm{N}(0,\ 1)$을 따른다.
$$a=\mathrm{P}(X\geq65)=\mathrm{P}\left(Z_X\geq\frac{65-59}{4}\right)$$
$$=\mathrm{P}(Z_X\geq1.5)$$
$$b=\mathrm{P}(Y\leq57)=\mathrm{P}\left(Z_Y\leq\frac{57-65}{5}\right)$$
$$=\mathrm{P}(Z_Y\leq-1.6)=\mathrm{P}(Z_Y\geq1.6)$$
$$c=\mathrm{P}(W\geq73)=\mathrm{P}\left(Z_W\geq\frac{73-67}{6}\right)$$
$$=\mathrm{P}(Z_W\geq1)$$
이때 $\mathrm{P}(Z_Y\geq1.6)<\mathrm{P}(Z_X\geq1.5)<\mathrm{P}(Z_W\geq1)$이므로
$$b<a<c$$

0577 답 A, C, B

1팀, 2팀, 3팀 직원의 하루 스마트폰 사용 시간을 각각 확률변수 X_1, X_2, X_3이라 하면 X_1, X_2, X_3은 각각 정규분포 $\mathrm{N}(68,\ 8^2)$, $\mathrm{N}(73,\ 5^2)$, $\mathrm{N}(70,\ 4^2)$을 따르므로
$$Z_1=\frac{X_1-68}{8},\ Z_2=\frac{X_2-73}{5},\ Z_3=\frac{X_3-70}{4}$$
으로 놓으면 세 확률변수 Z_1, Z_2, Z_3은 모두 표준정규분포 $\mathrm{N}(0,\ 1)$을 따른다.
각 팀 직원의 하루 스마트폰 사용 시간이 64분보다 적을 확률은 각각
$$\mathrm{P}(X_1<64)=\mathrm{P}\left(Z_1<\frac{64-68}{8}\right)=\mathrm{P}(Z_1<-0.5)$$
$$\mathrm{P}(X_2<64)=\mathrm{P}\left(Z_2<\frac{64-73}{5}\right)=\mathrm{P}(Z_2<-1.8)$$
$$\mathrm{P}(X_3<64)=\mathrm{P}\left(Z_3<\frac{64-70}{4}\right)=\mathrm{P}(Z_3<-1.5)$$
이때 $\mathrm{P}(Z_1<-0.5)>\mathrm{P}(Z_3<-1.5)>\mathrm{P}(Z_2<-1.8)$이므로
$$\mathrm{P}(X_1<64)>\mathrm{P}(X_3<64)>\mathrm{P}(X_2<64)$$
따라서 소속된 각 팀에서 상대적으로 하루 스마트폰 사용 시간이 많은 직원부터 순서대로 나열하면 A, C, B이다.

0578 답 0.0013

승용차 1대를 세차하는 데 걸리는 시간을 확률변수 X라 하면 X는 정규분포 $\mathrm{N}(27,\ 5^2)$을 따르므로 $Z=\dfrac{X-27}{5}$로 놓으면 확률변수 Z는 표준정규분포 $\mathrm{N}(0,\ 1)$을 따른다.
따라서 구하는 확률은
$$\mathrm{P}(X\geq42)=\mathrm{P}\left(Z\geq\frac{42-27}{5}\right)$$
$$=\mathrm{P}(Z\geq3)$$
$$=\mathrm{P}(Z\geq0)-\mathrm{P}(0\leq Z\leq3)$$
$$=0.5-0.4987=0.0013$$

0579 답 ⑤

과자 1개의 무게를 확률변수 X라 하면 X는 정규분포 $\mathrm{N}(18,\ 0.3^2)$을 따르므로 $Z=\dfrac{X-18}{0.3}$로 놓으면 확률변수 Z는 표준정규분포 $\mathrm{N}(0,\ 1)$을 따른다.
과자 1개의 무게가 18.75 g 이하일 확률은
$$\mathrm{P}(X\leq18.75)=\mathrm{P}\left(Z\leq\frac{18.75-18}{0.3}\right)$$
$$=\mathrm{P}(Z\leq2.5)$$
$$=\mathrm{P}(Z\leq0)+\mathrm{P}(0\leq Z\leq2.5)$$
$$=0.5+0.49=0.99$$
따라서 무게가 18.75 g 이하인 과자는 전체의 99 %이다.

0580 답 ②

학생의 수학 시험 점수를 확률변수 X라 하면 X는 정규분포 $\mathrm{N}(68,\ 10^2)$을 따르므로 $Z=\dfrac{X-68}{10}$로 놓으면 확률변수 Z는 표준정규분포 $\mathrm{N}(0,\ 1)$을 따른다.
따라서 구하는 확률은
$$\mathrm{P}(55\leq X\leq78)=\mathrm{P}\left(\frac{55-68}{10}\leq Z\leq\frac{78-68}{10}\right)$$
$$=\mathrm{P}(-1.3\leq Z\leq1)$$
$$=\mathrm{P}(-1.3\leq Z\leq0)+\mathrm{P}(0\leq Z\leq1)$$
$$=\mathrm{P}(0\leq Z\leq1.3)+\mathrm{P}(0\leq Z\leq1)$$
$$=0.4032+0.3413=0.7445$$

0581 답 0.0668

집에서 공원까지 가는 데 걸리는 시간을 확률변수 X라 하면 X는 정규분포 $\mathrm{N}(34,\ 4^2)$을 따르므로 $Z=\dfrac{X-34}{4}$로 놓으면 확률변수 Z는 표준정규분포 $\mathrm{N}(0,\ 1)$을 따른다.
집에서 공원까지 가는 데 걸리는 시간이 40분을 초과하면 약속 시간에 늦으므로 구하는 확률은
$$\mathrm{P}(X>40)=\mathrm{P}\left(Z>\frac{40-34}{4}\right)$$
$$=\mathrm{P}(Z>1.5)=\mathrm{P}(Z\geq1.5)$$
$$=\mathrm{P}(Z\geq0)-\mathrm{P}(0\leq Z\leq1.5)$$
$$=0.5-0.4332=0.0668$$

참고 연속확률변수 X가 특정한 값을 가질 확률은 0이므로
$$\mathrm{P}(X>a)=\mathrm{P}(X\geq a)$$가 성립한다.

0582 답 96

라면 1봉지의 무게를 확률변수 X라 하면 X는 정규분포
$N(120,\ 12^2)$을 따르므로 $Z=\dfrac{X-120}{12}$으로 놓으면 확률변수 Z는
표준정규분포 $N(0,\ 1)$을 따른다.
라면 1봉지의 무게가 a g 이하일 확률은 0.0228이므로
$$P(X\le a)=0.0228$$
$$P\!\left(Z\le\dfrac{a-120}{12}\right)=0.0228$$
$$P\!\left(Z\ge\dfrac{120-a}{12}\right)=0.0228$$
$$P(Z\ge0)-P\!\left(0\le Z\le\dfrac{120-a}{12}\right)=0.0228$$
$$0.5-P\!\left(0\le Z\le\dfrac{120-a}{12}\right)=0.0228$$
$$\therefore\ P\!\left(0\le Z\le\dfrac{120-a}{12}\right)=0.4772$$
이때 $P(0\le Z\le2)=0.4772$이므로
$$\dfrac{120-a}{12}=2 \qquad \therefore\ a=96$$

0583 답 ②

2학년 학생의 키를 확률변수 X라 하면 X는 정규분포 $N(169,\ 6^2)$을
따르므로 $Z=\dfrac{X-169}{6}$로 놓으면 확률변수 Z는 표준정규분포
$N(0,\ 1)$을 따른다.
학생의 키가 178 cm 이상일 확률은
$$
\begin{aligned}
P(X\ge178)&=P\!\left(Z\ge\dfrac{178-169}{6}\right)\\
&=P(Z\ge1.5)\\
&=P(Z\ge0)-P(0\le Z\le1.5)\\
&=0.5-0.43=0.07
\end{aligned}
$$
따라서 구하는 학생의 수는
$$200\times0.07=14$$

0584 답 477

키위 1개의 무게를 확률변수 X라 하면 X는 정규분포 $N(62,\ 2^2)$을
따르므로 $Z=\dfrac{X-62}{2}$로 놓으면 확률변수 Z는 표준정규분포 $N(0,\ 1)$
을 따른다. $\quad\cdots\cdots$ ❶
키위 1개의 무게가 58 g 이상 66 g 이하일 확률은
$$
\begin{aligned}
P(58\le X\le66)&=P\!\left(\dfrac{58-62}{2}\le Z\le\dfrac{66-62}{2}\right)\\
&=P(-2\le Z\le2)\\
&=P(-2\le Z\le0)+P(0\le Z\le2)\\
&=2P(0\le Z\le2)\\
&=2\times0.477=0.954 \qquad\cdots\cdots\text{❷}
\end{aligned}
$$
따라서 구하는 정상 제품의 개수는
$$500\times0.954=477 \qquad\cdots\cdots\text{❸}$$

채점 기준	
❶ 키위 1개의 무게를 확률변수 X로 놓고 X 표준화하기	20 %
❷ 키위 1개의 무게가 58 g 이상 66 g 이하일 확률 구하기	50 %
❸ 정상 제품의 개수 구하기	30 %

0585 답 24

학생의 세계지리 시험 성적을 확률변수 X라 하면 X는 정규분포
$N(70,\ 8^2)$을 따르므로 $Z=\dfrac{X-70}{8}$으로 놓으면 확률변수 Z는 표준
정규분포 $N(0,\ 1)$을 따른다.
학생의 시험 성적이 62점 이하일 확률은
$$
\begin{aligned}
P(X\le62)&=P\!\left(Z\le\dfrac{62-70}{8}\right)\\
&=P(Z\le-1)\\
&=P(Z\ge1)\\
&=P(Z\ge0)-P(0\le Z\le1)\\
&=0.5-0.34\\
&=0.16
\end{aligned}
$$
따라서 구하는 학생의 수는
$$150\times0.16=24$$

0586 답 2766

50대 주민의 최고 혈압을 확률변수 X라 하면 X는 정규분포
$N(143,\ 6^2)$을 따르므로 $Z=\dfrac{X-143}{6}$으로 놓으면 확률변수 Z는
표준정규분포 $N(0,\ 1)$을 따른다.
50대 주민의 최고 혈압이 140 mmHg 이상일 확률은
$$
\begin{aligned}
P(X\ge140)&=P\!\left(Z\ge\dfrac{140-143}{6}\right)\\
&=P(Z\ge-0.5)\\
&=P(Z\le0.5)\\
&=P(Z\le0)+P(0\le Z\le0.5)\\
&=0.5+0.1915\\
&=0.6915
\end{aligned}
$$
따라서 구하는 50대 주민의 수는
$$4000\times0.6915=2766$$

0587 답 ③

응시자의 시험 점수를 확률변수 X라 하면 X는 정규분포 $N(60,\ 2^2)$
을 따르므로 $Z=\dfrac{X-60}{2}$으로 놓으면 확률변수 Z는 표준정규분포
$N(0,\ 1)$을 따른다.
합격자의 최저 점수를 a점이라 하면
$$P(X\ge a)=\dfrac{21}{300}=0.07$$
$$P\!\left(Z\ge\dfrac{a-60}{2}\right)=0.07$$
$$P(Z\ge0)-P\!\left(0\le Z\le\dfrac{a-60}{2}\right)=0.07$$
$$0.5-P\!\left(0\le Z\le\dfrac{a-60}{2}\right)=0.07$$
$$\therefore\ P\!\left(0\le Z\le\dfrac{a-60}{2}\right)=0.43$$
이때 $P(0\le Z\le1.5)=0.43$이므로
$$\dfrac{a-60}{2}=1.5,\ a-60=3$$
$$\therefore\ a=63$$
따라서 구하는 최저 점수는 63점이다.

0588 답 190초

학생의 오래매달리기 기록을 확률변수 X라 하면 X는 정규분포 $\mathrm{N}(120,\ 40^2)$을 따르므로 $Z=\dfrac{X-120}{40}$으로 놓으면 확률변수 Z는 표준정규분포 $\mathrm{N}(0,\ 1)$을 따른다.

메달을 받은 학생의 최저 기록을 a초라 하면 기록이 a초보다 길거나 같아야 메달을 받으므로

$\mathrm{P}(X\geq a)=0.04$

$\mathrm{P}\left(Z\geq\dfrac{a-120}{40}\right)=0.04$

$\mathrm{P}(Z\geq0)-\mathrm{P}\left(0\leq Z\leq\dfrac{a-120}{40}\right)=0.04$

$0.5-\mathrm{P}\left(0\leq Z\leq\dfrac{a-120}{40}\right)=0.04$

$\therefore\ \mathrm{P}\left(0\leq Z\leq\dfrac{a-120}{40}\right)=0.46$

이때 $\mathrm{P}(0\leq Z\leq1.75)=0.46$이므로

$\dfrac{a-120}{40}=1.75,\ a-120=70 \qquad \therefore\ a=190$

따라서 구하는 최저 기록은 190초이다.

0589 답 80점

사원의 평가 점수를 확률변수 X라 하면 X는 정규분포 $\mathrm{N}(72,\ 5^2)$을 따르므로 $Z=\dfrac{X-72}{5}$로 놓으면 확률변수 Z는 표준정규분포 $\mathrm{N}(0,\ 1)$을 따른다.

11등 이내에 속하는 사원의 최저 점수를 a점이라 하면

$\mathrm{P}(X\geq a)=\dfrac{11}{200}=0.055$

$\mathrm{P}\left(Z\geq\dfrac{a-72}{5}\right)=0.055$

$\mathrm{P}(Z\geq0)-\mathrm{P}\left(0\leq Z\leq\dfrac{a-72}{5}\right)=0.055$

$0.5-\mathrm{P}\left(0\leq Z\leq\dfrac{a-72}{5}\right)=0.055$

$\therefore\ \mathrm{P}\left(0\leq Z\leq\dfrac{a-72}{5}\right)=0.445$

이때 $\mathrm{P}(0\leq Z\leq1.6)=0.445$이므로

$\dfrac{a-72}{5}=1.6,\ a-72=8 \qquad \therefore\ a=80$

따라서 구하는 최저 점수는 80점이다.

0590 답 2점

응시자의 점수를 확률변수 X라 하면 X는 정규분포 $\mathrm{N}(68,\ 10^2)$을 따르므로 $Z=\dfrac{X-68}{10}$로 놓으면 확률변수 Z는 표준정규분포 $\mathrm{N}(0,\ 1)$을 따른다. ⋯⋯ ❶

1차 합격자의 최저 점수를 a점이라 하면

$\mathrm{P}(X\geq a)=\dfrac{30}{600}=0.05$

$\mathrm{P}\left(Z\geq\dfrac{a-68}{10}\right)=0.05$

$\mathrm{P}(Z\geq0)-\mathrm{P}\left(0\leq Z\leq\dfrac{a-68}{10}\right)=0.05$

$0.5-\mathrm{P}\left(0\leq Z\leq\dfrac{a-68}{10}\right)=0.05$

$\therefore\ \mathrm{P}\left(0\leq Z\leq\dfrac{a-68}{10}\right)=0.45$

이때 $\mathrm{P}(0\leq Z\leq1.64)=0.45$이므로

$\dfrac{a-68}{10}=1.64,\ a-68=16.4 \qquad \therefore\ a=84.4$ ⋯⋯ ❷

한편 추가 합격자의 최저 점수를 b점이라 하면

$\mathrm{P}(X\geq b)=\dfrac{30+15}{600}=0.075$

$\mathrm{P}\left(Z\geq\dfrac{b-68}{10}\right)=0.075$

$\mathrm{P}(Z\geq0)-\mathrm{P}\left(0\leq Z\leq\dfrac{b-68}{10}\right)=0.075$

$0.5-\mathrm{P}\left(0\leq Z\leq\dfrac{b-68}{10}\right)=0.075$

$\therefore\ \mathrm{P}\left(0\leq Z\leq\dfrac{b-68}{10}\right)=0.425$

이때 $\mathrm{P}(0\leq Z\leq1.44)=0.425$이므로

$\dfrac{b-68}{10}=1.44,\ b-68=14.4 \qquad \therefore\ b=82.4$ ⋯⋯ ❸

$\therefore\ a-b=84.4-82.4=2$

따라서 1차 합격자와 추가 합격자의 최저 점수의 차는 2점이다.
⋯⋯ ❹

채점 기준	
❶ 응시자의 점수를 확률변수 X로 놓고 X 표준화하기	10 %
❷ 1차 합격자의 최저 점수 구하기	40 %
❸ 추가 합격자의 최저 점수 구하기	40 %
❹ 1차 합격자와 추가 합격자의 최저 점수의 차 구하기	10 %

0591 답 0.8351

확률변수 X가 이항분포 $\mathrm{B}\left(150,\ \dfrac{3}{5}\right)$을 따르므로

$\mathrm{E}(X)=150\times\dfrac{3}{5}=90$

$\mathrm{V}(X)=150\times\dfrac{3}{5}\times\dfrac{2}{5}=36$

즉, 확률변수 X는 근사적으로 정규분포 $\mathrm{N}(90,\ 6^2)$을 따르므로 $Z=\dfrac{X-90}{6}$으로 놓으면 확률변수 Z는 표준정규분포 $\mathrm{N}(0,\ 1)$을 따른다.

$\begin{aligned}
\therefore\ \mathrm{P}(75\leq X\leq96)&=\mathrm{P}\left(\dfrac{75-90}{6}\leq Z\leq\dfrac{96-90}{6}\right)\\
&=\mathrm{P}(-2.5\leq Z\leq1)\\
&=\mathrm{P}(-2.5\leq Z\leq0)+\mathrm{P}(0\leq Z\leq1)\\
&=\mathrm{P}(0\leq Z\leq2.5)+\mathrm{P}(0\leq Z\leq1)\\
&=0.4938+0.3413\\
&=0.8351
\end{aligned}$

0592 답 0.0082

확률변수 X가 이항분포 $\mathrm{B}(180,\ p)$를 따르므로 $\mathrm{V}(X)=25$에서

$180p(1-p)=25,\ 36p^2-36p+5=0$

$(6p-1)(6p-5)=0$

$\therefore\ p=\dfrac{5}{6}\ (\because\ 0.5<p<1)$ ⋯⋯ ❶

확률변수 X가 이항분포 $\mathrm{B}\left(180,\ \dfrac{5}{6}\right)$를 따르므로

$\mathrm{E}(X)=180\times\dfrac{5}{6}=150$

즉, 확률변수 X는 근사적으로 정규분포 $N(150, 5^2)$을 따르므로
$Z=\dfrac{X-150}{5}$으로 놓으면 확률변수 Z는 표준정규분포 $N(0, 1)$을
따른다. …… ⅱ

$$\therefore P\left(X\geq\dfrac{135}{p}\right)=P(X\geq162)$$
$$=P\left(Z\geq\dfrac{162-150}{5}\right)$$
$$=P(Z\geq2.4)$$
$$=P(Z\geq0)-P(0\leq Z\leq2.4)$$
$$=0.5-0.4918$$
$$=0.0082 \quad\text{…… ⅲ}$$

채점 기준

ⅰ p의 값 구하기	30 %
ⅱ 확률변수 X 표준화하기	30 %
ⅲ $P\left(X\geq\dfrac{135}{p}\right)$ 구하기	40 %

0593 답 0.1587

${}_{100}C_x\left(\dfrac{9}{10}\right)^x\left(\dfrac{1}{10}\right)^{100-x}$은 한 번의 시행에서 일어날 확률이 $\dfrac{9}{10}$인 어
떤 사건이 100번의 독립시행에서 x번 일어날 확률이다.
이 사건이 일어나는 횟수를 확률변수 X라 하면 X는 이항분포
$B\left(100, \dfrac{9}{10}\right)$를 따르므로

$$E(X)=100\times\dfrac{9}{10}=90$$

$$V(X)=100\times\dfrac{9}{10}\times\dfrac{1}{10}=9$$

즉, 확률변수 X는 근사적으로 정규분포 $N(90, 3^2)$을 따르므로
$Z=\dfrac{X-90}{3}$으로 놓으면 확률변수 Z는 표준정규분포 $N(0, 1)$을
따른다.

$$\therefore {}_{100}C_{100}\left(\dfrac{9}{10}\right)^{100}+{}_{100}C_{99}\left(\dfrac{9}{10}\right)^{99}\left(\dfrac{1}{10}\right)^1+\cdots+{}_{100}C_{93}\left(\dfrac{9}{10}\right)^{93}\left(\dfrac{1}{10}\right)^7$$
$$=P(X=100)+P(X=99)+\cdots+P(X=93)$$
$$=P(X\geq93)$$
$$=P\left(Z\geq\dfrac{93-90}{3}\right)$$
$$=P(Z\geq1)$$
$$=P(Z\geq0)-P(0\leq Z\leq1)$$
$$=0.5-0.3413$$
$$=0.1587$$

0594 답 0.0228

6의 눈이 나오는 횟수를 확률변수 X라 하면 X는 이항분포
$B\left(720, \dfrac{1}{6}\right)$을 따르므로

$$E(X)=720\times\dfrac{1}{6}=120$$

$$V(X)=720\times\dfrac{1}{6}\times\dfrac{5}{6}=100$$

즉, 확률변수 X는 근사적으로 정규분포 $N(120, 10^2)$을 따르므로
$Z=\dfrac{X-120}{10}$으로 놓으면 확률변수 Z는 표준정규분포 $N(0, 1)$을
따른다.

따라서 구하는 확률은
$$P(X\geq140)=P\left(Z\geq\dfrac{140-120}{10}\right)$$
$$=P(Z\geq2)$$
$$=P(Z\geq0)-P(0\leq Z\leq2)$$
$$=0.5-0.4772=0.0228$$

0595 답 ③

초청장을 받은 사람이 공연을 보러 올 확률은 $\dfrac{80}{100}=\dfrac{4}{5}$이다.
실제로 공연을 보러 오는 사람의 수를 확률변수 X라 하면 X는 이
항분포 $B\left(400, \dfrac{4}{5}\right)$를 따르므로

$$E(X)=400\times\dfrac{4}{5}=320$$

$$V(X)=400\times\dfrac{4}{5}\times\dfrac{1}{5}=64$$

즉, 확률변수 X는 근사적으로 정규분포 $N(320, 8^2)$을 따르므로
$Z=\dfrac{X-320}{8}$으로 놓으면 확률변수 Z는 표준정규분포 $N(0, 1)$을
따른다.
따라서 구하는 확률은
$$P(X\leq332)=P\left(Z\leq\dfrac{332-320}{8}\right)$$
$$=P(Z\leq1.5)$$
$$=P(Z\leq0)+P(0\leq Z\leq1.5)$$
$$=0.5+0.4332=0.9332$$

0596 답 314

확률변수 X가 이항분포 $B\left(450, \dfrac{2}{3}\right)$를 따르므로

$$E(X)=450\times\dfrac{2}{3}=300$$

$$V(X)=450\times\dfrac{2}{3}\times\dfrac{1}{3}=100$$

즉, 확률변수 X는 근사적으로 정규분포 $N(300, 10^2)$을 따르므로
$Z=\dfrac{X-300}{10}$으로 놓으면 확률변수 Z는 표준정규분포 $N(0, 1)$을
따른다.
$P(300\leq X\leq a)=0.42$에서
$$P\left(\dfrac{300-300}{10}\leq Z\leq\dfrac{a-300}{10}\right)=0.42$$
$$\therefore P\left(0\leq Z\leq\dfrac{a-300}{10}\right)=0.42$$
이때 $P(0\leq Z\leq1.4)=0.42$이므로
$$\dfrac{a-300}{10}=1.4, \ a-300=14$$
$$\therefore a=314$$

0597 답 0.0062

바닥에 놓인 면에 적힌 수가 2의 배수인 횟수를 확률변수 X라 하면
X는 이항분포 $B\left(64, \dfrac{1}{2}\right)$을 따르므로

$$E(X)=64\times\dfrac{1}{2}=32$$

$$V(X)=64\times\dfrac{1}{2}\times\dfrac{1}{2}=16$$

즉, 확률변수 X는 근사적으로 정규분포 $N(32, 4^2)$을 따르므로 $Z=\dfrac{X-32}{4}$로 놓으면 확률변수 Z는 표준정규분포 $N(0, 1)$을 따른다.

한편 2의 배수가 아닌 수가 적힌 면이 바닥에 놓이는 횟수는 $64-X$이므로 최종 점수가 146점 이상이 되려면

$4X-(64-X)\geq146,\ 5X\geq210$ $\therefore\ X\geq42$

따라서 구하는 확률은

$$\begin{aligned}
P(X\geq42)&=P\left(Z\geq\frac{42-32}{4}\right)\\
&=P(Z\geq2.5)\\
&=P(Z\geq0)-P(0\leq Z\leq2.5)\\
&=0.5-0.4938=0.0062
\end{aligned}$$

0598 답 $\dfrac{1}{36}$

함수 $y=f(x)$의 그래프와 x축으로 둘러싸인 부분의 넓이는

$$\begin{aligned}
\int_0^6 kx(6-x)\,dx&=k\int_0^6(6x-x^2)\,dx=k\left[3x^2-\frac{1}{3}x^3\right]_0^6\\
&=(108-72)k\\
&=36k
\end{aligned}$$

즉, $36k=1$이므로 $k=\dfrac{1}{36}$

0599 답 18

함수 $y=f(x)$의 그래프와 x축 및 두 직선 $x=1$, $x=4$로 둘러싸인 부분의 넓이는

$$\begin{aligned}
\int_1^4\frac{1}{k}(x-1)(x+1)\,dx&=\frac{1}{k}\int_1^4(x^2-1)\,dx=\frac{1}{k}\left[\frac{1}{3}x^3-x\right]_1^4\\
&=\frac{1}{k}\left\{\left(\frac{64}{3}-4\right)-\left(\frac{1}{3}-1\right)\right\}\\
&=\frac{18}{k}
\end{aligned}$$

즉, $\dfrac{18}{k}=1$이므로 $k=18$

0600 답 ②

함수 $y=f(x)$의 그래프와 x축 및 직선 $x=3$으로 둘러싸인 부분의 넓이는

$$\int_0^3 kx^2\,dx=\left[\frac{1}{3}kx^3\right]_0^3=9k$$

즉, $9k=1$이므로 $k=\dfrac{1}{9}$

따라서 구하는 확률은 함수 $y=\dfrac{1}{9}x^2$의 그래프와 x축 및 두 직선 $x=1$, $x=2$로 둘러싸인 부분의 넓이와 같으므로

$$\begin{aligned}
P(1\leq X\leq2)&=\int_1^2\frac{1}{9}x^2\,dx=\left[\frac{1}{27}x^3\right]_1^2\\
&=\frac{8}{27}-\frac{1}{27}=\frac{7}{27}
\end{aligned}$$

0601 답 $\dfrac{5}{2}$

확률변수 X는 이항분포 $B\left(25, \dfrac{1}{5}\right)$을 따르므로

$$E(X)=25\times\frac{1}{5}=5$$

$$V(X)=25\times\frac{1}{5}\times\frac{4}{5}=4$$

즉, 확률변수 X는 근사적으로 정규분포 $N(5, 2^2)$을 따르므로 $Z=\dfrac{X-5}{2}$로 놓으면 확률변수 Z는 표준정규분포 $N(0, 1)$을 따른다.

$$\begin{aligned}
\therefore\ \sum_{n=3}^{7}P(X\leq n)&=\sum_{n=3}^{7}P\left(Z\leq\frac{n-5}{2}\right)\\
&=P(Z\leq-1)+P\left(Z\leq-\frac{1}{2}\right)+P(Z\leq0)+P\left(Z\leq\frac{1}{2}\right)\\
&\qquad\qquad\qquad\qquad\qquad\qquad+P(Z\leq1)\\
&=P(Z\geq1)+P\left(Z\geq\frac{1}{2}\right)+P(Z\leq0)+P\left(Z\leq\frac{1}{2}\right)+P(Z\leq1)\\
&=\{P(Z\geq1)+P(Z\leq1)\}+\left\{P\left(Z\geq\frac{1}{2}\right)+P\left(Z\leq\frac{1}{2}\right)\right\}\\
&\qquad\qquad\qquad\qquad\qquad\qquad+P(Z\leq0)\\
&=1+1+\frac{1}{2}=\frac{5}{2}
\end{aligned}$$

0602 답 0.8664

확률변수 X가 이항분포 $B\left(192, \dfrac{1}{4}\right)$을 따르므로

$$E(X)=192\times\frac{1}{4}=48$$

$$V(X)=192\times\frac{1}{4}\times\frac{3}{4}=36$$

즉, 확률변수 X는 근사적으로 정규분포 $N(48, 6^2)$을 따르므로 $Z=\dfrac{X-48}{6}$로 놓으면 확률변수 Z는 표준정규분포 $N(0, 1)$을 따른다.

$$\begin{aligned}
\therefore\ \sum_{x=39}^{57}{}_{192}C_x\left(\frac{1}{4}\right)^x\left(\frac{3}{4}\right)^{192-x}&=P(39\leq X\leq57)\\
&=P\left(\frac{39-48}{6}\leq Z\leq\frac{57-48}{6}\right)\\
&=P(-1.5\leq Z\leq1.5)\\
&=2P(0\leq Z\leq1.5)\\
&=2\times0.4332=0.8664
\end{aligned}$$

0603 답 0.1574

확률변수 X는 이항분포 $B\left(100, \dfrac{1}{2}\right)$을 따르므로

$$E(X)=100\times\frac{1}{2}=50$$

$$V(X)=100\times\frac{1}{2}\times\frac{1}{2}=25$$

즉, 확률변수 X는 근사적으로 정규분포 $N(50, 5^2)$을 따르므로 $Z=\dfrac{X-50}{5}$으로 놓으면 확률변수 Z는 표준정규분포 $N(0, 1)$을 따른다.

$$\begin{aligned}
\therefore\ \sum_{x=55}^{65}p_x&=P(55\leq X\leq65)\\
&=P\left(\frac{55-50}{5}\leq Z\leq\frac{65-50}{5}\right)\\
&=P(1\leq Z\leq3)\\
&=P(0\leq Z\leq3)-P(0\leq Z\leq1)\\
&=0.4987-0.3413=0.1574
\end{aligned}$$

0604　답 ④

$f(x)\geq0$이어야 하므로 $a\geq0$

함수 $y=f(x)$의 그래프와 x축, y축 및 직선
$x=3$으로 둘러싸인 부분의 넓이가 1이므로

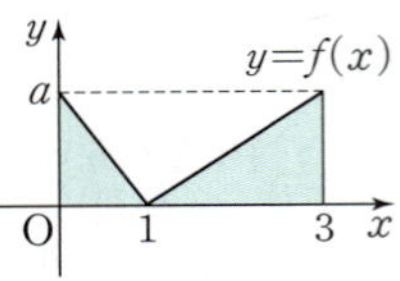

$\dfrac{1}{2}\times1\times a+\dfrac{1}{2}\times2\times a=1$, $\dfrac{3}{2}a=1$

$\therefore a=\dfrac{2}{3}$

0605　답 ②

ㄱ. A, B의 정규분포곡선의 대칭축이 같으므로 동아리 A 회원들과
　동아리 B 회원들은 평균적으로 연습량이 같다.

ㄴ. A의 정규분포곡선의 대칭축보다 C의 정규분포곡선의 대칭축이
　더 오른쪽에 있으므로 연습량이 많은 회원이 동아리 A보다 동
　아리 C에 더 많이 있다.

ㄷ. B의 정규분포곡선이 C의 정규분포곡선보다 가운데 부분의 높이
　가 높고 좁게 모여 있으므로 동아리 B 회원들이 동아리 C 회원
　들보다 연습량이 더 고른 편이다.

따라서 보기에서 옳은 것은 ㄷ이다.

0606　답 8

정규분포 $N(m, 4)$를 따르는 확률변수 X의 확률밀도함수는 $x=m$
에서 최댓값을 갖고, 정규분포곡선은 직선 $x=m$에 대하여 대칭이다.

따라서 $g(k)$가 $k=12$일 때 최댓값

$g(12)=P(4\leq X\leq12)$를 가지려면 4와 12

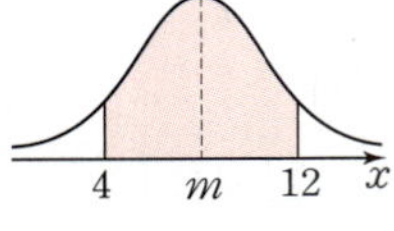

의 평균이 m이어야 하므로

$m=\dfrac{4+12}{2}=8$

0607　답 ④

$P(X\leq m-\sigma)=0.1587$에서

$P(X\leq m)-P(m-\sigma\leq X\leq m)=0.1587$

$0.5-P(m-\sigma\leq X\leq m)=0.1587$

$\therefore P(m-\sigma\leq X\leq m)=0.3413$

$\therefore P(m-\sigma\leq X\leq m+\sigma)$

$\quad=P(m-\sigma\leq X\leq m)+P(m\leq X\leq m+\sigma)$

$\quad=2P(m-\sigma\leq X\leq m)$

$\quad=2\times0.3413=0.6826$

0608　답 70

$P(X\geq k)=0.0062$에서

$P(X\geq m)-P(m\leq X\leq k)=0.0062$

$0.5-P(m\leq X\leq k)=0.0062$

$\therefore P(m\leq X\leq k)=0.4938$

이때 $P(m\leq X\leq m+2.5\sigma)=0.4938$이므로

$k=m+2.5\sigma$

따라서 $m=50$, $\sigma=8$이므로

$k=50+2.5\times8=70$

0609　답 6

두 확률변수 X, Y가 각각 정규분포 $N(35, 4^2)$, $N(24, \sigma^2)$을 따르
므로 $Z_X=\dfrac{X-35}{4}$, $Z_Y=\dfrac{Y-24}{\sigma}$로 놓으면 두 확률변수 Z_X, Z_Y
는 모두 표준정규분포 $N(0, 1)$을 따른다.

$P(25\leq X\leq31)=P(5\sigma\leq Y\leq39)$에서

$P\left(\dfrac{25-35}{4}\leq Z_X\leq\dfrac{31-35}{4}\right)=P\left(\dfrac{5\sigma-24}{\sigma}\leq Z_Y\leq\dfrac{39-24}{\sigma}\right)$

$P(-2.5\leq Z_X\leq-1)=P\left(\dfrac{5\sigma-24}{\sigma}\leq Z_Y\leq\dfrac{15}{\sigma}\right)$

$P(1\leq Z_X\leq2.5)=P\left(\dfrac{5\sigma-24}{\sigma}\leq Z_Y\leq\dfrac{15}{\sigma}\right)$ $(\because \sigma>0)$

따라서 $1=\dfrac{5\sigma-24}{\sigma}$, $2.5=\dfrac{15}{\sigma}$이므로

$\sigma=6$

0610　답 ④

확률변수 X가 정규분포 $N(20, 6^2)$을 따르므로 $Z=\dfrac{X-20}{6}$으로
놓으면 확률변수 Z는 표준정규분포 $N(0, 1)$을 따른다.

$Y=4X-1$이므로

$P(Y\leq91)=P(4X-1\leq91)=P(X\leq23)$

$\qquad=P\left(Z\leq\dfrac{23-20}{6}\right)=P(Z\leq0.5)$

$\qquad=P(Z\leq0)+P(0\leq Z\leq0.5)$

$\qquad=0.5+0.1915=0.6915$

다른 풀이

$E(X)=20$, $\sigma(X)=6$이므로

$E(Y)=E(4X-1)=4E(X)-1=4\times20-1=79$

$\sigma(Y)=\sigma(4X-1)=|4|\sigma(X)=4\times6=24$

따라서 확률변수 Y는 정규분포 $N(79, 24^2)$을 따르므로

$Z=\dfrac{Y-79}{24}$로 놓으면 Z는 표준정규분포 $N(0, 1)$을 따른다.

$\therefore P(Y\leq91)=P\left(Z\leq\dfrac{91-79}{24}\right)=P(Z\leq0.5)$

$\qquad\qquad=P(Z\leq0)+P(0\leq Z\leq0.5)$

$\qquad\qquad=0.5+0.1915=0.6915$

0611　답 ③

확률변수 X가 정규분포 $N(40, 2^2)$을 따르므로 $Z=\dfrac{X-40}{2}$으로
놓으면 확률변수 Z는 표준정규분포 $N(0, 1)$을 따른다.

$P(X\geq k)=0.0228$에서

$P\left(Z\geq\dfrac{k-40}{2}\right)=0.0228$

$P(Z\geq0)-P\left(0\leq Z\leq\dfrac{k-40}{2}\right)=0.0228$

$0.5-P\left(0\leq Z\leq\dfrac{k-40}{2}\right)=0.0228$

$\therefore P\left(0\leq Z\leq\dfrac{k-40}{2}\right)=0.4772$

이때 $P(0\leq Z\leq2)=0.4772$이므로

$\dfrac{k-40}{2}=2$, $k-40=4$　　$\therefore k=44$

0612 답 ②

지민이네 학교 학생의 물리학, 화학, 생명과학, 지구과학 시험 성적을 각각 확률변수 X_A, X_B, X_C, X_D라 하면 X_A, X_B, X_C, X_D는 각각 정규분포 $N(44, 16^2)$, $N(42, 12^2)$, $N(52, 14^2)$, $N(68, 10^2)$을 따르므로

$$Z_A = \frac{X_A - 44}{16}, \ Z_B = \frac{X_B - 42}{12}, \ Z_C = \frac{X_C - 52}{14}, \ Z_D = \frac{X_D - 68}{10}$$

로 놓으면 네 확률변수 Z_A, Z_B, Z_C, Z_D는 모두 표준정규분포 $N(0, 1)$을 따른다.

다른 학생보다 지민이의 물리학, 화학, 생명과학, 지구과학 시험 성적이 높을 확률은 각각

$$P(X_A < 56) = P\left(Z_A < \frac{56 - 44}{16}\right) = P\left(Z_A < \frac{3}{4}\right)$$

$$P(X_B < 54) = P\left(Z_B < \frac{54 - 42}{12}\right) = P(Z_B < 1)$$

$$P(X_C < 59) = P\left(Z_C < \frac{59 - 52}{14}\right) = P\left(Z_C < \frac{1}{2}\right)$$

$$P(X_D < 74) = P\left(Z_D < \frac{74 - 68}{10}\right) = P\left(Z_D < \frac{3}{5}\right)$$

이때 $P(Z_B < 1) > P\left(Z_A < \frac{3}{4}\right) > P\left(Z_D < \frac{3}{5}\right) > P\left(Z_C < \frac{1}{2}\right)$이므로

$$P(X_B < 54) > P(X_A < 56) > P(X_D < 74) > P(X_C < 59)$$

즉, 지민이의 성적이 상대적으로 높은 과목부터 차례대로 나열하면 화학, 물리학, 지구과학, 생명과학이다.

ㄱ. 물리학 성적이 지구과학 성적보다 상대적으로 높다.

ㄴ. 상대적으로 화학 성적이 가장 높고 생명과학 성적이 가장 낮다.

ㄷ. 화학 성적이 54점으로 가장 낮지만 물리학 성적보다 상대적으로 높다.

따라서 보기에서 옳은 것은 ㄷ이다.

0613 답 ⑤

호르몬의 양을 확률변수 X라 하면 X는 정규분포 $N(30.2, 0.6^2)$을 따르므로 $Z = \dfrac{X - 30.2}{0.6}$로 놓으면 확률변수 Z는 표준정규분포 $N(0, 1)$을 따른다.

따라서 구하는 확률은

$$\begin{aligned}
P(29.6 \leq X \leq 31.4) &= P\left(\frac{29.6 - 30.2}{0.6} \leq Z \leq \frac{31.4 - 30.2}{0.6}\right) \\
&= P(-1 \leq Z \leq 2) \\
&= P(-1 \leq Z \leq 0) + P(0 \leq Z \leq 2) \\
&= P(0 \leq Z \leq 1) + P(0 \leq Z \leq 2) \\
&= 0.3413 + 0.4772 = 0.8185
\end{aligned}$$

0614 답 138

신입 사원의 시험 점수를 확률변수 X라 하면 X는 정규분포 $N(63, 5^2)$을 따르므로 $Z = \dfrac{X - 63}{5}$으로 놓으면 확률변수 Z는 표준정규분포 $N(0, 1)$을 따른다.

응시자의 점수가 69점 이상일 확률은

$$\begin{aligned}
P(X \geq 69) &= P\left(Z \geq \frac{69 - 63}{5}\right) \\
&= P(Z \geq 1.2) \\
&= P(Z \geq 0) - P(0 \leq Z \leq 1.2) \\
&= 0.5 - 0.385 = 0.115
\end{aligned}$$

따라서 구하는 신입 사원의 수는

$$1200 \times 0.115 = 138$$

0615 답 51 m

선수의 기록을 확률변수 X라 하면 X는 정규분포 $N(45, 3^2)$을 따르므로 $Z = \dfrac{X - 45}{3}$로 놓으면 확률변수 Z는 표준정규분포 $N(0, 1)$을 따른다.

3등 이내에 속하는 선수의 최저 기록을 a m라 하면

$$P(X \geq a) = \frac{3}{150} = 0.02, \ P\left(Z \geq \frac{a - 45}{3}\right) = 0.02$$

$$P(Z \geq 0) - P\left(0 \leq Z \leq \frac{a - 45}{3}\right) = 0.02$$

$$0.5 - P\left(0 \leq Z \leq \frac{a - 45}{3}\right) = 0.02$$

$$\therefore \ P\left(0 \leq Z \leq \frac{a - 45}{3}\right) = 0.48$$

이때 $P(0 \leq Z \leq 2) = 0.48$이므로

$$\frac{a - 45}{3} = 2, \ a - 45 = 6 \qquad \therefore \ a = 51$$

따라서 구하는 최저 기록은 51 m이다.

0616 답 ④

$_{169}C_x \left(\dfrac{9}{13}\right)^x \left(\dfrac{4}{13}\right)^{169-x}$은 한 번의 시행에서 일어날 확률이 $\dfrac{9}{13}$인 어떤 사건이 169번의 독립시행에서 x번 일어날 확률이다.

확률변수 X는 이항분포 $B\left(169, \dfrac{9}{13}\right)$를 따르므로

$$E(X) = 169 \times \frac{9}{13} = 117, \ V(X) = 169 \times \frac{9}{13} \times \frac{4}{13} = 36$$

즉, 확률변수 X는 근사적으로 정규분포 $N(117, 6^2)$을 따르므로 $Z = \dfrac{X - 117}{6}$로 놓으면 확률변수 Z는 표준정규분포 $N(0, 1)$을 따른다.

$$\begin{aligned}
\therefore \ P(120 \leq X \leq 126) &= P\left(\frac{120 - 117}{6} \leq Z \leq \frac{126 - 117}{6}\right) \\
&= P(0.5 \leq Z \leq 1.5) \\
&= P(0 \leq Z \leq 1.5) - P(0 \leq Z \leq 0.5) \\
&= 0.4332 - 0.1915 = 0.2417
\end{aligned}$$

0617 답 $\dfrac{3}{8}$

$f(x) \geq 0$이므로 $k > 0$

함수 $y = f(x)$의 그래프와 x축, y축 및 직선 $x = 4$로 둘러싸인 부분의 넓이가 1이그로

$$2 \times \left(\frac{1}{2} \times 2 \times \frac{2}{k}\right) = 1, \ \frac{4}{k} = 1$$

$$\therefore \ k = 4$$

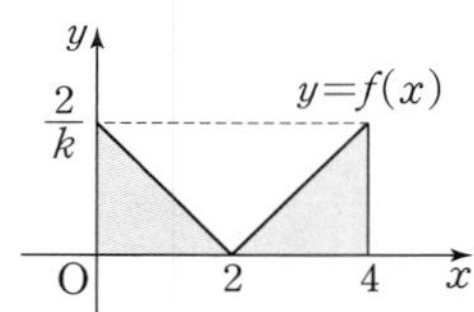

$$\therefore \ f(x) = \frac{|x - 2|}{4} \ (0 \leq x \leq 4)$$

따라서 구하는 확률은 함수 $y = f(x)$의 그래프와 x축 및 두 직선 $x = 3$, $x = 4$로 둘러싸인 부분의 넓이와 같으므로

$$\begin{aligned}
P(3 \leq X \leq 4) &= \frac{1}{2} \times \left(\frac{1}{4} + \frac{1}{2}\right) \times 1 \\
&= \frac{3}{8}
\end{aligned}$$

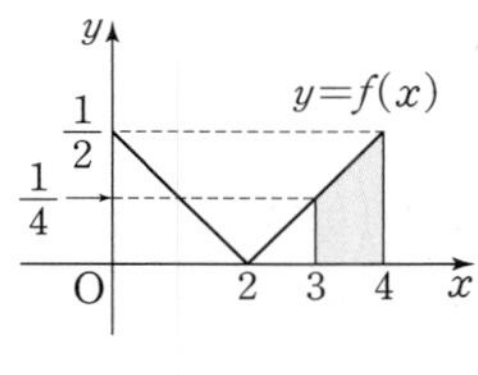

채점 기준	
ⓘ k의 값 구하기	40 %
ⓘⓘ $\mathrm{P}(3 \leq X \leq 4)$ 구하기	60 %

0618 답 0.927

$f(52-x)=f(52+x)$이므로 함수 $y=f(x)$의 그래프는 직선 $x=52$에 대하여 대칭이다.

$\therefore m=52$ ...... ⓘ

확률변수 X는 정규분포 $\mathrm{N}(52,\ \sigma^2)$을 따르므로 $Z=\dfrac{X-52}{\sigma}$로 놓으면 확률변수 Z는 표준정규분포 $\mathrm{N}(0,\ 1)$을 따른다.

$\mathrm{P}(m \leq X \leq m+4)=0.4772$에서

$\mathrm{P}(52 \leq X \leq 56)=0.4772$

$\mathrm{P}\left(\dfrac{52-52}{\sigma} \leq Z \leq \dfrac{56-52}{\sigma}\right)=0.4772$

$\therefore \mathrm{P}\left(0 \leq Z \leq \dfrac{4}{\sigma}\right)=0.4772$

이때 $\mathrm{P}(0 \leq Z \leq 2)=0.4772$이므로

$\dfrac{4}{\sigma}=2 \qquad \therefore \sigma=2$ ...... ⓘⓘ

$\therefore \mathrm{P}(49 \leq X \leq 57)=\mathrm{P}\left(\dfrac{49-52}{2} \leq Z \leq \dfrac{57-52}{2}\right)$

$\qquad =\mathrm{P}(-1.5 \leq Z \leq 2.5)$

$\qquad =\mathrm{P}(-1.5 \leq Z \leq 0)+\mathrm{P}(0 \leq Z \leq 2.5)$

$\qquad =\mathrm{P}(0 \leq Z \leq 1.5)+\mathrm{P}(0 \leq Z \leq 2.5)$

$\qquad =0.4332+0.4938=0.927$ ...... ⓘⓘⓘ

채점 기준	
ⓘ m의 값 구하기	30 %
ⓘⓘ σ의 값 구하기	30 %
ⓘⓘⓘ $\mathrm{P}(49 \leq X \leq 57)$ 구하기	40 %

0619 답 21

3의 배수가 적힌 공을 꺼내는 횟수를 확률변수 X라 하면 X는 이항분포 $\mathrm{B}\left(48,\ \dfrac{1}{4}\right)$을 따르므로

$\mathrm{E}(X)=48 \times \dfrac{1}{4}=12$

$\mathrm{V}(X)=48 \times \dfrac{1}{4} \times \dfrac{3}{4}=9$ ...... ⓘ

즉, 확률변수 X는 근사적으로 정규분포 $\mathrm{N}(12,\ 3^2)$을 따르므로 $Z=\dfrac{X-12}{3}$로 놓으면 확률변수 Z는 표준정규분포 $\mathrm{N}(0,\ 1)$을 따른다. ...... ⓘⓘ

$\mathrm{P}(X \geq a)=0.0013$이므로

$\mathrm{P}\left(Z \geq \dfrac{a-12}{3}\right)=0.0013$

$\mathrm{P}(Z \geq 0)-\mathrm{P}\left(0 \leq Z \leq \dfrac{a-12}{3}\right)=0.0013$

$0.5-\mathrm{P}\left(0 \leq Z \leq \dfrac{a-12}{3}\right)=0.0013$

$\therefore \mathrm{P}\left(0 \leq Z \leq \dfrac{a-12}{3}\right)=0.4987$

이때 $\mathrm{P}(0 \leq Z \leq 3)=0.4987$이므로

$\dfrac{a-12}{3}=3,\ a-12=9 \qquad \therefore a=21$ ...... ⓘⓘⓘ

채점 기준	
ⓘ $\mathrm{E}(X),\ \mathrm{V}(X)$ 구하기	30 %
ⓘⓘ 확률변수 X 표준화하기	20 %
ⓘⓘⓘ a의 값 구하기	50 %

C 실력 향상
109쪽

0620 답 0.54

두 확률변수 $X,\ Y$가 각각 정규분포 $\mathrm{N}(8,\ 5^2)$, $\mathrm{N}(20,\ 5^2)$을 따르므로 $Z_X=\dfrac{X-8}{5}$, $Z_Y=\dfrac{Y-20}{5}$으로 놓으면 두 확률변수 $Z_X,\ Z_Y$는 모두 표준정규분포 $\mathrm{N}(0,\ 1)$을 따른다.

두 확률변수 $X,\ Y$의 표준편차가 같으므로 두 함수 $f(x),\ g(x)$의 그래프의 모양은 같다.

즉, $8 \leq x \leq 20$에서 두 그래프의 교점의 x좌표는

$\dfrac{8+20}{2}=14$

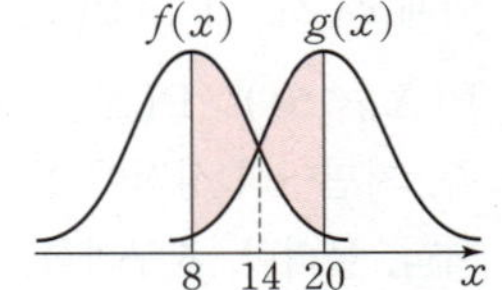

따라서 구하는 부분의 넓이는

$\mathrm{P}(8 \leq X \leq 14)-\mathrm{P}(8 \leq Y \leq 14)$
$\qquad\qquad +\mathrm{P}(14 \leq Y \leq 20)-\mathrm{P}(14 \leq X \leq 20)$

$=\mathrm{P}\left(\dfrac{8-8}{5} \leq Z_X \leq \dfrac{14-8}{5}\right)-\mathrm{P}\left(\dfrac{8-20}{5} \leq Z_Y \leq \dfrac{14-20}{5}\right)$
$\qquad +\mathrm{P}\left(\dfrac{14-20}{5} \leq Z_Y \leq \dfrac{20-20}{5}\right)-\mathrm{P}\left(\dfrac{14-8}{5} \leq Z_X \leq \dfrac{20-8}{5}\right)$

$=\mathrm{P}(0 \leq Z_X \leq 1.2)-\mathrm{P}(-2.4 \leq Z_Y \leq -1.2)$
$\qquad\qquad +\mathrm{P}(-1.2 \leq Z_Y \leq 0)-\mathrm{P}(1.2 \leq Z_X \leq 2.4)$

$=\mathrm{P}(0 \leq Z_X \leq 1.2)-\mathrm{P}(1.2 \leq Z_Y \leq 2.4)$
$\qquad\qquad +\mathrm{P}(0 \leq Z_Y \leq 1.2)-\mathrm{P}(1.2 \leq Z_X \leq 2.4)$

$=2\mathrm{P}(0 \leq Z \leq 1.2)-2\mathrm{P}(1.2 \leq Z \leq 2.4)$

$=2\mathrm{P}(0 \leq Z \leq 1.2)-2\{\mathrm{P}(0 \leq Z \leq 2.4)-\mathrm{P}(0 \leq Z \leq 1.2)\}$

$=4\mathrm{P}(0 \leq Z \leq 1.2)-2\mathrm{P}(0 \leq Z \leq 2.4)$

$=4 \times 0.38-2 \times 0.49$

$=0.54$

0621 답 ④

두 확률변수 $X,\ Y$는 각각 정규분포 $\mathrm{N}(8,\ 3^2)$, $\mathrm{N}(m,\ \sigma^2)$을 따르므로 $Z_X=\dfrac{X-8}{3}$, $Z_Y=\dfrac{Y-m}{\sigma}$으로 놓으면 두 확률변수 $Z_X,\ Z_Y$는 모두 표준정규분포 $\mathrm{N}(0,\ 1)$을 따른다.

$\mathrm{P}(4 \leq X \leq 8)+\mathrm{P}(Y \geq 8)=\dfrac{1}{2}$에서

$\mathrm{P}\left(\dfrac{4-8}{3} \leq Z_X \leq \dfrac{8-8}{3}\right)+\mathrm{P}\left(Z_Y \geq \dfrac{8-m}{\sigma}\right)=\dfrac{1}{2}$

$\mathrm{P}\left(-\dfrac{4}{3} \leq Z_X \leq 0\right)+\mathrm{P}\left(Z_Y \geq \dfrac{8-m}{\sigma}\right)=\dfrac{1}{2}$

$\mathrm{P}\left(0 \leq Z_X \leq \dfrac{4}{3}\right)+\mathrm{P}\left(Z_Y \geq \dfrac{8-m}{\sigma}\right)=\dfrac{1}{2}$

$\therefore \dfrac{8-m}{\sigma}=\dfrac{4}{3}$ ...... ㉠

$$\therefore \mathrm{P}\left(Y \leq 8+\frac{2\sigma}{3}\right)=\mathrm{P}\left(Z_Y \leq \frac{8+\frac{2\sigma}{3}-m}{\sigma}\right)$$
$$=\mathrm{P}\left(Z_Y \leq \frac{8-m}{\sigma}+\frac{2}{3}\right)$$
$$=\mathrm{P}\left(Z_Y \leq \frac{4}{3}+\frac{2}{3}\right)\ (\because \bigcirc)$$
$$=\mathrm{P}(Z_Y \leq 2)$$
$$=\mathrm{P}(Z_Y \leq 0)+\mathrm{P}(0 \leq Z_Y \leq 2)$$
$$=0.5+0.4772=0.9772$$

0622 답 ⑤

직원의 출근 시간을 확률변수 X라 하면 X는 정규분포
$\mathrm{N}(66.4,\ 15^2)$을 따르므로 $Z=\dfrac{X-66.4}{15}$로 놓으면 확률변수 Z는
표준정규분포 $\mathrm{N}(0,\ 1)$을 따른다.
출근 시간이 73분 이상일 확률은
$$\mathrm{P}(X \geq 73)=\mathrm{P}\left(Z \geq \frac{73-66.4}{15}\right)=\mathrm{P}(Z \geq 0.44)$$
$$=\mathrm{P}(Z \geq 0)-\mathrm{P}(0 \leq Z \leq 0.44)$$
$$=0.5-0.17=0.33$$
$$\therefore \mathrm{P}(X < 73)=1-\mathrm{P}(X \geq 73)=1-0.33=0.67$$
따라서 출근 시간이 73분 이상인 직원들 중에서 $40\,\%$, 출근 시간이
73분 미만인 직원들 중에서 $20\,\%$가 지하철을 이용하였으므로 구하
는 확률은
$$\mathrm{P}(X \geq 73) \times 0.4 + \mathrm{P}(X < 73) \times 0.2 = 0.33 \times 0.4 + 0.67 \times 0.2$$
$$=0.132+0.134=0.266$$

0623 답 0.0228

입장한 어린이의 수를 확률변수 X라 하면 X는 이항분포
$\mathrm{B}\left(100,\ \dfrac{1}{10}\right)$을 따르므로
$$\mathrm{E}(X)=100 \times \frac{1}{10}=10,\ \mathrm{V}(X)=100 \times \frac{1}{10} \times \frac{9}{10}=9$$
즉, 확률변수 X는 근사적으로 정규분포 $\mathrm{N}(10,\ 3^2)$을 따르므로
$Z=\dfrac{X-10}{3}$으로 놓으면 확률변수 Z는 표준정규분포 $\mathrm{N}(0,\ 1)$을
따른다.
$\mathrm{P}(X \geq a)=0.1587$이므로 $\mathrm{P}\left(Z \geq \dfrac{a-10}{3}\right)=0.1587$
$$\mathrm{P}(Z \geq 0)-\mathrm{P}\left(0 \leq Z \leq \frac{a-10}{3}\right)=0.1587$$
$$0.5-\mathrm{P}\left(0 \leq Z \leq \frac{a-10}{3}\right)=0.1587$$
$$\therefore \mathrm{P}\left(0 \leq Z \leq \frac{a-10}{3}\right)=0.3413$$
이때 $\mathrm{P}(0 \leq Z \leq 1)=0.3413$이므로
$\dfrac{a-10}{3}=1,\ a-10=3 \qquad \therefore a=13$
따라서 100명 중에서 어른은 $(100-X)$명이므로 구하는 확률은
$$\mathrm{P}(100-X \geq 7a+5)=\mathrm{P}(100-X \geq 7 \times 13+5)$$
$$=\mathrm{P}(X \leq 4)=\mathrm{P}\left(Z \leq \frac{4-10}{3}\right)$$
$$=\mathrm{P}(Z \leq -2)=\mathrm{P}(Z \geq 2)$$
$$=\mathrm{P}(Z \geq 0)-\mathrm{P}(0 \leq Z \leq 2)$$
$$=0.5-0.4772=0.0228$$

07 / 통계적 추정

A 개념 확인

110~113쪽

0624 답 전수조사

0625 답 표본조사

0626 답 표본조사

0627 답 전수조사

0628 답 표본조사

0629 답 25

서로 다른 5개에서 중복을 허용하여 2개를 택하는 중복순열의 수와
같으므로
$_5\Pi_2=5^2=25$

0630 답 20

서로 다른 5개에서 서로 다른 2개를 택하는 순열의 수와 같으므로
$_5\mathrm{P}_2=20$

0631 답 10

서로 다른 5개에서 서로 다른 2개를 택하는 조합의 수와 같으므로
$_5\mathrm{C}_2=10$

0632 답 $\dfrac{1}{3}$

크기가 2인 표본을 $X_1,\ X_2$라 하면 순서쌍 $(X_1,\ X_2)$에 대하여
$\overline{X}=1$인 경우는 $(0,\ 2),\ (1,\ 1),\ (2,\ 0)$
$\therefore \mathrm{P}(\overline{X}=1)=\dfrac{1}{3} \times \dfrac{1}{3} + \dfrac{1}{3} \times \dfrac{1}{3} + \dfrac{1}{3} \times \dfrac{1}{3} = \dfrac{1}{3}$

0633 답 $\dfrac{1}{9}$

크기가 2인 표본을 $X_1,\ X_2$라 하면 순서쌍 $(X_1,\ X_2)$에 대하여
$\overline{X}=2$인 경우는 $(2,\ 2)$
$\therefore \mathrm{P}(\overline{X}=2)=\dfrac{1}{3} \times \dfrac{1}{3}=\dfrac{1}{9}$

0634 답 2, 3, 4, 5, 6

모집단 $\{2,\ 4,\ 6\}$에서 크기가 2인 표본 $X_1,\ X_2$를 임의추출할 때,
표본평균 $\overline{X}$는 $\overline{X}=\dfrac{X_1+X_2}{2}$이므로 추출한 표본에 따른 표본평균 $\overline{X}$
는 다음 표와 같다.

X_1 ＼ X_2	2	4	6
2	2	3	4
4	3	4	5
6	4	5	6

따라서 $\overline{X}$가 가질 수 있는 값은 2, 3, 4, 5, 6이다.

0635 답

$\overline{X}$	2	3	4	5	6	합계
$P(\overline{X}=x)$	$\dfrac{1}{9}$	$\dfrac{2}{9}$	$\dfrac{1}{3}$	$\dfrac{2}{9}$	$\dfrac{1}{9}$	1

0636 답 평균: 4, 분산: $\dfrac{4}{3}$, 표준편차: $\dfrac{2\sqrt{3}}{3}$

$$E(\overline{X})=2\times\dfrac{1}{9}+3\times\dfrac{2}{9}+4\times\dfrac{1}{3}+5\times\dfrac{2}{9}+6\times\dfrac{1}{9}=4$$

$$V(\overline{X})=E(\overline{X}^2)-\{E(\overline{X})\}^2$$
$$=2^2\times\dfrac{1}{9}+3^2\times\dfrac{2}{9}+4^2\times\dfrac{1}{3}+5^2\times\dfrac{2}{9}+6^2\times\dfrac{1}{9}-4^2$$
$$=\dfrac{52}{3}-16=\dfrac{4}{3}$$

$$\sigma(\overline{X})=\sqrt{V(\overline{X})}=\sqrt{\dfrac{4}{3}}=\dfrac{2\sqrt{3}}{3}$$

0637 답 평균: 60, 분산: 4, 표준편차: 2

모평균 $m=60$, 모분산 $\sigma^2=16=4^2$, 표본의 크기 $n=4$이므로
$$E(\overline{X})=m=60$$
$$V(\overline{X})=\dfrac{\sigma^2}{n}=\dfrac{16}{4}=4$$
$$\sigma(\overline{X})=\dfrac{\sigma}{\sqrt{n}}=\dfrac{4}{\sqrt{4}}=2$$

0638 답 평균: 60, 분산: 1, 표준편차: 1

모평균 $m=60$, 모분산 $\sigma^2=16=4^2$, 표본의 크기 $n=16$이므로
$$E(\overline{X})=m=60$$
$$V(\overline{X})=\dfrac{\sigma^2}{n}=\dfrac{16}{16}=1$$
$$\sigma(\overline{X})=\dfrac{\sigma}{\sqrt{n}}=\dfrac{4}{\sqrt{16}}=1$$

0639 답 평균: 60, 분산: $\dfrac{1}{4}$, 표준편차: $\dfrac{1}{2}$

모평균 $m=60$, 모분산 $\sigma^2=16=4^2$, 표본의 크기 $n=64$이므로
$$E(\overline{X})=m=60$$
$$V(\overline{X})=\dfrac{\sigma^2}{n}=\dfrac{16}{64}=\dfrac{1}{4}$$
$$\sigma(\overline{X})=\dfrac{\sigma}{\sqrt{n}}=\dfrac{4}{\sqrt{64}}=\dfrac{1}{2}$$

0640 답 평균: 200, 분산: 16, 표준편차: 4

모평균 $m=200$, 모분산 $\sigma^2=40^2$, 표본의 크기 $n=100$이므로
$$E(\overline{X})=m=200$$
$$V(\overline{X})=\dfrac{\sigma^2}{n}=\dfrac{40^2}{100}=16$$
$$\sigma(\overline{X})=\dfrac{\sigma}{\sqrt{n}}=\dfrac{40}{\sqrt{100}}=4$$

0641 답 $N(200,\ 4^2)$

0642 답 $Z=\dfrac{\overline{X}-200}{4}$

0643 답 0.9332

$$P(\overline{X}\geq194)=P\left(Z\geq\dfrac{194-200}{4}\right)$$
$$=P(Z\geq-1.5)=P(Z\leq1.5)$$
$$=P(Z\leq0)+P(0\leq Z\leq1.5)$$
$$=0.5+P(0\leq Z\leq1.5)$$
$$=0.5+0.4332=0.9332$$

0644 답 $\dfrac{3}{5}$

$$p=\dfrac{240}{400}=\dfrac{3}{5}$$

0645 답 $\dfrac{1}{2}$

$$\hat{p}=\dfrac{25}{50}=\dfrac{1}{2}$$

0646 답 (1) $\dfrac{2}{3}$　(2) $\dfrac{1}{324}$　(3) $\dfrac{1}{18}$

모비율 $p=\dfrac{2}{3}$, 표본의 크기 $n=72$이므로

(1) $E(\hat{p})=p=\dfrac{2}{3}$

(2) $V(\hat{p})=\dfrac{pq}{n}=\dfrac{\dfrac{2}{3}\times\dfrac{1}{3}}{72}=\dfrac{1}{324}$ → $q=1-p$

(3) $\sigma(\hat{p})=\sqrt{\dfrac{pq}{n}}=\sqrt{\dfrac{1}{324}}=\dfrac{1}{18}$ → $q=1-p$

0647 답 평균: 0.2, 분산: 0.0016, 표준편차: 0.04

모비율 $p=0.2$, 표본의 크기 $n=100$이므로
$$E(\hat{p})=p=0.2$$
$$V(\hat{p})=\dfrac{pq}{n}=\dfrac{0.2\times0.8}{100}=0.0016 \;\rightarrow\; q=1-p$$
$$\sigma(\hat{p})=\sqrt{\dfrac{pq}{n}}=\sqrt{\dfrac{0.2\times0.8}{100}}=0.04 \;\rightarrow\; q=1-p$$

0648 답 $N(0.2,\ 0.04^2)$

0649 답 $Z=\dfrac{\hat{p}-0.2}{0.04}$

0650 답 0.1587

$$P(\hat{p}\geq0.24)=P\left(Z\geq\dfrac{0.24-0.2}{0.04}\right)=P(Z\geq1)$$
$$=P(Z\geq0)-P(0\leq Z\leq1)$$
$$=0.5-0.3413=0.1587$$

0651 답 (1) $146.08\leq m\leq153.92$
　　　　(2) $144.84\leq m\leq155.16$

표본의 크기 $n=81$, 표본평균 $\overline{x}=150$, 모표준편차 $\sigma=18$이므로

(1) 모평균 m에 대한 신뢰도 95 %의 신뢰구간은
$$150-1.96\times\dfrac{18}{\sqrt{81}}\leq m\leq150+1.96\times\dfrac{18}{\sqrt{81}}$$
$$\therefore\ 146.08\leq m\leq153.92$$

(2) 모평균 m에 대한 신뢰도 99 %의 신뢰구간은
$$150-2.58\times\dfrac{18}{\sqrt{81}}\leq m\leq150+2.58\times\dfrac{18}{\sqrt{81}}$$
$$\therefore\ 144.84\leq m\leq155.16$$

0652 답 (1) $199.02 \le m \le 200.98$
(2) $198.71 \le m \le 201.29$

표본의 크기 $n=144$, 표본평균 $\bar{x}=200$이고, n은 충분히 크므로 모표준편차 대신 표본표준편차 6을 이용하면

(1) 모평균 m에 대한 신뢰도 95 %의 신뢰구간은

$$200-1.96\times\frac{6}{\sqrt{144}}\le m \le 200+1.96\times\frac{6}{\sqrt{144}}$$

$$\therefore\ 199.02\le m \le 200.98$$

(2) 모평균 m에 대한 신뢰도 99 %의 신뢰구간은

$$200-2.58\times\frac{6}{\sqrt{144}}\le m \le 200+2.58\times\frac{6}{\sqrt{144}}$$

$$\therefore\ 198.71\le m \le 201.29$$

0653 답 (1) $0.3216 \le p \le 0.4784$
(2) $0.2968 \le p \le 0.5032$

표본의 크기 $n=150$, 표본비율 $\hat{p}=0.4$이고, n은 충분히 크므로

(1) 모비율 p에 대한 신뢰도 95 %의 신뢰구간은

$$0.4-1.96\sqrt{\frac{0.4\times0.6}{150}}\le p \le 0.4+1.96\sqrt{\frac{0.4\times0.6}{150}}$$

$$\therefore\ 0.3216\le p \le 0.4784$$

(2) 모비율 p에 대한 신뢰도 99 %의 신뢰구간은

$$0.4-2.58\sqrt{\frac{0.4\times0.6}{150}}\le p \le 0.4+2.58\sqrt{\frac{0.4\times0.6}{150}}$$

$$\therefore\ 0.2968\le p \le 0.5032$$

B 유형 완성

114~123쪽

0654 답 51

모평균이 10, 모표준편차가 4, 표본의 크기가 8이므로

$$\mathrm{E}(\bar{X})=10,\ \mathrm{V}(\bar{X})=\frac{4^2}{8}=2$$

따라서 $\mathrm{V}(\bar{X})=\mathrm{E}(\bar{X}^2)-\{\mathrm{E}(\bar{X})\}^2$에서

$$\mathrm{E}(\bar{X}^2)=\mathrm{V}(\bar{X})+\{\mathrm{E}(\bar{X})\}^2=2+10^2=102$$

$$\therefore\ \frac{\mathrm{E}(\bar{X}^2)}{\mathrm{V}(\bar{X})}=\frac{102}{2}=51$$

0655 답 ④

모평균이 20, 모표준편차가 5, 표본의 크기가 16이므로

$$\mathrm{E}(\bar{X})=20,\ \sigma(\bar{X})=\frac{5}{\sqrt{16}}=\frac{5}{4}$$

$$\therefore\ \mathrm{E}(\bar{X})+\sigma(\bar{X})=\frac{85}{4}$$

0656 답 7

모평균이 m, 모표준편차가 6, 표본의 크기가 n이므로

$$\mathrm{E}(\bar{X})=m=11$$

$$\mathrm{V}(\bar{X})=\frac{6^2}{n}=9\quad\therefore\ n=4$$

$$\therefore\ m-n=11-4=7$$

0657 답 1600

모표준편차가 8, 표본의 크기가 n이므로

$$\sigma(\bar{X})=\frac{8}{\sqrt{n}}$$

이때 $\sigma(\bar{X})\ge0.2$이어야 하므로

$$\frac{8}{\sqrt{n}}\ge0.2,\ \sqrt{n}\le40\quad\therefore\ n\le1600$$

따라서 n의 최댓값은 1600이다.

0658 답 $\frac{1}{4}$

확률의 총합은 1이므로

$$\frac{1}{4}+a+\frac{1}{2}+\frac{1}{8}=1\quad\therefore\ a=\frac{1}{8}$$

따라서 확률변수 X에 대하여

$$\mathrm{E}(X)=1\times\frac{1}{4}+2\times\frac{1}{8}+3\times\frac{1}{2}+4\times\frac{1}{8}=\frac{5}{2}$$

$$\mathrm{V}(X)=\mathrm{E}(X^2)-\{\mathrm{E}(X)\}^2$$

$$=1^2\times\frac{1}{4}+2^2\times\frac{1}{8}+3^2\times\frac{1}{2}+4^2\times\frac{1}{8}-\left(\frac{5}{2}\right)^2$$

$$=\frac{29}{4}-\frac{25}{4}=1$$

$$\therefore\ \sigma(X)=\sqrt{\mathrm{V}(X)}=1$$

이때 표본의 크기가 16이므로

$$\sigma(\bar{X})=\frac{1}{\sqrt{16}}=\frac{1}{4}$$

0659 답 ④

확률변수 X에 대하여

$$\mathrm{E}(X)=1\times\frac{2}{5}+3\times\frac{3}{10}+5\times\frac{1}{5}+7\times\frac{1}{10}=3$$

$$\mathrm{V}(X)=\mathrm{E}(X^2)-\{\mathrm{E}(X)\}^2$$

$$=1^2\times\frac{2}{5}+3^2\times\frac{3}{10}+5^2\times\frac{1}{5}+7^2\times\frac{1}{10}-3^2$$

$$=13-9=4$$

표본의 크기가 n이므로

$$\mathrm{V}(\bar{X})=\frac{4}{n}$$

이때 $\mathrm{V}(\bar{X})=\frac{1}{2}$에서 $\frac{4}{n}=\frac{1}{2}\quad\therefore\ n=8$

0660 답 ④

확률의 총합은 1이므로

$$\frac{1}{6}+a+b=1\quad\therefore\ a+b=\frac{5}{6}\qquad\cdots\cdots\ \bigcirc$$

$$\mathrm{E}(X^2)=\frac{16}{3}$$에서

$$0^2\times\frac{1}{6}+2^2\times a+4^2\times b=\frac{16}{3}$$

$$4a+16b=\frac{16}{3}\quad\therefore\ a+4b=\frac{4}{3}\qquad\cdots\cdots\ \bigcirc$$

$\bigcirc$, $\bigcirc$을 연립하여 풀면 $a=\frac{2}{3}$, $b=\frac{1}{6}$

따라서 확률변수 X의 확률분포를 표로 나타내면 다음과 같다.

X	0	2	4	합계
$\mathrm{P}(X=x)$	$\frac{1}{6}$	$\frac{2}{3}$	$\frac{1}{6}$	1

확률변수 X에 대하여
$$\mathrm{E}(X)=0\times\frac{1}{6}+2\times\frac{2}{3}+4\times\frac{1}{6}=2$$
$$\mathrm{V}(X)=\mathrm{E}(X^2)-\{\mathrm{E}(X)\}^2=\frac{16}{3}-2^2=\frac{4}{3}$$
이때 표본의 크기가 20이므로
$$\mathrm{V}(\overline{X})=\frac{\frac{4}{3}}{20}=\frac{1}{15}$$

이때 표본의 크기가 4이므로
$$\mathrm{E}(\overline{X})=\frac{5}{3},\ \mathrm{V}(\overline{X})=\frac{\frac{5}{9}}{4}=\frac{5}{36}$$
$$\therefore\ \frac{\mathrm{E}(\overline{X})}{\mathrm{V}(\overline{X})}=\frac{\frac{5}{3}}{\frac{5}{36}}=12$$

0661 답 1

확률의 총합은 1이므로
$$\mathrm{P}(X=-1)+\mathrm{P}(X=0)+\mathrm{P}(X=1)+\mathrm{P}(X=2)=1$$
$$\frac{-k+2}{10}+\frac{1}{5}+\frac{k+2}{10}+\frac{k+1}{5}=1$$
$$\frac{k+4}{5}=1,\ k+4=5\qquad\therefore\ k=1 \qquad \cdots\cdots\ \text{❶}$$
따라서 확률변수 X의 확률분포를 표로 나타내면 다음과 같다.

X	-1	0	1	2	합계
$\mathrm{P}(X=x)$	$\frac{1}{10}$	$\frac{1}{5}$	$\frac{3}{10}$	$\frac{2}{5}$	1

확률변수 X에 대하여
$$\mathrm{E}(X)=-1\times\frac{1}{10}+0\times\frac{1}{5}+1\times\frac{3}{10}+2\times\frac{2}{5}=1$$
$$\mathrm{V}(X)=\mathrm{E}(X^2)-\{\mathrm{E}(X)\}^2$$
$$=(-1)^2\times\frac{1}{10}+0^2\times\frac{1}{5}+1^2\times\frac{3}{10}+2^2\times\frac{2}{5}-1^2$$
$$=2-1=1$$
$$\therefore\ \sigma(X)=\sqrt{\mathrm{V}(X)}=1 \qquad \cdots\cdots\ \text{❷}$$
이때 표본의 크기가 9이므로
$$\sigma(\overline{X})=\frac{1}{\sqrt{9}}=\frac{1}{3}$$
$$\therefore\ \sigma(3\overline{X}+5)=|3|\,\sigma(\overline{X})=3\times\frac{1}{3}=1 \qquad \cdots\cdots\ \text{❸}$$

채점 기준	
❶ k의 값 구하기	20 %
❷ $\sigma(X)$ 구하기	50 %
❸ $\sigma(3\overline{X}+5)$ 구하기	30 %

0662 답 12

공 1개를 임의로 꺼낼 때, 공에 적힌 숫자를 확률변수 X라 하고 X의 확률분포를 표로 나타내면 다음과 같다.

X	1	2	3	합계
$\mathrm{P}(X=x)$	$\frac{1}{2}$	$\frac{1}{3}$	$\frac{1}{6}$	1

확률변수 X에 대하여
$$\mathrm{E}(X)=1\times\frac{1}{2}+2\times\frac{1}{3}+3\times\frac{1}{6}=\frac{5}{3}$$
$$\mathrm{V}(X)=\mathrm{E}(X^2)-\{\mathrm{E}(X)\}^2$$
$$=1^2\times\frac{1}{2}+2^2\times\frac{1}{3}+3^2\times\frac{1}{6}-\left(\frac{5}{3}\right)^2$$
$$=\frac{10}{3}-\frac{25}{9}=\frac{5}{9}$$

0663 답 13000

동전의 앞면을 H, 뒷면을 T라 하고 게임을 한 번 하여 나오는 모든 경우를 표로 나타내면 다음과 같다.

500원	100원	상금(원)
H	H	600
H	T	500
T	H	100
T	T	0

게임을 한 번 하여 받을 수 있는 금액을 확률변수 X라 하고 X의 확률분포를 표로 나타내면 다음과 같다.

X	0	100	500	600	합계
$\mathrm{P}(X=x)$	$\frac{1}{4}$	$\frac{1}{4}$	$\frac{1}{4}$	$\frac{1}{4}$	1

확률변수 X에 대하여
$$\mathrm{E}(X)=0\times\frac{1}{4}+100\times\frac{1}{4}+500\times\frac{1}{4}+600\times\frac{1}{4}=300$$
$$\mathrm{V}(X)=\mathrm{E}(X^2)-\{\mathrm{E}(X)\}^2$$
$$=0^2\times\frac{1}{4}+100^2\times\frac{1}{4}+500^2\times\frac{1}{4}+600^2\times\frac{1}{4}-300^2$$
$$=155000-90000=65000$$
이때 표본의 크기가 5이므로
$$\mathrm{V}(\overline{X})=\frac{65000}{5}=13000$$

0664 답 32

구슬 1개를 임의로 꺼낼 때, 구슬에 적힌 숫자를 확률변수 X라 하고 X의 확률분포를 표로 나타내면 다음과 같다.

X	3	5	7	합계
$\mathrm{P}(X=x)$	$\frac{2}{7}$	$\frac{3}{7}$	$\frac{2}{7}$	1

따라서 확률변수 X에 대하여
$$\mathrm{E}(X)=3\times\frac{2}{7}+5\times\frac{3}{7}+7\times\frac{2}{7}=5$$
$$\mathrm{V}(X)=\mathrm{E}(X^2)-\{\mathrm{E}(X)\}^2$$
$$=3^2\times\frac{2}{7}+5^2\times\frac{3}{7}+7^2\times\frac{2}{7}-5^2$$
$$=\frac{191}{7}-25=\frac{16}{7}$$
표본의 크기가 n이므로
$$\mathrm{V}(\overline{X})=\frac{\frac{16}{7}}{n}=\frac{16}{7n}$$
이때 $\mathrm{V}(\overline{X})=\frac{1}{14}$에서
$$\frac{16}{7n}=\frac{1}{14}\qquad\therefore\ n=32$$

0665 답 0.8185

모집단이 정규분포 $N(60, 8^2)$을 따르고 표본의 크기가 16이므로 귤 16개의 무게의 평균을 $\overline{X}$라 하면 표본평균 $\overline{X}$는 정규분포 $N\left(60, \dfrac{8^2}{16}\right)$, 즉 $N(60, 2^2)$을 따른다.

$Z=\dfrac{\overline{X}-60}{2}$으로 놓으면 확률변수 Z는 표준정규분포 $N(0, 1)$을 따르므로 구하는 확률은

$$\begin{aligned}
P(58\leq\overline{X}\leq64)&=P\left(\dfrac{58-60}{2}\leq Z\leq\dfrac{64-60}{2}\right)\\
&=P(-1\leq Z\leq2)\\
&=P(-1\leq Z\leq0)+P(0\leq Z\leq2)\\
&=P(0\leq Z\leq1)+P(0\leq Z\leq2)\\
&=0.3413+0.4772=0.8185
\end{aligned}$$

0666 답 0.6915

모집단이 정규분포 $N(350, 12^2)$을 따르고 표본의 크기가 9이므로 표본평균 $\overline{X}$는 정규분포 $N\left(350, \dfrac{12^2}{9}\right)$, 즉 $N(350, 4^2)$을 따른다.

$Z=\dfrac{\overline{X}-350}{4}$으로 놓으면 확률변수 Z는 표준정규분포 $N(0, 1)$을 따르므로 구하는 확률은

$$\begin{aligned}
P(\overline{X}\geq348)&=P\left(Z\geq\dfrac{348-350}{4}\right)\\
&=P(Z\geq-0.5)=P(Z\leq0.5)\\
&=P(Z\leq0)+P(0\leq Z\leq0.5)\\
&=0.5+0.1915=0.6915
\end{aligned}$$

0667 답 ②

모집단이 정규분포 $N(m, 20^2)$을 따르고 표본의 크기가 100이므로 표본평균 $\overline{X}$는 정규분포 $N\left(m, \dfrac{20^2}{100}\right)$, 즉 $N(m, 2^2)$을 따른다.

$Z=\dfrac{\overline{X}-m}{2}$으로 놓으면 확률변수 Z는 표준정규분포 $N(0, 1)$을 따르므로 구하는 확률은

$$\begin{aligned}
P(|\overline{X}-m|\leq2)&=P(-2\leq\overline{X}-m\leq2)\\
&=P(m-2\leq\overline{X}\leq m+2)\\
&=P\left(\dfrac{m-2-m}{2}\leq Z\leq\dfrac{m+2-m}{2}\right)\\
&=P(-1\leq Z\leq1)\\
&=P(-1\leq Z\leq0)+P(0\leq Z\leq1)\\
&=2P(0\leq Z\leq1)\\
&=2\times0.3413=0.6826
\end{aligned}$$

0668 답 0.0062

모집단이 정규분포 $N(500, 16^2)$을 따르고 표본의 크기가 4이므로 한 조가 하루에 만드는 빵의 개수의 평균을 $\overline{X}$라 하면 표본평균 $\overline{X}$는 정규분포 $N\left(500, \dfrac{16^2}{4}\right)$, 즉 $N(500, 8^2)$을 따른다.

$Z=\dfrac{\overline{X}-500}{8}$으로 놓으면 확률변수 Z는 표준정규분포 $N(0, 1)$을 따르므로 구하는 확률은

$$\begin{aligned}
P(4\overline{X}\geq2080)&=P(\overline{X}\geq520)=P\left(Z\geq\dfrac{520-500}{8}\right)\\
&=P(Z\geq2.5)=P(Z\geq0)-P(0\leq Z\leq2.5)\\
&=0.5-0.4938=0.0062
\end{aligned}$$

0669 답 36

모집단이 정규분포 $N(300, 33^2)$을 따르고 표본의 크기가 n이므로 표본평균 $\overline{X}$는 정규분포 $N\left(300, \dfrac{33^2}{n}\right)$, 즉 $N\left(300, \left(\dfrac{33}{\sqrt{n}}\right)^2\right)$을 따른다.

$Z=\dfrac{\overline{X}-300}{\dfrac{33}{\sqrt{n}}}$으로 놓으면 확률변수 Z는 표준정규분포 $N(0, 1)$을 따르므로 $P(\overline{X}\geq289)=0.9772$에서

$$P\left(Z\geq\dfrac{289-300}{\dfrac{33}{\sqrt{n}}}\right)=0.9772$$

$$P\left(Z\geq-\dfrac{\sqrt{n}}{3}\right)=0.9772$$

$$P\left(Z\leq\dfrac{\sqrt{n}}{3}\right)=0.9772$$

$$P(Z\leq0)+P\left(0\leq Z\leq\dfrac{\sqrt{n}}{3}\right)=0.9772$$

$$0.5+P\left(0\leq Z\leq\dfrac{\sqrt{n}}{3}\right)=0.9772$$

$$\therefore\ P\left(0\leq Z\leq\dfrac{\sqrt{n}}{3}\right)=0.4772$$

이대 $P(0\leq Z\leq2)=0.4772$이므로

$$\dfrac{\sqrt{n}}{3}=2,\ \sqrt{n}=6 \qquad \therefore\ n=36$$

0670 답 144

모집단이 정규분포 $N(150, 24^2)$을 따르고 표본의 크기가 n이므로 표본평균 $\overline{X}$는 정규분포 $N\left(150, \dfrac{24^2}{n}\right)$, 즉 $N\left(150, \left(\dfrac{24}{\sqrt{n}}\right)^2\right)$을 따른다.

$Z=\dfrac{\overline{X}-150}{\dfrac{24}{\sqrt{n}}}$으로 놓으면 확률변수 Z는 표준정규분포 $N(0, 1)$을 따르므로 $P(\overline{X}\geq153)=0.0668$에서

$$P\left(Z\geq\dfrac{153-150}{\dfrac{24}{\sqrt{n}}}\right)=0.0668$$

$$P\left(Z\geq\dfrac{\sqrt{n}}{8}\right)=0.0668$$

$$P(Z\geq0)-P\left(0\leq Z\leq\dfrac{\sqrt{n}}{8}\right)=0.0668$$

$$0.5-P\left(0\leq Z\leq\dfrac{\sqrt{n}}{8}\right)=0.0668$$

$$\therefore\ P\left(0\leq Z\leq\dfrac{\sqrt{n}}{8}\right)=0.4332$$

이터 $P(0\leq Z\leq1.5)=0.4332$이므로

$$\dfrac{\sqrt{n}}{8}=1.5,\ \sqrt{n}=12 \qquad \therefore\ n=144$$

0671 답 4

모집단이 정규분포 $N(40, 10^2)$을 따르고 표본의 크기가 n이므로 표본평균 $\overline{X}$는 정규분포 $N\left(40, \dfrac{10^2}{n}\right)$, 즉 $N\left(40, \left(\dfrac{10}{\sqrt{n}}\right)^2\right)$을 따른다.

$Z=\dfrac{\overline{X}-40}{\dfrac{10}{\sqrt{n}}}$으로 놓으면 확률변수 Z는 표준정규분포 $N(0,\ 1)$을

따르므로 $P(30\le\overline{X}\le50)\ge0.9544$에서

$$P\left(\dfrac{30-40}{\dfrac{10}{\sqrt{n}}}\le Z\le\dfrac{50-40}{\dfrac{10}{\sqrt{n}}}\right)\ge0.9544$$

$$P(-\sqrt{n}\le Z\le\sqrt{n})\ge0.9544$$

$$P(-\sqrt{n}\le Z\le0)+P(0\le Z\le\sqrt{n})\ge0.9544$$

$$2P(0\le Z\le\sqrt{n})\ge0.9544$$

$$\therefore\ P(0\le Z\le\sqrt{n})\ge0.4772$$

이때 $P(0\le Z\le2)=0.4772$이므로

$$\sqrt{n}\ge2\qquad\therefore\ n\ge4$$

따라서 n의 최솟값은 4이다.

0672 답 355

모집단이 정규분포 $N(350,\ 50^2)$을 따르고 표본의 크기가 100이므로

표본평균 $\overline{X}$는 정규분포 $N\left(350,\ \dfrac{50^2}{100}\right)$, 즉 $N(350,\ 5^2)$을 따른다.

$Z=\dfrac{\overline{X}-350}{5}$으로 놓으면 확률변수 Z는 표준정규분포 $N(0,\ 1)$을

따르므로 $P(\overline{X}\ge k)=0.1587$에서

$$P\left(Z\ge\dfrac{k-350}{5}\right)=0.1587$$

$$P(Z\ge0)-P\left(0\le Z\le\dfrac{k-350}{5}\right)=0.1587$$

$$0.5-P\left(0\le Z\le\dfrac{k-350}{5}\right)=0.1587$$

$$\therefore\ P\left(0\le Z\le\dfrac{k-350}{5}\right)=0.3413$$

이때 $P(0\le Z\le1)=0.3413$이므로

$$\dfrac{k-350}{5}=1,\ k-350=5\qquad\therefore\ k=355$$

0673 답 3

모집단이 정규분포 $N(180,\ 10^2)$을 따르고 표본의 크기가 25이므로

표본평균 $\overline{X}$는 정규분포 $N\left(180,\ \dfrac{10^2}{25}\right)$, 즉 $N(180,\ 2^2)$을 따른다.

…… ❶

$Z=\dfrac{\overline{X}-180}{2}$으로 놓으면 확률변수 Z는 표준정규분포 $N(0,\ 1)$을

따르므로 $P(|\overline{X}-180|\le a)=0.8664$에서

$$P(-a\le\overline{X}-180\le a)=0.8664$$

$$P(-a+180\le\overline{X}\le a+180)=0.8664$$

$$P\left(\dfrac{-a+180-180}{2}\le Z\le\dfrac{a+180-180}{2}\right)=0.8664$$

$$P\left(-\dfrac{a}{2}\le Z\le\dfrac{a}{2}\right)=0.8664$$

$$P\left(-\dfrac{a}{2}\le Z\le0\right)+P\left(0\le Z\le\dfrac{a}{2}\right)=0.8664$$

$$2P\left(0\le Z\le\dfrac{a}{2}\right)=0.8664$$

$$\therefore\ P\left(0\le Z\le\dfrac{a}{2}\right)=0.4332$$

이때 $P(0\le Z\le1.5)=0.4332$이므로

$$\dfrac{a}{2}=1.5\qquad\therefore\ a=3$$

…… ❷

채점 기준	
❶ 표본평균 $\overline{X}$가 따르는 정규분포 구하기	30 %
❷ a의 값 구하기	70 %

0674 답 ⑤

모집단이 정규분포 $N(104,\ 4^2)$을 따르고 표본의 크기가 4이므로 4상
자의 무게의 평균을 $\overline{X}$라 하면 표본평균 $\overline{X}$는 정규분포

$N\left(104,\ \dfrac{4^2}{4}\right)$, 즉 $N(104,\ 2^2)$을 따른다.

$Z=\dfrac{\overline{X}-104}{2}$로 놓으면 확률변수 Z는 표준정규분포 $N(0,\ 1)$을 따르

므로 $P(a\le\overline{X}\le106)=0.5328$에서

$$P\left(\dfrac{a-104}{2}\le Z\le\dfrac{106-104}{2}\right)=0.5328$$

$$P\left(\dfrac{a-104}{2}\le Z\le1\right)=0.5328$$

$$P\left(\dfrac{a-104}{2}\le Z\le0\right)+P(0\le Z\le1)=0.5328$$

$$P\left(0\le Z\le\dfrac{104-a}{2}\right)+0.3413=0.5328$$

$$\therefore\ P\left(0\le Z\le\dfrac{104-a}{2}\right)=0.1915$$

이때 $P(0\le Z\le0.5)=0.1915$이므로

$$\dfrac{104-a}{2}=0.5\qquad\therefore\ a=103$$

0675 답 ④

모비율이 0.25, 표본의 크기가 108이므로

$$\sigma(\hat{p})=\sqrt{\dfrac{0.25\times0.75}{108}}=\dfrac{1}{24}$$

0676 답 ④

모비율이 0.6, 표본의 크기가 80이므로

$$E(\hat{p})=0.6$$

$$V(\hat{p})=\dfrac{0.6\times0.4}{80}=0.003$$

$$\therefore\ \dfrac{E(\hat{p})}{V(\hat{p})}=\dfrac{0.6}{0.003}=200$$

0677 답 490

모비율이 $\dfrac{2}{7}$, 표본의 크기가 n이므로

$$\sigma(\hat{p})=\sqrt{\dfrac{\dfrac{2}{7}\times\dfrac{5}{7}}{n}}=\dfrac{1}{7}\sqrt{\dfrac{10}{n}}$$

이때 $\sigma(\hat{p})=\dfrac{1}{49}$이므로

$$\dfrac{1}{7}\sqrt{\dfrac{10}{n}}=\dfrac{1}{49},\ \sqrt{\dfrac{10}{n}}=\dfrac{1}{7},\ \dfrac{10}{n}=\dfrac{1}{49}$$

$$\therefore\ n=490$$

0678 답 0.0655

임의추출한 100명 중에서 기부를 한 적이 있는 학생의 비율을 $\hat{p}$이라
하면 모비율이 0.2, 표본의 크기가 100이므로

$$E(\hat{p})=0.2$$

$$V(\hat{p})=\dfrac{0.2\times0.8}{100}=0.0016=0.04^2$$

표본의 크기 100은 충분히 크므로 표본비율 $\hat{p}$은 근사적으로 정규분포 $N(0.2,\ 0.04^2)$을 따른다.

$Z=\dfrac{\hat{p}-0.2}{0.04}$로 놓으면 확률변수 Z는 표준정규분포 $N(0,\ 1)$을 따르므로 구하는 확률은

$$\begin{aligned}
P\left(\frac{26}{100}\leq\hat{p}\leq\frac{32}{100}\right)&=P(0.26\leq\hat{p}\leq0.32)\\
&=P\left(\frac{0.26-0.2}{0.04}\leq Z\leq\frac{0.32-0.2}{0.04}\right)\\
&=P(1.5\leq Z\leq3)\\
&=P(0\leq Z\leq3)-P(0\leq Z\leq1.5)\\
&=0.4987-0.4332=0.0655
\end{aligned}$$

0679　답　0.02

임의추출한 400가구 중에서 TV 프로그램을 시청한 가구의 비율을 $\hat{p}$이라 하면 모비율이 0.1, 표본의 크기가 400이므로

$E(\hat{p})=0.1$

$V(\hat{p})=\dfrac{0.1\times0.9}{400}=0.000225=0.015^2$

표본의 크기 400은 충분히 크므로 표본비율 $\hat{p}$은 근사적으로 정규분포 $N(0.1,\ 0.015^2)$을 따른다.

$Z=\dfrac{\hat{p}-0.1}{0.015}$로 놓으면 확률변수 Z는 표준정규분포 $N(0,\ 1)$을 따르므로 구하는 확률은

$$\begin{aligned}
P(\hat{p}\geq0.13)&=P\left(Z\geq\frac{0.13-0.1}{0.015}\right)\\
&=P(Z\geq2)\\
&=P(Z\geq0)-P(0\leq Z\leq2)\\
&=0.5-0.48=0.02
\end{aligned}$$

0680　답　②

임의추출한 300명 중에서 자전거를 타고 등교하는 학생의 비율을 $\hat{p}$이라 하면 모비율이 0.25, 표본의 크기가 300이므로

$E(\hat{p})=0.25$

$V(\hat{p})=\dfrac{0.25\times0.75}{300}=0.000625=0.025^2$

표본의 크기 300은 충분히 크므로 표본비율 $\hat{p}$은 근사적으로 정규분포 $N(0.25,\ 0.025^2)$을 따른다.

$Z=\dfrac{\hat{p}-0.25}{0.025}$로 놓으면 확률변수 Z는 표준정규분포 $N(0,\ 1)$을 따르므로 $P\left(\hat{p}\geq\dfrac{\alpha}{100}\right)=0.0228$에서

$P\left(Z\geq\dfrac{\frac{\alpha}{100}-0.25}{0.025}\right)=0.0228$

$P\left(Z\geq\dfrac{\alpha-25}{2.5}\right)=0.0228$

$P(Z\geq0)-P\left(0\leq Z\leq\dfrac{\alpha-25}{2.5}\right)=0.0228$

$0.5-P\left(0\leq Z\leq\dfrac{\alpha-25}{2.5}\right)=0.0228$

$\therefore P\left(0\leq Z\leq\dfrac{\alpha-25}{2.5}\right)=0.4772$

이때 $P(0\leq Z\leq2)=0.4772$이므로

$\dfrac{\alpha-25}{2.5}=2$　　$\therefore \alpha=30$

0681　답　600

모비율이 0.6, 표본의 크기가 n이므로

$E(\hat{p})=0.6$

$V(\hat{p})=\dfrac{0.6\times0.4}{n}=\dfrac{0.24}{n}=\left(\sqrt{\dfrac{0.24}{n}}\right)^2$

표본의 크기 n은 충분히 크므로 표본비율 $\hat{p}$은 근사적으로 정규분포 $N\left(0.6,\ \left(\sqrt{\dfrac{0.24}{n}}\right)^2\right)$을 따른다.

$Z=\dfrac{\hat{p}-0.6}{\sqrt{\dfrac{0.24}{n}}}$으로 놓으면 확률변수 Z는 표준정규분포 $N(0,\ 1)$을 따르므로 $P(\hat{p}\geq0.59)=0.6915$에서

$P\left(Z\geq\dfrac{0.59-0.6}{\sqrt{\dfrac{0.24}{n}}}\right)=0.6915$

$P\left(Z\geq-\dfrac{0.01}{\sqrt{\dfrac{0.24}{n}}}\right)=0.6915,\ P\left(Z\leq\dfrac{0.01}{\sqrt{\dfrac{0.24}{n}}}\right)=0.6915$

$P(Z\leq0)+P\left(0\leq Z\leq\dfrac{0.01}{\sqrt{\dfrac{0.24}{n}}}\right)=0.6915$

$0.5+P\left(0\leq Z\leq\dfrac{0.01}{\sqrt{\dfrac{0.24}{n}}}\right)=0.6915$

$\therefore P\left(0\leq Z\leq\dfrac{0.01}{\sqrt{\dfrac{0.24}{n}}}\right)=0.1915$

이때 $P(0\leq Z\leq0.5)=0.1915$이므로

$\dfrac{0.01}{\sqrt{\dfrac{0.24}{n}}}=0.5,\ \sqrt{\dfrac{0.24}{n}}=\dfrac{1}{50}$

$\dfrac{0.24}{n}=\dfrac{1}{2500}$　　$\therefore n=600$

0682　답　$79.84\leq m\leq90.16$

표본의 크기가 49, 표본평균이 85, 모표준편차가 14이므로 모평균 m에 대한 신뢰도 99 % 의 신뢰구간은

$85-2.58\times\dfrac{14}{\sqrt{49}}\leq m\leq85+2.58\times\dfrac{14}{\sqrt{49}}$

$\therefore 79.84\leq m\leq90.16$

0683　답　⑤

표본의 크기 256이 충분히 크므로 모표준편차 대신 표본표준편차 16을 이용할 수 있고, 표본평균이 64이므로 모평균 m에 대한 신뢰도 95 % 의 신뢰구간은

$64-1.96\times\dfrac{16}{\sqrt{256}}\leq m\leq64+1.96\times\dfrac{16}{\sqrt{256}}$

$\therefore 62.04\leq m\leq65.96$

0684　답　180.58

표본의 크기 100이 충분히 크므로 모표준편차 대신 표본표준편차 10을 이용할 수 있고, 표본평균이 $\bar{x}$이므로 모평균 m에 대한 신뢰도 99 % 의 신뢰구간은

$\bar{x}-2.58\times\dfrac{10}{\sqrt{100}}\leq m\leq\bar{x}+2.58\times\dfrac{10}{\sqrt{100}}$

이 신뢰구간이 $175.42 \leq m \leq a$와 같으므로

$$\overline{x} - 2.58 \times \frac{10}{\sqrt{100}} = 175.42 \qquad \therefore \overline{x} = 178$$

$$\therefore a = \overline{x} + 2.58 \times \frac{10}{\sqrt{100}} = 178 + 2.58 \times \frac{10}{\sqrt{100}} = 180.58$$

0685　답 91

표본의 크기가 225, 표본평균이 50, 모표준편차가 3이므로

$P(|Z| \leq k) = \dfrac{\alpha}{100}$라 하면 모평균 m에 대한 신뢰도 $\alpha\,\%$의 신뢰구간은

$$50 - k \times \frac{3}{\sqrt{225}} \leq m \leq 50 + k \times \frac{3}{\sqrt{225}} \qquad \cdots\cdots\ \text{ⓘ}$$

이 신뢰구간이 $49.66 \leq m \leq 50.34$와 같으므로

$$50 - k \times \frac{3}{\sqrt{225}} = 49.66,\ 50 + k \times \frac{3}{\sqrt{225}} = 50.34$$

따라서 $k \times \dfrac{3}{\sqrt{225}} = 0.34$이므로 $k = 1.7$ $\qquad \cdots\cdots\ \text{ⓘⓘ}$

이때 $P(0 \leq Z \leq 1.7) = 0.455$이므로

$$\begin{aligned} P(|Z| \leq 1.7) &= P(-1.7 \leq Z \leq 1.7) \\ &= 2P(0 \leq Z \leq 1.7) \\ &= 2 \times 0.455 = 0.91 \end{aligned}$$

따라서 $\dfrac{\alpha}{100} = 0.91$이므로 $\alpha = 91$ $\qquad \cdots\cdots\ \text{ⓘⓘⓘ}$

채점 기준

ⓘ $P(|Z| \leq k) = \dfrac{\alpha}{100}$일 때, 모평균 m에 대한 신뢰도 $\alpha\,\%$의 신뢰구간을 k에 대하여 나타내기	40 %
ⓘⓘ k의 값 구하기	30 %
ⓘⓘⓘ α의 값 구하기	30 %

0686　답 16

표본의 크기가 n, 표본평균이 42, 모표준편차가 8이므로 모평균 m에 대한 신뢰도 $99\,\%$의 신뢰구간은

$$42 - 2.58 \times \frac{8}{\sqrt{n}} \leq m \leq 42 + 2.58 \times \frac{8}{\sqrt{n}}$$

이 신뢰구간이 $36.84 \leq m \leq 47.16$과 같으므로

$$42 - 2.58 \times \frac{8}{\sqrt{n}} = 36.84,\ 42 + 2.58 \times \frac{8}{\sqrt{n}} = 47.16$$

따라서 $2.58 \times \dfrac{8}{\sqrt{n}} = 5.16$이므로

$$\sqrt{n} = 4 \qquad \therefore n = 16$$

0687　답 ④

표본의 크기를 n이라 하면 표본평균이 50, 모표준편차가 10이므로 모평균 m에 대한 신뢰도 $95\,\%$의 신뢰구간은

$$50 - 1.96 \times \frac{10}{\sqrt{n}} \leq m \leq 50 + 1.96 \times \frac{10}{\sqrt{n}}$$

이 신뢰구간이 $49.51 \leq m \leq 50.49$와 같으므로

$$50 - 1.96 \times \frac{10}{\sqrt{n}} = 49.51,\ 50 + 1.96 \times \frac{10}{\sqrt{n}} = 50.49$$

따라서 $1.96 \times \dfrac{10}{\sqrt{n}} = 0.49$이므로

$$\sqrt{n} = 40 \qquad \therefore n = 1600$$

따라서 1600가구를 대상으로 조사한 것이다.

0688　답 0.98

표본의 크기가 256, 모표준편차가 4이므로 모평균을 신뢰도 $95\,\%$로 추정한 신뢰구간의 길이는

$$2 \times 1.96 \times \frac{4}{\sqrt{256}} = 0.98$$

0689　답 1.72

표본의 크기가 900, 모표준편차가 10일 때, 모평균 m에 대한 신뢰도 $99\,\%$의 신뢰구간이 $a \leq m \leq b$이므로 그 신뢰구간의 길이는

$$b - a = 2 \times 2.58 \times \frac{10}{\sqrt{900}} = 1.72$$

0690　답 6.81

표본의 크기가 400, 모표준편차가 15이므로 모평균을 신뢰도 $95\,\%$로 추정한 신뢰구간의 길이는

$$a = 2 \times 1.96 \times \frac{15}{\sqrt{400}} = 2.94 \qquad \cdots\cdots\ \text{ⓘ}$$

한편 모평균을 신뢰도 $99\,\%$로 추정한 신뢰구간의 길이는

$$b = 2 \times 2.58 \times \frac{15}{\sqrt{400}} = 3.87 \qquad \cdots\cdots\ \text{ⓘⓘ}$$

$$\therefore a + b = 2.94 + 3.87 = 6.81 \qquad \cdots\cdots\ \text{ⓘⓘⓘ}$$

채점 기준

ⓘ a의 값 구하기	40 %
ⓘⓘ b의 값 구하기	40 %
ⓘⓘⓘ $a + b$의 값 구하기	20 %

0691　답 92

표본의 크기가 25, 모표준편차가 10일 때, $P(|Z| \leq k) = \dfrac{\alpha}{100}$라 하면 모평균을 신뢰도 $\alpha\,\%$로 추정한 신뢰구간의 길이는 7이므로

$$2k \times \frac{10}{\sqrt{25}} = 7 \qquad \therefore k = 1.75$$

이때 $P(0 \leq Z \leq 1.75) = 0.46$이므로

$$\begin{aligned} P(|Z| \leq 1.75) &= P(-1.75 \leq Z \leq 1.75) \\ &= 2P(0 \leq Z \leq 1.75) \\ &= 2 \times 0.46 = 0.92 \end{aligned}$$

따라서 $\dfrac{\alpha}{100} = 0.92$이므로 $\alpha = 92$

0692　답 97

표본의 크기가 n, 모표준편차가 0.5이므로 모평균을 신뢰도 $95\,\%$로 추정한 신뢰구간의 길이는

$$2 \times 1.96 \times \frac{0.5}{\sqrt{n}}$$

신뢰구간의 길이가 0.2 이하이어야 하므로

$$2 \times 1.96 \times \frac{0.5}{\sqrt{n}} \leq 0.2,\ \sqrt{n} \geq 9.8$$

$$\therefore n \geq 96.04$$

따라서 n의 최솟값은 97이다.

0693　답 64

표본의 크기가 n, 모표준편차가 σ일 때, 모평균 m에 대한 신뢰도 $99\,\%$의 신뢰구간은 $a \leq m \leq b$이므로 그 신뢰구간의 길이는

$$b - a = 2 \times 2.58 \times \frac{\sigma}{\sqrt{n}}$$

이때 $b-a=0.645\sigma$이므로

$$2\times2.58\times\frac{\sigma}{\sqrt{n}}=0.645\sigma,\ \sqrt{n}=8$$

$$\therefore\ n=64$$

0694 답 ⑤

표본의 크기가 n, 표본평균이 $\overline{x}$, 모표준편차가 10이므로 모평균 m에 대한 신뢰도 99 %의 신뢰구간은

$$\overline{x}-2.58\times\frac{10}{\sqrt{n}}\leq m\leq\overline{x}+2.58\times\frac{10}{\sqrt{n}}$$

$$-\frac{25.8}{\sqrt{n}}\leq m-\overline{x}\leq\frac{25.8}{\sqrt{n}}$$

$$\therefore\ |m-\overline{x}|\leq\frac{25.8}{\sqrt{n}}$$

이때 $|m-\overline{x}|\leq6$이어야 하므로

$$\frac{25.8}{\sqrt{n}}\leq6,\ \sqrt{n}\geq4.3$$

$$\therefore\ n\geq18.49$$

따라서 n의 최솟값은 19이다.

0695 답 2401

모평균을 m, 표본평균을 $\overline{x}$, 모표준편차를 σ라 하면 모평균 m에 대한 신뢰도 95 %의 신뢰구간은

$$\overline{x}-1.96\times\frac{\sigma}{\sqrt{n}}\leq m\leq\overline{x}+1.96\times\frac{\sigma}{\sqrt{n}}$$

$$-\frac{1.96\sigma}{\sqrt{n}}\leq m-\overline{x}\leq\frac{1.96\sigma}{\sqrt{n}}$$

$$\therefore\ |m-\overline{x}|\leq\frac{1.96\sigma}{\sqrt{n}}$$

이때 $|m-\overline{x}|\leq\dfrac{\sigma}{25}$이어야 하므로

$$\frac{1.96\sigma}{\sqrt{n}}\leq\frac{\sigma}{25},\ \sqrt{n}\geq49$$

$$\therefore\ n\geq2401$$

따라서 n의 최솟값은 2401이다.

0696 답 ②

표본의 크기를 n, 모평균을 m, 표본평균을 $\overline{x}$라 하면 모표준편차가 20이므로 모평균 m에 대한 신뢰도 95 %의 신뢰구간은

$$\overline{x}-1.96\times\frac{20}{\sqrt{n}}\leq m\leq\overline{x}+1.96\times\frac{20}{\sqrt{n}}$$

$$-\frac{39.2}{\sqrt{n}}\leq m-\overline{x}\leq\frac{39.2}{\sqrt{n}}$$

$$\therefore\ |m-\overline{x}|\leq\frac{39.2}{\sqrt{n}}$$

이때 $|m-\overline{x}|\leq7$이어야 하므로

$$\frac{39.2}{\sqrt{n}}\leq7,\ \sqrt{n}\geq5.6$$

$$\therefore\ n\geq31.36$$

따라서 최소 32개를 조사해야 한다.

0697 답 ②

표본의 크기를 n, 모표준편차를 σ, $\mathrm{P}(|Z|\leq k)=\dfrac{\alpha}{100}$라 하면 모평균을 신뢰도 α %로 추정한 신뢰구간의 길이는

$$2k\frac{\sigma}{\sqrt{n}}$$

① 표본의 크기가 일정할 때, 신뢰도가 낮아지면 k의 값이 작아지므로 신뢰구간의 길이는 짧아진다.

② 표본의 크기가 커지면 $\sqrt{n}$의 값이 커지고, 신뢰도가 낮아지면 k의 값이 작아지므로 신뢰구간의 길이는 짧아진다.

③ 표본평균의 값은 신뢰구간의 길이에 영향을 주지 않는다.

④ 신뢰도가 일정할 때, 표본의 크기가 커지면 $\sqrt{n}$의 값이 커지므로 신뢰구간의 길이는 짧아진다.

⑤ 동일한 표본을 사용할 때, 신뢰도가 99 %일 때의 k의 값이 신뢰도가 95 %일 때의 k의 값보다 크므로 신뢰도 99 %의 신뢰구간은 신뢰도 95 %의 신뢰구간을 포함한다.

따라서 옳은 것은 ②이다.

0698 답 ②

$\mathrm{P}(|Z|\leq k)=\dfrac{\alpha}{100}$라 하면 모평균 m을 신뢰도 α %로 추정한 신뢰구간의 길이는 각각 다음과 같다.

① $2k\times\dfrac{5}{\sqrt{25}}=2k$ ② $2k\times\dfrac{10}{\sqrt{25}}=4k$

③ $2k\times\dfrac{3}{\sqrt{36}}=k$ ④ $2k\times\dfrac{6}{\sqrt{36}}=2k$

⑤ $2k\times\dfrac{9}{\sqrt{36}}=3k$

따라서 신뢰구간의 길이가 가장 긴 것은 ②이다.

0699 답 $\dfrac{1}{9}$

처음 표본의 크기를 n, $\mathrm{P}(|Z|\leq k)=\dfrac{\alpha}{100}$라 하면 모표준편차가 σ이므로 모평균 m을 신뢰도 α %로 추정한 신뢰구간의 길이는

$$2k\frac{\sigma}{\sqrt{n}}$$

이때 표본의 크기가 a배, 즉 an일 때 신뢰구간의 길이는 3배가 되므로

$$2k\frac{\sigma}{\sqrt{an}}=3\times2k\frac{\sigma}{\sqrt{n}},\ \sqrt{a}=\frac{1}{3}$$

$$\therefore\ a=\frac{1}{9}$$

0700 답 ④

표본의 크기가 150, 표본비율이 $\dfrac{60}{150}=0.4$이고, 표본의 크기는 충분히 크므로 모비율 p에 대한 신뢰도 95 %의 신뢰구간은

$$0.4-1.96\sqrt{\frac{0.4\times0.6}{150}}\leq p\leq0.4+1.96\sqrt{\frac{0.4\times0.6}{150}}$$

$$\therefore\ 0.3216\leq p\leq0.4784$$

0701 답 3.48

표본의 크기가 900, 표본비율 $\hat{p}=\dfrac{810}{900}=0.9$이고, 표본의 크기는 충분히 크므로 모비율 p에 대한 신뢰도 99 %의 신뢰구간은

$$0.9-2.58\sqrt{\frac{0.9\times0.1}{900}}\leq p\leq0.9+2.58\sqrt{\frac{0.9\times0.1}{900}}$$

이 신뢰구간이 $\hat{p}-c\leq p\leq\hat{p}+c$와 같으므로

$$0.9-2.58\sqrt{\frac{0.9\times0.1}{900}}=\hat{p}-c,\ 0.9+2.58\sqrt{\frac{0.9\times0.1}{900}}=\hat{p}+c$$

$$\therefore\ c=2.58\sqrt{\frac{0.9\times0.1}{900}}=0.0258$$

$$\therefore\ \hat{p}+100c=0.9+2.58=3.48$$

0702 답 82

표본의 크기가 400, 표본비율이 $\dfrac{320}{400}=0.8$이고, 표본의 크기는 충

분히 크므로 $\mathrm{P}(|Z|\leq k)=\dfrac{a}{100}$라 하면 모비율 p에 대한 신뢰도

$a\,\%$의 신뢰구간은

$$0.8-k\sqrt{\frac{0.8\times0.2}{400}}\leq p\leq0.8+k\sqrt{\frac{0.8\times0.2}{400}}$$

이 신뢰구간이 $0.7732\leq p\leq0.8268$과 같으므로

$$0.8-k\sqrt{\frac{0.8\times0.2}{400}}=0.7732,\ 0.8+k\sqrt{\frac{0.8\times0.2}{400}}=0.8268$$

즉, $k\sqrt{\dfrac{0.8\times0.2}{400}}=0.0268$이므로 $k=1.34$

이때 $\mathrm{P}(0\leq Z\leq1.34)=0.41$이므로

$$\begin{aligned}\mathrm{P}(|Z|\leq1.34)&=\mathrm{P}(-1.34\leq Z\leq1.34)\\&=2\mathrm{P}(0\leq Z\leq1.34)\\&=2\times0.41=0.82\end{aligned}$$

따라서 $\dfrac{a}{100}=0.82$이므로 $a=82$

0703 답 ③

표본비율이 0.1이고, n은 충분히 크므로 모비율 p에 대한 신뢰도

$99\,\%$의 신뢰구간은

$$0.1-2.58\sqrt{\frac{0.1\times0.9}{n}}\leq p\leq0.1+2.58\sqrt{\frac{0.1\times0.9}{n}}$$

이 신뢰구간이 $0.0226\leq p\leq0.1774$와 같으므로

$$0.1-2.58\sqrt{\frac{0.1\times0.9}{n}}=0.0226$$

$$0.1+2.58\sqrt{\frac{0.1\times0.9}{n}}=0.1774$$

따라서 $2.58\sqrt{\dfrac{0.1\times0.9}{n}}=0.0774$이므로

$$\sqrt{n}=10\qquad\therefore\ n=100$$

0704 답 75

표본비율이 0.75이고, n은 충분히 크므로 모비율 p에 대한 신뢰도

$95\,\%$의 신뢰구간은

$$0.75-1.96\sqrt{\frac{0.75\times0.25}{n}}\leq p\leq0.75+1.96\sqrt{\frac{0.75\times0.25}{n}}\quad\cdots\cdots\ ❶$$

이 신뢰구간이 $0.652\leq p\leq0.848$과 같으므로

$$0.75-1.96\sqrt{\frac{0.75\times0.25}{n}}=0.652$$

$$0.75+1.96\sqrt{\frac{0.75\times0.25}{n}}=0.848$$

따라서 $1.96\sqrt{\dfrac{0.75\times0.25}{n}}=0.098$이므로

$$\sqrt{\frac{n}{3}}=5\qquad\therefore\ n=75\qquad\qquad\cdots\cdots\ ❷$$

채점 기준

❶ 모비율 p에 대한 신뢰도 $95\,\%$의 신뢰구간을 n에 대하여 나타내기	$50\,\%$
❷ n의 값 구하기	$50\,\%$

0705 답 400

표본비율이 0.9이고, n은 충분히 크므로 모비율 p를 신뢰도 $95\,\%$로

추정한 신뢰구간의 길이는

$$2\times1.96\sqrt{\frac{0.9\times0.1}{n}}$$

신뢰구간의 길이가 0.0588 이하이어야 하므로

$$2\times1.96\sqrt{\frac{0.9\times0.1}{n}}\leq0.0588$$

$$\sqrt{n}\geq20\qquad\therefore\ n\geq400$$

따라서 n의 최솟값은 400이다.

0706 답 ⑤

표본의 크기가 2100, 표본비율이 0.3이고, 표본의 크기는 충분히 크

므로 모비율 p에 대한 신뢰도 $99\,\%$의 신뢰구간의 길이는

$$2\times2.58\sqrt{\frac{0.3\times0.7}{2100}}=0.0516$$

0707 답 ②

표본의 크기가 100, 표본비율이 $\dfrac{50+30}{100}=\dfrac{80}{100}=0.8$이고 표본의

크기가 충분히 클 때, 모비율 p에 대한 신뢰도 $95\,\%$의 신뢰구간이

$a\leq p\leq b$이므로 그 신뢰구간의 길이는

$$b-a=2\times1.96\sqrt{\frac{0.8\times0.2}{100}}=0.1568$$

$$\therefore\ 5000(b-a)=5000\times0.1568=784$$

0708 답 196

표본의 크기가 n, 표본비율이 0.5일 때, 모비율 p에 대한 신뢰도

$95\,\%$의 신뢰구간이 $a\leq p\leq b$이므로 그 신뢰구간의 길이는

$$b-a=2\times1.96\sqrt{\frac{0.5\times0.5}{n}}=\frac{1.96}{\sqrt{n}}$$

이때 $b-a=0.14$이므로

$$\frac{1.96}{\sqrt{n}}=0.14,\ \sqrt{n}=14$$

$$\therefore\ n=196$$

0709 답 900

표본비율이 0.2이고, n은 충분히 크므로 모비율 p에 대한 신뢰도

$99\,\%$의 신뢰구간은

$$0.2-2.58\sqrt{\frac{0.2\times0.8}{n}}\leq p\leq0.2+2.58\sqrt{\frac{0.2\times0.8}{n}}$$

$$-2.58\sqrt{\frac{0.2\times0.8}{n}}\leq p-0.2\leq2.58\sqrt{\frac{0.2\times0.8}{n}}$$

$$|p-0.2|\leq2.58\sqrt{\frac{0.2\times0.8}{n}}$$

이때 모비율과 표본비율의 차가 0.0344 이하이어야 하므로

$$2.58\sqrt{\frac{0.2\times0.8}{n}}\leq0.0344$$

$$\sqrt{n}\geq30\qquad\therefore\ n\geq900$$

따라서 n의 최솟값은 900이다.

0710 답 0.0392

표본의 크기가 600, 표본비율이 0.4이고, 표본의 크기는 충분히 크므로 모비율 p에 대한 신뢰도 95%의 신뢰구간은

$$0.4-1.96\sqrt{\frac{0.4\times0.6}{600}}\leq p\leq 0.4+1.96\sqrt{\frac{0.4\times0.6}{600}}$$

$$-1.96\sqrt{\frac{0.4\times0.6}{600}}\leq p-0.4\leq 1.96\sqrt{\frac{0.4\times0.6}{600}}$$

$$|p-0.4|\leq 1.96\sqrt{\frac{0.4\times0.6}{600}}$$

$$|p-0.4|\leq 0.0392$$

따라서 모비율과 표본비율의 차의 최댓값은 0.0392이다.

0711 답 ④

표본비율이 0.1이고, n은 충분히 크므로 모비율 p에 대한 신뢰도 99%의 신뢰구간은

$$0.1-2.58\sqrt{\frac{0.1\times0.9}{n}}\leq p\leq 0.1+2.58\sqrt{\frac{0.1\times0.9}{n}}$$

$$-2.58\sqrt{\frac{0.1\times0.9}{n}}\leq p-0.1\leq 2.58\sqrt{\frac{0.1\times0.9}{n}}$$

$$|p-0.1|\leq 2.58\sqrt{\frac{0.1\times0.9}{n}}$$

모비율과 표본비율의 차가 3.87% 이하이어야 하므로

$$2.58\sqrt{\frac{0.1\times0.9}{n}}\leq 0.0387$$

$$\sqrt{n}\geq 20 \qquad \therefore n\geq 400$$

따라서 n의 최솟값은 400이다.

AB 유형 점검

124~126쪽

0712 답 45

$E(\overline{X})=E(X)=5$이므로

$$V(\overline{X})=E(\overline{X}^2)-\{E(\overline{X})\}^2=30-5^2=5$$

표본의 크기가 4이므로

$$V(\overline{X})=\frac{V(X)}{4}=5 \qquad \therefore V(X)=20$$

따라서 $V(X)=E(X^2)-\{E(X)\}^2$에서

$$E(X^2)=V(X)+\{E(X)\}^2=20+5^2=45$$

0713 답 ④

과일 바구니 1개를 임의로 택할 때, 과일 바구니의 무게를 확률변수 X라 하고 X의 확률분포를 표로 나타내면 다음과 같다.

X	1	2	3	합계
$P(X=x)$	$\frac{1}{4}$	$\frac{1}{2}$	$\frac{1}{4}$	1

확률변수 X에 대하여

$$E(X)=1\times\frac{1}{4}+2\times\frac{1}{2}+3\times\frac{1}{4}=2$$

$$V(X)=E(X^2)-\{E(X)\}^2$$
$$=1^2\times\frac{1}{4}+2^2\times\frac{1}{2}+3^2\times\frac{1}{4}-2^2=\frac{9}{2}-4=\frac{1}{2}$$

$$\therefore \sigma(X)=\sqrt{V(X)}=\sqrt{\frac{1}{2}}=\frac{\sqrt{2}}{2}$$

표본의 크기가 n이므로

$$\sigma(\overline{X})=\frac{\frac{\sqrt{2}}{2}}{\sqrt{n}}=\frac{\sqrt{2}}{2\sqrt{n}}$$

$$\therefore \sigma(6\overline{X}-2)=|6|\sigma(\overline{X})=6\times\frac{\sqrt{2}}{2\sqrt{n}}=\frac{3\sqrt{2}}{\sqrt{n}}$$

이때 $\sigma(6\overline{X}-2)=\frac{\sqrt{2}}{2}$에서

$$\frac{3\sqrt{2}}{\sqrt{n}}=\frac{\sqrt{2}}{2}, \ \sqrt{n}=6$$

$$\therefore n=36$$

0714 답 16

모집단이 정규분포 $N(60,\ 16^2)$을 따르고 표본의 크기가 n이므로 표본평균 $\overline{X}$는 정규분포 $N\left(60,\ \frac{16^2}{n}\right)$, 즉 $N\left(60,\ \left(\frac{16}{\sqrt{n}}\right)^2\right)$을 따른다.

$Z=\dfrac{\overline{X}-60}{\frac{16}{\sqrt{n}}}$으로 놓으면 확률변수 Z는 표준정규분포 $N(0,\ 1)$을 따르므로 $P(\overline{X}\leq 64)\leq 0.8413$에서

$$P\left(Z\leq\frac{64-60}{\frac{16}{\sqrt{n}}}\right)\leq 0.8413$$

$$P\left(Z\leq\frac{\sqrt{n}}{4}\right)\leq 0.8413$$

$$P(Z\leq 0)+P\left(0\leq Z\leq\frac{\sqrt{n}}{4}\right)\leq 0.8413$$

$$0.5+P\left(0\leq Z\leq\frac{\sqrt{n}}{4}\right)\leq 0.8413$$

$$\therefore P\left(0\leq Z\leq\frac{\sqrt{n}}{4}\right)\leq 0.3413$$

이때 $P(0\leq Z\leq 1)=0.3413$이므로

$$\frac{\sqrt{n}}{4}\leq 1, \ \sqrt{n}\leq 4 \qquad \therefore n\leq 16$$

따라서 n의 최댓값은 16이다.

0715 답 16

모집단이 정규분포 $N(50,\ \sigma^2)$을 따르고 표본의 크기가 16이므로 표본평균 $\overline{X}$는 정규분포 $N\left(50,\ \frac{\sigma^2}{16}\right)$, 즉 $N\left(50,\ \left(\frac{\sigma}{4}\right)^2\right)$을 따른다.

$Z=\dfrac{\overline{X}-50}{\frac{\sigma}{4}}$으로 놓으면 $P(50\leq\overline{X}\leq 56)=0.4332$에서

$$P\left(\frac{50-50}{\frac{\sigma}{4}}\leq Z\leq\frac{56-50}{\frac{\sigma}{4}}\right)=0.4332$$

$$\therefore P\left(0\leq Z\leq\frac{24}{\sigma}\right)=0.4332$$

이때 $P(0\leq Z\leq 1.5)=0.4332$이므로

$$\frac{24}{\sigma}=1.5 \qquad \therefore \sigma=16$$

0716 답 ③

모비율이 0.55, 표본의 크기는 n이므로

$$V(\hat{p})=\frac{0.55\times0.45}{n}=\frac{99}{400n}$$

이때 $V(\hat{p})=\dfrac{3}{400}$이므로

$$\dfrac{99}{400n}=\dfrac{3}{400},\ 3n=99$$

$$\therefore n=33$$

0717　답 15

임직원 400명 중에서 새로운 교육 제도에 대하여 찬성하는 사람의 비율을 $\hat{p}$이라 하면 모비율이 0.2, 표본의 크기는 400이므로

$E(\hat{p})=0.2$

$V(\hat{p})=\dfrac{0.2 \times 0.8}{400}=0.0004=0.02^2$

표본의 크기 400은 충분히 크므로 표본비율 $\hat{p}$은 근사적으로 정규분포 $N(0.2,\ 0.02^2)$을 따른다.

$Z=\dfrac{\hat{p}-0.2}{0.02}$로 놓으면 확률변수 Z는 표준정규분포 $N(0,\ 1)$을 따르므로 $P\left(\hat{p} \geq \dfrac{\alpha}{100}\right)=0.9938$에서

$P\left(Z \geq \dfrac{\dfrac{\alpha}{100}-0.2}{0.02}\right)=0.9938$

$P\left(Z \geq \dfrac{\alpha-20}{2}\right)=0.9938,\ P\left(Z \leq \dfrac{20-\alpha}{2}\right)=0.9938$

$P(Z \leq 0)+P\left(0 \leq Z \leq \dfrac{20-\alpha}{2}\right)=0.9938$

$0.5+P\left(0 \leq Z \leq \dfrac{20-\alpha}{2}\right)=0.9938$

$\therefore P\left(0 \leq Z \leq \dfrac{20-\alpha}{2}\right)=0.4938$

이때 $P(0 \leq Z \leq 2.5)=0.4938$이므로

$\dfrac{20-\alpha}{2}=2.5 \qquad \therefore \alpha=15$

0718　답 ②

표본의 크기가 49, 표본평균이 $\overline{x}$, 모표준편차가 5이므로 모평균 m에 대한 신뢰도 95 %의 신뢰구간은

$\overline{x}-1.96 \times \dfrac{5}{\sqrt{49}} \leq m \leq \overline{x}+1.96 \times \dfrac{5}{\sqrt{49}}$

$\therefore \overline{x}-1.4 \leq m \leq \overline{x}+1.4$

이 신뢰구간이 $a \leq m \leq \dfrac{6}{5}a$와 같으므로

$\overline{x}-1.4=a \qquad \cdots\cdots\ \bigcirc$

$\overline{x}+1.4=\dfrac{6}{5}a \qquad \cdots\cdots\ \bigcirc$

$\bigcirc$, $\bigcirc$을 연립하여 풀면

$\overline{x}=15.4,\ a=14$

0719　답 ③

표본의 크기가 n, 표본평균이 64, 모표준편차가 5이므로 모평균 m에 대한 신뢰도 95 %의 신뢰구간은

$64-1.96 \times \dfrac{5}{\sqrt{n}} \leq m \leq 64+1.96 \times \dfrac{5}{\sqrt{n}}$

이때 모평균 m에 대한 신뢰도 95 %의 신뢰구간이

$63.02 \leq m \leq 64.98$이므로

$64-1.96 \times \dfrac{5}{\sqrt{n}}=63.02,\ 64+1.96 \times \dfrac{5}{\sqrt{n}}=64.98$

따라서 $1.96 \times \dfrac{5}{\sqrt{n}}=0.98$이므로

$\sqrt{n}=10 \qquad \therefore n=100$

0720　답 2.58

표본의 크기가 36, 모표준편차가 3이므로 모평균 m에 대한 신뢰도 99 %의 신뢰구간의 길이는

$2 \times 2.58 \times \dfrac{3}{\sqrt{36}}=2.58$

0721　답 ②

모표준편차를 σ, $P(|Z| \leq k)=\dfrac{\alpha}{100}$라 하면 표본의 크기가 4일 때, 모평균을 신뢰도 α %로 추정한 신뢰구간의 길이가 2.45이므로

$2k \times \dfrac{\sigma}{\sqrt{4}}=2.45 \qquad \therefore k\sigma=2.45$

한편 표본의 크기가 n일 때, 모평균을 신뢰도 α %로 추정한 신뢰구간의 길이가 0.49가 되려면

$2k \times \dfrac{\sigma}{\sqrt{n}}=0.49,\ 2 \times \dfrac{2.45}{\sqrt{n}}=0.49$

$\sqrt{n}=10 \qquad \therefore n=100$

0722　답 196

표본의 크기를 n, 모평균을 m, 표본평균을 $\overline{x}$라 하면 모표준편차가 300이므로 모평균 m에 대한 신뢰도 95 %의 신뢰구간은

$\overline{x}-1.96 \times \dfrac{300}{\sqrt{n}} \leq m \leq \overline{x}+1.96 \times \dfrac{300}{\sqrt{n}}$

$-\dfrac{588}{\sqrt{n}} \leq m-\overline{x} \leq \dfrac{588}{\sqrt{n}} \qquad \therefore |m-\overline{x}| \leq \dfrac{588}{\sqrt{n}}$

이때 $|m-\overline{x}| \leq 42$이어야 하므로

$\dfrac{588}{\sqrt{n}} \leq 42,\ \sqrt{n} \geq 14 \qquad \therefore n \geq 196$

따라서 표본의 크기의 최솟값은 196이다.

0723　답 ①

$P(|Z| \leq k)=\dfrac{x}{100}$라 하면 모평균 m을 신뢰도 x %로 추정한 신뢰구간의 길이는

$2k\dfrac{\sigma}{\sqrt{n}}$

ㄱ. 표본의 크기가 일정할 때, 신뢰도가 높아지면 k의 값이 커지므로 $b-a$의 값은 커진다.

ㄴ. 신뢰도가 일정할 때, 표본의 크기가 2배가 되면 $2n$이므로 신뢰구간의 길이는

$2k\dfrac{\sigma}{\sqrt{2n}}=\dfrac{\sqrt{2}}{2} \times 2k\dfrac{\sigma}{\sqrt{n}}$

즉, $b-a$의 값은 $\dfrac{\sqrt{2}}{2}$배가 된다.

ㄷ. 신뢰도가 높아지면 k의 값이 커지고, 표본의 크기가 커지면 $\sqrt{n}$의 값이 커지므로 $b-a$의 값은 반드시 커진다고 할 수 없다.

따라서 보기에서 옳은 것은 ㄱ이다.

0724 답 ④

표본의 크기가 100, 표본비율이 0.9이고, 표본의 크기는 충분히 크므로 모비율 p에 대한 신뢰도 99 %의 신뢰구간은

$$0.9-2.58\times\sqrt{\frac{0.9\times0.1}{100}}\leq p\leq0.9+2.58\times\sqrt{\frac{0.9\times0.1}{100}}$$

$$\therefore\ 0.8226\leq p\leq0.9774$$

0725 답 225

표본의 크기가 300, 표본비율이 $\hat{p}$이고, 표본의 크기는 충분히 크므로 모비율 p에 대한 신뢰도 95 %의 신뢰구간은

$$\hat{p}-1.96\sqrt{\frac{\hat{p}(1-\hat{p})}{300}}\leq p\leq\hat{p}+1.96\sqrt{\frac{\hat{p}(1-\hat{p})}{300}}$$

이 신뢰구간이 $0.701\leq p\leq0.799$와 같으므로

$$\hat{p}-1.96\sqrt{\frac{\hat{p}(1-\hat{p})}{300}}=0.701\quad\cdots\cdots\ \bigcirc$$

$$\hat{p}+1.96\sqrt{\frac{\hat{p}(1-\hat{p})}{300}}=0.799\quad\cdots\cdots\ \bigcirc$$

$\bigcirc+\bigcirc$을 하면 $2\hat{p}=1.5$ $\quad\therefore\ \hat{p}=0.75$

따라서 구하는 학생 수는 $300\times0.75=225$

0726 답 320

주민 400명 중에서 올림픽 유치를 희망하는 주민의 비율을 $\hat{p}$이라 하면 표본의 크기가 400일 때, 모비율 p를 신뢰도 99 %로 추정한 신뢰구간의 길이는 0.1032이고, 표본의 크기는 충분히 크므로

$$2\times2.58\sqrt{\frac{\hat{p}(1-\hat{p})}{400}}=0.1032$$

$$\sqrt{\hat{p}(1-\hat{p})}=0.4,\ \hat{p}(1-\hat{p})=0.16$$

$$25\hat{p}^2-25\hat{p}+4=0,\ (5\hat{p}-1)(5\hat{p}-4)=0$$

$$\therefore\ \hat{p}=\frac{1}{5}\ \text{또는}\ \hat{p}=\frac{4}{5}$$

이때 $\hat{p}=\dfrac{n}{400}$이므로 $\dfrac{n}{400}=\dfrac{1}{5}$ 또는 $\dfrac{n}{400}=\dfrac{4}{5}$

$$\therefore\ n=80\ \text{또는}\ n=320$$

이때 $n>100$이므로 $n=320$

0727 답 3

확률의 총합은 1이므로

$$a+2a+3a=1,\ 6a=1\quad\therefore\ a=\frac{1}{6}\qquad\cdots\cdots\ ❶$$

따라서 확률변수 X에 대하여

$$\mathrm{E}(X)=1\times\frac{1}{6}+3\times\frac{1}{3}+5\times\frac{1}{2}=\frac{11}{3}$$

$$\mathrm{V}(X)=\mathrm{E}(X^2)-\{\mathrm{E}(X)\}^2$$

$$=1^2\times\frac{1}{6}+3^2\times\frac{1}{3}+5^2\times\frac{1}{2}-\left(\frac{11}{3}\right)^2$$

$$=\frac{47}{3}-\frac{121}{9}=\frac{20}{9}$$

$$\therefore\ \sigma(X)=\sqrt{\mathrm{V}(X)}=\sqrt{\frac{20}{9}}=\frac{2\sqrt{5}}{3}\qquad\cdots\cdots\ ❷$$

이때 표본의 크기가 5이므로

$$\mathrm{E}(\overline{X})=\frac{11}{3},\ \sigma(\overline{X})=\frac{\frac{2\sqrt{5}}{3}}{\sqrt{5}}=\frac{2}{3}$$

$$\therefore\ \mathrm{E}(\overline{X})-\sigma(\overline{X})=\frac{11}{3}-\frac{2}{3}=3\qquad\cdots\cdots\ ❸$$

❶ a의 값 구하기	20 %
❷ $\mathrm{E}(X)$, $\sigma(X)$ 구하기	40 %
❸ $\mathrm{E}(\overline{X})-\sigma(\overline{X})$의 값 구하기	40 %

0728 답 124

모집단이 정규분포 $\mathrm{N}(20,\ 2^2)$을 따르고 표본의 크기가 16이므로 임의추출한 커피 분말 16봉지의 무게의 평균을 $\overline{X}$라 하면 표본평균 $\overline{X}$는 정규분포 $\mathrm{N}\left(20,\ \dfrac{2^2}{16}\right)$, 즉 $\mathrm{N}\left(20,\ \left(\dfrac{1}{2}\right)^2\right)$을 따른다. $\qquad\cdots\cdots\ ❶$

$Z=\dfrac{\overline{X}-20}{\dfrac{1}{2}}$으로 놓으면 확률변수 Z는 표준정규분포 $\mathrm{N}(0,\ 1)$을 따르므로 한 상자가 불량품으로 판정될 확률은

$$\mathrm{P}(16\overline{X}\leq300)=\mathrm{P}(\overline{X}\leq18.75)$$

$$=\mathrm{P}\left(Z\leq\frac{18.75-20}{\frac{1}{2}}\right)$$

$$=\mathrm{P}(Z\leq-2.5)$$

$$=\mathrm{P}(Z\geq2.5)$$

$$=\mathrm{P}(Z\geq0)-\mathrm{P}(0\leq Z\leq2.5)$$

$$=0.5-0.4938$$

$$=0.0062\qquad\cdots\cdots\ ❷$$

따라서 구하는 상자의 개수는

$$20000\times0.0062=124\qquad\cdots\cdots\ ❸$$

❶ 커피 분말 16봉지의 무게의 평균을 $\overline{X}$로 놓고 표본평균 $\overline{X}$가 따르는 정규분포 구하기	20 %
❷ 한 상자가 불량품으로 판정될 확률 구하기	40 %
❸ 상자의 개수 구하기	40 %

0729 답 108

모비율을 p라 하면 표본의 크기가 n, 표본비율이 0.75이고, n은 충분히 크므로 모비율 p에 대한 신뢰도 99 %의 신뢰구간은

$$0.75-2.58\sqrt{\frac{0.75\times0.25}{n}}\leq p\leq0.75+2.58\sqrt{\frac{0.75\times0.25}{n}}\qquad\cdots\cdots\ ❶$$

$$-2.58\sqrt{\frac{0.75\times0.25}{n}}\leq p-0.75\leq2.58\sqrt{\frac{0.75\times0.25}{n}}$$

$$|p-0.75|\leq2.58\sqrt{\frac{0.75\times0.25}{n}}$$

이때 모비율과 표본비율의 차가 0.1075 이하이어야 하므로

$$2.53\sqrt{\frac{0.75\times0.25}{n}}\leq0.1075$$

$$\sqrt{\frac{n}{3}}\geq6\quad\therefore\ n\geq108$$

따라서 n의 최솟값은 108이다. $\qquad\cdots\cdots\ ❷$

❶ 모비율에 대한 신뢰도 99 %의 신뢰구간 구하기	40 %
❷ n의 최솟값 구하기	60 %

0730   답 ①

정규분포 $N(50, 8^2)$을 따르는 모집단에서 임의추출한 크기가 16인 표본의 표본평균 $\overline{X}$는 정규분포 $N\left(50, \dfrac{8^2}{16}\right)$, 즉 $N(50, 2^2)$을 따른다.

또 정규분포 $N(75, \sigma^2)$을 따르는 모집단에서 임의추출한 크기가 25인 표본의 표본평균 $\overline{Y}$는 정규분포 $N\left(75, \dfrac{\sigma^2}{25}\right)$, 즉 $N\left(75, \left(\dfrac{|\sigma|}{5}\right)^2\right)$을 따른다.

$Z_{\overline{X}}=\dfrac{\overline{X}-50}{2}$, $Z_{\overline{Y}}=\dfrac{\overline{Y}-75}{\dfrac{|\sigma|}{5}}$로 놓으면 두 확률변수 $Z_{\overline{X}}$, $Z_{\overline{Y}}$는 표준정규분포 $N(0, 1)$을 따르므로 $P(\overline{X}\leq 53)+P(\overline{Y}\leq 69)=1$에서

$$P\left(Z_{\overline{X}}\leq \dfrac{53-50}{2}\right)+P\left(Z_{\overline{Y}}\leq \dfrac{69-75}{\dfrac{|\sigma|}{5}}\right)=1$$

$$P(Z_{\overline{X}}\leq 1.5)+P\left(Z_{\overline{Y}}\leq -\dfrac{30}{|\sigma|}\right)=1$$

$$P(Z_{\overline{X}}\leq 1.5)+P\left(Z_{\overline{Y}}\geq \dfrac{30}{|\sigma|}\right)=1$$

즉, $1.5=\dfrac{30}{|\sigma|}$이므로 $|\sigma|=20$

$$\begin{aligned}\therefore P(\overline{Y}\geq 71)&=P\left(Z_{\overline{Y}}\geq \dfrac{71-75}{4}\right)\\&=P(Z_{\overline{Y}}\geq -1)\\&=P(Z_{\overline{Y}}\leq 1)\\&=P(Z_{\overline{Y}}\leq 0)+P(0\leq Z_{\overline{Y}}\leq 1)\\&=0.5+0.3413=0.8413\end{aligned}$$

0731   답 ②

표본의 크기가 100, 모표준편차가 σ이므로 표본평균이 $\overline{x_1}$일 때, 모평균 m에 대한 신뢰도 95 %의 신뢰구간은

$$\overline{x_1}-1.96\times \dfrac{\sigma}{\sqrt{100}}\leq m\leq \overline{x_1}+1.96\times \dfrac{\sigma}{\sqrt{100}}$$

$$\therefore \overline{x_1}-0.196\sigma\leq m\leq \overline{x_1}+0.196\sigma$$

이 신뢰구간이 $a\leq m\leq b$와 같으므로

$a=\overline{x_1}-0.196\sigma$, $b=\overline{x_1}+0.196\sigma$

표본의 크기가 400, 모표준편차가 σ이므로 표본평균이 $\overline{x_2}$일 때, 모평균 m에 대한 신뢰도 99 %의 신뢰구간은

$$\overline{x_2}-2.58\times \dfrac{\sigma}{\sqrt{400}}\leq m\leq \overline{x_2}+2.58\times \dfrac{\sigma}{\sqrt{400}}$$

$$\therefore \overline{x_2}-0.129\sigma\leq m\leq \overline{x_2}+0.129\sigma$$

이 신뢰구간이 $c\leq m\leq d$와 같으므로

$c=\overline{x_2}-0.129\sigma$

$a=c$에서 $\overline{x_1}-0.196\sigma=\overline{x_2}-0.129\sigma$

$\overline{x_1}-\overline{x_2}=0.067\sigma$

이때 $\overline{x_1}-\overline{x_2}=1.34$이므로

$0.067\sigma=1.34$ $\therefore \sigma=20$

$$\begin{aligned}\therefore b-a&=(\overline{x_1}+0.196\sigma)-(\overline{x_1}-0.196\sigma)=0.392\sigma\\&=0.392\times 20=7.84\end{aligned}$$

0732   답 ④

$P(|Z|\leq k)=\dfrac{\alpha}{100}$라 하면 $f(n, \alpha)=2k\dfrac{\sigma}{\sqrt{n}}$

ㄱ. 표본의 크기 n이 일정할 때, 신뢰도가 높아지면 신뢰구간의 길이가 길어지므로
  $\alpha<\beta$이면 $f(n, \alpha)<f(n, \beta)$

ㄴ. 신뢰도 α %가 일정할 때, 표본의 크기가 커지면 신뢰구간의 길이는 짧아진다.
  이때 $n>2$이면 $n^2>2n$이므로
  $f(n^2, \alpha)<f(2n, \alpha)$

ㄷ. $f(16n, \alpha)=2k\times \dfrac{\sigma}{\sqrt{16n}}=\dfrac{1}{4}\times 2k\dfrac{\sigma}{\sqrt{n}}$
  $\qquad =\dfrac{1}{4}f(n, \alpha)$

따라서 보기에서 옳은 것은 ㄴ, ㄷ이다.

0733   답 400

어느 모집단에서 임의추출한 100명의 표본비율을 $\hat{p_1}$,

$P(|Z|\leq k)=\dfrac{\alpha}{100}$라 하면 표본의 크기가 100으로 충분히 크므로 모비율 p에 대한 신뢰도 α %의 신뢰구간은

$$\hat{p_1}-k\sqrt{\dfrac{\hat{p_1}(1-\hat{p_1})}{100}}\leq p\leq \hat{p_1}+k\sqrt{\dfrac{\hat{p_1}(1-\hat{p_1})}{100}}$$

이 신뢰구간이 $\dfrac{1}{5}-c\leq p\leq \dfrac{1}{5}+c$와 같으므로

$$\hat{p_1}-k\sqrt{\dfrac{\hat{p_1}(1-\hat{p_1})}{100}}=\dfrac{1}{5}-c \qquad \cdots\cdots ㉠$$

$$\hat{p_1}+k\sqrt{\dfrac{\hat{p_1}(1-\hat{p_1})}{100}}=\dfrac{1}{5}+c \qquad \cdots\cdots ㉡$$

㉠$+$㉡을 하면 $2\hat{p_1}=\dfrac{2}{5}$ $\therefore \hat{p_1}=\dfrac{1}{5}$

㉡$-$㉠을 하면 $2k\sqrt{\dfrac{\hat{p_1}(1-\hat{p_1})}{100}}=2c$

$$\therefore c=k\sqrt{\dfrac{\hat{p_1}(1-\hat{p_1})}{100}}=k\sqrt{\dfrac{\dfrac{1}{5}\times\dfrac{4}{5}}{100}}=\dfrac{k}{25}$$

또 같은 모집단에서 임의추출한 n명의 표본비율을 $\hat{p_2}$이라 하면 표본의 크기가 n이므로 모비율 p에 대한 신뢰도 α %의 신뢰구간은

$$\hat{p_2}-k\sqrt{\dfrac{\hat{p_2}(1-\hat{p_2})}{n}}\leq p\leq \hat{p_2}+k\sqrt{\dfrac{\hat{p_2}(1-\hat{p_2})}{n}}$$

이 신뢰구간이 $\dfrac{1}{10}-\dfrac{3}{8}c\leq p\leq \dfrac{1}{10}+\dfrac{3}{8}c$와 같으므로

$$\hat{p_2}-k\sqrt{\dfrac{\hat{p_2}(1-\hat{p_2})}{n}}=\dfrac{1}{10}-\dfrac{3}{8}c \qquad \cdots\cdots ㉢$$

$$\hat{p_2}+k\sqrt{\dfrac{\hat{p_2}(1-\hat{p_2})}{n}}=\dfrac{1}{10}+\dfrac{3}{8}c \qquad \cdots\cdots ㉣$$

㉢$+$㉣을 하면 $2\hat{p_2}=\dfrac{1}{5}$ $\therefore \hat{p_2}=\dfrac{1}{10}$

㉣$-$㉢을 하면 $2k\sqrt{\dfrac{\hat{p_2}(1-\hat{p_2})}{n}}=\dfrac{3}{4}c$

$$\therefore c=\dfrac{8}{3}k\sqrt{\dfrac{\hat{p_2}(1-\hat{p_2})}{n}}=\dfrac{8}{3}k\sqrt{\dfrac{\dfrac{1}{10}\times\dfrac{9}{10}}{n}}=\dfrac{4k}{5\sqrt{n}}$$

이때 $c=\dfrac{k}{25}$이므로

$\dfrac{k}{25}=\dfrac{4k}{5\sqrt{n}}$, $\sqrt{n}=20$ $\therefore n=400$

01 / 중복순열과 같은 것이 있는 순열 2~7쪽

중단원 기출 문제 1회

1 답 ③

$_n C_2 + _n \Pi_2 = 92$에서

$\dfrac{n(n-1)}{2} + n^2 = 92,\ 3n^2 - n - 184 = 0$

$(3n+23)(n-8) = 0$

$\therefore\ n = 8\ (\because\ n$은 자연수$)$

2 답 672

7명의 학생 중에서 5명을 뽑는 경우의 수는 $_7 C_5 = _7 C_2 = 21$

뽑은 5명의 학생을 2개의 학급에 배정하는 경우의 수는 2개의 학급에서 5개를 택하는 중복순열의 수와 같으므로

$_2 \Pi_5 = 2^5 = 32$

따라서 구하는 경우의 수는 $21 \times 32 = 672$

3 답 ④

구하는 경우의 수는 지민이가 가위를 냈다고 생각하고 가위, 바위, 보의 3개에서 4개를 택하는 중복순열의 수와 같으므로

$_3 \Pi_4 = 3^4 = 81$

4 답 ③

짝수의 일의 자리에 올 수 있는 숫자는 4, 6의 2가지

나머지 자리에 5개의 숫자에서 중복을 허용하여 3개를 택하여 일렬로 배열하는 경우의 수는

$_5 \Pi_3 = 5^3 = 125$

따라서 구하는 자연수의 개수는 $2 \times 125 = 250$

5 답 ③

(i) 0, 2, 4, 6에서 택하여 자연수를 만드는 경우

백의 자리에 올 수 있는 숫자는 2, 4, 6의 3가지

나머지 자리에 4개의 숫자에서 중복을 허용하여 2개를 택하여 일렬로 배열하는 경우의 수는

$_4 \Pi_2 = 4^2 = 16$

따라서 세 자리의 자연수의 개수는 $3 \times 16 = 48$

(ii) 6을 제외하고 0, 2, 4에서 택하여 자연수를 만드는 경우

백의 자리에 올 수 있는 숫자는 2, 4의 2가지

나머지 자리에 3개의 숫자에서 중복을 허용하여 2개를 택하여 일렬로 배열하는 경우의 수는

$_3 \Pi_2 = 3^2 = 9$

따라서 숫자 6을 포함하지 않는 세 자리의 자연수의 개수는

$2 \times 9 = 18$

(i), (ii)에서 구하는 자연수의 개수는 $48 - 18 = 30$

6 답 ④

구하는 신호의 개수는 $_3 \Pi_6 = 3^6 = 729$

7 답 ④

두 집합 A, B는 서로소이므로 전체집합 U의 원소 1, 2, 3, 4, 5는 세 집합 A, B, $(A \cup B)^c$ 중에서 어느 하나의 원소이다.

따라서 구하는 경우의 수는 3개의 집합에서 5개를 택하는 중복순열의 수와 같으므로

$_3 \Pi_5 = 3^5 = 243$

8 답 ②

$n(A-B) = 3$, $n(A \cap B) = 1$이므로 전체집합 U의 원소 1, 2, 3, 4, 5, 6, 7 중에서 4개를 택하여 그중 3개는 $A-B$의 원소로, 1개는 $A \cap B$의 원소로 하는 경우의 수는

$_7 C_4 \times _4 C_3 = _7 C_3 \times _4 C_1 = 35 \times 4 = 140$

두 집합 $A-B$, $A \cap B$에 속하지 않는 나머지 3개의 원소는 두 집합 $B-A$, $(A \cup B)^c$ 중에서 어느 하나의 원소이므로 나머지 3개의 원소가 속하는 집합을 정하는 경우의 수는 2개의 집합에서 3개를 택하는 중복순열의 수와 같다.

$\therefore\ _2 \Pi_3 = 2^3 = 8$

따라서 구하는 경우의 수는 $140 \times 8 = 1120$

9 답 ③

$f(e) \neq 1$이므로 $f(e)$의 값이 될 수 있는 수는 2, 3, 4의 3가지

또 $f(a) = 4$이므로 집합 Y의 원소 1, 2, 3, 4의 4개에서 중복을 허용하여 3개를 택하여 집합 X의 원소 b, c, d에 대응시키는 경우의 수는

$_4 \Pi_3 = 4^3 = 64$

따라서 구하는 함수의 개수는 $3 \times 64 = 192$

10 답 112

(i) $f(1) = 1$인 함수의 개수는 집합 X의 원소 1, 2, 3, 4의 4개에서 중복을 허용하여 3개를 택하여 집합 X의 원소 2, 3, 4에 대응시키는 경우의 수와 같으므로

$_4 \Pi_3 = 4^3 = 64$

(ii) $f(4) = 4$인 함수의 개수는 집합 X의 원소 1, 2, 3, 4의 4개에서 중복을 허용하여 3개를 택하여 집합 X의 원소 1, 2, 3에 대응시키는 경우의 수와 같으므로

$_4 \Pi_3 = 4^3 = 64$

(iii) $f(1) = 1$, $f(4) = 4$인 함수의 개수는 집합 X의 원소 1, 2, 3, 4의 4개에서 중복을 허용하여 2개를 택하여 집합 X의 원소 2, 3에 대응시키는 경우의 수와 같으므로

$_4 \Pi_2 = 4^2 = 16$

(i), (ii), (iii)에서 구하는 함수의 개수는 $64 + 64 - 16 = 112$

11 답 ④

구하는 경우의 수는

$$\frac{9!}{5! \times 4!} = 126$$

12 답 44

a, a, b, b, b, c를 일렬로 배열하는 경우의 수는

$$\frac{6!}{2! \times 3!} = 60$$

(ⅰ) 양 끝에 a가 오는 경우

　나머지 문자 b, b, b, c를 일렬로 배열하는 경우의 수는

$$\frac{4!}{3!} = 4$$

(ⅱ) 양 끝에 b가 오는 경우

　나머지 문자 a, a, b, c를 일렬로 배열하는 경우의 수는

$$\frac{4!}{2!} = 12$$

(ⅰ), (ⅱ)에서 양 끝에 서로 같은 문자가 오도록 배열하는 경우의 수는

$$4 + 12 = 16$$

따라서 구하는 경우의 수는

$$60 - 16 = 44$$

13 답 ①

b, d의 순서가 정해져 있으므로 b, d를 모두 X로 바꾸어 생각하여 a, X, X, c, e를 일렬로 배열한 후 첫 번째 X를 b로, 두 번째 X를 d로 바꾸면 된다.

따라서 구하는 경우의 수는

$$\frac{5!}{2!} = 60$$

14 답 420

s, c, c의 순서가 정해져 있으므로 s, c, c를 모두 X로 바꾸어 생각하여 X, X, X, i, e, e, n을 일렬로 배열한 후 첫 번째 X를 c로, 두 번째 X를 s로, 세 번째 X를 c로 바꾸면 된다.

따라서 구하는 경우의 수는

$$\frac{7!}{3! \times 2!} = 420$$

15 답 ①

(ⅰ) 일의 자리에 1이 오는 경우

　나머지 숫자 1, 2, 2, 2, 3, 4를 일렬로 배열하는 경우의 수는

$$\frac{6!}{3!} = 120$$

(ⅱ) 일의 자리에 3이 오는 경우

　나머지 숫자 1, 1, 2, 2, 2, 4를 일렬로 배열하는 경우의 수는

$$\frac{6!}{2! \times 3!} = 60$$

(ⅰ), (ⅱ)에서 구하는 자연수의 개수는

$$120 + 60 = 180$$

16 답 130

여덟 개의 숫자 1, 1, 1, 2, 2, 3, 3, 3에서 숫자 1, 2, 3이 적어도 1개씩 포함되도록 5개를 택하는 경우는

(1, 1, 1, 2, 3) 또는 (1, 1, 2, 2, 3) 또는 (1, 1, 2, 3, 3)
또는 (1, 2, 2, 3, 3) 또는 (1, 2, 3, 3, 3)

(ⅰ) 1, 1, 1, 2, 3을 일렬로 배열하는 경우의 수는

$$\frac{5!}{3!} = 20$$

(ⅱ) 1, 1, 2, 2, 3을 일렬로 배열하는 경우의 수는

$$\frac{5!}{2! \times 2!} = 30$$

(ⅲ) 1, 1, 2, 3, 3을 일렬로 배열하는 경우의 수는

$$\frac{5!}{2! \times 2!} = 30$$

(ⅳ) 1, 2, 2, 3, 3을 일렬로 배열하는 경우의 수는

$$\frac{5!}{2! \times 2!} = 30$$

(ⅴ) 1, 2, 3, 3, 3을 일렬로 배열하는 경우의 수는

$$\frac{5!}{3!} = 20$$

(ⅰ)~(ⅴ)에서 구하는 자연수의 개수는

$$20 + 30 + 30 + 30 + 20 = 130$$

17 답 90

구하는 경우의 수는

$$\frac{6!}{4! \times 2!} \times \frac{4!}{2! \times 2!} = 15 \times 6 = 90$$

18 답 ④

오른쪽 그림과 같이 다섯 개의 지점 P, Q, R, S, T를 잡으면 수빈이와 보름이는 지점 P, Q, R, S, T 중 한 지점에서 서로 만난다.

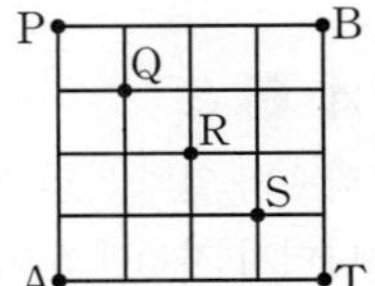

(ⅰ) P 지점에서 만나는 경우의 수는 $1 \times 1 = 1$

(ⅱ) Q 지점에서 만나는 경우의 수는

$$\left(\frac{4!}{3!} \times \frac{4!}{3!} \right) \times \left(\frac{4!}{3!} \times \frac{4!}{3!} \right) = 16 \times 16 = 256$$

(ⅲ) R 지점에서 만나는 경우의 수는

$$\left(\frac{4!}{2! \times 2!} \times \frac{4!}{2! \times 2!} \right) \times \left(\frac{4!}{2! \times 2!} \times \frac{4!}{2! \times 2!} \right) = 36 \times 36 = 1296$$

(ⅳ) S 지점에서 만나는 경우의 수는

$$\left(\frac{4!}{3!} \times \frac{4!}{3!} \right) \times \left(\frac{4!}{3!} \times \frac{4!}{3!} \right) = 16 \times 16 = 256$$

(ⅴ) T 지점에서 만나는 경우의 수는 $1 \times 1 = 1$

(ⅰ)~(ⅴ)에서 구하는 경우의 수는

$$1 + 256 + 1296 + 256 + 1 = 1810$$

19 답 20

오른쪽 그림과 같이 두 지점 P, Q를 잡으면 A 지점에서 B 지점까지 최단 거리로 가는 경우는

$$A \to P \to B \text{ 또는 } A \to Q \to B$$

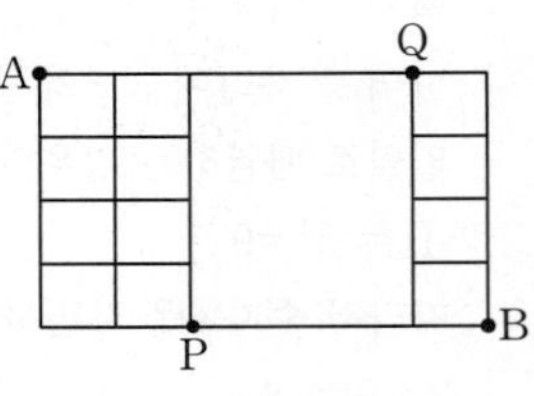

(ⅰ) $A \to P \to B$로 가는 경우의 수는

$$\frac{6!}{2! \times 4!} \times 1 = 15$$

(ii) A → Q → B로 가는 경우의 수는

$$1 \times \frac{5!}{4!} = 5$$

(i), (ii)에서 구하는 경우의 수는

$$15 + 5 = 20$$

20 답 ①

오른쪽 그림과 같이 네 지점 P, Q, R, S를 잡으면 A 지점에서 B 지점까지 최단 거리로 가는 경우는

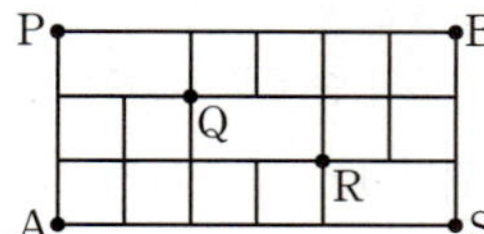

A → P → B 또는 A → Q → B
또는 A → R → B 또는 A → S → B

(i) A → P → B로 가는 경우의 수는

$$1 \times 1 = 1$$

(ii) A → Q → B로 가는 경우의 수는

$$\frac{4!}{2! \times 2!} \times \frac{5!}{4!} = 6 \times 5 = 30$$

(iii) A → R → B로 가는 경우의 수는

$$\frac{5!}{4!} \times \frac{4!}{2! \times 2!} = 5 \times 6 = 30$$

(iv) A → S → B로 가는 경우의 수는

$$1 \times 1 = 1$$

(i)~(iv)에서 구하는 경우의 수는

$$1 + 30 + 30 + 1 = 62$$

중단원 기출 문제 2회

1 답 ⑤

구하는 경우의 수는 3개의 시설에서 5개를 택하는 중복순열의 수와 같으므로

$$_3\Pi_5 = 3^5 = 243$$

2 답 160

두 접시 A, B에 담을 빵을 1개씩 택하는 경우의 수는 $_5P_2 = 20$
나머지 3개의 빵을 담는 경우의 수는 2개의 접시에서 3개를 택하는 중복순열의 수와 같으므로 $_2\Pi_3 = 2^3 = 8$
따라서 구하는 경우의 수는

$$20 \times 8 = 160$$

3 답 100

천의 자리에 올 수 있는 숫자는 3, 4의 2가지
홀수의 일의 자리에 올 수 있는 숫자는 1, 3의 2가지
나머지 자리에 5개의 숫자에서 중복을 허용하여 2개를 택하여 일렬로 배열하는 경우의 수는

$$_5\Pi_2 = 5^2 = 25$$

따라서 구하는 자연수의 개수는

$$2 \times 2 \times 25 = 100$$

4 답 252

(i) 네 자리의 자연수는 1, 2, 3, 4의 4개의 숫자에서 중복을 허용하여 4개를 택하여 일렬로 배열하면 되므로 그 개수는

$$_4\Pi_4 = 4^4 = 256$$

(ii) 모두 같은 숫자로만 이루어진 네 자리의 자연수는

1111, 2222, 3333, 4444의 4가지

(i), (ii)에서 구하는 자연수의 개수는

$$256 - 4 = 252$$

5 답 ②

두 부호를 1개, 2개, 3개, …, 7개 사용하여 만들 수 있는 신호의 개수는 각각 $_2\Pi_1, _2\Pi_2, _2\Pi_3, …, _2\Pi_7$이므로 구하는 신호의 개수는

$$_2\Pi_1 + _2\Pi_2 + _2\Pi_3 + _2\Pi_4 + _2\Pi_5 + _2\Pi_6 + _2\Pi_7$$
$$= 2^1 + 2^2 + 2^3 + 2^4 + 2^5 + 2^6 + 2^7$$
$$= 2 + 4 + 8 + 16 + 32 + 64 + 128$$
$$= 254$$

6 답 5

네 깃발을 1번, 2번, 3번, …, n번 들어 올려서 만들 수 있는 신호의 개수는 각각 $_4\Pi_1, _4\Pi_2, _4\Pi_3, …, _4\Pi_n$이므로 깃발을 n번 이하로 들어 올려서 만들 수 있는 신호의 개수는

$$_4\Pi_1 + _4\Pi_2 + _4\Pi_3 + \cdots + _4\Pi_n = 4^1 + 4^2 + 4^3 + \cdots + 4^n$$

$n = 4$일 때, $4^1 + 4^2 + 4^3 + 4^4 = 4 + 16 + 64 + 256$
$$= 340 < 1000$$

$n = 5$일 때, $4^1 + 4^2 + 4^3 + 4^4 + 4^5 = 4 + 16 + 64 + 256 + 1024$
$$= 1364 > 1000$$

따라서 n의 최솟값은 5이다.

7 답 ⑤

$A \subset B$이므로 전체집합 U의 원소 a, b, c, d는 세 집합 A, $B - A$, B^C 중에서 어느 하나의 원소이다.
따라서 구하는 경우의 수는 3개의 집합에서 4개를 택하는 중복순열의 수와 같으므로

$$_3\Pi_4 = 3^4 = 81$$

8 답 64

$A \cup B = U$이므로 $A \cup B = \{1, 2, 3, 4, 5, 6\}$
이때 $A \cap B = \varnothing$이므로 집합 $A \cup B$의 원소 1, 2, 3, 4, 5, 6은 두 집합 A, B 중에서 어느 하나의 원소이다.
따라서 구하는 경우의 수는 2개의 집합에서 6개를 택하는 중복순열의 수와 같으므로

$$_2\Pi_6 = 2^6 = 64$$

9 답 64

$f(1) + f(2) = 8$이므로
$f(1) = 1$, $f(2) = 7$ 또는 $f(1) = 3$, $f(2) = 5$
또는 $f(1) = 5$, $f(2) = 3$ 또는 $f(1) = 7$, $f(2) = 1$

각각의 경우에 대하여 함수의 개수는 집합 Y의 원소 1, 3, 5, 7의 4개에서 중복을 허용하여 2개를 택하여 집합 X의 원소 0, 3에 대응시키는 경우의 수와 같으므로

$_4\Pi_2=4^2=16$

따라서 구하는 함수의 개수는

$4\times16=64$

10 답 ⑤

$f(2)\leq4$이므로 $f(2)$의 값이 될 수 있는 수는 1, 2, 3, 4의 4가지

또 집합 Y의 원소 1, 2, 3, 4, 5의 5개에서 중복을 허용하여 3개를 택하여 집합 X의 원소 1, 3, 4에 대응시키는 경우의 수는

$_5\Pi_3=5^3=125$

따라서 구하는 함수의 개수는

$4\times125=500$

11 답 630

구하는 경우의 수는

$$\frac{7!}{2!\times2!\times2!}=630$$

12 답 2520

9개의 공을 일렬로 배열하는 경우의 수는

$$\frac{9!}{3!\times2!\times3!}=5040$$

(ⅰ) 흰 공이 모두 서로 이웃하지 않는 경우

흰 공을 제외한 나머지 6개의 공을 일렬로 배열한 후 그 사이사이와 양 끝의 7개의 자리에 3개를 택하여 흰 공을 배열하면 되므로 그 경우의 수는

$$\frac{6!}{2!\times3!}\times_7C_3=60\times35=2100$$

(ⅱ) 흰 공이 모두 서로 이웃하는 경우

흰 공을 한 묶음으로 생각하여 나머지 6개의 공과 함께 일렬로 배열하면 되므로 그 경우의 수는

$$\frac{7!}{2!\times3!}=420$$

(ⅰ), (ⅱ)에서 흰 공이 모두 서로 이웃하지 않거나 모두 서로 이웃하는 경우의 수는 $2100+420=2520$

따라서 구하는 경우의 수는

$5040-2520=2520$

13 답 3024

a, t, i, o, n의 순서가 정해져 있으므로 a, t, i, o, n을 모두 X로 바꾸어 생각하여 e, d, u, c, X, X, X, X, X를 일렬로 배열한 후 첫 번째, 두 번째, 세 번째, 네 번째, 다섯 번째 X를 각각 a, t, i, o, n으로 바꾸면 된다.

따라서 구하는 경우의 수는

$$\frac{9!}{5!}=3024$$

14 답 ④

A, B를 제외한 5가지 업무 중에서 오늘 해야 할 업무 2가지를 택하는 경우의 수는

$_5C_2=10$

오늘 해야 할 업무를 A, B, C, D라 하면 A, B의 순서가 정해져 있으므로 A, B를 모두 X로 바꾸어 생각하여 X, X, C, D를 일렬로 배열한 후 첫 번째 X는 A로, 두 번째 X는 B로 바꾸면 되므로 택한 업무의 순서를 정하는 경우의 수는

$$\frac{4!}{2!}=12$$

따라서 구하는 경우의 수는

$10\times12=120$

15 답 7

5의 배수이므로 일의 자리에 올 수 있는 숫자는 5이다.

나머지 자리에 올 수 있는 숫자는

(2, 2, 2) 또는 (2, 2, 4) 또는 (2, 4, 4)

(ⅰ) 2, 2, 2를 일렬로 배열하는 경우의 수는 1

(ⅱ) 2, 2, 4를 일렬로 배열하는 경우의 수는 $\dfrac{3!}{2!}=3$

(ⅲ) 2, 4, 4를 일렬로 배열하는 경우의 수는 $\dfrac{3!}{2!}=3$

(ⅰ), (ⅱ), (ⅲ)에서 구하는 자연수의 개수는

$1+3+3=7$

16 답 ③

(ⅰ) 1□□□□ 꼴인 경우

나머지 자리에 올 수 있는 숫자는

(0, 1, 2, 2) 또는 (0, 1, 2, 3) 또는 (0, 2, 2, 2) 또는 (0, 2, 2, 3) 또는 (1, 2, 2, 2) 또는 (1, 2, 2, 3) 또는 (2, 2, 2, 3)

ⓘ 0, 1, 2, 2를 일렬로 배열하는 경우의 수는 $\dfrac{4!}{2!}=12$

ⓙ 0, 1, 2, 3을 일렬로 배열하는 경우의 수는 $4!=24$

ⓚ 0, 2, 2, 2를 일렬로 배열하는 경우의 수는 $\dfrac{4!}{3!}=4$

ⓛ 0, 2, 2, 3을 일렬로 배열하는 경우의 수는 $\dfrac{4!}{2!}=12$

ⓥ 1, 2, 2, 2를 일렬로 배열하는 경우의 수는 $\dfrac{4!}{3!}=4$

ⓜ 1, 2, 2, 3을 일렬로 배열하는 경우의 수는 $\dfrac{4!}{2!}=12$

ⓝ 2, 2, 2, 3을 일렬로 배열하는 경우의 수는 $\dfrac{4!}{3!}=4$

ⓘ~ⓝ에서 1□□□□ 꼴인 자연수의 개수는

$12+24+4+12+4+12+4=72$

(ⅱ) 2□□□□ 꼴인 경우

20113보다 작은 수는 20112뿐이다.

(ⅰ), (ⅱ)에서 20113보다 작은 자연수의 개수는

$72+1=73$

따라서 20113은 74번째 수이다.

17 답 ③

구하는 경우의 수는

$$\frac{4!}{2!\times2!}\times1\times\frac{4!}{3!}=6\times1\times4=24$$

18 답 ③

(i) A 지점에서 P 지점까지 최단 거리로 가는 경우의 수는

$$\frac{4!}{2!\times2!}=6$$

(ii) P 지점에서 B 지점까지 최단 거리로 가는 경우의 수는

$$\frac{7!}{4!\times3!}=35$$

P 지점에서 Q 지점을 거쳐 B 지점까지 최단 거리로 가는 경우의 수는

$$\frac{4!}{2!\times2!}\times\frac{3!}{2!}=6\times3=18$$

따라서 P 지점에서 Q 지점을 거치지 않고 B 지점까지 최단 거리로 가는 경우의 수는

$$35-18=17$$

(i), (ii)에서 구하는 경우의 수는

$$6\times17=102$$

19 답 42

오른쪽 그림과 같이 두 지점 P, Q를 잡으면 A 지점에서 B 지점까지 최단 거리로 가는 경우는

A → P → B 또는 A → Q → B

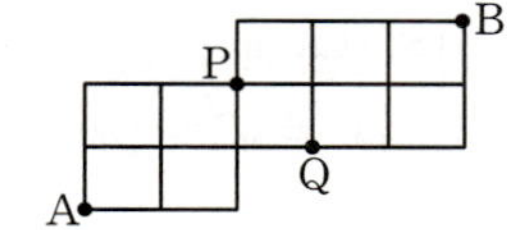

(i) A → P → B로 가는 경우의 수는

$$\frac{4!}{2!\times2!}\times\frac{4!}{3!}=6\times4=24$$

(ii) A → Q → B로 가는 경우의 수는

$$\left(\frac{3!}{2!}\times1\right)\times\frac{4!}{2!\times2!}=3\times6=18$$

(i), (ii)에서 구하는 경우의 수는

$$24+18=42$$

20 답 ④

오른쪽 그림과 같이 세 지점 P, Q, R를 잡으면 A 지점에서 B 지점까지 최단 거리로 가는 경우는

A → P → B 또는 A → Q → B
또는 A → R → B

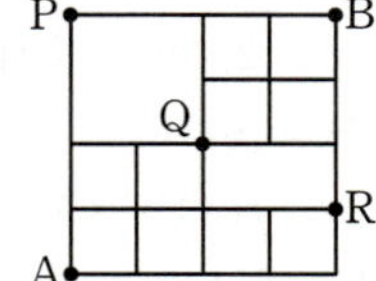

(i) A → P → B로 가는 경우의 수는

$$1\times1=1$$

(ii) A → Q → B로 가는 경우의 수는

$$\frac{4!}{2!\times2!}\times\frac{4!}{2!\times2!}=6\times6=36$$

(iii) A → R → B로 가는 경우의 수는

$$\frac{5!}{4!}\times1=5$$

(i), (ii), (iii)에서 구하는 경우의 수는

$$1+36+5=42$$

---

02 / 중복조합과 이항정리

중단원 기출 문제 1회

1 답 ①

구하는 경우의 수는 3명의 학생에서 9명을 택하는 중복조합의 수와 같으므로

$$_3H_9={}_{11}C_9={}_{11}C_2=55$$

2 답 78

3종류의 만두에서 중복을 허용하여 n개를 사는 경우의 수는

$$_3H_n={}_{n+2}C_n={}_{n+2}C_2$$

즉, $_{n+2}C_2=171$이므로 $\dfrac{(n+2)(n+1)}{2\times1}=171$

$$(n+2)(n+1)=342=19\times18$$

$$\therefore n=17\ (\because n은 자연수)$$

만두를 종류별로 적어도 2개씩 포함하여 17개를 사려면 먼저 만두를 종류별로 각각 2개씩 사고, 나머지 11개의 만두를 사면 된다.

따라서 구하는 경우의 수는 3종류의 만두에서 11개를 택하는 중복조합의 수와 같으므로

$$_3H_{11}={}_{13}C_{11}={}_{13}C_2=78$$

3 답 ①

서르 다른 종류의 케이크 4개를 4개의 그릇에 각각 1개씩 담으면 그릇은 서로 구별된다.

이때 초콜릿을 1개 이상씩 담으려면 먼저 서로 다른 4개의 그릇에 초콜릿을 각각 1개씩 담고, 나머지 2개의 초콜릿을 담으면 된다.

따라서 구하는 경우의 수는 4개의 그릇에서 2개를 택하는 중복조합의 수와 같으므로

$$_4H_2={}_5C_2=10$$

4 답 ②

$(a+b+c)^n$의 전개식의 항의 개수는 3개의 문자 a, b, c에서 n개를 택하는 중복조합의 수와 같으므로

$$_3H_n={}_{n+2}C_n={}_{n+2}C_2$$

즉, $_{n+2}C_2=45$이므로 $\dfrac{(n+2)(n+1)}{2\times1}=45$

$$(n+2)(n+1)=90=10\times9\qquad\therefore n=8\ (\because n은 자연수)$$

5 답 100

$4<x<y\leq9$에서 x, y의 값을 정하는 경우의 수는 5, 6, 7, 8, 9의 5개의 자연수에서 2개를 택한 후 크기가 작은 수부터 순서대로 x, y에 대응시키는 경우의 수와 같으므로

$$_5C_2=10$$

$9<z\leq w<14$에서 z, w의 값을 정하는 경우의 수는 10, 11, 12, 13의 4개의 자연수에서 중복을 허용하여 2개를 택한 후 크기가 작거나 같은 수부터 순서대로 z, w에 대응시키는 경우의 수와 같으므로

$$_4H_2={}_5C_2=10$$

따라서 구하는 순서쌍의 개수는
$10 \times 10 = 100$

6 답 ③

$x \geq 3$, $y \geq 2$, $z \geq 2$인 자연수이므로 $X = x-3$, $Y = y-2$, $Z = z-2$
라 하면 X, Y, Z는 음이 아닌 정수이다.
$x = X+3$, $y = Y+2$, $z = Z+2$를 부등식 $x+y+z \leq 11$에 대입하면
$(X+3)+(Y+2)+(Z+2) \leq 11$
$\therefore X+Y+Z \leq 4$
(i) 방정식 $X+Y+Z=0$을 만족시키는 음이 아닌 정수 X, Y, Z
　　의 순서쌍 (X, Y, Z)는 $(0, 0, 0)$의 1개
(ii) 방정식 $X+Y+Z=1$을 만족시키는 음이 아닌 정수 X, Y, Z
　　의 순서쌍 (X, Y, Z)의 개수는 3개의 문자 X, Y, Z에서 1개
　　를 택하는 중복조합의 수와 같으므로
　　　$_3H_1 = {}_3C_1 = 3$
(iii) 방정식 $X+Y+Z=2$를 만족시키는 음이 아닌 정수 X, Y, Z
　　의 순서쌍 (X, Y, Z)의 개수는 3개의 문자 X, Y, Z에서 2개
　　를 택하는 중복조합의 수와 같으므로
　　　$_3H_2 = {}_4C_2 = 6$
(iv) 방정식 $X+Y+Z=3$을 만족시키는 음이 아닌 정수 X, Y, Z
　　의 순서쌍 (X, Y, Z)의 개수는 3개의 문자 X, Y, Z에서 3개
　　를 택하는 중복조합의 수와 같으므로
　　　$_3H_3 = {}_5C_3 = {}_5C_2 = 10$
(v) 방정식 $X+Y+Z=4$를 만족시키는 음이 아닌 정수 X, Y, Z
　　의 순서쌍 (X, Y, Z)의 개수는 3개의 문자 X, Y, Z에서 4개
　　를 택하는 중복조합의 수와 같으므로
　　　$_3H_4 = {}_6C_4 = {}_6C_2 = 15$
(i)~(v)에서 구하는 순서쌍의 개수는
$1+3+6+10+15 = 35$

7 답 42

x, y, z, w가 자연수이므로 $X = x-1$, $Y = y-1$, $Z = z-1$,
$W = w-1$이라 하면 X, Y, Z, W는 음이 아닌 정수이다.
$x = X+1$, $y = Y+1$, $z = Z+1$, $w = W+1$을 방정식
$x+y+z+5w = 15$에 대입하면
$(X+1)+(Y+1)+(Z+1)+5(W+1) = 15$
$\therefore X+Y+Z+5W = 7$
이때 W의 계수가 가장 크므로 W가 될 수 있는 수를 구하면
$W = 0$ 또는 $W = 1$
(i) $W = 0$일 때
　　방정식 $X+Y+Z+5W = 7$에서
　　$X+Y+Z = 7$
　　따라서 순서쌍 (x, y, z, w)의 개수는 방정식 $X+Y+Z = 7$을
　　만족시키는 음이 아닌 정수 X, Y, Z의 순서쌍 (X, Y, Z)의
　　개수, 즉 3개의 문자 X, Y, Z에서 7개를 택하는 중복조합의 수
　　와 같으므로
　　　$_3H_7 = {}_9C_7 = {}_9C_2 = 36$

(ii) $W = 1$일 때
　　방정식 $X+Y+Z+5W = 7$에서
　　$X+Y+Z = 2$
　　따라서 순서쌍 (x, y, z, w)의 개수는 방정식 $X+Y+Z = 2$를
　　만족시키는 음이 아닌 정수 X, Y, Z의 순서쌍 (X, Y, Z)의
　　개수, 즉 3개의 문자 X, Y, Z에서 2개를 택하는 중복조합의 수
　　와 같으므로
　　　$_3H_2 = {}_4C_2 = 6$
(i), (ii)에서 구하는 순서쌍의 개수는
$36+6 = 42$

8 답 ②

천의 자리, 백의 자리, 십의 자리, 일의 자리의 숫자를 각각 a, b, c,
d라 하면
$a+b+c+d = 8$ 　　…… ㉠
(단, a, b, c, d는 $1 \leq a \leq 9$, $0 \leq b \leq 9$, $0 \leq c \leq 9$, $0 \leq d \leq 9$인 정수)
$A = a-1$이라 하면 A는 $0 \leq A \leq 8$인 정수이고, $a = A+1$을 방정
식 ㉠에 대입하면
$(A+1)+b+c+d = 8$
$A+b+c+d = 7$
따라서 구하는 자연수의 개수는 방정식 $A+b+c+d = 7$을 만족시
키는 음이 아닌 정수 A, b, c, d의 순서쌍 (A, b, c, d)의 개수, 즉
4개의 문자 A, b, c, d에서 7개를 택하는 중복조합의 수와 같으므로
$_4H_7 = {}_{10}C_7 = {}_{10}C_3 = 120$

9 답 ④

집합 Y의 원소 1, 2, 3, 4, 5의 5개에서 중복을 허용하여 4개를 택
한 후 크기가 작거나 같은 수부터 순서대로 집합 X의 원소 -3,
-1, 1, 3에 대응시키면 되므로 구하는 함수의 개수는
$_5H_4 = {}_8C_4 = 70$

10 답 840

㈎의 $f(1) \leq f(2) \leq f(3)$에서 $f(1)$, $f(2)$, $f(3)$의 값을 정하는 경
우의 수는 집합 Y의 원소 3, 4, 5, 6, 7, 8의 6개에서 중복을 허용하
여 3개를 택한 후 크기가 작거나 같은 수부터 순서대로 집합 X의 원
소 1, 2, 3에 대응시키는 경우의 수와 같으므로
$_6H_3 = {}_8C_3 = 56$
㈏의 $f(4) > f(5)$에서 $f(4)$, $f(5)$의 값을 정하는 경우의 수는 집합
Y의 원소 3, 4, 5, 6, 7, 8의 6개에서 2개를 택한 후 크기가 큰 수부터
순서대로 집합 X의 원소 4, 5에 대응시키는 경우의 수와 같으므로
$_6C_2 = 15$
따라서 구하는 함수의 개수는
$56 \times 15 = 840$

11 답 84

$(x-1)^n$의 전개식의 일반항은
$_nC_r x^{n-r}(-1)^r = {}_nC_r(-1)^r x^{n-r}$
x^2항은 $n-r = 2$일 때이므로 $r = n-2$

이때 x^2의 계수가 -36이므로
$_n\mathrm{C}_{n-2}\times(-1)^{n-2}=-36$
즉, $_n\mathrm{C}_{n-2}=_n\mathrm{C}_2=36$, $(-1)^{n-2}=-1$이므로
$\dfrac{n(n-1)}{2\times1}=36$
$n(n-1)=72=9\times8$
$\therefore\ n=9\ (\because\ n$은 자연수$)$
따라서 x^3의 계수는
$_9\mathrm{C}_6\times(-1)^6=_9\mathrm{C}_3\times1=84$

12 답 ③

$(1+\sqrt{2x})^{15}$의 전개식의 일반항은
$_{15}\mathrm{C}_r(\sqrt{2x})^r=_{15}\mathrm{C}_r(\sqrt2)^rx^r$
계수가 유리수이려면 r가 0 또는 2의 배수이어야 한다.
이때 $0\le r\le15$이므로 r는 0, 2, 4, $\cdots$, 14의 8개이다.
따라서 계수가 유리수인 항의 개수는 8이다.

13 답 ④

$(1+x)^6$의 전개식의 일반항은 $_6\mathrm{C}_rx^r$　$\cdots\cdots$ ㉠
이때
$(2x+1)(1+x)^6=2x(1+x)^6+(1+x)^6$
이므로 x^3항은 $2x$와 ㉠의 x^2항을 곱하는 경우, 1과 ㉠의 x^3항을 곱하는 경우에 나타난다.
(i) $2x$와 ㉠의 x^2항을 곱하는 경우
　㉠의 x^2항은 $r=2$일 때이므로
　$_6\mathrm{C}_2\times x^2=15x^2$
　따라서 $2x$와 ㉠의 x^2항을 곱하면
　$2x\times15x^2=30x^3$
(ii) 1과 ㉠의 x^3항을 곱하는 경우
　㉠의 x^3항은 $r=3$일 때이므로
　$_6\mathrm{C}_3\times x^3=20x^3$
　따라서 1과 ㉠의 x^3항을 곱하면
　$1\times20x^3=20x^3$
(i), (ii)에서 구하는 x^3의 계수는
$30+20=50$

14 답 ⑤

$(ax-y)^3$의 전개식의 일반항은
$_3\mathrm{C}_r(ax)^{3-r}(-y)^r=_3\mathrm{C}_r(-1)^ra^{3-r}x^{3-r}y^r$
$(x+y)^4$의 전개식의 일반항은 $_4\mathrm{C}_sx^{4-s}y^s$
따라서 $(ax-y)^3(x+y)^4$의 전개식의 일반항은
$_3\mathrm{C}_r(-1)^ra^{3-r}x^{3-r}y^r\times_4\mathrm{C}_sx^{4-s}y^s$
$=_3\mathrm{C}_r\times_4\mathrm{C}_s(-1)^ra^{3-r}x^{7-r-s}y^{r+s}$
xy^6항은 $r+s=6\,(r,\ s$는 $0\le r\le3,\ 0\le s\le4$인 정수$)$일 때이므로
$r,\ s$의 순서쌍 $(r,\ s)$는
$(2,\ 4),\ (3,\ 3)$
이때 xy^6의 계수가 8이므로
$_3\mathrm{C}_2\times_4\mathrm{C}_4\times(-1)^2\times a+_3\mathrm{C}_3\times_4\mathrm{C}_3\times(-1)^3=8$
$3a-4=8$　$\therefore\ a=4$

15 답 ①

$_2\mathrm{C}_0+_2\mathrm{C}_1+_3\mathrm{C}_2+_4\mathrm{C}_3+\cdots+_8\mathrm{C}_7=_3\mathrm{C}_1+_3\mathrm{C}_2+_4\mathrm{C}_3+\cdots+_8\mathrm{C}_7$
$\qquad=_4\mathrm{C}_2+_4\mathrm{C}_3+\cdots+_8\mathrm{C}_7$
$\qquad=_5\mathrm{C}_3+_5\mathrm{C}_4+\cdots+_8\mathrm{C}_7$
$\qquad\vdots$
$\qquad=_8\mathrm{C}_6+_8\mathrm{C}_7$
$\qquad=_9\mathrm{C}_7$
$\qquad=_9\mathrm{C}_2$

16 답 1820

주어진 항등식에서 a_{11}의 값은 x^{11}의 계수와 같다.
$(1+x)^n$의 전개식의 일반항은 $_n\mathrm{C}_rx^r$
x^{11}항은 $(1+x)^{11}$의 전개식부터 나오므로
$(1+x)^{11}$의 전개식에서 x^{11}의 계수는 $_{11}\mathrm{C}_{11}$
$(1+x)^{12}$의 전개식에서 x^{11}의 계수는 $_{12}\mathrm{C}_{11}$
$(1+x)^{13}$의 전개식에서 x^{11}의 계수는 $_{13}\mathrm{C}_{11}$
$(1+x)^{14}$의 전개식에서 x^{11}의 계수는 $_{14}\mathrm{C}_{11}$
$(1+x)^{15}$의 전개식에서 x^{11}의 계수는 $_{15}\mathrm{C}_{11}$
$\therefore\ a_{11}=_{11}\mathrm{C}_{11}+_{12}\mathrm{C}_{11}+_{13}\mathrm{C}_{11}+_{14}\mathrm{C}_{11}+_{15}\mathrm{C}_{11}$
$\qquad=_{12}\mathrm{C}_{12}+_{12}\mathrm{C}_{11}+_{13}\mathrm{C}_{11}+_{14}\mathrm{C}_{11}+_{15}\mathrm{C}_{11}$
$\qquad=_{13}\mathrm{C}_{12}+_{13}\mathrm{C}_{11}+_{14}\mathrm{C}_{11}+_{15}\mathrm{C}_{11}$
$\qquad=_{14}\mathrm{C}_{12}+_{14}\mathrm{C}_{11}+_{15}\mathrm{C}_{11}$
$\qquad=_{15}\mathrm{C}_{12}+_{15}\mathrm{C}_{11}$
$\qquad=_{16}\mathrm{C}_{12}$
$\qquad=_{16}\mathrm{C}_4$
$\qquad=1820$

17 답 ③

$_{50}\mathrm{C}_0-_{50}\mathrm{C}_1+_{50}\mathrm{C}_2-_{50}\mathrm{C}_3+_{50}\mathrm{C}_4-\cdots-_{50}\mathrm{C}_{49}+_{50}\mathrm{C}_{50}=0$이므로
$_{50}\mathrm{C}_0-(_{50}\mathrm{C}_1-_{50}\mathrm{C}_2+_{50}\mathrm{C}_3-_{50}\mathrm{C}_4+\cdots+_{50}\mathrm{C}_{49})+_{50}\mathrm{C}_{50}=0$
$\therefore\ _{50}\mathrm{C}_1-_{50}\mathrm{C}_2+_{50}\mathrm{C}_3-_{50}\mathrm{C}_4+\cdots+_{50}\mathrm{C}_{49}=_{50}\mathrm{C}_0+_{50}\mathrm{C}_{50}$
$\qquad\qquad=1+1=2$

18 답 127

원소의 개수가 2인 부분집합의 개수는 $_8\mathrm{C}_2$
원소의 개수가 4인 부분집합의 개수는 $_8\mathrm{C}_4$
원소의 개수가 6인 부분집합의 개수는 $_8\mathrm{C}_6$
원소의 개수가 8인 부분집합의 개수는 $_8\mathrm{C}_8$
따라서 구하는 부분집합의 개수는
$_8\mathrm{C}_2+_8\mathrm{C}_4+_8\mathrm{C}_6+_8\mathrm{C}_8=2^{8-1}-_8\mathrm{C}_0$
$\qquad=2^7-1=127$

19 답 ④

$(1+x)^n=_n\mathrm{C}_0+_n\mathrm{C}_1x+_n\mathrm{C}_2x^2+\cdots+_n\mathrm{C}_nx^n$의 양변에 $x=2,\ n=30$을 대입하면
$3^{30}=_{30}\mathrm{C}_0+_{30}\mathrm{C}_1\times2+_{30}\mathrm{C}_2\times2^2+_{30}\mathrm{C}_3\times2^3+\cdots+_{30}\mathrm{C}_{30}\times2^{30}$
$\therefore\ _{30}\mathrm{C}_1\times2+_{30}\mathrm{C}_2\times2^2+_{30}\mathrm{C}_3\times2^3+\cdots+_{30}\mathrm{C}_{30}\times2^{30}=3^{30}-_{30}\mathrm{C}_0$
$\qquad\qquad=3^{30}-1$

20 탑 ③

$(1+x)^n={}_nC_0+{}_nC_1x+{}_nC_2x^2+\cdots+{}_nC_nx^n$의 양변에 $x=10$, $n=21$을 대입하면

$11^{21}={}_{21}C_0+{}_{21}C_1\times10+{}_{21}C_2\times10^2+\cdots+{}_{21}C_{21}\times10^{21}$

$\therefore\ 11^{21}-1$

$={}_{21}C_0+{}_{21}C_1\times10+{}_{21}C_2\times10^2+\cdots+{}_{21}C_{21}\times10^{21}-1$

$=21\times10+210\times100+10^3({}_{21}C_3+{}_{21}C_4\times10+\cdots+{}_{21}C_{21}\times10^{18})$

$=210+10^3(21+{}_{21}C_3+{}_{21}C_4\times10+\cdots+{}_{21}C_{21}\times10^{18})$

이때 $10^3(21+{}_{21}C_3+\cdots+{}_{21}C_{21}\times10^{18})$은 1000으로 나누어떨어지므로 $11^{21}-1$을 1000으로 나누었을 때의 나머지는 210이다.

중단원 기출 문제 2회

1 탑 ③

${}_{13-r}H_{r+1}={}_{13}C_{r+1}$, ${}_{14-2r}H_{2r}={}_{13}C_{2r}$이므로

$r+1=2r$ 또는 $(r+1)+2r=13$

$\therefore\ r=1$ 또는 $r=4$

따라서 모든 자연수 r의 값의 합은

$1+4=5$

2 탑 ⑤

서로 다른 종류의 음료수 3개를 3명에게 나누어 주는 경우의 수는 3명에서 3명을 택하는 중복순열의 수와 같으므로

${}_3\Pi_3=3^3=27$

같은 종류의 빵 2개를 3명에게 나누어 주는 경우의 수는 3명에서 2명을 택하는 중복조합의 수와 같으므로

${}_3H_2={}_4C_2=6$

따라서 구하는 경우의 수는

$27\times6=162$

3 탑 45

먼저 3종류의 송편을 각각 4개씩 넣고, 나머지 8개의 송편을 넣으면 된다.

따라서 구하는 경우의 수는 3종류의 송편에서 8개를 택하는 중복조합의 수와 같으므로

${}_3H_8={}_{10}C_8={}_{10}C_2=45$

4 탑 504

㈎에서 각 학생에게 적어도 1개의 펜을 나누어 주어야 하므로 1명의 학생은 반드시 2개의 펜을 받게 된다.

3명의 학생 중에서 2개의 펜을 받을 1명의 학생을 택하는 경우의 수는

${}_3C_1=3$

먼저 학생 A가 2개의 펜을 받는다고 하면 2명의 학생 B, C가 각각 펜을 1개씩 받는 경우의 수는

${}_4C_2\times{}_2P_2=6\times2=12$

이 각각에 대하여 4개의 지우개를 3명의 학생에게 나누어 주는 경우의 수는 3명의 학생에서 4명을 택하는 중복조합의 수와 같으므로

${}_3H_4={}_6C_4={}_6C_2=15$

이때 펜과 지우개를 합하여 5개 이하로 나누어 주려면 학생 A가 지우개 4개를 모두 받는 경우의 수를 빼면 된다.

따라서 구하는 경우의 수는

$3\times12\times(15-1)=504$

5 탑 ⑤

$(a-b)^2$의 전개식의 항의 개수는 2개의 문자 a, b에서 2개를 택하는 중복조합의 수와 같으므로

${}_2H_2={}_3C_2={}_3C_1=3$

$(x+y+z)^3$의 전개식의 항의 개수는 3개의 문자 x, y, z에서 3개를 택하는 중복조합의 수와 같으므로

${}_3H_3={}_5C_3={}_5C_2=10$

$(p+q+r+s)^2$의 전개식의 항의 개수는 4개의 문자 p, q, r, s에서 2개를 택하는 중복조합의 수와 같으므로

${}_4H_2={}_5C_2=10$

따라서 구하는 항의 개수는

$3\times10\times10=300$

6 탑 ④

$a\leq b\leq c\leq d$에서 a, b, c, d의 값을 정하는 경우의 수는 1, 2, 3, 4, 5, 6의 6개의 자연수에서 중복을 허용하여 4개를 택한 후 크기가 작거나 같은 수부터 순서대로 a, b, c, d에 대응시키는 경우의 수와 같으므로 구하는 순서쌍의 개수는

${}_6H_4={}_9C_4=126$

7 탑 ③

$1\leq|a|\leq|b|\leq|c|\leq8$에서 $|a|$, $|b|$, $|c|$의 값을 정하는 경우의 수는 1, 2, 3, 4, 5, 6, 7, 8의 8개의 자연수에서 중복을 허용하여 3개를 택한 후 크기가 작거나 같은 수부터 순서대로 $|a|$, $|b|$, $|c|$에 대응시키는 경우의 수와 같으므로

${}_8H_3={}_{10}C_3=120$

a, b, c는 $|a|$, $|b|$, $|c|$의 각 값에 대하여 각각 음의 정수와 양의 정수의 값을 가질 수 있으므로 순서쌍 $(a,\ b,\ c)$의 개수는 순서쌍 $(|a|,\ |b|,\ |c|)$의 개수의 2^3배와 같다.

따라서 구하는 순서쌍의 개수는

$120\times2^3=960$

8 탑 ③

음이 아닌 정수 x, y, z의 순서쌍 $(x,\ y,\ z)$의 개수는 3개의 문자 x, y, z에서 10개를 택하는 중복조합의 수와 같으므로

${}_3H_{10}={}_{12}C_{10}={}_{12}C_2=66$ $\quad\therefore\ a=66$

한편 x, y, z가 자연수일 때, $X=x-1$, $Y=y-1$, $Z=z-1$이라 하면 X, Y, Z는 음이 아닌 정수이다.

$x=X+1$, $y=Y+1$, $z=Z+1$을 방정식 $x+y+z=10$에 대입하면

$(X+1)+(Y+1)+(Z+1)=10$

$\therefore\ X+Y+Z=7$

따라서 자연수 x, y, z의 순서쌍 (x, y, z)의 개수는 방정식
$X+Y+Z=7$을 만족시키는 음이 아닌 정수 X, Y, Z의 순서쌍
(X, Y, Z)의 개수, 즉 3개의 문자 X, Y, Z에서 7개를 택하는 중
복조합의 수와 같으므로
$_3H_7=_9C_7=_9C_2=36$ $\therefore b=36$
$\therefore a+b=66+36=102$

9 답 ③

㉮에서 a, b, c, d의 4개 중 2개의 홀수를 정하는 경우의 수는
$_4C_2=6$
이때 a, b를 홀수라 하면 음이 아닌 정수 A, B, C, D에 대하여
$a=2A+1$, $b=2B+1$, $c=2C+2$, $d=2D+2$
이를 ㉯의 방정식 $a+b+c+d=12$에 대입하면
$(2A+1)+(2B+1)+(2C+2)+(2D+2)=12$
$\therefore A+B+C+D=3$
이 방정식을 만족시키는 음이 아닌 정수 A, B, C, D의 순서쌍
(A, B, C, D)의 개수는 4개의 문자 A, B, C, D에서 3개를 택하
는 중복조합의 수와 같으므로
$_4H_3=_6C_3=20$
따라서 구하는 순서쌍의 개수는
$6\times20=120$

10 답 75

$f(1)\leq f(2)$에서 $f(1)$, $f(2)$의 값을 정하는 경우의 수는 집합 Y의
원소 1, 3, 5, 7, 9의 5개에서 중복을 허용하여 2개를 택한 후 크기
가 작거나 같은 수부터 순서대로 집합 X의 원소 1, 2에 대응시키는
경우의 수와 같으므로
$_5H_2=_6C_2=15$
$f(3)$의 값이 될 수 있는 수는 1, 3, 5, 7, 9의 5개이다.
따라서 구하는 함수의 개수는
$15\times5=75$

11 답 252

㉮에서 $f(3)$의 값이 될 수 있는 수는 3, 6이다.
(i) $f(3)=3$일 때
　㉯에서 $f(1)\leq f(2)\leq3\leq f(4)\leq f(5)$
　$f(1)\leq f(2)\leq3$에서 $f(1)$, $f(2)$의 값을 정하는 경우의 수는 집
　합 Y의 원소 1, 2, 3의 3개에서 중복을 허용하여 2개를 택한 후
　크기가 작거나 같은 수부터 순서대로 집합 X의 원소 1, 2에 대
　응시키는 경우의 수와 같으므로
　$_3H_2=_4C_2=6$
　$3\leq f(4)\leq f(5)$에서 $f(4)$, $f(5)$의 값을 정하는 경우의 수는 집
　합 Y의 원소 3, 4, 5, 6, 7, 8의 6개에서 중복을 허용하여 2개를
　택한 후 크기가 작거나 같은 수부터 순서대로 집합 X의 원소 4,
　5에 대응시키는 경우의 수와 같으므로
　$_6H_2=_7C_2=21$
　따라서 $f(3)=3$인 함수의 개수는
　$6\times21=126$

(ii) $f(3)=6$일 때
　㉯에서 $f(1)\leq f(2)\leq6\leq f(4)\leq f(5)$
　$f(1)\leq f(2)\leq6$에서 $f(1)$, $f(2)$의 값을 정하는 경우의 수는 집
　합 Y의 원소 1, 2, 3, 4, 5, 6의 6개에서 중복을 허용하여 2개를
　택한 후 크기가 작거나 같은 수부터 순서대로 집합 X의 원소 1,
　2에 대응시키는 경우의 수와 같으므로
　$_6H_2=_7C_2=21$
　$6\leq f(4)\leq f(5)$에서 $f(4)$, $f(5)$의 값을 정하는 경우의 수는 집
　합 Y의 원소 6, 7, 8의 3개에서 중복을 허용하여 2개를 택한 후
　크기가 작거나 같은 수부터 순서대로 집합 X의 원소 4, 5에 대
　응시키는 경우의 수와 같으므로
　$_3H_2=_4C_2=6$
　따라서 $f(3)=6$인 함수의 개수는
　$21\times6=126$
(i), (ii)에서 구하는 함수의 개수는
$126+126=252$

12 답 ②

$(x^2-2x)^4$의 전개식의 일반항은
$_4C_r(x^2)^{4-r}(-2x)^r=_4C_r(-2)^rx^{8-r}$
x^6항은 $8-r=6$일 때이므로 $r=2$
따라서 x^6의 계수는
$_4C_2\times(-2)^2=6\times4=24$

13 답 5

$\left(x^3+\dfrac{1}{x^n}\right)^{10}$의 전개식의 일반항은
$_{10}C_r(x^3)^{10-r}\left(\dfrac{1}{x^n}\right)^r=_{10}C_r\dfrac{x^{30-3r}}{x^{nr}}$
상수항은 $30-3r=nr$일 때이므로
$(n+3)r=30$ (단, n은 자연수, r는 $0\leq r\leq10$인 정수)
이를 만족시키는 n, r의 순서쌍 (n, r)는
$(27, 1)$, $(12, 2)$, $(7, 3)$, $(3, 5)$, $(2, 6)$
따라서 구하는 자연수 n의 개수는 5이다.

14 답 8

$(x-1)^4$의 전개식의 일반항은
$_4C_r(-1)^{4-r}x^r$ …… ㉠
이때
$(x^2+a)(x-1)^4=x^2(x-1)^4+a(x-1)^4$
이므로 x^2항은 x^2과 ㉠의 상수항을 곱하는 경우, a와 ㉠의 x^2항을 곱
하는 경우에 나타난다.
(i) x^2과 ㉠의 상수항을 곱하는 경우
　㉠의 상수항은 $r=0$일 때이므로
　$_4C_0\times(-1)^4=1\times1=1$
　따라서 x^2과 ㉠의 상수항을 곱하면
　$x^2\times1=x^2$

(ii) a와 ㉠의 x^2항을 곱하는 경우
　㉠의 x^2항은 $r=2$일 때이므로
　$_4C_2 \times (-1)^2 \times x^2 = 6 \times 1 \times x^2 = 6x^2$
　따라서 a와 ㉠의 x^2항을 곱하면
　$a \times 6x^2 = 6ax^2$
(i), (ii)에서 x^2의 계수는 $1+6a$
즉, $1+6a=13$이므로 $a=2$
또 x^4항은 x^2과 ㉠의 x^2항을 곱하는 경우, 2와 ㉠의 x^4항을 곱하는
경우에 나타난다.
(iii) x^2과 ㉠의 x^2항을 곱하는 경우
　㉠의 x^2항은 $r=2$일 때이므로
　$_4C_2 \times (-1)^2 \times x^2 = 6 \times 1 \times x^2 = 6x^2$
　따라서 x^2과 ㉠의 x^2항을 곱하면
　$x^2 \times 6x^2 = 6x^4$
(iv) 2와 ㉠의 x^4항을 곱하는 경우
　㉠의 x^4항은 $r=4$일 때이므로
　$_4C_4 \times x^4 = 1 \times x^4 = x^4$
　따라서 2와 ㉠의 x^4항을 곱하면
　$2 \times x^4 = 2x^4$
(iii), (iv)에서 구하는 x^4의 계수는 $6+2=8$

15 답 -12

$(x+2)^3$의 전개식의 일반항은
$_3C_r x^{3-r} 2^r = _3C_r 2^r x^{3-r}$
$(x-2)^4$의 전개식의 일반항은
$_4C_s x^{4-s} (-2)^s = _4C_s (-2)^s x^{4-s}$
따라서 $(x+2)^3 (x-2)^4$의 전개식의 일반항은
$_3C_r 2^r x^{3-r} \times _4C_s (-2)^s x^{4-s} = _3C_r \times _4C_s 2^r (-2)^s x^{7-r-s}$
x^5항은 $7-r-s=5$, 즉 $r+s=2$ (r, s는 $0 \leq r \leq 3$, $0 \leq s \leq 4$인 정수)
일 때이므로 r, s의 순서쌍 (r, s)는
$(0, 2)$, $(1, 1)$, $(2, 0)$
따라서 x^5의 계수는
$_3C_0 \times _4C_2 \times (-2)^2 + _3C_1 \times _4C_1 \times 2 \times (-2) + _3C_2 \times _4C_0 \times 2^2$
$=24+(-48)+12=-12$

16 답 ③

$_5C_1 + _6C_2 + _7C_3 + _8C_4 + _9C_5$
$= _5C_0 + _5C_1 + _6C_2 + _7C_3 + _8C_4 + _9C_5 - _5C_0$
$= _6C_1 + _6C_2 + _7C_3 + _8C_4 + _9C_5 - 1$
$= _7C_2 + _7C_3 + _8C_4 + _9C_5 - 1$
$= _8C_3 + _8C_4 + _9C_5 - 1$
$= _9C_4 + _9C_5 - 1$
$= _{10}C_5 - 1$
$= 252 - 1 = 251$

17 답 ③

주어진 다항식의 전개식에서 x^6항은 x^3과 $(1+x)^n$의 x^3항의 곱일 때
나타나므로 x^6의 계수는 $(1+x)^n$의 전개식에서 x^3의 계수와 같다.

$(1+x)^n$의 전개식의 일반항은 $_nC_r x^r$
x^3항은 $(1+x)^3$의 전개식부터 나오므로
$(1+x)^3$의 전개식에서 x^3의 계수는 $_3C_3$
$(1+x)^4$의 전개식에서 x^3의 계수는 $_4C_3$
$(1+x)^5$의 전개식에서 x^3의 계수는 $_5C_3$
$(1+x)^6$의 전개식에서 x^3의 계수는 $_6C_3$
$(1+x)^7$의 전개식에서 x^3의 계수는 $_7C_3$
따라서 구하는 x^6의 계수는
$_3C_3 + _4C_3 + _5C_3 + _6C_3 + _7C_3 = _4C_4 + _4C_3 + _5C_3 + _6C_3 + _7C_3$
$\qquad = _5C_4 + _5C_3 + _6C_3 + _7C_3$
$\qquad = _6C_4 + _6C_3 + _7C_3$
$\qquad = _7C_4 + _7C_3$
$\qquad = _8C_4 = 70$

18 답 ②

$_nC_0 + _nC_1 + _nC_2 + _nC_3 + \cdots + _nC_n = 2^n$이므로
$_nC_1 + _nC_2 + _nC_3 + \cdots + _nC_n = 2^n - 1$
$n=1$일 때, $2^1 - 1 = 1$
$n=2$일 때, $2^2 - 1 = 4 - 1 = 3$
$n=3$일 때, $2^3 - 1 = 8 - 1 = 7$
$n=4$일 때, $2^4 - 1 = 16 - 1 = 15$
　　$\vdots$
따라서 $_nC_1 + _nC_2 + _nC_3 + \cdots + _nC_n$의 값이 3의 배수가 되려면 n이 짝
수이어야 하므로 자연수 n은 2, 4, 6, $\cdots$, 30의 15개이다.

19 답 0

$(1+x)^n = _nC_0 + _nC_1 x + _nC_2 x^2 + \cdots + _nC_n x^n$ $\qquad$ …… ㉠
㉠의 양변에 $x=3$, $n=10$을 대입하면
$4^{10} = _{10}C_0 + _{10}C_1 \times 3 + _{10}C_2 \times 3^2 + \cdots + _{10}C_{10} \times 3^{10}$
$\therefore A = 4^{10}$
㉠의 양변에 $x=-5$, $n=10$을 대입하면
$(-4)^{10} = _{10}C_0 + _{10}C_1 \times (-5) + _{10}C_2 \times (-5)^2 + \cdots + _{10}C_{10} \times (-5)^{10}$
즉, $4^{10} = _{10}C_0 - _{10}C_1 \times 5 + _{10}C_2 \times 5^2 - \cdots + _{10}C_{10} \times 5^{10}$이므로
$B = 4^{10}$
$\therefore A - B = 4^{10} - 4^{10} = 0$

20 답 ④

$n(U)=9$이므로 원소의 개수가 k $(0 \leq k \leq 9)$인 집합 B를 정하는
경우의 수는 $_9C_k$
또 $A \subset B$이므로 원소의 개수가 k인 집합 B에 대하여 집합 A를 정
하는 경우의 수는 2^k
즉, 집합 B의 원소의 개수가 k일 때, 두 집합 A, B를 정하는 경우
의 수는
$_9C_k \times 2^k$
따라서 구하는 모든 경우의 수는
$_9C_0 + _9C_1 \times 2^1 + _9C_2 \times 2^2 + \cdots + _9C_9 \times 2^9 = (1+2)^9$
$\qquad\qquad\qquad = 3^9$

중단원 기출 문제 1회

1　답 5

ab의 값이 8 또는 12가 되는 사건 A는
$A=\{(2, 4), (2, 6), (3, 4), (4, 2), (4, 3), (6, 2)\}$
(i) $B_1=\varnothing$이므로 $A\cap B_1=\varnothing$
　　따라서 A와 B_1은 서로 배반사건이다.
(ii) $B_2=\{(1, 1)\}$이므로 $A\cap B_2=\varnothing$
　　따라서 A와 B_2는 서로 배반사건이다.
(iii) $B_3=\{(1, 2), (2, 1)\}$이므로 $A\cap B_3=\varnothing$
　　따라서 A와 B_3은 서로 배반사건이다.
(iv) $B_4=\{(1, 3), (2, 2), (3, 1)\}$이므로 $A\cap B_4=\varnothing$
　　따라서 A와 B_4는 서로 배반사건이다.
(v) $B_5=\{(1, 4), (2, 3), (3, 2), (4, 1)\}$이므로 $A\cap B_5=\varnothing$
　　따라서 A와 B_5는 서로 배반사건이다.
(vi) $B_6=\{(1, 5), (2, 4), (3, 3), (4, 2), (5, 1)\}$이므로
　　$A\cap B_6=\{(2, 4), (4, 2)\}$
　　따라서 A와 B_6은 서로 배반사건이 아니다.
(i)~(vi)에서 사건 A와 서로 배반인 사건은 B_1, B_2, B_3, B_4, B_5이므로 자연수 n은 1, 2, 3, 4, 5의 5개이다.

2　답 256

표본공간을 S라 하면 $S=\{1, 2, 3, \ldots, 14\}$이므로
$A=\{1, 2, 3, 4, 6, 12\}$
사건 A와 서로 배반인 사건은 A^c의 부분집합이므로
$A^c=\{5, 7, 8, 9, 10, 11, 13, 14\}$
따라서 구하는 사건의 개수는 A^c의 부분집합의 개수와 같으므로
$2^8=256$

3　답 $\dfrac{7}{36}$

모든 경우의 수는 $6\times 6=36$
이차방정식 $x^2+2ax+b=0$이 허근을 가지려면 판별식을 D라 할 때, $D<0$이어야 하므로
$\dfrac{D}{4}=a^2-b<0$　　$\therefore a^2<b$
(i) $a=1$일 때, $b=2, 3, 4, 5, 6$의 5가지
(ii) $a=2$일 때, $b=5, 6$의 2가지
(i), (ii)에서 주어진 이차방정식이 허근을 갖는 경우의 수는 $5+2=7$
따라서 구하는 확률은 $\dfrac{7}{36}$

4　답 ②

answer에 있는 6개의 문자를 일렬로 배열하는 경우의 수는
$6!=720$
a와 r를 양 끝에 고정시키고 그 사이에 n, s, w, e를 일렬로 배열하는 경우의 수는 $4!=24$
a와 r끼리 자리를 바꾸는 경우의 수는 $2!=2$

즉 a와 r가 양 끝에 오도록 배열하는 경우의 수는 $24\times 2=48$
따라서 구하는 확률은 $\dfrac{48}{720}=\dfrac{1}{15}$

5　답 ①

백의 자리에 올 수 있는 숫자는 1, 2, 3, 4, 5의 5가지이므로 만들 수 있는 세 자리의 자연수의 개수는
$5\times {}_6\Pi_2=5\times 6^2=180$
5의 배수이면 일의 자리에 올 수 있는 숫자는 0, 5의 2가지
백의 자리에 올 수 있는 숫자는 1, 2, 3, 4, 5의 5가지
즉, 만들 수 있는 5의 배수의 개수는 $5\times 6\times 2=60$
따라서 구하는 확률은 $\dfrac{60}{180}=\dfrac{1}{3}$

6　답 $\dfrac{1}{6}$

process에 있는 7개의 문자를 일렬로 배열하는 경우의 수는 $\dfrac{7!}{2!}$
p, c, r를 모두 X로 바꾸어 생각하여 X, X, o, X, e, s, s를 일렬로 배열한 후 첫 번째 X는 p로, 두 번째 X는 c로, 세 번째 X는 r로 바꾸면 되므로 그 경우의 수는 $\dfrac{7!}{3!\times 2!}$

따라서 구하는 확률은 $\dfrac{\dfrac{7!}{3!\times 2!}}{\dfrac{7!}{2!}}=\dfrac{1}{6}$

7　답 ④

5개의 공 중에서 3개를 꺼내는 경우의 수는
${}_5C_3=10$
흰 공 2개, 검은 공 1개를 꺼내는 경우의 수는
${}_3C_2\times {}_2C_1=3\times 2=6$
따라서 구하는 확률은 $\dfrac{6}{10}=\dfrac{3}{5}$

8　답 $\dfrac{1}{16}$

집합 X의 부분집합의 개수는
$2^6=64$
㈎에서 집합 A는 집합 $B=\{1, 2, 3\}$과 서로소이므로
$A\cap B=\varnothing$, 즉 $A\subset B^c$이다.
이때 $B^c=\{4, 5, 6\}$이고, ㈏에서 집합 A의 원소의 개수가 2 이상이므로 집합 A의 개수는
${}_3C_2+{}_3C_3=4$
따라서 구하는 확률은 $\dfrac{4}{64}=\dfrac{1}{16}$

9　답 ①

방정식 $x+y+z+w=10$을 만족시키는 자연수 x, y, z, w의 순서쌍 (x, y, z, w)의 개수는
${}_4H_{10-4}={}_4H_6={}_9C_6={}_9C_3=84$
$z\geq 3$을 만족시키는 자연수 x, y, z, w의 순서쌍 (x, y, z, w)의 개수는 ${}_4H_{10-3-3}={}_4H_4={}_7C_4={}_7C_3=35$
따라서 구하는 확률은 $\dfrac{35}{84}=\dfrac{5}{12}$

10 답 $\dfrac{10}{27}$

X에서 Y로의 함수 f의 개수는 $_3\Pi_5=3^5=243$
주어진 조건에서 $f(1)\leq f(3)\leq f(5)$이므로 $f(1)$, $f(3)$, $f(5)$의
값을 정하는 경우의 수는 $_3H_3=_5C_3=_5C_2=10$
$f(2)$, $f(4)$의 값을 정하는 경우의 수는 $_3\Pi_2=3^2=9$
즉, 조건을 만족시키는 함수의 개수는 $10\times9=90$
따라서 구하는 확률은 $\dfrac{90}{243}=\dfrac{10}{27}$

11 답 ③

구하는 확률은 $\dfrac{12}{1000}=\dfrac{3}{250}$

12 답 $\dfrac{\pi}{4}$

오른쪽 그림과 같이 선분 AB를 지름으로
하는 반원을 그리면 반원 위의 점 P에 대
하여 삼각형 PAB는 직각삼각형이므로 삼
각형 PAB가 둔각삼각형이려면 점 P가 색
칠한 부분에 있어야 한다.

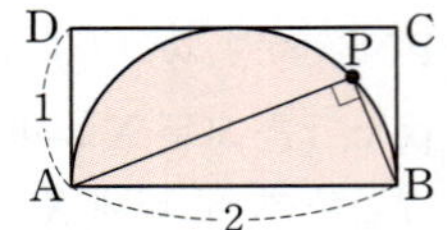

따라서 구하는 확률은

$$\dfrac{(색칠한\ 부분의\ 넓이)}{(\square ABCD의\ 넓이)}=\dfrac{\frac{\pi}{2}}{2}=\dfrac{\pi}{4}$$

13 답 ④

ㄱ. [반례] $P(A)=\dfrac{3}{4}$, $P(B)=\dfrac{3}{4}$이면

　　$P(A)+P(B)=\dfrac{3}{2}$이므로 $P(A)+P(B)>1$

ㄴ. $0\leq P(A)\leq1$, $0\leq P(B)\leq1$이므로 $0\leq P(A)P(B)\leq1$
ㄷ. $\varnothing\subset(A\cup B)\subset S$이므로 $0\leq P(A\cup B)\leq1$
따라서 보기에서 옳은 것은 ㄴ, ㄷ이다.

14 답 $\dfrac{7}{60}$

$P(A^c)=\dfrac{3}{4}$에서 $P(A)=1-P(A^c)=1-\dfrac{3}{4}=\dfrac{1}{4}$
$P(A\cup B)=P(A)+P(B)-P(A\cap B)$에서
$\dfrac{4}{5}=\dfrac{1}{4}+\dfrac{2}{3}-P(A\cap B)$
$\therefore P(A\cap B)=\dfrac{7}{60}$

15 답 $\dfrac{13}{24}$

A와 B^c가 서로 배반사건이면 $A\cap B=A$이므로
$P(A\cap B)=\dfrac{1}{8}$에서 $P(A)=\dfrac{1}{8}$
$P(A)+P(B)=\dfrac{2}{3}$에서
$\dfrac{1}{8}+P(B)=\dfrac{2}{3}$
$\therefore P(B)=\dfrac{13}{24}$

16 답 ②

취업을 희망하는 학생인 사건을 A, 대학원 진학을 희망하는 학생인
사건을 B라 하면
$P(A)=\dfrac{5}{8}$, $P(B)=\dfrac{1}{5}$, $P(A\cap B)=\dfrac{1}{10}$
따라서 구하는 확률은
$$P(A\cup B)=P(A)+P(B)-P(A\cap B)$$
$$=\dfrac{5}{8}+\dfrac{1}{5}-\dfrac{1}{10}=\dfrac{29}{40}$$

17 답 $\dfrac{22}{35}$

파란 공이 1개만 나오는 사건을 A, 하나도 나오지 않는 사건을 B라
하자.
(i) 파란 공 1개, 빨간 공 2개를 꺼낼 확률은
$$P(A)=\dfrac{_3C_1\times_4C_2}{_7C_3}=\dfrac{18}{35}$$
(ii) 빨간 공 3개를 꺼낼 확률은
$$P(B)=\dfrac{_4C_3}{_7C_3}=\dfrac{4}{35}$$
(i), (ii)에서 A와 B는 서로 배반사건이므로 구하는 확률은
$$P(A\cup B)=P(A)+P(B)=\dfrac{18}{35}+\dfrac{4}{35}=\dfrac{22}{35}$$

18 답 ④

$33=3\times11$이므로 3의 배수인 사건을 A, 11의 배수인 사건을 B라
하면 3의 배수도 아니고 11의 배수도 아닌 사건은
$A^c\cap B^c=(A\cup B)^c$이다.
이때 $P(A)=\dfrac{30}{90}$, $P(B)=\dfrac{8}{90}$이고, $A\cap B$는 3과 11의 공배수, 즉
33의 배수인 사건이므로
$P(A\cap B)=\dfrac{2}{90}$
$\therefore P(A\cup B)=P(A)+P(B)-P(A\cap B)$
$$=\dfrac{30}{90}+\dfrac{8}{90}-\dfrac{2}{90}=\dfrac{2}{5}$$
따라서 구하는 확률은
$P(A^c\cap B^c)=P((A\cup B)^c)=1-P(A\cup B)$
$$=1-\dfrac{2}{5}=\dfrac{3}{5}$$

19 답 3

뽑은 2개의 제비 중에서 적어도 1개는 당첨 제비인 사건을 A라 하
면 A^c는 모두 당첨 제비가 아닌 사건이므로
$$P(A^c)=\dfrac{_{12-k}C_2}{_{12}C_2}=\dfrac{\frac{(12-k)(11-k)}{2}}{66}=\dfrac{(12-k)(11-k)}{132}$$
이때 $P(A)=\dfrac{5}{11}$이므로
$$P(A^c)=1-P(A)=1-\dfrac{5}{11}=\dfrac{6}{11}$$
즉, $\dfrac{(12-k)(11-k)}{132}=\dfrac{6}{11}$이므로
$(12-k)(11-k)=72=9\times8$
$\therefore k=3\ (\because k\leq12)$

20 답 ③

꺼낸 3장의 카드에 적힌 수의 최댓값이 10 이상인 사건을 A라 하면 A^c는 최댓값이 10 미만, 즉 9 이하인 사건이다.

즉, A^c는 9 이하의 수가 적힌 9장의 카드에서 3장을 꺼내는 사건이므로

$$P(A^c)=\frac{{}_9C_3}{{}_{13}C_3}=\frac{84}{286}=\frac{42}{143}$$

따라서 구하는 확률은

$$P(A)=1-P(A^c)=1-\frac{42}{143}=\frac{101}{143}$$

중단원 기출 문제 2회

1 답 ㄴ

표본공간을 S라 하면 $S=\{1,\ 2,\ 3,\ \dots,\ 20\}$이므로
$A=\{1,\ 3,\ 5,\ 15\}$, $B=\{2,\ 5,\ 8,\ 11,\ 14,\ 17,\ 20\}$, $C=\{7,\ 14\}$
ㄱ. $A\cap B=\{5\}$이므로 A와 B는 서로 배반사건이 아니다.
ㄴ. $A\cap C=\varnothing$이므로 A와 C는 서로 배반사건이다.
ㄷ. $B\cap C=\{14\}$이므로 B와 C는 서로 배반사건이 아니다.
따라서 보기에서 서로 배반사건인 것은 ㄴ이다.

2 답 4

사건 A와 서로 배반인 사건은 A^c의 부분집합이고, 사건 B와 서로 배반인 사건은 B^c의 부분집합이므로 두 사건 A, B와 모두 배반인 사건은 $A^c\cap B^c$의 부분집합이다.
이때 $A^c=\{2,\ 5,\ 7,\ 11,\ 13\}$, $B^c=\{2,\ 3,\ 5\}$이므로
$A^c\cap B^c=\{2,\ 5\}$
따라서 구하는 사건의 개수는 $A^c\cap B^c$의 부분집합의 개수와 같으므로 $2^2=4$

3 답 ②

한 개의 주사위를 3번 던져서 나오는 모든 경우의 수는
$6\times6\times6=216$
$b=1$일 때, $a<3\le c$를 만족시키는 순서쌍 $(a,\ c)$의 개수는
$2\times4=8$
$b=2$일 때, $a<4\le c$를 만족시키는 순서쌍 $(a,\ c)$의 개수는
$3\times3=9$
$b=3$일 때, $a<5\le c$를 만족시키는 순서쌍 $(a,\ c)$의 개수는
$4\times2=8$
$b=4$일 때, $a<6\le c$를 만족시키는 순서쌍 $(a,\ c)$의 개수는
$5\times1=5$
즉, $a<b+2\le c$를 만족시키는 순서쌍 $(a,\ b,\ c)$의 개수는
$8+9+8+5=30$
따라서 구하는 확률은 $\dfrac{30}{216}=\dfrac{5}{36}$

4 답 $\dfrac{1}{35}$

8명이 일렬로 서는 경우의 수는 $8!$
남학생과 여학생이 교대로 서는 경우의 수는 $2\times4!\times4!$
따라서 구하는 확률은 $\dfrac{2\times4!\times4!}{8!}=\dfrac{1}{35}$

5 답 $\dfrac{1}{16}$

X에서 Y로의 함수 f의 개수는 ${}_4\Pi_5=4^5$
$a+b=5$이면 $f(a)=f(b)$이므로
$f(1)=f(4)$, $f(2)=f(3)$
이를 만족시키는 함수 f의 개수는 ${}_4\Pi_3=4^3$
따라서 구하는 확률은 $\dfrac{4^3}{4^5}=\dfrac{1}{16}$

6 답 $\dfrac{1}{81}$

한 개의 주사위를 4번 던져서 나오는 모든 경우의 수는
$6\times6\times6\times6=1296$
$abcd=6$인 경우는
$(1,\ 1,\ 1,\ 6)$ 또는 $(1,\ 1,\ 2,\ 3)$
$1,\ 1,\ 1,\ 6$과 $1,\ 1,\ 2,\ 3$을 각각 일렬로 배열하는 경우의 수는
$\dfrac{4!}{3!}+\dfrac{4!}{2!}=4+12=16$
따라서 구하는 확률은 $\dfrac{16}{1296}=\dfrac{1}{81}$

7 답 ①

website에 있는 7개의 문자를 일렬로 배열하는 경우의 수는
$\dfrac{7!}{2!}$
s와 t를 양 끝에 고정시키고 그 사이에 w, e, b, i, e를 일렬로 배열하는 경우의 수는 $\dfrac{5!}{2!}$
s와 t가 자리를 바꾸는 경우의 수는 $2!$
즉, s와 t가 양 끝에 오도록 배열하는 경우의 수는 $\dfrac{5!}{2!}\times2!=5!$
따라서 구하는 확률은 $\dfrac{5!}{\dfrac{7!}{2!}}=\dfrac{1}{21}$

8 답 ⑤

10명의 학생 중에서 3명을 뽑는 경우의 수는
${}_{10}C_3=120$
7번, 8번, 9번 학생을 뽑지 않으려면 7명의 학생 중에서 3명을 뽑아야 하므로 그 경우의 수는
${}_7C_3=35$
따라서 구하는 확률은 $\dfrac{35}{120}=\dfrac{7}{24}$

9 답 $\dfrac{6}{625}$

X에서 X로의 함수 f의 개수는 ${}_5\Pi_5=5^5$
㈎, ㈏에서 $f(1)\le f(2)=3\le f(3)\le f(4)\le f(5)$

$f(1)$의 값이 될 수 있는 수는 1, 2, 3의 3개이다.

$f(3)$, $f(4)$, $f(5)$의 값을 정하는 경우의 수는

$_3\mathrm{H}_3={}_5\mathrm{C}_3={}_5\mathrm{C}_2=10$

즉, 조건을 만족시키는 함수의 개수는

$3\times10=30$

따라서 구하는 확률은 $\dfrac{30}{5^5}=\dfrac{6}{625}$

10 답 3

7개의 공 중에서 2개를 꺼내는 경우의 수는 $_7\mathrm{C}_2=21$

빨간 공의 개수를 n이라 하면 2개 모두 빨간 공을 꺼내는 경우의 수는

$_n\mathrm{C}_2=\dfrac{n(n-1)}{2}$

따라서 2개의 공이 모두 빨간 공일 확률은

$\dfrac{\dfrac{n(n-1)}{2}}{21}=\dfrac{n(n-1)}{42}$

즉, $\dfrac{n(n-1)}{42}=\dfrac{1}{7}$이므로

$n(n-1)=6=3\times2$

$\therefore n=3$ ($\because n$은 자연수)

따라서 주머니 속에 들어 있는 빨간 공의 개수는 3이다.

11 답 ④

이차방정식 $x^2+3ax+9a=0$이 실근을 가지려면 판별식을 D라 할 때, $D\geq0$이어야 하므로

$D=9a^2-36a\geq0$

$9a(a-4)\geq0$ $\therefore a\leq0$ 또는 $a\geq4$ $\cdots\cdots$ ㉠

이때 $-3\leq a\leq5$와 ㉠을 수직선 위에 나타내면 다음 그림과 같다.

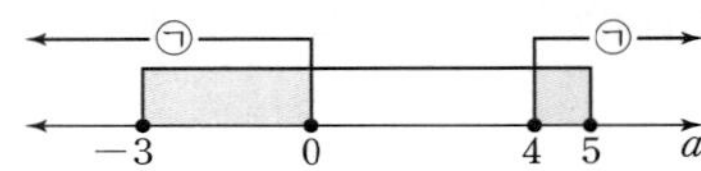

$\therefore -3\leq a\leq0$ 또는 $4\leq a\leq5$

따라서 구하는 확률은

$\dfrac{\{0-(-3)\}+(5-4)}{5-(-3)}=\dfrac{4}{8}=\dfrac{1}{2}$

12 답 ②

ㄱ. $0\leq\mathrm{P}(A)\leq1$, $0\leq\mathrm{P}(B)\leq1$이므로

  $\mathrm{P}(A)+\mathrm{P}(B)=2$이면 $\mathrm{P}(A)=\mathrm{P}(B)=1$

  $\therefore S=A=B$

ㄴ. $\varnothing\subset(A\cap B)\subset A$이므로

  $0\leq\mathrm{P}(A\cap B)\leq\mathrm{P}(A)$

ㄷ. [반례] $\mathrm{P}(A)=\dfrac{2}{3}$, $\mathrm{P}(B)=\dfrac{2}{3}$이면

  $\mathrm{P}(A)+\mathrm{P}(B)=\dfrac{4}{3}$이고, $\mathrm{P}(S)=1$이므로

  $\mathrm{P}(A)+\mathrm{P}(B)>\mathrm{P}(S)$

따라서 보기에서 옳은 것은 ㄱ, ㄴ이다.

13 답 ①

$\mathrm{P}(A^c\cap B^c)=\dfrac{1}{2}$에서 $\mathrm{P}((A\cup B)^c)=\dfrac{1}{2}$

$1-\mathrm{P}(A\cup B)=\dfrac{1}{2}$ $\therefore \mathrm{P}(A\cup B)=\dfrac{1}{2}$

$\therefore \mathrm{P}(A\cap B)=\mathrm{P}(A)+\mathrm{P}(B)-\mathrm{P}(A\cup B)$

$=\dfrac{1}{5}+\dfrac{2}{5}-\dfrac{1}{2}=\dfrac{1}{10}$

14 답 ②

A와 B가 서로 배반사건이므로 $\mathrm{P}(A\cup B)=\dfrac{5}{7}$에서

$\mathrm{P}(A)+\mathrm{P}(B)=\dfrac{5}{7}$ $\cdots\cdots$ ㉠

여사건의 확률에 의하여 $\mathrm{P}(A)+\mathrm{P}(B^c)=\dfrac{2}{5}$에서

$\mathrm{P}(A)+\{1-\mathrm{P}(B)\}=\dfrac{2}{5}$

$\therefore \mathrm{P}(A)-\mathrm{P}(B)=-\dfrac{3}{5}$ $\cdots\cdots$ ㉡

㉠, ㉡을 연립하여 풀면

$\mathrm{P}(A)=\dfrac{2}{35}$, $\mathrm{P}(B)=\dfrac{23}{35}$

$\therefore \mathrm{P}(B^c)=1-\mathrm{P}(B)=1-\dfrac{23}{35}=\dfrac{12}{35}$

15 답 $\dfrac{33}{100}$

뽑은 카드에 적힌 수가 5의 배수인 사건을 A, 6의 배수인 사건을 B라 하면 $A\cap B$는 30의 배수인 사건이므로

$\mathrm{P}(A)=\dfrac{20}{100}$, $\mathrm{P}(B)=\dfrac{16}{100}$, $\mathrm{P}(A\cap B)=\dfrac{3}{100}$

따라서 구하는 확률은

$\mathrm{P}(A\cup B)=\mathrm{P}(A)+\mathrm{P}(B)-\mathrm{P}(A\cap B)$

$=\dfrac{20}{100}+\dfrac{16}{100}-\dfrac{3}{100}=\dfrac{33}{100}$

16 답 $\dfrac{4}{7}$

교사끼리 서로 이웃하여 서는 사건을 A, 양 끝에 학생이 서는 사건을 B라 하자.

(ⅰ) 교사끼리 서로 이웃하여 서는 경우

  2명의 교사를 1명으로 생각하여 일렬로 서는 경우의 수는 6!

  교사끼리 자리를 바꾸는 경우의 수는 2!

  즉, 교사끼리 서로 이웃하여 서는 경우의 수는 $6!\times2!$

  $\therefore \mathrm{P}(A)=\dfrac{6!\times2!}{7!}=\dfrac{2}{7}$

(ⅱ) 양 끝에 학생이 서는 경우

  2명의 학생이 양 끝에 서는 경우의 수는 $_5\mathrm{P}_2=20$

  그 사이에 나머지 5명이 일렬로 서는 경우의 수는 5!

  즉, 양 끝에 학생이 서는 경우의 수는 $20\times5!$

  $\therefore \mathrm{P}(B)=\dfrac{20\times5!}{7!}=\dfrac{10}{21}$

(ⅲ) 교사끼리 서로 이웃하여 서고, 양 끝에 학생이 서는 경우

  2명의 학생이 양 끝에 서는 경우의 수는 $_5\mathrm{P}_2=20$

  2명의 교사를 1명으로 생각하여 그 사이에 일렬로 서는 경우의 수는 4!

  교사끼리 자리를 바꾸는 경우의 수는 2!

  즉, 교사끼리 서로 이웃하여 서고, 양 끝에 학생이 서는 경우의 수는 $20\times4!\times2!$

  $\therefore \mathrm{P}(A\cap B)=\dfrac{20\times4!\times2!}{7!}=\dfrac{4}{21}$

(i), (ii), (iii)에서 구하는 확률은
$$P(A \cup B) = P(A) + P(B) - P(A \cap B)$$
$$= \frac{2}{7} + \frac{10}{21} - \frac{4}{21} = \frac{4}{7}$$

17 답 $\frac{13}{27}$

4명의 학생이 모두 같은 것을 내는 사건을 A, 2명이 같은 것을 내고 나머지는 다른 것을 내는 사건을 B라 하자.
(i) 모두 같은 것을 내는 경우

(가위, 가위, 가위, 가위), (바위, 바위, 바위, 바위),

(보, 보, 보, 보)의 3가지

$$\therefore P(A) = \frac{3}{{}_3\Pi_4} = \frac{3}{3^4} = \frac{1}{27}$$

(ii) 2명이 같은 것을 내고 나머지는 다른 것을 내는 경우

(가위, 가위, 바위, 보), (가위, 바위, 바위, 보), (가위, 바위, 보, 보)

의 3가지

각각의 경우에 대하여 일렬로 배열하는 경우의 수는 $\frac{4!}{2!} = 12$

즉, 2명이 같은 것을 내고 나머지는 다른 것을 내는 경우의 수는

$3 \times 12 = 36$

$$\therefore P(B) = \frac{36}{{}_3\Pi_4} = \frac{36}{3^4} = \frac{4}{9}$$

(i), (ii)에서 A와 B는 서로 배반사건이므로 구하는 확률은

$$P(A \cup B) = P(A) + P(B)$$
$$= \frac{1}{27} + \frac{4}{9} = \frac{13}{27}$$

18 답 $\frac{19}{49}$

여행 장소가 같은 학생이 있는 사건을 A라 하면 A^c는 여행 장소가 모두 다른 사건이므로

$$P(A^c) = \frac{{}_7P_3}{{}_7\Pi_3} = \frac{7 \times 6 \times 5}{7^3} = \frac{30}{49}$$

따라서 구하는 확률은

$$P(A) = 1 - P(A^c) = 1 - \frac{30}{49} = \frac{19}{49}$$

19 답 $\frac{9}{20}$

뽑은 2개의 우산 중에서 적어도 1개는 분홍색 우산인 사건을 A라 하면 A^c는 분홍색이 아닌 우산만 2개 뽑는 사건이므로

$$P(A^c) = \frac{{}_{12}C_2}{{}_{16}C_2} = \frac{66}{120} = \frac{11}{20}$$

따라서 구하는 확률은

$$P(A) = 1 - P(A^c) = 1 - \frac{11}{20} = \frac{9}{20}$$

20 답 ②

서로 다른 5개의 동전 중에서 뒷면이 2개 이상 나오는 사건을 A라 하면 A^c는 뒷면이 0개 또는 1개 나오는 사건이므로

$$P(A^c) = \frac{{}_5C_0 + {}_5C_1}{2^5} = \frac{6}{32} = \frac{3}{16}$$

따라서 구하는 확률은

$$P(A) = 1 - P(A^c) = 1 - \frac{3}{16} = \frac{13}{16}$$

중단원 기출 문제 1회

1 답 ①

$P(A^c \cap B) = P(B) - P(A \cap B)$이므로

$$\frac{2}{5} = \frac{1}{2} - P(A \cap B)$$

$$\therefore P(A \cap B) = \frac{1}{10}$$

$$\therefore P(B \mid A) = \frac{P(A \cap B)}{P(A)} = \frac{\frac{1}{10}}{\frac{1}{5}} = \frac{1}{2}$$

2 답 $\frac{19}{40}$

교복을 착용하는 학생인 사건을 A, 남학생인 사건을 B라 하면

$$P(A) = 0.8, \quad P(A \cap B^c) = \frac{126}{300} = 0.42$$

$$\therefore P(A \cap B) = P(A) - P(A \cap B^c)$$
$$= 0.8 - 0.42$$
$$= 0.38$$

따라서 구하는 확률은

$$P(B \mid A) = \frac{P(A \cap B)}{P(A)} = \frac{0.38}{0.8} = \frac{19}{40}$$

3 답 $\frac{12}{13}$

$2a > b$인 사건을 A, $a = 2$인 사건을 B라 하자.
$2a > b$인 경우는
$a = 2,\ b = 1$ 또는 $a = 3,\ b = 0$

(i) $a = 2,\ b = 1$일 확률은 $\frac{{}_3C_2 \times {}_4C_1}{{}_7C_3} = \frac{12}{35}$

(ii) $a = 3,\ b = 0$일 확률은 $\frac{{}_3C_3}{{}_7C_3} = \frac{1}{35}$

(i), (ii)에서 $P(A) = \frac{12}{35} + \frac{1}{35} = \frac{13}{35}$

따라서 구하는 확률은

$$P(B \mid A) = \frac{P(A \cap B)}{P(A)} = \frac{\frac{12}{35}}{\frac{13}{35}} = \frac{12}{13}$$

4 답 $\frac{5}{6}$

지훈이가 열어 본 상자에 불고기 피자가 들어 있는 사건을 A, 규진이가 열어 본 상자에 불고기 피자가 들어 있는 사건을 B라 하자.
두 사람이 열어 본 상자 중에서 적어도 1개는 고구마 피자가 들어 있는 사건은 $(A \cap B)^c$이고, 이때 $A \cap B$는 두 사람이 열어 본 상자에 모두 불고기 피자가 들어 있는 사건이다.

$$P(A) = \frac{4}{9}, \quad P(B \mid A) = \frac{3}{8}$$이므로

$$P(A \cap B) = P(A)P(B \mid A) = \frac{4}{9} \times \frac{3}{8} = \frac{1}{6}$$

따라서 구하는 확률은
$$P((A\cap B)^c)=1-P(A\cap B)=1-\frac{1}{6}=\frac{5}{6}$$

5 답 ③

반장이 남학생인 사건을 A, 부반장이 남학생인 사건을 B라 하면
$$P(A)=\frac{n+2}{2n+2},\ P(B|A)=\frac{n+1}{2n+1}$$
따라서 반장과 부반장이 모두 남학생일 확률은
$$P(A\cap B)=P(A)P(B|A)$$
$$=\frac{n+2}{2n+2}\times\frac{n+1}{2n+1}=\frac{n+2}{4n+2}$$
즉, $\frac{n+2}{4n+2}=\frac{5}{14}$이므로
$$14(n+2)=5(4n+2)$$
$$6n=18\qquad\therefore\ n=3$$

6 답 ③

어느 날 비가 오는 사건을 A, 경기에서 이기는 사건을 B라 하면
$$P(A)=0.2,\ P(A^c)=1-0.2=0.8$$
$$P(B|A)=0.5,\ P(B|A^c)=0.6$$
$$\therefore\ P(A\cap B)=P(A)P(B|A)=0.2\times0.5=0.1,$$
$$P(A^c\cap B)=P(A^c)P(B|A^c)=0.8\times0.6=0.48$$
따라서 구하는 확률은
$$P(B)=P(A\cap B)+P(A^c\cap B)=0.1+0.48=0.58$$

7 답 $\frac{11}{60}$

상자 A를 택하는 사건을 A, 빨간색 사탕 2개를 꺼내는 사건을 B라 하면
$$P(A)=\frac{1}{2},\ P(A^c)=\frac{1}{2}$$
$$P(B|A)=\frac{_2C_2}{_6C_2}=\frac{1}{15},\ P(B|A^c)=\frac{_3C_2}{_5C_2}=\frac{3}{10}$$
$$\therefore\ P(A\cap B)=P(A)P(B|A)=\frac{1}{2}\times\frac{1}{15}=\frac{1}{30},$$
$$P(A^c\cap B)=P(A^c)P(B|A^c)=\frac{1}{2}\times\frac{3}{10}=\frac{3}{20}$$
따라서 구하는 확률은
$$P(B)=P(A\cap B)+P(A^c\cap B)$$
$$=\frac{1}{30}+\frac{3}{20}=\frac{11}{60}$$

8 답 $\frac{5}{9}$

남학생인 사건을 A, 수시 모집에 응시하지 않은 학생인 사건을 B라 하면
$$P(A)=\frac{60}{100}=\frac{3}{5},\ P(A^c)=\frac{40}{100}=\frac{2}{5}$$
$$P(B|A)=\frac{1}{12},\ P(B|A^c)=\frac{1}{10}$$
$$\therefore\ P(A\cap B)=P(A)P(B|A)=\frac{3}{5}\times\frac{1}{12}=\frac{1}{20},$$
$$P(A^c\cap B)=P(A^c)P(B|A^c)=\frac{2}{5}\times\frac{1}{10}=\frac{1}{25}$$

따라서 구하는 확률은
$$P(A|B)=\frac{P(A\cap B)}{P(B)}=\frac{P(A\cap B)}{P(A\cap B)+P(A^c\cap B)}$$
$$=\frac{\frac{1}{20}}{\frac{1}{20}+\frac{1}{25}}=\frac{5}{9}$$

9 답 ①

우대 고객인 사건을 A, 보험에 재가입하지 않은 고객인 사건을 B라 하면
$$P(A)=\frac{3}{10},\ P(A^c)=\frac{7}{10}$$
$$P(B|A)=1-\frac{80}{100}=\frac{1}{5},\ P(B|A^c)=1-\frac{40}{100}=\frac{3}{5}$$
$$\therefore\ P(A\cap B)=P(A)P(B|A)=\frac{3}{10}\times\frac{1}{5}=\frac{3}{50},$$
$$P(A^c\cap B)=P(A^c)P(B|A^c)=\frac{7}{10}\times\frac{3}{5}=\frac{21}{50}$$
따라서 구하는 확률은
$$P(A|B)=\frac{P(A\cap B)}{P(B)}=\frac{P(A\cap B)}{P(A\cap B)+P(A^c\cap B)}$$
$$=\frac{\frac{3}{50}}{\frac{3}{50}+\frac{21}{50}}=\frac{1}{8}$$

10 답 ②

$$A=\{(2,\,1),\,(2,\,2),\,(2,\,3),\,...,\,(6,\,6)\},$$
$$B=\{(5,\,6),\,(6,\,5)\},$$
$$C=\{(1,\,1),\,(1,\,2),\,(1,\,3),\,...,\,(6,\,6)\}$$
이므로
$$P(A)=\frac{3\times6}{36}=\frac{1}{2},\ P(B)=\frac{2}{36}=\frac{1}{18},\ P(C)=\frac{6\times4}{36}=\frac{2}{3}$$

ㄱ. $A\cap B=\{(6,\,5)\}$이므로 $P(A\cap B)=\frac{1}{36}$

$\therefore\ P(A\cap B)=P(A)P(B)$

따라서 두 사건 A, B는 서로 독립이다.

ㄴ. $A\cap C=\{(2,\,1),\,(2,\,2),\,(2,\,3),\,...,\,(6,\,6)\}$이므로

$P(A\cap C)=\frac{3\times4}{36}=\frac{1}{3}$

$\therefore\ P(A\cap C)=P(A)P(C)$

따라서 두 사건 A, C는 서로 독립이다.

ㄷ. $B\cap C=\{(5,\,6)\}$이므로 $P(B\cap C)=\frac{1}{36}$

$\therefore\ P(B\cap C)\neq P(B)P(C)$

따라서 두 사건 B, C는 서로 종속이다.

따라서 보기에서 서로 독립인 사건은 ㄱ, ㄴ이다.

11 답 ③

$S=\{1,\,2,\,3,\,4,\,6,\,12\}$이므로
$$P(A)=\frac{3}{6}=\frac{1}{2},\ P(A\cap B)=\frac{2}{6}=\frac{1}{3}$$
이때 두 사건 A, B가 서로 독립이면 $P(A\cap B)=P(A)P(B)$이므로 $\frac{1}{3}=\frac{1}{2}P(B)$ $\qquad\therefore\ P(B)=\frac{2}{3}=\frac{4}{6}$
즉, $n(B)=4$이고, $\{3,\,4\}\subset B$, $2\notin B$이어야 한다.

따라서 구하는 사건 B의 개수는 1, 6, 12에서 2개를 택하는 경우의 수
와 같으므로 $_3C_2=3$

12 답 ㄱ, ㄷ

ㄱ. $A\cap A^C=\varnothing$이므로 $P(A\cap A^C)=0$
　　$\therefore P(A\cap A^C)\neq P(A)P(A^C)$
　　따라서 두 사건 A, A^C는 서로 종속이다.

ㄴ. [반례] 표본공간을 $S=\{1, 2, 3\}$이라 하고 $A=\{1\}$, $B=\{2\}$라
　　하면
　　$P(A)=P(B)=\dfrac{1}{3}$, $P(A\cap B)=0$
　　$\therefore P(A\cap B)\neq P(A)P(B)$
　　이때 $A\cap B=\varnothing$이므로 두 사건 A, B가 서로 배반사건이지만 A,
　　B는 서로 종속이다.

ㄷ. 두 사건 A, B가 서로 독립이면 $P(A\cap B)=P(A)P(B)$이므로
　　$P(A^C\cap B)=P(B)-P(A\cap B)$
　　$\qquad\qquad\ =P(B)-P(A)P(B)$
　　$\qquad\qquad\ =\{1-P(A)\}P(B)$
　　$\qquad\qquad\ =P(A^C)P(B)$
　　따라서 두 사건 A, B가 서로 독립이면 두 사건 A^C, B도 서로
　　독립이다.

따라서 보기에서 옳은 것은 ㄱ, ㄷ이다.

13 답 ④

두 사건 A, B가 서로 독립이므로
$P(A\,|\,B)=P(A)=\dfrac{3}{20}$
두 사건 A, B가 서로 독립이면 두 사건 A, B^C도 서로 독립이므로
$P(A\cap B^C)=P(A)P(B^C)=\dfrac{1}{8}$에서
$\dfrac{3}{20}\times\{1-P(B)\}=\dfrac{1}{8}$, $1-P(B)=\dfrac{5}{6}$
$\therefore P(B)=\dfrac{1}{6}$

14 답 ⑤

갑과 을이 화살을 던져 성공하는 사건을 각각 A, B라 하면
$P(A)=\dfrac{3}{4}$, $P(B)=\dfrac{2}{3}$
이때 두 사건 A, B가 서로 독립이므로
$P(A\cap B)=P(A)P(B)$
따라서 구하는 확률은
$P(A\cup B)=P(A)+P(B)-P(A\cap B)$
$\qquad\qquad\ =P(A)+P(B)-P(A)P(B)$
$\qquad\qquad\ =\dfrac{3}{4}+\dfrac{2}{3}-\dfrac{3}{4}\times\dfrac{2}{3}=\dfrac{11}{12}$

15 답 ③

전체 학생 수를 n이라 하자.
남학생인 사건을 A, 방과 후 학교를 신청한 학생인 사건을 B라 하면
$P(A)=\dfrac{20+40}{n}=\dfrac{60}{n}$, $P(B)=\dfrac{20+30}{n}=\dfrac{50}{n}$,
$P(A\cap B)=\dfrac{20}{n}$

이때 두 사건 A, B가 서로 독립이므로
$P(A)P(B)=P(A\cap B)$
$\dfrac{60}{n}\times\dfrac{50}{n}=\dfrac{20}{n}$
$\therefore n=150$
따라서 방과 후 학교를 신청하지 않은 여학생 수는
$150-20-40-30=60$

16 답 ⑤

1발 이상 10점 과녁에 맞히는 사건을 A라 하면 A^C는 1발도 10점
과녁에 맞히지 못하는 사건이므로
$P(A^C)=\,_5C_0\left(\dfrac{1}{4}\right)^5=\dfrac{1}{1024}$
따라서 구하는 확률은
$P(A)=1-P(A^C)=1-\dfrac{1}{1024}=\dfrac{1023}{1024}$

17 답 $\dfrac{1}{4}$

(i) 예선 3문제를 모두 맞힐 확률은
　　$_3C_3\left(\dfrac{1}{2}\right)^3=\dfrac{1}{8}$
(ii) 예선 3문제 중 2문제를 맞히고, 추가 문제를 맞힐 확률은
　　$_3C_2\left(\dfrac{1}{2}\right)^2\left(\dfrac{1}{2}\right)^1\times\dfrac{1}{3}=\dfrac{1}{8}$
(i), (ii)에서 구하는 확률은
$\dfrac{1}{8}+\dfrac{1}{8}=\dfrac{1}{4}$

18 답 ②

A 팀이 우승하려면 6번째 경기 또는 7번째 경기에서 우승해야 한다.
이때 A 팀이 B 팀을 이길 확률이 $\dfrac{1}{3}$이고 비기는 경우는 없으므로 B
팀이 A 팀을 이길 확률은 $\dfrac{2}{3}$이다.
(i) A 팀이 6번째 경기에서 우승할 확률은
　　$_3C_3\left(\dfrac{1}{3}\right)^3=\dfrac{1}{27}$
(ii) A 팀이 7번째 경기에서 우승할 확률은
　　$_3C_2\left(\dfrac{1}{3}\right)^2\left(\dfrac{2}{3}\right)^1\times\dfrac{1}{3}=\dfrac{2}{27}$
(i), (ii)에서 구하는 확률은
$\dfrac{1}{27}+\dfrac{2}{27}=\dfrac{1}{9}$

19 답 $\dfrac{3}{32}$

동전의 앞면이 3번 이상 나오려면 카드에 적힌 수의 약수의 개수는
3 이상이어야 한다.
이때 약수의 개수가 3 이상인 수는 4, 6, 8로 약수의 개수가 3인 수
는 4, 약수의 개수가 4인 수는 6, 8이다.
(i) 카드에 적힌 수의 약수의 개수가 3이고, 한 개의 동전을 3번 던
　　져서 동전의 앞면이 3번 나올 확률은
　　$\dfrac{1}{8}\times\,_3C_3\left(\dfrac{1}{2}\right)^3=\dfrac{1}{64}$

(ii) 카드에 적힌 수의 약수의 개수가 4이고, 한 개의 동전을 4번 던져서 동전의 앞면이 3번 이상 나올 확률은

$$\frac{2}{8} \times \left\{ {}_4\mathrm{C}_3 \left(\frac{1}{2}\right)^3 \left(\frac{1}{2}\right)^1 + {}_4\mathrm{C}_4 \left(\frac{1}{2}\right)^4 \right\} = \frac{5}{64}$$

(i), (ii)에서 구하는 확률은

$$\frac{1}{64} + \frac{5}{64} = \frac{3}{32}$$

20 답 $\dfrac{135}{4096}$

서로 다른 두 개의 동전을 동시에 던져서 모두 앞면이 나올 확률은

$$\frac{1}{2 \times 2} = \frac{1}{4}$$

서로 다른 두 개의 동전을 동시에 6번 던져서 모두 앞면이 나오는 횟수를 x, 적어도 1개가 뒷면이 나오는 횟수를 y라 하면

$$x + y = 6 \quad \cdots\cdots \; \text{㉠}$$

원점에서 출발한 점 P가 다시 원점으로 돌아와야 하므로

$$x - 2y = 0 \quad \cdots\cdots \; \text{㉡}$$

㉠, ㉡을 연립하여 풀면

$$x = 4, \; y = 2$$

따라서 구하는 확률은

$${}_6\mathrm{C}_4 \left(\frac{1}{4}\right)^4 \left(\frac{3}{4}\right)^2 = \frac{135}{4096}$$

중단원 기출 문제 2회

1 답 ④

$\mathrm{P}(A^c) = 0.7$에서

$\mathrm{P}(A) = 1 - 0.7 = 0.3$

$\mathrm{P}(A \cap B^c) = \mathrm{P}(A)\mathrm{P}(B^c | A) = 0.3 \times 0.2 = 0.06$

$$\therefore \; \mathrm{P}(B) = \mathrm{P}(A \cup B) - \mathrm{P}(A \cap B^c)$$
$$= 0.8 - 0.06 = 0.74$$

2 답 $\dfrac{15}{26}$

여학생인 사건을 A, 담양을 선호하는 학생인 사건을 B라 하면

$$\mathrm{P}(A) = \frac{26}{60} = \frac{13}{30}, \; \mathrm{P}(A \cap B) = \frac{15}{60} = \frac{1}{4}$$

따라서 구하는 확률은

$$\mathrm{P}(B|A) = \frac{\mathrm{P}(A \cap B)}{\mathrm{P}(A)} = \frac{\dfrac{1}{4}}{\dfrac{13}{30}} = \frac{15}{26}$$

다른 풀이

구하는 확률은 여학생 중에서 담양을 선호하는 학생을 택할 확률과 같으므로

$$\frac{(\text{담양을 선호하는 여학생 수})}{(\text{여학생 수})} = \frac{15}{26}$$

3 답 $\dfrac{2}{15}$

자음끼리 서로 이웃하지 않도록 배열하는 사건을 A, a와 e가 서로 이웃하도록 배열하는 사건을 B라 하면

$$\mathrm{P}(A) = \frac{5! \times {}_6\mathrm{P}_4}{9!} = \frac{5}{42}, \; \mathrm{P}(A \cap B) = \frac{4! \times {}_5\mathrm{P}_4 \times 2!}{9!} = \frac{1}{63}$$

따라서 구하는 확률은

$$\mathrm{P}(B|A) = \frac{\mathrm{P}(A \cap B)}{\mathrm{P}(A)} = \frac{\dfrac{1}{63}}{\dfrac{5}{42}} = \frac{2}{15}$$

4 답 $\dfrac{5}{14}$

첫 번째에 흰 공을 꺼내는 사건을 A, 두 번째에 흰 공을 꺼내는 사건을 B라 하면

$$\mathrm{P}(A) = \frac{5}{8}, \; \mathrm{P}(B|A) = \frac{4}{7}$$

따라서 구하는 확률은

$$\mathrm{P}(A \cap B) = \mathrm{P}(A)\mathrm{P}(B|A) = \frac{5}{8} \times \frac{4}{7} = \frac{5}{14}$$

5 답 $\dfrac{15}{28}$

다온이와 채윤이가 배를 꺼내는 사건을 각각 A, B라 하자.

(i) 다온이가 배를 꺼내고 채윤이가 사과를 꺼낼 확률

$\mathrm{P}(A) = \dfrac{5}{8}, \; \mathrm{P}(B^c | A) = \dfrac{3}{7}$이므로

$$\mathrm{P}(A \cap B^c) = \mathrm{P}(A)\mathrm{P}(B^c | A) = \frac{5}{8} \times \frac{3}{7} = \frac{15}{56}$$

(ii) 다온이가 사과를 꺼내고 채윤이가 배를 꺼낼 확률

$\mathrm{P}(A^c) = \dfrac{3}{8}, \; \mathrm{P}(B | A^c) = \dfrac{5}{7}$이므로

$$\mathrm{P}(A^c \cap B) = \mathrm{P}(A^c)\mathrm{P}(B | A^c) = \frac{3}{8} \times \frac{5}{7} = \frac{15}{56}$$

(i), (ii)에서 구하는 확률은 $\dfrac{15}{56} + \dfrac{15}{56} = \dfrac{15}{28}$

6 답 $\dfrac{11}{18}$

주머니 A에서 흰 공을 꺼내는 사건을 A, 주머니 B에서 흰 공을 꺼내는 사건을 B라 하자.

(i) 주머니 A에서 흰 공을 꺼내면 주머니 B에 흰 공 2개를 넣어야 하므로 주머니 B에는 흰 공 5개, 검은 공 1개가 들어 있다.

따라서 주머니 A에서 흰 공을 꺼내고, 주머니 B에서 흰 공을 꺼낼 확률은

$$\mathrm{P}(A \cap B) = \mathrm{P}(A)\mathrm{P}(B|A) = \frac{2}{6} \times \frac{5}{6} = \frac{5}{18}$$

(ii) 주머니 A에서 검은 공을 꺼내면 주머니 B에 검은 공 2개를 넣어야 하므로 주머니 B에는 흰 공 3개, 검은 공 3개가 들어 있다.

따라서 주머니 A에서 검은 공을 꺼내고, 주머니 B에서 흰 공을 꺼낼 확률은

$$\mathrm{P}(A^c \cap B) = \mathrm{P}(A^c)\mathrm{P}(B | A^c) = \frac{4}{6} \times \frac{3}{6} = \frac{1}{3}$$

(i), (ii)에서 구하는 확률은

$$\mathrm{P}(B) = \mathrm{P}(A \cap B) + \mathrm{P}(A^c \cap B) = \frac{5}{18} + \frac{1}{3} = \frac{11}{18}$$

7 답 $\dfrac{12}{19}$

버스로 등교한 학생인 사건을 A, 지각한 학생인 사건을 B라 하면

$P(A)=\dfrac{30}{100}=\dfrac{3}{10}$, $P(A^C)=1-\dfrac{3}{10}=\dfrac{7}{10}$

$P(B|A)=\dfrac{1}{5}$, $P(B|A^C)=\dfrac{1}{20}$

$\therefore P(A\cap B)=P(A)P(B|A)=\dfrac{3}{10}\times\dfrac{1}{5}=\dfrac{3}{50}$,

$\quad P(A^c\cap B)=P(A^c)P(B|A^c)=\dfrac{7}{10}\times\dfrac{1}{20}=\dfrac{7}{200}$

따라서 구하는 확률은

$P(A|B)=\dfrac{P(A\cap B)}{P(B)}=\dfrac{P(A\cap B)}{P(A\cap B)+P(A^c\cap B)}$

$\qquad\quad =\dfrac{\dfrac{3}{50}}{\dfrac{3}{50}+\dfrac{7}{200}}=\dfrac{12}{19}$

8 답 $\dfrac{3}{11}$

어떤 사람이 참말을 하는 사건을 A, 거짓말 탐지기가 거짓으로 판정하는 사건을 B라 하면

$P(A)=0.6$, $P(A^c)=1-0.6=0.4$

$P(B|A)=1-0.8=0.2$, $P(B|A^c)=0.8$

$\therefore P(A\cap B)=P(A)P(B|A)=0.6\times0.2=0.12$,

$\quad P(A^c\cap B)=P(A^c)P(B|A^c)=0.4\times0.8=0.32$

따라서 구하는 확률은

$P(A|B)=\dfrac{P(A\cap B)}{P(B)}=\dfrac{P(A\cap B)}{P(A\cap B)+P(A^c\cap B)}$

$\qquad\quad =\dfrac{0.12}{0.12+0.32}=\dfrac{3}{11}$

9 답 ④

$A=\{2,\,3,\,5\}$, $B=\{2,\,4,\,6\}$, $C=\{3,\,6\}$이므로

$P(A)=\dfrac{3}{6}=\dfrac{1}{2}$, $P(B)=\dfrac{3}{6}=\dfrac{1}{2}$, $P(C)=\dfrac{2}{6}=\dfrac{1}{3}$

ㄱ. $A\cap B=\{2\}$이므로 $P(A\cap B)=\dfrac{1}{6}$

$\quad\therefore P(A\cap B)\neq P(A)P(B)$

　　따라서 두 사건 A, B는 서로 종속이다.

ㄴ. $A\cap C=\{3\}$이므로 $P(A\cap C)=\dfrac{1}{6}$

$\quad\therefore P(A\cap C)=P(A)P(C)$

　　따라서 두 사건 A, C는 서로 독립이다.

ㄷ. $B\cap C=\{6\}$이므로 $P(B\cap C)=\dfrac{1}{6}$

$\quad\therefore P(B\cap C)=P(B)P(C)$

　　따라서 두 사건 B, C는 서로 독립이다.

따라서 보기에서 서로 독립인 사건은 ㄴ, ㄷ이다.

10 답 9

$S=\{1,\,2,\,3,\,4,\,5,\,6\}$, $A=\{1,\,2,\,3\}$이므로

$P(A)=\dfrac{3}{6}=\dfrac{1}{2}$

(나)에서 $n(A\cap B)=2$이므로

$P(A\cap B)=\dfrac{2}{6}=\dfrac{1}{3}$

(가)에서 두 사건 A, B가 서로 독립이므로

$P(A\cap B)=P(A)P(B)$

$\dfrac{1}{3}=\dfrac{1}{2}P(B)$

$\therefore P(B)=\dfrac{2}{3}$

이때 $P(B)=\dfrac{2}{3}=\dfrac{4}{6}$이므로 $n(B)=4$

따라서 구하는 사건 B의 개수는 두 사건 A, A^c에서 원소를 각각 2개씩 택하는 경우의 수와 같으므로

$_3C_2\times{}_3C_2=9$

11 답 ②

두 사건 A, B가 서로 독립이면

$P(A\cap B)=\boxed{\text{(가) } P(A)P(B)}$

$A^c\cap B^c=(\boxed{\text{(나) } A\cup B})^c$이므로

$P(A^c\cap B^c)=P((\boxed{\text{(나) } A\cup B})^c)=1-P(A\cup B)$

$\qquad\qquad\quad =1-\{\boxed{\text{(다) } P(A)}+P(B)-P(A\cap B)\}$

$\qquad\qquad\quad =1-\{\boxed{\text{(다) } P(A)}+P(B)-\boxed{\text{(가) } P(A)P(B)}\}$

$\qquad\qquad\quad =\{1-\boxed{\text{(다) } P(A)}\}\{1-P(B)\}$

$\qquad\qquad\quad =P(A^c)P(B^c)$

따라서 두 사건 A, B가 서로 독립이면 두 사건 A^c, B^c도 서로 독립이다.

12 답 ④

두 사건 A, B가 서로 독립이므로

$P(A\cap B)=P(A)P(B)$

$P(A\cap B)=P(A)-\dfrac{1}{2}P(B)$에서

$P(A)P(B)=P(A)-\dfrac{1}{2}P(B)$

$\dfrac{2}{3}P(B)=\dfrac{2}{3}-\dfrac{1}{2}P(B)$

$\dfrac{7}{6}P(B)=\dfrac{2}{3}$

$\therefore P(B)=\dfrac{4}{7}$

13 답 $\dfrac{1}{6}$

두 사건 A, B가 서로 독립이므로

$P(A\cup B)=P(A)+P(B)-P(A\cap B)$에서

$P(A\cup B)=P(A)+P(B)-P(A)P(B)$

$\dfrac{4}{9}=\dfrac{1}{3}+P(B)-\dfrac{1}{3}P(B)$

$\dfrac{2}{3}P(B)=\dfrac{1}{9}$

$\therefore P(B)=\dfrac{1}{6}$

14 답 $\dfrac{23}{24}$

두 축구 선수 A, B가 승부차기에 성공하지 못하는 사건을 각각 A, B
라 하면
$$P(A)=1-\frac{3}{4}=\frac{1}{4},\ P(B)=1-\frac{5}{6}=\frac{1}{6}$$
A, B 중에서 적어도 1명이 승부차기를 성공하는 사건은 $(A\cap B)^c$
이고, 이때 $A\cap B$는 A, B가 모두 승부차기를 성공하지 못하는 사건
이다.
이때 두 사건 A, B가 서로 독립이므로
$$P(A\cap B)=P(A)P(B)$$
$$=\frac{1}{4}\times\frac{1}{6}=\frac{1}{24}$$
따라서 구하는 확률은
$$P((A\cap B)^c)=1-P(A\cap B)$$
$$=1-\frac{1}{24}=\frac{23}{24}$$

다른 풀이

두 축구 선수 A, B가 승부차기에 성공하는 사건을 각각 A, B라 하
면 두 사건 A, B는 서로 독립이므로
$$P(A\cap B)=P(A)P(B)$$
$$=\frac{3}{4}\times\frac{5}{6}=\frac{5}{8}$$
따라서 구하는 확률은
$$P(A\cup B)=P(A)+P(B)-P(A\cap B)$$
$$=\frac{3}{4}+\frac{5}{6}-\frac{5}{8}=\frac{23}{24}$$

15 답 $\dfrac{11}{21}$

(i) 주머니 A에서 빨간 구슬 1개를 꺼내고, 주머니 B에서 검은 구
 슬 1개를 꺼낼 확률은
$$\frac{2}{6}\times\frac{3}{7}=\frac{1}{7}$$
(ii) 주머니 A에서 검은 구슬 1개를 꺼내고, 주머니 B에서 빨간 구
 슬 1개를 꺼낼 확률은
$$\frac{4}{6}\times\frac{4}{7}=\frac{8}{21}$$
(i), (ii)에서 구하는 확률은
$$\frac{1}{7}+\frac{8}{21}=\frac{11}{21}$$

16 답 $\dfrac{96}{625}$

공에 적힌 수가 모두 4 이하이려면 1, 2, 3, 4가 적힌 공 중에서 2개
를 꺼내야 하므로 그 확률은
$$\frac{{}_4C_2}{{}_6C_2}=\frac{2}{5}$$
따라서 구하는 확률은
$${}_4C_3\left(\frac{2}{5}\right)^3\left(\frac{3}{5}\right)^1=\frac{96}{625}$$

17 답 $\dfrac{243}{256}$

청팀이 우승하려면 7번째 경기 또는 8번째 경기 또는 9번째 경기에
서 우승해야 한다.

이때 청팀이 백팀을 이길 확률이 $\dfrac{3}{4}$이고 비기는 경우는 없으므로 백

팀이 청팀을 이길 확률은 $\dfrac{1}{4}$이다.

(i) 청팀이 7번째 경기에서 우승할 확률은
$${}_2C_2\left(\frac{3}{4}\right)^2=\frac{9}{16}$$
(ii) 청팀이 8번째 경기에서 우승할 확률은
$${}_2C_1\left(\frac{3}{4}\right)^1\left(\frac{1}{4}\right)^1\times\frac{3}{4}=\frac{9}{32}$$
(iii) 청팀이 9번째 경기에서 우승할 확률은
$${}_3C_1\left(\frac{3}{4}\right)^1\left(\frac{1}{4}\right)^2\times\frac{3}{4}=\frac{27}{256}$$
(i), (ii), (iii)에서 구하는 확률은
$$\frac{9}{16}+\frac{9}{32}+\frac{27}{256}=\frac{243}{256}$$

18 답 $\dfrac{7}{32}$

(i) 한 개의 주사위를 던져서 나오는 눈의 수가 5 이상이고, 한 개의
 동전을 5번 던져서 앞면이 1번 나올 확률은
$$\frac{2}{6}\times{}_5C_1\left(\frac{1}{2}\right)^1\left(\frac{1}{2}\right)^4=\frac{5}{96}$$
(ii) 한 개의 주사위를 던져서 나오는 눈의 수가 4 이하이고, 한 개의
 동전을 4번 던져서 앞면이 1번 나올 확률은
$$\frac{4}{6}\times{}_4C_1\left(\frac{1}{2}\right)^1\left(\frac{1}{2}\right)^3=\frac{1}{6}$$
(i), (ii)에서 구하는 확률은
$$\frac{5}{96}+\frac{1}{6}=\frac{7}{32}$$

19 답 ③

동전의 앞면이 나오는 횟수를 x, 뒷면이 나오는 횟수를 y라 하면 x
축의 방향으로 4만큼, y축의 방향으로 2만큼 움직여야 하므로
$$x=4,\ y=2$$
따라서 구하는 확률은
$${}_6C_4\left(\frac{1}{2}\right)^4\left(\frac{1}{2}\right)^2=\frac{15}{64}$$

20 답 $\dfrac{1}{4}$

한 개의 동전을 4번 던져서 앞면이 나오는 횟수를 x, 뒷면이 나오는
횟수를 y라 하면
$$x+y=4$$
$$\therefore\ y=4-x \qquad \cdots\cdots ㉠$$
점 P가 꼭짓점 A에 있으려면 $2x-y$가 5의 배수가 되어야 하므로
$$2x-y=5k\ (단,\ k는\ 정수)$$
이 식에 ㉠을 대입하면
$$2x-(4-x)=5k$$
$$\therefore\ 3x-4=5k$$
이때 x는 $0\leq x\leq 4$인 정수이므로 $x=3$
따라서 구하는 확률은
$${}_4C_3\left(\frac{1}{2}\right)^3\left(\frac{1}{2}\right)^1=\frac{1}{4}$$

중단원 기출 문제 1회

1 답 **9**

확률의 총합은 1이므로

$$P(X=1)+P(X=2)+P(X=3)=1$$

$$\frac{1}{a}+\frac{3}{a}+\frac{5}{a}=1,\ \frac{9}{a}=1 \qquad \therefore a=9$$

2 답 $\dfrac{1}{4}$

확률의 총합은 1이므로

$$2k+k+3k+12k+6k=1,\ 24k=1 \qquad \therefore k=\frac{1}{24}$$

$$\therefore P(X\leq 0)=P(X=-2)+P(X=-1)+P(X=0)$$
$$=2k+k+3k=6k=6\times\frac{1}{24}=\frac{1}{4}$$

3 답 ⑤

확률변수 X가 가질 수 있는 값은 2, 3, 4, …, 12이다.

$X^2-14X+48\leq 0$에서

$(X-6)(X-8)\leq 0 \qquad \therefore 6\leq X\leq 8$

서로 다른 두 개의 주사위를 동시에 던져서 나오는 눈의 수를 각각 a, b라 하면 순서쌍 (a, b)에 대하여 두 눈의 수의 합이

(i) 6인 경우는 $(1, 5), (2, 4), (3, 3), (4, 2), (5, 1)$의 5가지이므로

$$P(X=6)=\frac{5}{6\times 6}=\frac{5}{36}$$

(ii) 7인 경우는 $(1, 6), (2, 5), (3, 4), (4, 3), (5, 2), (6, 1)$의 6가지이므로

$$P(X=7)=\frac{6}{6\times 6}=\frac{1}{6}$$

(iii) 8인 경우는 $(2, 6), (3, 5), (4, 4), (5, 3), (6, 2)$의 5가지이므로

$$P(X=8)=\frac{5}{6\times 6}=\frac{5}{36}$$

(i), (ii), (iii)에서

$$P(X^2-14X+48\leq 0)=P(6\leq X\leq 8)$$
$$=P(X=6)+P(X=7)+P(X=8)$$
$$=\frac{5}{36}+\frac{1}{6}+\frac{5}{36}=\frac{4}{9}$$

4 답 **3**

확률변수 X가 가질 수 있는 값은 1, 2, 3, 4이고, 각각의 확률은

$$P(X=1)=\frac{{}_5C_1\times{}_3C_3}{{}_8C_4}=\frac{1}{14},\ P(X=2)=\frac{{}_5C_2\times{}_3C_2}{{}_8C_4}=\frac{3}{7},$$

$$P(X=3)=\frac{{}_5C_3\times{}_3C_1}{{}_8C_4}=\frac{3}{7},\ P(X=4)=\frac{{}_5C_4\times{}_3C_0}{{}_8C_4}=\frac{1}{14}$$

이므로 확률변수 X의 확률분포를 표로 나타내면 다음과 같다.

X	1	2	3	4	합계
$P(X=x)$	$\dfrac{1}{14}$	$\dfrac{3}{7}$	$\dfrac{3}{7}$	$\dfrac{1}{14}$	1

이때 $P(X=3)+P(X=4)=\dfrac{3}{7}+\dfrac{1}{14}=\dfrac{1}{2}$이므로

$$P(X\geq 3)=\frac{1}{2} \qquad \therefore a=3$$

5 답 ④

확률의 총합은 1이므로

$$\frac{1}{2}+a+b=1 \qquad \therefore a+b=\frac{1}{2} \qquad \cdots\cdots\ \bigcirc$$

$E(X)=3$에서

$$2\times\frac{1}{2}+3\times a+6\times b=3$$

$$\therefore 3a+6b=2 \qquad \cdots\cdots\ \bigcirc\!\bigcirc$$

$\bigcirc$, $\bigcirc\!\bigcirc$을 연립하여 풀면

$$a=\frac{1}{3},\ b=\frac{1}{6}$$

따라서 확률변수 X에 대하여

$$E(X^2)=2^2\times\frac{1}{2}+3^2\times\frac{1}{3}+6^2\times\frac{1}{6}=11$$

6 답 $\dfrac{9}{20}$

$P(X=3)=a$라 하면

$$P(X=2)=3P(X=3)=3a$$
$$P(X=1)=3P(X=2)=3\times 3a=9a$$
$$P(X=0)=3P(X=1)=3\times 9a=27a$$

확률의 총합은 1이므로

$$P(X=0)+P(X=1)+P(X=2)+P(X=3)=1$$
$$27a+9a+3a+a=1$$
$$40a=1 \qquad \therefore a=\frac{1}{40}$$

따라서 확률변수 X의 확률분포를 표로 나타내면 다음과 같다.

X	0	1	2	3	합계
$P(X=x)$	$\dfrac{27}{40}$	$\dfrac{9}{40}$	$\dfrac{3}{40}$	$\dfrac{1}{40}$	1

확률변수 X에 대하여

$$E(X)=0\times\frac{27}{40}+1\times\frac{9}{40}+2\times\frac{3}{40}+3\times\frac{1}{40}=\frac{9}{20}$$

7 답 $\dfrac{3}{5}$

확률변수 X가 가질 수 있는 값은 0, 1, 2이고, 각각의 확률은

$$P(X=0)=\frac{{}_2C_0\times{}_3C_3}{{}_5C_3}=\frac{1}{10},\ P(X=1)=\frac{{}_2C_1\times{}_3C_2}{{}_5C_3}=\frac{3}{5},$$

$$P(X=2)=\frac{{}_2C_2\times{}_3C_1}{{}_5C_3}=\frac{3}{10}$$

이므로 확률변수 X의 확률분포를 표로 나타내면 다음과 같다.

X	0	1	2	합계
$P(X=x)$	$\dfrac{1}{10}$	$\dfrac{3}{5}$	$\dfrac{3}{10}$	1

확률변수 X에 대하여

$$E(X)=0\times\frac{1}{10}+1\times\frac{3}{5}+2\times\frac{3}{10}=\frac{6}{5},$$

$$E(X^2)=0^2\times\frac{1}{10}+1^2\times\frac{3}{5}+2^2\times\frac{3}{10}=\frac{9}{5}$$이므로

$$V(X)=E(X^2)-\{E(X)\}^2$$
$$=\frac{9}{5}-\left(\frac{6}{5}\right)^2=\frac{9}{25}$$
$$\therefore \sigma(X)=\sqrt{V(X)}=\sqrt{\frac{9}{25}}=\frac{3}{5}$$

8 답 $\dfrac{13}{2}$

확률변수 X가 가질 수 있는 값은 4, 6, 8, 10이다.

(i) 두 수의 합이 4인 경우는 A에서 2, B에서 2가 나와야 하므로

$\quad 3\times1=3$(가지)

$\quad\quad \therefore P(X=4)=\dfrac{3}{4\times4}=\dfrac{3}{16}$

(ii) 두 수의 합이 6인 경우는 A에서 2, B에서 4가 나오거나 A에서

$\quad$ 4, B에서 2가 나와야 하므로

$\quad 3\times2+1\times1=7$(가지)

$\quad\quad \therefore P(X=6)=\dfrac{7}{4\times4}=\dfrac{7}{16}$

(iii) 두 수의 합이 8인 경우는 A에서 2, B에서 6이 나오거나 A에서

$\quad$ 4, B에서 4가 나와야 하므로

$\quad 3\times1+1\times2=5$(가지)

$\quad\quad \therefore P(X=8)=\dfrac{5}{4\times4}=\dfrac{5}{16}$

(iv) 두 수의 합이 10인 경우는 A에서 4, B에서 6이 나와야 하므로

$\quad 1\times1=1$(가지)

$\quad\quad \therefore P(X=10)=\dfrac{1}{4\times4}=\dfrac{1}{16}$

(i)~(iv)에서 확률변수 X의 확률분포를 표로 나타내면 다음과 같다.

X	4	6	8	10	합계
$P(X=x)$	$\dfrac{3}{16}$	$\dfrac{7}{16}$	$\dfrac{5}{16}$	$\dfrac{1}{16}$	1

확률변수 X에 대하여

$$E(X)=4\times\frac{3}{16}+6\times\frac{7}{16}+8\times\frac{5}{16}+10\times\frac{1}{16}=\frac{13}{2}$$

9 답 ②

복권 1장으로 받을 수 있는 당첨금을 확률변수 X라 할 때, X의 확률분포를 표로 나타내면 다음과 같다.

X	0	20	50	100	합계
$P(X=x)$	$\dfrac{13}{20}$	$\dfrac{1}{5}$	$\dfrac{1}{10}$	$\dfrac{1}{20}$	1

확률변수 X에 대하여

$$E(X)=0\times\frac{13}{20}+20\times\frac{1}{5}+50\times\frac{1}{10}+100\times\frac{1}{20}=14$$

따라서 구하는 기댓값은 14만 원이다.

10 답 2

게임을 한 번 하여 받을 수 있는 금액을 확률변수 X라 할 때, X가 가질 수 있는 값은 2700, 9000이고, 그 확률은 각각

$$P(X=2700)=\frac{7}{a+7},\ P(X=9000)=\frac{a}{a+7}$$

따라서 확률변수 X에 대하여

$$E(X)=2700\times\frac{7}{a+7}+9000\times\frac{a}{a+7}=\frac{18900+9000a}{a+7}$$

이때 $E(X)=4100$이므로

$$\frac{18900+9000a}{a+7}=4100$$

$$189+90a=41a+287$$

$$49a=98 \quad \therefore a=2$$

11 답 5

$E(X)=1$이므로 $E(Y)=-1$에서

$E(aX+b)=-1$, $aE(X)+b=-1$

$\therefore a+b=-1 \quad\quad \cdots\cdots$ ㉠

또 $V(X)=9$이므로 $V(Y)=36$에서

$V(aX+b)=36$, $a^2V(X)=36$

$9a^2=36$, $a^2=4 \quad\quad \therefore a=2\ (\because a>0)$

이를 ㉠에 대입하면

$2+b=-1 \quad\quad \therefore b=-3$

$\therefore a-b=2-(-3)=5$

12 답 $\dfrac{5}{4}$

$V(X)=\dfrac{5}{8}$에서

$$V(Y)=V(8X-2)=8^2V(X)=64\times\frac{5}{8}=40$$

이때 $E(Y)=a$라 하면 $E(Y^2)=13a$이므로

$$V(Y)=E(Y^2)-\{E(Y)\}^2=13a-a^2$$

$40=13a-a^2$이므로

$a^2-13a+40=0$, $(a-5)(a-8)=0$

$\therefore a=5$ 또는 $a=8$

즉, $E(Y)=5$ 또는 $E(Y)=8$이므로

$E(8X-2)=5$ 또는 $E(8X-2)=8$

$8E(X)-2=5$ 또는 $8E(X)-2=8$

$\therefore E(X)=\dfrac{7}{8}$ 또는 $E(X)=\dfrac{5}{4}$

따라서 $E(X)$의 최댓값은 $\dfrac{5}{4}$이다.

13 답 $\sqrt{15}$

확률의 총합은 1이므로

$$\frac{3}{10}+a+\frac{3}{10}=1 \quad\quad \therefore a=\frac{2}{5}$$

따라서 확률변수 X에 대하여

$$E(X)=0\times\frac{3}{10}+1\times\frac{2}{5}+2\times\frac{3}{10}=1$$

$$E(X^2)=0^2\times\frac{3}{10}+1^2\times\frac{2}{5}+2^2\times\frac{3}{10}=\frac{8}{5}$$

$$\therefore V(X)=E(X^2)-\{E(X)\}^2$$
$$=\frac{8}{5}-1^2=\frac{3}{5}$$

따라서 $\sigma(X)=\sqrt{V(X)}=\sqrt{\dfrac{3}{5}}=\dfrac{\sqrt{15}}{5}$이므로

$$\sigma(5X-1)=|5|\sigma(X)$$
$$=5\times\frac{\sqrt{15}}{5}=\sqrt{15}$$

14　답 ③

확률변수 X가 가질 수 있는 값은 0, 1, 2이고, 각각의 확률은

$$P(X=0)=\frac{{}_3C_0\times{}_4C_2}{{}_7C_2}=\frac{2}{7},\ P(X=1)=\frac{{}_3C_1\times{}_4C_1}{{}_7C_2}=\frac{4}{7},$$

$$P(X=2)=\frac{{}_3C_2\times{}_4C_0}{{}_7C_2}=\frac{1}{7}$$

이므로 확률변수 X의 확률분포를 표로 나타내면 다음과 같다.

X	0	1	2	합계
$P(X=x)$	$\frac{2}{7}$	$\frac{4}{7}$	$\frac{1}{7}$	1

확률변수 X에 대하여

$$E(X)=0\times\frac{2}{7}+1\times\frac{4}{7}+2\times\frac{1}{7}=\frac{6}{7}$$

$$E(X^2)=0^2\times\frac{2}{7}+1^2\times\frac{4}{7}+2^2\times\frac{1}{7}=\frac{8}{7}$$

$$\therefore V(X)=E(X^2)-\{E(X)\}^2$$
$$=\frac{8}{7}-\left(\frac{6}{7}\right)^2=\frac{20}{49}$$

$$\therefore V(Y)=V(7X+3)=7^2V(X)$$
$$=49\times\frac{20}{49}=20$$

15　답 ⑤

확률변수 X는 이항분포 $B\left(3,\ \frac{3}{4}\right)$을 따르므로 X의 확률질량함수는

$$P(X=x)={}_3C_x\left(\frac{3}{4}\right)^x\left(\frac{1}{4}\right)^{3-x}\ (x=0,\ 1,\ 2,\ 3)$$

$$\therefore P(X\geq1)=1-P(X=0)$$
$$=1-{}_3C_0\left(\frac{1}{4}\right)^3=\frac{63}{64}$$

16　답 12

확률변수 X가 이항분포 $B\left(6,\ \frac{2}{5}\right)$를 따르므로 X의 확률질량함수는

$$P(X=x)={}_6C_x\left(\frac{2}{5}\right)^x\left(\frac{3}{5}\right)^{6-x}\ (x=0,\ 1,\ 2,\ ...,\ 6)$$

$$\therefore P(X>4)=P(X=5)+P(X=6)$$
$$={}_6C_5\left(\frac{2}{5}\right)^5\left(\frac{3}{5}\right)^1+{}_6C_6\left(\frac{2}{5}\right)^6$$
$$=\frac{18\times2^5}{5^6}+\frac{2^6}{5^6}$$
$$=\frac{20\times2^5}{5^6}=\frac{2^7}{5^5}$$

따라서 $a=7$, $b=5$이므로

$$a+b=12$$

17　답 10

확률변수 X가 이항분포 $B(20,\ p)$를 따르므로 X의 표준편차는

$$\sigma(X)=\sqrt{20\times p\times(1-p)}=\sqrt{-20p^2+20p}$$

이때 $\sigma(X)=\frac{5}{3}$이므로

$$\sqrt{-20p^2+20p}=\frac{5}{3},\ -20p^2+20p=\frac{25}{9}$$

$$36p^2-36p+5=0,\ (6p-1)(6p-5)=0$$

$$\therefore p=\frac{5}{6}\ \left(\because p>\frac{1}{2}\right)$$

따라서 X의 확률질량함수는

$$P(X=x)={}_{20}C_x\left(\frac{5}{6}\right)^x\left(\frac{1}{6}\right)^{20-x}\ (x=0,\ 1,\ 2,\ ...,\ 20)$$

$$\therefore \frac{P(X=7)}{P(X=6)}=\frac{{}_{20}C_7\left(\frac{5}{6}\right)^7\left(\frac{1}{6}\right)^{13}}{{}_{20}C_6\left(\frac{5}{6}\right)^6\left(\frac{1}{6}\right)^{14}}=\frac{2\times\frac{5}{6}}{\frac{1}{6}}=10$$

18　답 ⑤

한 번의 가위바위보에서 서하가 이길 확률은 $\frac{1}{3}$이므로 확률변수 X는

이항분포 $B\left(n,\ \frac{1}{3}\right)$을 따른다.

$V(X)=4$에서

$$n\times\frac{1}{3}\times\frac{2}{3}=4\qquad\therefore n=18$$

따라서 확률변수 X는 이항분포 $B\left(18,\ \frac{1}{3}\right)$을 따르므로

$$E(X)=18\times\frac{1}{3}=6$$

$V(X)=E(X^2)-\{E(X)\}^2$이므로

$$E(X^2)=V(X)+\{E(X)\}^2=4+6^2=40$$

$$\therefore E(X)+E(X^2)=6+40=46$$

19　답 ④

$E(3X-2)=5$에서

$$3E(X)-2=5,\ 3E(X)=7$$

$$\therefore E(X)=\frac{7}{3}$$

이때 확률변수 X가 이항분포 $B\left(n,\ \frac{1}{6}\right)$을 따르므로

$$n\times\frac{1}{6}=\frac{7}{3}\qquad\therefore n=14$$

20　답 60

주사위를 40번 던질 때 소수의 눈이 나오는 횟수를 확률변수 Y라 하면 소수가 아닌 눈이 나오는 횟수는 $40-Y$이므로

$$X=5Y-2(40-Y)=7Y-80$$

확률변수 Y는 이항분포 $B\left(40,\ \frac{1}{2}\right)$을 따르므로

$$E(Y)=40\times\frac{1}{2}=20$$

$$\therefore E(X)=E(7Y-80)=7E(Y)-80$$
$$=7\times20-80=60$$

중단원 기출 문제 2회

1　답 $\frac{1}{3}$

확률의 총합은 1이므로

$$2a^2+2a+a^2=1,\ 3a^2+2a-1=0$$

$$(a+1)(3a-1)=0$$

$$\therefore a=-1\ \text{또는}\ a=\frac{1}{3}$$

이때 $0 \le P(X=x) \le 1$이므로
$$a = \frac{1}{3}$$

2 답 ①

확률의 총합은 1이므로
$$P(X=2)+P(X=3)+P(X=4)+P(X=5)+P(X=6)=1$$
$$\frac{k}{2 \times 1}+\frac{k}{3 \times 2}+\frac{k}{4 \times 3}+\frac{k}{5 \times 4}+\frac{k}{6 \times 5}=1$$
$$k\left(\frac{1}{2 \times 1}+\frac{1}{3 \times 2}+\frac{1}{4 \times 3}+\frac{1}{5 \times 4}+\frac{1}{6 \times 5}\right)=1$$
$$k\left\{\left(1-\frac{1}{2}\right)+\left(\frac{1}{2}-\frac{1}{3}\right)+\left(\frac{1}{3}-\frac{1}{4}\right)+\left(\frac{1}{4}-\frac{1}{5}\right)+\left(\frac{1}{5}-\frac{1}{6}\right)\right\}=1$$
$$k\left(1-\frac{1}{6}\right)=1, \ \frac{5}{6}k=1 \qquad \therefore k=\frac{6}{5}$$
$X^2-9X+18=0$에서 $(X-3)(X-6)=0$
$$\therefore X=3 \ \text{또는} \ X=6$$
$$\therefore P(X^2-9X+18=0)=P(X=3 \ \text{또는} \ X=6)$$
$$=P(X=3)+P(X=6)$$
$$=\frac{k}{3 \times 2}+\frac{k}{6 \times 5}=\frac{k}{5}$$
$$=\frac{1}{5} \times \frac{6}{5}=\frac{6}{25}$$

3 답 $\dfrac{11}{14}$

확률변수 X가 가질 수 있는 값은 0, 1, 2이고, 각각의 확률은
$$P(X=0)=\frac{{}_4C_0 \times {}_4C_2}{{}_8C_2}=\frac{3}{14}, \ P(X=1)=\frac{{}_4C_1 \times {}_4C_1}{{}_8C_2}=\frac{4}{7},$$
$$P(X=2)=\frac{{}_4C_2 \times {}_4C_0}{{}_8C_2}=\frac{3}{14}$$
이므로 확률변수 X의 확률분포를 표로 나타내면 다음과 같다.

X	0	1	2	합계
$P(X=x)$	$\dfrac{3}{14}$	$\dfrac{4}{7}$	$\dfrac{3}{14}$	1

$$\therefore P(X \le 1)=P(X=0)+P(X=1)=\frac{3}{14}+\frac{4}{7}=\frac{11}{14}$$

$$P(X \le 1)=1-P(X=2)=1-\frac{3}{14}=\frac{11}{14}$$

4 답 $\dfrac{2}{5}$

확률변수가 가질 수 있는 값은 1, 2, 3, 4, 5이다.
(ⅰ) $X=3$일 때
  2회까지 딸기맛 사탕이 아닌 사탕을 꺼내고, 3회에 딸기맛 사탕을 꺼내는 경우이므로
  $$P(X=3)=\frac{4}{5} \times \frac{3}{4} \times \frac{1}{3}=\frac{1}{5}$$
(ⅱ) $X=4$일 때
  3회까지 딸기맛 사탕이 아닌 사탕을 꺼내고, 4회에 딸기맛 사탕을 꺼내는 경우이므로
  $$P(X=4)=\frac{4}{5} \times \frac{3}{4} \times \frac{2}{3} \times \frac{1}{2}=\frac{1}{5}$$
$$\therefore P(2 < X \le 4)=P(X=3)+P(X=4)$$
$$=\frac{1}{5}+\frac{1}{5}=\frac{2}{5}$$

5 답 $\dfrac{7}{6}$

확률의 총합은 1이므로
$$\frac{1}{6}+\frac{1}{12}+\frac{1}{3}+a=1 \qquad \therefore a=\frac{5}{12}$$
따라서 확률변수 X에 대하여
$$E(X)=0 \times \frac{1}{6}+1 \times \frac{1}{12}+2 \times \frac{1}{3}+3 \times \frac{5}{12}=2$$
$$E(X^2)=0^2 \times \frac{1}{6}+1^2 \times \frac{1}{12}+2^2 \times \frac{1}{3}+3^2 \times \frac{5}{12}=\frac{31}{6}$$
$$\therefore V(X)=E(X^2)-\{E(X)\}^2=\frac{31}{6}-2^2=\frac{7}{6}$$

6 답 $\dfrac{8}{15}$

확률변수 X가 가질 수 있는 값은 0, 1, 2이고, 각각의 확률은
$$P(X=0)=\frac{{}_2C_0 \times {}_8C_2}{{}_{10}C_2}=\frac{28}{45}, \ P(X=1)=\frac{{}_2C_1 \times {}_8C_1}{{}_{10}C_2}=\frac{16}{45},$$
$$P(X=2)=\frac{{}_2C_2 \times {}_8C_0}{{}_{10}C_2}=\frac{1}{45}$$
이므로 확률변수 X의 확률분포를 표로 나타내면 다음과 같다.

X	0	1	2	합계
$P(X=x)$	$\dfrac{28}{45}$	$\dfrac{16}{45}$	$\dfrac{1}{45}$	1

확률변수 X에 대하여
$$E(X)=0 \times \frac{28}{45}+1 \times \frac{16}{45}+2 \times \frac{1}{45}=\frac{2}{5}$$
$$E(X^2)=0^2 \times \frac{28}{45}+1^2 \times \frac{16}{45}+2^2 \times \frac{1}{45}=\frac{4}{9}$$
$$\therefore V(X)=E(X^2)-\{E(X)\}^2=\frac{4}{9}-\left(\frac{2}{5}\right)^2=\frac{64}{225}$$
$$\therefore \sigma(X)=\sqrt{V(X)}=\sqrt{\frac{64}{225}}=\frac{8}{15}$$

7 답 75원

게임을 한 번 하여 받을 수 있는 금액을 확률변수 X라 할 때, X가 가질 수 있는 값은 -600, 500, 1000이고, 각각의 확률은
$$P(X=-600)=\frac{1}{2} \times \frac{1}{2}+\frac{1}{2} \times \frac{1}{2}=\frac{1}{2},$$
$$P(X=500)=\frac{1}{2} \times \frac{1}{2}=\frac{1}{4}, \ P(X=1000)=\frac{1}{2} \times \frac{1}{2}=\frac{1}{4}$$
이므로 확률변수 X의 확률분포를 표로 나타내면 다음과 같다.

X	-600	500	1000	합계
$P(X=x)$	$\dfrac{1}{2}$	$\dfrac{1}{4}$	$\dfrac{1}{4}$	1

확률변수 X에 대하여
$$E(X)=-600 \times \frac{1}{2}+500 \times \frac{1}{4}+1000 \times \frac{1}{4}=75$$
따라서 구하는 기댓값은 75원이다.

8 답 ①

$E(X)=a$, $E(X^2)=6a+7$이므로
$$V(X)=E(X^2)-\{E(X)\}^2=6a+7-a^2$$

$$\therefore \mathrm{V}(Y)=\mathrm{V}(4X+3)=4^2\mathrm{V}(X)$$
$$=16(-a^2+6a+7)$$
$$=-16(a-3)^2+256\ (-1\le a\le 5)$$

따라서 $\mathrm{V}(Y)$는 $a=3$일 때 최댓값 256을 가지므로 $\sigma(Y)$의 최댓값은
$\sqrt{256}=16$

9 답 20

확률변수 X에 대하여
$$\mathrm{E}(X)=1\times\frac{2}{5}+2\times\frac{1}{5}+3\times\frac{2}{5}=2$$
$$\mathrm{E}(X^2)=1^2\times\frac{2}{5}+2^2\times\frac{1}{5}+3^2\times\frac{2}{5}=\frac{24}{5}$$
$$\therefore \mathrm{V}(X)=\mathrm{E}(X^2)-\{\mathrm{E}(X)\}^2=\frac{24}{5}-2^2=\frac{4}{5}$$
$$\therefore \mathrm{V}(5X+8)=5^2\mathrm{V}(X)=25\times\frac{4}{5}=20$$

10 답 16

확률의 총합은 1이므로
$$\mathrm{P}(X=3)+\mathrm{P}(X=4)+\mathrm{P}(X=5)+\mathrm{P}(X=6)+\mathrm{P}(X=7)=1$$
$$a+2a+3a+4a+5a=1$$
$$15a=1 \qquad \therefore a=\frac{1}{15}$$

따라서 확률변수 X의 확률분포를 표로 나타내면 다음과 같다.

X	3	4	5	6	7	합계
$\mathrm{P}(X=x)$	$\frac{1}{15}$	$\frac{2}{15}$	$\frac{1}{5}$	$\frac{4}{15}$	$\frac{1}{3}$	1

확률변수 X에 대하여
$$\mathrm{E}(X)=3\times\frac{1}{15}+4\times\frac{2}{15}+5\times\frac{1}{5}+6\times\frac{4}{15}+7\times\frac{1}{3}=\frac{17}{3}$$
$$\therefore \mathrm{E}(3X-1)=3\mathrm{E}(X)-1=3\times\frac{17}{3}-1=16$$

11 답 ④

확률변수 X가 가질 수 있는 값은 2, 3, 4, 5이다.

뽑은 카드에 적힌 수를 각각 a, $b\,(a<b)$라 하면 순서쌍 $(a,\,b)$에 대하여 두 수 중에서 큰 수가

(i) 2인 경우는 $(1,\,2)$의 1가지이므로
$$\mathrm{P}(X=2)=\frac{1}{{}_5\mathrm{C}_2}=\frac{1}{10}$$

(ii) 3인 경우는 $(1,\,3)$, $(2,\,3)$의 2가지이므로
$$\mathrm{P}(X=3)=\frac{2}{{}_5\mathrm{C}_2}=\frac{1}{5}$$

(iii) 4인 경우는 $(1,\,4)$, $(2,\,4)$, $(3,\,4)$의 3가지이므로
$$\mathrm{P}(X=4)=\frac{3}{{}_5\mathrm{C}_2}=\frac{3}{10}$$

(iv) 5인 경우는 $(1,\,5)$, $(2,\,5)$, $(3,\,5)$, $(4,\,5)$의 4가지이므로
$$\mathrm{P}(X=5)=\frac{4}{{}_5\mathrm{C}_2}=\frac{2}{5}$$

(i)~(iv)에서 확률변수 X의 확률분포를 표로 나타내면 다음과 같다.

X	2	3	4	5	합계
$\mathrm{P}(X=x)$	$\frac{1}{10}$	$\frac{1}{5}$	$\frac{3}{10}$	$\frac{2}{5}$	1

확률변수 X에 대하여
$$\mathrm{E}(X)=2\times\frac{1}{10}+3\times\frac{1}{5}+4\times\frac{3}{10}+5\times\frac{2}{5}=4$$
$$\mathrm{E}(X^2)=2^2\times\frac{1}{10}+3^2\times\frac{1}{5}+4^2\times\frac{3}{10}+5^2\times\frac{2}{5}=17$$
$$\therefore \mathrm{V}(X)=\mathrm{E}(X^2)-\{\mathrm{E}(X)\}^2$$
$$=17-4^2=1$$
$$\therefore \mathrm{V}(7X-2)=7^2\mathrm{V}(X)=49\times1=49$$

12 답 $\sqrt{26}$

확률변수 X가 가질 수 있는 값은 1, 2, 4, a이므로 확률변수 X의 확률분포를 표로 나타내면 다음과 같다.

X	1	2	4	a	합계
$\mathrm{P}(X=x)$	$\frac{1}{5}$	$\frac{2}{5}$	$\frac{1}{5}$	$\frac{1}{5}$	1

확률변수 X에 대하여
$$\mathrm{E}(X)=1\times\frac{1}{5}+2\times\frac{2}{5}+4\times\frac{1}{5}+a\times\frac{1}{5}=\frac{1}{5}a+\frac{9}{5}$$
이때 $\mathrm{E}(5X-3)=9$에서
$$5\mathrm{E}(X)-3=9,\ 5\left(\frac{1}{5}a+\frac{9}{5}\right)-3=9 \qquad \therefore a=3$$
$$\therefore \mathrm{E}(X)=\frac{1}{5}\times3+\frac{9}{5}=\frac{12}{5}$$
즉, $\mathrm{E}(X^2)=1^2\times\frac{1}{5}+2^2\times\frac{2}{5}+4^2\times\frac{1}{5}+3^2\times\frac{1}{5}=\frac{34}{5}$이므로
$$\mathrm{V}(X)=\mathrm{E}(X^2)-\{\mathrm{E}(X)\}^2$$
$$=\frac{34}{5}-\left(\frac{12}{5}\right)^2=\frac{26}{25}$$
따라서 $\sigma(X)=\sqrt{\mathrm{V}(X)}=\sqrt{\frac{26}{25}}=\frac{\sqrt{26}}{5}$이므로
$$\sigma(5X-3)=|5|\sigma(X)$$
$$=5\times\frac{\sqrt{26}}{5}=\sqrt{26}$$

13 답 ⑤

양궁 선수가 화살을 10번 쏠 때, 10점 과녁에 맞히는 횟수를 확률변수 X라 하면 X는 이항분포 $\mathrm{B}(10,\,0.8)$, 즉 $\mathrm{B}\left(10,\,\frac{4}{5}\right)$를 따르므로 X의 확률질량함수는
$$\mathrm{P}(X=x)={}_{10}\mathrm{C}_x\left(\frac{4}{5}\right)^x\left(\frac{1}{5}\right)^{10-x}\ (x=0,\,1,\,2,\,\dots,\,10)$$
따라서 구하는 확률은
$$\mathrm{P}(X\ge8)=\mathrm{P}(X=8)+\mathrm{P}(X=9)+\mathrm{P}(X=10)$$
$$={}_{10}\mathrm{C}_8\left(\frac{4}{5}\right)^8\left(\frac{1}{5}\right)^2+{}_{10}\mathrm{C}_9\left(\frac{4}{5}\right)^9\left(\frac{1}{5}\right)^1+{}_{10}\mathrm{C}_{10}\left(\frac{4}{5}\right)^{10}$$
$$=\frac{45\times4^8}{5^{10}}+\frac{10\times4^9}{5^{10}}+\frac{4^{10}}{5^{10}}$$
$$=\frac{101\times4^8}{5^{10}}$$

14 답 ④

실제로 관람하는 사람의 수를 확률변수 X라 하면 X는 이항분포 $\mathrm{B}(34,\,0.9)$를 따르므로 X의 확률질량함수는
$$\mathrm{P}(X=x)={}_{34}\mathrm{C}_x0.9^x\times0.1^{34-x}\ (x=0,\,1,\,2,\,\dots,\,34)$$

이때 좌석이 부족하려면 관람하는 사람의 수가 32명을 초과해야 하므로 구하는 확률은
$$P(X>32)=P(X=33)+P(X=34)$$
$$={}_{34}C_{33}0.9^{33}\times0.1^1+{}_{34}C_{34}0.9^{34}$$
$$=34\times0.9^{33}\times0.1+0.9^{34}=3.4\times0.9^{33}+0.9\times0.9^{33}$$
$$=4.3\times0.9^{33}=4.3\times0.031$$
$$=0.1333$$

15 탑 21

확률변수 X가 이항분포 $B\!\left(48,\dfrac{1}{4}\right)$을 따르므로

$$E(X)=48\times\frac{1}{4}=12$$

$$\sigma(X)=\sqrt{48\times\frac{1}{4}\times\frac{3}{4}}=3$$

이때 이차방정식 $x^2+ax+b=0$의 두 근이 $E(X)$, $\sigma(X)$, 즉 12, 3 이므로 근과 계수의 관계에 의하여

$$12+3=-a,\ 12\times3=b$$
$$\therefore\ a=-15,\ b=36$$
$$\therefore\ a+b=21$$

16 탑 541

$E(X)=90$에서

$$np=90 \qquad\qquad \cdots\cdots\ ㉠$$

$\sigma(X)=5\sqrt{3}$에서

$$\sqrt{np(1-p)}=5\sqrt{3} \qquad \therefore\ np(1-p)=75 \qquad \cdots\cdots\ ㉡$$

㉠을 ㉡에 대입하면

$$90(1-p)=75$$
$$1-p=\frac{5}{6} \qquad \therefore\ p=\frac{1}{6}$$

이를 ㉠에 대입하면

$$\frac{1}{6}n=90 \qquad \therefore\ n=540$$

$$\therefore\ n+6p=540+6\times\frac{1}{6}=541$$

17 탑 ⑤

주사위를 한 번 던져서 2의 약수의 눈이 나올 확률은
$$\frac{2}{6}=\frac{1}{3}$$

즉, 확률변수 X는 이항분포 $B\!\left(9,\dfrac{1}{3}\right)$을 따르므로

$$E(X)=9\times\frac{1}{3}=3$$

$$V(X)=9\times\frac{1}{3}\times\frac{2}{3}=2$$

$V(X)=E(X^2)-\{E(X)\}^2$이므로
$$E(X^2)=V(X)+\{E(X)\}^2$$
$$=2+3^2=11$$

18 탑 6

주머니에서 1개의 바둑돌을 꺼낼 때 검은 바둑돌을 꺼낼 확률은
$$\frac{3}{9}=\frac{1}{3}$$

즉, 확률변수 X는 이항분포 $B\!\left(n,\dfrac{1}{3}\right)$을 따르므로

$$E(X)=n\times\frac{1}{3}=\frac{1}{3}n$$

$$V(X)=n\times\frac{1}{3}\times\frac{2}{3}=\frac{2}{9}n$$

$V(X)=E(X^2)-\{E(X)\}^2$에서
$$E(X^2)=V(X)+\{E(X)\}^2$$
$$=\frac{2}{9}n+\left(\frac{1}{3}n\right)^2$$
$$=\frac{1}{9}n^2+\frac{2}{9}n$$

이때 $E(X^2)=\dfrac{16}{3}$이므로

$$\frac{1}{9}n^2+\frac{2}{9}n=\frac{16}{3}$$
$$n^2+2n-48=0$$
$$(n+8)(n-6)=0$$
$$\therefore\ n=6\ (\because\ n>0)$$

19 탑 98

확률변수 X는 이항분포 $B\!\left(50,\dfrac{1}{50}\right)$을 따르므로

$$V(X)=50\times\frac{1}{50}\times\frac{49}{50}=\frac{49}{50}$$

$$\therefore\ V(10X+1)=10^2V(X)$$
$$=100\times\frac{49}{50}=98$$

20 탑 ③

확률변수 X가 이항분포 $B\!\left(n,\dfrac{5}{6}\right)$를 따르므로 X의 확률질량함수는

$$P(X=x)={}_{n}C_{x}\left(\frac{5}{6}\right)^{x}\left(\frac{1}{6}\right)^{n-x}\ (x=0,\ 1,\ 2,\ \dots,\ n)$$

이때 $P(X=5)=20P(X=4)$에서
$${}_{n}C_{5}\left(\frac{5}{6}\right)^{5}\left(\frac{1}{6}\right)^{n-5}=20\,{}_{n}C_{4}\left(\frac{5}{6}\right)^{4}\left(\frac{1}{6}\right)^{n-4}$$

$$\frac{n-4}{5}\times\frac{5}{6}=20\times\frac{1}{6}$$
$$n-4=20$$
$$\therefore\ n=24$$

따라서 확률변수 X가 이항분포 $B\!\left(24,\dfrac{5}{6}\right)$를 따르므로

$$V(X)=24\times\frac{5}{6}\times\frac{1}{6}=\frac{10}{3}$$

$$\therefore\ V(6X)=6^2V(X)$$
$$=36\times\frac{10}{3}=120$$

중단원 기출 문제 1회

1 답 ⑤

$f(x) \geq 0$이므로 $a \leq 0$

함수 $y=f(x)$의 그래프와 x축 및 두 직선 $x=-1$, $x=1$로 둘러싸인 부분의 넓이가 1이므로

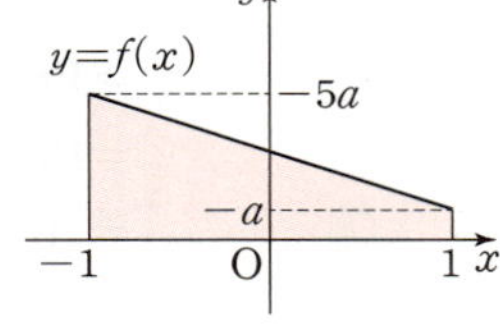

$\dfrac{1}{2} \times \{-5a+(-a)\} \times 2 = 1$, $-6a = 1$

$\therefore a = -\dfrac{1}{6}$

2 답 $\dfrac{1}{9}$

함수 $y=f(x)$의 그래프와 x축 및 직선 $x=6$으로 둘러싸인 부분의 넓이가 1이므로

$\dfrac{1}{2} \times 6 \times p = 1$, $3p = 1$ $\therefore p = \dfrac{1}{3}$

$0 \leq x \leq 6$에서 함수 $y=f(x)$의 그래프는

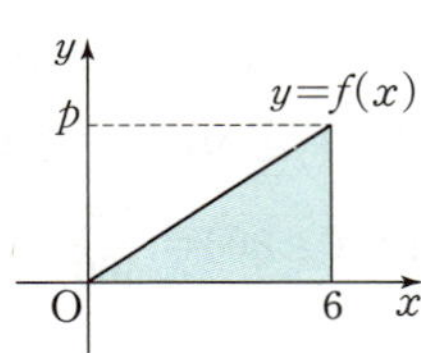

두 점 $(0, 0)$, $\left(6, \dfrac{1}{3}\right)$을 지나는 직선이므로

$f(x) = \dfrac{\frac{1}{3}}{6}x$

$\therefore f(x) = \dfrac{1}{18}x \ (0 \leq x \leq 6)$

$\therefore f(6p) = f(2) = \dfrac{1}{9}$

구하는 확률은 함수 $y=f(x)$의 그래프와 x축 및 직선 $x=2$로 둘러싸인 부분의 넓이와 같으므로

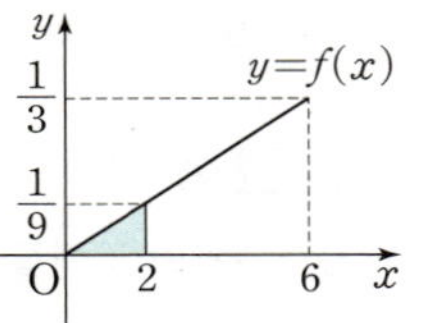

$P(0 \leq X \leq 6p) = P(0 \leq X \leq 2)$
$= \dfrac{1}{2} \times 2 \times \dfrac{1}{9} = \dfrac{1}{9}$

3 답 $\dfrac{15}{16}$

㈎에서 함수 $y=f(x)$의 그래프는 직선 $x=4$에 대하여 대칭이다.

㈎, ㈏에서 함수 $y=f(x)$의 그래프는 오른쪽 그림과 같다.

함수 $y=f(x)$의 그래프와 x축으로 둘러싸인 부분의 넓이가 1이므로

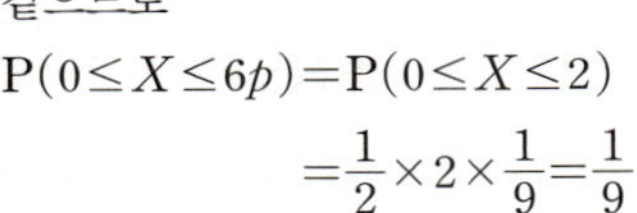

$\dfrac{1}{2} \times 8 \times 4a = 1$, $16a = 1$ $\therefore a = \dfrac{1}{16}$

$P(16a \leq X \leq 8-16a)$, 즉 $P(1 \leq X \leq 7)$은 함수 $y=f(x)$의 그래프와 x축 및 두 직선 $x=1$, $x=7$로 둘러싸인 부분의 넓이와 같으므로

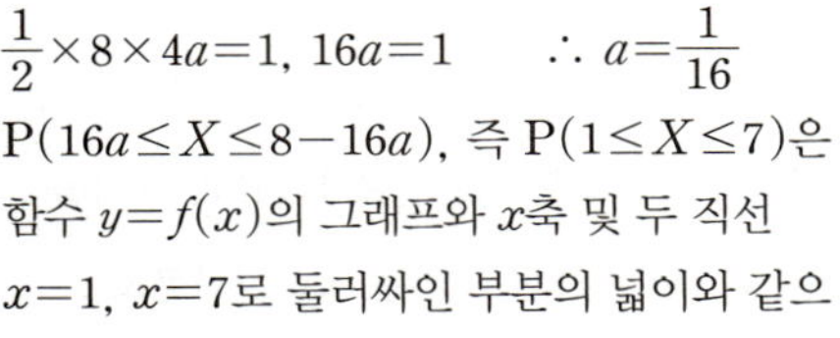

$P(16a \leq X \leq 8-16a) = P(1 \leq X \leq 7)$
$= 2 \times \dfrac{1}{2} \times \left(\dfrac{1}{16}+\dfrac{1}{4}\right) \times 3 = \dfrac{15}{16}$

4 답 ③

ㄱ. 확률변수 X_1의 정규분포곡선의 대칭축이 확률변수 X_2의 정규분포곡선의 대칭축보다 왼쪽에 있으므로
$E(X_1) < E(X_2)$

ㄴ. 확률변수 X_1의 정규분포곡선의 가운데 부분의 높이가 확률변수 X_2의 정규분포곡선의 가운데 부분의 높이보다 높으므로
$\sigma(X_1) < \sigma(X_2)$ $\therefore V(X_1) < V(X_2)$

ㄷ. $f(E(X_1)) = f(x_1)$, $g(E(X_2)) = g(x_2)$이고, $f(x_1) > g(x_2)$이므로
$f(E(X_1)) > g(E(X_2))$

따라서 보기에서 옳은 것은 ㄱ, ㄷ이다.

5 답 15

정규분포곡선은 직선 $x=m$에 대하여 대칭이고 $P(10 \leq X \leq 12) = P(18 \leq X \leq 20)$이므로

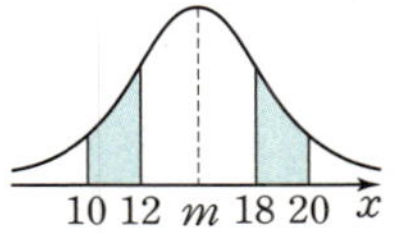

$m = \dfrac{12+18}{2} = 15$

6 답 0.3413

곡선 $y = x^2 + 2Xx - X + 2$와 직선 $y = 4x$가 만나지 않으려면 x에 대한 이차방정식 $x^2 + 2Xx - X + 2 = 4x$, 즉 $x^2 + 2(X-2)x - X + 2 = 0$이 허근을 가져야 한다.

이 이차방정식의 판별식을 D라 하면

$\dfrac{D}{4} = (X-2)^2 - (-X+2) < 0$

$X^2 - 3X + 2 < 0$, $(X-1)(X-2) < 0$

$\therefore 1 < X < 2$

이때 $m=2$, $\sigma=1$이므로

$P(1 < X < 2) = P(2-1 < X < 2)$
$= P(m-\sigma < X < m)$
$= P(m \leq X \leq m+\sigma)$
$= 0.3413$

7 답 52

$P(X \leq a) = 0.9772$에서

$P(X \leq m) + P(m \leq X \leq a) = 0.9772$

$0.5 + P(m \leq X \leq a) = 0.9772$

$\therefore P(m \leq X \leq a) = 0.4772$

이때 $P(m \leq X \leq m+2\sigma) = 0.4772$이므로

$a = m+2\sigma$

따라서 $m=40$, $\sigma=6$이므로

$a = 40 + 2 \times 6 = 52$

8 답 62

양계장 A와 양계장 B에서 생산하는 달걀 1개의 무게를 각각 확률변수 X, Y라 하면 X, Y는 각각 정규분포 $N(60, 10^2)$, $N(65, 15^2)$을 따르므로 $Z_X = \dfrac{X-60}{10}$, $Z_Y = \dfrac{Y-65}{15}$로 놓으면 두 확률변수 Z_X, Z_Y는 모두 표준정규분포 $N(0, 1)$을 따른다.

$P(X \geq a) = P(Y \leq a)$이므로

$$P\left(Z_X \geq \frac{a-60}{10}\right) = P\left(Z_Y \leq \frac{a-65}{15}\right)$$
$$= P\left(Z_Y \geq \frac{65-a}{15}\right)$$

따라서 $\dfrac{a-60}{10} = \dfrac{65-a}{15}$이므로

$3a - 180 = 130 - 2a$, $5a = 310$ $\qquad \therefore a = 62$

9 답 ④

확률변수 X가 정규분포 $N(40, 5^2)$을 따르므로 $Z = \dfrac{X-40}{5}$으로 놓으면 확률변수 Z는 표준정규분포 $N(0, 1)$을 따른다.

$$\therefore P(34 \leq X \leq 43) = P\left(\frac{34-40}{5} \leq Z \leq \frac{43-40}{5}\right)$$
$$= P(-1.2 \leq Z \leq 0.6)$$
$$= P(-1.2 \leq Z \leq 0) + P(0 \leq Z \leq 0.6)$$
$$= P(0 \leq Z \leq 1.2) + P(0 \leq Z \leq 0.6)$$
$$= 0.3849 + 0.2257 = 0.6106$$

10 답 25.5

확률변수 X가 정규분포 $N(21, 3^2)$을 따르므로 $Z = \dfrac{X-21}{3}$로 놓으면 확률변수 Z는 표준정규분포 $N(0, 1)$을 따른다.

$P(15 \leq X \leq a) = 0.9104$에서

$$P\left(\frac{15-21}{3} \leq Z \leq \frac{a-21}{3}\right) = 0.9104$$

$$P\left(-2 \leq Z \leq \frac{a-21}{3}\right) = 0.9104$$

$$P(-2 \leq Z \leq 0) + P\left(0 \leq Z \leq \frac{a-21}{3}\right) = 0.9104$$

$$P(0 \leq Z \leq 2) + P\left(0 \leq Z \leq \frac{a-21}{3}\right) = 0.9104$$

$$0.4772 + P\left(0 \leq Z \leq \frac{a-21}{3}\right) = 0.9104$$

$$\therefore P\left(0 \leq Z \leq \frac{a-21}{3}\right) = 0.4332$$

이때 $P(0 \leq Z \leq 1.5) = 0.4332$이므로

$\dfrac{a-21}{3} = 1.5$, $a - 21 = 4.5$ $\qquad \therefore a = 25.5$

11 답 ④

세 확률변수 X, Y, W가 각각 정규분포 $N(40, 3^2)$, $N(45, 4^2)$, $N(45, 6^2)$을 따르므로

$$Z_X = \frac{X-40}{3}, \quad Z_Y = \frac{Y-45}{4}, \quad Z_W = \frac{W-45}{6}$$

로 놓으면 세 확률변수 Z_X, Z_Y, Z_W는 모두 표준정규분포 $N(0, 1)$을 따른다.

$$a = P(X \leq 46) = P\left(Z_X \leq \frac{46-40}{3}\right) = P(Z_X \leq 2)$$

$$b = P(Y \geq 35) = P\left(Z_Y \geq \frac{35-45}{4}\right)$$
$$= P(Z_Y \geq -2.5) = P(Z_Y \leq 2.5)$$

$$c = P(W \leq 51) = P\left(Z_W \leq \frac{51-45}{6}\right) = P(Z_W \leq 1)$$

이때 $P(Z_W \leq 1) < P(Z_X \leq 2) < P(Z_Y \leq 2.5)$이므로

$c < a < b$

12 답 ④

학생의 키를 확률변수 X라 하면 X는 정규분포 $N(171, 7^2)$을 따르므로 $Z = \dfrac{X-171}{7}$로 놓으면 확률변수 Z는 표준정규분포 $N(0, 1)$을 따른다.

학생의 키가 164 cm 이상 178 cm 이하일 확률은

$$P(164 \leq X \leq 178) = P\left(\frac{164-171}{7} \leq Z \leq \frac{178-171}{7}\right)$$
$$= P(-1 \leq Z \leq 1)$$
$$= P(-1 \leq Z \leq 0) + P(0 \leq Z \leq 1)$$
$$= 2P(0 \leq Z \leq 1)$$
$$= 2 \times 0.34 = 0.68$$

따라서 키가 164 cm 이상 178 cm 이하인 학생은 전체 학생의 68 %이다.

13 답 8

응시자의 시험 점수를 확률변수 X라 하면 X는 정규분포 $N(68, \sigma^2)$을 따르므로 $Z = \dfrac{X-68}{\sigma}$로 놓으면 확률변수 Z는 표준정규분포 $N(0, 1)$을 따른다.

$P(X \geq 80) = \dfrac{28}{400} = 0.07$이므로

$$P\left(Z \geq \frac{80-68}{\sigma}\right) = 0.07, \quad P\left(Z \geq \frac{12}{\sigma}\right) = 0.07$$

$$P(Z \geq 0) - P\left(0 \leq Z \leq \frac{12}{\sigma}\right) = 0.07$$

$$0.5 - P\left(0 \leq Z \leq \frac{12}{\sigma}\right) = 0.07$$

$$\therefore P\left(0 \leq Z \leq \frac{12}{\sigma}\right) = 0.43$$

이때 $P(0 \leq Z \leq 1.5) = 0.43$이므로

$\dfrac{12}{\sigma} = 1.5$ $\qquad \therefore \sigma = 8$

14 답 ④

과자 1봉지의 무게를 확률변수 X라 하면 X는 정규분포 $N(121, 2^2)$을 따르므로 $Z = \dfrac{X-121}{2}$로 놓으면 확률변수 Z는 표준정규분포 $N(0, 1)$을 따른다.

과자 1봉지의 무게가 118 g 이하일 확률은

$$P(X \leq 118) = P\left(Z \leq \frac{118-121}{2}\right)$$
$$= P(Z \leq -1.5) = P(Z \geq 1.5)$$
$$= P(Z \geq 0) - P(0 \leq Z \leq 1.5)$$
$$= 0.5 - 0.4332 = 0.0668$$

따라서 구하는 과자는

$5000 \times 0.0668 = 334$(봉지)

15 답 163점

학생의 점수를 확률변수 X라 하면 X는 정규분포 $N(132, 20^2)$을 따르므로 $Z = \dfrac{X-132}{20}$로 놓으면 확률변수 Z는 표준정규분포 $N(0, 1)$을 따른다.

상품을 받는 학생의 최저 점수를 a점이라 하면

$$P(X \geq a) = \frac{15}{250} = 0.06$$

$$P\left(Z\geq\frac{a-132}{20}\right)=0.06$$

$$P(Z\geq0)-P\left(0\leq Z\leq\frac{a-132}{20}\right)=0.06$$

$$0.5-P\left(0\leq Z\leq\frac{a-132}{20}\right)=0.06$$

$$\therefore P\left(0\leq Z\leq\frac{a-132}{20}\right)=0.44$$

이때 $P(0\leq Z\leq1.55)=0.44$이므로

$$\frac{a-132}{20}=1.55\,,\ a-132=31$$

$$\therefore a=163$$

따라서 구하는 최저 점수는 163점이다.

16 답 0.8413

확률변수 X가 이항분포 $B\left(48,\frac{1}{4}\right)$을 따르므로

$$E(X)=48\times\frac{1}{4}=12$$

$$V(X)=48\times\frac{1}{4}\times\frac{3}{4}=9$$

즉, 확률변수 X는 근사적으로 정규분포 $N(12,\,3^2)$을 따르므로 $Z=\dfrac{X-12}{3}$로 놓으면 확률변수 Z는 표준정규분포 $N(0,\,1)$을 따른다.

$$\begin{aligned}\therefore P(X\leq15)&=P\left(Z\leq\frac{15-12}{3}\right)\\&=P(Z\leq1)\\&=P(Z\leq0)+P(0\leq Z\leq1)\\&=0.5+0.3413\\&=0.8413\end{aligned}$$

17 답 0.3085

확률변수 X가 이항분포 $B(490,\,p)$를 따르므로

$$\sigma(X)=\sqrt{490p(1-p)}$$

이때 $\sigma(X)=10$이므로

$$\sqrt{490p(1-p)}=10,\ 490p(1-p)=100$$

$$49p^2-49p+10=0,\ (7p-2)(7p-5)=0$$

$$\therefore p=\frac{2}{7}\ (\because 0<p<0.5)$$

즉, 확률변수 X가 이항분포 $B\left(490,\frac{2}{7}\right)$를 따르므로

$$E(X)=490\times\frac{2}{7}=140$$

따라서 확률변수 X는 근사적으로 정규분포 $N(140,\,10^2)$을 따르므로 $Z=\dfrac{X-140}{10}$으로 놓으면 확률변수 Z는 표준정규분포 $N(0,\,1)$을 따른다.

$$\begin{aligned}\therefore P(X\leq135)&=P\left(Z\leq\frac{135-140}{10}\right)\\&=P(Z\leq-0.5)=P(Z\geq0.5)\\&=P(Z\geq0)-P(0\leq Z\leq0.5)\\&=0.5-0.1915\\&=0.3085\end{aligned}$$

18 답 ②

5의 약수의 눈이 나오는 횟수를 확률변수 X라 하면 X는 이항분포 $B\left(162,\frac{1}{3}\right)$을 따르므로

$$E(X)=162\times\frac{1}{3}=54$$

$$V(X)=162\times\frac{1}{3}\times\frac{2}{3}=36$$

즉, 확률변수 X는 근사적으로 정규분포 $N(54,\,6^2)$을 따르므로 $Z=\dfrac{X-54}{6}$로 놓으면 확률변수 Z는 표준정규분포 $N(0,\,1)$을 따른다.

따라서 구하는 확률은

$$\begin{aligned}P(42\leq X\leq60)&=P\left(\frac{42-54}{6}\leq Z\leq\frac{60-54}{6}\right)\\&=P(-2\leq Z\leq1)\\&=P(-2\leq Z\leq0)+P(0\leq Z\leq1)\\&=P(0\leq Z\leq2)+P(0\leq Z\leq1)\\&=0.4772+0.3413=0.8185\end{aligned}$$

19 답 0.9452

앞면이 나오는 횟수를 확률변수 X라 하면 X는 이항분포 $B\left(100,\frac{1}{2}\right)$을 따르므로

$$E(X)=100\times\frac{1}{2}=50$$

$$V(X)=100\times\frac{1}{2}\times\frac{1}{2}=25$$

즉, 확률변수 X는 근사적으로 정규분포 $N(50,\,5^2)$을 따르므로 $Z=\dfrac{X-50}{5}$으로 놓으면 확률변수 Z는 표준정규분포 $N(0,\,1)$을 따른다.

한편 뒷면이 나오는 횟수는 $100-X$이므로 점 P의 좌표가 26 이상이려면

$$2X-(100-X)\geq26$$

$$3X\geq126\quad\therefore X\geq42$$

따라서 구하는 확률은

$$\begin{aligned}P(X\geq42)&=P\left(Z\geq\frac{42-50}{5}\right)\\&=P(Z\geq-1.6)=P(Z\leq1.6)\\&=P(Z\leq0)+P(0\leq Z\leq1.6)\\&=0.5+0.4452=0.9452\end{aligned}$$

20 답 ③

맞힌 문제의 개수를 확률변수 X라 하면 X는 이항분포 $B\left(25,\frac{1}{5}\right)$을 따르므로

$$E(X)=25\times\frac{1}{5}=5$$

$$V(X)=25\times\frac{1}{5}\times\frac{4}{5}=4$$

즉, 확률변수 X는 근사적으로 정규분포 $N(5,\,2^2)$을 따르므로 $Z=\dfrac{X-5}{2}$로 놓으면 확률변수 Z는 표준정규분포 $N(0,\,1)$을 따른다.

$P(X\geq a)=0.01$이므로
$$P\left(Z\geq\frac{a-5}{2}\right)=0.01$$
$$P(Z\geq 0)-P\left(0\leq Z\leq\frac{a-5}{2}\right)=0.01$$
$$0.5-P\left(0\leq Z\leq\frac{a-5}{2}\right)=0.01$$
$$\therefore P\left(0\leq Z\leq\frac{a-5}{2}\right)=0.49$$
이때 $P(0\leq Z\leq 2.5)=0.49$이므로
$$\frac{a-5}{2}=2.5,\ a-5=5\qquad \therefore a=10$$

중단원 기출 문제 2회

1 답 $\frac{1}{3}$

함수 $y=f(x)$의 그래프와 x축으로 둘러싸인 부분의 넓이가 1이므로
$$\frac{1}{2}\times(1+5)\times k=1,\ 3k=1\qquad \therefore k=\frac{1}{3}$$

2 답 ⑤

$f(x)\geq 0$이므로 $a\geq 0$
함수 $y=f(x)$의 그래프와 x축, y축으로
둘러싸인 부분의 넓이가 1이므로
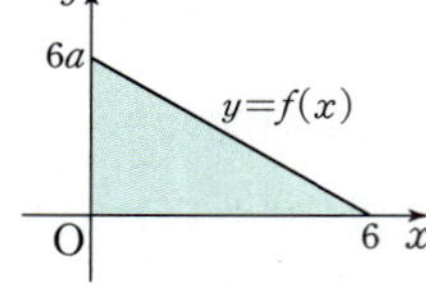
$$\frac{1}{2}\times 6\times 6a=1,\ 18a=1\qquad \therefore a=\frac{1}{18}$$
$$\therefore f(x)=\frac{1}{18}(6-x)\ (0\leq x\leq 6)$$
따라서 구하는 확률은 함수 $y=f(x)$의 그
래프와 x축 및 두 직선 $x=2$, $x=5$로 둘
러싸인 부분의 넓이와 같으므로
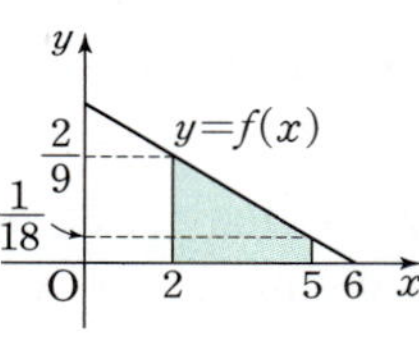
$$P(2\leq X\leq 5)=\frac{1}{2}\times\left(\frac{2}{9}+\frac{1}{18}\right)\times 3$$
$$=\frac{5}{12}$$

3 답 ④

두 학교 A, B의 정규분포곡선의 대칭축이 같고, 학교 C의 정규분포
곡선의 대칭축이 두 학교 A, B의 정규분포곡선의 대칭축보다 오른
쪽에 있으므로
$$m_1=m_2<m_3$$
또 두 학교 B, C의 정규분포곡선의 모양이 같고, 학교 A의 정규분
포곡선이 두 학교 B, C의 정규분포곡선보다 가운데 부분의 높이가
높고 좁게 모여 있으므로
$$\sigma_1<\sigma_2=\sigma_3$$
따라서 옳은 것은 ④이다.

4 답 10

확률변수 X의 확률밀도함수는 $x=m$에서 최댓값을 갖고, 정규분포
곡선은 직선 $x=m$에 대하여 대칭이다.

따라서 $f(k)$가 $k=9$일 때 최댓값 $f(9)=P(5\leq X\leq 15)$를 가지려
면 5와 15의 평균이 m이어야 하므로
$$m=\frac{5+15}{2}=10$$

5 답 0.44

$P(X\leq 12)=0.72$에서
$P(X\geq 12)=1-0.72=0.28$
즉, $P(X\leq 2)=P(X\geq 12)$이고 정규분포
곡선은 직선 $x=m$에 대하여 대칭이므로
$$m=\frac{2+12}{2}=7$$
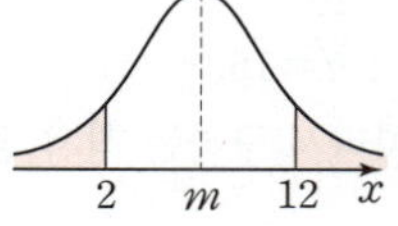
$$\begin{aligned}\therefore P(|X-m|\leq 5)&=P(-5\leq X-7\leq 5)\\&=P(2\leq X\leq 12)\\&=P(X\leq 12)-P(X\leq 2)\\&=0.72-0.28=0.44\end{aligned}$$

6 답 ⑤

$m=60$, $\sigma=4$이므로
$$\begin{aligned}P(48\leq X\leq 68)&=P(60-12\leq X\leq 60+8)\\&=P(m-3\sigma\leq X\leq m+2\sigma)\\&=P(m-3\sigma\leq X\leq m)+P(m\leq X\leq m+2\sigma)\\&=P(m\leq X\leq m+3\sigma)+P(m\leq X\leq m+2\sigma)\\&=0.4987+0.4772=0.9759\end{aligned}$$

7 답 36

확률변수 X가 정규분포 $N(30,\ 6^2)$을 따르므로 $Z=\dfrac{X-30}{6}$으로
놓으면 확률변수 Z는 표준정규분포 $N(0,\ 1)$을 따른다.
$P(18\leq X\leq a)=P(-1\leq Z\leq 2)$이므로
$$P\left(\frac{18-30}{6}\leq Z\leq\frac{a-30}{6}\right)=P(-1\leq Z\leq 2)$$
$$P\left(-2\leq Z\leq\frac{a-30}{6}\right)=P(-1\leq Z\leq 2)$$
$$P\left(-2\leq Z\leq\frac{a-30}{6}\right)=P(-2\leq Z\leq 1)$$
따라서 $\dfrac{a-30}{6}=1$이므로
$$a-30=6\qquad \therefore a=36$$

8 답 45

두 확률변수 X, Y가 각각 정규분포 $N(20,\ 4^2)$, $N(30,\ 5^2)$을 따르
므로 $Z_X=\dfrac{X-20}{4}$, $Z_Y=\dfrac{Y-30}{5}$으로 놓으면 두 확률변수 Z_X, Z_Y
는 모두 표준정규분포 $N(0,\ 1)$을 따른다.
$P(24\leq X\leq 32)=P(35\leq Y\leq k)$에서
$$P\left(\frac{24-20}{4}\leq Z_X\leq\frac{32-20}{4}\right)=P\left(\frac{35-30}{5}\leq Z_Y\leq\frac{k-30}{5}\right)$$
$$P(1\leq Z_X\leq 3)=P\left(1\leq Z_Y\leq\frac{k-30}{5}\right)$$
따라서 $3=\dfrac{k-30}{5}$이므로
$$k-30=15\qquad \therefore k=45$$

9 답 0.8543

확률변수 X가 정규분포 $N(55, 4^2)$을 따르므로 $Z=\dfrac{X-55}{4}$로 놓으면 확률변수 Z는 표준정규분포 $N(0, 1)$을 따른다.

$$
\begin{aligned}
\therefore P(|X-54|\leq6) &=P(-6\leq X-54\leq6) \\
&=P(48\leq X\leq60) \\
&=P\left(\frac{48-55}{4}\leq Z\leq\frac{60-55}{4}\right) \\
&=P(-1.75\leq Z\leq1.25) \\
&=P(-1.75\leq Z\leq0)+P(0\leq Z\leq1.25) \\
&=P(0\leq Z\leq1.75)+P(0\leq Z\leq1.25) \\
&=0.4599+0.3944=0.8543
\end{aligned}
$$

10 답 ③

정규분포를 따르는 두 확률변수 X, Y의 표준편차가 같으므로 두 함수 $y=f(x)$, $y=g(x)$의 그래프의 모양은 같다.

㈎에서 $P(X\leq12)\leq P(Y\geq20)$이고 확률변수 X의 평균은 12이므로
$0.5\leq P(Y\geq20)$

확률변수 Y의 평균이 m이므로
$m\geq20$

㈏에서 $f(16)=g(20)$이므로
$|12-16|=|m-20|$
$4=m-20$ $\therefore m=24$

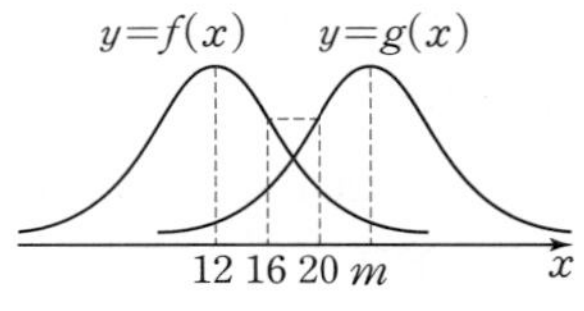

확률변수 Y가 정규분포 $N(24, 3^2)$을 따르므로 $Z=\dfrac{Y-24}{3}$로 놓으면 확률변수 Z는 표준정규분포 $N(0, 1)$을 따른다.

$$
\begin{aligned}
\therefore P(Y\geq27) &=P\left(Z\geq\frac{27-24}{3}\right) \\
&=P(Z\geq1) \\
&=P(Z\geq0)-P(0\leq Z\leq1) \\
&=0.5-0.3413=0.1587
\end{aligned}
$$

11 답 6

확률변수 X가 정규분포 $N(10, 2^2)$을 따르므로 $Z=\dfrac{X-10}{2}$으로 놓으면 확률변수 Z는 표준정규분포 $N(0, 1)$을 따른다.

$P(4\leq X\leq k+7)=0.9319$에서

$P\left(\dfrac{4-10}{2}\leq Z\leq\dfrac{k+7-10}{2}\right)=0.9319$

$P\left(-3\leq Z\leq\dfrac{k-3}{2}\right)=0.9319$

$P(-3\leq Z\leq0)+P\left(0\leq Z\leq\dfrac{k-3}{2}\right)=0.9319$

$P(0\leq Z\leq3)+P\left(0\leq Z\leq\dfrac{k-3}{2}\right)=0.9319$

$0.4987+P\left(0\leq Z\leq\dfrac{k-3}{2}\right)=0.9319$

$\therefore P\left(0\leq Z\leq\dfrac{k-3}{2}\right)=0.4332$

이때 $P(0\leq Z\leq1.5)=0.4332$이므로

$\dfrac{k-3}{2}=1.5$, $k-3=3$

$\therefore k=6$

12 답 ①

지형이네 반 학생의 국어, 영어, 수학 시험 성적을 각각 확률변수 X_A, X_B, X_C라 하면 X_A, X_B, X_C는 각각 정규분포 $N(56, 8^2)$, $N(58, 10^2)$, $N(64, 14^2)$를 따르므로
$$Z_A=\frac{X_A-56}{8},\ Z_B=\frac{X_B-58}{10},\ Z_C=\frac{X_C-64}{14}$$
로 놓으면 세 확률변수 Z_A, Z_B, Z_C는 모두 표준정규분포 $N(0, 1)$을 따른다.

다른 학생보다 지형이의 국어, 영어, 수학 시험 성적이 높을 확률은 각각

$$P(X_A<72)=P\left(Z_A<\frac{72-56}{8}\right)=P(Z_A<2)$$

$$P(X_B<75)=P\left(Z_B<\frac{75-58}{10}\right)=P(Z_B<1.7)$$

$$P(X_C<78)=P\left(Z_C<\frac{78-64}{14}\right)=P(Z_C<1)$$

이때 $P(Z_A<2)>P(Z_B<1.7)>P(Z_C<1)$이므로
$P(X_A<72)>P(X_B<75)>P(X_C<78)$

따라서 지형이의 성적이 상대적으로 높은 과목부터 순서대로 나열하면 국어, 영어, 수학이다.

13 답 0.6687

밥 1공기의 열량을 확률변수 X라 하면 X는 정규분포 $N(320, 8^2)$을 따르므로 $Z=\dfrac{X-320}{8}$으로 놓으면 확률변수 Z는 표준정규분포 $N(0, 1)$을 따른다.

따라서 구하는 확률은

$$
\begin{aligned}
P(304\leq X\leq324) &=P\left(\frac{304-320}{8}\leq Z\leq\frac{324-320}{8}\right) \\
&=P(-2\leq Z\leq0.5) \\
&=P(-2\leq Z\leq0)+P(0\leq Z\leq0.5) \\
&=P(0\leq Z\leq2)+P(0\leq Z\leq0.5) \\
&=0.4772+0.1915 \\
&=0.6687
\end{aligned}
$$

14 답 165

로봇 청소기가 완전히 충전되었을 때 청소할 수 있는 시간을 확률변수 X라 하면 X는 정규분포 $N(150, 15^2)$을 따르므로
$Z=\dfrac{X-150}{15}$으로 놓으면 확률변수 Z는 표준정규분포 $N(0, 1)$을 따른다.

$P(X\geq a)=0.1587$이므로

$P\left(Z\geq\dfrac{a-150}{15}\right)=0.1587$

$P(Z\geq0)-P\left(0\leq Z\leq\dfrac{a-150}{15}\right)=0.1587$

$0.5-P\left(0\leq Z\leq\dfrac{a-150}{15}\right)=0.1587$

$\therefore P\left(0\leq Z\leq\dfrac{a-150}{15}\right)=0.3413$

이때 $P(0\leq Z\leq1)=0.3413$이므로

$\dfrac{a-150}{15}=1$, $a-150=15$

$\therefore a=165$

15 답 **344**

학생의 음악 수행 평가 점수를 확률변수 X라 하면 X는 정규분포 $N(58, 8^2)$을 따르므로 $Z=\dfrac{X-58}{8}$로 놓으면 확률변수 Z는 표준정규분포 $N(0, 1)$을 따른다.

학생의 음악 수행 평가 점수가 46점 이상 70점 이하일 확률은

$$P(46\leq X\leq 70)=P\left(\dfrac{46-58}{8}\leq Z\leq\dfrac{70-58}{8}\right)$$
$$=P(-1.5\leq Z\leq 1.5)$$
$$=P(-1.5\leq Z\leq 0)+P(0\leq Z\leq 1.5)$$
$$=2P(0\leq Z\leq 1.5)=2\times 0.43=0.86$$

따라서 구하는 학생의 수는 $400\times 0.86=344$

16 답 ②

학생의 평가 점수를 확률변수 X라 하면 X는 정규분포 $N(70, 5^2)$을 따르므로 $Z=\dfrac{X-70}{5}$으로 놓으면 확률변수 Z는 표준정규분포 $N(0, 1)$을 따른다.

상위 8%에 속하는 학생의 최저 점수를 a점이라 하면

$$P(X\geq a)=0.08,\ P\left(Z\geq\dfrac{a-70}{5}\right)=0.08$$
$$P(Z\geq 0)-P\left(0\leq Z\leq\dfrac{a-70}{5}\right)=0.08$$
$$0.5-P\left(0\leq Z\leq\dfrac{a-70}{5}\right)=0.08$$
$$\therefore\ P\left(0\leq Z\leq\dfrac{a-70}{5}\right)=0.42$$

이때 $P(0\leq Z\leq 1.4)=0.42$이므로

$$\dfrac{a-70}{5}=1.4,\ a-70=7\qquad\therefore\ a=77$$

따라서 구하는 최저 점수는 77점이다.

17 답 **0.9772**

확률변수 X가 이항분포 $B\left(400, \dfrac{1}{5}\right)$을 따르므로

$$E(X)=400\times\dfrac{1}{5}=80,\ V(X)=400\times\dfrac{1}{5}\times\dfrac{4}{5}=64$$

즉, 확률변수 X는 근사적으로 정규분포 $N(80, 8^2)$을 따르므로 $Z=\dfrac{X-80}{8}$으로 놓으면 확률변수 Z는 표준정규분포 $N(0, 1)$을 따른다.

$$\therefore\ P(X\leq 96)=P\left(Z\leq\dfrac{96-80}{8}\right)$$
$$=P(Z\leq 2)=P(Z\leq 0)+P(0\leq Z\leq 2)$$
$$=0.5+0.4772=0.9772$$

18 답 ④

앞면이 나오는 횟수를 확률변수 X라 하면 X는 이항분포 $B\left(64, \dfrac{1}{2}\right)$을 따르므로

$$E(X)=64\times\dfrac{1}{2}=32,\ V(X)=64\times\dfrac{1}{2}\times\dfrac{1}{2}=16$$

즉, 확률변수 X는 근사적으로 정규분포 $N(32, 4^2)$을 따르므로 $Z=\dfrac{X-32}{4}$로 놓으면 확률변수 Z는 표준정규분포 $N(0, 1)$을 따른다.

따라서 구하는 확률은

$$P(28\leq X\leq 44)=P\left(\dfrac{28-32}{4}\leq Z\leq\dfrac{44-32}{4}\right)$$
$$=P(-1\leq Z\leq 3)$$
$$=P(-1\leq Z\leq 0)+P(0\leq Z\leq 3)$$
$$=P(0\leq Z\leq 1)+P(0\leq Z\leq 3)$$
$$=0.3413+0.4987=0.84$$

19 답 **0.0228**

10점을 얻은 횟수를 확률변수 X라 하면 X는 이항분포 $B\left(1200, \dfrac{1}{4}\right)$을 따르므로

$$E(X)=1200\times\dfrac{1}{4}=300$$
$$V(X)=1200\times\dfrac{1}{4}\times\dfrac{3}{4}=225$$

즉, 확률변수 X는 근사적으로 정규분포 $N(300, 15^2)$을 따르므로 $Z=\dfrac{X-300}{15}$으로 놓으면 확률변수 Z는 표준정규분포 $N(0, 1)$을 따른다.

한편 2점을 잃은 횟수는 $1200-X$이므로 최종 점수가 1560점 이상이 되려면

$$10X-2(1200-X)\geq 1560$$
$$12X\geq 3960\qquad\therefore\ X\geq 330$$

따라서 구하는 확률은

$$P(X\geq 330)=P\left(Z\geq\dfrac{330-300}{15}\right)$$
$$=P(Z\geq 2)$$
$$=P(Z\geq 0)-P(0\leq Z\leq 2)$$
$$=0.5-0.4772=0.0228$$

20 답 **45**

한 번의 시행에서 숫자 1이 적힌 공을 꺼낼 확률은 $\dfrac{2}{10}=\dfrac{1}{5}$, 숫자 3이 적힌 공을 꺼낼 확률은 $\dfrac{5}{10}=\dfrac{1}{2}$이다.

두 확률변수 X, Y는 각각 이항분포 $B\left(100, \dfrac{1}{5}\right)$, $B\left(100, \dfrac{1}{2}\right)$을 따르므로

$$E(X)=100\times\dfrac{1}{5}=20,\ V(X)=100\times\dfrac{1}{5}\times\dfrac{4}{5}=16$$
$$E(Y)=100\times\dfrac{1}{2}=50,\ V(Y)=100\times\dfrac{1}{2}\times\dfrac{1}{2}=25$$

즉, 두 확률변수 X, Y는 각각 근사적으로 정규분포 $N(20, 4^2)$, $N(50, 5^2)$을 따르므로 $Z_X=\dfrac{X-20}{4}$, $Z_Y=\dfrac{Y-50}{5}$으로 놓으면 두 확률변수 Z_X, Z_Y는 모두 표준정규분포 $N(0, 1)$을 따른다.

$$P(X\leq 24)=P(Y\geq a)에서$$
$$P\left(Z_X\leq\dfrac{24-20}{4}\right)=P\left(Z_Y\geq\dfrac{a-50}{5}\right)$$
$$P(Z_X\leq 1)=P\left(Z_Y\leq\dfrac{50-a}{5}\right)$$

따라서 $1=\dfrac{50-a}{5}$이므로

$$50-a=5\qquad\therefore\ a=45$$

07 / 통계적 추정

중단원 기출 문제 1회

1 답 **237**

모평균이 15, 모표준편차가 6, 표본의 크기가 3이므로

$$\mathrm{E}(\overline{X})=15, \ \mathrm{V}(\overline{X})=\frac{6^2}{3}=12$$

따라서 $\mathrm{V}(\overline{X})=\mathrm{E}(\overline{X}^2)-\{\mathrm{E}(\overline{X})\}^2$에서

$$\mathrm{E}(\overline{X}^2)=\mathrm{V}(\overline{X})+\{\mathrm{E}(\overline{X})\}^2=12+15^2=237$$

2 답 $\dfrac{35}{18}$

확률의 총합은 1이므로

$$\frac{1}{4}+a+\frac{1}{4}+\frac{1}{3}=1 \qquad \therefore a=\frac{1}{6}$$

따라서 확률변수 X에 대하여

$$\mathrm{E}(X)=0\times\frac{1}{4}+1\times\frac{1}{6}+2\times\frac{1}{4}+3\times\frac{1}{3}=\frac{5}{3}$$

$$\mathrm{V}(X)=\mathrm{E}(X^2)-\{\mathrm{E}(X)\}^2$$
$$=0^2\times\frac{1}{4}+1^2\times\frac{1}{6}+2^2\times\frac{1}{4}+3^2\times\frac{1}{3}-\left(\frac{5}{3}\right)^2$$
$$=\frac{25}{6}-\frac{25}{9}=\frac{25}{18}$$

이때 표본의 크기가 5이므로

$$\mathrm{E}(\overline{X})=\frac{5}{3}, \ \mathrm{V}(\overline{X})=\frac{\frac{25}{18}}{5}=\frac{5}{18}$$

$$\therefore \mathrm{E}(\overline{X})+\mathrm{V}(\overline{X})=\frac{5}{3}+\frac{5}{18}=\frac{35}{18}$$

3 답 **21**

3장의 카드를 동시에 한 번 뽑을 때, 3장의 카드에 적힌 수 중에서 두 번째로 큰 수를 확률변수 X라 하면 X의 확률분포는

$$\mathrm{P}(X=2)=\frac{{}_4\mathrm{C}_1}{{}_6\mathrm{C}_3}=\frac{1}{5}, \ \mathrm{P}(X=3)=\frac{{}_2\mathrm{C}_1\times{}_3\mathrm{C}_1}{{}_6\mathrm{C}_3}=\frac{3}{10},$$

$$\mathrm{P}(X=4)=\frac{{}_3\mathrm{C}_1\times{}_2\mathrm{C}_1}{{}_6\mathrm{C}_3}=\frac{3}{10}, \ \mathrm{P}(X=5)=\frac{{}_4\mathrm{C}_1}{{}_6\mathrm{C}_3}=\frac{1}{5}$$

이므로 X의 확률분포를 표로 나타내면 다음과 같다.

X	2	3	4	5	합계
$\mathrm{P}(X=x)$	$\dfrac{1}{5}$	$\dfrac{3}{10}$	$\dfrac{3}{10}$	$\dfrac{1}{5}$	1

확률변수 X에 대하여

$$\mathrm{E}(X)=2\times\frac{1}{5}+3\times\frac{3}{10}+4\times\frac{3}{10}+5\times\frac{1}{5}=\frac{7}{2}$$

$$\mathrm{V}(X)=\mathrm{E}(X^2)-\{\mathrm{E}(X)\}^2$$
$$=2^2\times\frac{1}{5}+3^2\times\frac{3}{10}+4^2\times\frac{3}{10}+5^2\times\frac{1}{5}-\left(\frac{7}{2}\right)^2$$
$$=\frac{133}{10}-\frac{49}{4}=\frac{21}{20}$$

이때 표본의 크기가 20이므로

$$\mathrm{V}(\overline{X})=\frac{\frac{21}{20}}{20}=\frac{21}{400}$$

$$\therefore \mathrm{V}(20\overline{X}+3)=20^2\mathrm{V}(\overline{X})=400\times\frac{21}{400}=21$$

4 답 $\dfrac{11}{54}$

크기가 3인 표본을 X_1, X_2, X_3이라 하면 순서쌍 (X_1, X_2, X_3)에 대하여 $\overline{X}=2$인 경우는

$(1, 2, 3), (1, 3, 2), (2, 1, 3), (2, 3, 1), (3, 1, 2), (3, 2, 1),$
$(2, 2, 2)$

$$\therefore \mathrm{P}(\overline{X}=2)=6\times\left(\frac{1}{2}\times\frac{1}{3}\times\frac{1}{6}\right)+\frac{1}{3}\times\frac{1}{3}\times\frac{1}{3}=\frac{11}{54}$$

5 답 ④

모집단이 정규분포 $\mathrm{N}(220, 20^2)$을 따르고 표본의 크기가 4이므로 화장품 4개의 무게의 평균을 $\overline{X}$라 하면 표본평균 $\overline{X}$는 정규분포 $\mathrm{N}\left(220, \dfrac{20^2}{4}\right)$, 즉 $\mathrm{N}(220, 10^2)$을 따른다.

$Z_{\overline{X}}=\dfrac{\overline{X}-220}{10}$으로 놓으면 확률변수 $Z_{\overline{X}}$는 표준정규분포 $\mathrm{N}(0, 1)$을 따르므로 생산한 상자를 판매하지 못할 확률은

$$\mathrm{P}(4\overline{X}\leq 800)=\mathrm{P}(\overline{X}\leq 200)$$
$$=\mathrm{P}\left(Z_{\overline{X}}\leq\frac{200-220}{10}\right)$$
$$=\mathrm{P}(Z_{\overline{X}}\leq -2)=\mathrm{P}(Z_{\overline{X}}\geq 2)$$
$$=\mathrm{P}(Z_{\overline{X}}\geq 0)-\mathrm{P}(0\leq Z_{\overline{X}}\leq 2)$$
$$=0.5-0.48=0.02$$

판매하지 못하는 상자의 개수를 확률변수 Y라 하면 Y는 이항분포 $\mathrm{B}(10000, 0.02)$를 따르므로

$$\mathrm{E}(Y)=10000\times 0.02=200$$
$$\mathrm{V}(Y)=10000\times 0.02\times 0.98=196=14^2$$

이때 시행 횟수 10000은 충분히 크므로 확률변수 Y는 근사적으로 정규분포 $\mathrm{N}(200, 14^2)$을 따른다.

$Z_Y=\dfrac{Y-200}{14}$으로 놓으면 확률변수 Z_Y는 표준정규분포 $\mathrm{N}(0, 1)$을 따르므로 구하는 확률은

$$\mathrm{P}(Y\leq 193)=\mathrm{P}\left(Z_Y\leq\frac{193-200}{14}\right)$$
$$=\mathrm{P}(Z_Y\leq -0.5)=\mathrm{P}(Z_Y\geq 0.5)$$
$$=\mathrm{P}(Z_Y\geq 0)-\mathrm{P}(0\leq Z_Y\leq 0.5)$$
$$=0.5-0.19=0.31$$

6 답 **9**

모집단이 정규분포 $\mathrm{N}(100, 12^2)$을 따르고 표본의 크기가 n이므로 표본평균 $\overline{X}$는 정규분포 $\mathrm{N}\left(100, \dfrac{12^2}{n}\right)$, 즉 $\mathrm{N}\left(100, \left(\dfrac{12}{\sqrt{n}}\right)^2\right)$을 따른다.

$Z=\dfrac{\overline{X}-100}{\frac{12}{\sqrt{n}}}$으로 놓으면 확률변수 Z는 표준정규분포 $\mathrm{N}(0, 1)$을 따르므로 $\mathrm{P}(\overline{X}\leq 94)=0.0668$에서

$$\mathrm{P}\left(Z\leq\frac{94-100}{\frac{12}{\sqrt{n}}}\right)=0.0668$$

$$\mathrm{P}\left(Z\leq -\frac{\sqrt{n}}{2}\right)=0.0668, \ \mathrm{P}\left(Z\geq\frac{\sqrt{n}}{2}\right)=0.0668$$

$$\mathrm{P}(Z\geq 0)-\mathrm{P}\left(0\leq Z\leq\frac{\sqrt{n}}{2}\right)=0.0668$$

$$0.5 - \mathrm{P}\left(0 \leq Z \leq \frac{\sqrt{n}}{2}\right) = 0.0668$$

$$\therefore \mathrm{P}\left(0 \leq Z \leq \frac{\sqrt{n}}{2}\right) = 0.4332$$

이때 $\mathrm{P}(0 \leq Z \leq 1.5) = 0.4332$이므로

$$\frac{\sqrt{n}}{2} = 1.5, \ \sqrt{n} = 3 \qquad \therefore \ n = 9$$

7 답 18

모집단이 정규분포 $\mathrm{N}(40, 8^2)$을 따르고 표본의 크기가 16이므로 표본평균 $\overline{X}$는 정규분포 $\mathrm{N}\left(40, \dfrac{8^2}{16}\right)$, 즉 $\mathrm{N}(40, 2^2)$을 따른다.

또 모집단이 정규분포 $\mathrm{N}(60, \sigma^2)$을 따르고 표본의 크기가 36이므로 표본평균 $\overline{Y}$는 정규분포 $\mathrm{N}\left(60, \dfrac{\sigma^2}{36}\right)$, 즉 $\mathrm{N}\left(60, \left(\dfrac{\sigma}{6}\right)^2\right)$을 따른다.

$Z_{\overline{X}} = \dfrac{\overline{X} - 40}{2}$, $Z_{\overline{Y}} = \dfrac{\overline{Y} - 60}{\dfrac{\sigma}{6}}$으로 놓으면 두 확률변수 $Z_{\overline{X}}$, $Z_{\overline{Y}}$는

표준정규분포 $\mathrm{N}(0, 1)$을 따르므로 $\mathrm{P}(\overline{X} \leq 42) = \mathrm{P}(\overline{Y} \geq 57)$에서

$$\mathrm{P}\left(Z_{\overline{X}} \leq \frac{42 - 40}{2}\right) = \mathrm{P}\left(Z_{\overline{Y}} \geq \frac{57 - 60}{\dfrac{\sigma}{6}}\right)$$

$$\mathrm{P}(Z_{\overline{X}} \leq 1) = \mathrm{P}\left(Z_{\overline{Y}} \geq -\frac{18}{\sigma}\right), \ \mathrm{P}(Z_{\overline{X}} \leq 1) = \mathrm{P}\left(Z_{\overline{Y}} \leq \frac{18}{\sigma}\right)$$

따라서 $1 = \dfrac{18}{\sigma}$이므로 $\sigma = 18$

8 답 525

모비율이 $\dfrac{84}{84 + 16} = \dfrac{84}{100} = 0.84$, 표본의 크기가 n이므로

$$\sigma(\hat{p}) = \sqrt{\frac{0.84 \times 0.16}{n}}$$

이때 $\hat{p}$의 표준편차가 0.016 이하이어야 하므로

$$\sqrt{\frac{0.84 \times 0.16}{n}} \leq 0.016$$

$$\sqrt{n} \geq 5\sqrt{21} \qquad \therefore \ n \geq 525$$

따라서 n의 최솟값은 525이다.

9 답 ③

임의추출한 400명 중에서 축제에 참여한 학생의 비율을 $\hat{p}$이라 하면 모비율이 0.2, 표본의 크기가 400이므로

$$\mathrm{E}(\hat{p}) = 0.2$$

$$\mathrm{V}(\hat{p}) = \frac{0.2 \times 0.8}{400} = 0.0004 = 0.02^2$$

표본의 크기 400은 충분히 크므로 표본비율 $\hat{p}$은 근사적으로 정규분포 $\mathrm{N}(0.2, 0.02^2)$을 따른다.

$Z = \dfrac{\hat{p} - 0.2}{0.02}$로 놓으면 확률변수 Z는 표준정규분포 $\mathrm{N}(0, 1)$을 따르므로 구하는 확률은

$$\begin{aligned}
\mathrm{P}\left(\hat{p} \geq \frac{92}{400}\right) &= \mathrm{P}(\hat{p} \geq 0.23) \\
&= \mathrm{P}\left(Z \geq \frac{0.23 - 0.2}{0.02}\right) \\
&= \mathrm{P}(Z \geq 1.5) \\
&= \mathrm{P}(Z \geq 0) - \mathrm{P}(0 \leq Z \leq 1.5) \\
&= 0.5 - 0.4332 = 0.0668
\end{aligned}$$

10 답 19.6

표본의 크기가 225, 표본평균이 $\overline{x}$, 모표준편차가 150이므로 모평균 m에 대한 신뢰도 95 %의 신뢰구간은

$$\overline{x} - 1.96 \times \frac{150}{\sqrt{225}} \leq m \leq \overline{x} + 1.96 \times \frac{150}{\sqrt{225}}$$

이 신뢰구간이 $\overline{x} - c \leq m \leq \overline{x} + c$와 같으므로

$$c = 1.96 \times \frac{150}{\sqrt{225}} = 19.6$$

11 답 ①

표본의 크기가 n, 표본평균이 1500, 모표준편차가 20이므로 모평균 m에 대한 신뢰도 99 %의 신뢰구간은

$$1500 - 2.58 \times \frac{20}{\sqrt{n}} \leq m \leq 1500 + 2.58 \times \frac{20}{\sqrt{n}}$$

이 신뢰구간이 $1474.2 \leq m \leq 1525.8$과 같으므로

$$1500 - 2.58 \times \frac{20}{\sqrt{n}} = 1474.2, \ 1500 + 2.58 \times \frac{20}{\sqrt{n}} = 1525.8$$

따라서 $2.58 \times \dfrac{20}{\sqrt{n}} = 25.8$이므로

$$\sqrt{n} = 2 \qquad \therefore \ n = 4$$

12 답 172

표본의 크기가 196, 모표준편차가 σ일 때, 모평균 m에 대한 신뢰도 95 %의 신뢰구간이 $a \leq m \leq b$이므로 그 신뢰구간의 길이는

$$\begin{aligned}
b - a &= 2 \times 1.96 \times \frac{\sigma}{\sqrt{196}} \\
&= 0.28\sigma
\end{aligned}$$

이때 $b - a = 1.96$이므로

$$0.28\sigma = 1.96$$

$$\therefore \ \sigma = 7$$

표본의 크기가 441, 모표준편차가 7일 때, 모평균 m에 대한 신뢰도 99 %의 신뢰구간이 $c \leq m \leq d$이므로 그 신뢰구간의 길이는

$$\begin{aligned}
d - c &= 2 \times 2.58 \times \frac{7}{\sqrt{441}} \\
&= 1.72
\end{aligned}$$

$$\therefore \ 100(d - c) = 100 \times 1.72 = 172$$

13 답 96

표본의 크기가 64, 모표준편차가 32일 때, $\mathrm{P}(|Z| \leq k) = \dfrac{\alpha}{100}$라 하면 모평균을 신뢰도 α %로 추정한 신뢰구간의 길이는 16.4이므로

$$2k \times \frac{32}{\sqrt{64}} = 16.4$$

$$\therefore \ k = 2.05$$

이때 $\mathrm{P}(0 \leq Z \leq 2.05) = 0.48$이므로

$$\begin{aligned}
\mathrm{P}(|Z| \leq 2.05) &= \mathrm{P}(-2.05 \leq Z \leq 0) + \mathrm{P}(0 \leq Z \leq 2.05) \\
&= 2\mathrm{P}(0 \leq Z \leq 2.05) \\
&= 2 \times 0.48 \\
&= 0.96
\end{aligned}$$

따라서 $\dfrac{\alpha}{100} = 0.96$이므로

$$\alpha = 96$$

14 답 196

표본의 크기가 n, 모표준편차가 5이므로 모평균을 신뢰도 95 %로 추정한 신뢰구간의 길이는

$$2 \times 1.96 \times \frac{5}{\sqrt{n}}$$

신뢰구간의 길이가 1.4 이하이어야 하므로

$$2 \times 1.96 \times \frac{5}{\sqrt{n}} \leq 1.4$$

$\sqrt{n} \geq 14$ $\quad \therefore n \geq 196$

따라서 n의 최솟값은 196이다.

15 답 ③

모평균을 m, 표본평균을 $\overline{x}$라 하면 모표준편차가 8이므로 모평균 m에 대한 신뢰도 99 %의 신뢰구간은

$$\overline{x} - 2.58 \times \frac{8}{\sqrt{64}} \leq m \leq \overline{x} + 2.58 \times \frac{8}{\sqrt{64}}$$

$$-2.58 \leq m - \overline{x} \leq 2.58$$

$$\therefore |m - \overline{x}| \leq 2.58$$

따라서 모평균과 표본평균의 차의 최댓값은 2.58이다.

16 답 ⑤

정규분포 $N(m, \sigma^2)$을 따르는 모집단에서 크기가 n인 표본을 임의추출할 때, 모평균 m에 대한 신뢰도 95 %의 신뢰구간은 $a_n \leq m \leq b_n$이므로 그 신뢰구간의 길이는

$$b_n - a_n = 2 \times 1.96 \times \frac{\sigma}{\sqrt{n}}$$

모평균 m에 대한 신뢰도 99 %의 신뢰구간은 $c_n \leq m \leq d_n$이므로 그 신뢰구간의 길이는

$$d_n - c_n = 2 \times 2.58 \times \frac{\sigma}{\sqrt{n}}$$

ㄱ. $b_n - a_n = 2 \times 1.96 \times \dfrac{\sigma}{\sqrt{n}}$,

$$b_{2n} - a_{2n} = 2 \times 1.96 \times \frac{\sigma}{\sqrt{2n}}$$
$$= 2 \times 1.96 \times \frac{\sigma}{\sqrt{n}} \times \frac{1}{\sqrt{2}}$$

이므로

$$b_{2n} - a_{2n} \leq b_n - a_n$$

ㄴ. $d_n - c_n = 2 \times 2.58 \times \dfrac{\sigma}{\sqrt{n}}$,

$$d_{9n} - c_{9n} = 2 \times 2.58 \times \frac{\sigma}{\sqrt{9n}}$$
$$= 2 \times 2.58 \times \frac{\sigma}{\sqrt{n}} \times \frac{1}{3}$$

이므로

$$d_n - c_n = 3(d_{9n} - c_{9n})$$

ㄷ. $b_n - a_n = 2 \times 1.96 \times \dfrac{\sigma}{\sqrt{n}}$,

$$d_n - c_n = 2 \times 2.58 \times \frac{\sigma}{\sqrt{n}}$$

이므로

$$b_n - a_n \leq d_n - c_n$$

따라서 보기에서 옳은 것은 ㄱ, ㄴ, ㄷ이다.

17 답 ④

표본의 크기가 196, 표본비율이 $\dfrac{98}{196} = 0.5$이고, 표본의 크기는 충분히 크므로 모비율 p에 대한 신뢰도 95 %의 신뢰구간은

$$0.5 - 1.96 \sqrt{\frac{0.5 \times 0.5}{196}} \leq p \leq 0.5 + 1.96 \sqrt{\frac{0.5 \times 0.5}{196}}$$

$$\therefore 0.43 \leq p \leq 0.57$$

18 답 400

표본비율이 0.2이고, n은 충분히 크므로 모비율 p에 대한 신뢰도 99 %의 신뢰구간은

$$0.2 - 2.58 \sqrt{\frac{0.2 \times 0.8}{n}} \leq p \leq 0.2 + 2.58 \sqrt{\frac{0.2 \times 0.8}{n}}$$

이 신뢰구간이 $0.1484 \leq p \leq 0.2516$과 같으므로

$$0.2 - 2.58 \sqrt{\frac{0.2 \times 0.8}{n}} = 0.1484$$

$$0.2 + 2.58 \sqrt{\frac{0.2 \times 0.8}{n}} = 0.2516$$

따라서 $2.58 \sqrt{\dfrac{0.2 \times 0.8}{n}} = 0.0516$이므로

$\sqrt{n} = 20$ $\quad \therefore n = 400$

19 답 441

표본비율이 $\hat{p}$이고, n은 충분히 크므로 모비율 p를 신뢰도 96 %로 추정한 신뢰구간의 길이는

$$l = 2 \times 2.1 \sqrt{\frac{\hat{p}(1-\hat{p})}{n}}$$

표본의 크기가 36, 표본비율이 $\hat{p}$이고, 표본의 크기가 충분히 크므로 모비율 p를 신뢰도 98 %로 추정한 신뢰구간의 길이는

$$2 \times 2.4 \sqrt{\frac{\hat{p}(1-\hat{p})}{36}}$$

이대 $2 \times 2.4 \sqrt{\dfrac{\hat{p}(1-\hat{p})}{36}} = 4l$이므로

$$2 \times 2.4 \sqrt{\frac{\hat{p}(1-\hat{p})}{36}} = 4 \times 2 \times 2.1 \sqrt{\frac{\hat{p}(1-\hat{p})}{n}}$$

$\sqrt{n} = 21$ $\quad \therefore n = 441$

20 답 144

표본비율이 0.1이고, n은 충분히 크므로 모비율 p에 대한 신뢰도 95 %의 신뢰구간은

$$0.1 - 1.96 \sqrt{\frac{0.1 \times 0.9}{n}} \leq p \leq 0.1 + 1.96 \sqrt{\frac{0.1 \times 0.9}{n}}$$

$$-1.96 \sqrt{\frac{0.1 \times 0.9}{n}} \leq p - 0.1 \leq 1.96 \sqrt{\frac{0.1 \times 0.9}{n}}$$

$$|p - 0.1| \leq 1.96 \sqrt{\frac{0.1 \times 0.9}{n}}$$

이때 모비율과 표본비율의 차가 4.9 % 이하이어야 하므로

$$1.96 \sqrt{\frac{0.1 \times 0.9}{n}} \leq 0.049$$

$\sqrt{n} \geq 12$ $\quad \therefore n \geq 144$

따라서 n의 최솟값은 144이다.

1 답 **75**

모평균이 60, 모표준편차가 5, 표본의 크기가 16이므로

$$\mathrm{E}(\overline{X})=60,\ \sigma(\overline{X})=\frac{5}{\sqrt{16}}=\frac{5}{4}$$

$$\therefore\ \mathrm{E}(\overline{X})\sigma(\overline{X})=60\times\frac{5}{4}=75$$

2 답 $\dfrac{1}{2}$

확률의 총합은 1이므로

$$\frac{5}{12}+\frac{1}{4}+a+b=1$$

$$\therefore\ a+b=\frac{1}{3}\qquad\cdots\cdots\ \boxdot$$

확률변수 X에 대하여

$$\mathrm{E}(X)=0\times\frac{5}{12}+1\times\frac{1}{4}+2\times a+3\times b=2a+3b+\frac{1}{4}$$

이때 $\mathrm{E}(X)=\mathrm{E}(\overline{X})=1$이므로

$$2a+3b+\frac{1}{4}=1$$

$$\therefore\ 2a+3b=\frac{3}{4}\qquad\cdots\cdots\ \boxdot$$

$\boxdot$, $\boxdot$을 연립하여 풀면

$$a=\frac{1}{4},\ b=\frac{1}{12}$$

따라서 확률변수 X에 대하여

$$\begin{aligned}
\mathrm{V}(X)&=\mathrm{E}(X^2)-\{\mathrm{E}(X)\}^2\\
&=0^2\times\frac{5}{12}+1^2\times\frac{1}{4}+2^2\times\frac{1}{4}+3^2\times\frac{1}{12}-1^2\\
&=2-1=1
\end{aligned}$$

이때 표본의 크기가 2이므로

$$\mathrm{V}(\overline{X})=\frac{1}{2}$$

3 답 **10**

공 1개를 임의로 택할 때, 공에 적힌 숫자를 확률변수 X라 하고 X의 확률분포를 표로 나타내면 다음과 같다.

X	1	3	5	7	합계
$\mathrm{P}(X=x)$	$\dfrac{1}{4}$	$\dfrac{1}{4}$	$\dfrac{1}{4}$	$\dfrac{1}{4}$	1

확률변수 X에 대하여

$$\mathrm{E}(X)=1\times\frac{1}{4}+3\times\frac{1}{4}+5\times\frac{1}{4}+7\times\frac{1}{4}=4$$

$$\begin{aligned}
\mathrm{V}(X)&=\mathrm{E}(X^2)-\{\mathrm{E}(X)\}^2\\
&=1^2\times\frac{1}{4}+3^2\times\frac{1}{4}+5^2\times\frac{1}{4}+7^2\times\frac{1}{4}-4^2\\
&=21-16=5
\end{aligned}$$

이때 표본의 크기가 2이므로

$$\mathrm{E}(\overline{X})=4,\ \mathrm{V}(\overline{X})=\frac{5}{2}$$

$$\therefore\ \mathrm{E}(\overline{X})\mathrm{V}(\overline{X})=4\times\frac{5}{2}=10$$

4 답 **0.8185**

모집단이 정규분포 $\mathrm{N}(260,\ 15^2)$을 따르고 표본의 크기가 25이므로 25명의 제자리멀리뛰기 기록의 평균을 $\overline{X}$라 하면 표본평균 $\overline{X}$는 정규분포 $\mathrm{N}\!\left(260,\ \dfrac{15^2}{25}\right)$, 즉 $\mathrm{N}(260,\ 3^2)$을 따른다.

$Z=\dfrac{\overline{X}-260}{3}$으로 놓으면 확률변수 Z는 표준정규분포 $\mathrm{N}(0,\ 1)$을 따르므로 구하는 확률은

$$\begin{aligned}
\mathrm{P}(257\le\overline{X}\le266)&=\mathrm{P}\!\left(\frac{257-260}{3}\le Z\le\frac{266-260}{3}\right)\\
&=\mathrm{P}(-1\le Z\le2)\\
&=\mathrm{P}(-1\le Z\le0)+\mathrm{P}(0\le Z\le2)\\
&=\mathrm{P}(0\le Z\le1)+\mathrm{P}(0\le Z\le2)\\
&=0.3413+0.4772\\
&=0.8185
\end{aligned}$$

5 답 **225**

공장에서 생산하는 제품 1개의 무게를 확률변수 X라 하면 X는 정규분포 $\mathrm{N}(300,\ 40^2)$을 따르므로 $Z_X=\dfrac{X-300}{40}$으로 놓으면 확률변수 Z_X는 표준정규분포 $\mathrm{N}(0,\ 1)$을 따른다.

$$\begin{aligned}
\therefore\ p_1=\mathrm{P}(X\ge200)&=\mathrm{P}\!\left(Z_X\ge\frac{200-300}{40}\right)\\
&=\mathrm{P}(Z_X\ge-2.5)=\mathrm{P}(Z_X\le2.5)\\
&=\mathrm{P}(Z_X\le0)+\mathrm{P}(0\le Z_X\le2.5)\\
&=0.5+0.4938=0.9938
\end{aligned}$$

모집단이 정규분포 $\mathrm{N}(300,\ 40^2)$을 따르고 표본의 크기가 n이므로 n개의 무게의 평균을 $\overline{X}$라 하면 표본평균 $\overline{X}$는 정규분포 $\mathrm{N}\!\left(300,\ \dfrac{40^2}{n}\right)$, 즉 $\mathrm{N}\!\left(300,\ \left(\dfrac{40}{\sqrt{n}}\right)^2\right)$을 따른다.

$Z_{\overline{X}}=\dfrac{\overline{X}-300}{\frac{40}{\sqrt{n}}}$으로 놓으면 확률변수 $Z_{\overline{X}}$는 표준정규분포 $\mathrm{N}(0,\ 1)$을 따르므로 구하는 확률은

$$\begin{aligned}
p_2=\mathrm{P}(\overline{X}\ge296)&=\mathrm{P}\!\left(Z_{\overline{X}}\ge\frac{296-300}{\frac{40}{\sqrt{n}}}\right)\\
&=\mathrm{P}\!\left(Z_{\overline{X}}\ge-\frac{\sqrt{n}}{10}\right)=\mathrm{P}\!\left(Z_{\overline{X}}\le\frac{\sqrt{n}}{10}\right)\\
&=\mathrm{P}(Z_{\overline{X}}\le0)+\mathrm{P}\!\left(0\le Z_{\overline{X}}\le\frac{\sqrt{n}}{10}\right)\\
&=0.5+\mathrm{P}\!\left(0\le Z_{\overline{X}}\le\frac{\sqrt{n}}{10}\right)
\end{aligned}$$

$p_1-p_2=0.0606$이므로

$$0.9938-\left\{0.5+\mathrm{P}\!\left(0\le Z_{\overline{X}}\le\frac{\sqrt{n}}{10}\right)\right\}=0.0606$$

$$\therefore\ \mathrm{P}\!\left(0\le Z_{\overline{X}}\le\frac{\sqrt{n}}{10}\right)=0.4332$$

이때 $\mathrm{P}(0\le Z\le1.5)=0.4332$이므로

$$\frac{\sqrt{n}}{10}=1.5,\ \sqrt{n}=15$$

$$\therefore\ n=225$$

6 답 $\dfrac{81}{2}$

모집단이 정규분포 $\mathrm{N}(40,\ 3^2)$을 따르고 표본의 크기가 36이므로 표본평균 $\overline{X}$는 정규분포 $\mathrm{N}\!\left(40,\ \dfrac{3^2}{36}\right)$, 즉 $\mathrm{N}\!\left(40,\ \left(\dfrac{1}{2}\right)^2\right)$을 따른다.

$Z=\dfrac{\overline{X}-40}{\dfrac{1}{2}}$으로 놓으면 확률변수 Z는 표준정규분포 $\mathrm{N}(0,\,1)$을 따르므로 $\mathrm{P}(\overline{X}\geq k)\leq0.1587$에서

$$\mathrm{P}\left(Z\geq\dfrac{k-40}{\dfrac{1}{2}}\right)\leq0.1587$$

$\mathrm{P}(Z\geq2k-80)\leq0.1587$

$\mathrm{P}(Z\geq0)-\mathrm{P}(0\leq Z\leq2k-80)\leq0.1587$

$0.5-\mathrm{P}(0\leq Z\leq2k-80)\leq0.1587$

$\therefore \mathrm{P}(0\leq Z\leq2k-80)\geq0.3413$

이때 $\mathrm{P}(0\leq Z\leq1)=0.3413$이므로

$2k-80\geq1,\ 2k\geq81$

$\therefore k\geq\dfrac{81}{2}$

따라서 k의 최솟값은 $\dfrac{81}{2}$이다.

7 답 32

임의추출한 150명 중에서 홈페이지를 통해 SNS에 가입한 사람의 비율을 $\hat{p}$이라 하면 모비율이 0.4, 표본의 크기가 150이므로

$\mathrm{E}(\hat{p})=0.4$

$\mathrm{V}(\hat{p})=\dfrac{0.4\times0.6}{150}=0.0016=0.04^2$

표본의 크기 150은 충분히 크므로 표본비율 $\hat{p}$은 근사적으로 정규분포 $\mathrm{N}(0.4,\,0.04^2)$을 따른다.

$Z=\dfrac{\hat{p}-0.4}{0.04}$로 놓으면 확률변수 Z는 표준정규분포 $\mathrm{N}(0,\,1)$을 따르므로 $\mathrm{P}\left(\hat{p}\geq\dfrac{a}{100}\right)=0.9772$에서

$$\mathrm{P}\left(Z\geq\dfrac{\dfrac{a}{100}-0.4}{0.04}\right)=0.9772$$

$\mathrm{P}\left(Z\geq\dfrac{a-40}{4}\right)=0.9772$

$\mathrm{P}\left(Z\leq\dfrac{40-a}{4}\right)=0.9772$

$\mathrm{P}(Z\leq0)+\mathrm{P}\left(0\leq Z\leq\dfrac{40-a}{4}\right)=0.9772$

$0.5+\mathrm{P}\left(0\leq Z\leq\dfrac{40-a}{4}\right)=0.9772$

$\therefore \mathrm{P}\left(0\leq Z\leq\dfrac{40-a}{4}\right)=0.4772$

이때 $\mathrm{P}(0\leq Z\leq2)=0.4772$이므로

$\dfrac{40-a}{4}=2 \quad \therefore a=32$

8 답 7

표본의 크기가 100, 표본평균이 120, 모표준편차가 20이므로 모평균 m에 대한 신뢰도 95 %의 신뢰구간은

$$120-1.96\times\dfrac{20}{\sqrt{100}}\leq m\leq120+1.96\times\dfrac{20}{\sqrt{100}}$$

$\therefore 116.08\leq m\leq123.92$

따라서 신뢰구간에 속하는 자연수는 117, 118, 119, …, 123의 7개이다.

9 답 22.71

표본의 크기 n이 충분히 크므로 모표준편차 대신 표본표준편차 6을 이용할 수 있고, 표본평균이 $\overline{x}$이므로 모평균 m에 대한 신뢰도 95 %의 신뢰구간은

$$\overline{x}-1.96\times\dfrac{6}{\sqrt{n}}\leq m\leq\overline{x}+1.96\times\dfrac{6}{\sqrt{n}}$$

이 신뢰구간이 $11.02\leq m\leq12.98$과 같으므로

$\overline{x}-1.96\times\dfrac{6}{\sqrt{n}}=11.02$ ······ ㉠

$\overline{x}+1.96\times\dfrac{6}{\sqrt{n}}=12.98$ ······ ㉡

㉠+㉡을 하면

$2\overline{x}=24 \qquad \therefore \overline{x}=12$

㉡-㉠을 하면

$2\times1.96\times\dfrac{6}{\sqrt{n}}=1.96,\ \sqrt{n}=12$

$\therefore n=144$

모평균 m에 대한 신뢰도 99 %의 신뢰구간은

$$12-2.58\times\dfrac{6}{\sqrt{144}}\leq m\leq12+2.58\times\dfrac{6}{\sqrt{144}}$$

$\therefore 10.71\leq m\leq13.29$

이 신뢰구간이 $a\leq m\leq b$와 같으므로

$a=10.71$

$\therefore \overline{x}+a=12+10.71=22.71$

10 답 70

$\mathrm{P}(|Z|\leq2.04)=2\mathrm{P}(0\leq Z\leq2.04)=2\times0.48=0.96$이고, 표본의 크기가 n, 표본평균이 $\overline{x}$이므로 모평균 m에 대한 신뢰도 96 %의 신뢰구간은

$$\overline{x}-2.04\times\dfrac{\sigma}{\sqrt{n}}\leq m\leq\overline{x}+2.04\times\dfrac{\sigma}{\sqrt{n}}$$

이 신뢰구간이 $\overline{x}-c\leq m\leq\overline{x}+c$와 같으므로

$c=2.04\times\dfrac{\sigma}{\sqrt{n}}$

$\mathrm{P}(|Z|\leq k)=\dfrac{\alpha}{100}$라 하면 모평균 m에 대한 신뢰도 α %의 신뢰구간은

$$\overline{x}-k\dfrac{\sigma}{\sqrt{n}}\leq m\leq\overline{x}+k\dfrac{\sigma}{\sqrt{n}}$$

이 신뢰구간이 $\overline{x}-\dfrac{1}{2}c\leq m\leq\overline{x}+\dfrac{1}{2}c$와 같으므로

$\dfrac{1}{2}c=k\dfrac{\sigma}{\sqrt{n}}$

이때 $c=2.04\times\dfrac{\sigma}{\sqrt{n}}$이므로

$\dfrac{1}{2}\times2.04\times\dfrac{\sigma}{\sqrt{n}}=k\dfrac{\sigma}{\sqrt{n}}$

$\therefore k=1.02$

이때 $\mathrm{P}(0\leq Z\leq1.02)=0.35$이므로

$\mathrm{P}(|Z|\leq1.02)=\mathrm{P}(-1.02\leq Z\leq1.02)$

$\qquad\qquad\qquad\quad=2\mathrm{P}(0\leq Z\leq1.02)$

$\qquad\qquad\qquad\quad=2\times0.35=0.7$

따라서 $\dfrac{\alpha}{100}=0.7$이므로

$\alpha=70$

11 답 7.74

표본의 크기가 16, 모표준편차가 6이므로 모평균을 신뢰도 99 %로 추정한 신뢰구간의 길이는

$$2 \times 2.58 \times \frac{6}{\sqrt{16}} = 7.74$$

12 답 30.5

$f(x) = \beta - \alpha$의 값은 신뢰도 x %로 추정한 모평균의 신뢰구간의 길이와 같으므로 $\mathrm{P}(|Z| \leq k) = \dfrac{x}{100}$라 하면

$$f(x) = 2k \times \frac{5}{\sqrt{25}} = 2k$$

$f(x_1) = 2$에서 $k = 1$이므로

$$\mathrm{P}(|Z| \leq 1) = \mathrm{P}(-1 \leq Z \leq 1)$$
$$= 2\mathrm{P}(0 \leq Z \leq 1)$$
$$= 2 \times 0.3413 = 0.6826$$

즉, $\dfrac{x_1}{100} = 0.6826$이므로

$$x_1 = 68.26$$

$f(x_2) = 5$에서 $k = 2.5$이므로

$$\mathrm{P}(|Z| \leq 2.5) = \mathrm{P}(-2.5 \leq Z \leq 2.5)$$
$$= 2\mathrm{P}(0 \leq Z \leq 2.5)$$
$$= 2 \times 0.4938 = 0.9876$$

즉, $\dfrac{x_2}{100} = 0.9876$이므로

$$x_2 = 98.76$$
$$\therefore x_2 - x_1 = 98.76 - 68.26$$
$$= 30.5$$

13 답 74

표본의 크기가 n, 모표준편차가 σ이므로 모평균 m에 대한 신뢰도 99 %의 신뢰구간의 길이는

$$2 \times 2.58 \times \frac{\sigma}{\sqrt{n}}$$

이때 신뢰구간의 길이는 $\dfrac{3}{5}\sigma$ 이하이어야 하므로

$$2 \times 2.58 \times \frac{\sigma}{\sqrt{n}} \leq \frac{3}{5}\sigma$$
$$\sqrt{n} \geq 8.6 \qquad \therefore n \geq 73.96$$

따라서 n의 최솟값은 74이다.

14 답 97

표본의 크기가 n, 표본평균이 $\overline{x}$, 모표준편차가 5이므로 모평균 m에 대한 신뢰도 95 %의 신뢰구간은

$$\overline{x} - 1.96 \times \frac{5}{\sqrt{n}} \leq m \leq \overline{x} + 1.96 \times \frac{5}{\sqrt{n}}$$
$$-\frac{9.8}{\sqrt{n}} \leq m - \overline{x} \leq \frac{9.8}{\sqrt{n}}$$
$$\therefore |m - \overline{x}| \leq \frac{9.8}{\sqrt{n}}$$

이때 $|m - \overline{x}| \leq 1$이어야 하므로

$$\frac{9.8}{\sqrt{n}} \leq 1, \ \sqrt{n} \geq 9.8$$
$$\therefore n \geq 96.04$$

따라서 n의 최솟값은 97이다.

15 답 ④

표본의 크기가 n, 모표준편차가 σ이므로 $\mathrm{P}(|Z| \leq k) = \dfrac{x}{100}$라 하면 모평균 m을 신뢰도 x %로 추정한 신뢰구간의 길이는

$$b - a = 2k\frac{\sigma}{\sqrt{n}}$$

ㄱ. x의 값이 일정할 때, n의 값이 커지면 $\sqrt{n}$의 값이 커지므로 $b - a$의 값은 작아진다.

ㄴ. n의 값이 일정할 때, x의 값이 작아지면 k의 값이 작아지므로 $b - a$의 값도 작아진다.

ㄷ. x의 값이 커지면 k의 값이 커지고, n의 값이 작아지면 $\sqrt{n}$의 값이 작아지므로 $b - a$의 값은 커진다.

따라서 보기에서 옳은 것은 ㄱ, ㄷ이다.

16 답 157

표본의 크기 n이 충분히 크면 표본비율 $\hat{p}$은 근사적으로 정규분포 $\mathrm{N}\left(p, \dfrac{\hat{p}(1-\hat{p})}{n}\right)$을 따르므로 $Z = \dfrac{\hat{p} - p}{\sqrt{\dfrac{\hat{p}(1-\hat{p})}{n}}}$로 놓으면 확률변수 Z는 표준정규분포 $\mathrm{N}(0, 1)$을 따른다.

$|\hat{p} - p| \leq 0.12\sqrt{\hat{p}(1-\hat{p})}$에서

$$\left|\frac{\hat{p} - p}{\sqrt{\hat{p}(1-\hat{p})}}\right| \leq 0.12$$
$$-0.12 \leq \frac{\hat{p} - p}{\sqrt{\hat{p}(1-\hat{p})}} \leq 0.12$$
$$\therefore -0.12\sqrt{n} \leq \frac{\hat{p} - p}{\sqrt{\dfrac{\hat{p}(1-\hat{p})}{n}}} \leq 0.12\sqrt{n}$$

즉, $\mathrm{P}(-0.12\sqrt{n} \leq Z \leq 0.12\sqrt{n}) \geq 0.8664$이므로

$$2\mathrm{P}(0 \leq Z \leq 0.12\sqrt{n}) \geq 0.8664$$
$$\therefore \mathrm{P}(0 \leq Z \leq 0.12\sqrt{n}) \geq 0.4332$$

이때 $\mathrm{P}(0 \leq Z \leq 1.5) = 0.4332$이므로

$$0.12\sqrt{n} \geq 1.5, \ \sqrt{n} \geq 12.5$$
$$\therefore n \geq 156.25$$

따라서 자연수 n의 최솟값은 157이다.

17 답 $0.1855 \leq p \leq 0.3145$

표본의 크기가 300, 표본비율이 $\dfrac{75}{300} = 0.25$이고, 표본의 크기는 충분히 크므로 모비율 p에 대한 신뢰도 99 %의 신뢰구간은

$$0.25 - 2.58\sqrt{\frac{0.25 \times 0.75}{300}} \leq p \leq 0.25 + 2.58\sqrt{\frac{0.25 \times 0.75}{300}}$$
$$\therefore 0.1855 \leq p \leq 0.3145$$

18 답 0.0784

표본의 크기가 600, 표본비율이 0.6이고, 표본의 크기가 충분히 클 때,
모비율 p에 대한 신뢰도 95 %의 신뢰구간이 $a \le p \le b$이므로 그 신
뢰구간의 길이는

$$b-a = 2 \times 1.96 \sqrt{\frac{0.6 \times 0.4}{600}}$$
$$= 0.0784$$

19 답 400

표본비율이 0.8이고, n은 충분히 크므로 모비율 p에 대한 신뢰도
99 %의 신뢰구간의 길이는

$$2 \times 2.58 \sqrt{\frac{0.8 \times 0.2}{n}}$$

이때 신뢰구간의 길이는 0.1032 이하이어야 하므로

$$2 \times 2.58 \sqrt{\frac{0.8 \times 0.2}{n}} \le 0.1032$$

$$\sqrt{n} \ge 20 \qquad \therefore \; n \ge 400$$

따라서 n의 최솟값은 400이다.

20 답 900

표본비율이 0.1이고, n은 충분히 크므로 모비율 p에 대한 신뢰도
92 %의 신뢰구간은

$$0.1 - 1.7 \sqrt{\frac{0.1 \times 0.9}{n}} \le p \le 0.1 + 1.7 \sqrt{\frac{0.1 \times 0.9}{n}}$$

$$-1.7 \sqrt{\frac{0.1 \times 0.9}{n}} \le p - 0.1 \le 1.7 \sqrt{\frac{0.1 \times 0.9}{n}}$$

$$|p - 0.1| \le 1.7 \sqrt{\frac{0.1 \times 0.9}{n}}$$

이때 모비율과 표본비율의 차가 0.017 이하이어야 하므로

$$1.7 \sqrt{\frac{0.1 \times 0.9}{n}} \le 0.017$$

$$\sqrt{n} \ge 30 \qquad \therefore \; n \ge 900$$

따라서 n의 최솟값은 900이다.

memo✦

memo

memo

memo

visang

최고가 만든 최상의 성적
과학은 역시!

★ 초중고 1등 과학 학습서 ★

대한민국 NO.1 대표 과학 학습서

고등오투
통합과학 1, 2

- **통합과학에 알맞은 구성** 교육 과정의 특성에 맞는 핵심 개념으로 구성
- **시험 대비를 위한 최선의 구성** 완벽하게 시험에 대비할 수 있게 출제율 높은 문제를 단계적으로 제시
- **풍부한 시각 자료와 예시** 개념과 관련된 시각 자료와 예시를 제시하여 이해도를 높임

수능오투
물리학Ⅰ
화학Ⅰ
생명과학Ⅰ
지구과학Ⅰ

- **수능의 핵심 요점만 쏙쏙!** 꼭 필요한 수능 핵심 개념만 도식화해 수록
- **한눈에 보고 한 번에 이해!** 풍부하게 제시된 예시와 탐구 자료로 쉽게 이해할 수 있도록 구성
- **수능 자료로 과탐 정복!** 수능 유형 파악을 위한 수능 자료 완벽 분석

유형만렙 다양한 유형 문제가 가득 찬(滿) 만렙으로 수학 실력 Level up

대표전화 1544-0554
주소 경기도 과천시 과천대로2길 54(갈현동, 그라운드브이)
협의 없는 무단 복제는 법으로 금지되어 있습니다.